Ingo Klöckl
Chemie der Farbmittel
Band 1

Weitere empfehlenswerte Titel

Chemie der Farbmittel.
Band 2: in Malerei, Kunst und Tinten
Klöckl, 2020
ISBN 978-3-11-064914-7, e-ISBN 978-3-11-064916-1

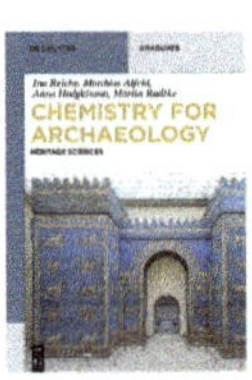

Chemistry for Archaeology.
Heritage Sciences
Reiche, Alfeld, Radtke, Hodgkinson, 2020
ISBN 978-3-11-044214-4, e-ISBN 978-3-11-044216-8

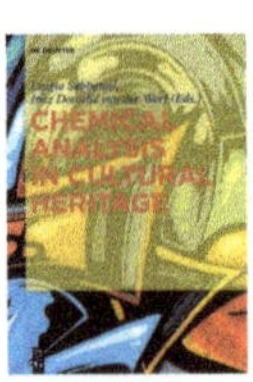

Chemical Analysis in Cultural Heritage.
Sabbatini, van der Werf (Eds.), 2019
ISBN 978-3-11-045641-7, e-ISBN 978-3-11-045753-7

Inorganic Pigments.
Pfaff, 2017
ISBN 978-3-11-048450-2, e-ISBN 978-3-11-048451-9

Ingo Klöckl

Chemie der Farbmittel

Band 1: Grundlagen, Pigmente und Farbmittel

2. Auflage

DE GRUYTER

Dr. rer. nat. Ingo Klöckl
St. Leoner Str. 16
68809 Neulussheim
Deutschland

ISBN 978-3-11-064833-1
e-ISBN (PDF) 978-3-11-064915-4
e-ISBN (EPUB) 978-3-11-064922-2

Library of Congress Control Number: 2019950529

Bibliografische Information der Deutschen Nationalbibliothek
Die Deutsche Nationalbibliothek verzeichnet diese Publikation in der Deutschen Nationalbibliografie; detaillierte bibliografische Daten sind im Internet über http://dnb.dnb.de abrufbar.

Umschlagabbildung: Vizerskaya / E+ / Getty Images
Satz: le-tex publishing services GmbH, Leipzig
Druck und Bindung: CPI books GmbH, Leck

www.degruyter.com

Für

meine Frau Claudia,
die (immer noch und schon wieder!) mit großer Geduld meine spontanen Vorlesungen über Farben und Farbchemie am Frühstückstisch, in Theaterpausen und am Strand angehört und mit vielen Fragen geholfen hat, die Gedanken, die dem Buch zugrunde liegen, zu ordnen

und

meine Eltern Franziska und Ingo,
die mir das Ausleben meiner chemischen wie auch meiner malerischen Interessen ermöglicht haben und dabei seltsame Gerüche und Substanzen, die Okkupation der Küche durch chemische Apparate und die Umdekoration der Wohnung durch Farbspritzer und Gemälde von wüsten Landschaften toleriert haben

und

alle, die über den Weg der Neugier ihr Interesse für das faszinierende Gebiet der Chemie entdeckt haben oder noch entdecken mögen.

Vorwort und Danksagung

Vorwort

Nichts zeigt uns die Schönheit unserer Welt so eindringlich wie ihre Farben. Für unsere fernen biologischen Vorfahren waren es vorwiegend Gerüche, doch irgendwann hatten wir auf unserem langen Entwicklung zum modernen Menschen den Mut, das dumpfe Zauberreich der Düfte gegen die helle Präzision unsere Augen zu vertauschen. Und dennoch sind auch Farben ein Zauberreich, das so manches Geheimnis birgt. Im Gegensatz zu Form, Dichte oder Oberflächentextur ist Farbe keine inhärente Eigenschaft eines Objekts, sondern nur unsere persönliche Wahrnehmung, wie das Objekt sichtbares Licht reflektiert oder verschluckt. Noch dazu zeigen uns unsere Augen nur einen winzigen Ausschnitt aus dem immensen Spektrum elektromagnetischer Strahlung, die unser Universum erfüllt. Die Wellenlängen, und damit auch die Frequenzen dieses Spektrums umfassen 16 Größenordnungen – von den 10 bis 20 km langen Radiowellen einiger Militärsender bis hin zu den nur ein Tausendstel Nanometer kurzen Gammastrahlen implodierender Galaxien. Das Leben auf unserer Erde registriert hauptsächlich Wellenlängen zwischen 300 und 1000 Nanometern. Dieser Bereich umfasst das Ultraviolett mit Wellenlängen unter 400 Nanometern, das wir, im Gegensatz zu vielen Insekten, nicht sehen können; den Bereich von Blau über Grün bis Rot, also von 400 bis ungefähr 750 Nanometern, der für uns Licht bedeutet; und schließlich infrarote Strahlen mit Wellenlängen von über 800 Nanometern, die einige Tiere als Licht, wir jedoch nur als Wärme wahrnehmen.

Ultraviolett war wahrscheinlich die erste Farbe die das Leben auf unserem Planeten sah. Dieser spektrale Teil des Sonnenlichts bedeutete Gefahr, da er viele biologische Bausteine zerstört. Um diese gefährlichen Strahlen zu meiden, entwickelten Zellen einen Sensor für Ultraviolett- und Blaulicht, der die Rotationsrichtung ihrer Geisseln steuerte. Da diese Geisseln als Antriebspropeller wirken, konnten die Zellen nun das schädliche kurzwellige Licht nicht nur sehen, sondern auch meiden. Ein Abkömmling dieses Blaulicht-Sensors findet sich noch heute in vielen urtümlichen Einzellern.

Dieser geniale Blaulichtsensor diente den Zellen wahrscheinlich auch als Bauanleitung für einen Sonnenkollektor, dank dem sie sich von der Energie des Sonnenlichts ernähren konnten. Dazu verschoben die Zellen die Absorption des Blausensors nach Gelborange, um möglichst viel von der Energie des Sonnenlichts zu erhaschen. Diesen Sonnenkollektor koppelten die Zellen an ein System, das die eingefangene Lichtenergie in chemische Energie umwandelt. Mit deren Hilfe konnten die Zellen nun energiehungrige Prozesse wie Wachstum, Zellteilung und Bewegung oder die Synthese von Fett, Zucker und Proteinen antreiben. Diese primitive Fotosynthese findet sich noch heute in einigen Einzellern, die in den salzreichen Rändern des Toten Meeres oder in verdorbenen gepökelten Fischen gedeihen. Letztlich erwies sich diese Form

https://doi.org/10.1515/9783110649154-201

der Fotosynthese jedoch als Sackgasse, weil sie das Licht der Sonne nicht effizient genug in chemische Energie verwandelte. Als dann spätere Zellen Chlorophyll als Sonnenkollektor einsetzten und mit ihm die moderne Fotosynthese einläuteten, blieb die aus dem Blaulichtsensor entwickelte Fotosynthese auf einige primitive Einzeller beschränkt.

Das Leben lernte also schon sehr früh, die Welt in zwei Farben zu sehen – in Blau und in Gelborange. Und da es nun einmal Farbe gesehen hatte, wollte es auf diese nicht mehr verzichten. Die komplexen modernen Zellen mit ihrem großen und informationsreichen Erbmaterial schufen aus dem urtümlichen Blaulichtsensor drei, vier oder gar fünf verschiedene Varianten, die ihnen ein riesiges und differenziertes Farbspektrum eröffneten. Ja mehr noch, diese modernen Zellen konnten die Signale dieser verschiedenen Farbsensoren getrennt voneinander an immer komplexere Nervensysteme koppeln.

Unsere Augen sind mit fünf verschiedenen Lichtsensoren bestückt, die alle chemisch eng miteinander verwandt sind und wahrscheinlich von dem bereits erwähnten urtümlichen Blaulicht-Sensor abstammen. Einer dieser Sensoren dient nicht dem Sehen, sondern dem täglichen Eineichen unserer „circadianen" Körperuhr. Ein weiterer Sensor findet sich in den Stäbchenzellen unserer Netzhaut. Dieser Sensor ist sehr lichtempfindlich und deshalb verwenden wir ihn bei schwachem Licht. Diese hohe Lichtempfindlichkeit hat aber ihren Preis, denn unsere Netzhautstäbchen erkennen weder Farbe noch feine Details. Bei hellem Licht verwenden wir die drei Farbsensoren in den Zapfenzellen unserer Netzhaut – einen für Blau, einen für Grün, und einen für Rot. Diese Sensoren sind zwar nicht sehr lichtempfindlich, zeigen uns dafür aber feine Details – und Farbe. Da jeder dieser drei Farbsensoren etwa hundert verschiedene Farbintensitäten erkennen kann und unser Gehirn die Signale der drei Sensoren miteinander vergleicht, können wir nicht nur drei, sondern ein bis zwei Millionen Farben sehen. Ältere Tierformen wie zum Beispiel Insekten und Vögel haben bis zu fünf verschiedene Farbsensoren und können daher nicht nur viel mehr Farben als wir Menschen unterscheiden, sondern zum Teil auch ultraviolettes oder infrarotes Licht sehen, für das wir blind sind. Als sich die ersten Säugetiere entwickelten, jagten sie meist in der Nacht und liessen einige ihrer Farbsensoren verkümmerten, sodass nur zwei von ihnen übrig blieben. Fast alle Säugetiere – wie Hunde, Pferde, Katzen und Kühe – sehen deshalb nur etwa 10 000 verschiedene Farben – etwa gleich viel wie „farbblinde" Menschen. Erst als intelligente Menschenaffen reife von unreifen Früchten gegen den Hintergrund vielfarbiger Blätter unterscheiden wollten, entwickelten sie wieder einen dritten Farbsensor, der ihnen die Welt in neuer Farbenpracht erstrahlen liess. Wir Menschen und die uns nahe verwandten Menschenaffen sind also die einzigen Säugetiere, die Millionen von Farben sehen können.

In diesem eindrücklichen Buch beschreibt uns Ingo Klöckl das Zauberreich der Farben aus der Sicht eines Chemikers. Die Synthese moderner Farbstoffe mit berauschender Farbtiefe und eindrücklicher Stabilität war einer der großen Triumphe der Chemie des 19. und 20. Jhd. und die Entwicklung wiederbeschreibbarer digitaler Datenträger oder Katalysatoren für lichtgetriebene Wasserspaltung lassen vermuten, dass die Zeit der Farbenchemie noch lange nicht vorbei ist. Ingo Klöckl beschreibt nicht nur die verwirrende Vielfalt der heute verfügbaren Farbstoffe, sondern gibt uns auch detaillierte Information darüber, wie sie hergestellt, kategorisiert und miteinander verglichen werden können. Dieses Buch ist ein Meisterwerk, ein wahres magnum opus, das uns in jedem Kapitel ein neues Wunder aus der Welt der Farben offenbart. Die Fülle an Information, die es uns vermittelt, ist schier unfassbar und dennoch ist es für jeden, dem Chemie kein Fremdland ist, eine spannende Lektüre. Das Buch schlägt auch eine hoch willkommene Brücke zwischen Naturwissenschaft und Kunst, die sich in den letzten Jahrhunderten immer weiter voneinander entfernten und dabei auf ihre gemeinsamen Wurzeln vergaßen. Mögen nicht nur Naturwissenschaftler, sondern auch Maler und Kunstwissenschaftler dieses Buch in die Hand nehmen und sich im Zauberreich der Farben verlieren.

Dr. Gottfried Schatz, Basel

Vorwort zur zweiten Auflage

Liebe Leserinnen, liebe Leser, liebe malende Wissenschaftler und forschende Maler, ich freue mich sehr, Ihnen diese zweite Auflage meines Buches überreichen zu können, zeigt eine Folgeauflage doch, daß das Thema des Buches viele meiner Mitmenschen ansprechen konnte. Und dies, obwohl der Spagat zwischen malerischen Betrachtungen und chemisch-physikalischen Theorien ein profundes Verständnis, zumindest Interesse in vielen Bereichen voraussetzt.

Vielleicht sehen Sie diesen Brückenschlag zwischen Kunst und Naturwissenschaft auch als Beitrag zu einem humanistischen Gesamtverständnis der Welt, wie es vielen großen Geistern der Wissenschaft zu eigen war, obwohl die nicht eben hilfreiche Spaltung in Natur- und Geisteswissenschaft auch die Sicht auf unsere Welt spaltet wie die Götter der Griechen die Kugelmenschen. [10] zeigt, wie ein gesamtheitliches, platonisch orientieres Verständnis der Wissenschaft der Malerei im Mittelalter aussah und (Al-)Chemie und Farbe gleichermaßen umfaßte. In jedem Falle hoffe ich, die Neuerungen mögen Ihr Gefallen finden:

- Zahlreiche Reflexionsspektren von Pigmenten verdeutlichen das zu den Mechanismen der Farbentstehung bzw. zu den koloristischen Eigenschaften Gesagte. Sie wurden mit einem LED-Photometer MK350 der Firma UPRtek aufgenommen. Beleuchtungsquelle war die Mittagssonne an einem klaren wolkenlosen Tag. Die Pigmente bzw. Farbstoffe wurden als Aquarellasur bzw. wäßrige Lösung auf Aquarellpapier lasierend aufgetragen. Der Einfluß des Sonnenspektrums und des Papiers wurde gegen Referenzspektren des reinen Papiers bei gleicher Beleuchtung korrigiert. Diese Anordnung liefert keine absoluten Reflektivitätswerte, sodaß die Ordinate auf eine beliebige Einheit normiert wurde. Für die Form des Spektrums ist dies unerheblich.

- Der Abschnitt über Bindemittel in Druckfarben wurde um Details zur Chemie der Kolophonium-Binde- und Lackmittel ergänzt.
- Der Abschnitt „Papier“ wurde um detaillierte Chemie bei Herstellung und Verarbeitung ergänzt, Pulpe-Typen und Papiersorten werden näher besprochen.
- Pigment- und Farbstofftabellen wurden aktuellen Lieferkatalogen angepaßt.
- Abschnitte über Veränderungen und Zerfallserscheinungen von Pigmenten in Wandmalereien und Tafelbildern wurden hinzugefügt.
- Es wurde eine Betrachtung über die Geschichte der Zinnfarbtube und ihres angeblichen Einflusses auf die plein air-Malerei des späten 19. Jhd. ergänzt.
- Die Ausführungen zu Reflexion, Streuung und den damit verbundenen Phänomenen wurden logisch zusammengefaßt.
- Viele kleine Fehler und unklare Beschreibungen wurden verbessert.

Danksagung

Mein erster und wichtigster Dank gilt meiner Frau Claudia, die erneut einen großen Teil ihrer Zeit mit einem fanatisiert dozierenden Autor verbringen mußte und mich durch beständiges sanftes Drängen dazu gebracht hat, den Ausbrütevorgang des Buches zu beenden. Nur dadurch war die Veröffentlichung überhaupt möglich.

Weiterhin bedanke ich mich bei Herrn D. Widmer für wichtige Buchempfehlungen und Informationen zu Schreibtinten, Herrn Dr. S. Hunklinger für eine engagierte Diskussion zur Farbe von Halbleitern, den Herren Dr. T. Vilgis, Dr. B. Schneppe und G. Bosse für eine Diskussion des Themas Eiklar-Bindemittel und clarea, Herrn Dr. W. Müller für seine Rückmeldung zur Zusammensetzung von Acrylfarben, Frau Dr. B. Born und Frau R. Ardal-Altun für ein langes, informatives und unterhaltsames Telephonat rund um die Herstellung von Künstlerpapieren, Herrn Dr. G. Kremer für viele wertvolle Anregungen, Verbesserungen und Auskünfte aus der Praxis eines Farbenherstellers, den Herren Dr. K.-O. Schäfer und Dr. W. Thiessen für Auskünfte zur Tintenherstellung sowie Herrn Dr. G. Schatz für die Zusendung weiteren Materials. Besonders bedanken möchte ich mich über die positive Beurteilung des Manuskripts bei Herrn Dr. Kremer und Dr. Schatz, die mich einmal als praktischer Farbenchemiker, einmal als vielseitiger Naturwissenschaftler bestärkt haben, die Zielrichtung des Buches weiterzuverfolgen. Sie taten recht, wie mir die zahlreichen freundlichen und positiven Zuschriften von Fachkollegen und Fachleuten beweisen, bei denen ich mich für das gezeigte Interesse und die konstruktiven Hinweise bedanke.

Ich danke auch bei den Künstlern Frau S. Steinbacher und Herrn H. Karlhuber, bei denen ich altmeisterliche und zeitgenössische Malpraxis erlernen konnte und die dadurch „Frage-Lieferanten“ waren.

Schliesslich möchte ich mich bei Frau Dr. R. Fritz, Frau Pfleghar und dem gesamten Produktionteam vom De Gruyter-Verlag bedanken, die mir stets freundliche und kompetente Publikationspartner sind.

Inhalt

Inhaltsübersicht zu Band 2

1 Einführung

Wieso ein Buch über ein so spezielles Thema wie die Chemie der Malerei? Da ich selber male, war die Frage nach der Natur der verwendeten Materialien für mich naheliegend, und mit Enthusiasmus begann ich mit den Nachforschungen. Ich stellte jedoch rasch fest, daß die meisten bekannten Bücher sich mehr mit der Technik der Malerei befaßten und weniger mit der Natur der Stoffe, die nur angerissen wurde. Die Frage „Was ist in der Tube mit gelber Ölfarbe enthalten“ wurde durch „Warum ist der gelbe Ocker oder das Chromgelb gelb?“ ersetzt. Und es kamen weitere Fragen hinzu: warum bildet das Leinöl in der Tube einen klaren Film? Und wieso ist das Chromgelb reiner und intensiver als der gelbe Ocker? Was geschieht bei der altersbedingten Schädigung von Gemälden?

Was ich haben wollte, war ein Buch nicht über Malerei, sondern über die *Chemie* der Malerei, gebraucht habe ich letzten Endes eine ganze physikalisch-chemische Fachbibliothek, ergänzt um Abteilungen über Milchwirtschaft, Klebstoffe, professionelles Kuchenbacken und die Kunst der Restauration.

Für mich besonders spannend war dabei nicht nur, tiefere Einsicht in die Natur meiner Malmaterialien zu erhalten, sondern auch die große Fülle an Fachgebieten zu erleben, die notwendig ist, um die stofflichen Grundlagen der Malerei zu erklären: der Reigen reicht von Quantenmechanik, Festkörper- und Halbleiterphysik über Anorganik und Organik bis zu Naturstoff-, Bio- und Kolloidchemie. Ich habe Bücher über die Technologie von Milchprodukten ebenso lesen müssen wie Fachartikel über siedendes Öl in Frittenbuden oder die Problematik der Verfärbung von Oliven und Äpfeln beim Zerteilen mit eisernen Messern. Ich kenne nun den Kamares-Stil minoischer Vasen ebenso wie die Druckabhängigkeit der *s*-Orbitale von Blei in bestimmten Mineralen in den Tiefen der Erde. Einige Bücher haben mich ins Jahr 1831 geführt, andere Informationen wurden erst 2010 gewonnen, und wieder andere werden in Form von Forschungsvorhaben überhaupt erst ermittelt. Ich habe gesehen, daß manche Ergebnisse erst mit modernsten Analysemethoden möglich sind und daß andere Fragen bislang überhaupt nicht abschließend geklärt sind. Durch den in den letzten Jahren erfolgten Einsatz von modernster High-Tech-Analytik im Museumslabor werden viele bisherige Information um Details ergänzt, wenn sie nicht gar revidiert werden müssen.

Auch überraschendes Wissen habe ich erhalten: nach Durchsicht einiger mittelalterlicher Farbenrezepte erfuhr ich, wie ich mir Basilisken verschaffen könnte, wäre ich ihrer bedürftig … Ebenfalls überraschend war die hohe Zahl an Artikeln, die sich darum dreht, mit moderner Analytik die Zusammensetzung von modernen Künstlermaterialien zu bestimmen, deren Ursprung nicht gerade im Dunkel der Vergangenheit liegt. Wie Sie bei Themen wie Acrylfarben oder modernen Tinten feststellen werden, werden wir oft überraschend vage Aussagen wie „ein anionisches Acrylat“ oder „auf Leinölbasis“ erhalten, wenn es um Produkte geht, die Firmen- oder Produktionsgeheimnissen unterliegen. Selbst Restauratoren müssen dann zu einem Analytiklabor gehen, um zu erfahren, wie sie ihre Schätze wahrscheinlich am besten behandeln.

https://doi.org/10.1515/9783110649154-001

Mein Anliegen bei diesem Buch ist es, das weit verstreute Wissen zusammenzufassen, um kunstinteressierte Naturwissenschaftler und materialinteressierte Kunstliebhaber umfassend über die Natur der Malermaterialien zu informieren. Die Grenze zwischen Malerei und Wissenschaft kann dabei als Pfad erlebt werden, von dem aus die Leser, die mich begleiten wollen, Blicke auf beide Gebiete werfen können und sollen. Unser Reiseführer zeigt in ►Abbildung 1.1 die Sehenswürdigkeiten längs unserer Wegs, den ich in mehrere Etappen unterteilen möchte:

- Chemische Grundlagen von Farbe. Wir werden die vier wesentlichen Möglichkeiten kennenlernen, auf chemischem Wege Farbeindrücke hervorzurufen.
- Die Farbmittel als eigentliche Träger des künstlerischen Ausdrucks. Aufbauend auf den Kenntnissen des vorangegangenen Kapitels werden hier Pigmente vorgestellt und ihre Farbursache diskutiert. Einbezogen sind anorganische und wichtige organische Farbmittel. Ein Kapitel über Farbstoffe, die für Graphik und Zeichnung von Bedeutung sind, schließt sich an.
- Die für den Maler relevanten Malsysteme. Um vermalbar zu sein und dauerhafte Malschichten zu bilden, müssen Farbmittel in komplexe Systeme integriert werden, z. B. Öl- oder Acrylfarben. Wir werden die Bestandteile solcher Systeme, ihre Funktionen und Wirkungsweisen kennenlernen.
- Im abschliessenden Kapitel wollen wir Materialien und Malsysteme der Graphik und Zeichnung näher betrachten, wie Schreib-, Zeichen- und Drucktinten, Pastellkreiden oder Stifte und moderne Medien wie Farblaserdrucker.

Was das Gebiet der Malereichemie sehr spannend gestaltet, ist das Zusammenwirken mehrerer Faktoren zur Hervorbringung der endgültigen sichtbaren Farbe eines Pigments. ►Abbildung 1.2 zeigt die verschiedenen Faktoren am Beispiel des Rotockers:

- Chemische Ursachen. Primär für die Farbe eines Pigments, aber auch eines Farbstoffes verantwortlich ist der Molekülaufbau. Art und Verknüpfung von Atomen bestimmen, ob, bei welchen Wellenlängen und wie intensiv das Molekül sichtbares Licht absorbiert und damit farbig wirkt.
- In Pigmenten tritt zu dieser Primärursache eine weitere, physikalisch bedingte hinzu. Pigmente als große, räumlich ausgedehnte Objekte unterliegen dem physikalischen Prozess der Streuung, der bestimmte Wellenlängen bevorzugt. Hinzu können weitere Prozesse wie die Entwicklung von Oberflächenplasmonen treten. Diese Ursachen sind meist abhängig von Größe und Gestalt der Pigmentpartikel und verschieben die primären Absorptionserscheinungen im Spektrum oder fügen neue Absorptionen hinzu.
- Ebenfalls in Pigmenten können die einzelnen Moleküle oder Ionen miteinander in Wechselwirkung treten, wobei ebenfalls Absorptionsbanden verändert oder neue entstehen können. Unterstützt wird dies durch die Ausbildung regelmäßiger Kristallstrukturen. Damit haben auch Störungen der regelmäßigen Struktur Einfluß auf die sichtbare Farbe.

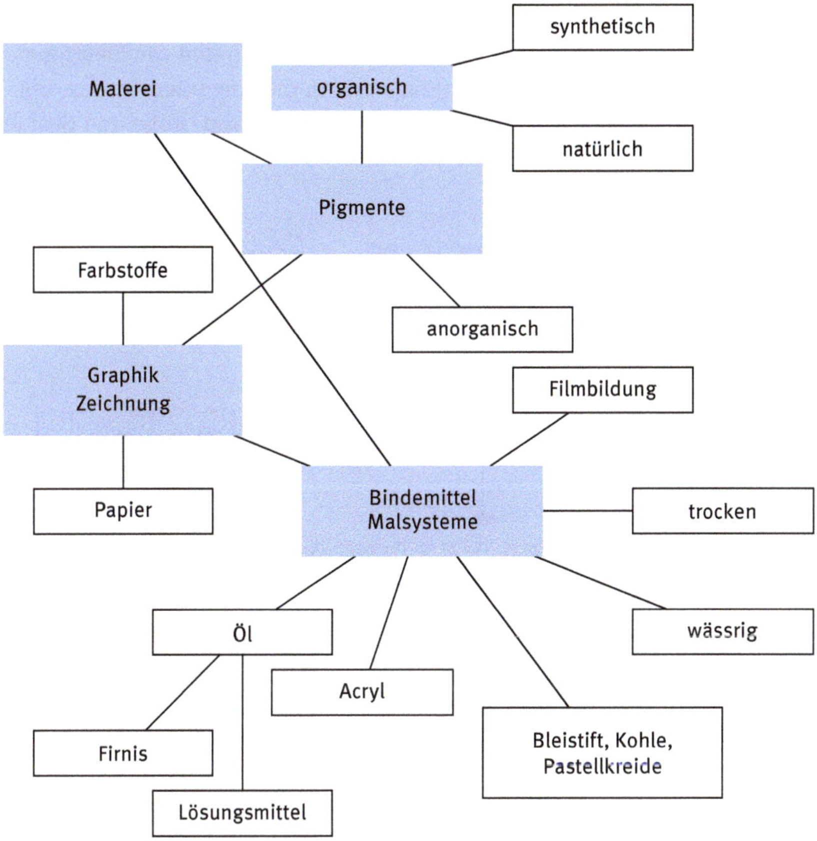

Abb. 1.1: Übersicht über die Themen dieses Buches. Ausgangspunkt ist die Malerei oder die Graphik und Zeichnung. Zu deren Verständnis müssen wir uns mit Pigmenten, Farbstoffen und Bindemitteln befassen, deren einzelne Facetten die Hauptsehenswürdigkeiten unserer Reise sind.

Im Rotocker liegt als primäre Farbursache ein Ligandenfeldübergang (LF) im Eisen-(III)ion vor, der im gelbgrünen Bereich liegt. Hinzu kommt ein intensiver CT-Übergang im nahen UV, sodass sich chemisch betrachtet ein gelber bis roter Farbeindruck ergibt. Besonders im Vergleich zum chemisch fast gleich aufgebauten Gelbocker sehen wir nun die Rolle der weiteren Einflußfaktoren.

Der kristallographische Aufbau des Rotockers im *Pigment* bewirkt eine räumliche Nähe von Eisenionen derart, daß sich eine magnetische Kopplung ausbildet, die als neue Absorptionsbande (EPT) im grünen Bereich auftritt, den gelben Bereich ausblendet und die rote Farbe erheblich verstärkt. Dies ist im Kristallgitter des gelben Ockers nur bei anderer Energielage möglich, sodass an dieser Stelle ein supramolekulares Phänomen die Unterscheidung des gelben zum roten Ocker hervorbringt.

In Pigmenten von Rotocker können wir darüberhinaus einen physikalischen Prozess feststellen, der bestimmend für die Tatsache ist, daß gesinterter Rotocker einen deutlichen kühlen Violettstich erhält (Caput mortuum), während nicht gebrannter Rotocker eine orangerote bis rote Farbe zeigt. Grund ist das Auftreten von Elektronenschwingungen im ganzen Pigmentpartikel (Plasmonen), die eine intensive Absorptionsbande (SP) hervorruft. Die Lage dieser Bande ist abhängig von Größe und Gestalt des Partikels.

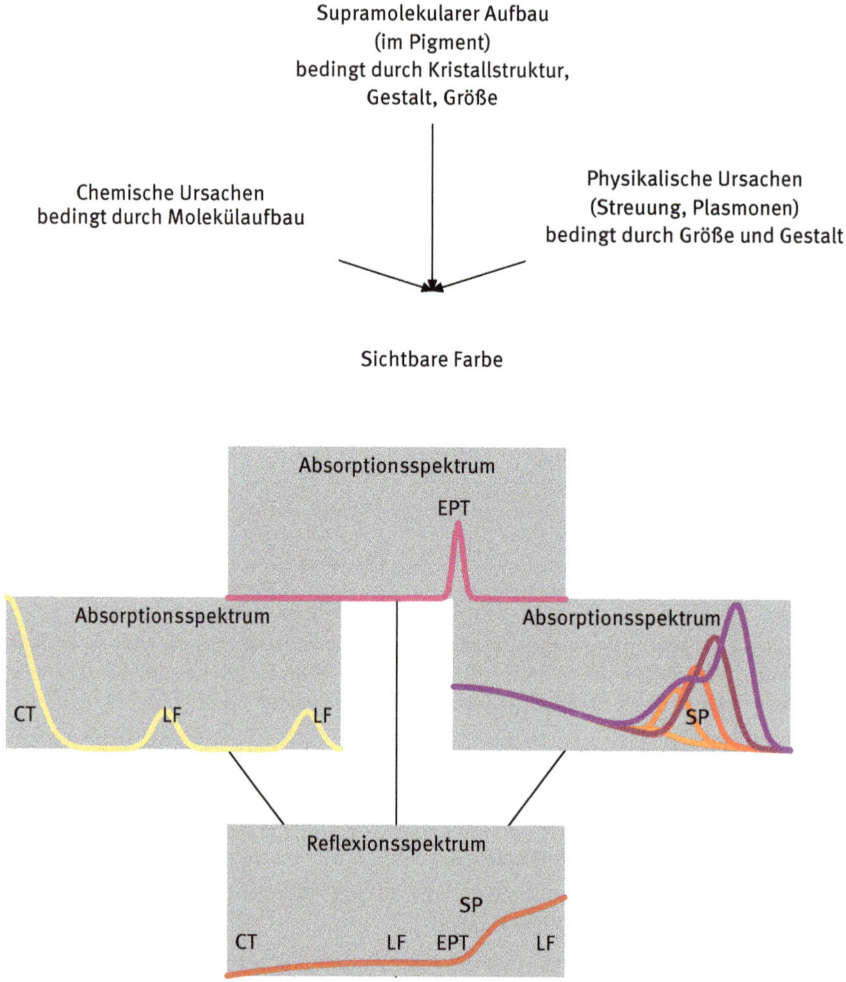

Abb. 1.2: Oben: Zusammenwirken chemischer, physikalischer und kristallographischer Ursachen zur Entstehung der sichtbaren Farbe von Pigmenten. Unten: Die Ursachen am Beispiel des Rotockers: die chemische, vom Molekülaufbau bestimmte primäre Ursache der Farbe sind CT- und LF-Übergänge im Fe^{III}-Kation. Im Pigment treten supramolekulare Ursachen hinzu, bedingt durch die Wechselwirkung vieler Moleküle, hier der Elektronenpaarübergang (EPT) zwischen benachbarten Fe^{III}-Kationen, der zwischen der Farbe von Gelb- und Rotocker entscheidet. Pigmentkörner bestimmter Größe können physikalisch bedingt weitere Absorptionsbanden aufweisen, hier die Absorption durch Oberflächenplasmonen (SP), die zwischen grobkörnigem violettem und feinkörnigem orangerotem Ocker entscheiden.

1.1 Weiterführende und zugrundeliegende Literatur

i

Mein Ziel kann nicht sein, Lehrbücher über all die Gebiete zu verfassen, die wir zum Verständnis betreten müssen. Ich werde die grundlegenden Aussagen dieser Fachgebiete soweit vorstellen, wie notwendig ist, um Aspekte der Malerei zu begreifen. Den interessierten Leserinnen und Lesern empfehle ich folgende sehr guten Werke zur Weiterarbeit, wobei diese Auswahl nicht erschöpfend sein kann und viele gute Werke nicht enthalten wird:

- Eine schöne Einführung in alle chemischen und physikalischen Aspekte von Farbe liegt mit [266] vor. Physikalisch orientiert sind [266, 267, 269, 276] und [277]. Die Chemie der Farbe wird von [2–7] behandelt, [192, 193, 196] stellen die chemisch-theoretischen sowie spektroskopischen Grundlagen vor. Gruppentheorie in Bezug auf Physik und Chemie wird durch [206] und [207] behandelt.
- Zur Chemie der modernen Farbmittel gibt es einige Standardwerke [11–16], zur (textilen) Färberei [18–22]. Pigmente im Laufe der Kunstgeschichte werden zusammenfassend von [46–53, 69] behandelt, die mittelalterliche Buchmalerei ist Schwerpunkt von [103]. Historische Betrachtungen finden Sie für Bereich der Ur- und Frühzeit ab [104]. Spezialisiert auf Druck- und Tintenfarbmittel sind [143–152] und [733].
- Die Chemie und Zusammensetzung von Künstlerfarben sowie Untersuchungsmethoden sind Gegenstand von [73, 74, 85, 90–92, 94, 97–102, 111–116] sowie [174, 175]. Spezialisiert auf Bindemittel sind [170–173, 177–179] und das Standardwerk [169] sowie [175]. Wertvolle Informationen über Kolloid- und Polymerchemie werden von [197–205] geliefert.
- Aus der Fülle der Literatur über Naturstoffe seien [225–228, 236, 247] herausgegriffen.
- Im Bereich Lebensmittel sind [232] und [233] zu nennen, spezialisiert sind [229–231, 234, 235].
- Für Mineralien (Ligandenfeldtheorie) sind [287] sowie [7, 208, 209, 211–213, 218] interessant.
- Chemisch-technische Gebiete werden von [185–188] abgedeckt.

Das Literaturverzeichnis ist thematisch gegliedert und bietet über die genannten Werke hinaus weitere Quellen und Originalarbeiten.

Bei unserem Streifzug werde ich zur zeitlichen Einordnung der Entdeckungen zuweilen auf Zeitpfeile oder chronologische Anordnungen zurückgreifen. Dabei erhebe ich jedoch keinen Anspruch auf kunsthistorische Exaktheit – diesen können Sie durch die oben genannten Haupt- und Sammelwerke sowie die in den Tabellen angegebenen Referenzen befriedigen –, sondern möchte überblicksartig auf den Chemismus der Entdeckung eingehen und ihre grobe zeitliche Veränderung darstellen. Auf 20 oder 50 Jahre mehr oder weniger soll es uns dabei nicht ankommen. Wir müssten uns sonst die Frage beantworten, was wir mit einer allzu genauen Datierung überhaupt meinen: den Zeitpunkt der ersten Erwähnung (mündlich? schriftlich?), des ersten Gemäldefundes, der Entdeckung oder der ersten Herstellung? Was, wenn ein Pigment zunächst tausend Jahr nur als Farbglasur diente, bevor es ein Maler für sich nutzbringend fand? Wenn es ohne unser Wissen zunächst lange nur von einem kleinen Pariser Farbenhändler verkauft wurde, bevor die Öffentlichkeit davon Notiz nahm? Sie sehen, hier beginnen Irr- und Abwege, die uns zu anderen interessanten Geschichten locken wollen ... Wollen Sie dieser Verlockung erliegen, folgen Sie dem liebevoll aufbereiteten interaktiven Zeitpfeil der Berufshistoriker des Metropolitan Museum of Art [429].

1.2 Pigmente als Grundlage der Malerei

Das wesentliche Element jeder künstlerischen Regung ist die Farbe, stärker betont in der Malerei, in Zeichnungen und Drucken teilweise auf das Extrem der Monochromie zurückgeführt. Lassen Sie uns daher zum Einstieg eine Reihe von Malerpaletten ansehen, mit denen Künstler zu verschiedenen Zeiten ebendiese Farbe in ihr Werk gebracht haben. Wie bereits angedeutet, möchte ich dabei die wesentlichen Pigmente und ihre zeitliche Veränderung überblicksartig darstellen. Die wesentlichen Quellen neben den in den Tabellen gegebenen Referenzen sind [11, 12, 14–16, 40, 46–54, 56, 62, 63, 66–69, 73, 74, 91, 92, 94, 100, 101, 108–116, 122–127, 132]. Wenn Sie die Art und Weise interessiert, auf die solche Informationen erhalten werden können, können Sie in [98] nachlesen.

1.2.1 Pigmente der antiken und frühmittelalterlichen Welt

Schon in der Frühzeit hatte der Mensch den Wunsch, seine Umwelt mit Hilfe von Farben zu gestalten und spirituelle Ideen auszudrücken, wie die neolithischen Höhlenmalereien in überwältigender malerischer Schönheit zeigen. Die seßhaft werdenden Gruppen des Neolithikums und die Völker des Orients schmückten ihre Häuser und Paläste mit farbigen Bildern, und aus minoischer Zeit, 2000 Jahre vor Christus, finden wir auf Kreta sinnliche Portraits der Palastdamen und maritime Landschaften, die ebenso der Pinsel eines zeitgenössischen Künstlers hätte erschaffen können. In Ägypten, dem alten Griechenland und in Italien werden die Völker der Antike Kunstwerke von Weltrang schaffen, voller Farbenfülle und Perspektive. Die dafür verwendeten Farbmittel ►Tabelle 1.1 und ►Tabelle 1.2 behalten bis ins frühe Mittelalter ihre Bedeutung und repräsentieren die vier wesentlichen chemischen Ursachen von Farbigkeit, ►Kapitel 2 auf S. 75.

Die am intensivsten gefärbten und reinfarbigen weißen, gelben und roten Pigmente sind *Halbleiter* der Bleigruppe: Bleiweiß (weiß) $PbCO_3 \cdot Pb(OH)_2$, Massicot (gelb) PbO, Mennige (orangerot) Pb_3O_4, Litharge (rot) PbO. Auch die Sulfide Zinnober (rot) HgS und Auripigment (gelb) As_2S_3 sind Halbleiter. Halbleiter zeigen prinzipiell intensive, reine Farben, jedoch nur aus dem Bereich Weiß, Gelb und Rot, ►Abschnitt 2.2. Sie treten natürlich als Sulfid auf oder können mit den metallurgischen Mitteln der Antike leicht aus natürlichen mineralischen Quellen hergestellt werden.

Nebengruppenmetalle können durch Elektronenübergänge zwischen *teilbesetzten d-Orbitalen* eine Farbigkeit zeigen, die die gesamte Palette umspannt, ►Abschnitt 2.3. Dieser Mechanismus ist i. A. „verboten“ und von geringer Intensität, die Pigmente daher farbschwach. Er ist sehr wichtig, da er Verbindungen mit grünen und

Tab. 1.1: Übersicht über die in der prähistorischen und frühzeitlichen Welt gebräuchlichen Pigmente. Die Pfeile deuten das Auftreten neuer ↑ und das Verschwinden bekannter ↓ Pigmente an. Kursiv gedruckt sind seltener gebrauchte Pigmente. Für das frühe Altertum ist eine solche Einordnung teilweise nicht möglich.

Weiß	Gelb/Orange/Braun	Rot/Violett	Grün	Blau	Schwarz
Paläolithikum, 400.000 BC–10.000 BC [105–110, 428, 430, 431, 439]					
–	*Gelbocker*, *Umbra*	Rotocker, Hämatit	–	–	Eisenmanganoxide, Mangandioxid, Ruß, Holzkohle
Frühzeitlicher Orient, 11.000 BC–2000 BC [115, 117, 359]					
Calcit, Gips	*Gelbocker*, *Umbra*	Rotocker, Hämatit, *Zinnober*, *Manganviolett*	*Malachit*	*Ägyptischblau*, *Azurit*, *Lapis Lazuli*	Holzkohle, Ruß, *Bitumen*, *Galenit*
Ägypten, 3000 BC–300 BC [22, 115, 119, 354, 359, 432, 433, 439, 440, 443, 447, 448, 723, 724]					
Kaolin, Kalk, Gips, Anhydrit, Huntit	Gelbocker, *Umbra*, ↑ Auripigment, *Jarosit*	Rotocker, Hämatit, *Umbra gebr.*	↑ Ägyptischgrün ↓, ↑ Kupferchloride ↓, ↑ *Malachit*, *Kupfergrün*	↑ Ägyptischblau, *Azurit*	Pflanzenschwarz, Ruß, Beinschwarz
Minos/Kreta, Mykene, Ägäis, 2000 BC–1000 BC [115, 120, 121, 359, 434–438]					
Calcit	Gelbocker, *Umbra*	Rotocker, Hämatit	*Grüne Erde*, *Malachit*	Ägyptischblau, *blaue Amphibole*	Pflanzenschwarz, Ruß, *Hämatit*, *Pyrolusit*, *Manganit*
Alter Orient, 11.000 BC–500 BC [115, 117, 359]					
Calcit, Kalk, Gips	*Gelbocker*, *Umbra*	Rotocker, Hämatit, *Zinnober*, *Manganviolett*	*Malachit*	*Ägyptischblau*, *Azurit*, *Lapis Lazuli*	Ruß, Holzkohle, *Bitumen*, *Galenit*

Tab. 1.2: Übersicht über die in der antiken und mittelalterlichen Welt gebräuchlichen Pigmente. Die Pfeile deuten das Auftreten neuer ↑ und das Verschwinden bekannter ↓ Pigmente an. Kursiv gedruckt sind seltener gebrauchte Pigmente.

Weiß	Gelb/Orange/Braun	Rot/Violett	Grün	Blau	Schwarz
Griechenland, 1000 BC–100 BC [115, 122, 439, 440, 443–446], [52, ch. 9], [124, 338, 361, 447]					
↑ Bleiweiß, Kaolin, Kreide, Kalk, Gips	Gelbocker, Auripigment, Umbra, Terra di Siena	Rotocker, ↑ Zinnober, Hämatit, ↑ Mennige, ↑ Krapp, ↑ *Realgar*, *Purpur*	Malachit, Paratacamit, ↑ Grünspan, Grünerde	Ägyptischblau, Azurit, ↑ *Ultramarin*, *Indigo*	Pflanzenschwarz, Beinschwarz, Ruß
Rom, 500 BC–500 [115, 439, 440, 443, 447, 449, 450], [52, ch. 9], [48, 127]					
Bleiweiß, Kreide, Calcit, Gips, Kaolin	Gelbocker, ↑ *Massicot* ↓, Auripigment, ↑ gelber Lack, Umbra	Rotocker, Zinnober, Krapp, Realgar, Mennige, Purpur ↓	Grüne Erde, Grünspan, Malachit, (Par)atacamit ↓	Ägyptischblau, Azurit, Ultramarin, *Indigo*	Pflanzenschwarz, Beinschwarz, Ruß
Spätantike, 200–900 [115, 451–453, 466]					
Kalk	Gelbocker, *Umbra*	Rotocker, Hämatit, *Mennige*	Grüne Erde, *Grünspan*, *Kupfergrün*	*Ägyptischblau*, *falsches Blau*	Holzkohle
(Vor-)Karolingisch, 700–1000 [115, 128, 129, 131, 453, 454, 463, 465–467]					
Kalk, *Bleiweiß*, *St. Johannisweiß*	Gelbocker, *Massicot*, *Bleizinngelb*, *Umbra*, *Terra di Siena*	Rotocker, Hämatit, *Zinnober*, *Mennige*, *Roter Lack*	Grüne Erde, *Grünspan*, *Kupfergrün*	*Ägyptischblau*, *Ultramarinblau*, *Azurit*, *falsches Blau*	Pflanzenschwarz, *Beinschwarz*
Romanisch, 1000–1300 [115, 128–130, 453, 459, 461, 462, 464–466]					
Kalk, St. Johannisweiß, *Bleiweiß*	Gelbocker	Rotocker, Hämatit, *Zinnober*, *Mennige*	Grüne Erde, *Grünspan*, *Kupfergrün*	Ultramarinblau, *Azurit*, *falsches Blau*	Pflanzenschwarz

blauen Farben hervorbringt, etwa die durch die Gewinnung von Kupfererzen seit der Bronzezeit bekannten Kupferminerale:

Azurit	blau	$Cu(OH)_2 \cdot 2\,CuCO_3$
Chrysokoll	blau	$(Cu, Al)_2H_2Si_2O_5(OH)_4 \cdot x\,H_2O$
Malachit	grün	$Cu(OH)_2 \cdot CuCO_3$
(Par)Atacamit	grün	$Cu_2(OH)_3Cl$
Basisches Kupfer-hydroxy-chlorid	grün	$Cu(OH)Cl \cdot Cu(OH)_2$

Die wenigen kupferfreien bläulichen und grünlichen Pigmente verdanken ihre Farbe dem Vorhandensein gemischtvalenter Eisen(II,III)-Verbindungen, in denen Elektronenübergänge zwischen den Valenzstufen des Metalls stattfinden (*Intervalenz-Charge Transfer, IVCT*, ►Abschnitt 2.4):

Vivianit	blau	$Fe^{II}_3(PO_4)_2 \cdot 8\,H_2O$ mit Fe^{III}
Blaue Amphibole (Glaukophan, Riebeckit)	blau	$Na_2(Mg, Fe^{II})_3(Al, Fe^{III})_2[(OH)_2\vert Si_8O_{22}]$
Grünerde, Seladonit/Glaukonit	grün	$(K, Na)(Al, Fe^{III}, Mg)_2(Si, Al)_4O_{10}(OH)_2$

In Eisenoxiden kann die Ladungsübertragung auch von den Oxid-Liganden zum Metall erfolgen (*oxygen-metal charge transfer, OMCT*). Beispiele aus antiken Paletten sind Ockererden, die neben Tonmineralen farbige Oxide und Hydroxide von Eisen und Mangan enthalten, und der rote Hämatit:

Goethit	gelb	$FeOOH$
Jarosit	gelb	$(K, Na)Fe_3(SO_4)_2(OH)_6$
Hämatit	rot	Fe_2O_3

Der Charge Transfer-Mechanismus führt zu intensiven Farben. In den natürlichen Farbmitteln, vor allem durch den Erden, sind die farbgebenden Elemente aber meist nur in geringer Konzentration vorhanden, sodass die blauen Amphibole oder Grünerde trotz der Intensität des CT-Übergangs keine farbstarken Pigmente sind.

Der vierte wichtige Mechanismus zur chemisch basierten Farberzeugung liegt in den organischen Farbmitteln vor, in denen intensive Elektronenübergänge zwischen verschiedenen *Molekülorbitalen* stattfinden, ►Abschnitt 2.5:

Karmin	magenta	Karminsäure-Lack
Krapplack	rot	Gemisch von Anthrachinon-Lacken
Purpur	rotviolett	Dibromindigotin

Weisse Materialien, die keine Halbleiter sind, besitzen keine Eigenfarbe „Weiß", sondern erscheinen durch ihren Vermahlungsgrad und die daraus resultierende hohe Lichtstreuung weiß (►Abschnitt 1.6.6): Gips und Anhydrit, Kreide, Kalk und Huntit, ein Calciummagnesiumcarbonat.

1.2.2 Pigmente ab dem Hochmittelalter

Ein Großteil der Hauptwerke unserer Kunstmuseen zwischen Trecento-Malern und Romantikern basiert i. w. auf der griechisch-römischen Palette, die zahlreiche natürliche farbige Minerale und nur wenige synthetische Pigmente (meist Bleiverbindungen) enthält, ►Tabelle 1.3. Mit Bleizinngelb und später Neapelgelb wird die Palette der halbleitenden Bleipigmente um weitere Gelbtöne erweitert. Zu den Halbleitern gehört auch *aureum musivum* oder Musivgold SnS_2, das ein goldglänzendes Pigment zum Vergolden und für Schriftzüge darstellt. Neu hinzu kommen Pigmente, die aus farbigen Pflanzen- oder Tierextrakten und einem Metall-Kation bestehen. Vorbild war die Textilfärberei, die bereits seit vielen Jahrhunderten die Färbung von Stoffen mit Pflanzenextrakten und die Fixierung mit Alaun (Kaliumaluminiumsulfat) kannte:

Krapplack	rot	Anthrachinon-Aluminium-Komplex
Karminrot	rot	Anthrachinon-Aluminium-Komplex
Schüttgelb	gelb	Flavon-Aluminium-Komplex
Brasilholzlack	rot	Neoflavon-Metall-Komplex

Diese Pigmente sind Metallkomplexe mit organischen Liganden und zeigen differenzierte Farbigkeit durch komplexe Elektronenübergänge zwischen Molekülorbitalen. Durch die in der Natur vorkommenden Liganden der Anthrachinone und Flavonoide, nämlich Hydroxylgruppen, ist ihre Farbe aber auf den Bereich Rot–Violett und Gelb–Orange festgelegt, ►Kapitel 4 auf S. 295.

Die in der Bronzezeit auf den Urgründen eines metallurgisch-handwerklichen Erfahrungshandwerks fußende Chemie, die bei ihrem Werdegang orientalische und kabbalistische Elemente aufnahm und als Alchemie Geheimlogen und Könige gleichermaßen in ihren Bann zog, entwickelte sich im 18. Jhd. zu einer systematischen Wissenschaft. Mit dem Berlinerblau beginnt sie starken Einfluß auf die Palette und damit die künstlerischen Ausdrucksmöglichkeiten zu nehmen, wenngleich dieser Fund keiner geplanten Synthese entsprang.

In der Buchmalerei, für die Lichtechtheit der Farbmittel eine geringere Rolle spielt, wurde eine Reihe von komplex zusammengesetzten Pflanzen- und Fruchtextrakten benutzt, die Flavone, Anthocyane und Anthrachinone enthielten und den Farbbereich auf Violett, Blau und Grün erweiterten [103]. Der Blau- und Grünbereich wird auch durch unterschiedlich zusammengesetzte Kupferpigmente erweitert, für die Mischungen von Acetaten, Chloriden und Hydroxiden angenommen werden.

Tab. 1.3: Übersicht über die seit der frühitalienischen Malerei gebräuchlichen Pigmente. Die Pfeile deuten das Auftreten neuer ↑ und das Verschwinden bekannter ↓ Pigmente an. Kursiv gedruckt sind seltener gebrauchte Pigmente.

Weiß	Gelb/Orange/Braun	Rot/Violett	Grün	Blau	Schwarz
Frühitalien (Duecento–Trecento), 1270–1370 [48, 140, 470]					
Bleiweiß	↑ Bleizinngelb II, Gelbocker, Auripigment, gelber Lack	Rotocker, Zinnober, ↑ Brasilholzlack, Mennige, Karmin, ↑ Lac Dye	Grüne Erde, Grünspan, Malachit, ↑ Kupferresinat	Azurit, Ultramarin, *Vivianit*	Lampenschwarz
Renaissance, Manierismus, 1400–1550 [136, 471–487, 489–491] [355, 356, 370, 371, 488, 492–505]					
Bleiweiß, Kreide, Gips	↑ Bleizinngelb, Gelbocker, Auripigment, gelber Lack, Siena, Umbra	Rotocker, Zinnober, Krapp, Karmin, roter Lack, Realgar, Mennige ↓	Grünspan, Grüne Erde, Malachit, Kupferresinat	Azurit, Ultramarin, Smalte, *Indigo*	Pflanzenschwarz, Beinschwarz, Ruß, Manganschwarz
Barock, 1550–1750 [134, 135, 506–516]					
Bleiweiß, Kreide, Gips	Bleizinngelb ↓, Gelb-, Orange-, Braunocker, Auripigment ↓, gelber Lack, Siena, Umbra, ↑ Vandykbraun	Rotocker, Zinnober, Krapp, Kermes, *Realgar*, Karmin	Grünspan, Grüne Erde, Kupferresinat, Malachit ↓	Azurit, Ultramarin, Smalte, Indigo	Pflanzenschwarz, Beinschwarz, Ruß
Rokoko, 1750–1790 [517–524]					
Bleiweiß	↑ Neapelgelb, Gelbocker, Auripigment, orange Ocker, Umbra, ↑ Vandyckbraun	Rotocker, Zinnober, Krapp ↓, Karmin, *Realgar* ↓	Grünspan ↓, Grüne Erde	Azurit, Ultramarin, ↑ Berlinerblau, Smalte ↓, Indigo	Pflanzenschwarz, Beinschwarz, Ruß

1.2.3 Pigmente von Romantik und Klassizismus bis zur Klassischen Moderne

Die rasche Entwicklung der wissenschaftlichen Chemie führte ab dem 19. Jhd. besonders mit der Entdeckung zahlreicher Nebengruppenelemente zu einer Fülle neuer intensiver Farben, die auf *d*-Elektronenübergängen, Halbleitern und Charge Transfer-Mechanismen beruhen und die wichtigen Farbbereiche Blau, Grün, Orange und Violett systematisch erschließen:

Alizarinkarmesin	rot	Alizarin-Aluminium-Komplex
Kobaltviolett	violett	Kobaltarsenat oder -phosphat
Schweinfurter Grün	grün	Kupferarsenat
Chromoxidgrün feurig	grün	Chromoxidhydrat
Cadmiumgelb	gelb	Cadmiumsulfid
Cadmiumorange	orange	Cadmiumsulfid
Chromgelb	gelb	Bleichromat
Manganblau	blau	Bariummanganat

►Tabelle 1.4 zeigt dies überblicksartig. Die Bildung von *Mischoxiden* führt zu hochwertigen und stabilen Pigmenten, die sogar einen keramischen Brand überdauern können und bis heute zu diesem Zwecke in der keramischen Industrie eingesetzt werden, z. B.:

Kobaltblau	blau	Kobaltaluminat
Coelinblau	blau	Kobaltstannat

Diesen Pigmenten liegt ein natürliches Mineral, z. B. Spinell $MgAl_2O_4$, zugrunde, in dem Magnesiumatome durch farbgebende Kobaltatome ersetzt wurden, in denen wiederum *d*-Elektronenübergänge für die Farbigkeit verantwortlich sind.

Die Lackpigmente erfahren im 19. Jhd. eine Verbesserung, da die aufkommende chemische Industrie in Form der Teerfarbenindustrie die farbgebenden Anthrachinone in reiner Form und großer Menge synthetisieren und verlacken kann. Unabhängig von der wechselnden Zusammensetzung der Naturrohstoffe konnten so Farbtöne mit hoher Farbreinheit standardisiert werden (z. B. Alizarinkarmesin).

1.2.4 Moderne Pigmente

Das 20. Jhd. hat der Avantgarde und der zeitgenössischen Kunst erneut eine Fülle von Pigmenten gebracht, ►Tabelle 1.3 zeigt nur einen Ausschnitt der vielen Neuerungen auf anorganischem und organischem Gebiet. Einen guten Eindruck erhalten wir, wenn wir einen Blick in die Datenblätter der Sortimente von bekannten Farbenherstellern werfen [936–938]. Sie listen zahlreiche anorganische (►Tabelle 1.5) und organische (►Tabelle 1.6) Pigmente. Andere Hersteller listen vergleichbare Pigmente, ebenso die für Künstlerfarben zuständigen Standards ASTM D4302-05, ASTM D5098-05a und ASTM D5067-05 [934] und der „Ullmann“ [185, Stichwort „Artist´s colors“].

Tab. 1.4: Übersicht über die seit der Romantik gebräuchlichen Pigmente. Die Pfeile deuten das Auftreten neuer ↑ und das Verschwinden bekannter ↓ Pigmente an. Kursiv gedruckt sind seltener gebrauchte Pigmente.

Weiß	Gelb/Orange/Braun	Rot/Violett	Grün	Blau	Schwarz
Romantik, Realismus, Klassizismus, 1790–1850, 1850–1900 [68, 525–537, 539]					
Bleiweiß, ↑ Zinkweiß	Neapelgelb ↓, Gelbocker, gelber Lack, Siena, ↑ Chromgelb, ↑ Cadmiumgelb, ↑ *Strontiumgelb* ↓, ↑ *Cadmiumorange*, Umbra, Kasseler Braun	Rotocker, Zinnober, ↑ Alizarinkarmesin, Karmin	Grüne Erde, ↑ Schweinfurter Grün, ↑ Chromoxidhydratgrün	Ultramarin, Berlinerblau, ↑ Kobaltblau, ↑ Coelinblau, *Azurit* ↓, *Smalte* ↓	Beinschwarz, Pflanzenschwarz, Eisenoxidschwarz, Kohleschwarz
Impressionismus, klassische Moderne, 1850–1940 [139, 141, 540–549]					
Bleiweiß, Zinkweiß	*Gelbocker*, Chromgelb ↓, *Bariumgelb*, Cadmiumgelb, *Neapelgelb*, *Siena*, *Cadmiumorange*, *Chromorange*	*Rotocker*, Zinnober ↓, Alizarinkarmesin, Karmin, *Mennige*, ↑ *Kobaltviolett*, ↑ *Manganviolett*	*Grüne Erde*, Schweinfurter Grün ↓, Chromoxidhydratgrün	Coelinblau, Ultramarin, Berlinerblau ↓, Kobaltblau	Beinschwarz, Pflanzenschwarz

Tab. 1.5: Anorganische Pigmente in Winsor&Newton Künstlerfarben (•) [936], in Schmincke Künstlerfarben (◇) [937], in Charbonnel Künstlerfarben (⋆) [938].

Pigment	Öl	Aquarell	Acryl	Linol-druck	Kupfer-druck	Chemische Zusammensetzung
PW4	• ◇	• ◇	◇		⋆	ZnO
PW6	• ◇	• ◇	• ◇	◇	⋆	TiO_2
PY35	• ◇	• ◇	• ◇			$(Cd, Zn)S$
PY40		•				$K_3[Co(NO_2)_6]$
PY42	• ◇	• ◇	• ◇	◇	⋆	$FeOOH$
PY43	• ◇	• ◇	•			$FeOOH$
PY53	• ◇	• ◇	◇			$(Ti, Ni, Sb)O_2$
PY119		• ◇	◇			$(Zn, Fe)Fe_2O_4$
PY159		•				$(Zr, Pr^{IV})SiO_4$
PY184	• ◇	• ◇	• ◇			$4\,BiVO_4 \cdot 3\,Bi_2MoO_6$
PY216		• ◇				$(Ti, Zn, Sn)O_2$
PO20	• ◇	• ◇	• ◇			$Cd(S, Se)$
PR101	• ◇	• ◇	• ◇	◇ ⋆	⋆	α-Fe_2O_3
PR102	•	•	•		⋆	α-Fe_2O_3
PR108	• ◇	• ◇	• ◇			$Cd(S, Se)$
PR233		• ◇	•			Cr_2O_3 in $CaO \cdot SnO_2 \cdot SiO_2$
PV14	• ◇	•				$Co_3(PO_4)_2$
PV15	• ◇	• ◇	•			$Na_{6-8}Al_6Si_6O_24S_{2-4}$
PV16	•	• ◇				$(NH_4)MnP_2O_7$
PB27	• ◇	• ◇		⋆	⋆	$(Na, K\,NH_4)Fe^{III}[Fe^{II}(CN)_6]$
PB28	• ◇	• ◇	• ◇			$CoAl_2O_4$
PB29	• ◇	• ◇	• ◇	◇ ⋆	⋆	$Na_{6,9}Al_{5,6}Si_{6,4}O_{24}S_{4,2}$
PB35	• ◇	• ◇	•			$CoO \cdot nSnO_2$
PB36	• ◇	• ◇	•			$Co(Al, Cr)_2O_4$
PB74	• ◇	• ◇				$(Co, Zn)_2SiO_4$
PG17	• ◇	• ◇	• ◇			Cr_2O_3
PG18	• ◇	• ◇	◇			$2\,Cr_2O_3 \cdot 3\,H_2O$
PG19	◇	◇	◇			$ZnCo_2O_4$
PG23	•	•				FeO-Silikate
PG26	• ◇	• ◇	• ◇			$Co(Cr, Al)_2O_4$
PG50	• ◇	• ◇	• ◇			$(Co, Ni, Zn)_2TiO_4$
PBr6		◇				$FeOOH/Fe_2O_3/Fe_3O_4$
PBr7	• ◇	• ◇	• ◇	◇ ⋆	⋆	$x\,Fe_2O_3 \cdot y\,FeOOH \cdot z\,MnO_2$
PBr24	• ◇	• ◇	• ◇			$(Ti, Cr, Sb)O_2$
PBr33	◇	◇				$(Zn, Fe)(Fe, Cr)_2O_4$
PBk6, 7, 8	• ◇	• ◇	◇	⋆	⋆	C
PBk9	• ◇	• ◇	• ◇	◇ ⋆	⋆	$Ca_3(PO_4)_2/C$
PBk10	◇	◇	• ◇			C
PBk11	• ◇	• ◇	• ◇	◇	⋆	Fe_3O_4
PBk12		•				Fe_2TiO_4
PBk19	•	•	•			C
PBk28	◇					$Cu(Cr, Fe)_2O_4$

Tab. 1.6: Organische Pigmente in Winsor&Newton Künstlerfarben (•) [936] in Schmincke Künstlerfarben (◇) [937], in Charbonnel Künstlerfarben (⋆) [938].

Pigment	Öl	Aquarell	Acryl	Linol-druck	Kupfer-druck	Chemische Klasse
PY3	•◇	◇	•◇	◇	⋆	Monoazo-Gelb ►Abschnitt 4.11.4.1
PY65	•	•◇	•			Monoazo-Gelb ►Abschnitt 4.11.4.1
PY74	•◇		•◇	⋆	⋆	Monoazo-Gelb ►Abschnitt 4.11.4.1
PY83			•	⋆	⋆	Diaryl-Gelb ►Abschnitt 4.11.4.2
PY110	•	◇	•◇			Isoindolinon ►Abschnitt 4.15
PY128	•					Diaryl-Gelb ►Abschnitt 4.11.4.2
PY139	•		•			Methin ►Abschnitt 4.15
PY154		•◇	◇	◇		Benzimidazolon ►Abschnitt 4.11.4.5
PY155	◇	◇	◇			Diaryl-Gelb ►Abschnitt 4.11.4.2
PY175		•◇				Benzimidazolon ►Abschnitt 4.11.4.5
PO49			•			Chinacridon ►Abschnitt 4.12
PO62	•	•◇		◇		Benzimidazolon ►Abschnitt 4.11.4.5
PO67	◇		◇			Pyrazolo-chinazolon
PO71	◇	◇	◇			DPP ►Abschnitt 4.14
PO73	•	•	•			DPP ►Abschnitt 4.14
PR83:1	•◇	•◇			⋆	Alizarinlack ►Abschnitt 4.6.4
PR112			•			Naphthol AS ►Abschnitt 4.11.4.4
PR122	•◇	•◇	•◇	◇	⋆	Chinacridon ►Abschnitt 4.12
PR144		◇				Diaryl-Gelb ►Abschnitt 4.11.4.2
PR149	•		•			Perylen ►Abschnitt 4.13
PR177	•	◇	•			Anthrachinon ►Abschnitt 4.6.4
PR178		◇				Perylen ►Abschnitt 4.13
PR179	◇	•◇	•◇			Perylen ►Abschnitt 4.13
PR188	•	•◇		⋆	⋆	Naphthol AS ►Abschnitt 4.11.4.4
PR206	◇	•◇	•◇			Chinacridon ►Abschnitt 4.12
PR207	◇	◇	◇			Chinacridon ►Abschnitt 4.12
PR209	•◇	•	•			Chinacridon ►Abschnitt 4.12
PR242	◇	◇				Disazokond. ►Abschnitt 4.11.4.2
PR254	•◇	•◇	•◇	◇		DPP ►Abschnitt 4.14
PR255	•◇	◇	•◇	◇		DPP ►Abschnitt 4.14
PR264	◇	•◇	◇	◇		DPP ►Abschnitt 4.14
PV19	•◇	•◇	•◇		⋆	Chinacridon ►Abschnitt 4.12
PV23	•◇	•◇	•◇	⋆	⋆	Dioxazin ►Abschnitt 4.9
PV29		•◇	•			Perylen ►Abschnitt 4.13
PV42	◇	◇				Chinacridon ►Abschnitt 4.12
PV55		•◇				Chinacridon ►Abschnitt 4.12
PB15	•◇	•◇	•◇	◇⋆	⋆	Phthalocyanin ►Abschnitt 4.10
PB16	◇	•◇	•◇			Phthalocyanin ►Abschnitt 4.10
PB60	•◇	•◇	•◇			Indanthron ►Abschnitt 4.6.4
PG7	•◇	•◇	•◇	◇⋆	⋆	Phthalocyanin ►Abschnitt 4.10
PG36	•◇	•◇	•◇			Phthalocyanin ►Abschnitt 4.10
PBr25	•	•				Benzimidazolon ►Abschnitt 4.11.4.5
PBr41		◇				Disazokondens. ►Abschnitt 4.11.4.2
PBk31	•◇	•◇	•◇			Perylen ►Abschnitt 4.13

Die Zusammensetzung der modernen Farben können wir bei hochwertigen Künstlerfarben auf den Tuben direkt sehen oder in den Angebotslisten der Hersteller nachschlagen. Einem Automobil-Nummernschild nicht unähnlich, erlauben es Angaben wie

Neapelgelb hell
PBr24/PY53

den Farbton und die chemische Zusammensetzung des Farbmittels anhand des *Colour Index* [1] zu bestimmen. Der Colour Index ist ein Sammelwerk, in dem zahllose Farbmittel erfasst sind. Und so wie ein Nummernschild die Stadt der Zulassung verrät, können wir an den ersten Buchstaben erkennen, welcher Farbton und welche Farbmittelart vorliegt: das „P" steht für „Pigment", das „Br" für „Brown" und das „Y" für „Yellow". Die Zahlen stellen eine laufende Numerierung der Farbmittel dar. Das obige „Nummernschild" liefert uns also folgende Information:

- Das fragliche Neapelgelb enthält ein braunes Pigment mit der Nummer 24, das „Pigment Brown 24". Nachschlagen im Colour Index liefert die Information, dass es sich um ein Chrom-Antimon-Titanat $(Ti, Cr, Sb)O_2$ handelt.
- Es enthält ausserdem ein gelbes Pigment mit der Nummer 53, das „Pigment Yellow 53", chemisch besehen ein Nickel-Antimon-Titanat: $(Ti, Ni, Sb)O_2$.

Auch die anderen Farbbereiche haben Kennbuchstaben. Darüberhinaus erfasst der Colour Index auch Farbstoffe, die durch weitere Kennbuchstaben unterschieden werden. Sie können auf die Kennzeichen der ►Tabelle 1.7 stossen.

Tab. 1.7: Kennzeichnung von Pigmenten und Farbstoffen nach dem Colour Index-System.

Typ	Farbe (Gelb, Orange, Rot, Violett, Blau, Grün, Schwarz, Weiß, Braun)
Pigment	PY, PO, PR, PV, PB, PG, PBk, PW, PBr
Säurefarbstoff (Acid dye)	AY, AO, AR, AV, AB, AG, ABk, ABr
Reaktivfarbstoff (Reactive dye)	RY, RO, RR, RV, RB, RG, RBk, RBr
Direktfarbstoff (Direct dye)	DY, DO, DR, DV, DB, DG, DBk, DBr
Küpenfarbstoff (Vat dye)	VY, VO, VR, VV, VB, VG, VBk, VBr
Dispersionsfarbstoff (Disperse dye)	DSY, DSO, DSR, DSV, DSB, DSG, DSBk, DSBr

Wenn wir die Menge der Pigmente chemisch einteilen, zeigt sich der Erfolg der Mischoxidbildung. Das Prinzip des Ersatzes von Atomen eines Minerals durch farbgebende Atome wurde auf weitere Mineralgitter ausgedehnt und führte zu temperaturbeständigen Pigmenten:

Kobalttürkis	blaugrün	Kobaltchromaluminat
Nickeltitangelb	gelb	Nickeltitanat
Titanweiß	weiß	Titandioxid

Bei den meisten von ihnen werden Nebengruppenelemente in eine Mineralmatrix eingebaut, die durch *d*-Elektronenübergänge farbig sind. Einige wie Titanweiß wirken als Halbleiter, wobei das gestiegene Verständnis der Halbleiterphysik es erlaubt, die farbbestimmende Größe der Bandlücke durch Legierungsbildung mit geeigneten Elementen zu designen.

Eine große Anzahl neuer Pigmente beruht schließlich auf organischen Strukturen, die feinabgestimmte Farbtöne liefern.

1.3 Übersicht über die Pigmente

In der vorangegangenen groben zeitlichen Übersicht haben wir die wesentlichen chemischen Wirkmechanismen zur Farbentstehung angerissen und einige wenige Beispiele von Pigmenten gegeben. Lassen Sie uns nun die Chemie der bedeutenden Malerpigmente nach Farbe gruppiert betrachten. Die Tabellen 1.8–1.12 benennen die Mechanismen, die für Entstehung der Farbe verantwortlich sind. Die Kurzsymbole HL, LF, CT, MO bezeichnen die vier chemischen Mechanismen, die in ▶Kapitel 2 auf S. 75 genau beschrieben werden.

Die Tabellen deuten den zeitlichen Verlauf und das Ausmass der Anwendung schematisch an. Für eine detaillierte Betrachtung von Zeit und Nutzung verweise ich auf die entsprechende Fachliteratur, da wir hier ein Gefühl für den Zusammenhang zwischen Chemismus und Nutzungsdauer erlangen wollen.

1.3.1 Bereich Weiß, Schwarz

Der Bereich Schwarz ist in Form von Kohlenstoff seit frühester Zeit mit einem hervorragenden Pigment vertreten. Da ein gutes Schwarzpigment zur Farberzeugung über den ganzen optischen Spektralbereich eine Totalabsorption zeigen muß, kommen die meisten Mechanismen nicht in Frage, da sie Absorptionsbanden und damit ungleichmäßige Absorptionen hervorrufen. Kohlenstoff ist in dieser Beziehung eine Ausnahme, weil hier die Atomorbitale zu einer so großen Menge an Molekülorbitalen verschmolzen sind, daß ihr gegenseitiger Abstand praktisch verschwindet und zu einer Vielzahl an engst beieinanderliegenden Absorptionspeaks führen, also quasi einer kontinuierlichen breiten Absorption.

In schwarzen Eisen- und Manganoxide liegen mehreren Oxidationsstufen der Elemente vor, ein Beispiel ist Magnetit Fe_3O_4 oder $Fe^{II}Fe_2^{III}O_4$. Sie weisen derart intensive IVCT-Übergänge im UV auf, daß die längerwellige Flanke ihrer Absorptionsbanden den ganzen optischen Bereich überdeckt und die Oxide braun bis schwarz wirken.

Weiße Pigmente ▶Tabelle 1.8 gehören zu einem problematischen Farbbereich, da das ideale Weißpigment eine hundertprozentige, gleichmäßige Reflexion bei hohem Brechungsindex zeigen muß, um einen rein weißen Farbeindruck zu hinterlassen. Verbindungen mit Absorptionsbanden können dies kaum leisten, sodass hochwerti-

Tab. 1.8: Die wichtigsten weißen und schwarzen Malerpigmente. Die Dicke der Balken deutet das Ausmaß der Nutzung von der Urzeit bis heute an [16, 47, 48, 50, 51, 92, 94, 111–116, 447] sowie Quellen aus ►Tabelle 1.2–►Tabelle 1.6.

Name	Zusammensetzung		Nutzungszeitraum
Weiß			
Gips	$CaSO_4$	Streuung	
Kreide	$CaCO_3$	Streuung	
Huntit	$CaMg_3(CO_3)_4$	Streuung	
Bleiweiß PW1	$2PbCO_3 \cdot Pb(OH)_2$	HL	
Permanentweiß PW21	$BaSO_4$	Streuung	
Lithopone	$ZnS/BaSO_4$	HL	
Zinkweiß PW4	ZnO	HL	
Titanweiß PW6	TiO_2	HL	
Schwarz			
Ruß, Lampenschwarz, PBk6	C	MO	
Holzkohlenschwarz, Rebenschwarz, PBk8	C	MO	
Magnetit, Eisenoxidschwarz PBk11	Fe_3O_4	CT	
Beinschwarz, PBk9	$C \cdot Ca_3(PO_4)_2 \cdot CaCO_3$	MO	
Kohlenstoffschwarz, PBk7	C	MO	
Schwarze Spinelle PBk20–PBk30	$(Cu, Co, Fe, Ni)(Cr, Fe, Mn)_2O_4$	CT/LF	
Organische Pigmente	verschieden	MO	

ge weiße Pigmente chemisch ausschließlich durch Halbleiterverbindungen realisiert werden. Glücklicherweise sind halbleitende Bleiverbindungen einfach herstellbar, sodass mit Bleiweiß bereits in griechischer Zeit ein gutes weißes Pigment zur Verfügung stand. Erst im 19. Jhd. folgten dann weitere weiße Halbleiter auf Zink- und Titanbasis, wie Zinkweiß und später das bekannte Titanweiß.

Eine weitere Möglichkeit, weiße Pigmente herzustellen, ist die feine Vermahlung farbloser Verbindungen. Durch die hohe Streuung des einfallenden Lichts entsteht physikalisch ein weißer Farbeindruck (►Abschnitt 1.6.6). Die verwendeten natürlichen Calciumverbindungen besitzen jedoch einen geringen Brechungsindex, sodass sie in hochbrechenden Medien wie Öl nicht weiß, sondern transparent wirken. Lediglich in Aquarellfarben und Maluntergründen können sie verwendet werden.

1.3.2 Bereich Gelb-Orange-Braun

Gelb ist eine dankbare Farbe für den Maler, gelbe Farbmittel nehmen einen breiten Raum ein, ►Tabelle 1.9. Jeder der vier chemischen Mechanismen für Farbentstehung kann einen gelben Farbeindruck hervorbringen, sodass die Beschaffung gelber Farbmittel zu jeder Zeit relativ einfach war.

Tab. 1.9: Die wichtigsten gelben, orangen und braunen Malerpigmente [16, 47, 48, 50, 51, 92, 94, 111–116, 447] sowie Quellen aus ►Tabelle 1.2–►Tabelle 1.6.

Name	Zusammensetzung		Nutzungszeitraum
Gelb			
Gelber Ocker PY43	α-FeOOH	CT/EPT	
Marsgelb, Eisenoxidgelb PY42	α-FeOOH	CT/EPT	
Auripigment PY39	As_2S_3	HL	
Realgar PY39	As_4S_4	HL	
Massicot, Bleigelb PY46	PbO	HL	
Bleizinngelb	Pb_2SnO_4 (Typ I), $PbSn_2SiO_7$ (Typ II)	HL	
Indischgelb NY20	Mg-Salz der Euxanthinsäure	MO	
Neapelgelb PY41	theor. $Pb_2Sb_2O_7$	HL	
Barytgelb PY31	$BaCrO_4$	CT	
Chromgelb PY34	$Pb(Cr, S)O_4$	CT	
Cadmiumgelb hell PY37	(Cd, Zn)S	HL	
Cadmiumgelb PY35	CdS	HL	
Zinkgelb PY36	$3\,ZnCrO_4 \cdot Zn(OH)_2 \cdot K_2CrO_4 \cdot 2\,H_2O$ oder $K_2O \cdot 4\,ZnCrO_4 \cdot 3\,H_2O$	CT	
Chromtitangelb PBr24	$(Ti, Cr, Sb)O_2$	HL	
Nickeltitangelb PY53	$(Ti, Ni, Sb)O_2$	HL	
Mangantitanbraun PY164	$(Ti, Mn, Sb)O_2$	HL	
Zinkeisenbraun PY119	$(Zn, Fe)Fe_2O_4$	CT	
Bismutvanadat und -molybdat PY184	$4\,BiVO_4 \cdot 3\,Bi_2MoO_6$ und $BiVO_4$	CT	
Organische Pigmente	verschieden	MO	
Orange			
Chromorange PO21	$Pb_2[CrO_4(OH)_2]$	CT	
Cadmiumorange PO20	Cd(S, Se)	HL	
Cersulfidorange hell PO78	$Ce_2S_3 \cdot La_2S_3$	HL	
Cersulfidorange PO75	Ce_2S_3	HL	
Cadmiumzinnober PO23	(Cd, Hg)S	HL	
Organische Pigmente	verschieden	MO	
Braun			
Umbra PBr7	$x Fe_2O_3 \cdot y FeOOH \cdot z MnO_2$ (wenig Fe_2O_3)	CT/EPT	
Terra di Siena PBr7	$x Fe_2O_3 \cdot y FeOOH \cdot z MnO_2$ (wenig Mn)	CT/EPT	
Chromeisenbraun PBr29	$(Fe, Cr)_2O_3$	LF+CT/EPT	
Marsbraun PBr6	$FeOOH/Fe_2O_3/Fe_3O_4$	CT/EPT	
Mangantitanbraun PY164	$(Ti, Mn, Sb)O_2$	HL	
Organische Pigmente	verschieden	MO	

Besonders organische Verbindungen zeigen Absorptionen im nahen UV-Bereich, die häufig leicht in den angrenzenden optischen blauen Spektralbereich verschoben werden können und dann gelbe Farbe verursachen. Wir kennen daher zahlreiche organische gelbe Farbmittel; als natürliche Quellen kommen Pflanzen- und Blütenextrakte in Frage, die vorzugsweise Farbstoffe für die Färberei liefern. Für die Malerei sind sie kaum brauchbar, da ihre Beständigkeit gegenüber Licht und Chemikalien nicht hoch ist. Erst durch die moderne organische Chemie wurden stabile gelbe Pigmente in allen Farbnuancen bis hin zu eigenständigen orangefarbenen und braunen Pigmenten entwickelt.

Glücklicherweise wird die Palette gelber Naturfarbstoffe durch stabile Pigmente erweitert, die aufgrund von Ligandenfeldübergängen in Eisen-Kationen farbig sind. In Form von Ocker und Eisenoxiden werden seit Jahrzehntausenden bis heute gelbe bis braune Erdpigmente vermalt.

Ein reines Gelb kann auch durch Charge Transfer-Mechanismen entstehen, z. B. im Chromat-Anion $CrO_4^{2\ominus}$. Durch den Mangel an natürlichen chromathaltigen Mineralen ist dieser Mechanismus auf der früheren Palette nicht vertreten und wird erst im 19. Jhd. durch Chromgelb eingeführt.

Schließlich gehört Gelb zu den Farben, die von Halbleitern hervorgerufen werden. Geeignete Halbleiter werden unter oxidischen und sulfidischen Mineralien gefunden, die auch in neue, künstliche Pigmente umgewandelt werden können. Auripigment, Massicot, Bleizinngelb und Neapelgelb waren seit dem Altertum eine beliebte Ergänzung der Erdfarbenpalette um reine, leuchtende Gelbtöne, freilich um den Preis einer hohen Giftigkeit. Cadmiumgelb ist ein Resultat der frühen Chemie, und in der Folge tritt mit Cadmiumorange erstmal ein eigenständiges orangefarbenes Pigment auf.

1.3.3 Bereich Rot, Violett

Ähnlich günstig wie bei den gelben Pigmenten schaut die Situation für rote Pigmente aus ►Tabelle 1.10, deren Beschaffung bereits im Altertum einfach möglich war. Auch rote Farben können durch alle vier chemischen Mechanismen hervorgebracht werden, und leider gilt erneut: je reiner die Farbe, desto giftiger das Pigment.

Organische Extrakte aus Pflanzen und Farbhölzern waren vor allem für Färber von Interesse, lieferten aber auch die klassischen roten Farblacke Krapplack, Karmin und Cochenillerot. Die moderne Chemie liefert zahllose neue, synthetische Rotpigmente in allen Nuancen bis hin zu eigenständigen violetten Pigmenten.

LF-Übergänge waren nach Fortschritten der anorganischen Chemie im 19. Jhd. vor allem für eigenständige Violettpigmente verantwortlich.

Der teils rein vorkommende, teils in Ockererden enthaltene Hämatit ist das klassische Beispiel eines natürlichen Rotpigments auf Charge Transfer-Basis. Seit Beginn der Kunst ist roter Ocker auf den Paletten anzutreffen, und als Bestandteil orangefarbener Ocker und Siena erweitert er den Bereich der gelben Erdfarben ins Orange hinein.

Tab. 1.10: Die wichtigsten roten und violetten Malerpigmente [16, 47, 48, 50, 51, 92, 94, 104, 111–116, 447] sowie Quellen aus ►Tabelle 1.2–►Tabelle 1.6.

Name	Zusammensetzung	Nutzungszeitraum
Rot		
Roter Ocker PR102	α-Fe_2O_3	CT/EPT
Marsrot, Eisenoxidrot PR101	α-Fe_2O_3	CT/EPT
Krapplack PR83	Anthrachinon-Al-Lack	MO
Alizarinkarmesin	Alizarin-Al-Lack	MO
Kermes	Kermessäure-Al-Lack	MO
Karmin	Karminsäure-Al-Lack	MO
Zinnober PR106	HgS	HL
Mennige PR105	Pb_3O_4	CT
Siena gebr. PR102	Fe_2O_3	CT/EPT
Cadmiumrot PR108	Cd(S, Se)	HL
Ultramarinrot PR259	$Na_{3,6}(NH_4)_{0,25}(H_3O)_{1,94} \cdot [Al_{4,8}Si_{7,2}O_{24}] \cdot S_{3,01}$	MO
Molybdatrot PR104	$Pb(Cr, S, Mo)O_4$	CT
Cersulfidrot PR265, PR275	Ce_2S_3	HL
Cadmiumzinnober PR113	(Cd, Hg)S	HL
Organische Pigmente	verschieden	MO
Violett		
Purpur	$C_{17}H_8Br_2N_2O_2$	MO
Han-Purpur	$BaCu[Si_2O_6]$	LF
Ultramarinviolett PV15	$Na_{6,08}(NH_4)_{0,17}(H_3O)_{1,28} \cdot [Al_{5,36}Si_{6,64}O_{24}] \cdot S_{3,83}$	MO
Kobaltviolett PV14	$Co_3(PO_4)_2$	LF
Manganviolett PV16	$(NH_4)MnP_2O_7$	LF
Ammoniumkobaltphosphat PV49	$NH_4CoPO_4 \cdot H_2O$	LF
Lithiumkobaltphosphat PV47	$CoLiPO_4$	LF
Organische Pigmente	verschieden	MO

Halbleiter lieferten seit der Antike sehr reine Rottöne, Zinnober ist das klassische Beispiel. Pigmente der Neuzeit sind dagegen die gelben, orangefarbenen und dunkelroten Cadmiumpigmente Cadmiumgelb, -orange und -rot und ihre Nachfolger, die Cersulfide. Diese Entwicklungen wurden erst durch die Fortschritte der anorganischen Chemie im 19. Jhd. möglich, vor allem durch die Entdeckung von Metallen wie Cadmium.

1.3.4 Bereich Blau

Im blauen Bereich des Spektrums treten zu allen Zeiten vor dem 18. Jhd. Schwierigkeiten bei der Pigmentbeschaffung auf [381] ►Tabelle 1.11. Dies beruht vor allem darauf, daß der Halbleitermechanismus keine blauen Farben hervorbringen kann und damit die wichtigste Quelle reiner und beständiger Farbtöne, nämlich natürliche Mineralien, entfällt.

Tab. 1.11: Die wichtigsten blauen Malerpigmente [16, 47, 48, 50, 51, 92, 94, 104, 111–116, 447] sowie Quellen aus ►Tabelle 1.2–►Tabelle 1.6.

Name	Zusammensetzung		Nutzungszeitraum
Blaue Amphibole, z. B. Glaukophan oder Riebeckit	$Na_2(Mg, Fe^{II})_3(Al, Fe^{III})_2[(OH)_2\|Si_8O_{22}]$	CT	
Ägyptischblau PB31	$CaCu[Si_4O_{10}]$	LF	
Han-Blau	$BaCu[Si_4O_{10}]$	LF	
Azurit PB30	$Cu(OH)_2 \cdot 2\,CuCO_3$	LF	
Azurit synthetisch	$Cu(OH)_2 \cdot 2\,CuCO_3$	LF	
Vivianit	$Fe_3(PO_4)_2 \cdot 8\,H_2O$ mit Fe^{III}	CT	
Ultramarin PB29	$Na_{6,3}[Al_{4.79)}Si_{7,21}O_{24}]S_{3,74}$	MO	
Ultramarin synthetisch	$Na_{6,3}[Al_{4.79)}Si_{7,21}O_{24}]S_{3,74}$	MO	
Indigo	$C_{16}H_{10}N_2O_2$	MO	
Indigo synthetisch PB66	$C_{16}H_{10}N_2O_2$	MO	
Smalte PB32	Kobaltglas	LF	
Berliner Blau PB27	$(Na, K\,NH_4)Fe^{III}[Fe^{II}(CN)_6] \cdot nH_2O$	CT	
Coelinblau PB35	$CoSnO_3$	LF	
Kobaltblau PB28	$CoAl_2O_4$	LF	
Manganblau PB33	„$BaMnO_4 \cdot BaSO_4$“	LF	
Kobaltblau türkis PB36	$Co(Al, Cr)_2O_4$	LF	
Phthalocyaninblau PB15	Kupferphthalocyanin	MO	
Organische Pigmente	verschieden	MO	

MO-basierte organische Farbmittel mit reinen Blautönen sind zwar möglich, erfordern zu ihrer Herstellung aber das Instrumentarium der modernen Chemie, denn so leicht es ist, Absorptionsbande vom UV- in den nahen (blauen) VIS-Bereich zu schieben und Gelbpigmente zu erhalten, so schwierig ist es, sie bis zum langwelligen (gelben) Ende des VIS-Bereichs zu verschieben, um Blaupigmente zu gewinnen. Das einzige strahlend blaue klassische Pigment ist Ultramarin, ein anorganisches MO-Farbmittel, das aufgrund der Lokalisierung seiner Fundorte in Afghanistan und der aufwendigen Gewinnung des Pigments zu jeder Zeit äußerst teuer war.

Die einzigen kostengünstigen blauen Verbindungen beruhen auf LF-Übergängen im Kupfer-Kation. In der Antike wurden verschiedene Kupfermineralien verwendet, bis sich über zwei Jahrtausende hinweg Azurit durchgesetzt hat. Kupferverbindungen sind jedoch unbeständig und interagieren mit vielen anderen Pigmenten, obendrein sind die LF-Übergänge des Kupfers intensitätsschwach. Die einzige Alternative für Kupfer ist Kobalt. Kobalt tritt in seinen Verbindungen häufig tetraedrisch koordiniert auf, sodaß das spektroskopische Symmetrieverbot entfällt und Kobaltverbindungen intensiv gefärbt sind, meist blau. Für Pigmentzwecke wird es jedoch erst ab dem 15. Jhd. in Form des blauen Glases Smalte verwendet. Darin ist Kobalt mengenmäßig aber nur in geringem Maße enthalten, echte Kobaltpigmente mußten bis zur Entdeckung von Kobalt als Element und seiner systematischen Chemie im 19. Jhd. warten.

In der Mitte des 17. Jhd. ist eine überbordende Farbfülle im Blaubereich zu beobachten, die auf den Klassikern unter den Blaupigmenten beruht, auf Ultramarin und grünstichigen Azurit, sowie Smalte. Die Farbfülle darf jedoch nicht über die Nachteile hinwegtäuschen, denen sich der Maler dieser verschwenderischen Zeit gegenübersah [379]:

- Ultramarin ist nach wie vor sehr teuer.
- Auch Azurit in guter Qualität wird seltener, teurer und verschwindet im 18. Jhd. ganz aus dem Repertoire.
- Synthetischer Azurit (blue verditer) wird nur von Dekorationsmalern genutzt, da er grießelig in der Textur und grünstichig im Farbton ist.
- Das blaue Glas Smalte ist farbschwach und bleicht in Öl aus.
- Der aus der Färberei altbekannte Indigo ist ebenfalls bekannt für Ausbleichen.

Anfang des 18. Jhd. gab es somit nach wie vor nur eine sehr begrenzte Auswahl stabiler blauer Pigmente. Daher kam die Entdeckung einer gemischtvalenten Eisenverbindung zu dieser Zeit gerade recht. In dieser Konstellation rufen Charge Transfer-Übergänge leuchtende Blautöne hervor, das um 1704 entdeckte Preussisch- oder Berlinerblau ist das klassische Beispiel für diesen Mechanismus. In der Natur kommt der zugrundeliegende IVCT-Übergang zwischen Fe^{II}- und Fe^{III}-Kationen zwar in vielen bläulichen eisenhaltigen Gesteinen vor, die notwendige zweite Oxidationsstufe des Eisens tritt aber nur als Verunreinigung auf, sodass die Farbstärke nicht ausreichend ist, um das Gestein als Pigment zu vermahlen. Berlinerblau wurde daher rasch angenommen. Kaum 30 Jahre nach seiner Entdeckung mehrten sich jedoch bereits Berichte über Ausbleichen dieser Farbe, besonders in Weißausmischungen, sodaß die Maler weiterhin auf gute blaue Pigmente warten mußten.

Diese wurden dann von der systematischen Chemie bereitgestellt. Die heute weitverbreiteten Kobaltblau- und Kobalttürkispigmente beruhen wie Smalte auf LF-Übergängen im tetraedrisch koordinierten Kobalt, ihre Herstellung wurde aber erst möglich, als Kobalt als Metall isoliert und gezielt in Verbindungen überführt werden konnte. Die Synthese des Ultramarins im 19. Jhd. und die Entdeckung der Phthalocyanine und organischer Blaupigmente im 20. Jhd. schuf erst in den letzten zwei Jahrhunderten eine solide Grundlage für heutige Blau- und Grünpigmente.

1.3.5 Bereich Grün

Es scheint paradox: die Maler Europas sind von der dominierenden Farbe Grün umgeben, und dennoch ist der grüne Bereich der Palette der problematischste Farbbereich ►Tabelle 1.12. Die vor dem 19. Jhd. bekannten Grünpigmente lassen sich in

- Mineralien (Malachit, Grünerde),
- Metallsalze, meist Kupfersalze (Grünspan/Spanischgrün, künstlicher Malachit, basische Kupferchloride) und
- Pflanzenextrakte (Saftgrün für Wasserfarben)

Tab. 1.12: Die wichtigsten grünen Malerpigmente [16, 47, 48, 50, 51, 92, 94, 104, 111–116, 447] sowie Quellen aus ►Tabelle 1.2–►Tabelle 1.6.

Name	Zusammensetzung		Nutzungszeitraum
Chrysokoll	$(Cu, Al)_2H_2Si_2O_5(OH)_4 \cdot x\,H_2O$	LF	
(Par)Atacamit	$Cu_2(OH)_3Cl$	LF	
Ägyptischgrün	grünes Kupfer-Silikatglas	LF	
Malachit PG39	$Cu(OH)_2 \cdot CuCO_3$	LF	
Malachit synthetisch	$Cu(OH)_2 \cdot CuCO_3$	LF	
Grüne Erde PG23	FeO-Silikate	CT/LF	
Grünspan PG20	$Cu(CH_3COO)_2 \cdot Cu_3(OH)_2$	LF	
Rinmanns Grün PG19	$ZnCo_2O_4$	LF	
Scheeles Grün PG22	$n\,CuO \cdot As_2O_3 \cdot m\,H_2O$	LF	
Schweinfurter Grün, Smaragdgrün PG21	$Cu(CH_3COO)_2 \cdot Cu_3(AsO_2)_2$	LF	
Chromoxidgrün PG17	Cr_2O_3	LF	
Chromoxidgrün feurig PG18	$Cr_2O_3 \cdot 2\,H_2O$	LF	
Chromgrün, Zinnobergrün PG15	Chromgelb+Berlinerblau	CT+MO	
Cadmiumgrün PG14	Cadmiumgelb+Ultramarin	HL+MO	
Chromgrün PG48	Chromgelb+Phthalocyaninblau	CT+MO	
Kobalttürkis PG50	$(Co, Ni, Zn)_2TiO_4$	LF	
Phthalocyaningrün PG7	Kupferphthalocyanin chloriert	MO	
Phthalocyaningrün PG36	Kupferphthalocyanin halogeniert	MO	
Organische Pigmente	verschieden	MO	

einteilen. Sie waren jedoch unbefriedigend, da sie entweder wie alle Kupferpigmente stark blaustichig sind, oder wie Grünerde einen stumpfen Grünton zeigen, jedenfalls war kein klares farbstarkes mittleres Grün dabei [348]. Daher hatten sich schon früh Regeln zur Mischung von Grün aus vorhandenen Grünpigmenten mit Gelb oder aus Blau mit Gelb herausgebildet, ggf. unter Zusatz von Schwarz. Typische Kombinationen waren

Grünerde, Grünspan oder Malachit	mit Bleizinngelb oder gelbem Lack	und ggf. Schwarz
Azurit, Ultramarin, Indigo, Preussischblau	mit Gelbocker, Bleizinngelb, Neapelgelb, gelbem Lack, Auripigment	

Die Grünmischung kann durch direkte Mischung der Farben auf der Palette oder im Bild erreicht werden, ihre konkrete Zusammensetzung spiegelt die in jeder Epoche üblichen Pigmente wider. Vom 17. Jhd. zum 18. Jhd. hinweg findet ein Wechsel der teurer gewordenen Blaupigmente Azurit und Ultramarin zu neuen Blaupigmente wie Preussischblau und Indigo statt, Bleizinngelb tritt zugunsten Neapelgelb zurück.

Mit steigender Beherrschung der Ölmaltechnik und dem Aufkommen der altmeisterlichen Lasurtechnik wurden Grüntöne durch optische Mischung erzielt, d. h. durch Übereinanderlegen farbiger Lasuren. Dazu war das deckende Bleizinngelb oder Neapelgelb nicht geeignet, sodaß ab dem 17. Jhd. gelbe Lacke oder transparente Ocker eingesetzt wurden. Zu jeder Zeit bestanden jedoch auch mit ermischten Grüntönen, die koloristisch durchaus befriedigend waren, Probleme:

- die beteiligten Kupferpigmente dunkelten durch Reaktion mit dem Medium oft nach oder beeinflussten andere Pigmente,
- viele der benutzten Pigmente waren bekannt dafür, mehr oder weniger rasch zu verblassen, insbesondere gelbe und rote Lacke. Aber auch Indigo, Smalte, Preussischblau und sogar Auripigment galt als unsicher. Schutz konnte durch Firnisse erreicht werden.

Hintergrund der Problematik ist, daß reines Grün nicht durch die Absorption einer einzigen komplementären Wellenlänge erzielt werden kann. Das Beste, was wir durch eine Absorption im Rotbereich erreichen, ist Blaugrün. Halbleiter können dies nicht leisten, und Charge Transfer-Banden sind in diesem Bereich nicht bekannt. Die Entwicklung organischer Blau- und Grünpigmente erfordert die Verschiebung einer Absorption vom UV-Bereich über einen sehr großen Bereich, was erst der modernen organischen Chemie durch massgeschneiderte Elektronendonoren und -akzeptoren gelang.

Die bessere Alternative zur Erzeugung von Grün ist, *zwei* Absorptionsbanden um den Grünbereich herum zu platzieren, eine Aufgabe für einen modernen Forschungschemiker. In der Natur wird dies in zwei Fällen realisiert: sowohl grüne Kupferverbindungen, namentlich Malachit, als auch Porphyrine (Chlorophyll) weisen zwei geeignete Absorptionsbanden im blauen und gelben Bereich auf. Die grünen Kupferverbindungen besitzen jedoch dieselben Nachteile wie die blauen, sie sind unbeständig und intensitätsschwach, darüberhinaus giftig. Die Entdeckung des Chroms ermöglichte es in der Neuzeit, stabile grüne Chromoxidhydrate zu entwickeln, die ebenfalls geeignete Absorptionsbanden besitzen.

Die beiden Absorptionsbanden müssen nicht aus demselben Elektronensystem stammen, gelbe und blaue Verbindungen können gemischt werden. Dieser Weg wird von der Natur in den grünen Erden beschritten (Gelb durch Fe^{II}-Verbindungen, Blau durch schwache IVCT-Übergänge zwischen Fe^{II} und Fe^{III}), und wie gezeigt in zahllosen Grünmischungen von Malern jeder Epoche. Auch heute noch ist dies der beste Weg zur Erzielung reiner oder intensiver grüner Farben.

1.4 Malsysteme, Definitionen

Bevor wir uns den Details zuwenden, müssen wir einige Begriffe definieren, um uns im folgenden Text klar auszudrücken. Ein *Malsystem* ist die Gesamtheit der farbigen Stoffe, Binde-, Lösungs- und Hilfsmittel und der Untergründe, die für eine bestimmte Maltechnik benötigt wird, z. B.:

- Das Malsystem der Ölmalerei umfasst die Bindemittel Lein-, Mohn- oder Saflor-öl, eventuell Harze, das Lösungsmittel Terpentinöl sowie die Farbmittel, hier Pigmente. Untergründe sind bspw. Leinwände oder Holzplatten.
- Das Malsystem einer Schreibtinte umfasst das Lösungsmittel Wasser, einige Hilfsmittel wie Feuchthaltemittel, Tenside und pH-Puffer, sowie als wesentliche Komponente ein Farbmittel (Pigment oder Farbstoff) und Papier als Untergrund.

Als *Farbmittel* werden nach DIN alle Substanzen bezeichnet, denen Farbigkeit zu eigen ist, ob sie nun Pigmente oder Farbstoffe sind. Die einzelnen Bestandteile wichtiger Systeme werden wir in den folgenden Kapiteln detailliert untersuchen.

Pigmente Farbmittel, die in den Lösungsmitteln eines Malsystems unlöslich sind, werden *Pigmente* genannt. Sie müssen mit einem Bindemittel auf dem Malgrund fixiert werden. Die eigentliche Malerfarbe ist eine Dispersion der Pigmente im Lösungsmittel, die dünnflüssig sein kann (z. B. werden Aquarellfarben mit viel Wasser in Gebrauchsform gebracht) oder als pastose Masse vorliegt (Ölfarbe). Das Lösungsmittel kann gleichzeitig Bindemittel sein, z. B. das Öl der Ölfarben. Alle Künstlerpigmente sind in Leinöl und Wasser unlöslich und somit zur Herstellung von Öl-, Acryl- und Aquarellfarben geeignet.

Körperhafte Pigmentfarben in Form mehr oder minder zäher Massen können pastos aufgetragen werden und dem Gemälde sichtbare Texturen verleihen. Durch den dichten Auftrag wirken sie deckend, auch wenn diese Eigenschaft je nach Größe der Pigmentkörner unterschiedlich stark ausgeprägt ist. Für lasierende Malsysteme wie der Aquarellmalerei, bei denen ein transparentes Erscheinungsbild gefordert ist, werden die Pigmente durch Vermahlung auf eine Größe gebracht, bei der ihr Streuvermögen niedrig ist und sie transparenter wirken, ►Abschnitt 1.6.6. Es ist heute häufig möglich, die Deckfähigkeit eines Pigments fließend von lasierend bis deckend einzustellen: Gelbocker z. B. ist ein gut deckendes Pigment, kann aber in bestimmten Korngrößen lasierend wirken. Anwendungen wie pigmentierte Tintenstrahltinten erfordern ebenfalls Pigmente mit geringer Korngröße.

Farbstoffe Farbige Substanzen, die im Lösungsmittel molekular gelöst sind, werden *Farbstoffe* genannt. Da keine Farbmittelkörner vorliegen, streuen sie das Licht nicht und ihre Lösung ist klar und transparent. Durch die fehlende Körperlichkeit und ihre Unstofflichkeit verwendet der Maler Farbstoffe i. A. nicht für seine Arbeit an Gemälden, sie werden jedoch gelegentlich zum Färben von Firnissen verwendet. Ihr Hauptanwendungsgebiet sind graphische Arbeiten, das Zeichnen (Tusche), Drucken, Schreiben (Tinten) und die Färberei. Farbstoffe werden vom Träger (Papier, Textilien) adsorbiert und im wesentlichen durch sekundäre Wechselwirkungen wie van der Waals-Kräfte fixiert, ►Abschnitt 6.1.4. Diese Wechselwirkungen sind zwar im Großen schwach, aber in den molekularen Dimensionen des Farbstoffs stark.

Durch *Verlackung* (►Abschnitt 2.6) können auch einige Farbstoffe zum Malen verwendet werden: sie werden aus der Lösung durch Zugabe eines Metallsalzes als schwerlösliche Niederschläge gefällt und gewinnen so Stofflichkeit. Ist der Trägerkörper Tonerde oder Kreide, erhalten wir Lasurpigmente, da der weiße Träger aufgrund seines geringen Brechungsindex in den meisten Bindemitteln durchsichtig ist. Bedeutende Beispiele von Lacken sind Karminrot (Aluminiumlack der wasserlöslichen Karminsäure aus Cochenille-Läusen) und Krapplack (Aluminiumlack des Alizarins aus Krappwurzeln).

1.5 Physikalische Grundvorgänge, Spektren

Um zu verstehen, was die eigentliche Aufgabe des Chemikers beim Hervorbringen von Farbe ist, müssen wir wissen, was Farbe überhaupt entstehen läßt. Wir betrachten dazu den grundlegenden Vorgang der Absorption von (sichtbarer) Strahlung durch einen (farbigen) Körper näher, bevor wir uns in ►Abschnitt 1.6 den physikalischen Grundlagen zuwenden.

Dieser Vorgang, dem die Malerei ihre Existenz verdankt, ist in ►Abbildung 1.3 dargestellt. Er beruht darauf, daß durch die Einstrahlung von Licht mit einer geeigneten Wellenlänge λ bzw. der Frequenz ν oder der Kreisfrequenz ω Elektronen einer Verbin-

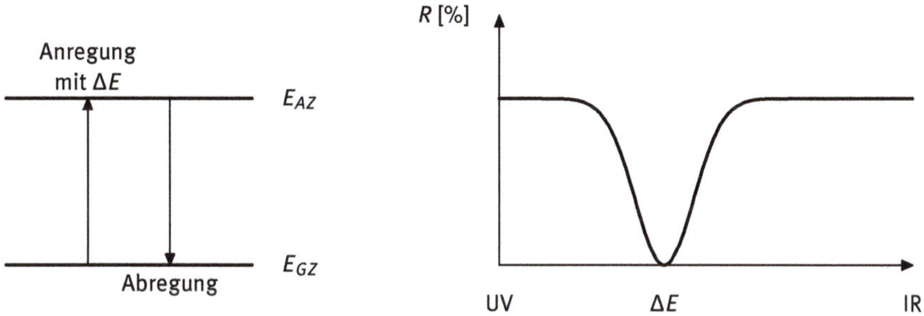

Abb. 1.3: Grundprinzip der Absorption, das von weißem Licht durchstrahlte Material weist zwei Energieniveaus auf. Links: durch Einstrahlung von Licht der Frequenz ν und der Energie $h\nu$ werden Elektronen vom Grundzustand mit der Energie E_{GZ} in den angeregten Zustand mit der Energie E_{AZ} überführt. Es muß gelten $\Delta E = E_{AZ} - E_{GZ} = h\nu$.
Rechts: die Energie $h\nu$ „fehlt" im Reflexionsspektrum und erscheint als Absorptionsbande.

dung von einem Energieniveau E_{GZ} in ein höher liegendes Energieniveau E_{AZ} überführt werden können. Die zur Überführung entnommene Energie $\Delta E = h\nu$ „fehlt“ im Reflexionsspektrum und tritt als Absorptionsbande in Erscheinung. Liegt die Wellenlänge im sichtbaren Bereich des elektromagnetischen Spektrums (VIS-Bereich), erscheint uns die Verbindung farbig. Energie und Wellenlänge stehen dabei im Zusammenhang

$$\lambda = \frac{c}{\nu} = \frac{2\pi c}{\omega}, \qquad \Delta E = h\nu = \frac{h}{2\pi}\omega = E_{AZ} - E_{GZ} \tag{1.1}$$

Im Reflexionsspektrum geben wir die Reflektion $R(\lambda)$ an, d. h. den Bruchteil oder Prozentsatz an eingestrahltem Licht der Wellenlänge λ. $R(\lambda)$ bewegt sich zwischen 0 % (totale Absorption, ideales Schwarz) und 100 % (totale Reflexion, d. h. überhaupt keine Absorption, ideales Weiß).

1.5.1 Emissionsfarben

Der erste Grundtyp eines Spektrums enthält einen einzelnen, mehr oder weniger scharf ausgeprägten Peak ►Abbildung 1.4. Ein solches Spektrum kann entstehen, indem ein selbstleuchtender Körper Licht bestimmter Wellenlänge ausstrahlt, was in der Malerei nicht der Fall ist, bei einer Videoinstallation dagegen sehr wohl. Es wird die Farbe wahrgenommen, die der Wellenlänge des Peaks entspricht, im Beispiel Blau oder Gelb. Je schärfer der Peak, desto reiner ist die Farbe, wie im Beispiel am scharfen Gelb-Peak im Vergleich zum breiten Blau-Peak gezeigt. Ist der Peak im sichtbaren Bereich sehr breit, ähnelt das Ergebnis mehr und mehr weissem Licht, die Farbe ist blaß und wenig ausgeprägt.

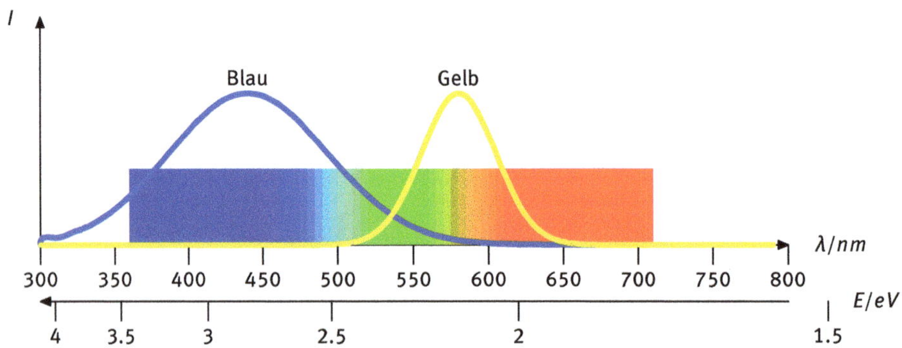

Abb. 1.4: Ideales Emissionsspektrum einer selbstleuchtenden Verbindung, aufgetragen ist die Intensität I in der sichtbaren Farbe. Die wahrgenommene Farbe entspricht der Wellenlänge λ des Peaks. Je geringer die Halbwertsbreite des Peaks ist, desto reiner erscheint der Farbton (hier Gelb). Zu sehen ist auch der reziproke Zusammenhang zwischen Energie $h\nu$ der Strahlung und der Wellenlänge λ. Farbwahrnehmungen und Wellenlängenbereiche sind Richtwerte.

Eine Verbindung, die ein solches Spektrum zeigt, kann alle Farben des Regenbogens aufweisen, wie die Abbildung zeigt, vor allem die Hauptfarben Violett (420 nm), Blau (460 nm), Grün (525 nm), Gelb (575 nm), Orange (600 nm) und Rot (650 nm). Die Angabe von Wellenlängen ist als Richtwert zu nehmen, da der genaue Farbeindruck stark von der genauen Form des Spektrums abhängt.

1.5.2 Absorptionsfarben

Das Gegenstück zum soeben besprochenen Spektrum ist eines, in dem nur Licht einer bestimmten Wellenlänge absorbiert wird. Das Reflexionsspektrum enthält ein „Loch" an dieser Stelle, ►Abbildung 1.5. Ein solches Spektrum ist der Regelfall, sobald ein Körper einen durch Licht anregbaren Übergang, eine Absorption, aufweist, wie in ►Abbildung 1.3 gezeigt.

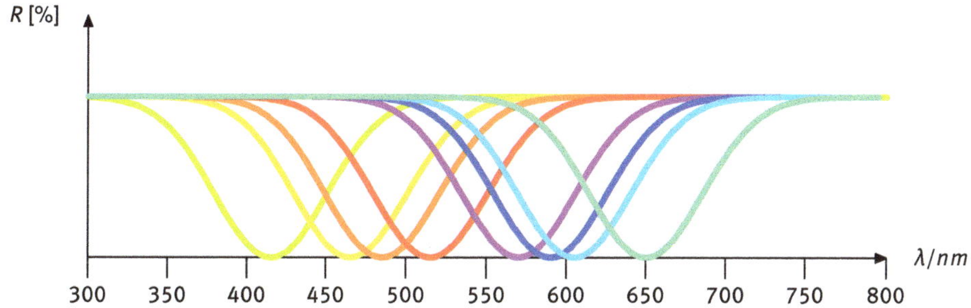

(a) Ideales Reflexionsspektrum, dargestellt in der wahrgenommenen Farbe.

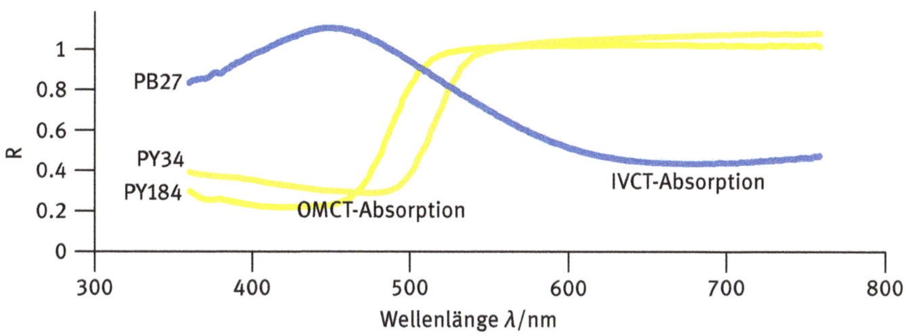

(b) Reales Reflexionsspektrum, normiert auf eine beliebige Einheit. Der IVCT-Übergang im Preussischblau (PB27) führt zu einer intensiven und breiten Absorption im gelbroten Spektralbereich und zur komplementären, also blauen Farbe des Pigments. OMCT-Übergänge in Vanadiumgelb (PY184) und Chromgelb (PY34) führen zu intensiven und breiten Absorptionen im blauen Spektralbereich und damit zur komplementären, gelben Farbe der Pigmente.

Abb. 1.5: Reflexionsspektrum eines Pigments mit einzelner Absorptionsbande.

Der Farbeindruck eines solchen Spektrum wird durch die Mischung des restlichen Lichts bestimmt. Sie zeigt die Komplementärfarbe zu der Farbe, die der Wellenlänge des Peaks entspricht. Absorbiert ein Körper Licht von 590 nm, so entspricht dies gelbem Licht, der Farbeindruck dieses Körpers ist Blau, wie ►Tabelle 1.13 zeigt.

Tab. 1.13: Zusammenhang zwischen absorbierter Wellenlänge λ_{max}, der Farbe der korrespondierenden Emission, und der wahrgenommenen Farbe [191, Kap. 34]. Ein rein grüner Farbeindruck kann nur schwer entstehen.

Farbe für λ_{max}	λ_{max}/nm	Farbwahrnehmung	Energie/eV
Purpur	380–430	Gelbgrün	3,26
Blau	430–480	Gelb	2,75
Zyanblau	480–490	Orange	2,57
Blaugrün	490–500	Rot	2,52
Grün	500–560	Magenta	2,33
Gelbgrün	560–580	Violett	2,17
Gelb	580–595	Blau	2,13
Orange	595–605	Zyanblau	2,11
Rot	605–750	Blaugrün	2,04
Magenta	750–770	Grün	1,65

Verbindungen, die einen Absorptionspeak aufweisen, können alle Farben von Gelbgrün über Violett bis Blaugrün annehmen bis auf Grün selber, ►Abbildung 1.5(b) zeigt dies für Chromgelb und Preussischblau als reale Endpunkte dieser Farbreihe. Beachten Sie, daß bei Absorptionserscheinungen die Farbe komplementär zum Beispiel der blauen und gelben Emissionsfarben (►Abbildung 1.4) ist!

Ein rein grüner Farbeindruck entsteht nur durch die Kombination von zwei Absorptionsbanden im Gelb- und Blaubereich (etwa durch die bekannte Mischung von Blau und Gelb), was für das chemische Design von Pigmenten große Bedeutung hat. [9, ch. 7, app. D] enthält eine Anzahl Reflexionsspektren für wichtige Farbpigmente.

Multiple Absorptionsbanden

Farbmittel weisen in der Praxis mehrere Absorptionsbanden im sichtbaren Bereich und vor allem im angrenzenden UV-Bereich auf. Die resultierende Farbe ist dann nicht mehr einfach vorherzusagen. Wir können aber einen wichtigen Sonderfall betrachten, der den beschriebenen Grünton hervorbringt.

Zwei Absorptionsbanden werden so platziert, daß sie Licht höherer und niedrigerer Wellenlänge absorbieren und im dazwischenliegenden Bereich keine Absorption stattfindet, also ein „Reflexionspeak“ entsteht. ►Abbildung 1.6 zeigt, daß die beiden Absorptionsbanden um λ_1 und λ_2 herum, die selber nicht im VIS-Bereich liegen müssen, einen „Peak“ um λ_3 hervorbringen.

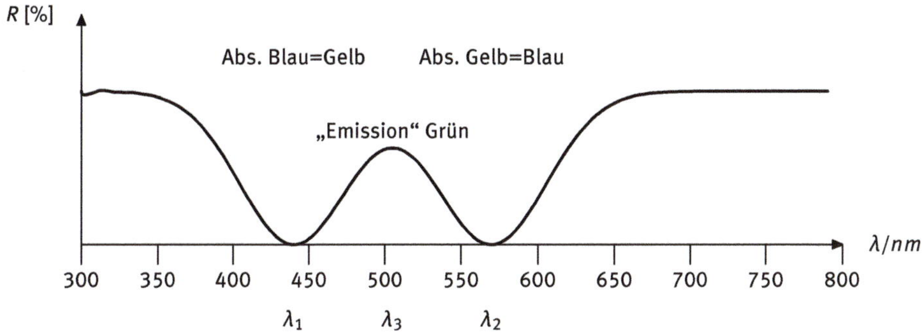

(a) Ideales Reflexionsspektrum.

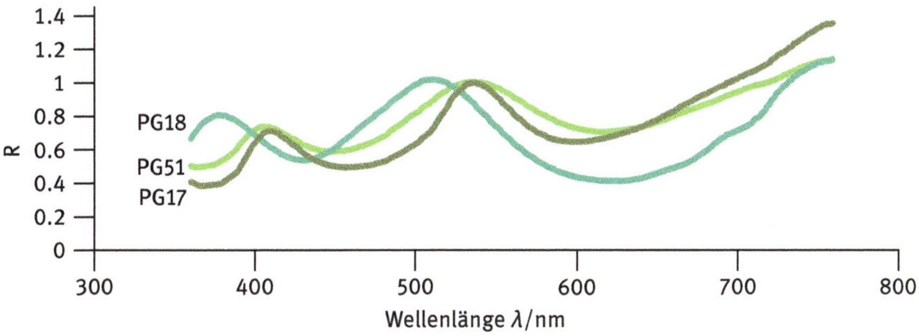

(b) Reales Reflexionsspektrum, normiert auf eine beliebige Einheit: Lindgrün oder Viktoriagrün (PG51), Smaragdgrün oder Chromoxidgrün feurig (PG18) und Chromoxidgrün stumpf (PG17). Ein Mechanismus zur Erzeugung mehrfacher Absorptionen wird für die Chromoxidpigmente in ►Abschnitt 2.3.4 besprochen.

Abb. 1.6: Reflexionsspektrum eines Pigments mit zwei Absorptionsbanden zur Erzeugung eines grünen Farbeindrucks durch doppelte Absorption im blauen und roten Bereich.

Einfluß der Halbwertsbreite

Der Farbeindruck ist neben der Absorptionswellenlänge auch von der Halbwertsbreite der Absorptionsbande abhängig. Eine schmale Absorptionsbande ist reinfarbiger (höhere Chroma) als eine breite Bande. Sie ist aber auch schwächer farbig, da nur ein geringer Anteil des weißen Lichts absorbiert wird. Ein Beispiel ist Didym-Glas (Neodym-Praseodym-Glas), das eine Bande mit ca. 30 nm Breite im Gelbbereich aufweist und bläulich erscheint. Im Gegensatz dazu ist die Bande im intensiv blauen Kobaltglas ca. 200 nm breit.

Steigern wir die Halbwertsbreite so weit, daß große Teile des VIS-Bereichs überdeckt werden, verliert sich der Farbeindruck zunehmend, es treten dunkle Farben auf. Breite Absorptionsbanden im Gelben wirken blauschwarz, solche im Blaubereich führen zu braungrauen Tönen.

Einfluß der Intensität

Eine weitere Beeinflussung des Farbeindruck erfolgt durch die Intensität der Absorptionsbande. Bei geringer Intensität (z. B. durch geringe Konzentration des Farbmittels) wird der Farbeindruck im wesentlichen von der zentralen Absorptionswellenlänge bestimmt, die Absorptionsintensitäten der benachbarten Wellenlängen liegen unter der Wahrnehmungsschwelle des Auges. Bei höherer Intensität ist dies nicht mehr der Fall, wir beginnen, zunehmend die Absorption der Nachbarwellenlängen wahrzunehmen, was zu einer Farbtonverschiebung führt.

Ein gutes Beispiel finden wir bei gelben Farbstoffen. In geringer Konzentration der Lösung ist nur eine Absorption im Blauen wahrnehmbar, wir sehen eine gelbe Lösung. Bei höherer Konzentration (Extremfall: Farbstoff als Pulver) intensiviert sich der Absorptionspeak und wird auch an der Basis breiter, sodass zunehmend auch violette und grüne Anteile des Lichts wahrnehmbar absorbiert werden. Der Eindruck der konzentrierten Lösung oder des Pulvers ist orange.

Wenn die Intensität der Absorption sehr hoch ist, wird der Peak so breit, daß im gesamten VIS-Spektrum merkliche Absorption auftritt und zu einem braunen oder gar schwarzen Farbeindruck führt. Tatsächlich besitzen die intensivsten organischen Farbstoffe als Feststoff oder unverdünnt fast schwärzliches Aussehen. Auch viele oxidische Mineralien werden dunkelbraun gefärbt, weil eine sehr intensive Absorption im nahen UV-Bereich auftritt (Charge Transfer-Übergang vom Sauerstoff zum Metall). Deren langwellige Flanke reicht bis in den sichtbaren Bereich und löscht violettes, blaues und grünes, teilweise auch gelbes Licht, sodaß nur schwaches Gelb und Rot übrigbleibt. Ein weiterer Effekt tieffarbiger Pigmente ist das Auftreten eines metallischen Schimmers, Bronzieren genannt, ►Abschnitt 1.6.7 auf S. 64.

1.5.3 Farbe durch Absorption an Kante

Bei Halbleitermaterialien beobachten wir Reflexionsspektren, die idealisiert bei einer bestimmten Wellenlänge von vollständiger Absorption zu vollständiger Reflexion wechseln. Je steiler die entstehende Kante, desto reiner ist die Farbe. Der Farbeindruck entspricht der Mischfarbe des reflektierten Teilspektrums und reicht von Schwarz (Kante liegt im UV, kein Licht wird reflektiert) über Braun, Rot und Gelb zu Weiß (Kante liegt im IR, sodass eine Totalreflexion vorliegt). In ►Abbildung 1.7 sind Beispiele für verschiedene Kantenlagen gezeigt, ebenso die resultierenden Farben der Pigmente (Titanweiß weiß, Cadmiumgelb, -orange und -rot gelb bis rot).

1.5.4 RGB- und CMY-Primärfarben, Tristimulus-Theorie, Metamerie

Die in ►Abschnitt 1.5.1 angesprochenen Emissionsfarben erlauben es, „alle“ Farben nur durch die drei Grundfarben Rot, Grün und Blau zu ermischen. Das Verfahren wird *additive Farbmischung* genannt und war seit Jahrzehnten in Farbfernsehgeräten und

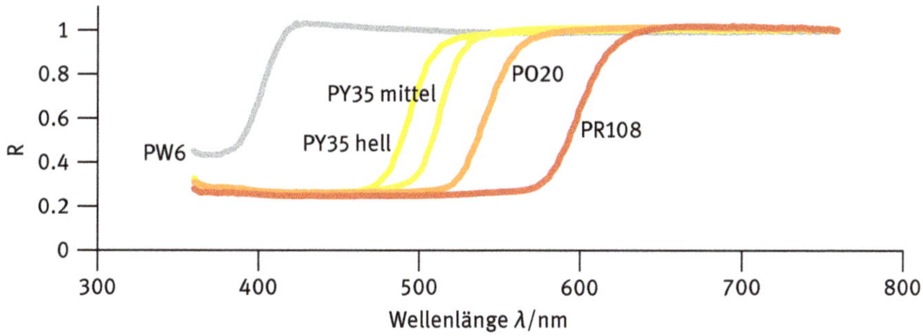

Abb. 1.7: Reale Reflexionsspektren von Halbleitern mit unterschiedlich großer Bandlücke: Titanweiß (TiO_2, PW6, weiß), Cadmiumgelb (CdS, PY35, gelb), Cadmiumorange (Cd(S, Se), PO20, orange) und Cadmiumrot (Cd(S, Se), PR108, rot), normiert auf eine beliebige Einheit. Die Absorption ändert sich sprunghaft.

Röhrenmonitoren im Einsatz, in denen die Grundfarben durch drei farbige Leuchtstoffe erzeugt wurden. Heute übernehmen rote, grüne und blaue LEDs oder organische Leuchtmittel (OLEDs) diese Rolle, das Prinzip der additiven Farbmischung bleibt jedoch und wurde erweitert auf Anwendungsbereiche wie z. B. „ambient lighting", also Wohnraumbeleuchtung mit veränderbaren Farben. Bei der Besprechung von Druckfarben und -tinten werden wir im Zuge des CMYK-Prozesses (Vierfarbdruck) drei andere Grundfarben kennenlernen, nämlich die Prozessfarben Cyan, Magenta und Yellow (Gelb). Dieser Druckprozess ist heute Standard für gewöhnlichen gewerblichen und auch privaten Farbdruck.

In allen Fällen sind drei primäre Farben beteiligt, um „alle anderen" Farben zu ermischen. Dahinter steckt die Erkenntnis, daß unser Farbensehen auf einem Lichtrezeptor beruht, der in drei Ausprägungen für rotes, grünes und blaues Licht sensibilisiert ist. ►Abbildung 1.8(b) zeigt die spektrale Empfindlichkeit des Farbrezeptors als sog. *Tristimulus-Werte* oder *colour matching-Funktionen*. Diese Funktionen stellen die Intensität der Reizung des Rezeptors als Funktion der Wellenlänge dar, d. h. blaues Licht um 420 nm führt zu einer starken Erregung des blauempfindlichen Rezeptors, aber zu keiner Erregung des grünempfindlichen Rezeptors. Die Kurven verdeutlichen, daß die Wahl von rotem, grünem und blauem Licht als primäre Lichtfarben äußerst sinnvoll ist, da sie maximale Ähnlichkeit mit den Tristimulus-Kurven zeigen.

In der Tat ist das Überlappungs- oder Faltungsintegral der Tristimulus-Kurven mit der Reflektivitätskurve eines Farbmittels die Methode, mit der unser Auge einen spektralen Sinnesreiz in ein Werte-Tripel (R, G, B) umrechnet, um einen Farbreiz zu kodieren. Die Werte errechnen sich gemäß

$$R = \int \bar{x}(\lambda) \cdot R(\lambda)\, d\lambda \tag{1.2}$$

$$G = \int \bar{y}(\lambda) \cdot R(\lambda)\, d\lambda \tag{1.3}$$

$$B = \int \bar{z}(\lambda) \cdot R(\lambda)\, d\lambda \tag{1.4}$$

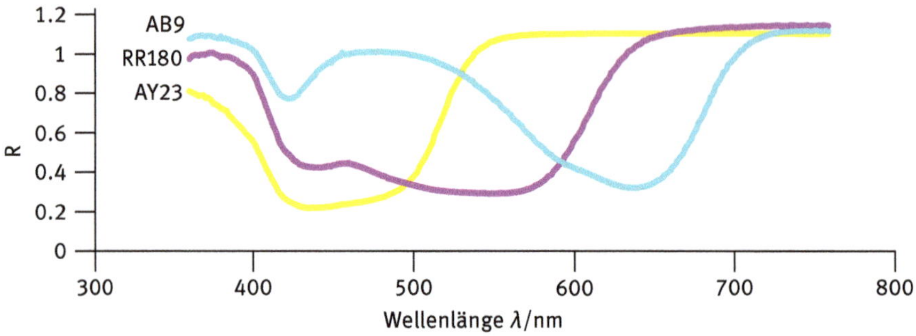

(a) Reflexionsspektrum von Schreibtinten, die als Primärfarben für die CMYK-Farbmischung geeignet sind, normiert auf eine beliebige Einheit: Gelb (AY23, FY4, E102, Tartrazin), Magenta (RR180) und Cyan (AB9, FB2, E133), alle aus dem RIMIK™ Rainbox Ink Mixing Kit mit feinster Schreibtinte für Füllhalter, Fa. Octopus.

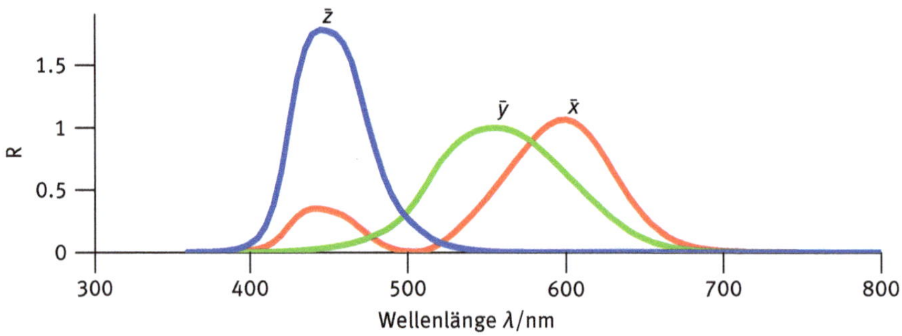

(b) Tristimulus-Werte (2° colour matching functions, CIE 1931, http://cvrl.ioo.ucl.ac.uk).

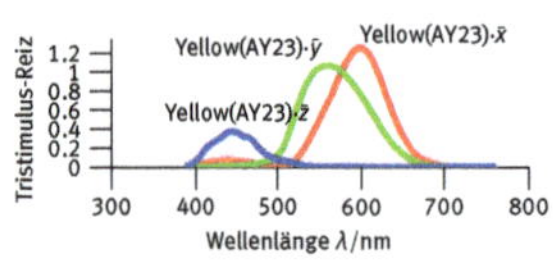

(c) Reizung der Farbrezeptoren durch CMY-Primärgelb (AY23).

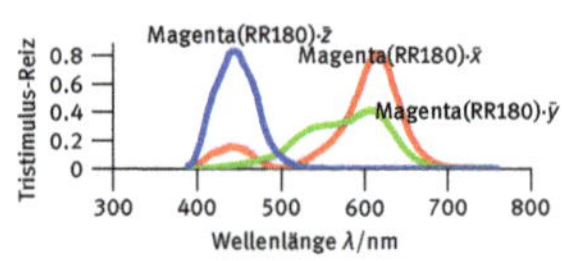

(d) Reizung der Farbrezeptoren durch CMY-Primärmagenta (RR180).

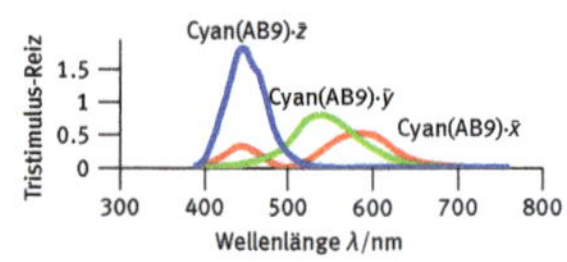

(e) Reizung der Farbrezeptoren durch CMY-Primärcyan (AB9).

Abb. 1.8: Reizung der Farbrezeptoren durch CMY-Primärfarben, d. h. Faltungsintegrale der Reflexionsspektren der Primärfarbstoffe mit den Tristimulus-Werten der Rot-, Grün- und Blaurezeptoren.

wobei $\bar{x}(\lambda)$, $\bar{y}(\lambda)$ und $\bar{z}(\lambda)$ die Tristimulus-Funktionen für rot-, grün- und blauempfindliche Rezeptoren sind und $R(\lambda)$ die Reflektivität des Farbmittels.

Bei diesem Verfahren ist es möglich, daß *verschiedene* Reflexionsspektren $R(\lambda)$ und $R'(\lambda)$ auf *dieselben* Werte (R, G, B) führen, mithin also den gleichen Farbeindruck ergeben. Dieses Phänomen wird *Metamerie* genannt. Metamerie enttarnt sich häufig erst bei Betrachtung der anscheinend gleichfarbigen Objekte mit einer anderen Lichtquelle. Da in diesem Falle zwar die inhärente spektrale Charakteristik der Farbmittel gleich bleibt, die Reflexion aber von der äußeren Lichtquelle abhängt, liegen nun zwei neue unterschiedliche Reflexionsspektren vor. Es ist unwahrscheinlich, daß auch dieses Spektrenpaar auf genau dieselben Farbwerte abgebildet wird. Unter der veränderten Beleuchtung ist es also wahrscheinlich, die unterschiedlichen Spektren als unterschiedliche Farben zu sehen.

►Abbildung 1.8 zeigt beispielhaft, wie die Spektren eines Satzes von CMY-Primärfarben aus dem Bereich der Schreibtinte wahrgenommen werden. ►Abbildung 1.8(a) zeigt die Reflexionsspektren dreier Schreibtinten, die als gelbe, magenta- und cyanfarbene Primärtinten geeignet sind. Die Reizintensität für jeden Rezeptor ist für jede Primärfarbe in ►Abbildung 1.8(c) bis ►Abbildung 1.8(e) dargestellt. Berechnet man die Integrale, erhält man für die gelbe Tinte $(R, G, B) = (0{,}45; 0{,}44; 0{,}11)$, für die magentafarbene $(R, G, B) = (0{,}40; 0{,}30; 0{,}31)$ und für die cyanfarbene $(R, G, B) = (0{,}26; 0{,}31; 0{,}42)$. Auf absolute Werte, also eine korrekte Skalierung, wollen wir hier nicht achtgeben, uns interessieren nur die Relationen der Komponenten in jedem Tripel. Wir erkennen dabei, daß die gelbe Farbe durch Reizung des rot- und grünempfindlichen Rezeptors erkannt wird, die magentafarbene durch Reizung des rot- und des blauempfindlichen Rezeptors. Bei Cyan werden der blau- und grünempfindliche Rezeptor gereizt, durch die Unzulänglichkeit des Farbstoffs und die starke Überlappung der grünen und roten Tristimulus-Kurven aber auch zu einem guten Teil der rotempfindliche. Hierbei können Webdesigner die bekannten Formeln für Farben am Monitor wiedererkennen: Gelb = Rot + Grün, Magenta = Rot + Blau, Cyan = Blau + Grün.

Die R-, G- und B-Werte führen uns direkt zur Definition von Prozessfarben wie CMYK-Gelb, -Magenta, -Cyan und -Schwarz. Diese werden nicht über einen bestimmten spektralen Verlauf definiert, sondern nach ISO 2846 über die Farbwahrnehmung, quantifiziert durch ihre CIELAB-Farbwerte L* (Helligkeit), a* (Grün-Rot-Wert) und b* (Blau-Gelb-Wert). Die genannte Norm und einige technische Richtlinien verdeutlichen dies für Prozessfarben, die im Bogenoffsetdruck auf LWC-I-Papier eingesetzt werden sollen, ►Tabelle 1.14. Innerhalb der genannten Toleranzen dürfen Prozessfarben somit auch eine andere chemische Basis haben. ►Abbildung 1.9 zeigt ähnliche, aber doch verschiedene Reflexionsspektren für Aquarellfarben, die ebenfalls als CMY-Primärfarben geeignet sind.

Tab. 1.14: Beispieldefinition von Primärfarben des CMYK-Prozesses nach ISO 2846-1 am Beispiel von Druckfarben für den Bogenoffsetdruck auf LWC-I-Papier [773].

Primärfarbe	L* (Helligkeit)	a* (Grün-Rot)	b* (Blau-Gelb)	ΔE^*_{ab}
Cyan	57	−37	−46	5
Magenta	48	73	−6	5
Yellow	86	−2	89	5
Black	20	1	2	5

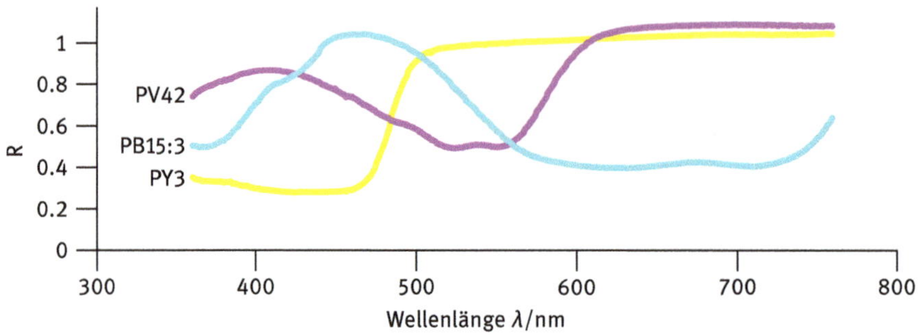

Abb. 1.9: Reflexionsspektrum von Aquarellfarben, die als Primärfarben für die CMYK-Farbmischung geeignet sind, normiert auf eine beliebige Einheit: Zitrongelb (Schmincke Horadam Nr. 215, PY3), Magenta (Schmincke Horadam Nr. 352, PV42, Primärmagenta) und Heliocoelin (Schmincke Horadam Nr. 479, PB15:3).

1.6 Die Wechselwirkung Licht–Materie

Wir verweilen noch etwas bei der Physik und betrachten ein Modell, daß die Wechselwirkung Licht-Materie auf atomarer Ebene beschreibt, um makroskopische Eigenschaften von Pigmenten besser zu verstehen, wie Transparenz, Reflexion und Streuung. Eine genaue Behandlung aller Phänomene ist in Physik- und Optik-Lehrbüchern und in [266, Kap.8, 11, 13], [267, 269, 282, 283], [284, ch. 3] gegeben.

1.6.1 Grundlagen von dielektrischen Materialien

Trifft ein elektrisches Feld **E**, z. B. als Teil der elektromagnetischen Strahlungsart „Licht", auf Materie, so kann **E**

- im Material vorhandene elektrische Dipole auf sich ausrichten, oder
- im Material neue elektrische Dipole induzieren und auf sich ausrichten.

Beide Vorgänge zusammen werden durch die *Polarisation* **P** des Materials ausgedrückt. Das heißt, ein dielektrisches Material reagiert auf ein äußeres Feld **E** mit einer Polarisation **P**. Das Ausmaß der Reaktion **P** auf **E** heißt *dielektrische Suszeptibilität* χ. χ ist ein Tensor, der die Materialantwort auf ein elektrisches Feld beschreibt:

$$\mathbf{P} = \epsilon_0 \chi \mathbf{E} \tag{1.5}$$

$$P_{i,i=x,y,z} = \epsilon_0 \sum_j \chi_{ij} E_j + \epsilon_0 \sum_j \sum_k \chi_{ijk} E_j E_k + \cdots \tag{1.6}$$

In der zweiten Zeile haben wir χ in eine Potenzreihe entwickelt, die wir nach dem linearen Glied abbrechen können. Dies ist möglich, weil der quadratische und alle höheren Terme in ►Gleichung 1.6 nur bei hohen Strahlungsintensitäten notwendig sind und dann zur nichtlinearen Optik führen, die z. B. für die Lasertechnik wichtig ist. Der erste Term stellt die lineare Abhängigkeit bei geringen Strahlungsintensitäten dar, wie sie beim Betrachten von Gemälden üblich sind.

Warum ist **P** für uns wichtig? Weil **P** die Wechselwirkung von Licht mit Materie beschreibt und für einfache Fälle aus Modellen hergeleitet werden kann. Wir können so tiefere Einsichten in das Wesen der optischen Phänomene erlangen, die sich als Farbe, Streuung und Reflexion äußern und die für Pigmente, Malmittel und Firnisse bedeutsam sind.

Zusammenhang mit D und ϵ_r

Zur Zeit der Entwicklung der elektrodynamischen Grundgleichungen benutzte Maxwell zur Beschreibung von elektrischen Phänomenen innerhalb von Festkörpern statt der heute gebräuchlichen Polarisation und Suszeptibilität die Größen **D** (elektrische Verschiebung) und ϵ_r (relative Dielektrizitätskonstante), die keine direkten experimentellen Größen wie **P** und χ sind. Der Zusammenhang kann aber mit Hilfe des Plattenkondensators hergestellt werden, uns interessiert hier nur das Ergebnis:

$$\mathbf{D} = \mathbf{D}_0 + \mathbf{P} = \epsilon_0 \mathbf{E} + \epsilon_0 \chi \mathbf{E} = \epsilon_0 (1 + \chi) \mathbf{E} = \epsilon_0 \epsilon_r \mathbf{E} \tag{1.7}$$

$$\epsilon_r = 1 + \chi \tag{1.8}$$

Arten von Polarisation

Nachdem wir wissen, was Polarisation ist, stellt sich die Frage nach den grundlegenden Mechanismen, sodaß wir den Tensor χ theoretisch erarbeiten können. Man unterscheidet vier Polarisationsmechanismen:

- Raumladungs- oder Oberflächenpolarisation in Oberflächen aller Art, in kleinsten Pigmentpartikeln, an den Korngrenzen, in allen Grenzflächen zwischen Objekten. Sie beruht auf dem Vorhandensein von Dipolen in der Oberfläche oder im Volumen, die durch **E** orientierbar sind.
- Ionische Polarisation in Ionenkristallen und ionischen Verbindungen. Sie beruht auf existierenden Dipolen, die sich im Ruhezustand kompensieren, deren Atome aber unter dem Einfluß von **E** leicht aus ihrer Gleichgewichtslage verschoben werden, sodaß sich das Dipolmoment ändert. Beispielmaterial: Kochsalz $NaCl$.
- Orientierungspolarisation kommt in Flüssigkeiten und Gasen vor, die existierende Dipole enthalten. Diese orientieren sich unter Einfluß von **E**. Beispielmaterial: Wasser H_2O.
- Elektronische oder atomare Polarisation in allen Stoffen. Sie beruht auf der Verschiebung von negativ geladenen Elektronenwolken gegenüber positiv geladenen Atomrümpfen unter dem Einfluß von **E**, sodaß ein Dipolmoment entsteht. Diese Polarisation tritt in allen Atomen auf, ist also allgegenwärtig.

Die Mechanismen treten nebeneinander auf und resultieren in einer komplexen dielektrischen Suszeptibilität. So überlagern sich in SiO_2 die atomare Polarisation eines nicht-sphärischen sp^3-hybridisierten Si-Atoms mit ionischen und kovalenten Anteilen. Besonders die Raumladungspolarisation kann überhaupt nicht allgemein beschrieben werden und wird in der Diskussion oft ausgelassen.

1.6.2 Mikroskopische Betrachtung: das Oszillator-Modell

Die vier Polarisationsmechanismen können zur weiteren mikroskopischen Analyse zusammengefaßt werden:

- Bei der elektronischen und der ionischen Polarisation ändern sich als Reaktion auf **E** die Abstände von Elektronen, Protonen oder Ionen, was zu (elektrostatischen) Rückstellkräften führt. Wir haben es daher mit Dipol-Oszillatoren zu tun. Ein hervorstechendes Phänomen ist die *Dipol-Resonanz.*
- Bei der Orientierungspolarisation treten keine Rückstellkräfte auf, die als Reaktion auf **E** ausgerichteten Dipole orientieren sich statistisch um. Hier tritt nach Abklingen von **E** eine langsame *Dipol-Relaxation* auf.

Um zu zeigen, wie die Diskussion von **P** und χ uns helfen können, befassen wir uns im Folgenden allein mit der elektronische Polarisation in einem Festkörper. Er werde von einer monochromatischen Lichtquelle beleuchtet, die elektromagnetische Strahlung der Kreisfrequenz ω aussendet. Die erwähnten Dipole, die durch **E** und Rückstellkräfte entstehen, werden im Oszillatormodell von LORENTZ beschrieben. Nach diesem enthält der Festkörper unzählige Dipol-Oszillatoren dieser Typen:

- Atomare Oszillatoren aus gebundenen Ladungen (Elektronen und Protonen bzw. Atomkerne), die vom Feld **E** separiert und durch eine elektrostatische Rückstellkraft zurückgeführt werden. Quantenmechanisch entspricht der Oszillation ein Übergang zwischen Energiezuständen, der durch **E** angeregt werden kann.
- Vibrationsoszillatoren aus polaren Molekülen, die mechanische Schwingungsmoden aufweisen, die angeregt werden können.

Wir werden hier nur atomare Oszillatoren mit gebundenen Elektronen untersuchen. Metallische Stoffe mit freien Elektronen werden durch das DRUDE-Modell beschrieben, das wir – ebenso wenig wie Halbleiter – nicht im Detail betrachten.

Ausgehend von einem atomaren Oszillator können wir die makroskopische Polarisation **P** berechnen. Wir gehen von einem isolierter Dipol aus, der aus zwei elektrischen Ladungen $+q$ und $-q$ an den Positionen $\mathbf{r}_+$ und $\mathbf{r}_-$ besteht und ein Dipolmoment

$$\vec{\mu} = q \cdot (\mathbf{r}_+ - \mathbf{r}_-)$$

besitzt. In einem Festkörper sind zahllose dieser Dipole verteilt. Wird der Festkörper einem elektrischen Feld **E** ausgesetzt, orientieren sich die Dipole nach dem Feld und wir können **P** als Summe über alle Dipolmomente pro Volumeneinheit auffassen:

$$\mathbf{P} = \frac{1}{V}\sum \vec{\mu} = \langle\vec{\mu}\rangle \cdot N_V$$

wobei $\langle\vec{\mu}\rangle$ das durchschnittliche Dipolmoment und N_V die Dipoldichte ist. In atomaren Dipolen werden Elektronen und Atomkern durch **E** gegeneinander verschoben. Da die Veränderung der Kernposition durch seine Masse erheblich kleiner ausfällt als die Veränderung der Elektronenposition, setzen wir $\mathbf{r}_+ = 0$ und $\mathbf{r}_- = \mathbf{x}$, sodaß sich als Dipolmoment ergibt:

$$\vec{\mu} = -q \cdot \mathbf{x} \tag{1.9}$$

Weiterhin nehmen wir an, daß $\mathbf{x} \parallel \mathbf{E}$, und daß der Festkörper ein senkrecht zu **E** orientierter Quader ist. Dann werden sich im Inneren des Festkörpers die Dipolmomente jeweils paarweise kompensieren, aber es verbleiben Netto-Ladungen an den beiden Seitenflächen A, die auf **E** senkrecht stehen, in Form einer einzelnen Lage von Dipolen, deren Moment nicht vom direkten Nachbarn kompensiert wird. Es gilt dann $\mathbf{x} \perp A$. Wir können **P** berechnen, indem wir die Netto-Dipolmomente in einer dünnen Schicht $V = A \cdot x$ der Dicke x summieren:

$$P = \frac{1}{V_A}\sum_A -qx = -\frac{x\sum_A q}{V_A} = -\frac{x\sum_A q}{xA} = -\frac{\sum_A q}{A}$$

Wir haben den Vektorcharakter aller zu **E** parallelen Größen entfallen lassen sowie **x** auf ein eindimensionales x in dieser Richtung reduziert. P ist dann der Betrag der vektoriellen Polarisation, für die ebenfalls gilt $\mathbf{P} \perp A$. $\sum_A$ und V_A sind auf die dünne Volumenschicht der Fläche A und Dicke x bezogen. Das Ergebnis zeigt, daß die Polarisation eine Flächenladung ausdrückt, die in A verteilt ist. Wir haben jetzt die Berechnung der Polarisation zurückgeführt auf die Berechnung der Auslenkung x bzw. **x** der Elektronen.

Um x zu berechnen, beschreiben wir die von **E** angetriebenen atomaren Oszillatoren stark vereinfacht als harmonischen Oszillator mit Masse m_0, einem Dämpfungsglied γ und Ladung q durch die Differentialgleichung

$$m_0\frac{d^2}{dt^2}x + m_0\gamma\frac{d}{dt}x + m_0\omega_0^2 x = -qE(\omega, t) = -qE_0 e^{-i\omega t} \tag{1.10}$$

Die Gleichung besitzt eine allgemeine Lösung $x(\omega, t)$ der Form

$$x(\omega, t) = X_0(\omega) \cdot e^{-i\omega t} \tag{1.11}$$

$$X_0(\omega) = -\frac{qE_0}{m_0}\frac{1}{\omega_0^2 - \omega^2 - i\gamma\omega} \tag{1.12}$$

mit einem zeit- und einem frequenzabhängigen Teil. Wenn E_0 und X_0 komplexe Zahlen sind, haben wir eventuelle Phasenverschiebungen berücksichtigt. ω_0 ist die Resonanzfrequenz des Oszillators. Die Polarisation eines Festkörpers aus N Dipol-Oszillatoren ist dann

$$P_{\text{Dipol}} = N\vec{\mu} = -Nqx = \frac{Nq^2E}{m_0}\frac{1}{\omega_0^2 - \omega^2 - i\gamma\omega} \tag{1.13}$$

Das Ergebnis kann genutzt werden, um über die dielektrische Verschiebung D die komplexe *dielektrische Funktion* $\epsilon(\omega) = \epsilon_1(\omega) + i\epsilon_2(\omega)$ einzuführen:

$$
\begin{aligned}
D = \epsilon_0\epsilon_r E = \epsilon_0 E + P &= \epsilon_0 E + P_{\text{sonstige}} + P_{\text{Dipol}} \\
&= \epsilon_0 E + \epsilon_0 \chi E + \frac{Nq^2E}{m_0}\frac{1}{\omega_0^2 - \omega^2 - i\gamma\omega} \\
\epsilon_r &= 1 + \chi_{\text{sonstige}} + \underbrace{\frac{Nq^2E}{\epsilon_0 m_0}\frac{1}{\omega_0^2 - \omega^2 - i\gamma\omega}}_{\chi_{\text{Dipol}}} \qquad (1.14)\\
\epsilon_1(\omega) &= 1 + \chi_{\text{sonstige}} + \frac{Ne^2}{\epsilon_0 m_0}\frac{\omega_0^2 - \omega^2}{(\omega_0^2 - \omega^2)^2 + \gamma^2\omega^2} \qquad (1.15)\\
\epsilon_2(\omega) &= \frac{Ne^2}{\epsilon_0 m_0}\frac{\gamma\omega}{(\omega_0^2 - \omega^2)^2 + \gamma^2\omega^2} \qquad (1.16)
\end{aligned}
$$

Wir haben die Polarisation aufgeteilt in den Anteil, der durch die atomaren Dipol-Oszillatoren erzeugt wird und den wir näherungsweise berechnen konnten, und einen Anteil, der durch die sonstigen Polarisationsmechanismen hervorgerufen wird und der allgemein durch eine Konstante χ_{sonstige} beschrieben wurde. In einem Festkörper, in dem es außer der elektronischer keine weiteren Polarisationsmechanismen gibt, aber Dipole mit verschiedenen Eigenschwingungen ω_i vorliegen, ergäbe sich für ϵ_r

$$
\begin{aligned}
D = \epsilon_0\epsilon_r E = \epsilon_0 E + P &= \epsilon_0 E + P_{\text{Dipol}} \\
&= \epsilon_0 E + \frac{Nq^2E}{m_0}\sum_i \frac{1}{\omega_i^2 - \omega^2 - i\gamma\omega} \\
\epsilon_r &= 1 + \frac{Nq^2E}{\epsilon_0 m_0}\sum_i \frac{1}{\omega_i^2 - \omega^2 - i\gamma\omega} \qquad (1.17)
\end{aligned}
$$

Die Dipol-Resonanz der schwingenden Dipole gibt durch ihre natürliche Eigenschwingungsfrequenz ω_0 bei $\omega \approx \omega_0$ Anlaß zu typischen optischen Erscheinungen:

- Absorptionen im UV- und VIS-Bereich durch atomare Oszillatoren. Diese Oszillatoren weisen hohe Eigenschwingungsfrequenzen auf.
- Absorptionen im IR-Bereich durch Vibrationsoszillatoren. Deren Eigenschwingungen besitzen niedrigere Frequenzen.

Durch die Resonanz müssen wir zwei Fälle unterscheiden.

$\omega = \omega_0$, Resonanz/Absorption

Ist das eingestrahlte Licht in Resonanz mit dem Oszillator, wird dem Strahlungsfeld effizient Energie entnommen, auf den Oszillator übertragen und die Schwingungen des Oszillators erheblich verstärkt. Die Energie der Strahlung muß genau der Energiedifferenz zweier Energieniveaus des Oszillators entsprechen, sodass die Strahlung ein Elektron auf das höhere Niveau anheben kann. Das Elektron kann unter Reemission von Strahlung gleicher Frequenz wieder in den Grundzustand übergehen. Im Gegensatz zum gerichteten Feld **E** der Eingangsstrahlung erfolgt die Reemission gleichmässig in alle Richtungen und wird *elastische Streuung* genannt. In einem Vielteilchensystem kann die Energie des angeregten Elektrons auch auf Gitterschwingungen übertragen, also thermalisiert werden.

Als Ergebnis beobachten wir auf makroskopischer Ebene eine *Absorption*, die sowohl zur *Farbe* des Körpers beiträgt als auch zu dessen *Erwärmung* führt.

$\omega \neq \omega_0$, Nicht-Resonanz/Transparenz

Das eingestrahlte Licht erzwingt Schwingungen des Oszillators, es findet aber keine effiziente Energieübertragung statt. Auch hier reemittiert der schwingende Oszillator Strahlung gleicher Frequenz ungerichtet in alle Raumrichtungen (elastische Streuung), ►Abbildung 1.10. Da die Schwingungen erzwungen sind, beobachten wir nun jedoch eine Phasenverschiebung: für $\omega < \omega_0$ kann der Oszillator dem äußeren Feld in Phase, aber mit einer Phasenverschiebung folgen. Für $\omega > \omega_0$ kann der Oszillator den schnellen Feldänderungen nur mehr gegenphasig folgen.

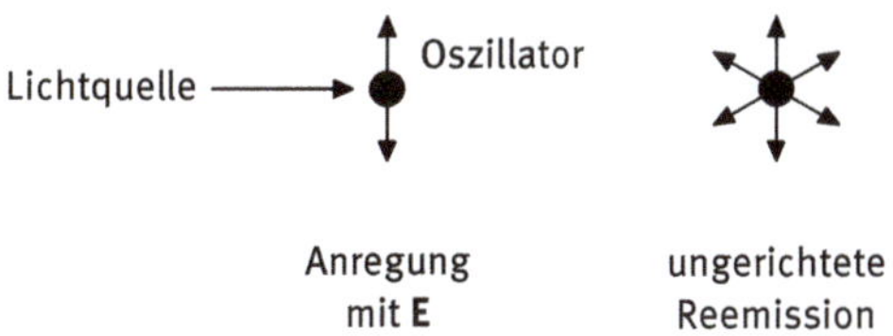

Abb. 1.10: Links: Anregung eines einzelnen Oszillators zu Schwingungen durch ein einfallendes elektromagnetisches Feld. Rechts: ungerichtete Reemission der aufgenommenen Energie.

Makroskopisch führen diese Vorgänge zu *transparenten* Körpern. In ihnen wird das Licht in einer Art Staffellauf von Oszillator zu Oszillator weitergegeben. Dabei addieren sich alle Phasenverschiebungen, von außen erscheint es, als erfolge die Lichtausbreitung innerhalb des Körpers mit geringerer Geschwindigkeit. Die sichtbare Auswirkung dieser Verlangsamung ist der *Brechungsindex n* des Körpers. Da die Oszillatoren den schnellen Veränderungen des Felds nicht mehr folgen können, sind die beschriebenen Phänomene besonders bei $\omega < \omega_0$ zu beobachten.

Übergang zu makroskopischen Beschreibungsgrößen

Das vorgestellte Oszillatormodell erlaubt es, ausgehend von einem harmonischen Oszillator mit der Resonanzfrequenz ω_0 die Polarisation und damit die Reaktion eines Festkörpers auf Lichteinfall zu berechnen. Das wichtigste Ergebnis ist die komplexe dielektrische Funktion ϵ_r, aus der der komplexe Brechungsindex $n + ik$ und daraus die makroskopisch manifesten Größen Brechungsindex n, Absorptionskoeffizient k und Extinktion α abgeleitet werden können:

$$n + ik = \sqrt{\epsilon_r(\omega)}$$

$$n(\omega) = \sqrt{\frac{\epsilon_1 + \sqrt{\epsilon_1^2 + \epsilon_2^2}}{2}} \tag{1.18}$$

$$k(\omega) = \sqrt{\frac{-\epsilon_1 + \sqrt{\epsilon_1^2 + \epsilon_2^2}}{2}} \tag{1.19}$$

$$\alpha(\omega) = \frac{2\omega k}{c} \tag{1.20}$$

Beim Übergang vom einzelnen mikroskopischen Oszillator zum makroskopischen Festkörper überlagert sich die reemittierte Strahlung aller Oszillatoren, ►Abbildung 1.11. Im Teilchenbild beobachten wir Lichtstrahlen, die unter gleichem Winkel reflektiert werden, und transmittierte Strahlen, die unter einem größeren Winkel in den Körper gelenkt werden (Lichtbrechung). Im Wellenbild beobachten wir ebenfalls eine reflektierte und eine transmittierte Wellenfront. Die den Körper durchlaufende Wellenfront hat aufgrund der summierten Phasenverschiebungen eine niedrigere Ausbreitungsgeschwindigkeit v als die einlaufende Welle c, oder eine höhere Wellenlänge $\lambda_2 > \lambda_1$, und ist deswegen unter dem Winkel $\theta' < \theta$ gegen die Oberfläche des Körpers geneigt.

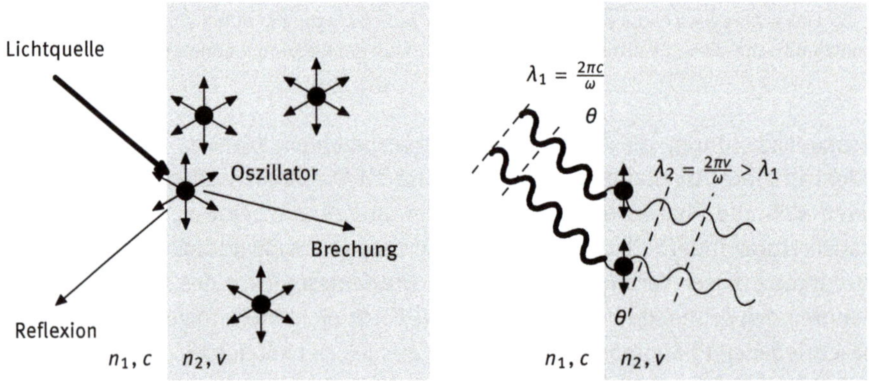

Abb. 1.11: Die beim Bestrahlen eines Körpers reemittierte Strahlung aller Oszillatoren überlagert sich zu einer Gesamtwelle mit verschiedenen Komponenten: transmittiertes gebrochenes Licht sowie reflektiertes Licht. Die Intensitätsdifferenz zwischen der einfallenden und der resultierenden Strahlung spiegelt eine eventuelle Absorption wider. θ ist der Eintrittswinkel, θ' der Austrittswinkel. n_1 und c sind der Brechungsindex und die Ausbreitungsgeschwindigkeit in der Umgebung, n_2 und v im Körper. Links: Teilchenbild, rechts: Wellenbild.

Aus der mikroskopischen Betrachtung eines mit Licht bestrahlten Körpers resultieren drei wichtige, makroskopisch beobachtbare Phänomene, die unmittelbar für die optische Wirkung von Gemälden verantwortlich sind:
- Absorption von Licht bestimmter Wellenlänge im Körper (►Abschnitt 1.6.3),
- Transmission von Licht durch den Körper (►Abschnitt 1.6.5),
- Streuung und Reflexion am Körper (►Abschnitt 1.6.6).

Wir werden im folgenden statt der unhandlichen Frequenzen die dazu proportionalen Wellenlängen zugrundelegen, d. h. statt von einer Resonanzfrequenz ω_0 sprechen wir von der Resonanzwellenlänge λ_0 usf.

1.6.3 Makroskopische Betrachtung: Absorption

Die Stärke der Absorption können wir durch den wellenlängenabhängigen *Absorptionskoeffizienten* $k(\lambda)$ quantifizieren, der bei der Resonanzwellenlänge λ_0 des Oszillators maximal wird (►Gleichung 1.19 und ►Abbildung 1.12).

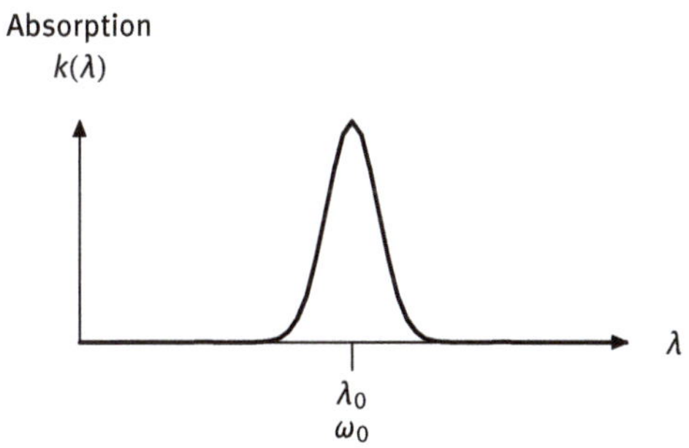

Abb. 1.12: Verlauf des Absorptionskoeffizienten nach ►Gleichung 1.19 für einen Oszillator mit der Resonanzfrequenz ω_0 bzw. Resonanzwellenlänge λ_0.

Je nach Größe von λ_0 haben wir es mit unterschiedlichen Formen von Energie zu tun. ►Abbildung 1.13 stellt den weiten Frequenzbereich vom UV bis IR mit den typischen, in Festkörpern auftretenden Absorptionen dar. Während uns Absorptionen im Infrarotbereich, die thermische Gitterschwingungen anregen, nicht interessieren, gehören Anregungen elektronischer Übergänge im UV- und visuellen Bereich zu unserem Gebiet, da sie die *Farbe* eines Körpers verursachen. Die Zusammenhänge zwischen λ_0 und einer Farbwahrnehmung haben wir bereits in ►Abschnitt 1.5 betrachtet.

Das in ►Abbildung 1.13 schwarz gezeichnete Spektrum gehört zu einem farblosen (transparenten) Körper, da kein sichtbares Licht absorbiert wird. Wir versuchen beim Design eines Pigments durch *Chromophore* eine Absorption im sichtbaren Spektralbe-

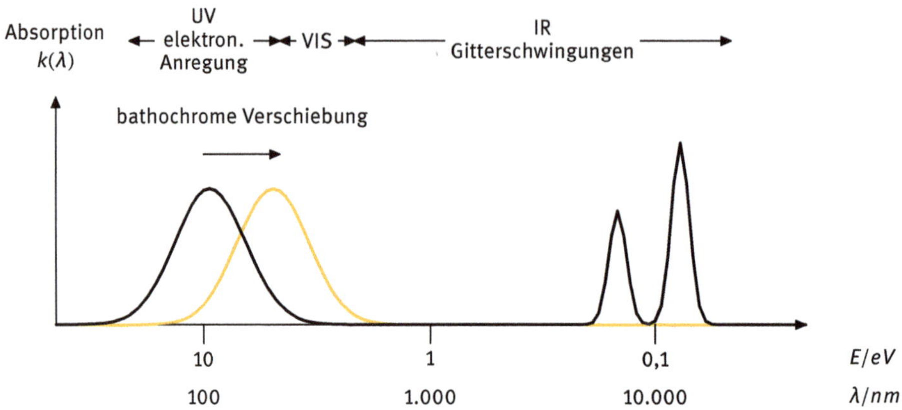

Abb. 1.13: Typischer Verlauf des Absorptionskoeffizienten k über einen weiten Bereich des Spektrums hinweg. Gezeigt sind mehrere Resonanzfrequenzen mit den typischen Anregungsformen. Farbmittel besitzen Absorptionen im UV-Bereich, die wir bathochrom in den VIS-Bereich verschieben müssen (schwarz), und Absorptionen, die im VIS-Bereich liegen und sofort zu Farbigkeit führen (gelb).

reich zu erzielen, z. B. das gelb gezeichnete Spektrum. Meist liegen Absorptionen jedoch im UV-Bereich, sodaß wir sie durch *Auxochrome* in den VIS-Bereich verschieben müssen (sog. *bathochrome Verschiebung*). Die Diskussion von resonanter Wellenlänge und Möglichkeiten, die Intensität von k zu maximieren, ist Hauptteil der nächsten Kapitel dieses Buches.

1.6.4 Makroskopische Betrachtung: Absorption durch größenabhängige kollektive Anregungen, Oberflächenplasmonen

Die Beschreibungsgrößen $\epsilon(\omega)$, $n(\omega)$ und $k(\omega)$ bzw. $\epsilon(\lambda)$, $n(\lambda)$ und $k(\lambda)$ bestimmen die optischen Eigenschaften eines Atoms, Ions oder Moleküls. Sie hängen wie gezeigt von den Resonanzfrequenzen ω_0 bzw. den Resonanzwellenlängen λ_0 der elektronischen Übergänge ab, z. B. zwischen Molekülorbitalen, und werden daher primär von der elektronischen Struktur der Verbindung bestimmt.

Beim Übergang vom isolierten Oszillator über Cluster aus wenigen Oszillatoren zum makroskopischen Festkörper treten Erscheinungen auf, die nicht im Oszillator oder Chromophor selber begründet sind, sondern erst durch das Zusammenwirken vieler Chromophore entstehen und eine Abhängigkeit von Größe und Gestalt des Chromophorpartikels verursachen [283], [284, ch. 4]. Die Erscheinungen werden im Rahmen der Physik von (Metall-)Clustern studiert und lassen sich auf zwei Effekte zurückführen:

– Intrinsische Effekte: größen- und gestaltabhängige Änderungen in Volumen- und Oberflächeneigenschaften wie dem Ionisierungspotential, der Bindungsenergie, der Kristallstruktur, der chemischen Reaktivität und der Lage der Energieniveaus in Verbindungen. Da λ_0 von der Lage der Energieniveaus bestimmt wird, ergibt sich über die intrinsischen Effekte eine Abhängigkeit $\epsilon = \epsilon(\lambda, \lambda_0, r, g)$ von Größe r und Gestalt g der Pigmentpartikel.

- Extrinsische Effekte: größen- und gestaltabhängige optische Antwort auf externe (elektromagnetische) Felder oder Kräfte. Hierzu gehört die Entwicklung von kollektiven elektronischen Schwingungen (Mie-Resonanzen oder Oberflächenplasmonen).

In ►Tabelle 1.15 ist eine schematische Einteilung in geeignete Größenklassen gezeigt. Für uns interessant sind Cluster im Größenbereich einiger Nano- bis Mikrometer, wie sie Pigmentpartikel darstellen und in denen Absorptionserscheinungen auftreten, die nicht durch elektronische Übergänge allein begründet werden können, wie wir in ►Abbildung 1.2 in der Einleitung bereits angedeutet haben.

Tab. 1.15: Einteilung von Materialien in Größenklassen zur Beschreibung von größenabhängigen optischen Erscheinungen [283].

	Sehr kleine Cluster	**Kleine Cluster**	**Große Cluster**	**Bulkmaterial**
Anzahl Atome	< 20	< 500	< 10^7	> 10^7
Partikelradius r	< 1 nm	< 4 nm	< 100 nm	> 100 nm
Mathematische Behandlung	Molekülorbital-Theorie		Festkörpertheorien (Elektrodynamik)	
		Jelliumtheorien		
Phänomene	Ein-/Mehrelektronenanregung quantum size effect			Festkörperspektrum
		kollektive Elektronenanregung (Plasmonen)		
Einfluß auf ϵ	λ_0, r	λ_0, r	$\lambda_0(r)$	$\lambda_0 \approx$ const (Materialkonstante)
	intrinsischer Größeneffekt		extrinsischer Größeneffekt	

Bei *kleinen* Partikeln werden intrinsische Effekte wirksam, die die optischen Beschreibungsgröße $\epsilon = \epsilon(\lambda, \lambda_0, r, g)$ auf kleinster Größenskala r stark ändern, z. B. entstehen Ligandenfeldübergänge erst, wenn ein freies Ion in ein Umfeld von Liganden gebracht wird. Ein weiteres Beispiel ist die Abhängigkeit der Bandlücke in Halbleitern von der Partikelgröße (quantum size effect), da sich atomare Energieniveaus über eine Vielzahl von Molekülorbitalen in eine kristalline Bandstruktur entwickeln, ►Abschnitt 2.2, speziell ►S. 86.

Große Pigmentpartikel liegen zwischen kleinen Clustern und Bulkmaterial und können mit Hilfe von elektrodynamischen Theorien beschrieben werden. Diese berücksichtigen neben den atomaren oder molekularen Oszillatoren Verzögerungen und Reflexionen der einfallenden Lichtwellen in ausgedehnten Körpern und die Anregungen freier Elektronen im Volumen des Partikels. Ihre optischen Spektren können zusätzlich zu den atomar oder molekular bedingten Absorptionen durch kollektive Resonanzen (Mie-Resonanzen oder *Oberflächenplasmonen*) gekennzeichnet sein, die stark von Größe und Gestalt des Partikels, von der einfallenden Wellenlänge und vom Beobachtungswinkel abhängig sind.

Diesen Erscheinungen liegt die Wechselwirkung des elektromagnetischen Feldes des Lichts mit dem Partikel zugrunde. Mie berechnete 1901, wie sich ein einfallendes Feld in sphärischen Partikeln verhält, die einige Hundert bis Millionen elektrische Oszillatoren enthalten und deren Größe einige Vielfache der eingestrahlten Wellenlänge beträgt. Das Resultat sind Ausdrücke für den Feldverlauf im Innen- und Außenbereich dieser Sphäre (reflektierte, transmittierte, gestreute Wellen) und damit für die makroskopisch beobachtbare Absorption und Reflektivität. Entsprechende Rechnungen für nichtsphärische Körper sind mathematisch schwer durchzuführen, ihre Lösungen werden numerisch gewonnen.

Die Ausdrücke für gestreute Wellen erlauben es, Bedingungen für Resonanzen abzuleiten, die zu Maxima in der Extinktion führen. Diese Bedingungen können durch die elektronische Struktur ϵ des Materials oder durch geeignete geometrische Abmessungen des Körpers erfüllt werden, wie bei Regenbögen bzw. -tröpfchen.

Beiträge gebundener Elektronen

Wir werden uns in diesem Buch fast ausschließlich mit Möglichkeiten beschäftigen, durch Chromophore Energieniveaus für *gebundene* Elektronen zu erzeugen, zwischen denen elektronische Übergänge im sichtbaren Bereich des Spektrums stattfinden können. Solche Übergänge bestimmen den Verlauf von ϵ wie gezeigt näherungsweise als harmonische Oszillatoren mit einer Resonanz bei λ_0. Liegt λ_0 im oder nahe dem sichtbaren Spektralbereich, erscheinen die Pigmentpartikel farbig.

Beiträge freier Elektronen, (Oberflächen-)Plasmonen

Einige Materialien, die für Pigmente verwendet werden, besitzen neben gebundenen auch *freie* Elektronen und zeigen zusätzliche Resonanzen. Diese können ansonsten unverständliche Phänomene erklären, wie die Abhängigkeit der Farbe von Eisenoxiden von Korngröße und -gestalt. Zu solchen Materialien gehören Metalle, Halbleiter, Alkali- und Edelmetalle, im Bereich Pigmente insbesondere halbleitende Metalloxide und -sulfide.

Elektronen im Leitungsband (Plasma) werden durch das eingestrahlte Feld zu kollektiven Schwingungen angeregt, sog. *Oberflächenplasmonen*, die zu oszillierenden Nettoladungen an der Partikeloberfläche führen. Sie werden durch das Feld aufrecht-

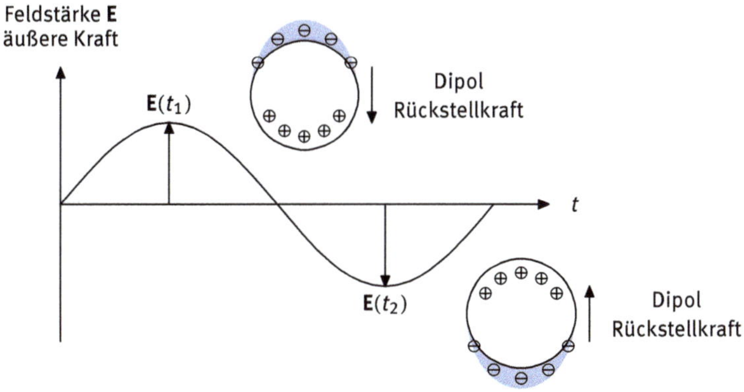

Abb. 1.14: Anregung eines Oberflächenplasmons in einem Kolloidpartikel. Das von links nach rechts einfallende Licht erzeugt je nach Polarisierung ein elektrisches Feld, hier in Auf-Ab-Richtung dargestellt. Die freien Leitungselektronen folgen dem Feld kollektiv, auf der Metalloberfläche entsteht ein oszillierender Dipol aus freien Elektronen (blau, ⊖) und positiv geladenen Metall-Kationen ⊕, der eine rücktreibende Kraft verursacht und zu Elektronenschwingungen führt. Oberflächenplasmonen entsprechen den Eigenfrequenzen dieser Schwingung; Absorption von Licht findet statt, wenn das einfallende Licht resonant zur Plasmonfrequenz ist [613].

erhalten, wenn dessen Wellenlänge resonant zur Schwingungsbewegung ist, ►Abbildung 1.14. Die Energieübertragung entspricht einer Absorption und wird bei einer Resonanzfrequenz im sichtbaren Bereich als Farbe wahrgenommen.

Die Physik der Plasmonen ist genauer in Lehrbüchern der Festkörperphysik zu finden [277, 285, 286]. [306, 611] behandeln alle Fragen um die Größen- und Formabhängigkeit von Materialien, insbesondere auch die Farbe von kolloidalen Metallen, wie sie im Goldrubinglas vorliegen. [612] ist eine theoretische Einführung in ein *solid state plasma*, das durch Atomrümpfe und Leitungselektronen im Festkörper gebildet wird. Die Ursache der tiefen Farbe der Metall- und Halbleiterkolloide wird in [32, 33, 285, 286, 613–615] und sehr ausführlich in [283, 284] erläutert.

Grundsätzliche Abhängigkeiten von Oberflächenplasmonen

Oberflächenplasmonen zeigen eine ausgeprägte Abhängigkeit von Größe und Gestalt des Teilchens und treten nur bei bestimmten räumlichen Verhältnissen auf: Goldkolloide von 99 nm Durchmesser zeigen eine Absorption bei 575 nm, solche von 22 nm eine bei 525 nm [611]. Ein vertrautes Beispiel sind Wasserwellen in Behältern oder Tassen, deren Resonanzfrequenzen und Schwingungsformen stark von Größe und Form des Behälters abhängen. Da Plasmonresonanzen nicht wie Ligandenfeldübergänge symmetrie- oder laporte-verboten sind, sind ihre Extinktionskoeffizienten sehr hoch ($\epsilon \approx 1 \cdot 10^9 \mathrm{mol}^{-1}\mathrm{cm}^{-1}$) und die Farben intensiv.

►Abbildung 1.15 zeigt schematisch einige Abhängigkeiten der Plasmonenresonanzen in Metallkolloiden von wichtigen Partikelparametern [284, pp. 20]. Da diese

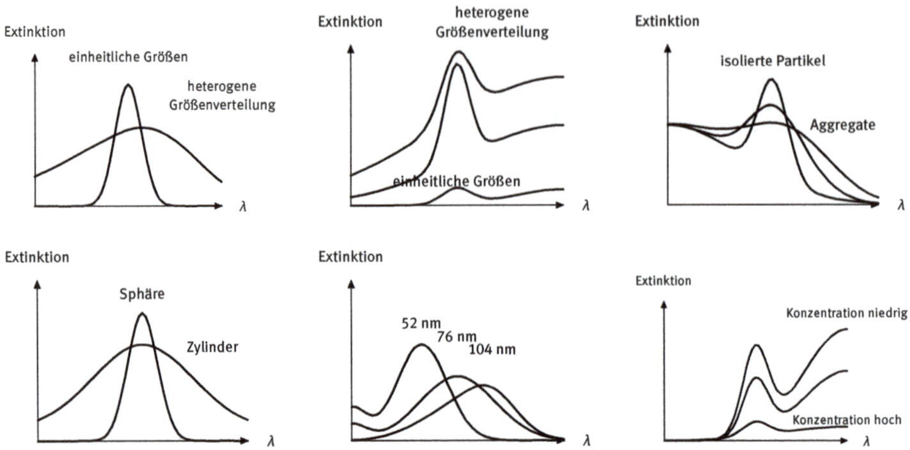

Abb. 1.15: Abhängigkeit der Plasmonresonanz von verschiedenen Parametern (schematisch gezeichnet nach [284, ch. 2]). Oben: Verbreiterung der Resonanz bei heterogener Größenverteilung in Fe_2O_3 (links) und Silber (Mitte), Partikel einheitlicher Größe zeigen schmalbandige Resonanzen. Oben rechts: Einfluß der Aggregation von Goldpartikeln auf die Resonanz/Farbe. Isolierte Partikel zeigen scharfe Resonanzen, während die unterschiedlich großen und heterogen geformten Aggregationen zu breiten Absorptionen führen.
Unten links: Einfluß der Gestalt von Goldpartikeln auf die Resonanz. Scharfe Resonanzen werden bei sphärischen Partikeln erhalten, Abweichungen führen zu verbreiterten Peaks. Unten Mitte: Verbreiterung der Resonanz beim Wachsen eines Goldkolloids durch Aggregation der Partikel. Mit steigendem Aggregationsgrad werden die Partikel größer und unregelmäßiger, die effektive Partikelgröße nimmt zu, der Peak verbreitert sich. Unten rechts: Übergang einer scharfen Plasmonresonanz von Silberpartikeln in das unspezifische Festkörperspektrum bei Zunahme der Partikelkonzentration bis hin zum Bulkmaterial.

Abhängigkeiten in gleicher Art auch für Halbleiterpartikel wie Eisenoxid oder Cadmiumsulfid gelten, geben sie uns wichtige Hinweise auf die Parameter, die bei der Präparation von Pigmentpartikeln kontrolliert werden müssen, um gleichbleibend hohe Pigmentqualität zu erzielen.

Ein wichtiger Faktor für die Reinheit der entstehenden Farbe ist die Größenverteilung der Partikel. Je einheitlicher die Partikelgröße ist, desto schärfer sind die Absorptionspeaks der Resonanzen und desto reiner die beobachtbaren Farben, ►Abbildung 1.15 obere Reihe. Wir sehen daran, daß das Schlämmen natürlicher Ockererden, durch das homogene Partikelfraktionen erhalten werden, zur Erhöhung von Farbreinheit und Farbbrillanz notwendig ist.

Bei der Herstellung von Gläsern, die kolloidal verteilte Farbmittel enthalten (Gold, rote und gelbe Halbleiterpartikel) können die erzielten Farben durch die Bildung von Aggregationen verändert werden. Während isolierte Metallpartikel scharfe Resonanzen und reine Farben hervorrufen, verbreitern sich die Peaks mit zunehmender Aggregation der Kolloidpartikel, da die Aggregate zunehmend irreguläre Gestalt und variierende Größen besitzen, ►Abbildung 1.15 oben rechts.

Unten links sehen wir explizit den Einfluß der Partikelgestalt: sphärische und zylindrische Partikel unterscheiden sich deutlich in der Form der Plasmonresonanz. Wir können diesen Einfluß verstehen, wenn wir bedenken, daß die Rückstellkräfte der Elektronenschwingung durch die Ladung bestimmt werden, die sich in den Oberflächenregionen des Partikels sammelt. Das für diese Ladung zur Verfügung stehende Volumen wird direkt durch die Form des Partikels bestimmt. Diese Abhängigkeit wird z. B. bei Gelbockerpartikeln wichtig: die Farbe von nadeligem gelben Ocker variiert je nach Länge der Nadeln zwischen grünstichigem Gelb und Warmgelb, [64, ch. 6.4]. Exemplarisch kann der Einfluß der Form an Goldnanoröhrchen gezeigt werden, deren Länge-Durchmesser-Verhältnis variiert wird. Die erzeugte Plasmonresonanz kann fast das ganze visuelle Spektrum überstreichen [615].

Die Abbildung zeigt unten in der Mitte, wie sich die Farbe beim Wachstum von Goldkolloiden von Rot nach Blau ändert, wenn die effektive Partikelgröße durch Partikelaggregation wächst. Das Beispiel des Eisenoxids zeigte uns, daß diese Verschiebung ab einer bestimmten Teilchengröße von der Entstehung von Multipolresonanzen begleitet wird.

Schließlich zeigt die Abbildung unten rechts, wie die Resonanz als Phänomen kleiner Partikel verlorengeht und sich bei steigender Konzentration des Partikels das Festkörper-Spektrum herausbildet, das keine Plasmonresonanz mehr aufweist.

Oberflächenplasmonen mit Dipolcharakter: Beispiel Goldrubinglas

Als im wahrsten Sinne schönes Beispiel eines Oberflächenplasmons betrachten wir das leuchtendrote Goldrubinglas oder das gelbgefärbte Silberglas, ►Abschnitt 3.9.1.2. In diesen sind Gold- resp. Silberpartikel kolloidal verteilt, die alle Bedingungen für das Entstehen von Oberflächenplasmonen erfüllen. ►Abbildung 1.16 zeigt die beobachteten Absorptionsspektren für Teilchen der Größenordnung 2–10 nm. Wir erkennen einen scharfen Absorptionspeak, der im Goldrubinglas bei etwa 520–530 nm im Grünen liegt (→ rote Farbe), im Silberglas um 405 nm im Blauen (→ gelbe Farbe). Die Abbildung zeigt, wie sich der Peak mit steigender Partikelgröße entwickelt und an Intensität gewinnt, die Absorptionsfrequenz in dem schmalen Größenbereich, in dem die Resonanz entsteht, aber näherungsweise konstanz bleibt. Wachsen die Partikel bis etwa 300 nm, verbreitern sich die Peaks durch das Hinzutreten höherer Multipolschwingungen, verschieben sich zu höheren Wellenlängen und verlieren an Intensität. Bei zu großen Partikeln verliert sich der Peak vollends und das Glas wird durch die großen eingelagerten Metallpartikel grau-trüb.

Die zur Anlauffärbung benutzten Edelmetalle Gold und Silber und Kupfer zeigen besonders intensive Farben, da neben den echten Leitungselektronen zusätzlich d-Elektronen für die Plasmonanregung verfügbar sind, die über Interbandübergänge (Gold: $5d \rightarrow 6sp$, Silber: $4d \rightarrow 5sp$, Kupfer: $3d \rightarrow 4sp$) ins Leitungsband transferiert worden sind [284, ch. 6.2]. Bei Goldpartikeln sind diese Interbandübergänge zusätzlich bei niedrigen Wellenlängen im Spektrum sichtbar.

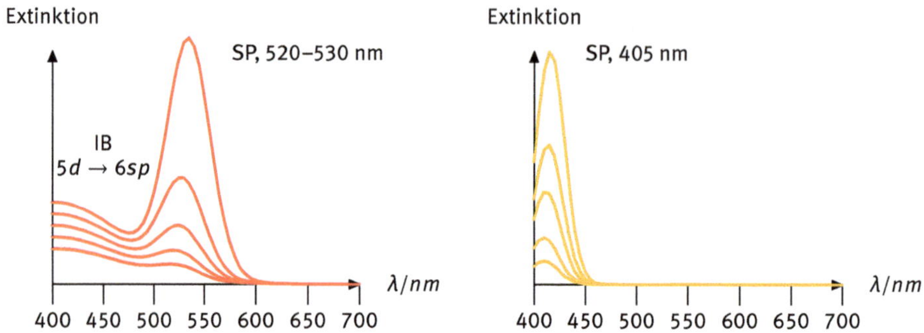

Abb. 1.16: Abhängigkeit der Plasmonresonanz (SP) von der Partikelgröße von Gold- (links) und Silberkolloiden (rechts) im Goldrubin- bzw. Silberglas im Größenbereich von etwa 2–10 nm (schematisch gezeichnet nach [284, ch. 6.2]). Bei solchen kleinen Partikeln sind die SP-Peaks noch nicht durch höhere Multipolschwingungen verbreitert oder zu höheren Wellenlängen verschoben. Bei Gold sehen wir neben den SP im Bereich kleiner Wellenlängen die Interbandübergänge $5d \rightarrow 6sp$ (IB) der Edelmetalle, die für Gold und Kupfer im Bereich der SP liegen.

Oberflächenplasmonen mit Multipolcharakter: Beispiel Eisen(III)oxid

Die intensive Farbe des Goldrubinglases kommt durch einen einzelnen scharfen Absorptionspeak zustande. Tatsächlich geben Oberflächenplasmonen jedoch zu mehreren Peaks im Absorptionsspektrum des Partikels Anlaß, die verschiedene *Multipolordnungen* aufweisen. Bei kleinen Partikeln sehen wir nur den intensiven Peak der Dipolschwingung, bei größeren Partikeln oder Materialien mit anderen elektronischen Strukturen können wir auch höhere Multipolschwingungen beobachten. Die höheren Schwingungsmoden verbreitern den Absorptionspeak der Dipolschwingung und entwickeln sich mit steigender Partikelgröße immer deutlicher. ►Abbildung 1.17 zeigt schematisch für kleine Aluminiumpartikeln scharfe Dipolpeaks, die sich mit steigender Partikelgröße durch die Bildung von Multipolschwingungen bei höheren Wellenlängen verbreitern.

Auch Eisenoxide besitzen Halbleitercharakter und können Oberflächenplasmonen ausbilden. Die benötigten freien Elektronen stammen aus dem Leitungsband von Eisenoxid, das aus leeren Eisenorbitalen gebildet wird. Das Valenzband wird aus den teilgefüllten $4sp(Fe)$- und gefüllten $2p(O)$-MOs gebildet. In ►Abbildung 2.33 entsprechen das Leitungsband den MOs ab $3a_{1g}^*$, das Valenzband den nichtbindenden Sauerstoff-MOs $1t_{1g}^*$, $1t_{2u}^*$, den Sauerstoff-Metall-MOs $2t_{1u}$, $3t_{1u}$ und den darunterliegenden MOs mit Sauerstoffcharakter. Die aufgespaltenen $3d(Fe)$-Orbitale liegen zwischen den Bändern [208, Kap. 4.2.2.2].

In der Malpraxis sind Multipolresonanzen wesentlich am Farbeindruck von roten und gelben Ockerpigmenten beteiligt und erklären, wieso beim Sintern von rotem Ocker bläulich-violette Farbtöne auftreten, ►Abbildung 1.18, ►Abbildung 3.13 und [586], [284, ch. 6.11]. Bei kleinen Partikeln aus rotem Ocker dominieren die LMCT-

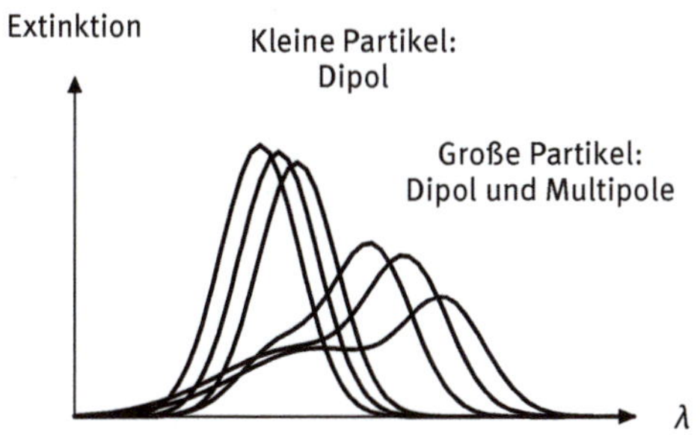

Abb. 1.17: Abhängigkeit der Plasmonresonanz von der Partikelgröße von Aluminiumpartikeln im Größenbereich 10–90 nm (schematisch gezeichnet nach [284, ch. 6.1]). Kleine Partikel zeigen weitgehend größenunabhängige scharfe Dipolresonanzen bei niedrigen Wellenlängen, größere Partikel breite Überlagerungen von Dipol- und Multipolresonanzen bei höheren Wellenlängen.

Absorption im Blauen und ein Elektronenpaarübergang im Grünen, was zur orangeroten Farbe führt. Mit steigender Partikelgröße entwickelt sich ab etwa 100 nm im Grünen eine Plasmonenresonanz mit Dipolcharakter, zu der mit wachsender Partikelgröße höhere Multipolresonanzen im gelben und dann roten Spektralbereich kommen. Der Farbeindruck verschiebt sich bei großen Partikeln zum bläulich-violetten Farbton des gesinterten Rotockers (Caput Mortuum). Analoge Resonanzen ändern den Farbeindruck der Partikel auch bei Gelbocker.

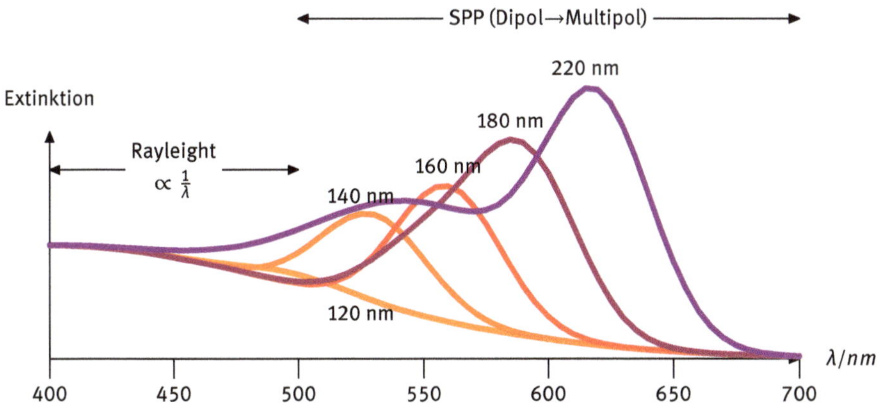

Abb. 1.18: Abhängigkeit der Plasmonenresonanz von der Partikelgröße (100–220 nm) von Eisen-(III)oxid (schematisch gezeichnet nach [284, ch. 6.11]). Bei geringer Teilchengröße sind nur die CT- und LF-Absorptionen im UV und VIS/IR zu sehen (orangerote Farbe). Mit steigender Partikelgröße entwickelt sich eine Plasmonresonanz, die sich von den niedrigen Wellenlängen der Dipolschwingung um 500 nm zu den hohen Wellenlängen höherer Multipolschwingungen verschiebt. Kleine Partikel sind orangerot, während die Resonanzentwicklung bei großen Partikeln einen bläulich-violetten Farbeindruck hervorruft. ►Abbildung 3.13 zeigt Spektren realer Eisenoxidrot-Pigmente.

1.6.5 Makroskopische Betrachtung: Transmission, Lichtbrechung, Dispersion

Wenden wir uns nun dem transmittierten Licht zu. In einem makroskopischen Körper erzeugen alle Oszillatoren zusammengenommen eine einheitliche, durch den Körper laufende Wellenfront.

Brechungsindex

Wie schon angedeutet, erscheint es uns von außen so, als sei die Ausbreitungsgeschwindigkeit v der Lichtwellen im Inneren des Körpers kleiner als die Geschwindigkeit in Luft oder im Vakuum c.

Da die Wellenlänge proportional zur Ausbreitungsgeschwindigkeit ist ($\lambda \propto v$), ist sie innerhalb des Körpers geringer als außerhalb. An der Grenzfläche des Körpers müssen jedoch ein- und auslaufende Welle in der Art zusammenpassen, daß alle Wellenberge und -täler beider Seiten zusammenfallen. Durch die unterschiedliche Wellenlängen ist dies nur möglich, wenn der Richtungsvektor der auslaufenden Welle gegenüber der einlaufenden geneigt ist. Im Teilchenbild können wir dies ebenfalls erkennen, hier ist der Strahl zum Lot hin gebrochen. SNELLIUS hat ein einfaches Gesetz formuliert, das Eintrittswinkel θ und Austrittswinkel θ' (oder im Wellenbild die Ausbreitungsgeschwindigkeiten) miteinander in Beziehung setzt:

$$\frac{\sin\theta'}{\sin\theta} = \frac{n_2}{n_1} = \frac{c}{v} = n \tag{1.21}$$

Die Materialkonstante n ist für Luft und den Körper spezifisch und heißt *Brechungsindex*. Sie wurde mit ►Gleichung 1.18 bereits aus dem mikroskopischen Modell hergeleitet. n_1 ist der Brechungsindex von Luft mit dem Wert 1,000272, ►Tabelle 1.16 zeigt einige Zahlenwerte für Stoffe aus dem Künstlerumfeld.

Tab. 1.16: Brechungsindex n_D bei 589 nm (Natrium-D-Linie) und Dispersion $d = n_B - n_G$ (B-Linie: 686,7 nm, G-Linie: 430,8 nm) für einige ausgewählte Stoffe.

Substanz	n_D	d	Substanz	n_D	d
Luft	1,000		Leinöl gealtert	1,60	
Wasser	1,333		Flintglas, Kristallglas	1,6	
Ethanol	1,361		Dense Flint	1,7	0,040
Toluol	1,496		Saphir	1,77	0,018
Leinöl	1,48		Zinkoxid	1,99	
Polymethylmethacrylat	1,50		Zirkon	2,15	0,039
Fensterglas	1,5	0,010	Diamant	2,418	0,044
Borosilikat-Kronglas	1,5	0,010	Rutil	2,76	
Polyester, Alkydharze	1,55				
Calciumcarbonat	1,57				

Die theoretische Behandlung zeigt mit ►Gleichung 1.18 und ►Gleichung 1.19, daß n und der Absorptionskoeffizient k miteinander gekoppelt sind, sie werden daher oft zum komplexen Brechungsindex $n + \mathrm{i}k$ kombiniert. Er ist stark wellenlängenabhängig und erfährt bei den Resonanzfrequenzen, an denen ein Körper Licht absorbiert, deutliche Änderungen, ►Abbildung 1.19. Dies führt zum Phänomen der Dispersion und der Lichtbrechung in Prismen.

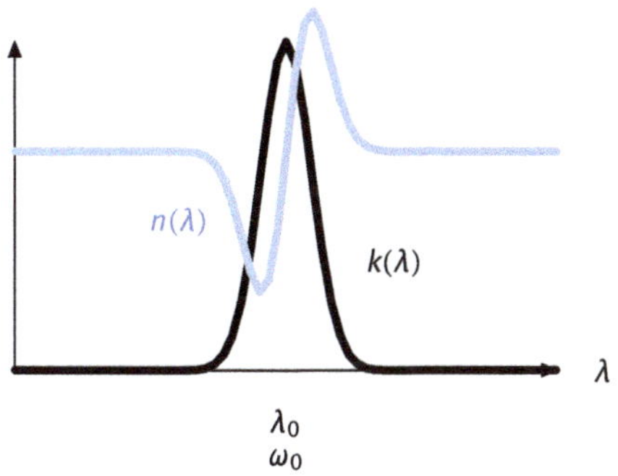

Abb. 1.19: Wellenlängenabhängigkeit von Brechungsindex n (blau) und Absorptionskoeffizient k (schwarz) nach ►Gleichung 1.18 und ►Gleichung 1.19 und ihre Kopplung.

Hochbrechende Gläser, Bleikristall Wie aus ►Gleichung 1.15 und ►Gleichung 1.16 hervorgeht, können wir die Dielektrizitätskonstante und damit auch n und k erhöhen, wenn wir die Oszillatordichte N so weit wie möglich erhöhen. Die Frage der Lichtbrechung von Gläsern wird in [30, Kap. 3] behandelt. Anhand der darin gezeigten Gleichung für den Brechungsindex

$$n^2 = \frac{1+2Y}{1-Y}, \quad Y = \frac{4\pi N_L}{3} \frac{\alpha\rho}{M_r} \tag{1.22}$$

die Lorentz und Lorenz aus der Maxwell-Gleichung abgeleitet haben, wird klar, wie die hohe Oszillatordichte erreicht werden kann und welche weiteren Einflussfaktoren existieren. N_L ist die Loschmidtsche Zahl, α die Polarisierbarkeit, ρ die Dichte und M_r das mittlere Molekulargewicht der glasbildenden Verbindung. Wir erkennen anhand der Gleichung, daß zur Erreichung hoher Brechungsindizes eine hohe Polarisierbarkeit α und ein geringes Molvolumen $\frac{M_r}{\rho}$ notwendig ist.

Die Anionen der Glasmasse haben eine hohe Polarisierbarkeit und leisten einen wesentlichen Beitrag zum Brechungsindex, vor allem die zahlenmäßig häufigen Sauerstoff-Anionen. Je nach Rolle der Sauerstoffatome im Glas schwankt ihr Beitrag: in reinen SiO_2-Gläsern treten die Oxid-Anionen als Brückenglieder auf und sind wenig polarisierbar, weshalb diese Gläser niedrigbrechend sind. In Alkalisilikatgläsern $SiO_2 \cdot R_2O$ finden wir viele Oxid-Anionen als Trennstellensauerstoff, die durch die Partialladung stark polarisierbar sind, sodass diese Gläser höherbrechend sind:

Struktur mit Brückensauerstoff Struktur mit Trennstellensauerstoff

In der Reihe Li → Na → K steigt die Polarisierbarkeit. Kalisilikatgläser haben jedoch einen geringeren Brechungsindex als Lithiumsilikatgläser, weil auch das Molvolumen eine Rolle spielt, das im Falle der Lithiumgläser geringer ist. Die vernetzten SiO_4-Tetraeder weisen viele Hohlräume auf, in denen die kleinen Lithiumionen Platz finden, während die großen Kaliumionen eine Strukturaufweitung erfordern, sodass das Molvolumen der Lithiumgläser geringer und ihre Dichte und Brechungsindex in summa höher ist.

Y ist additiv bezüglich der Komponenten des Glases, sodass wir die Beiträge verschiedener Kationen zum Brechungsindex vergleichen können, ►Tabelle 1.17. Wir erkennen den Anstieg der Polarisierbarkeit bei größeren oder höher geladenen Kationen, sowie den geringen Wert beim Silizium-Kation mit abgeschlossenem Elektronenrumpf. Auffallend ist der hohe Wert für Blei(II)-Kationen, der erklärt, warum Bleikristallglas besonders hochbrechend ist und über ►Gleichung 1.24 einen hohen Glanz besitzt. Der Brechungsindex basiert auf der hohen Polarisierbarkeit der zwei 6*s*-Elektronen, die nicht in Bindungen lokalisiert sind und durch externe Strahlungsfelder leicht zu Oszillationen angeregt werden können [29, ch. 7.5].

Tab. 1.17: Molrefraktion $4\pi N_L \cdot \frac{1}{3} \cdot \alpha$ verschiedener Kationen in Gläsern [30].

Kation	Molrefraktion	Kation	Molrefraktion	Kation	Molrefraktion
$Na^{\oplus}$	0,44	$Ba^{2\oplus}$	4,02	$Pb^{2\oplus}$	9,13
$K^{\oplus}$	2,07	$Ca^{2\oplus}$	1,18	$Si^{4\oplus}$	0,084

Dispersion

►Abbildung 1.20 zeigt den Verlauf von *n* über einen großen Frequenzbereich, wenn sowohl im IR- als auch im UV-Bereich Absorptionen auftreten. Wir sehen, daß sich *n* im VIS-Bereich deutlich ändern kann, wenn diese Absorptionen stark sind. Im VIS-Bereich sehen wir sowohl die langwellige Flanke der UV-Absorptionen als auch die kurzwellige Flanke der IR-Absorptionen, *n* wird also zu längeren Wellenlängen hin kleiner. Blaues Licht wird daher stärker als rotes gebrochen. Der Unterschied von *n* an beiden Enden des VIS-Bereichs wird *Dispersion* genannt, typische Werte sind in ►Tabelle 1.16 aufgelistet.

Die Dispersion ist Ursache zahlreicher optischer Phänomene: der Aufspaltung von weißem Licht in Prisma und Regenbogen und des Feuers von Edelsteinen, be-

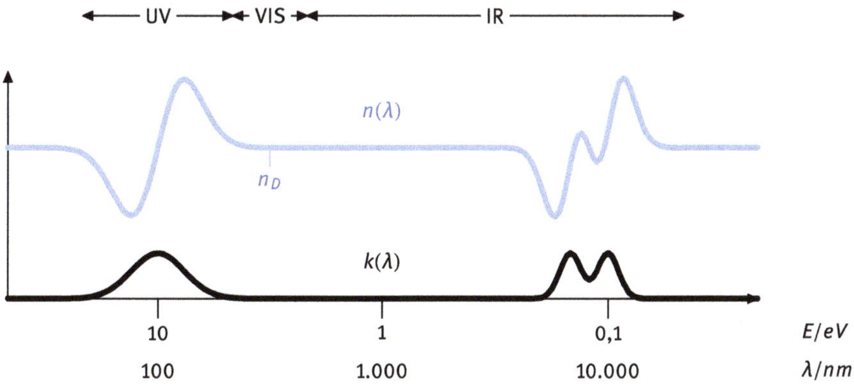

Abb. 1.20: Typischer Verlauf des Brechungsindex (blaue Kurve) mit drei Resonanzfrequenzen über einen weiten Bereich des Spektrums hinweg. Dispersion tritt auf, da sich der Brechungsindex im VIS-Bereich ändert als Folge der Absorptionspeaks im UV- und IR-Bereich (schwarze Kurve). Im Beispiel fällt n mit steigender Wellenlänge (normale Dispersion). Der häufig zitierte Wert n_D ist der Brechungsindex bei der Wellenlänge der Natrium-D-Linie (589 nm).

sonders des Diamanten mit seiner hohen Dispersion. Während hohe Dispersion für Edelsteine wesentlich ist, muß sie für optische Gläser in Brillen oder Photoobjektiven niedrig sein, um möglichst wenig optische Artefakte zu erhalten. Entsprechend werden Gläser u. a. in hochdispersive Flintgläser und niedrigdispersive Krongläser eingeteilt, ►Abschnitt 3.9.

1.6.6 Makroskopische Betrachtung: Streuung, Reflexion, Glanz

Wir haben gesehen, daß ein makroskopischer Körper einen Teil der einfallenden Strahlung absorbiert und damit farbig wirkt (►Abschnitt 1.6.3), einen weiteren Teil beim Durchgang aus der Einfallsrichtung bricht und transparent wirkt (►Abschnitt 1.6.5) und einen dritten Teil reflektiert. Wir interessieren uns nun für diesen Teil. Je nach der Größenordnung des Körpers tritt er in unterschiedlicher Weise in Erscheinung [268, Kap. 4]:

- Ein makroskopischer Körper mit perfekt glatter Oberfläche bildet eine reflektierte Wellenfront aus, die durch die Überlagerung einer Vielzahl reemittierter Strahlungsanteile entsteht und die in einer Vorzugsrichtung konzentriert ist. Es handelt sich um Reflexion oder bei hoher Intensität um Glanz an der Oberfläche, ►Abbildung 1.21 (1). Da die Wellenlänge bei der Reemission unverändert bleibt, führt die Reflexion zur Spiegelung des einfallenden Lichts.
- Im Detail betrachtet, ist die Oberfläche selbst eines polierten Körpers nicht ideal eben, sondern rauh und besteht aus einer Vielzahl kleiner spiegelnder Flächen, die nur ungefähr in dieselbe Richtung zeigen. Ein Teil des Lichts wird nicht kon-

zentriert in die Ausfallsrichtung, sondern diffus, also in alle Richtungen, reflektiert, ►Abbildung 1.21 (2). Der Anteil der diffusen Reflexion steigt mit der Rauheit der Oberfläche.

Diffus reflektiertes Licht ist jedoch ein makroskopisches Phänomen, denn selbst diese kleinen Flächen bestehen immer noch aus einer so großen Zahl von Oszillatoren, daß sich deren Streulicht zu einer makroskopischen Welle überlagert, die ein Bild der Lichtquelle nachzeichnet. Es hat nichts mit dem in viele Richtungen emittierten Streulicht eines einzelnen oder weniger Oszillatoren zu tun.

- Nähert sich die Größe des Körpers an die Wellenlänge des Lichts an, sind nur noch wenige Oszillatoren beteiligt. Neben geometrisch kleinen Körpern kann auch eine sehr rauhe Oberfläche mit stark fluktuierendem Brechungsindex eine Vielzahl an sehr kleinen Streuzentren hervorrufen.

  Mikroskopische Effekte, nämlich die elastische Streuung, bestimmen Entstehung und Ausbreitung von *Streulicht* der Oszillatoren. Wir haben es nicht mehr mit Reflexion, sondern mit *Mie-Streuung* zu tun, ►Abbildung 1.21 (3), die relativ ungerichtet emittiert wird (komplexe Richtungsabhängigkeit) und „weiß" ist. Der Anteil an diffus gestreutem Licht nimmt mit der Verringerung der Körpergröße zu, um schließlich in der Größenordnung der halben Wellenlänge ein Maximum zu erreichen.
- Unterschreitet die Größe des Körpers schließlich die Wellenlänge des Lichts und nähern wir uns einem System aus einem einzelnen Oszillator, beobachten wir *Rayleigh-Streuung*, die in Vorwärts-Rückwärts-Richtung dominiert und zur Seite bläulich ist, ►Abbildung 1.21 (4).

In allen Fällen ändert sich die Wellenlänge der reflektierten oder gestreuten Strahlung nicht, da es sich um erzwungene Schwingungen handelt, die der anregenden Welle mit gleicher Frequenz folgen. Die mikroskopischen Ursachen werden in [9, ch. 6] im Detail erläutert.

Streuung

Mikroskopische Anregungs- und Reemissionsvorgänge treten beim Übergang vom einzelnen Oszillator zum Festkörper je nach Größenordnung in unterschiedlicher Weise in Erscheinung. Das Verhalten einer Menge an Oszillatoren in einem Partikel gegenüber einem äußeren elektromagnetischen Feld, also die Wechselwirkung einer Lichtwelle mit Materie, ist ab 1908 von Mie untersucht worden. Die mathematische Behandlung ist komplex und kann in Lehrbüchern der Optik [268] oder in [282, 283], [284, ch. 4], [292] nachgelesen werden.

Für uns sind einige Ergebnisse wichtig, die die Abhängigkeit der Absorption bzw. Streuung von der Wellenlänge des einfallenden Lichts und von der Größe des Pigmentpartikels beschreiben [17, Kap. 5]. Sie sind in ►Tabelle 1.18 zusammengefaßt, die

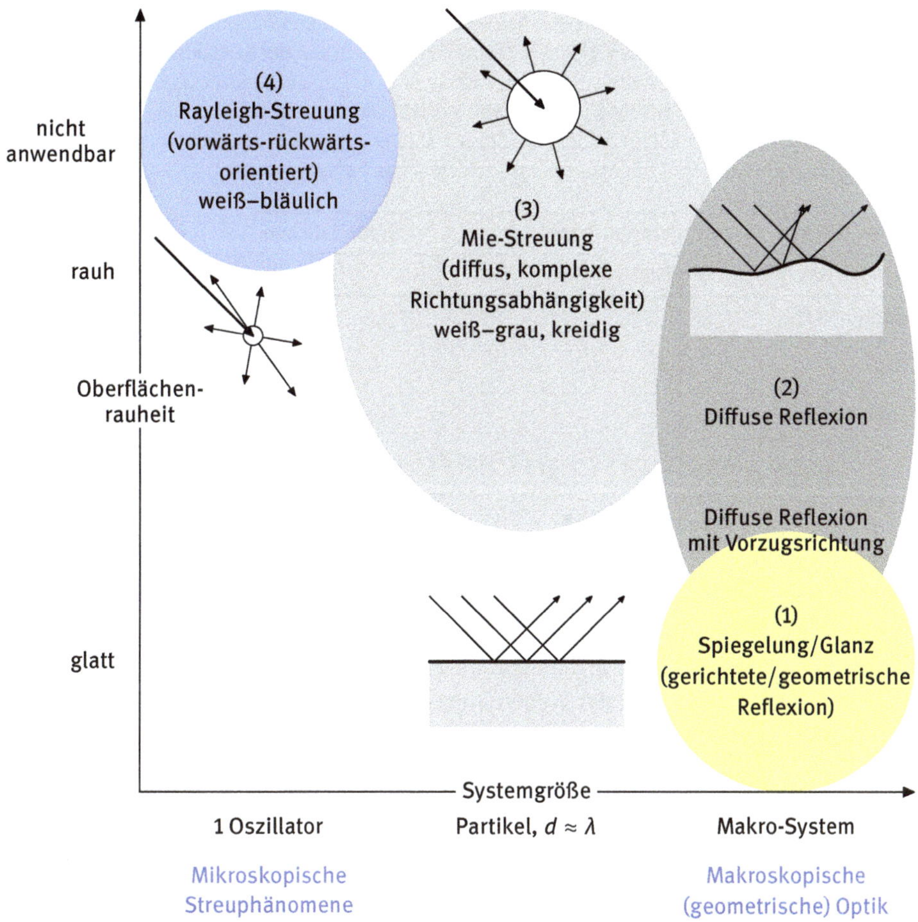

Abb. 1.21: Übergang der Reflexion in Rayleigh-Streuung bei Verringerung des Massstabs [268, Kap. 4]. (1) Ein makroskopischer Körper mit glatter Oberfläche. Das Streulicht seiner unzähligen Oszillatoren überlagert sich zu einer reflektierten Welle, die in Ausfallsrichtung konzentriert ist (geometrische Optik).
(2) Die realen Oberflächenunebenheiten sind immer noch Vielteilchensysteme, die reflektierte Wellen ausbilden, aber abhängig von der lokalen Oberflächenneigung in verschiedene Richtungen reflektieren. Zum reflektierten Hauptstrahl tritt diffuse Reflexion, die mit der Oberflächenrauheit zunimmt.
(3) Im Größenbereich der mehrfachen Lichtwellenlänge (u. a. bei Pigmentkolloiden oder sehr rauhen Oberflächen mit stark wechselndem Brechungsindex, also vielen Streuzentren) tritt im Körper diffuse *Streuung* (Mie-Streuung) auf, die eine komplizierte Winkelabhängigkeit zeigt, i. w. aber ungerichtet ist.
(4) Einzelne Oszillatoren in molekularen Dimensionen zeigen Rayleigh-Streuung, die die Vorwärts- und Rückwärtsrichtung bevorzugt.

Tab. 1.18: Schematische Abhängigkeit von Absorptionsstärke und Streuintensität von Partikeln verschiedener Größenklasse [17, Kap. 5], [292]. Die Abhängigkeiten von der Partikelgröße r und der einfallenden Wellenlänge λ werden durch den Parameter $\alpha = \frac{r}{\lambda}\pi n_0$ ausgedrückt, $\beta = 2\alpha|n-1|$. n_0 ist der Brechungsindex des Mediums, das den Partikel umgibt, n ist der Brechungsindex des Partikels selber. θ ist der Winkel, unter dem die Streustrahlung gegenüber der Vorwärtsrichtung des Lichts beobachtet wird. k ist der Absorptionskoeffizient des Partikels.

Kleine Teilchen	**Mittlere Teilchen**	**Große Teilchen**
Rayleigh-Regime	**Mie-Regime**	
Absorption Q_a		
$\propto \frac{r}{\lambda}k$	$\propto \frac{1}{r}\frac{r}{\lambda}$	
Streuung Q_s		
$\propto \frac{8}{3}\alpha^4\left(\frac{n^2-1}{n^2+2}\right)^2$	$\propto 2-\frac{4}{\beta}\sin\beta+\frac{4}{\beta^2}(1-\cos\beta)$	$\propto \frac{3}{2r}\left(\frac{n-1}{n+1}\right)^2$
$\propto \frac{r^4}{\lambda^4}$	(van de Hulst)	(Fresnel)
$\propto (1+\cos^2\theta)$	$\propto f(\theta)$ komplex	

das optische Verhalten von Partikeln im wesentlichen in zwei Klassen einteilt. Die Abgrenzung erfolgt gegenüber der Wellenlänge λ der einfallenden Strahlung:

- Sehr kleine Partikel unter der Größenordnung von λ lassen sich durch Rayleigh-Streuung beschreiben. Diese nimmt an, daß die Streuzentren wie die mikroskopischen Lorentzoszillatoren als Dipole schwingen.
- Partikel in der Größenordnung von λ und darüber werden durch Mie-Streuung beschrieben, die von Teilchendimension und -gestalt abhängt. Die in der Tabelle gezeigte Gleichung von VAN DE HULST ist eine Näherung für sphärische Partikel. Die Komplexität der Mie-Streuung entsteht durch das Auftreten von Multipolschwingungen und Phasenverschiebungen innerhalb der großen Partikel.

Streuzentren, also kleine Partikel, an denen Streuung stattfindet, finden wir in einem Malsystem zuhauf, immer vorausgesetzt, sie sind hinreichend klein: vor allem natürlich die Pigmentpartikel, zugesetzte Füllstoffpartikel, Trübungs- und Mattierungsmittel, unabsichtlich beim Altern des Bindemittels entstandene Emulsionen, Dispersionen oder Lufteinschlüsse, Staub, Blasen, Fasern und Rauheiten an der Oberfläche oder in tieferen Schichten. Die Streuung beeinflußt das Erscheinungsbild von Kunstwerken in hohem Maße an allen Stellen, an denen Streuzentren vorkommen: in pigmentierten Malschichten, Zwischen- oder Schlußfirnisschichten, den Grundierungen oder in Imprimaturschichten, an der Gemäldeoberfläche und an allen Grenzflächen zwischen diesen Schichten. Sie verändert die wahrgenommene Farbe und Farbqualität und bestimmt über Deckkraft, Transparenz, Lasurfähigkeit, Oberflächen- und Tiefenlicht.

Rayleigh-Streuung Rayleigh-Streuung tritt bei sehr kleinen Streuzentren auf, typischerweise Molekülen und Atomen, wie z. B. in Luft. Die Erregung der Dipole und die Abstrahlung erfolgt so, daß die größte Streustrahlung in der Ausbreitungsrichtung des Lichts ($\theta = 0°$) und dazu entgegengesetzt ($\theta = 180°$) erfolgt, ►Abbildung 1.22(a).

Durch die starke Abhängigkeit der Streustrahlung von λ^{-4} wird kurzwelliges violettes oder blaues Licht erheblich stärker gestreut als langwelliges rotes. Die Folge sehen wir beim Betrachten von Acryldispersionen, Emulsionen wie Milch und Latex oder Rauch: im Durchlicht erscheinen diese Dispersionen rötlich, im seitlichen Licht dagegen bläulich. In gleicher Weise ist Rayleigh-Streuung für den blauen Tageshimmel verantwortlich, die Sonne erscheint in Blickrichtung gelblich, weil blaue Anteile seitlich weggestreut werden; diese nehmen wir in Richtung zum Himmel als Himmelsblau wahr. Abendrot entsteht, weil die Strahlen der tiefstehenden Sonne einen weiten Weg durch die streuende Atmosphäre zurücklegen und ihre blauen Anteile fast vollständig verlieren.

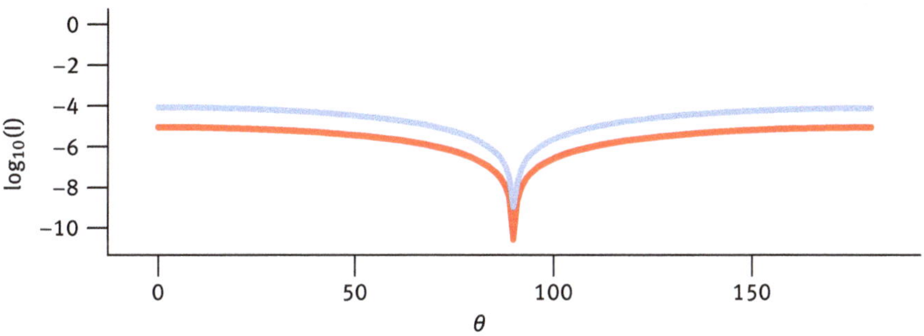

(a) Rayleigh-Streuung (Partikelgröße 25 nm).

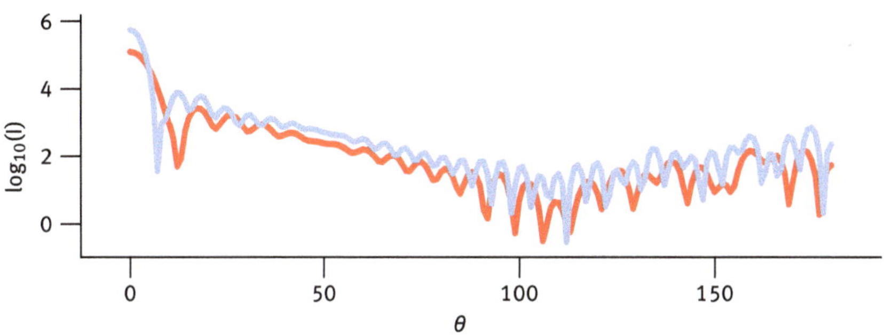

(b) Mie-Streuung (Partikelgröße 2,5 μm).

Abb. 1.22: Abhängigkeit der Streuintensität I vom Beobachtungswinkel θ bei Rayleigh-Streuung und Mie-Streuung (berechnet mit Mieplot [288]). Wir erkennen die um eine Größenordnung höhere Streuungsintensität blauen gegenüber roten Lichts der Rayleigh-Streuung, sowie die Bevorzugung der Vorwärts- und Rückwärtsrichtung der Streuung (0° und 180°). Blaue Kurve $\lambda = 450$ nm, rote Kurve $\lambda = 650$ nm. Die Winkelabhängigkeit der Mie-Streuung ist kompliziert.

Die Bedeutung der Rayleigh-Streuung für die Malerei liegt in der Erzeugung ebendieses bläulichen Farbeindrucks. Ab der frühmittelalterlichen Wandmalerei der Karolingerzeit, aber auch noch in Bildern von Rubens und Van Dyck, finden wir Mischungen aus fein gemahlener Holzkohle mit Bleiweiß oder Kalkweiß sowie Lasuren von Holzkohle auf Weiß, das sog. „falsche Blau" [53, 453, 454, 461, 462, 465, 466], ►S. 204. Während Kohle gleichmäßig absorbiert und in der Mischung mit Weiß einen grauen Farbton liefert, entsteht durch die bevorzugte Streuung der blauen Lichtanteile an feinen Kohlepartikeln zusätzlich ein bläulicher Farbeindruck. Für einen deutlichen Farbeindruck sind bestimmte Partikelmorphologien notwendig, die bei anderen schwarzen Pigmenten wie Lampenschwarz nicht auftreten. Die Maler nutzten daher gezielt den Rayleigh-Effekt von Kohlepartikeln.

Mie-Streuung Sie tritt bei Streuzentren auf, die in der Größenordnung von λ und darüber liegen. Für die Gemäldephysik ist Mie-Streuung die dominante Streuungsart, da Pigmentteilchen i. A. zu groß für Rayleigh-Streuung sind. Die Reemission der Dipole und Multipole in Verbindung mit der auftretenden Phasenverschiebung führt zu einer komplexen räumlichen Intensitätsverteilung mit hohen Streuanteilen in allen Richtungen, die das diffuse Streulicht erklärt. Immer dominiert jedoch die Streuung in Richtung des Lichts. Die Abhängigkeit der Streuintensität vom Winkel θ ist in ►Abbildung 1.22(b) gezeigt. Durch die komplizierte Abhängigkeit des Streulichts von r, θ und λ mischt sich das Streulicht in inhomogenen Teilchensystemen wie Wolken, Nebel und Latexdispersionen so, daß sich ein weißer (grauer) Farbeindruck ergibt. Die diffuse Streuung an Gemäldeoberflächen führt zu kreidig-trüb-weißlichem Erscheinungsbild, Streuung an feinen Pigmentpulvern zur Aufhellung bei sinkender Teilchengröße.

Ein wichtiges Ergebnis der Mie-Rechnungen ist, daß das Streuspektrum und damit der wahrgenommene Farbton zusätzlich zur Eigenfarbe des Partikels von Teilchengröße und Wellenlänge abhängen. Eine Mie-Simulation (►Abbildung 1.23) für Partikel eines Weißpigments wie Titanweiß mit Brechungsindex 2,7 zeigt, daß bei einem Radius von 75 nm das Maximum der Streuung bei 400 nm im Blauen liegt und

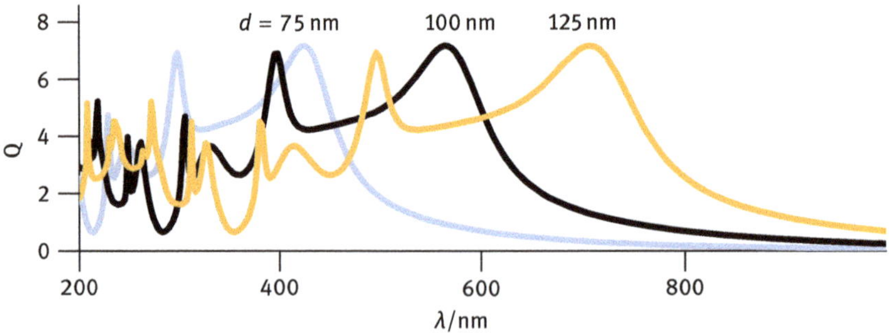

Abb. 1.23: Abhängigkeit der Mie-Streuung Q von der Wellenlänge λ bei Teilchen mit 75 nm (hellblau), 100 nm (schwarz) und 125 nm Teilchenradius (gelb), Brechungsindex 2,7 (z. B.Titanweiß), berechnet mit Mieplot [288]. Kleine Teilchen zeigen einen Blaustich.

zum Rot hin rasch auf fast Null fällt, das Teilchen besitzt einen Blaustich (hellblaue Kurve). Vergrößern wir das Teilchen auf 100 nm, verschiebt sich das Streumaximum ins Gelbe zu 550 nm, es werden vor allem Gelb- und Rotanteile gestreut, wir nehmen einen Stich ins Warm-Rote wahr (schwarze Kurve). Bei 125 nm Radius haben sich die Streuungsmaxima noch weiter zu höheren Wellenlängen verlagert (gelbe Kurve). Dies entspricht der Beobachtung, daß kleine Titanweißpartikel blaustichig-weiß sind, während größere Partikel warm-weiß erscheinen.

►Abbildung 1.24 zeigt die Abhängigkeit der Streuung vom Teilchendurchmesser für rotes Licht (650 nm). Wir sehen, daß es für jeden Brechungsindex einen optima-

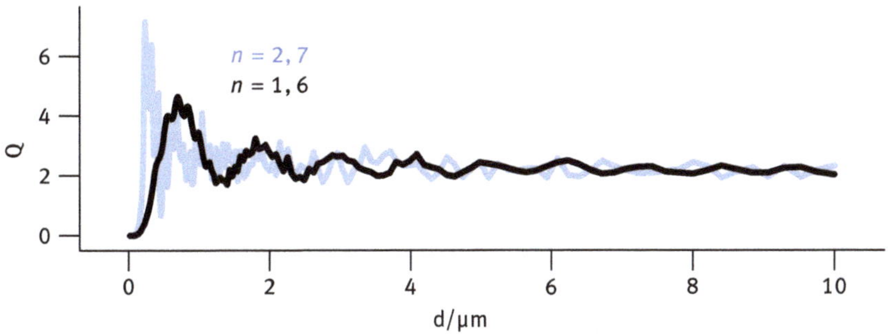

(a) Brechungsindex Medium $n_M = 1$ (z. B. Luft). Durch den großen Unterschied der Brechungsindizes der Pigmente zu n_M findet an kleinen Partikeln beider Pigmente starke Streuung statt, das Streuoptimum liegt für hochbrechendes Titanweiß bei ca. 200–300 nm, für niedrigbrechende Kreide bei ca. 0,7 µm Teilchengröße. Beide Weißpigmente sind in diesem Medium deutlich sichtbar und deckend.

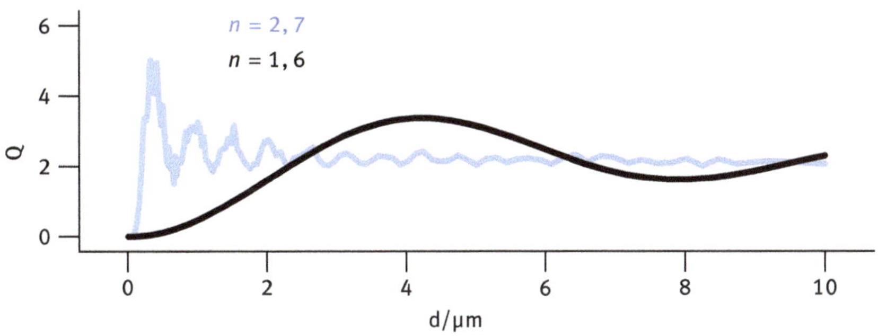

(b) Brechungsindex Medium $n_M = 1{,}5$ (z. B. Leinöl). Nur noch der Brechungsindex von Titanweiß hat einen hinreichend großen Unterschied zu n_M, nur an Titanweiß findet an kleinen Partikeln noch starke Streuung statt, das Streuoptimum liegt bei ca. 200–350 nm. Bei kleinen Partikeln der niedrigbrechenden Kreide findet praktisch keine Streuung mehr statt. Nur Titanweiß ist in diesem Medium deutlich sichtbar und deckend.

Abb. 1.24: Abhängigkeit der Streuung Q vom Brechungsindex und Teilchendurchmesser d. Hellblaue Linie: Streuung eines Teilchens mit Brechungsindex 2,7 (Titanweiß), schwarze Linie: Streuung eines Teilchens mit Brechungsindex 1,6 (Kreide), berechnet mit Mieplot [288] für rotes Licht der Wellenlänge 650 nm.

len Teilchendurchmesser gibt, für den maximale Streuung auftritt, z. B. 0,2 µm für $n = 2,7$ (Titanweiß) und 0,7 µm für $n = 1,6$ (Kreide) in Luft. Dieselbe Rechnung für blaues Licht zeigt, daß die Maxima zu kleineren Teilchendurchmessern hin verschoben sind (0,15 µm für $n = 2,7$ und 0,45 µm für $n = 1,6$).

Sie sehen, daß die Streuungskurven sehr komplex aufgebaut sind. Wir können diese Zusammenhänge auch vereinfacht mit Hilfe der Näherung von VAN DE HULST sehen [17, Kap. 5]. Tragen wir Q_s gegen β auf, sehen wir, daß Q_s für $\beta \approx 4$ ein globales Maximum aufweist, d. h. daß für dieses β resp. α die Streuung maximal wird. Die Gleichung

$$\beta \approx 4 = \frac{2r\pi n_0(n-1)}{\lambda} \tag{1.23}$$

verknüpft näherungsweise den Teilchendurchmesser r, für den die Streuung gegenüber Licht der Wellenlänge λ maximal wird, mit λ. Verringern wir r, muß sich die Wellenlänge λ, bei der maximale Streuung auftritt, ebenfalls verringern, also in den Blaubereich verschieben.

Reflexion und Glanz

Bei großen reflektierenden Körpern hängt die Intensität der Reflexionen über

$$R = 100\,\% \times \frac{(n-1)^2 + k^2}{(n+1)^2 + k^2} \tag{1.24}$$

mit Brechungsindex n und Absorptionskoeffizienten k zusammen. Eine hohe Reflexion oder *Glanz* erzielen wir durch hohen Brechungsindex oder hohen Absorptionskoeffizienten. Farbloses Glas ($n = 1,5$, $k = 0$) zeigt einen Reflexionsgrad von 4 %. Silber als Metall hat einen hohen Absorptionskoeffizient ($n = 0,18$, $k = 3,6$) und zeigt eine starke Reflexion von 95 %. Auch intensiv farbige Verbindungen wie Kaliumpermanganat, Iod oder Graphit sowie einige organische Pigmente haben so hohe Absorptionen, daß ihre Kristalle metallischen Glanz zeigen. Die Folgen für tieffarbige Pigmente werden in ►Abschnitt 1.6.7 auf S. 64 beschrieben, die Entstehung des Metallglanz und der Metallfarben in ►Abschnitt 1.6.7.

(Perl-)Glanzpigmente Eine besondere Form von Glanz zeigen (Perl-)Glanzpigmente. Generell können wir durch die Einlagerung kleinster spiegelnder Metallplättchen ein glänzendes Pigment erhalten. Den besonderen Schimmer von Perlen können wir auf diese Weise allerdings nicht nachahmen, da bei ihnen eine Vielzahl an Reflexionen und Brechungen zum feinen Glanz führt. Details dieser interessanten Gruppe von Pigmenten sind in [16, 425] nachzulesen.

1.6.7 Folgen der Absorption: metallischer Glanz, Metallfarben, Bronzieren

Elektrisch leitende Verbindungen, insbesondere Metalle, besitzen als herausstechende optische Eigenschaft typischen metallischen Glanz und charakteristische Farben, die in Form von Goldauflagen und Metallhintergründen das spezifische Erscheinungsbild frühitalienischer und byzantinischer Malerei sowie der Amelierung und der Eglomisé bewirken.

Metalle besitzen den hohen Absorptionskoeffizient, der für Glanzerscheinungen notwendig ist. Er beruht auf der leichten Erregung eines Stromflusses der freien Leitungselektronen durch ein eingestrahltes elektromagnetisches Feld, also durch Licht. Durch ihre hohe Beweglichkeit können die Leitungselektronen dem äußeren Feld bis zur sog. *Plasmafrequenz* leicht folgen und dem Feld viel Energie entnehmen, die Absorption ist bis zu dieser Frequenz gleichmäßig hoch. Oberhalb der Plasmafrequenz können sie dem äußeren Feld nicht mehr folgen, Energieaufnahme und Absorption sinken auf Null, das Metall wird oberhalb dieser Frequenz transparent. Der resultierende Reflexionsgrad ist nach ►Gleichung 1.24 für die hohen Werte von k unterhalb der Plasmafrequenz so groß, daß wir die Reflexion als metallischen Glanz wahrnehmen. Überlagern sich die Reflexionen vieler Elektronen in einem räumlich ausgedehnten Leiter, stellen sie ein Abbild der primären Lichtquelle dar, also eine *Spiegelung*. Dieser Fall liegt bei den Goldauflagen und -untergründen vor.

Ein Sonderfall liegt bei kolloid gelösten Metallen vor, z. B. im Goldrubinglas. Hier sind die Metallpartikel so klein, daß sich die von der äußeren Strahlung erzwungenen elektrischen Ströme nicht ausbilden können. Es ist keine Reflexion möglich, das Metallkolloid zeigt keinen Glanz, sondern Absorptionsfarben, die auf Ursachen wie Plasmonresonanzen beruhen, ►Abschnitt 1.6.4.

Farbe von Metallen

Ein Beispiel eines typischen Metalles ist Silber, dessen freie Elektronen über den gesamten Spektralbereich fast gleichmäßig hoch absorbieren und zu einer Reflexion führen, sodaß es weißglänzend erscheint. Nur eine schwache breite Absorption im Blaubereich führt zu vermehrter Reflexion gelben Lichts und dem warmen Silberschimmer.

Einige Metalle wie Gold weisen neben der unspezifischen Absorption durch freie auch spezifische Absorptionen durch gebundene Elektronen auf. Im Falle von Gold liegt diese im rötlich-gelben Bereich, sodaß dünne Goldfolien im Durchlicht blaugrün erscheinen. Gold reflektiert daher auch im rötlich-gelben Spektralbereich und besitzt im Auflicht die bekannte goldgelbe Farbe. Die farbgebenden Absorptionen stammen von elektronischen Übergängen (Interband- oder IB-Übergängen) zwischen Bändern des Metalls. Diese erfolgen ab einer bestimmten Mindestenergie unabhängig von der Plasmafrequenz, sodass die Reflexion auch darunter unter 100 % fallen kann.

Bei Aluminium treten ab 1,5 eV Interband-Übergänge im Infrarotbereich auf, die die Reflexion absenken. Da jeder Übergang oberhalb 1,5 eV gleich wahrscheinlich ist, ist die Reflektivität über den gesamten optischen Spektralbereich gleichmäßig verringert und das Metall besitzt eine graue Farbe. Bei Silber treten solche Übergänge erst ab 4 eV auf, sodass das optische Spektrum nur im Blaubereich beeinträchtigt wird und zur helleren warmweißen Farbe führt.

Im Gegensatz dazu zeigt Kupfer ab 2 eV Interband-Übergänge, die unterschiedliche Intensitäten aufweisen, da die Zustandsdichte für die *d*-Elektronen des Kupfers in den Quell- und Zielbändern in komplizierter Art wechselt und zahlreiche Peaks zeigt. Die Reflektivität im optischen Bereich wird nicht gleichmäßig verringert, sondern so, daß vorzugsweise blaues Licht absorbiert wird, was in einer roten Farbe resultiert. Die Ursachen der anderen Metallfarben liegen in gleicher Weise in einer komplizierten Bandstruktur des Metalls begründet. Eine tiefergehende Diskussion der Vorgänge ist in [266, 267, 269] zu finden.

Bronzieren

Bestimmte tieffarbige Pigmente zeigen bei größeren Schichtdicken einen metallischen Schimmer, das sog. *Bronzieren*. Die hochabsorbierenden Pigmente reflektieren gleich den Metallen den absorbierten Spektralbereich, sodaß das reflektierte Licht eine Farbe aufweist, die zur Farbe des Pigments komplementär ist. Ein Blaupigment absorbiert im Gelben und reflektiert daher gelbes Licht, während ein Cyanpigment Orange absorbiert und gelborangefarbene Reflexion zeigt. Wie in [380] dargestellt, tritt der Effekt grundsätzlich bei allen Pigmenten auf, kann aber meist nicht wahrgenommen werden.

Der metallische Schimmer ist besonders auf schwarzem Untergrund zu erkennen, da das von einem hellen Untergrund zurückgestreute Licht intensiver ist und den Bronzeglanz überstrahlt. Das Streulicht, das die Farbschicht zweimal durchlaufen hat (nach dem Eintritt in die Farbschicht und nach der Reflexion vom Untergrund), ist der Farbe des Pigments entsprechend gefärbt, sodaß Farbschichten auf hellen Untergründen fast immer die erwartete Farbe des Pigments zeigen.

Auf hellen Untergründen ist ein Bronzeglanz nur dann deutlich zu sehen, wenn das Pigment einen hohen Absorptionskoeffizienten besitzt oder hochkonzentriert in der Farbschicht vorliegt. Der letzte Fall kann im Druck auftreten, da bei vielen Druckfarben das Lösungsmittel und oft auch Teile des Bindemittels ins Papier wegschlagen. Dabei steigt die Pigmentkonzentration auf dem Papier stark an und der meist unerwünschte Bronzeschimmer zeigt sich. Insbesondere blauviolette Pigmente sind in dieser Hinsicht beim Drucken gefährlich, da intensive Absorptionen im Blauviolett-Bereich neben der Hauptabsorption das gesamte visuelle Spektrum abdunkeln und so das Streulicht auch auf weißem Papier vermindern. Bekannte Beispiele sind Pariserblau und Alkaliblau-Zusätze zum Schönen von schwarzen Druckfarben.

Hohe Absorptionskoeffizienten werden entweder durch inhärent gute Absorptionseigenschaften eines Pigments hervorgerufen oder durch Wechselwirkungen von Pigmentpartikeln miteinander, die zur Delokalisation von Elektronen über die beteiligten Partikel hinweg führen. Solche intermolekularen Wechselwirkungen treten insbesondere bei Indigo, Alkaliblau, Preussischblau, Chinacridonen, Perylenen und Diketo-pyrrolo-pyrrol-pigmenten auf, also eben gebauten Molekülen, die sich gut parallel zueinander ausrichten können oder Molekülen, die über Amino-Carboxyl-Gruppen wechselwirken.

1.6.8 Folgen der Streuung: Deckkraft, Weißpigmente und Tiefenlicht

Das komplizierte Wechselspiel zwischen Absorption, Reflexion und Streuung an der Gemäldeoberfläche, in der Tiefe der Malschicht und an den Grenzschichten von Firnis- und Malschichten sowie Pigmentpartikeln führt zu einer Reihe von Phänomenen, die die wahrgenommene Farbqualität beeinflußen [9, ch. 6].

Deckkraft und Transparenz, Deck- und Lasurpigmente

Im Zusammenspiel von pigmentierten Farbschichten, Imprimitur und Grundierung entscheidet die Streuung über *Deckkraft* bzw. *Lasureigenschaften* eines Pigments. Stark streuende Pigmentpartikel lassen nur wenig Restlicht zu darunterliegenden Schichten durchdringen, sodaß eine Malschicht aus solchen Partikeln stark deckend ist. Geht dagegen nur wenig Licht als Streulicht verloren, steht viel Restlicht zur Verfügung, um tiefere Schichten zu durchdringen und als *Tiefenlicht* wieder zum Beobachter zu gelangen. Je nach Farbstärke der Pigmente in diesen Schichten, also je nach Größe ihrer Absorptionskoeffizienten, ist Tiefenlicht mehr oder minder intensiv gefärbt. Eine Malschichten aus wenig streuenden Partikeln wirkt somit lasierend oder transparent. Ungewollt tritt dieser Effekt beim Altern von Gemälden auf, ►Abbildung 7.18 auf ►S. 613.

Starke Streuung: rauhe Oberflächen, magere Bindemittel, deckende Pigmente und Weißpigmente

Die Intensität von Streulicht steigt in dem Maße, in dem
- Pigmentpartikel kleiner werden (bis zu einem bestimmten Punkt, ►Abbildung 1.24),
- zwischen verschiedenen Malschichten oder zwischen Bindemittel/Medium und Pigment der Unterschied Δn im Brechungsindex steigt (►Abbildung 1.24) oder
- Streuzentren zahlreicher werden.

Da Streulicht die Farbschichten des Gemäldes nicht durchdrungen und nicht an Absorptionsvorgängen teilgenommen hat, und bei der Streuung die Frequenz des einfallenden Lichts nicht verändert wird, entspricht es i. w. dem einfallenden Licht, gewöhnlich Tages- oder Lampenlicht, ist also gewöhnlich ebenfalls weißlich. Es führt zu einer charakteristischen matten oder kreidigen Farbqualität.

Über die *Größe der Pigmentpartikel* kann Streuintensität und Deckkraft des Pigments in gewissem Maße gesteuert werden. Die Deckkraft steigt mit sinkender Partikelgröße bis zu einem bestimmten Punkt, an dem das Pigment maximale Deckkraft besitzt. Ein solches deckendes Pigment dominiert die Farbwirkung im Gemälde, ►Abbildung 1.25 links und Mitte. Wir haben gesehen, daß der Punkt maximaler Streuung bei Pigmentpartikeln in der Größenordnung von λ erreicht ist. Lasurpigmente werden erhalten, wenn die Partikel kleiner sind. Unabhängig von der Deckkraft hellt Streulicht ein feinvermahlenes Pigment immer auf. Ein dem Maler bekanntes Beispiel sind synthetische Eisenoxidpigmente: die lasierenden Typen („Lasurgoldocker") besitzen Partikelgrößen bis 0,05 µm, deckende von 0,05–1,0 µm [178]. ►Abbildung 3.10 oder allgemein auch ►Abbildung 1.24 illustriert anhand des berechneten Verlaufs von Streuung Q gegen Partikelgröße d, wie der Grenzwert von 0,05 µm zustande kommt. Nur bei kleineren Werten von d ist Q wie gewünscht praktisch Null, darüber nimmt Q stets endliche Werte an.

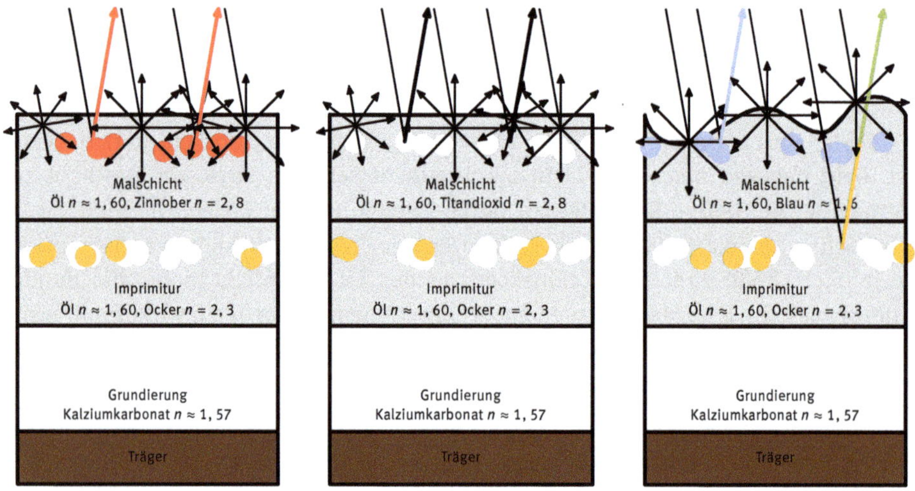

Abb. 1.25: Entstehung von Oberflächenlicht und matt-kreidiger Farbqualität durch intensives Streulicht [9, ch. 6]. Die gestreuten Anteile entsprechen dem Spektrum der einfallenden Strahlung, sind also i. A. weiß.
Links und Mitte: Intensive Streuung durch hochbrechende deckende Bunt- und Weißpigmente (n groß, Δn groß). Die Farbwirkung wird vom Pigment und dem Streulicht bestimmt.
Rechts: Intensive Streuung durch rauhe Oberfläche einer mageren Malschicht (Tempera, Acryl, Aquarell, Zeichnung), in der durch die Verdunstung der Wasseranteile eine zerklüftete Oberfläche mit starker lokaler Fluktuation von n und Δn entstanden ist, die zu zahlreichen Streuzentren an der Oberfläche führt. Auch der Zusatz eines Mattierungsmittels wie Silika führt zu einer Aufrauhung der Oberfläche und neuen Streuzentren. Zusätzlich tritt diffuse Reflexion auf. Die Farbwirkung wird vom Pigment und dem Streulicht bestimmt.

Ein großer *Unterschied im Brechungsindex* Δn liegt vor, wenn Pigmente möglichst direkt mit der niedrigbrechenden Luft in Kontakt stehen. Dies ist der Fall bei Bleistift- und Pastellkreidezeichnungen, in denen die Pigmente nur mit einem Minimum an Bindemittel fixiert sind. Die hohe Streuung verleiht diesen Farben die typische matt-kreidige Qualität. (Daß solche Zeichnungen dennoch etwas vom Untergrund sehen lassen, hängt mit einem sehr dünnen Pigmentauftrag oder einer stark rauhen Papieroberfläche zusammen, die die Farbschicht aufbricht.)

Eine hohe *Anzahl an Streuzentren* spielt bei Objekten mit trockener, rauher oder naturbelassener Oberfläche eine Rolle, wie unpolierte naturrauhe Mosaiksteine oder rauhe magere Malschichten von Acryl-, Tempera- und Wasserfarben, in denen die Pigmente nur minimal im Bindemittel eingebettet sind und nach dem Verdunsten des Wasseranteils eine mikroskopisch zerklüftete Oberfläche entstanden ist. Die Streuzentren werden von einer Vielzahl mikroskopischer Unebenheiten und Fremdstoffen jedweder Art in der unbehandelten Oberfläche und den Pigmentpartikeln gebildet, und durch die starke lokale Fluktuation des Brechungsindex, der ständig zwischen dem von Luft, dem des Pigments, dem der Fremdstoffe und dem des Bindemittels wechselt, ►Abbildung 1.25 rechts [9, ch. 6]. Die hohe Streuung führt wiederum zur typischen matten bis kreidigen Farbqualität dieser Schichten. Ungewollt tritt dieser Fall ein, wenn sich innerhalb des Bindemittels durch Schadeinwirkung feinste Luftbläschen bilden und zum Vergrauen der betroffenen Bildpartien führen, wie es zuweilen beim Blaupigment Smalte geschieht, ►Abschnitt 7.4.11.

Soll ein Pigment gleichzeitig deckend und farbig sein, muß es nicht nur stark streuen, sondern auch eine so intensive Absorption im sichtbaren Spektralbereich aufweisen, daß im gestreuten Licht möglichst viel der Eigenfarbe absorbiert wird, obwohl kaum Licht in die Malschicht eindringen kann. Damit bietet Streuung die Möglichkeit, eine besondere Farbe zu erhalten: Weiß. Beim Zermahlen von farblosen Kristallen oder Partikeln einer an sich farblosen Substanz erhöht sich der Anteil an Streulicht immer mehr, je feiner die Substanz gemahlen wird, bis sie bei geeigneter Korngröße als rein weißes Pulver mit maximaler Streuung vorliegt. Die Qualität eines Weißpigments, d. h. seine Eignung für verschiedene Malsysteme, wird durch möglichst hohen Brechungsindex erhöht.

Geringe Streuung: Tiefenlicht, fette Bindemittel und Firnisse

Das Gegenteil des weißlich-kreidigen Farbeindrucks bei intensivem Streulicht beobachten wir, wenn wir die Mosaiksteine polieren oder mit Wasser benetzen, Gemälde firnissen oder das fette Malsystem der Ölmalerei einsetzen. Die behandelten Oberflächen und fetten Malschichten zeigen dann bei unveränderter Zusammensetzung intensive und leuchtende Farben, ►Abschnitt 7.4.10. Sehr deutlich ist der Unterschied zwischen farbintensiven fetten Ölmalschichten und matt-kreidigen mageren Tempera- oder Acrylschichten zu sehen, was im Quattrocento und bei den Altniederländern zum Aufschwung der Ölmalerei beigetragen hat, zu Lasten der (Ei-)Temperamalerei.

Durch die Politur oder das Aufbringen eines Wasserfilms oder Firnisses werden die Unebenheiten ausgeglichen, die *Streuzentren vermindert* und eine makroskopisch glatte Oberfläche erzeugt. Auch durch die Verwendung fetter Bindemittel, die körperhafte homogene Ölfilme bilden, werden Streuzentren reduziert, die *Fluktuationen des Brechungsindex unterbunden* und stattdessen eine glatte Oberfläche angeboten. An den glatten Oberflächen tritt nun geometrische Reflexion statt Streuung auf und die Oberfläche beginnt zu glänzen. Ein Teil des einfallenden Lichts wird reflektiert, der größte Teil aber in die Wasser-, Firnis- oder Malschicht gebrochen. Dort ist er der Absorption an den Pigmentpartikeln unterworfen und tritt als farbiges Tiefenlicht wieder aus, ►Abbildung 1.26 links.

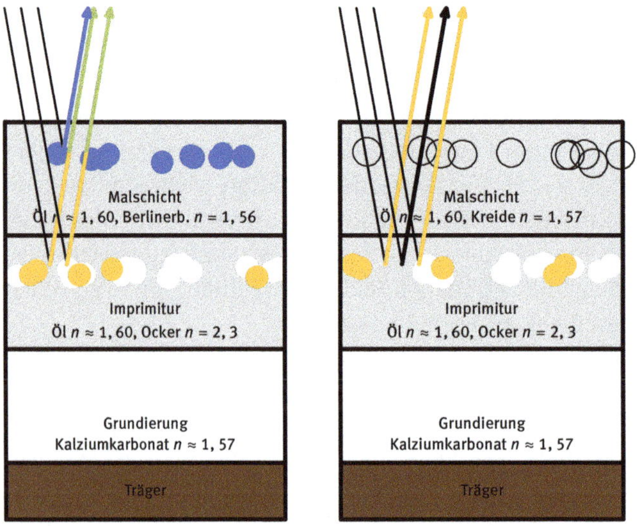

Abb. 1.26: Entstehung von Tiefenlicht und intensiver leuchtender Farbqualität durch geringes Streulicht [9, ch. 6]. Einfallendes Licht wird in die Farbschichten gebrochen, nimmt dort an Absorptionsprozessen teil und fällt zu einem hohen Grad als intensiv gefärbtes brillantes Tiefenlicht ins Auge des Betrachters. Das Medium hat einen Brechungsindex n_M.
Links: Lasurwirkung durch niedrigbrechende Buntpigmente (n mäßig groß, Δn klein), die Imprimitur scheint durch und nimmt an der Farbgestaltung teil.
Rechts: Mangelnde Deckkraft durch niedrigbrechende Weißpigmente ($n \approx n_M$, $\Delta n \approx 0$). Solche Weißpigment wirken fast durchsichtig und können nur als Füllstoffe eingesetzt werden, die nicht an der Bildwirkung teilnehmen sollen. Die Farbwirkung wird von der ersten einigermaßen deckenden Schicht, hier der Imprimitur, dominiert.

Verschwindet der Unterschied Δn der Brechungsindizes an einer Grenzfläche etwa zwischen Bindemittel und Pigmentpartikel, wird der Partikel durchsichtig, ►Abbildung 1.26 rechts [9, ch. 6]. Dies leitet zur Rolle des Mediums oder Bindemittels über. Vermalen wir Pigmente mit verschiedenen Bindemitteln, stellen wir fest, daß manche

Pigmente in bestimmten Bindemitteln praktisch durchsichtig werden und kaum mehr wahrnehmbar sind. Sehr eindrucksvoll erfahren wir dies an Weißpigmenten: Marmor oder Kreide ($CaCO_3$) mit $n = 1{,}6$ wirken in Luft ($n = 1{,}0$) deckend weiß, während sie in Leinöl ($n = 1{,}6$) durchsichtig sind. Bleiweiß ($n = 2{,}0$) oder Titandioxid mit dem hohen Wert $n = 2{,}7$ dagegen wirken auch in Öl noch deckend, Zinkweiß ($n = 2{,}0$) ist ein halblasierendes Pigment, das durch diesen mittleren Wert hervorragend zur Erzielung atmosphärischer Trübungen geeignet ist.

►Abbildung 1.24 zeigt Simulationsrechnungen der in diesen Fällen auftretenden Mie-Streuung: in Luft zeigen Kreide und Titanweiß bei den optimalen Partikelgrößen von 200–700 nm starke Streuung und damit Deckkraft (►Abbildung 1.24(a)). Werden gleichgroße Partikel dagegen in Leinöl vermalt, zeigt nur noch Titanweiß Streuung und Deckkraft (►Abbildung 1.24(b)). Die Kreidepartikel streuen das Licht gar nicht mehr und werden durchsichtig. Die Vormachtstellung von Titanweiß in heutiger Zeit beruht darauf, daß es den mit Abstand höchsten Brechungsindex aller Weißpigmente besitzt und in allen Medien intensiv weiß ist, während Marmor und Kreide in ölbasierten Farben nur als Füllstoff, nicht als Pigment nutzbar sind.

►Tabelle 1.16 und ►Tabelle 1.19 enthalten Brechungsindizes wichtiger Malmedien und Pigmente. Klassische deckende Pigmente wie Zinnober, Neapelgelb oder Ocker besitzen ausnahmslos so hohe Brechungsindizes, daß sie in allen Medien decken. Niedrigbrechende Pigmente wie Ultramarin, ein klassisches Lasurpigment, müssen mit Weiß ausgemischt werden, um eine gewisse Deckung zu erzielen, ansonsten nehmen wir sie als transparente farbige Schicht, als Lasur, wahr.

Tab. 1.19: Brechungsindex n_D einiger Malerpigmente bei 589 nm (Natrium-D-Linie) [47, 495].

Pigment	n_D	**Pigment**	n_D	**Pigment**	n_D
Smalte	1,46–1,55	Ultramarin	1,5	Grünspan	1,53–1,56
Berlinerblau	1,56	Kalziumkarbonat	1,57	Roter Lack	um 1,6
Chromoxidgrün feurig	1,6–2	Barytweiß	1,64	Malachit	1,65–1,88
Beinschwarz	1,68	Kobaltblau	1,7	Kobaltgelb	1,72
Azurit	1,73–1,84	Bleiweiß	1,94	Zinkweiß	2,0
Neapelgelb	2,01–2,23	Gelbocker (Goethit)	2,3	Bleizinngelb	2,3
Chromgelb	2,3–2,7	Auripigment	2,4–3	Chromorange	2,4–2,7
Mennige	2,42	Bi-V-Gelb	2,45	Chromoxidgrün	2,5
Realgar	2,54–2,7	Titandioxid	2,7	Rotocker (Hämatit)	2,8
Zinnober	2,8				

1.7 Zusammenfassung: Physikalische Einflussfaktoren auf Pigmenteigenschaften

Wir kennen nun den Einfluß der mikroskopischen Wechselwirkung zwischen Licht und Materie auf wahrnehmbare malerische Eigenschaften räumlich ausgedehnter Pigmentpartikel, [426], [9, ch. 6] führt dies weiter aus. Wir fassen diese nun zusammen, da allein durch Variation des optisch-physikalischen Kontextes eine Vielzahl an Pigmenten hergestellt werden kann, die bei gleicher chemischer Zusammensetzung andere Farbtöne (kühl–bläulich, warm–rötlich), Maleigenschaften (lasierend, deckend) und Verarbeitungseigenschaften (Aggregationstendenz, Viskositätseinfluß) zeigen.

1.7.1 Teilchengrösse

Die Größe der Pigmentpartikel hat über die in ►Tabelle 1.20 genannten Mechanismen entscheidenden Einfluß auf Farbe, Transparenz oder Deckfähigkeit, Färbekraft und Verarbeitbarkeit (Viskosität in der Malfarbe) des Pigments:

- Mit abnehmender Teilchengröße steigen Streuvermögen und Deckkraft eines Pigments bis zu einem Maximum an. Deckende Pigmente besitzen Teilchengrößen in der Nähe dieses Maximums. Bei weiterer Abnahme der Teilchengröße wird das Pigment lasierend. Beispiel: lasierende oder deckende Eisenoxidpigmente, ►Abschnitt 1.6.8.
- Mit steigender Streuung wird der Farbton des Pigments zunehmend heller und farbschwächer, da weißes Streulicht gegenüber Tiefenlicht zunimmt, das durch Absorption farbig ist. Beispiel: Azurit kann nur grobgemahlen eingesetzt werden, da feine Mahlgrade keine erkennbare Farbe mehr zeigen [47, Bd. 2].
- Kleine Partikel streuen bevorzugt kurzwelliges blaues Licht. Geringe Partikelgrößen führen zu kühl-blauen Farbstichen, größere zu warm-roten. Beispiel: falsches Blau, hervorgerufen durch feine Holzkohlepartikel, ►Abschnitt 1.6.6.
- Bei geeigneten Partikeldimensionen können sich Oberflächenplasmonen entwickeln und durch intensive scharfe Absorptionen zur Farbe beitragen. Bei kleinen Partikeln liegen die Plasmonresonanzen im blauen Bereich des Spektrums und löschen diesen Bereich, bei größeren Partikeln im roten. Beispiel: rote Eisenoxidpigmente, die feinkörnig rotorange, grobkörnig aber blauviolett sind (Caput Mortuum), ►Abschnitt 1.6.4 auf S. 50.
- Bei sehr kleinen Teilchen kann sich über den Größenquantisierungseffekt der Farbton ändern. Beruht die Farbigkeit auf einer Bandlücke in einem Halbleiter (Zinnober, Cadmiumgelb), führt das Verringern der Partikelgröße zu einem deutlichen Farbumschlag in Richtung Rot → Gelb → Weiß, das Vergrössern zum Umschlag in Richtung Rot → Braun → Schwarz, ►Abschnitt 2.2.2. Beispiel: Zinnober ist je nach Mahlgrad orange- bis hellrot, ►Abschnitt 3.4.1 auf S. 225.

Tab. 1.20: Mechanismen, über die sich die Teilchengröße auf die wahrgenommenen Pigmenteigenschaft auswirken kann.

Kleine Teilchen	**Mittlere Teilchen**	**Große Teilchen**
Größenquantisierung (Halbleiter), Weiß–Gelb–Rot–Schwarz	Entwicklung von Oberflächenplasmonen (im Blauen, im Roten)	
← Transparenz steigt	maximale Streuung maximale Deckkraft	← Streuung steigt ← Deckkraft steigt ← Aufhellung des Farbtons steigt
← Intensität blauen Streulichts steigt	→ Intensität roten Streulichts steigt	

Die Farbreinheit eines Pigments kann unabhängig von seiner chemischen Struktur durch sorgfältiges Trennen von Korngrößen erhöht werden. In der japanischen Herstellungstradition werden Pigmentpartikel in 14 enge Korngrössenklassen geschlämmt, um ihre Brillanz zu erhöhen. Auch die Brillanz von Naturocker wurde durch häufiges Schlämmen in Korngrössenklassen beträchtlich erhöht.

1.7.2 Kristallstruktur und Teilchengestalt

Kristallstruktur und Teilchengestalt legen die Oberflächeneigenschaften und damit auch Farb- und Anwendungseigenschaften des Pigments fest. Die *Kristallstruktur* bestimmt, wieviele und welche Seitenflächen ein mikroskopischer Pigmentkristall aufweist, und auf welche Weise Pigmentmoleküle in das Gitter des Kristalls eingebaut werden. Die mikroskopischen Pigmentkristalle lagern sich i. A. zu makroskopischen Pigmentteilchen zusammen (Aggregation und Agglomeration, ►Abschnitt 6.3), die in vielerlei Gestalt (sphärisch, zylindrisch, kubisch, nadelförmig) auftreten können. Die *Teilchengestalt* bestimmt, welche Bereiche der Kristalle und Moleküle zutage treten und vermittelt so unterschiedliche chemische und elektrische Eigenschaften des Partikels, die von denen eines isolierten Moleküls abweichen.

Pigmente interagieren mit ihrer Umgebung über diese Partikeloberflächen und zeigen kollektive Eigenschaften. Diese betreffen u. a. das Streuvermögen (→ Helligkeit, Farbintensität), die Anregung von elektronischen Übergängen unterschiedlicher Symmetrie (→ Farbe, Dichroismus) und die Oberflächenenergie (→ Dispergierbarkeit, Aggregationsneigung).

Kristallstruktur

Die Kristallstruktur bestimmt über die Platzierung der Pigmentmoleküle, welche chemische und elektrische Umgebung die farbtragenden Elemente der Moleküle, z. B.

Metall-Kationen oder Molekülorbitale, gegenüber dem isolierten Zustand vorfinden. Sie reagieren mit einer Änderung ihrer elektronischen Eigenschaften und damit der Anzahl der möglichen Übergänge, deren Wellenlänge und Intensität. Wir sehen dies deutlich an Pigmenten mit gleicher chemischer Zusammensetzung, aber verschiedener Kristallstruktur (Allotropie):

- Beispiel Halbleiterpigment: gelbes Blei(II)oxid stellte unter dem Namen Massicot ein frühes Gelbpigment dar. Seine zweite Kristallmodifikation ist rot und wurde als Litharge gehandelt.
- Beispiel LF-basiertes Pigment: Eisen(III)oxid ist als Hämatit ein bekanntes rotes Erdpigment (roter Ocker), als Maghemit aber braun. Eisenoxidhydrat ist als Goethit gelb (gelber Ocker) und als Lepidocrocit orange, was es der Farbenindustrie ermöglicht, aus einem Grundstoff „Eisenoxid“ Pigmente im Bereich Gelb–Orange–Rot–Braun–Violett herzustellen.
- Beispiel MO-basiertes Pigment: die für die Druckindustrie wichtige β-Phase von Kupferphthalocyanin ist ein ideales kaltes Blau für den Vierfarbdruck, seine α-Modifikation ist rotstichig-blau.

Beim Wechsel vom tetragonalen roten Bleioxid zum orthorhombischen gelben Oxid ändert sich Bandstruktur und Größe der Bandlücke. Der Wechsel des kubischen Gitters von Lepidokrokit oder Maghemit zum hexagonalen des Goethit oder Hämatit verändert die Positionen der elektrischen Ladungen, mit der Ligandenfeldstärke ändert sich die Größe der Orbitalaufspaltung der Eisenionen und die Möglichkeiten zur magnetischen Kopplung. Organische Moleküle, besonders flachgebaute wie die Phthalocyanine, lagern sich zu Stapeln zusammen, in denen die Elektronen vieler Moleküle in Wechselwirkung treten und die Elektronendichten, die für die farbtragenden Übergänge verantwortlich sind, je nach Kristallstruktur differieren. Diketopyrrolo-pyrrol-pigmenten können dadurch sogar eine schwarze Farbe erlangen, ►Abschnitt 4.14.

Einlagerungsverbindungen

Starke Wechselwirkung zwischen einem farbtragenden System und seiner Umgebung können besonders bei *Einlagerungspigmenten* wie Maya-Blau vorkommen, ►Abschnitt 4.7.1. Es besteht aus Indigo, der in den Röhren eines Tonminerals eingebaut ist und dabei seine dunkelblaue Farbe in ein leuchtendes Türkisblau verändert. Wie wir heute wissen, beruht die intensive blaue Farbe eines Indigokristalls nicht nur auf einem chemischen Strukturelement, sondern auf der elektronischen Wechselwirkung vieler Indigomoleküle miteinander. In der Einlagerungsverbindung ist diese Wechselwirkung herab- und durch Wechselwirkungen mit dem Wirtsgitter ersetzt, was sich als Farbänderung bemerkbar macht [382, 383].

Kristallbaufehler, Gitterverzerrungen, Kristallwachstumsgeschwindigkeiten

Unter natürlichen, also meist nicht-idealen Entstehungsbedingungen weisen Pigmentkristalle eine hohe Anzahl an Baufehlern auf, die zu erheblichen Farbabweichungen führen können:

- Bei der Produktion des Schweinfurtergrüns durch unkontrollierte oder unkontrollierbare Fällungsreaktionen wurde ein Produkt gewonnen, dessen Farbe mit den Herstellungsbedingungen variierte [47, Bd. 3].
- Das synthetische Azopigment PY13 liegt unmittelbar nach seiner Synthese durch Fällungsreaktion als feines amorphes Pulver von stumpfem Gelb vor [426]. Wird das Pigment eine Zeitlang vorsichtig erhitzt („Annealing"), nimmt es eine reingelbe Farbe an.
- Eisen- und Kupfermineralien (Ockererden, Azurit), die in natürlichen Lagerstätten hydrothermal durch Fällung aus (wäßrigen) Lösungen oder durch Verwitterung entstanden sind, weisen oft stumpfe braune bis schwarzbraune oder blaue bis grüne Farbmischungen auf. Bei ihrer Bildung können große Mengen an Wasser-, Hydroxid- und anderen Atomgruppen eingebaut werden, die nicht zum Mineral gehören. Zu schwerwiegenden Farbfehlern führt der Einbau farbiger Fremdatome wie Chrom, Kobalt, Nickel, Vanadium oder Mangan [64, ch. 6.4]. Lehrbücher der Kristallchemie und der Kristallographie können hierzu weitere Informationen liefern [287]. Die Gewinnung der reinfarbigen Ockererden gelingt durch Zerkleinern der Knollen und Erden, Schlämmen und Sortieren nach Korngrößen und Eigenschaften.

In den Beispielen werden Pigmentkristalle durch Fällungsreaktionen gebildet. Dabei enstehen schlagartig viele Kristalle auf einmal, oder sie entstehen in einer unkontrollierten Umgebung oder im Zuge einer lang andauernden, wechselhaften Verwitterung. Bei einer solchen raschen oder unkontrollierten Kristallbildung ist es wahrscheinlich, daß viele Ionen oder Moleküle ihren Idealplatz nicht finden und an einem „falschen" Ort oder in ungünstiger Orientierung eingefroren werden. Auch Fremdmoleküle und -ionen, die sich in der Lösung befinden, werden fälschlicherweise mitgefällt oder miteingebaut. In der Gemengelage enthaltene farblose Stoffe können das Lösungs- und Fällungsverhalten der interessanten farbtragenden Strukturen verhindern, fördern oder jedenfalls verändern.

Jede der Störungen verzerrt das ideale, stoffreine Kristallgitter und führt zu lokalen Veränderungen der chemischen und elektrischen Umgebung der farbgebenden Strukturen. Dadurch treten überall anstelle der idealtypischen Farbe geringfügig abweichende lokale Absorptionen auf, die sich zu breiten Absorptionsbanden mischen und zu einer stumpfen bräunlichen Gesamtfarbe führen. Zusätzlich können in dem irregulären Partikelgemisch alle in diesem Kapitel geschilderten physikalischen Farbphänomene auftreten und weitere Variation der Farben verursachen.

Abhilfe schaffen wir bei synthetischen Pigmenten, indem wir ein kontrolliertes Kristallwachstum fördern. Werden die Kristalle langsam gebildet, haben ihre Bestandteile Zeit, die thermodynamisch günstigsten Plätze einzunehmen und ein ideales, gleichförmiges Gitter zu bilden. Das Erhitzen des rohen PY13 dient dem gleichen Zweck: durch die längerfristige Wärmezufuhr wird es falsch gelagerten Molekülen möglich, sich zu lösen und allmählich besser zu positionieren.

Etwas ähnliches geschieht bei der Aufbereitung von Naturocker: durch das häufige Schlämmen werden die Partikel mehr oder weniger nach Größe, Gestalt und chemischen Eigenschaften getrennt, sodass jede der entstehenden Klassen höhere Homogenität ihrer Zusammensetzung zeigt. Es werden zwar nicht die Baufehler an sich beseitigt, aber zumindest ähnlich fehlerhafte oder gleichartig zusammengesetzte Partikel besser zusammengefasst, sodass strahlend gelbe und rote Ockererden gewonnen werden können.

Teilchengestalt

Die Teilchengestalt bestimmt über die Oberfläche eines Pigmentpartikels die Anwendungseigenschaften Klumpung, Dispergierbarkeit und Anreibbarkeit. Sie bestimmt weiterhin, ob und welche Oberflächenplasmonen in geeigneten Materialien ausgebildet werden können, und nimmt darüber direkten Einfluß auf die Farbe des Pigments, ►Abschnitt 1.6.4 auf S. 50.

- Beispiel: ein feinkristallines Pigment, das keine Aggregationen bildet, besitzt durch die Vielzahl kleiner Teilchen eine große Oberfläche und damit hohe Oberflächenenergie. Das Farbpulver wird diese Energie minimieren, indem es Klümpchen bildet. Entsprechend wird ein höherer Energieaufwand zur Dispergierung notwendig sein, sodass die Farbe intensiver angerieben oder ein Dispergiermittel zugesetzt werden muß.
- Beispiel Gelber Ocker: die Farbe von Gelbocker variiert je nach Länge der nadelförmigen Partikeln von Zitrongelb bis Gelborange [64, ch. 6.4].

2 Die Chemie der Farbe

Das vorhergehende Kapitel hat uns gezeigt, wie Farbe physikalisch durch Absorption von Licht im sichtbaren Bereich entsteht. (Streng genommen entsteht natürlich die Farbe erst durch unsere Sinneswahrnehmung des resultierenden Wellenlängengemisches als *Farbeindruck*, im folgenden soll diese strenge Unterscheidung immer implizit vorausgesetzt sein.) Wir wollen in diesem Kapitel zur Chemie fortschreiten und schauen, welche Möglichkeiten wir haben, um gezielt Absorptionsvorgänge auszulösen und maltechnisch verwertbare farbige Substanzen zu erhalten. Wir werden vier verschiedene Mechanismen dazu kennenlernen, die in klar definierten chemischen Bausteinen, den *Chromophoren*, realisiert sind. Diese Chromophore stellen entweder bereits für sich Klassen von Farbmittel dar, oder sie dienen uns als Grundlage einer komplexeren Klassifikation von Farbmitteln. Sodann werden wir jede der gefundenen Klassen zusammen mit beispielhaften Farbmitteln näher betrachten. Dabei müssen wir leider zahlreiche interessante und im Alltag wichtige physikalische Absorptionsmöglichkeiten ausser Acht lassen, eine sehr schöne Abhandlung zu sämtlichen Möglichkeiten, Farbe zu erzeugen, ist jedoch in [266] zu finden. Zur allgemeinen Chemie der Farbe gehört schließlich ein Verfahren, das es uns gestattet, aus Farbstoffen vermalbare Pigmente zu gewinnen, die Verlackung.

2.1 Chemisch bedingte Absorptionsmechanismen

Aus der Sicht des Chemikers haben wir vier grundlegende Mechanismen zur Verfügung, um Lichtabsorption und damit Farbeindrücke hervorzurufen:
- elektronische Übergänge vom Valenz- ins Leitungsband in Festkörpern (Halbleitern) über die Bandlücke hinweg (HL),
- elektronische Übergänge zwischen *d*- oder *f*-Orbitalen bei Nebengruppenmetall-Komplexen, die im Feld von Liganden aufgespalten sind (LF),
- Charge Transfer-Übergänge (CT) zwischen Liganden L und Metallen M (LMCT, MLCT) oder zwischen Metallen,
- elektronische Übergänge zwischen Molekülorbitalen (MO oder inner ligand).

Die Symbole HL, LF, CT und MO benutzen wir im folgenden als Kurzzeichen für einen bestimmten Mechanismus. Die typischen Spuren dieser Mechanismen in Absorptionsspektren sind in ►Abbildung 2.1 und ►Abbildung 2.2 angedeutet.

In ►Abbildung 2.3(a) sind diese Mechanismen im Periodensystem lokalisiert. Wir sehen, wie einzelne Mechanismen in bestimmten Bereichen lokalisiert sind und kön-

https://doi.org/10.1515/9783110649154-002

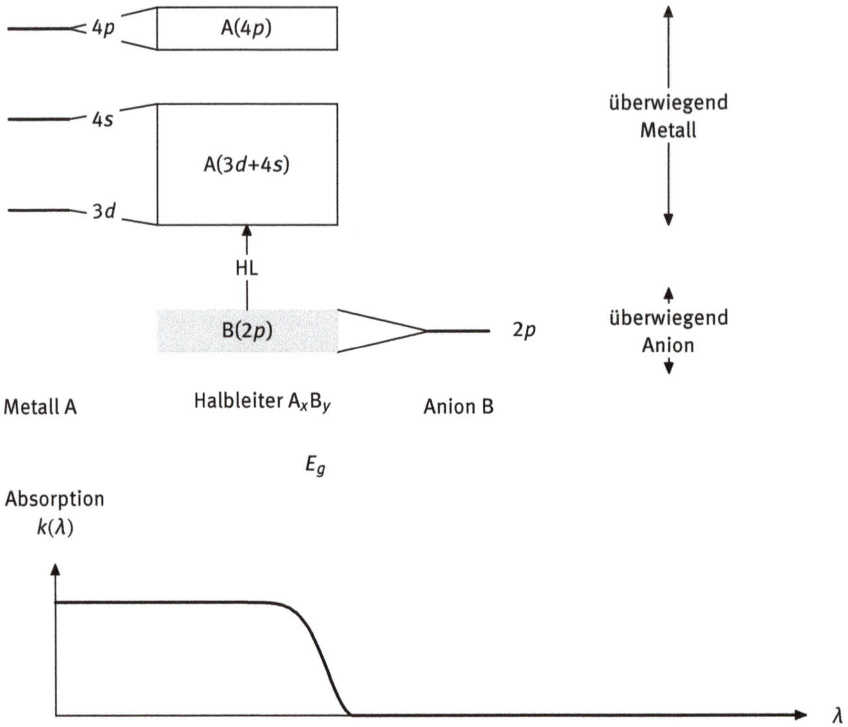

Abb. 2.1: Oben: Schematischer HL-Übergang in einem binären Halbleiter AxB_y, in dem beispielhaft 3*d*- und 4*s*-Elektronen sowie 4*p*-Elektronen hochliegende (Metall-)Bänder bilden, und 2*p*-Elektronen des Anions ein tiefliegendes Band.
Unten: Typische Features im Spektrum aufgrund des HL-Mechanismus. Im Vergleich zu ►Abbildung 2.2 sehen wir keine Absorptionspeaks, sondern eine Bandkante. ►Abbildung 1.7 zeigt dies anhand realer Pigmente.

nen aufgrund dessen bestimmen, welche Chemie die Farbmittel und welche Eigenschaften die resultierenden Farbe haben werden:

– HL tritt bei Festkörpern mit Halbleitercharakter auf. Die Festkörper werden aus Haupt- und Nebengruppenmetallen gebildet, Chalkogenide fungieren als Anionen. Für die Malerei sind vor allem Oxide, Sulfide und Selenide von Metallen der 4./5. Hauptgruppe und der Zinkgruppe wichtig, die meist auch natürlich als Mineralien vorkommen.
  Da keine Absorptionspeaks entstehen, sondern eine Bandkante, zeigen HL-Übergänge nicht beliebige Farben, sondern sind auf die Reihe Weiß–Gelb–Rot–Schwarz mit Zwischentönen begrenzt (►Abbildung 1.7 zeigt dies anhand konkreter Pigmente). Die Farbe hängt von der Energie der Bandkante ab, ihre Reinheit von der Steilheit der Kante. I. a. sind die Farben rein. Die Übergänge und damit Farben sind intensiv ($\epsilon \approx 10^3$–10^6 [720, S. 21]).

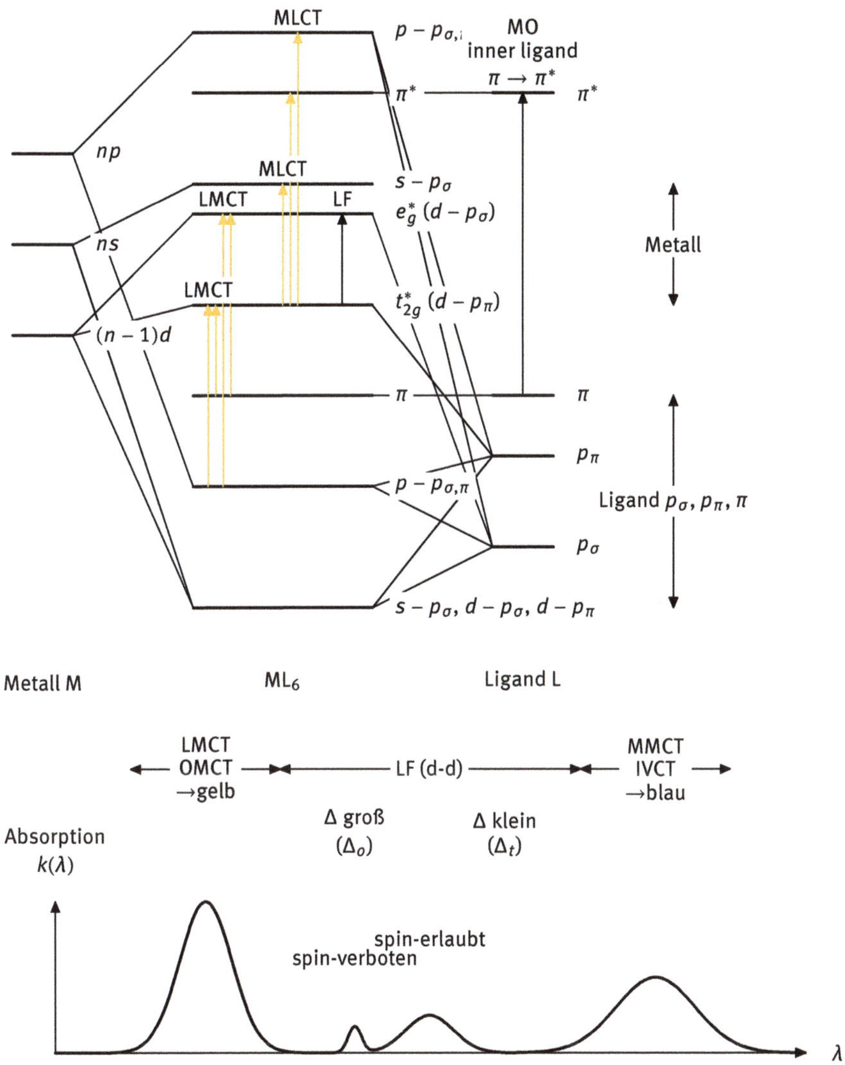

Abb. 2.2: Oben: Schematische Einordnung von CT-, LF- und MO-Übergängen im MO-Diagramm eines ML_6-Komplexes (M = Metall, L = Ligand). CT-Übergänge liegen typischerweise im kurzwelligen blauen Spektralbereich. Da sie dann zu gelben Pigmenten führen, sind sie gelb markiert.
Unten: Typische Features im Spektrum aufgrund der verschiedenen farberzeugenden Mechanismen: links hochenergetische CT-Übergänge mit hoher Intensität zwischen Ligand und Metall (LMCT, oft OMCT), in der Mitte schwache LF-Übergänge innerhalb des Metalls, rechts niederenergetische CT-Übergänge hoher Intensität zwischen Metallen unterschiedlicher Wertigkeit (MMCT oder LMCT). Die Ligandenfeldaufspaltung Δ ist bei tetraedrischer Koordination geringer (Δ_t) und führt eher zu Farben im blauen und grünen Bereich des Spektrums. ► Abbildung 1.5(b) zeigt CT-Spektren realer Pigmente, ►Abbildung 1.6(b) zeigt reale LF-Spektren.

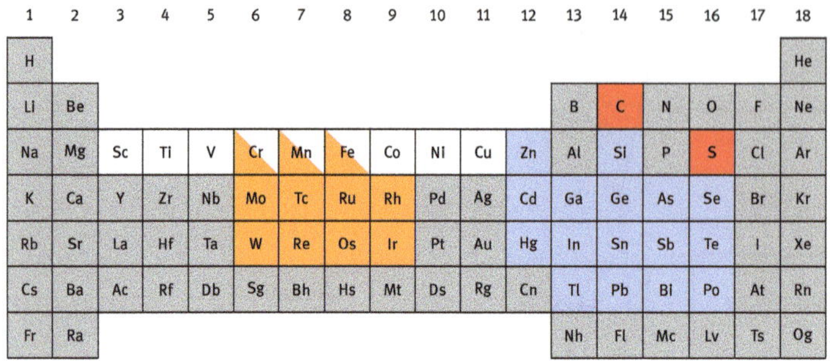

(a) Unter Berücksichtigung aller farbaktiven Elemente.

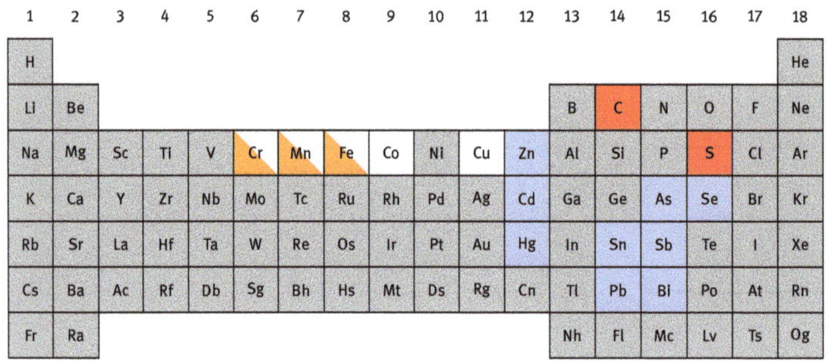

(b) Unter Berücksichtigung der Elemente, die in Pigmenten tatsächlich verwendet werden.

Abb. 2.3: Lokalisierung der dominanten farberzeugenden Mechanismen im PSE. Rot: Übergänge zwischen Molekülorbitalen (MO), orange: Charge Transfer-Übergänge (CT), weiß: Ligandenfeldübergänge (LF), hellblau: Bandübergänge in Halbleitern (HL). Die Mechanismen treten in bestimmten Bereichen des PSE bevorzugt auf.

– LF ist ein Phänomen der Nebengruppenmetalle mit *d*- und *f*-Elektronen und kann alle Farben hervorrufen, da der Übergang je nach Lage der Orbitale jede Energiedifferenz haben kann. Entartete Orbitale können aufgespalten werden, sodass mehrere parallele Übergänge auftreten. Reine Farben werden dadurch etwas stumpfer.
  Die Farben hängen stark von der Chemie der Metallverbindung ab und können bei kleinen Änderungen stark variieren, werden aber durch die praktische Kombinierbarkeit von Metall und Anion (Ligand) begrenzt.
  Je nach Zusammensetzung und Symmetrie des Metall-Kations sind einige Übergänge durch spektroskopische Auswahlregeln verboten und ihre Intensitäten sind niedriger als die der HL-Übergänge (für *d*-Elektronenübergänge $\epsilon \approx 10^2$, für *f*-Elektronenübergänge $\epsilon \approx 10^1$ [720, S. 21]).
  Nebengruppenmetalle treten in kristallinen Mineralien auf, aber auch in amorphem Material wie Glas. Praktische Beispiele sind Mn, Cr, Fe, Co, Ni und Cu, die natürlich als oxidische, hydroxidische oder karbonatische Mineralien auftreten und den Farbbereich Braun, Rot, Gelb, Blau und Grün abdecken.

- CT ist hauptsächlich bei komplexen Anionen mit Nebengruppenmetallen der 3. bis 6. Nebengruppe anzutreffen und bei Elementen, die mehrere Oxidationsstufen annehmen können. Dieser Mechanismus resultiert in Farben, die nicht auf einen bestimmten Spektralbereich beschränkt sind. Die tatsächlich möglichen Farben werden durch die begrenzte Kombinierbarkeit von Metallen und Anionen bestimmt. Sie werden durch isolierte Übergänge verursacht und weisen hohe Reinheit auf.
  Die Farben sind sehr intensiv ($\epsilon \approx 10^3$–10^4 [720, S. 21]), da keine Auswahlregeln die zugrundeliegenden Übergänge verbieten.
  Chromate, Manganate und Molybdate repräsentieren den Typ des LMCT (Ligand-Metall-CT), der bei hochgeladenen Metall-Kationen mit Oxidliganden anzutreffen ist. Der häufig natürlich vorkommende Hämatit ist ein Beispiel auf Eisen(III)-Basis und intensiv rot.
  Metallpaare oder multivalente Metalle führen zum Typ des MMCT oder IVCT (Metall-Metall- oder Intervalenz-CT). Einige intensiv gefärbte natürliche Mineralien und Edelsteine enthalten Fe, Mn, Pb in verschiedenen Valenzstufen (→ IVCT) oder Metallpaare wie Fe/Ti (→ MMCT), etwa die bläulichen Gesteine, Olivine und Saphire.
- MO ist nicht auf bestimmte Elemente begrenzt, tritt aber vorzugsweise bei Kohlenstoff und Schwefel in Erscheinung. MO-Übergänge sind intensiv (z. B. für Übergänge mit $\pi \rightarrow \pi^*$-Charakter $\epsilon \approx 10^3$–10^6 [720, S. 21]) und können in allen Spektralbereichen auftreten.
  Kohlenstoff-basierende MO-Übergänge führen zu zahlreichen organischen Farbmitteln. Die Fülle der erzielbaren Farben wird uns eindrucksvoll in den Farben der Blüten, Früchte und Tiere vor Augen geführt.
  MO auf Schwefel-Basis gibt Anlass zu den zahlreichen Polysulfidfärbungen in heissen vulkanischen Quellen und Schwefelschmelzen, aber auch im Mineral Ultramarin.

Nicht alle theoretisch möglichen Elemente werden in Farbmitteln auch praktisch eingesetzt, sei es, daß die Metalle zu selten oder die resultierenden Verbindungen instabil sind. Unter Berücksichtigung der tatsächlich für den malerischen Einsatz verwendeten Elemente ergibt sich eine Verteilung der Mechanismen gemäß ►Abbildung 2.3(b). Nach Farben geordnet, erhalten wir das in ►Abbildung 2.4 gezeigte Bild, in dem wir die Korrelation bestimmter Farben mit Mechanismen sehen können:

Farbton	HL	LF	CT	MO
Weiß	√			
Gelb	√	√	√	√
Rot	√	√	√	√
Grün		√		√
Blau		√	√	√
Braun	√			√
Schwarz	√			√

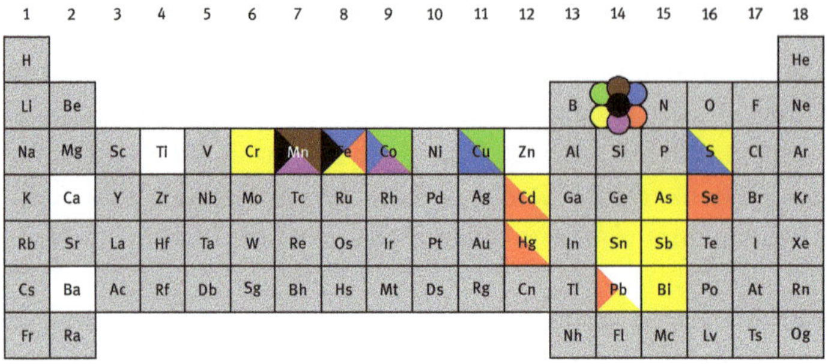

Abb. 2.4: Lokalisierung von typischen Farben, die durch Metallverbindungen in Pigmenten erzielbar sind, im PSE. Es ist zu erkennen, daß ähnliche Farben mechanismusbedingt bei Elementen in bestimmten Bereichen auftreten.

2.2 HL: Bandlücken-Übergänge in Halbleitern

Feststoffe aus einer Vielzahl an Atomen können Eigenschaften zeigen, die von denen der zugrundeliegenden Atome und Moleküle deutlich abweichen. Für unser Thema sind die Besonderheiten in den elektronischen Verhältnissen von Interesse, die zu Farbe führen können. Dies ist der Fall, wenn der Feststoff als *Halbleiter* klassifiziert wird:

- Die Farbe wird nicht durch Absorptionsbanden, sondern durch eine Absorptionskante hervorgerufen, das heisst, die Absorption fällt ab einer bestimmten Wellenlänge sehr rasch auf Null ab, eine Feinstruktur mit schwachen Peaks ist nur unter bestimmten Umständen zu beobachten.
- Durch die Kantenabsorption zeigen Halbleiter das Farbspektrum von Weiß über Gelb und Rot zu Schwarz, abhängig von Lage der Kante, die wiederum von der *Bandlücke* bestimmt wird.
- Die Absorptionen sind nicht verboten, Halbleiter zeigen intensive Farben.
- Die Reinheit der Farbe ist abhängig von der Steilheit der Kante, aber im allgemeinen sehr groß.
- Klassische maltechnisch verwendete Halbleiter sind Haupt- sowie einige Nebengruppenchalkogenide, also binäre Verbindungen der Elemente Arsen, Antimon, Blei, Zink, Kadmium, Quecksilber mit Schwefel, Selen, Sauerstoff. Fortschritte der Anorganik zeigen, daß die toxischen Schwermetalle Arsen, Quecksilber, Cadmium und Blei durch Elemente wie Lantan und Tantal ersetzt werden können, ►Abschnitt 2.2.3. Außerdem können Anionen und Kationen gemischt werden, wodurch die Farben variiert werden können.

Details zum Thema Halbleiter finden Sie in [222, 270–281], zum Thema Halbleiter in Mineralien [208, 218].

Den Aufbau von Halbleitern und die Entwicklung der kollektiven Eigenschaften können wir uns vorstellen, wenn wir von einzelnen Atomen ausgehen, diese zu Molekülen verbinden und die Zahl der beteiligten Atome immer weiter steigern. Bei diesem Vorgang werden aus Atomorbitalen (AO) Molekülorbitale (MO) gebildet, diese MOs kombinieren zu immer weiteren MOs, bis wir diese schließlich bei sehr großen Atomzahlen N als ausgedehnte Kristallorbitale ansehen können, die den ganzen Kristall umfassen und von allen im Kristall vorhandenen Atomen gemeinsam gebildet werden, ►Abbildung 2.5 zeigt diesen Sachverhalt schematisch [222, 273, 302, 303, 305].

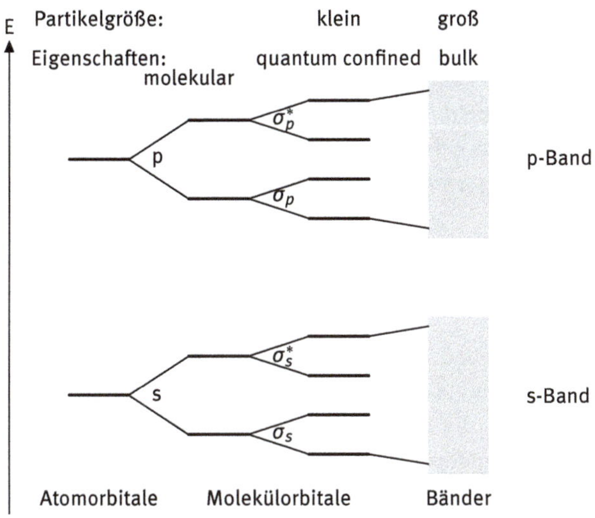

Abb. 2.5: Bildung von Bändern (Kristallorbitalen, kristall-weiten Molekülorbitalen) durch Bildung von Molekülorbitalen (MO) aus einer zunehmenden Zahl an Atomorbitalen (AO). *s*-Atomorbitale kombinieren zu *s*-Bändern, *p*-Orbitale zu *p*-Bändern usf. *s*- und *p*-MOs können überlappen, Elektronen in solchen Bändern zeigen dann anteilig *s*- und *p*-Charakter.
Kleine Partikel (links) verursachen eine größere Bandlücke als große Partikel mit vielen MOs.

Für N Atome entstehen N dieser Kristallorbitale. Da bei jeder Kombination von MOs energetisch höher- und niedrigerliegende MOs entstehen, werden die Energieunterschiede der Kristallorbitale schließlich verschwindend gering ($\propto 1/N$). Wir können dann nicht mehr von individuellen Orbitalen sprechen, sondern von *Bändern*. In einem Band sind zahllose Kristallorbitale zusammengefasst. Die Anzahl der MOs in einem unendlich kleinen Energieintervall nennen wir *Zustandsdichte*, die Anzahl an Elektronen, die eines dieser kristallweiten MOs einnehmen, die *Besetzungzahl*. Beide Angaben sind energieabhängig. In diesem Modell können wir, je nach der Herkunft der Orbitale, von *s*-, *p*-, *d*-Bändern usf. sprechen.

Es ist durchaus möglich, dass die entstehenden Bänder nicht „rein" sind, je nach Streuung der Energiewerte kann z. B. ein *d*-Band auch *p*- oder *s*-Charakter zugemischt haben, wenn sich *s*- und *p*-Elektronen energetisch überlappen und zu einem Band verschmelzen.

In einem anderen Modell wird ein delokalisiertes Elektronengas im Potential der positiven Atomrümpfe betrachtet und die Energieverteilung berechnet, ohne die resultierenden Bänder mit Schalen- oder Orbital-Quantenzahlen in Verbindung zu bringen.

In beiden Modellen werden die Bänder nicht mehr durch eine individuelle Energie, sondern durch ihren Energiebereich, ihre Besetzungszahlen und Zustandsdichten gekennzeichnet. Die kollektiven oder Bulk-Eigenschaften bilden sich heraus, wenn soviele Atome oder Moleküle zusammengetreten sind, daß das resultierende Teilchen im Grössenbereich um 10 nm liegt, also bei kolloidaler Verteilung des Materials. Cluster der Grösse 2–50 nm werden auch *quantum dots* oder *Q-Teilchen* genannt. Das Zurückbilden der molekularen Eigenschaften bei schrumpfender Teilchengröße heisst in der Literatur *quantum confinement* oder *Grössenquantisierungseffekt*.

2.2.1 Valenz- und Leitungsband

Zwei Bänder sind besonders hervorgehoben: *Valenzband* und *Leitungsband*. Das Valenzband (VB) ist das energetisch höchste, vollständig von Elektronen besetzte Band, das die quasi-freien Elektronen enthält, die Wärme- und Stromleitfähigkeit verursachen. Das Leitungsband (LB) ist das energetisch niedrigste teil- oder unbesetzte Band. Beide Bänder sind energetisch durch die *Bandlücke* E_g voneinander getrennt, die eine unterschiedliche Grösse aufweisen kann, ►Abbildung 2.6:

- $E_g = 0$, die Lücke existiert nicht, beide Bänder gehen ineinander über, es liegt ein Leiter vor. Die Leitungs- oder äusseren Elektronen befinden sich bereits im Leitungsband und können sich frei durch den Festkörper bewegen. Sie vermitteln die Wärme- und elektrische Leitfähigkeit, z. B. von Metallen.
- E_g ist mässig groß (einige eV), der Festkörper ist ein Halbleiter, da sich die Elektronen durch geringe Energiezufuhr (zum Beispiel Zimmertemperatur oder Einstrahlung von Licht) vom Valenz- in das Leitungsband überführen lassen. Aus dem isolierenden Material wird so ein zunehmend guter Leiter.
- E_g ist groß (mehr als einige eV), der Festkörper ist ein Isolator, da es zu großer Energiezufuhr bedarf, um Elektronen aus dem Valenz- in das Leitungsband zu überführen, die thermisch oder optisch nicht mehr erbracht werden kann.

Die höchste auftretende Elektronenenergie im Kristall wird *Fermi-Energie* E_F genannt. Ihre Lage im LB oder VB entscheidet über die Klassifizierung eines Festkörpers als Leiter oder Halbleiter/Isolator.

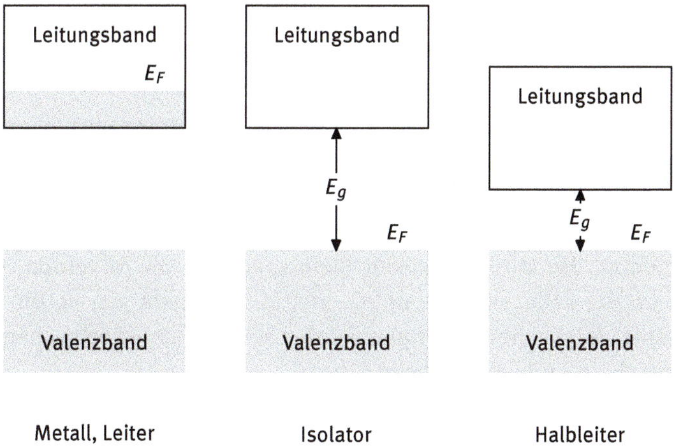

Abb. 2.6: Die Entstehung der Bandlücke E_g: die drei verschiedenen Möglichkeiten der relativen Anordnung von Valenz- (VB) und Leitungsband (LB). Grau schraffiert sind die mit Elektronen besetzen Zustände, weiß dargestellt die unbesetzten Zustände in den Bändern. Die höchste, von Elektronen eingenommene Energie ist die *Fermienergie* E_F. Das Metall besitzt ein teilbesetztes LB und delokalisierte Leitungselektronen, der Isolator ein leeres LB. Im Halbleiter können Valenz-Elektronen thermisch oder optisch ins LB angeregt werden.

Komplexes Bandstrukturdiagramm, Dispersionskurven

Banddiagramme, wie wir sie in diesem Buch verwenden, stellen eine starke Vereinfachung der tatsächlichen Bandstrukturen dar, da wir in ihnen lediglich die Bandkanten, also die kleinst- und grösstmögliche Energie eines Elektrons in einem Band, darstellen. Für unsere Betrachtung von Farbigkeit ist diese Vereinfachung akzeptabel, aber da in der Literatur häufig vollständige Darstellungen der energetischen Verhältnisse als komplizierte „Schnittmuster-Diagramme" dargestellt sind, wollen wir eine grobe Darstellung geben. Eine ausführliche Einführung in die Bandtheorie und der Deutung der Schnittmuster ist in [271] gegeben, [222, Kap. 10], [223, Kap. 10] zeigt eine für Chemiker geeignete Herleitung.

Kristalline Festkörper, wie sie in Farbmitteln vorliegen, lassen sich aufgrund ihrer Kristallsymmetrie auf eine Elementareinheit, die *Elementarzelle*, reduzieren. Diese Zelle, beliebig oft aneinandergereiht, ergibt stets Kristalle des fraglichen Stoffes und enthält alle Information über die (periodische) Elektronenstruktur. Sie kann würfelförmige, hexagonal-prismatische oder viele andere Gestalten besitzen.

Die Kurven und Linien des Schnittmusters stellen in ihrer Gesamtheit die *Dispersionsrelation* eines Elektrons dar, d. h. den Einfluß des Festkörper-Gitterpotentials auf ein Elektron. Jede Kurve repräsentiert die Abhängigkeit der Energie E des Elektrons längs bestimmter Wege durch den Kristall, wobei als „Wegweiser" der *Wellenvektor* k benutzt wird. Wir können uns k als kontinuierliches Gegenstück der Festkörperphysik zu den diskreten Quantenzahlen vorstellen, mit denen wir in der Chemie ein bestimmtes Orbital bezeichnen. Da im Festkörper sehr viele Orbitale zu Bändern verschmolzen sind, müssen wir von diskreten Zahlen auf kontinuierliche Bezeichnungen übergehen.

Die Wege, längs derer wir Elektronenenergien berechnen oder messen, heißen *Hochsymmetrielinien* und verbinden ausgewählte *Hochsymmetriepunkte* (kritische Punkte), die für ein Kristallgitter typisch sind. Hochsymmetriepunkte werden mit großen griechischen oder lateinischen Buchstaben bezeichnet, z. B. Γ, X, K oder L. Beispiele solcher Punkte sind der Mittelpunkt der Elementarzelle, die Mittelpunkte der Begrenzungsflächen der Zelle, die Eckpunkte oder Mittelpunkte von Verbindungslinien solcher Punkte. Hochsymmetrielinien werden mit großen griechischen Buchstaben benannt, z. B. die Λ-Linie als Weg von Γ zu L.

Obwohl an jedem Raumpunkt der Elementarzelle ein anderes elektrisches Feld herrscht, liefern die Darstellungen längs typischer Linien ein hinreichend genaues Bild über die energetischen Verhältnisse auch für Raumbereiche, die nicht auf den Symmetrielinien und -punkten liegen. Ein Beispiel für eine Zelle und das zugeordnete Schnittmuster ist in [592] gezeigt, eine Erklärung der Symbolik ist in [301] gegeben. Für unser Vorhaben reicht es jedoch, die zahlreichen Kurven in Blöcke zu packen und die Kurvenscharen gegeneinander abzugrenzen.

2.2.2 Farbigkeit

Durch das Konzept eines mit Elektronen gefüllten Valenz- und eines leeren Leitungsbandes ist es möglich, Elektronen durch Absorption von elektromagnetischer Energie (Licht) vom Valenz- ins Leitungsband zu überführen. Dies gibt Anlaß zu Farbigkeit, wenn der Elektronenübergang im Bereich optischer Energien liegt. Die Bandlücke gibt dabei eine *Mindestenergie* vor, die für den Elektronenübergang nötig ist, und stellt daher eine entscheidende Größe für den wahrgenommenen Farbton dar. (Da wir die elektronische „Schnittmuster-Feinstruktur“ zugunsten der einfachen Bandvorstellung ignoriert haben, müssen wir hier Feinheiten der Übergänge ignorieren und so tun, als gäbe es nur einen Übergang zwischen den Bandkanten, der der erwähnten Mindestenergie entspricht. In Wirklichkeit kann jede der Energielinien Übergänge zu anderen Linien und damit ein komplexes Spektrum mit mehreren Peaks verursachen, deren Intensität von der Zustandsdichte abhängt, d. h. der Elektronendichte. Dies ist in [601] detailliert zu sehen.)

Wird Licht höherer Energie absorbiert, tritt das Elektron nicht an der unteren Kante, sondern „mitten“ ins LB ein, ►Abbildung 2.7 links. Außerdem können auch Elektronen niedrigerer Energie als E_F angeregt werden. Die Absorption bei diesem Typ von Pigment erfolgt also breitbandig ab einer Energie, die der Bandlücke E_g entspricht. ►Abbildung 2.8 stellt die Farbe in Abhängigkeit von der Größe der Bandlücke dar, ►Abbildung 2.1 das zugehörige optische Spektrum mit der Kante bei E_g. (Außerdem

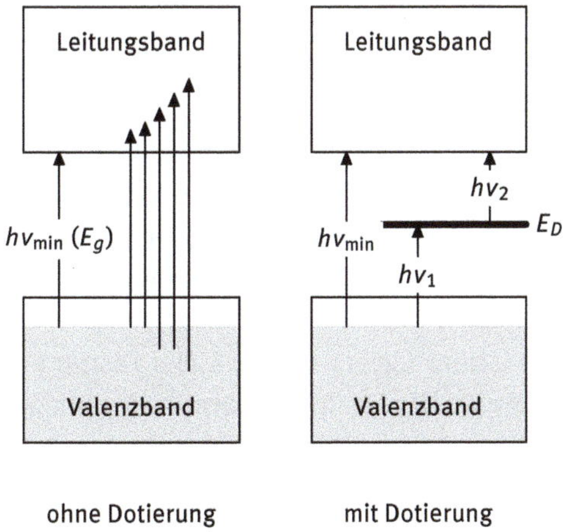

Abb. 2.7: Links: Entstehung der Absorptionskante bei der Bestrahlung von Halbleitern mit Licht. Jede Energie ab $h\nu_{min}$ führt zu einem Übergang, die Absorption erfolgt nicht als Peak, sondern fällt ab dieser Energie nie mehr auf Null. Rechts: Verringerung der Bandlücke durch ein zusätzliches Niveau E_D durch Dotierungs-Elemente. Das neue Niveau kann ein Elektronendonor (ν_2) oder -akzeptor sein (ν_1), d. h. es muß statt $h\nu_{min}$ nur mehr die Energie $h\nu_1$ oder $h\nu_2$ aufgebracht werden, die dann oft im sichtbaren Spektralbereich liegt.

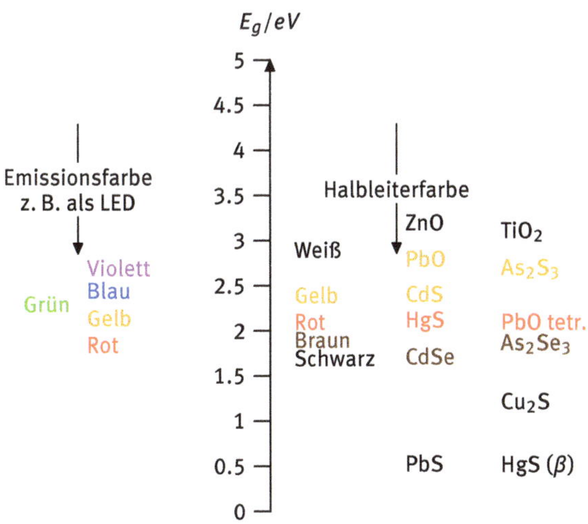

Abb. 2.8: Zusammenhang zwischen Größe der Bandlücke E_g, der Farbe der emittierten Strahlung bei Verarbeitung des Materials als LED (links), der wahrgenommenen Strahlung bei Beobachtung des Halbleiters mit weißem Licht (rechts) sowie einiger Halbleiterpigmente.

enthält ►Abbildung 2.8 die Farbe, die einer Emission mit der Energie der Bandlücke entspricht – diese Farbe wird von einer LED ausgestrahlt, die aus dem betreffenden Halbleitermaterial hergestellt wurde.)

Charakteristik der Farben

Eine wichtige Beobachtung ist, daß halbleiterbasierte Farbmittel sehr sauber die Farben Weiß und Schwarz erzeugen können. Schwarz, das bei kleiner Bandlücke auftritt, weist eine gleichmäßig hohe Absorption über einen weiten Wellenlängenbereich auf, anders als die organischen Schwarzpigmente mit mehreren überlappenden Absorptionsbanden. Reines Weiß wird durch die Transparenz eines Isolators oder Halbleiters mit großer Bandlücke erzielt, der so fein vermahlen ist, daß das farblose Material weißes Streulicht an den Korngrenzen produziert.

Je steiler die Absorptionskante ist, umso reinfarbiger ist der Stoff. Bei Temperaturen über dem Nullpunkt werden einige Elektronen bereits durch thermische Energien angeregt. Sie erreichen zwar nicht das Leitungsband, aber höhere Energien innerhalb ihres Ursprungsbandes, sodass die Elektronenbesetzung bei E_F nicht abrupt auf Null abfällt, sondern sich ein Zwischenbereich um E_F herum ausbildet, der teilweise mit Elektronen besetzt ist, wie ►Abbildung 2.1 auch andeutet. Bei Raumtemperatur ist die Kante immer noch so scharf, daß halbleiterbasierte Pigmente stets brillante Farben zeigen. Vergleichen wir nur einmal Chromgelb, Cadmiumgelb oder Cadmiumrot mit gelben und roten Ocker-Erden!

Variation der Bandlücke durch Kristallgröße, Farbe

Da mit steigender Anzahl der am Pigmentpartikel beteiligten Atome die Bandlücke kleiner wird (oder mit sinkender Kristallgrösse grösser, ►Abbildung 2.5), hat bei diesem Typ von Chromophor die Größe der Kristalle, also auch der *Vermahlungsgrad* eines solchen Pigments, Einfluß auf ihre Farbe. Das Verringern der Partikelgröße führt zu einem deutlichen Farbumschlag in Richtung Rot → Gelb → Weiß, das Vergrößern zum Umschlag in Richtung Rot → Braun → Schwarz. [304] zeigt die Variation der Bandlücke zwischen 400 und 700 nm, wenn CdSe-Cluster von 1 nm bis 10 nm vergrößert werden, in [305] ist die perfekte Halbleiter-Farbsequenz Weiß–Gelb–Orange–Rot–Braun–Schwarz für Cd_3P_2-Teilchen unterschiedlicher Größe abgebildet. Maltechnisch bedeutsam ist Zinnober, der für Teilchengrößen von < 5 µm hell orangerot, für Teilchengrößen > 5 µm tief dunkelrot ist [57].

2.2.3 HL-basierte Chromophore

Wir kennen heute zahlreiche halbleitende Festkörper, z. B. die für die Elekronikindustrie wichtigen Metalle Silizium und Germanium, aber auch roten Phosphor, Bor, Selen und Tellur. Neben diesen Element-Halbleitern sind vor allem die binären III-V-Verbindungshalbleiter aus Elementen der 3. und 5. Hauptgruppe von Bedeutung: Nitride, Phosphide und Arsenide von Gallium und Indium, z. B. GaAs oder InN werden in großen Mengen für Beleuchtungskörper und Anzeigetafeln auf LED-Basis benötigt.

In maltechnischer Hinsicht müssen wir dagegen die Oxide, Sulfide und Selenide von Metallen der 6. Haupt- oder 9. Nebengruppe wie Blei, Arsen, Zink, Cadmium und Quecksilber, aber auch Eisen, ins Auge fassen. Diese II-VI-Halbleiter besitzen Bandlücken im optischen Bereich, sodass sie Farbe hervorrufen. Für die Entwicklung der Malerei wichtig war, daß viele dieser Halbleiter natürlich in Form von Mineralien vorkommen: bis ins 19. Jhd. hinein stellte Zinnober (Quecksilbersulfid) das wichtigste reine Rotpigment dar, Bleioxide lieferten wichtige weiße und gelbe Pigmente (Bleiweiß, Bleizinngelb, Bleigelb, Neapelgelb).

Heute werden neben binären auch ternäre Verbindungen verwendet, in denen einige Atome der binären Grundkörper durch ein drittes Element ersetzt sind. Dies führt zu einem erweiterten Farbenspektrum, Beispiele sind Cadmiumorange/-rot Cd(S, Se) und Cadmiumgelb zitron (Cd, Zn)Se.

Ein großes Problem der klassischen und auch modernen Halbleiterpigmente ist, daß viele darin enthaltene Metalle toxisch sind (Blei, Quecksilber, Cadmium), sodass einige bekannte Pigmente (Bleiweiß, Bleizinngelb, Neapelgelb) bereits von der Palette verschwunden sind oder zukünftig vermindert eingesetzt werden (Cadmiumfarben). Bereits angesprochen wurden jedoch nicht-toxische Neuentwicklungen wie die Oxynitride (►Abschnitt 2.2.3), die eine lückenlose Mischreihe von $CaTaO_2N$ nach $LaTaO_2N$ bilden, begleitet von einem Farbumschwung Gelb–Rot.

Beispiel: Titanweiß, Zinkweiß, Cadmiumgelb, Zinnober

Als Beispiel für halbleiter-basierte Farbmittel sollen die weissen, gelben und roten Vertreter Titanweiß, Zinkweiß, Cadmiumgelb und Zinnober dienen. Für eine erste grobe Abschätzung der Bandlücken greifen wir auf die Atomorbital-Energien aus ►Tabelle 2.1 zurück. Da Atomorbitale nur selten direkt mit Bändern verglichen werden können und sich in der Regel die Bänder aus wechselnden Anteilen mehrerer Atomorbitale zusammensetzen, müssen für eine genauere Analyse die Bandstrukturdiagramme („Schnittmusterbögen") zur Ermittlung von Bandlücken herangezogen werden, wie sie in den angegebenen Quellen zu finden sind.

Betrachten wir als konkretes Beispiel Titanweiß TiO_2 mit den Elektronenkonfigurationen $3d^2 4s^2$ für Titan und $2p^4$ für Sauerstoff bzw. $3d^0 4s^0$ für $Ti^{4\oplus}$ und $2p^6$ für $O^{2\ominus}$. Das Valenzband wird von den $2p$-Elektronen der Oxid-Anionen gebildet, die leeren $3d$-Orbitale der Titan-Kationen stellen das Leitungsband dar, ►Abbildung 2.9 [588, 589]. Der wesentliche Übergang ν_1 in Titanweiß ist also $O(2p) \rightarrow Ti(3d)$. Eine genauere Rechnung zeigt, dass die Zustandsdichten für das $O(2p)$-Band auch im Bereich der $Ti(3d)$-Bänder nicht Null ist und umgekehrt, sondern in gewissem Masse eine Mischung des d- und p-Charakters stattfindet, wie überhaupt die Zuordnung zu den Atomorbitalen nur eine Näherung darstellt. Auch die Bänder zeigen eine Ligandenfeldaufspaltung: das $3d$-Band des (annähernd) oktaedrisch koordinierten Titans besteht (annähernd) aus den Teilbändern $3d(t_{2g})$ und $3d(e_g)$.

Tab. 2.1: Atomorbital-Energien in eV für einige Elemente aus Halbleiterfarbmitteln zur groben Abschätzung von Bandlücken [319].

	O	S	Se	Ti	Zn	Cd	Hg
6s							−8,93
5d							−17,68
5p							−96,27
5s						−7,66	−138,95
4d						−20,09	−402,61
4p			−10,93			−89,00	−710,87
4s			−23,48	−6,09	−8,13	−129,17	−834,43
3d			−71,30	−10,82	−20,98	−435,40	−2433,58
3p		−11,65	−187,26	−49,60	−107,70	−679,05	−3337,17
3s		−24,14	−250,95	−79,31	−157,83	−797,92	−3623,95
2p	−16,78	−182,87	−1516,00	−489,15	−1081,37	−3782,94	−14336,45
2s	−34,08	−246,57	−1697,17	−589,59	−1233,92	−4076,49	−14980,77
1s	−563,23	−2512,30	−12744,96	−5019,98	−9734,80	−26868,48	−83705,32

Im Zinkweiß mit der Konfiguration $3d^{10}4s^2$ für Zink oder $3d^{10}4s^0$ für $Zn^{2\oplus}$ wird das Valenzband sowohl von den $2p$-Elektronen der Oxid-Anionen wie auch den $3d$-Elektronen des Zink-Kations gebildet, während das Leitungsband in guter Näherung dem leeren $4s$- und $4p$-Orbital des Zink-Kations entspricht, ►Abbildung 2.9 [279, 280, 591, 592]. Der Übergang ν_2 ist hier $O(2p) \rightarrow Zn(4s), Zn(4p)$. Als Breite der Bandlücke liefert die Überschlagsrechnung mit ►Tabelle 2.1 den Wert $-8{,}13 - (-16{,}78) = 8{,}66$ eV, was Weiß entspricht.

Cadmiumgelb weist die Konfiguration $4d^{10}5s^2$ für Cadmium, $4d^{10}5s^0$ für $Cd^{2\oplus}$ und $3s^2 3p^6$ für die Sulfidionen auf. Das Valenzband umfasst die $3p$-Elektronen der Sulfid-Anionen und die $4s$-, $4p$- und $4d$-Elektronen des Cadmium, die eine sehr ähnliche Raumverteilung aufweisen. Als Leitungsband steht das leere $5s$-Orbital des Cadmium-Kations zur Verfügung, ►Abbildung 2.9 [279, 280, 593]. Die Überschlagsrechnung mit AO-Energien liefert eine deutlich kleinere Bandlücke der Grösse $-7{,}66 - (-11{,}65) = 3{,}99$ eV, was näher an Gelb liegt, aber durch die grobe Näherung nicht erreicht wird.

Zinnober weist die Konfiguration $5d^{10}6s^2$ für Quecksilber, $5d^{10}6s^0$ für $Hg^{2\oplus}$ und $3s^2 3p^6$ für die Sulfidionen auf. Die Überschlagsrechnung mit ►Tabelle 2.1 liefert erwartungsgemäss eine nochmals kleinere Bandlücke von $-8{,}93 - (-11{,}65) = 2{,}71$ eV. Das Valenzband umfasst die $3p$-Elektronen der Sulfid-Anionen und die $6s$- und $5d$-Elektronen des Quecksilber. Als Leitungsband steht das leere $6s$-Orbital des Quecksilber-Kations zur Verfügung, ►Abbildung 2.9 [595, 596].

Die Tendenz der Bandlücke, vom Zinkweiß/Zinksulfid zum Zinnober kleiner zu werden und damit die Farbsequenz Weiß–Gelb–Rot zu erzeugen, ist auf die steigende

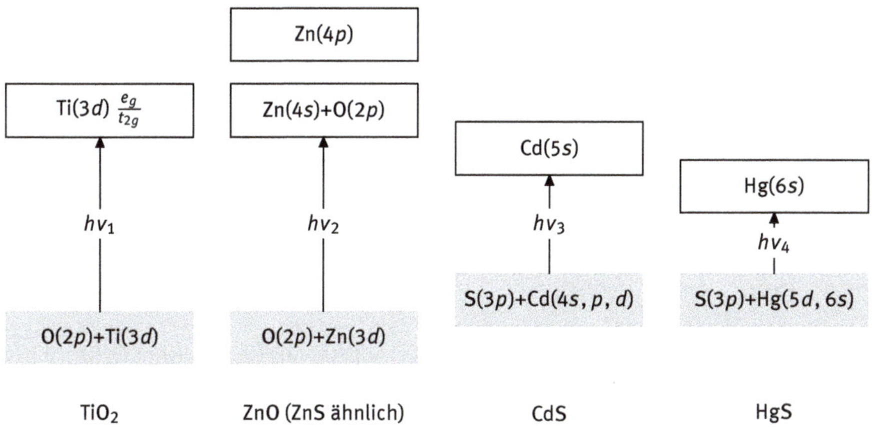

Abb. 2.9: Schematische Bandstruktur von Titanweiß TiO_2, Zinkweiß ZnO, Cadmiumgelb CdS und Zinnober HgS. Die Farbe verändert sich aufgrund der unterschiedlich großen Bandlücken. Gezeigt ist, daß in den realen Verbindungen keine reinen Bänder auftreten: im O(2*p*)-Band hat z. B. auch das Ti(3*d*)-Band etwas Besetzungswahrscheinlichkeit.

Elektronegativität vom Zink über Cadmium zum Quecksilber zurückzuführen (Werte nach Pauling: 1,65, 1,69, 1,9). Mit steigender Elektronegativität werden Elektronen fester gebunden, die Energie des Bandes sinkt ab.

Oxynitridpigmente

Ein Beispiel für die Gewinnung von neuen anorganischen Pigmenten ist in [397–400] vorgestellt. Hier werden Oxynitride mit der Formel $ATa(O,N)_3$ (Perowskite mit Erdalkali- oder Seltenerdmetallen als A) untersucht, die durch Mischkristallbildung und Manipulation der Bandlücke eine reiche Auswahl an Farben zeigen, ►Tabelle 2.2. Besonders Calcium-Lanthan-Tantal-Perowskite sind als nichttoxische, aber farbgleiche Ersatzstoffe für Cadmiumsulfoselenidpigmente wie Cadmiumgelb, -orange oder -rot sehr interessant. Ihren Farbton können wir über den Bruchteil *x* an Lanthan und damit verbunden dem Sauerstoff-/Stickstoffverhältnis lückenlos von Gelb über Rot bis Braun variieren.

Tab. 2.2: Farben von Oxynitriden der Form $ATa(O,N)_3$ und isoelektronischen Verbindungen [397–399].

Gelb	**Orange**	**Rot**
$CaTaO_2N$	$SrTaO_2N$, $Ca_{1-x}La_xTaO_{2-x}N_{1+x}$	$BaTaO_2N$, $Ca_{0,25}La_{0,75}TaO_{1,25}N_{1,75}$
Calciumtantalgelb		Lanthantantalrot
Braun	**Schwarz**	**Grün**
$SrNbO_2N$, $LaTaON_2$, $LaTiO_2N$	$BaNbO_2N$	$Yb_2Ta_2O_5N_2$

Die Farbreihe zeigt verschiedene Einflüsse, ►Abbildung 2.10 Mitte und links. Die meisten Metalloxide sind farblos (weiss), da sie eine große Bandlücke aufweisen. Durch Senkung der Elektronegativität des Anions werden dessen Elektronen weniger stark vom Kern gebunden, die Oberkante des Valenzbands steigt, und damit verringert sich die Bandlücke. Wir können die EN ändern, indem wir im Perowskit Oxid-Anionen (teilweise) gegen Nitrid-Anionen austauschen und die Ladungsneutralität durch gleichzeitigen Austausch von Calcium gegen Lanthan wahren:

$$3\,O^{2\ominus} = 2\,N^{3\ominus}, \quad M^{n\oplus}O = M^{(n+1)\oplus}N$$

Die Nitrid-Kristallchemie und die Eigenschaften von Oxynitriden werden in [400] detailliert besprochen. Gegenüber reinen Oxiden sind die so erhaltenen Oxynitride farbig, weil die Bandlücke nicht zwischen O(2*p*)- und *d*-Bändern liegt, sondern zwischen N(2*p*)- und *d*-Bändern. Durch die geringere EN von Stickstoff im Vergleich zu Sauerstoff liegt sein 2*p*-Band höher und verringert damit die Bandlücke in den optischen Bereich hinein.

Die Elektronegativität spielt auch eine Rolle bei den Farbunterschieden zwischen Niobaten und Tantalaten: $SrTaO_2N$ vs. $SrNbO_2N$ (Orange vs. Braun) und $BaTaO_2N$ vs. $BaNbO_2N$ (Rot vs. Schwarz). Wiederum verringert die höhere Elektronegativität des Niob die Bandlücke, weil nun die *d*-Bänder durch die festere Elektronenbindung tiefer liegen, ►Abbildung 2.10 Mitte und rechts.

Weitere Unterschiede in den Farben rühren von unterschiedlich deformierten und dimensionierten Kristallgittern her, bei denen die Eigenschaften der verschiedenen Ionen sowie der Reinheitsgrad eine Rolle spielen.

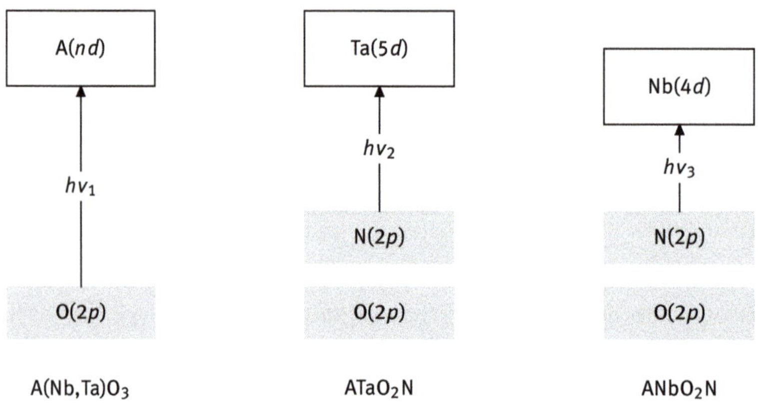

Abb. 2.10: Veränderung der Farbigkeit von Oxynitriden durch Mischkristallbildung und Manipulation der Bandlücke: die geringere Elektronegativität des Stickstoff erhöht die Energie des N(2*p*)-Bandes im Vergleich zu Sauerstoff. Die geringere Elektronegativität des Tantal erhöht die Energie des Ta(5*d*)-Bands im Vergleich zum Nb(4*d*)-Band.

2.2.4 Einfluss der Gitterweite und Kristallstruktur, Thermochromie

Wir haben gesehen, dass durch das Zusammentreten von vielen Atomen zu einem Festkörper neue Eigenschaften entstehen, die durch die sich bildenden Bänder und die Lücken zwischen ihnen verursacht werden. Eine wichtige Einflussgrösse auf die Größe dieser Bandlücken ist der Atomabstand oder – im Kristall – die *Gitterweite*. Wir können diesen Einfluss verstehen, wenn wir an die Entstehung des Wasserstoff-Moleküls H_2 denken: zwei räumlich getrennte Wasserstoffatome werden zusammengebracht und beginnen, über ihre 1*s*-Elektronen miteinander zu wechselwirken. Als Folge entstehen ein bindendes und ein antibindendes Molekülorbital, deren Lage auf der Energieskala vom räumlichen Abstand der Atome abhängt und damit von der Fähigkeit der Atomorbitale, zu überlappen.

Analoges geschieht bei der Annäherung von Atomen in einem Kristallverband: wird die Gitterkonstante vergrößert, verschiebt sich die Lage der Bänder auf der Energieskala und damit die fundamentale Bandlücke E_g ►Abbildung 2.11 [290, Kap. 6]. Mit steigender Gitterkonstanten verringert sich i. A. E_g, die Änderung kann sich in der Größenordnung 4 eV/Å bewegen. Der E_g vs. a-Plot (►Abbildung 2.12 links) zeigt dies für (Zn, Cd)S und Cd(S, Se) (Daten aus ►Tabelle 2.3).

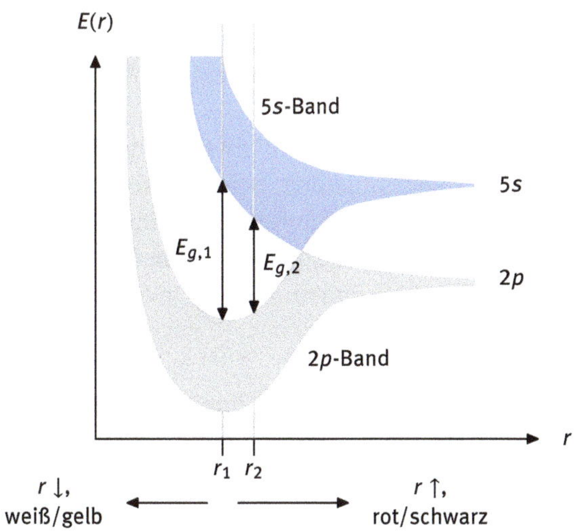

Abb. 2.11: Abhängigkeit der Bandlücke von der Gitterkonstanten resp. dem Abstand r zwischen zwei Gitterpunkten ([290, Kap. 6], gezeichnet nach [276, Kap. 8.4.3, S. 300]). Gezeigt sind als Beispiel *p*- und *s*-Bänder eines fiktiven Halbleiters, dessen Atome in der Gleichgewichtslage den Abstand r_1 haben. Die Bandlücke 2*p*–5*s* für ein Gitter der Weite r_2 ist kleiner als für eines der Gleichgewichtsweite r_1, d. h. eine Erhöhung der Gitterweite führt zu einer Farbverschiebung nach Rot, eine Verkleinerung zu einer nach Gelb.

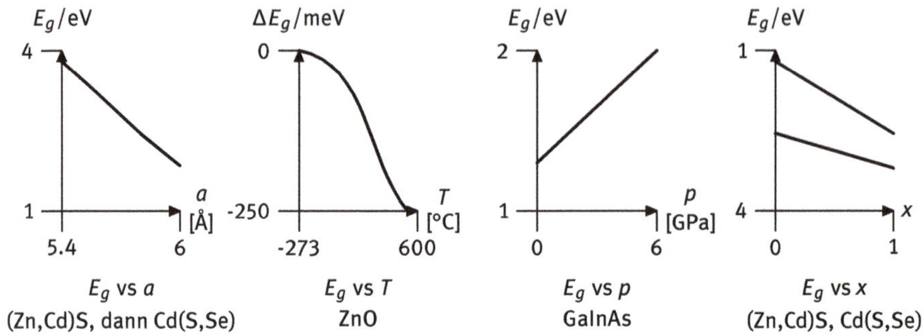

Abb. 2.12: Schematische Abhängigkeit der Bandlücke E_g von der Gitterkonstanten *a*, von der Temperatur *T*, vom Druck *p* und von der Zusammensetzung einer Legierung *x*. Daten aus ►Tabelle 2.3, [274, ch. 6.7], [274, ch. 6.10], ►Tabelle 2.3.

Wir können folgende Faktoren nennen, die die Gitterweite beeinflussen:
- Druck. Eine Erhöhung des Drucks verringert i. A. die Gitterweite.
- Temperatur, eine Erhöhung vergrößert i. A. die Gitterweite. Als Beispiel ist thermochromes Zinkweiß zu nennen, das sich bei Temperaturerhöhung reversibel gelb färbt.
- Kristallstruktur. Die Kristallstruktur bestimmt die Anordnung der Atome, welche Atome benachbart sind und welchen Abstand sie voneinander haben. Blei(II)oxid kann in zwei Strukturen kristallisieren und besitzt einmal rote (Litharge), einmal gelbe Farbe (Massicot).
- Zusammensetzung (bei einer Halbleiterlegierung). Die Gitterweite eines ternären Halbleiters $A_xB_{1-x}C$ verändert sich mit *x* kontinuierlich, Beispiele sind die Cadmiumpigmente $Zn_xCd_{1-x}S$ oder CdS_xSe_{1-x}. Den Einfluß der Zusammensetzung auf die Bandlücke werden wir in ►Abschnitt 2.2.5 besprechen, da neben der Veränderung der Gitterweite auch tiefgreifende Veränderungen der elektronischen Bandstruktur stattfinden.

Die Erkenntnis ist, daß die Farbe eines Halbleiters auch ohne Zumischung farbaktiver Verbindungen verändert werden kann. Wir werden sehen, daß die kontrollierte Ausnutzung dieses Zusammenhangs zu einer Reihe neuer Pigmente führte.

Das gezeigte Modell ist nur eine grobe Näherung für das Verständnis dieser Abhängigkeit. Es wird u. a. angenommen, dass sich Bänder tatsächlich wie gezeigt einzelnen AOs zuordnen lassen. In der Realität hängt die Zusammensetzung der Bänder aus AOs und ihre energetische Lage in komplizierter Weise von der Gitterkonstanten und weiteren Faktoren ab.

2.2.4.1 Einfluß des Drucks auf die Gitterweite

Der beschriebene Einfluss der Gitterweite auf die Bandlücke E_g unter dem Einfluß von Druck ist im E_g vs. p-Plot (►Abbildung 2.12 Mitte rechts) für GaInAs gezeigt. Auch [270, 311] enthalten Beispiele, dort wird die Verschiebung der unteren Leitungsbandkante Γ_2' (s-artiger Zustand) gegenüber der oberen Valenzbandkante Γ_{25}' (p-artiger Zustand) beschrieben. Bei kleinen Drücken (weitem Gitter) ist E_g klein, bei hohen Drücken (engem Gitter) wird sie grösser. Zur Erklärung wird angenommen, dass ein Rumpfatom mit den inneren Elektronen bei Kompression weitgehend unverändert bleibt, während sich die Valenzelektronen unter Druck stärker zum Rumpfatom bewegen. Da s-Zustände höhere Dichten im Kernbereich haben, sind diese Zustände empfindlicher gegenüber Druck.

2.2.4.2 Einfluß der Temperatur auf die Gitterweite

Die Gitterweite kann durch Temperaturerhöhung vergrößert werden. Ein praktisches Beispiel für eine solche *Thermochromie* ist Zinkweiß, das bei Raumtemperatur weiss ist. Bei Temperaturen von einigen hundert Grad Celsius jedoch nimmt das Pigment eine gelbe Farbe an, da die erhöhte thermische Bewegung das Kristallgitter aufweitet und die Bandlücke E_g daraufhin kleiner wird. Beim Abkühlen schrumpft das Kristallgitter wieder, E_g erreicht die ursprüngliche Grösse und das Pigment wird wieder weiss. Solche Stoffe finden Verwendung als passive unverwüstliche Temperaturindikatoren, z. B. an Pfannen oder Töpfen. Der ΔE_g vs. T-Plot (►Abbildung 2.12 Mitte links) zeigt die geschilderte Änderung ΔE_g für ZnO.

2.2.4.3 Einfluß der Kristallstruktur auf die Gitterweite

Wie bereits angedeutet, legt die Kristallstruktur eines Halbleiters die Positionen aller Atome fest, ihre gegenseitige Nachbarschaft und ihren Abstand. Sie hat damit grundlegenden Einfluß auf die chemische Umgebung und die elektronischen Verhältnisse, d. h. die Bandstruktur des Halbleiters.

Beispiel: Massicot, Bleigelbpigmente, Litharge

Eine Übersicht über die kristallographischen und elektronischen Strukturen der Blei-(II)oxide [602–604] zeigt, dass die Farbe des roten, tetragonalen α-Bleioxids (Litharge) von einer Bandlücke in Höhe von 1,9 eV herrührt. Litharge besitzt eine CsCl-Struktur, jedes Bleiatom ist im Abstand von 0,232 nm von vier Sauerstoffatomen umgeben. Im Gegensatz dazu weist gelbes orthorhombisches metastabiles β-Bleioxid (Massicot) eine Bandlücke der Grösse 2,4–2,7 eV auf und besteht aus Blei- und Sauerstoffschichten mit Pb–O-Ketten mit einem durchschnittlichen Atomabstand von 0,2358 nm Abstand.

In beiden Modifikationen wird die Kante des Valenzbands von O(2*p*)- und Pb(6*p*)-Orbitalen gebildet, die des Leitungsbandes von Pb(6*s* + 6*p*)-Orbitalen, je nach theoretischem Modell mit wechselnder Zumischung von Sauerstoff. Der Unterschied zwischen gelbem und rotem Bleioxid ist nach [605, 606], dass in Massicot durch die abweichende Gittergeometrie die Oberkante Valenzband resp. Unterkante Leitungsband vornehmlich aus 6*s*- und 6*p*-Orbitalen von Blei gebildet werden, während im roten Bleioxid starke Beteiligungen von 2*p*-Orbitalen des Sauerstoff an beiden Kanten auftreten, ►Abbildung 2.13. Dadurch ändern sich die Energiewerte, die Elektronen annehmen können, und die Zustandsdichten innerhalb der Bänder so, daß es zu den beobachteten Farbunterschieden kommt.

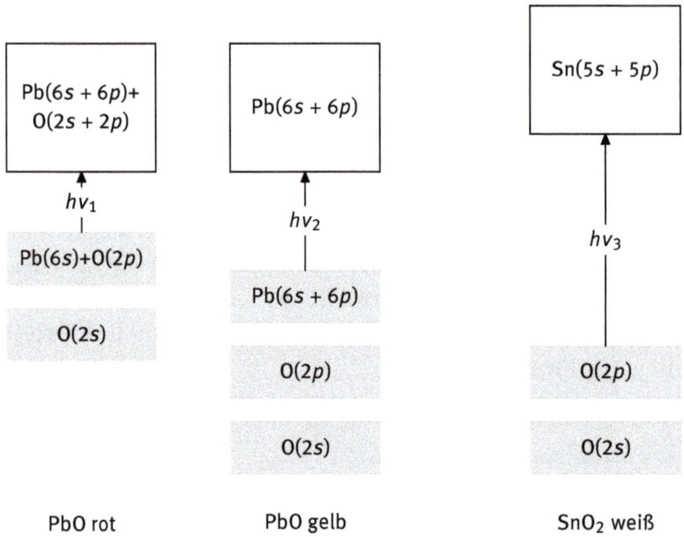

Abb. 2.13: Schematische Bandstruktur von gelbem hexagonalem Bleioxid (Massicot) und rotem tetragonalen Bleioxid (Litharge). Die Zumischung von O(2*s*)- und O(2*p*)-Charakter zum PB(6*s*)-Band im Zusammenspiel mit der anderen Kristallstruktur engt die Bandlücke im Vergleich zu Massicot so ein, daß ein roter Farbeindruck erreicht wird. Zinnoxid tritt im Bleizinngelb auf.

In engem Zusammenhang mit gelbem Bleioxid stehen weitere, als klassische Pigmente genutzte Bleiverbindungen: Neapelgelb (Bleiantimonat) und Bleizinngelb (Bleistannat). Es handelt sich bei ihnen um Mischoxide von Massicot mit Antimonoxid oder Zinndioxid. Die gelbe Farbe wird wie bei Massicot selber durch den Bandübergang aus dem Pb(6*s*, 6*p*)+O(2*s*, 2*p*)-Band ins Pb(6*s*, 6*p*)-Band verursacht [607]. Übergänge ins Sn(5*s*, 5*p*)-Band sind zu energiereich für optische Absorptionen und führen zur weißen Farbe von Zinndioxid. Die genauen Vorgänge innerhalb eines Mischkristalle kommen im nächsten Abschnitt zur Sprache.

2.2.5 Legierungen, Mischkristalle und Farbe

Die Möglichkeit, die Bandlücke und damit die Farbe eines Halbleiters durch hohen Druck oder hohe Temperatur zu ändern, ist theoretisch interessant, zum Glück für unsere Kunstmuseen haben Chemiker jedoch praktikablere Möglichkeiten gefunden, solche Änderungen hervorzurufen.

Eine Reihe wichtiger Farbmittel besteht aus zwei verschiedenen Halbleitern, die im Pigment als *Mischkristall* auftreten. Wenn die Kristallstrukturen der beiden Halbleiter wenig voneinander abweichen oder kompatibel sind, erhalten wir Mischkristalle, deren Bandlücken sich je nach Mischungsverhältnis kontinuierlich zwischen den Werten der beiden Reinstoffe bewegen, und wir beobachten einen fließenden Farbübergang (E_g vs. x-Plot, ►Abbildung 2.12 rechts). Beispiele sind:

- Cadmiumpigmente. Cadmiumgelb zitron $Cd(S, SO_4)$ bzw. $(Zn, Cd)S$ ist ein Mischkristall von Cadmiumsulfid und -sulfat oder Zinkcadmiumsulfid. Reines Cadmiumsulfid liefert Cadmiumgelb mittel, während Mischkristalle $Cd(S, Se)$ mit steigendem Selenanteil röter werden (Cadmiumgelb dunkel, Cadmiumorange, Cadmiumrot). Reines Cadmiumselenid ist braunschwarz, wird aber nicht als Pigment verwendet.
- Cadmiumzinnober $(Cd, Hg)S$, der je nach Quecksilberanteil orange bis rot ist.
- Neapelgelb $2\,PbO \cdot Sb_2O_5$ und Bleizinngelb $2\,PbO \cdot SnO_2$, deren Mischungsverhältnis theoretisch zwar fix ist, in der Praxis herstellungsbedingt aber differiert, vor allem in historischer Zeit.

In [272, 274–276] werden die Eigenschaften von Halbleiterlegierungen im Detail betrachtet. Es zeigt sich, daß sich bei Halbleiterlegierungen zwei Einflüsse überlagern, die Gitterweite und Bandlücke bestimmen:

- Die Abhängigkeit der Gitterweite von der Zusammensetzung der Legierung.
- Die Umstrukturierung der elektronischen Bandstruktur beim Übergang zwischen den beiden reinen Legierungspartnern.

2.2.5.1 Gitterweite und Zusammensetzung

Die Änderung der Gitterweite bei ternären Halbleiterlegierungen $A_xB_{1-x}C$ können wir uns so vorstellen, daß in das Gitter der binären Ausgangsverbindung AC größere oder kleinere Atome des Legierungspartners B eingebaut werden [274, ch. 3.7], die das Gitter aufweiten oder zusammenfallen lassen. Die direkte Folge ist eine Verschiebung von Atomen aus ihrer Gleichgewichtslage, eine Änderung von Bindungswinkeln und -längen und entsprechend eine Änderung der Bandstruktur und -lücken gemäß ►Abschnitt 2.2.4. Ein Zahlenbeispiel soll den möglichen Einfluß auf die Bandlücke verdeutlichen: die Bandlücke von Quarz in Feldspat ändert sich mit 0,054 eV/Grad (bei einer Änderung des Bindungswinkels) oder 35 eV/Å (bei einer Änderung der Bindungslänge) [313].

Untersuchungen [272, 278], [281, ch. 4.6], [274, ch. 3.7] haben gezeigt, dass sich bei ternären Halbleitern $A_xB_{1-x}C$ alle Bindungslängen und damit die Gitterweite a proportional zum Molenbruch x zwischen den Werten für die reinen Substanzen AC und BC ändern (Gesetz von Vegard):

$$a = a(x) = xa_{AC} + (1 - x)a_{BC} \tag{2.1}$$

Dieser Zusammenhang ist idealisiert, gilt aber annähernd, wenn Ionenradien und Elektronegativität der beteiligten Atome wenig voneinander abweichen und die Kristallgitter der Reinstoffe miteinander weitgehend kompatibel sind. Sind diese Voraussetzungen nicht erfüllt, beobachten wir einen komplexen Verlauf von $a(x)$.

Gemäß ►Abschnitt 2.2.4 ändert sich mit der Gitterweite a auch die Bandlücke E_g proportional zu x [272]. In der Praxis treten Abweichungen von der linearen Proportionalität in Form einer Kurvenkrümmung b (bowing parameter) auf:

$$E_g(x) = xE_{g,AC} + (1 - x)E_{g,BC} - x(1 - x)b \tag{2.2}$$

Durch Mischkristallbildung ist es also möglich, $E_g(x)$ eines Materials kontinuierlich über den Energiebereich zu verschieben, der zwischen den Bandlücken der Reinstoffe liegt. Die Veränderung der elektronischen Struktur, d. h. die Verschiebung der Bandkanten, ist in [317] zu sehen. ►Abbildung 2.14 zeigt dies schematisch für die oben erwähnten, maltechnisch wichtigen ternären Halbleiter.

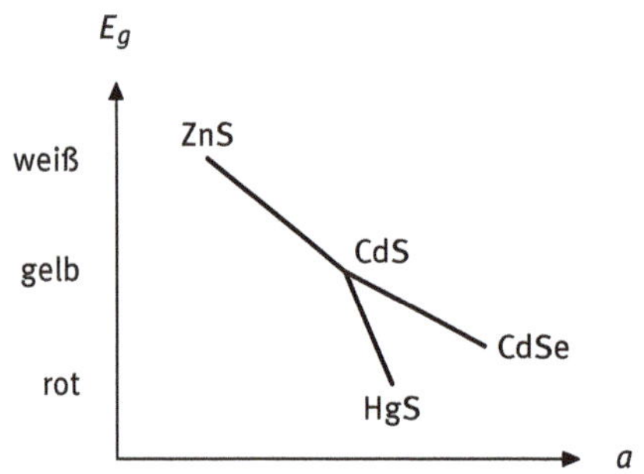

Abb. 2.14: Schematische Abhängigkeit der Bandlücke E_g und Farbe von der Gitterkonstante a in maltechnisch wichtigen ternären Halbleiterlegierungen (Cadmiumgelb, Cadmiumzinnober).

2.2.5.2 Bandstruktur und Zusammensetzung

Die Veränderung der Bandstruktur, ausgehend von AC, ist gekennzeichnet durch das Auftreten neuer Bänder des Legierungspartners B und vom Übergang in die Bandstruktur von BC [275, 309, 313–318]:

- Im Halbleiter AC konzentrieren sich die delokalisierten Zustände bis zur Energie E_V im Valenzband (resp. ab der Energie E_L im Leitungsband).
- Einzelne Fremdatome B bilden zunächst isolierte, neue Niveaus in der Bandlücke, die lokalisierten Zuständen mit geringer Zustandsdichte entsprechen und nur zu einer lokalen Deformation der Bandstruktur führen.

- Steigende Konzentration von B führt zur zunehmenden Delokalisierung der B-Elektronen über den ganzen Kristall, die diskreten B-Niveaux verbreitern sich und entwickeln sich zu selbständigen Bändern, *impurity bands*.
  Die Wechselwirkung mit den A-Bändern führt zu Verbreiterung und Verflachung der Bänder, den *band tails*, Ausläufern der Bänder, die beidseitig in die Bandlücke reichen und neue Bandkanten E'_V resp. E'_L bilden, ▶Abbildung 2.15. Sie verringern die Bandlücke von $E_L - E_V$ auf $E'_L - E'_V$.
- A- und B-Bänder verschmelzen miteinander. Nach [316] treten nebeneinander Peaks in den Zustandsdichten der Bänder auf, die den jeweiligen Reinstoffen entsprechen. Die Peaks von A nehmen an Intensität ab, die von B zu.
- Ab einer bestimmten Konzentration nähert sich die Bandstruktur der von BC mit der finalen Bandlücke $E''_L - E''_V$, während nun A-Atome die immer weiter abnehmende Störung in BC darstellen.

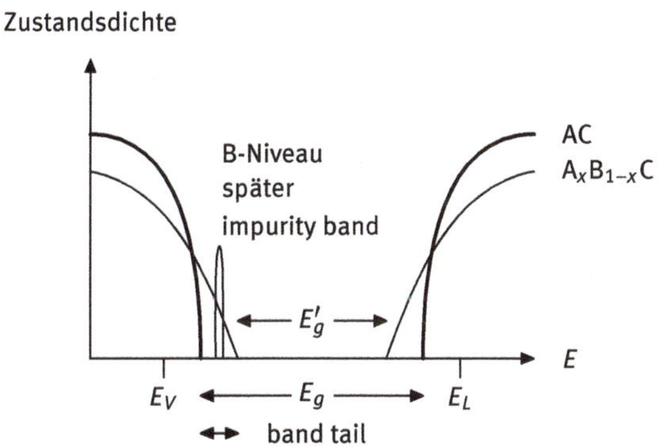

Abb. 2.15: Abhängigkeit der Bandlücke von AC von der Zusammensetzung am Beispiel einer Legierung mit BC [281, 313]. Die Zustandsdichte wird durch Legierungsbildung zu *band tails* „verschmiert", die Bandlücke E_g schmäler, die Farbe ändert sich. Bei geringer Konzentration von BC bildet B zunächst isolierte Niveaux, dann *impurity bands*.

Die Veränderung der Bandstruktur spiegelt sich in den optischen Absorptionsspektren wider (▶Abbildung 2.16) [310, 312–315]:
- Für AC liegt die Absorptionskante bei der Energie der größeren Bandlücke $E_L - E_V$.
- Die Zustände in den band tails führen zu einem Ausschmieren der Absorptionskante hin zu niedrigeren Energien E'_g.
- Durch die zunehmende Gitteraufweitung verschiebt sich die Bandlücke und Absorptionskante kontinuierlich von $E_L - E_V$ nach $E''_L - E''_V$.
- Für BC liegt die Absorptionskante bei der niedrigeren Energie $E''_L - E''_V$.

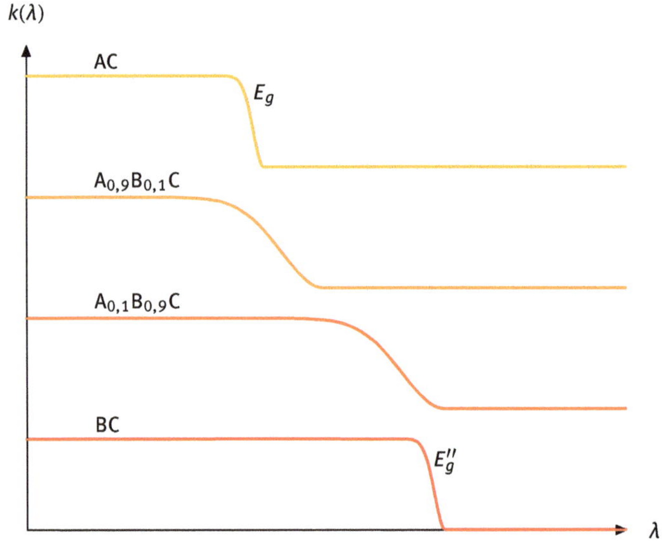

Abb. 2.16: Absorptionsspektren (schematisch) für die Legierungsreihe AC über (A, B)C bis BC [310, 312–315]. Die steilen Kanten der reinen Verbindungen bei den Energien der Bandlücke E_g bzw. E_g'' werden durch band tails verschmiert, die Bandkanten wandern mit der sich fließend verkleinernden Bandlücke zu niedrigeren Energien. Farben schematisch für AC=CdS, BC=CdSe.

Wir beobachten ein Summenspektrum, das vom kontinuierlichen Übergang der beiden Bandlücken ineinander geprägt ist und in komplexer Weise durch band tails und impurity bands modifiziert ist. Weitere Erläuterungen in aller Tiefe sind in [275, 276, 278], [281, ch. 5.8], [307, 308, 316–318] zu finden.

Beispiel: Cadmiumpigmente

Reines gelbes Cadmiumsulfid zeigt eine Farbe, die der großen Lücke zwischen S(3*p*)- und Cd(5*s*)-Band entspricht, ►Abbildung 2.17 Mitte links. Mit Hilfe einer Überschlagsrechnung und ►Tabelle 2.1 können wir den Wert zu $-7{,}66 - (-11{,}65) = 3{,}99$ eV abschätzen. Reines braunes Selenid zeigt eine kleinere Bandlücke, da das Valenzband aus lockerer gebundenen (höher liegenden) Se(4*p*)-Elektronen besteht, ►Abbildung 2.17 rechts. Die Abschätzung liefert $-7{,}66 - (-10{,}93) = 3{,}27$ eV. Die Sulfid-Selenid-Legierung zeigt eine dem Mischungsverhältnis entsprechende Bandlücke zwischen diesen Werten und dunkelgelbe, orange und rote Farbe [278, 317].

Der Übergang zwischen beiden Verbindungen erfolgt fließend, da Cadmiumsulfid und -selenid miteinander verträgliche Kristallgitter besitzen, die sich im wesentlichen durch ihre Gitterweite unterscheiden (►Tabelle 2.3). Die grösseren Selenid-Anionen können in beliebigem Umfange Sulfid-Anionen ersetzen. Die kontinuierliche Veränderung der Bandlücke von ν_0 über $\nu_{12a,b}$ zu ν_1 aufgrund der Gitterweite geht mit einem Übergang in die Bandstruktur des Legierungspartners einher. Zunächst dis-

Tab. 2.3: Gitterkonstanten *a* und Bandlücken für verschiedene binäre Halbleiter in Pigmenten [278]. Die Halbleiter können in zwei Modifikationen kristallisieren, der Zinkblende- und der Wurtzitstruktur. Es sind daher zwei Gitterkonstanten angegeben.

Halbleiter	*a* (Zinkblende) [Å]	*a* (Wurtzit) [Å]	Bandlücke [eV]
ZnS	5,406	3,811	3,8
(Zn, Cd)S	Werte dazwischen		
CdS	5,835	4,137	2,45
Cd(S, Se)	Werte dazwischen		
CdSe	6,05	4,30	1,85

krete Selen-Niveaux entwickeln sich zu Se(4s)-Bändern und verschmelzen mit dem S(3s)-Band zu einem Band, das Elektronendichte von Schwefel und Selen enthält. Das sichtbare Resultat der geänderten elektronischen Verhältnisse ist der geschilderte Farbumschlag von Gelb über Orange nach Rot.

In gleicher Weise ist die Herstellung von Cadmiumgelb hell durch Zumischung der kleinen Zink-Kationen möglich, da auch Zinksulfid- und Cadmiumsulfidgitter kompatibel sind (►Tabelle 2.3). Die Farbe liegt zwischen Hellgelb und Gelb, ►Abbildung 2.17 links. In [278, 316, 318, 597–599] ist gezeigt, wie die Bandlücke mit steigendem Zinkgehalt und sinkender Gitterkonstante *a* ansteigt, das Pigment also weisser oder heller wird. Auch durch die Beimischung von farblosem Cadmiumsulfat zu Cadmiumsulfid wird *a* und damit der Farbton verändert.

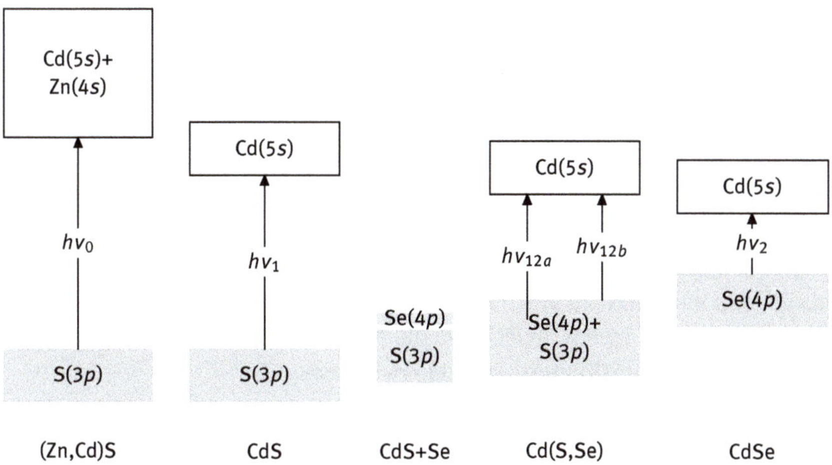

Abb. 2.17: Schematische Bandstruktur von Cadmiumgelb hell, Cadmiumgelb mittel und Cadmiumrot. Die Farbe verändert sich durch Änderung der Gitterweite der Zink-Cadmium- resp. der Sulfid-Selenid-Legierung (Verringerung der Bandlücke), sowie durch den Übergang in die Bandstruktur des Legierungspartners: isolierte Selenniveaux verbreitern sich zu Bändern und verschmelzen mit dem Valenzband [316–318].

2.2.6 Herstellung von Halbleiterlegierungen

Wir haben in Abschnitt ►Abschnitt 2.2.4.3 gelbes Bleioxid und seine engen Verwandten Bleizinngelb und Neapelgelb kennengelernt, die Legierungen von Bleigelb und Zinn(IV)oxid oder Antimon(V)oxid darstellen. Zur Herstellung des Neapelgelb sind zahlreiche Rezepte überliefert, ►Abschnitt 3.4.1 auf S. 223. Interessant ist, daß der endgültige Farbton von den Mengenverhältnissen der Edukte abhängt, aber auch von der Temperatur, analoges gilt für Bleizinngelb. Die Herstellung bei höheren Temperaturen und längeren Reaktionszeiten führt zu kühlen grünstichigen oder zitrongelben Pigmenten, während bei niedrigeren Temperaturen rötliche oder orangegelbe Pigmente erhalten werden.

Hierfür verantwortlich sind zwei Effekte. Zum einen entstehen bei unterschiedlichen Temperaturen teilweise andere Verbindungen, die anhand eines Phasendiagramms ermittelt werden können [276, Absch. 3.1.2]. Ein solches ist für Bleigelb-Legierungen leider nicht bekannt, in [47, Bd. 1] wurde jedoch experimentell festgestellt, daß bei niedrigen Temperaturen kein echtes Neapelgelb entsteht, sondern gelbe Bleioxide. Bei salzhaltigen Edukten entstehen Bleioxichloride.

Zum anderen werden die Edukte nicht in einer Schmelze legiert, sondern durch eine Festkörperreaktion, das heißt sie werden unterhalb des Schmelzpunktes einiger Komponenten gesintert. Abgesehen von der mechanischen Vermischung durch das Vermahlen der Edukte wird ihre Verbindung nur durch Diffusion der Legierungspartner im Festkörper erreicht, deren Geschwindigkeit proportional zur Temperatur ist, siehe u. a. [276, Absch. 5.1]. Nur durch höhere Temperaturen und hinreichend lange Reaktionszeiten lassen sich reproduzierbare, homogene Produkte erhalten, ansonsten ist das Material weit entfernt vom Gleichgewicht.

Spezielle Analysen zu diesem Thema liegen nicht vor, wir können aber spekulieren, daß bei niedrigen Temperaturen eine große Anzahl an strukturellen Defekten auftritt, die eingefroren werden, sodaß das Bleioxidgitter im Durchschnitt etwas aufgeweitet ist, ►Abschnitt 2.2.4.2. Nach ►Abbildung 2.11 führt dies zu wärmeren rötlicheren Farben.

Bei hoher Temperatur und längerer Reaktionszeit (was in neueren Rezepten der Farbenfabrikanten auch verfolgt wird) können sich die Defekte ausgleichen, und das Gitter nähert sich seiner engeren Gleichgewichtslage an. Dies ist gleichbedeutend mit einer Farbverschiebung zu kühleren, weißgelben Farben.

2.2.7 Dotierung und blaue Diamanten

Bringen wir in einen Mischkristall nur Spuren des zweiten Materials ein, tauschen wir also nur einige Atome des Halbleiters durch andere Elemente aus, wird der Vorgang *Dotierung* genannt. Auch er kann für die Farbigkeit dramatische Konsequenzen haben. Zunächst erhalten wir eine Verschiebung des Farbtons in Richtung des neuen Halbleitermaterials, die jedoch durch dessen geringe Konzentration kaum wahrnehmbar ist. Es ist jedoch möglich, daß das neue Element neue Energieniveaus inmitten der Bandlücke erzeugt. Diese wirken wie Sprungbretter für die Elektronen des Valenzbandes, die nun anstelle der ursprünglichen Mindestenergie schon mit erheblich geringerer Energie angeregt werden. ►Abbildung 2.7 rechts illustriert dies: statt $h\nu_{min}$ müssen wir nur noch $h\nu_1$ oder $h\nu_2$ aufbringen. Beispiele sind doped rutil- (DR-) Pigmente.

Neben der Produktion von Künstlerpigmenten erlaubt dieser Sachverhalt es uns, zuweilen einen blauen oder gelben Diamanten zu finden. Ein in der Bandlücke liegendes Niveau eines natürlich dotierten Bor- oder Stickstoffatoms setzt die ursprünglich große Bandlücke so weit herab, daß sichtbares Licht absorbiert wird. Da das neue Niveau strikt lokalisiert ist und kein Bestandteil eines Bandes, ist die Absorption scharf. Praktisch wird sie durch die thermische Anregung von Elektronen aber verbreitert.

Beispiel: Komplexe Rutilpigmente, DR-Pigmente

Rutil dient neben der Produktion des bekannten Titanweiß auch dazu, wichtige farbige Pigmente herzustellen: die DR- oder *doped rutil*-Pigmente, ►Abschnitt 3.4.3.3. Bei diesen werden Metall-Kationen in die Rutilmatrix eingelagert, die dem weissen Rutil verschiedene Farben verleihen. Als Mechanismus wird neben der Ligandenfeldaufspaltung der Metall-*d*-Orbitale ein Charge Transfer-Mechanismus diskutiert [14, 600]. Die farbgebenden Kationen führen unbesetzte oder teilbesetzte Energieniveaus in die Bandlücke des Rutil zwischen dem O(2*p*)-Band und dem Ti(3*d*)-Band ein. Je nachdem, ob X ein Elektronenakzeptor oder -donor ist, werden so Übergänge zu diesen (O(2*p*) → X) oder von diesen Niveaus (X → Ti(3*d*)) in die Bänder des Rutil möglich, ►Abbildung 2.18.

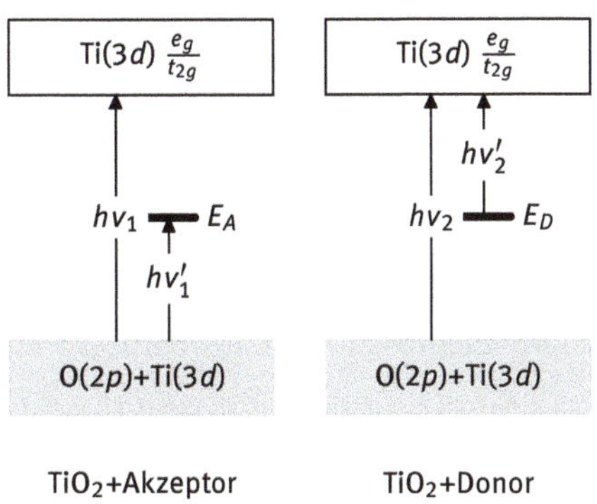

Abb. 2.18: Schematische Bandstruktur von dotiertem Rutil (Titanweiß) in den DR-Pigmenten. Metall-Kationen führen zusätzliche Energieniveaus in die Bandlücke ein und ermöglichen Charge Transfer-Übergänge von den Sauerstoffbändern in die Zusatzniveaus (Metall ist Elektronenakzeptor) oder aus den Zusatzniveaus in die Titanbänder hinein (Metall ist Elektronendonor) [14, 600].

2.3 LF: Aufspaltung von *d*-Orbitalen im Ligandenfeld

Nebengruppenelemente des *d*-Blocks besitzen teilbesetzte *d*-Orbitale, die beim freien Atom oder Ion entartet, d. h. energiegleich, sind. Das Einbringen des Metallatoms oder -ions in ein äußeres elektrisches Feld, das z. B. von einem Kristallgitter hervorgerufen wird, hebt die Entartung auf und elektronische Übergänge zwischen diesen Orbitalen werden möglich. Das Kristallgitter wird in einer älteren Theorie durch ein rein ionisches Kristallfeld beschrieben, später durch ein *Ligandenfeld*, das auch kovalente Bindungsanteile erfasst.

Die Aufspaltung von *d*- und analog von *f*-Orbitalen durch Kristall- oder Ligandenfelder ist auch ohne den Bezug zur Malerei interessant und von großer Bedeutung für die Koordinationschemie. Wir können uns an dieser Stelle daher auf eine Übersicht über das Gebiet beschränken und für detaillierte Informationen auf [209, 211–215, 219] sowie jedes Lehrbuch der anorganischen Chemie verweisen. Speziell für die Anwendung in der Kristallchemie von Mineralien ist [208] und [218] zu nennen. Eine wertvolle Einführung in die zugrundeliegende Gruppentheorie liegt mit [206] vor.

Charakteristika von Farbmitteln auf Basis von Ligandenfeldübergängen sind:

- Die Absorption ist schmalbandig, die Farben rein. Je nach Chemie und Symmetrie des Metall-Kations sind mehrere parallele Übergänge möglich, die ein komplexes Gesamtspektrum ergeben, sodass die Farben u. U. nicht rein sind.
- Die Übergangswellenlänge wird stark von der Ligandenfeldstärke und damit der Chemie des Farbmittels beeinflußt und kann den gesamten Farbbereich überstreichen. Durch die begrenzte Zahl an Liganden (in natürlichen Pigmenten vorzugsweise Oxid, Hydroxid, Karbonat, Halogenid) sind jedoch nicht alle Farben praktisch erreichbar. Der hohe Einfluß des Ligandenfelds bedeutet auch, daß die Farbe empfindlich auf Schmutz und Nebenbestandteile reagiert.
- Die Übergänge sind häufig spin- oder laporte-verboten und daher wenig intensiv. Wir können uns hiervon überzeugen, indem wir ein Mineral nehmen, das auf den ersten Blick intensiv gefärbt ist, und auf einer rauhen Oberfläche wie ein Stück Kreide reiben. Häufig werden wir feststellen, daß der Strich kaum gefärbt oder gar weiß ist, und keineswegs die erwartete Farbintensität zeigt.
- Aufgrund der geringen Übergangsintensitäten kommen nur *d*-Block-Elemente in Betracht. Die Häufigkeit der Elemente zeigt, daß die klassischen natürlichen LF-Pigmente auf einer Mangan(IV)-, Eisen(III)- und Kupfer(II)-Basis beruhen. Synthetisch kommen Kobalt, Chrom und höhervalentes Mangan als Farbzentren hinzu.
- Das Ligandenfeld kann durch ein geordnetes Kristallgitter wie in den natürlichen Mineralien aufgebaut sein, oder durch ein statistisches mittleres Feld in amorphen Substanzen wie Gläsern. Die meisten farbigen Gläser sind durch LF-Übergänge gefärbt.

- Als Liganden kommen zahlreiche Anionen in Frage, praktisch werden Oxide, Hydroxide und Karbonate in natürlichen Pigmenten gefunden. Besonders Oxide liefern hochtemperaturfeste stabile Pigmente und können daher in Keramikfarben und farbigen Gläsern verwendet werden. Synthetische Pigmente der Neuzeit verwendeten dann Anionen wie Acetat oder Arsenit.

2.3.1 Spektroskopische Auswahlregeln

Bevor wir uns die Natur der LF-Übergänge im Detail anschauen, wollen wir kurz darauf eingehen, warum sie zu den vergleichsweise schwachen Übergängen gehören. Außerdem werden wir klären müssen, warum einige theoretische Übergänge nicht als LF-Übergang in Frage kommen.

Elektronen können nicht beliebig zwischen Orbitalgruppen übertragen werden, die Übergänge sind durch *spektroskopische Auswahlregeln* eingeschränkt. Viele Übergänge sind verboten und die Übergangsintensitäten der erlaubten Übergänge sind gering im Vergleich zu anderen Elektronenübergängen (Charge Transfer- oder Inter-Band-Übergang). Als Folge sind die meisten farbigen Mineralien auf LF-Basis so farbschwach, daß sie als Pigment nicht in Frage kommen: die leuchtenden Farben der Mineralien, Edel- und Schmucksteine verlieren sich bei der Vermahlung zum Pigmentpulver schnell, wir erhalten meist nur noch ein weisses Pulver mit einem Hauch von Farbe. Häufig wurden solche Minerale nur deshalb in der Malerei eingesetzt, weil sie einen interessanten Farbbereich erschliessen: wir können als Beispiel die farbschwächeren Pigmente Azurit, Kobaltviolett und Gelbocker (LF) gegen die intensiven Preussischblau (Charge Transfer), Chinacridonviolett (MO-Übergang) und Cadmiumgelb (Bandübergang) stellen. Selbverständlich ist das Färbevermögen nur ein Kriterium von vielen für ein gutes Pigment, und Gelbocker sowie Kobaltviolett überzeugen durch ihre subtilen Farben auch heute noch, aber hätte es bereits früher Alternativen vor allem im Blau-/Grün-Bereich gegeben, wären die Kupferminerale wohl nicht als Pigment verwendet worden.

Ohne dieses Thema zu vertiefen (dies geschieht in [214, ch. 9]), wollen wir zumindest einen Eindruck der Auswahlregeln erhalten:

- Erhalt der Spin-Multiplizität: Übergänge, bei denen sich die Spin-Multiplizität ändert (also die Zahl der ungepaarten Elektronen), sind verboten. Als Gleichung geschrieben: $\Delta S = 0$, $\Delta J = 0, \pm 1$.

  Das Verbot kann durch die Spin-Bahn-Kopplung gelockert werden, die besonders bei den *f*-Block-Elementen ausgeprägt ist.
- Laporte-Verbot: bezieht die Parität ein. Die Parität eines Orbitals beschreibt die Symmetrie des Orbitals gegenüber Punktspiegelung. g-Parität haben *s*- und *d*-Orbitale, u-Parität haben *p*- und *f*-Orbitale.

Wir müssen uns die Fragen stellen:

- Ist der Metall-Ligand-Komplex punktsymmetrisch bezüglich des Metall-Kations? Wenn nein (wie im Tetraeder), ist der Übergang mit hoher Intensität erlaubt. Wenn ja (wie im Oktaeder):
- Wechselt bei der Anregung das Elektron in ein Orbital mit anderer Parität? Wenn ja (gerade → ungerade oder ungerade → gerade), ist der Übergang mit hoher Intensität erlaubt. Wenn nein (gerade → gerade oder ungerade → ungerade), ist er verboten.

Als Gleichung geschrieben: $\Delta L = 0$.

Das Laporte-Verbot kann umgangen werden, wenn durch Molekülschwingungen die Symmetrie des Komplexes lange genug aufgehoben wird, daß in dieser Zeitspanne ein Elektronenübergang stattfinden kann.

Aufgrund der Spinerhaltung sind z. B. $3d^5$-Ionen wie $Fe^{3\oplus}$ farblos, da jede Anregung den Gesamtspin von $\frac{5}{2}$ verringern würde. Eisenoxide sind stark farbig, weil bei ihnen mehrere Eisenionen magnetisch gekoppelt sind und nicht isoliert vorliegen, ►Abschnitt 2.3.3 auf S. 112.

Übergänge von *d*- in *d*-Orbitale sind bei oktaedrischen Komplexen aufgrund des Laporte-Verbots verboten: oktaedrisch koordiniertes $Co^{2\oplus}$ besitzt nur deshalb eine schwache Farbe, weil Molekülschwingungen das Verbot lockern. Tetraedrisch koordiniertes Kobalt (laporte-erlaubt) zeigt dagegen tiefblaue Farben. In gleicher Weise sind die meisten LF-Farbmittel mit oktaedrischen Komplexen farbschwach, da die Übergänge laporte-verboten sind.

2.3.2 Ligandenfeldaufspaltung entarteter *d*-Orbitale

Um zu verstehen, wieso der Satz von fünf gleichartigen *d*-Orbitalen zu elektromagnetischen Übergängen Anlaß geben kann, müssen wir zunächst einen Blick auf die Beschreibung eines Atoms werfen. Farbtragende Kationen sind Mehrelektronensysteme und werden durch folgenden Hamilton-Operator beschrieben:

$$\mathbf{H} = \mathbf{H_0} + \mathbf{H_{ee}} + \mathbf{H_{LS}} + \mathbf{H_{LF}} \tag{2.3}$$

H enthält neben der Kern-Elektron-Wechselwirkung $\mathbf{H_0}$ einige Störungen: $\mathbf{H_{ee}}$ berücksichtigt die elektrostatische Abstossung der Elektronen untereinander, $\mathbf{H_{LS}}$ die Spin-Bahn-Kopplung der Elektronen und $\mathbf{H_{LF}}$ schliesslich die Störung der Elektronen durch das Kristall- oder Ligandenfeld.

Die drei störenden Komponenten sind von unterschiedlicher Größenordnung. Den stärksten Einfluß zeigt die Elektron-Elektron-Wechselwirkung. Für 4*f*-Elemente ist die Spin-Bahn-Kopplung von besonderer Bedeutung, bei farbtragenden Kationen in Pigmenten (3*d*-Block-Elemente) liegt die Größe von $\mathbf{H_{LF}}$ etwa zwischen den beiden anderen Störungen:

$$\mathbf{H_{ee}} > \mathbf{H_{LF}} > \mathbf{H_{LS}} \tag{2.4}$$

Wir werden im Folgenden zunächst das freie Atom resp. Ion und die Störung der d-Orbitale durch elektrostatische Abstossung betrachten, die zur Bildung von *Termen* aus den d-Orbitalen führt. Hernach wird die Störung des Kristallfeldes hinzugenommen. Das gewonnene Wissen werden wir sodann nutzen, um die Farbigkeit von Chrom-, Kupfer- und Kobaltpigmenten zu verstehen.

Freie Atome und Ionen, Terme

Isoliert betrachtete Elektronen in Atomen ($\mathbf{H} = \mathbf{H_0}$) können wir durch Quantenzahlen (n, l, m_l, m_s) (Haupt-, Bahndrehimpuls-, Neben- und magnetische Quantenzahl) beschreiben. Ein $3d$-Elektron mit $m_l = -2, m_s = \frac{1}{2}$ hat dann den Quantenzustand $(3, 2, -2, \frac{1}{2})$. Alle $3d$-Orbitale haben in diesem Bild die gleiche Energie.

Freie Atome und Ionen (beschrieben durch $\mathbf{H_0}+\mathbf{H_{ee}}$) sind Mehrelektronensysteme, die wir durch folgende Grössen charakterisieren: den Gesamtbahndrehimpuls L mit den ganzzahligen Werten 0, 1, 2, ... (als Buchstabe S, P, D, ...) und den Gesamtspin S. Beide Informationen sind im *Termsymbol*

$${}^{2S+1}L$$

zusammengefasst. Die Zahl $2S + 1$ heisst *Spin-Multiplizität*, ihre Werte tragen besondere Namen: 1 = Singulett, 2 = Duplett, 3 = Triplett usf. L ist der Bahndrehimpuls, die zu den Nebenquantenzahlen m_l der einzelnen Elektronen korrespondiert, S ist die Spinquantenzahl, die zu den magnetischen Quantenzahlen m_s der Elektronen korrespondiert. Da wir hier m_l und m_s resp. L und S separat betrachten, was für leichtere Elemente erlaubt ist, sprechen wir von LS-Kopplung und *Russel-Saunders-Termen*. (Bei schweren Elementen koppeln L und S für jedes Elektron zu J, und wir sprechen von der Spin-Bahn-Kopplung und JJ-Termen.)

Sehen wir nun in ▶Tabelle 2.4 einige Terme, die Elektronen in Kationen aus LF-Pigmenten annehmen können. Wir betrachten hier nur einige der vielen möglichen Konfigurationen oder Mikrozustände, d. h. Verteilungen der Elektronen auf m_l und m_s. Das Verfahren, wie wir von der Elektronenkonfiguration auf den Term kommen können, wird in [215, S. 171] beschrieben:

- Ermittle alle Mikrozustände mit ihrem M_L und M_S und gruppiere sie tabellarisch nach M_L und M_S
- Verfahre, solange noch Mikrozustände in dieser Tabelle verbleiben:
  - Ermittle den maximalen Wert von $M_{L\max} \rightarrow L$ und $M_{S\max} \rightarrow S$ und ermittle das Termsymbol ${}^{(2*M_{S\max}+1)}\langle L\rangle$
  - Streiche den Mikrozustand, der zu den Maximalwerten gehört, und streiche aus jeder weiteren Gruppe im Rechteck $-L \ldots L$, $-S \ldots S$ je einen Mikrozustand, der dann zu diesem Term gehört

Tab. 2.4: Beispiele für Terme von Elementen, die in anorganischen Farbmitteln auftreten. ↑ und ↓ symbolisieren Elektronen mit Spin $m_s = \pm\frac{1}{2}$.

Element	m_l					M_L	M_S	RS-Term
	−2	−1	0	1	2	$= \sum m_l$	$= \sum m_s$	
	$d_{x^2y^2}$	d_{yz}	d_{z^2}	d_{xz}	d_{xy}			
$Cr^{3\oplus}$, $3d^3$	↑	↑	↑	–	–	−3	3/2	^4F
	–	–	↑	↑	↑	3	3/2	^4F
	–	↑	↑	↑	–	0	3/2	^4P
	↑	↑	–	–	↑	−1	3/2	^4P
$Cu_2^{2\oplus}$, $3d^9$	↑↓	↑↓	↑↓	↑↓	↑	−2	1/2	^2D
$Co_2^{2\oplus}$, $3d^7$	↑↓	↑↓	↑	↑	↑	−3	3/2	^4F

Da ein Term nur die Werte des Gesamtspins und des Gesamtbahndrehimpulses spezifiziert, gibt es pro Term viele Möglichkeiten (Konfigurationen oder *Mikrozustände*), die Elektronen auf die d-Orbitale zu verteilen. Wir können z. B. die ^4F-Terme von Chrom(III)-Ionen durch (↑, ↑, ↑, –, –) oder (–, –, ↑, ↑, ↑) erreichen, oder anders geschrieben:

$$^4F: \quad (d_{x^2-y^2})^1(d_{yz})^1(d_{z^2})^1$$
$$^4F: \quad (d_{z^2})^1(d_{xz})^1(d_{xy})^1$$
$$\ldots$$

Diese Entartung der RS-Terme wird durch das Kristall- oder Ligandenfeld $\mathbf{H_{LF}}$ und die Spin-Bahn-Kopplung $\mathbf{H_{LS}}$ schrittweise aufgehoben.

Die gezeigten Konfigurationen unterscheiden sich nur durch die Verteilung der Elektronen auf die einzelnen d-Orbitale. Auch bei gleicher Energie der d-Orbitale sind doch die *Gesamtenergien der einzelnen Konfigurationen* aufgrund der Elektron-Elektron-Wechselwirkung und der individuellen Orbitalgeometrie unterschiedlich. So ist es vorteilhafter für zwei Elektronen, unterschiedliche Orbitale zu besetzen, als sich ein Orbital zu teilen (s. Regel von HUND). Terme fassen alle Konfigurationen zusammen, die die gleiche Gesamtenergie unter Berücksichtigung der Elektron-Elektron-Wechselwirkung aufweisen.

Ein freies Atom oder Ion kann jede dieser Konfigurationen annehmen, es gibt jedoch einen Term, der die geringste Energie aufweist und *Grundzustand* genannt wird. Terme höherer Energie sind angeregte Zustände, die wir durch Einstrahlung von Licht geeigneter Energie unter Absorptionserscheinungen besetzen können. Dies ist das Gebiet der Atomspektroskopie, sie betrachtet Übergänge zwischen Termen, wie $^4F \rightarrow {}^4P$.

Wir werden im folgenden die Terme einiger $3d^n$-Konfigurationen benötigen und entnehmen diese den einschlägigen Lehrbüchern, ►Tabelle 2.5. Über die energetische Reihenfolge der angeregten Terme können wir keine allgemeingültige Aussage machen, hierzu müssen wir Messungen oder ausführliche Berechnungen durchführen (oder in einem einschlägigen Lehr- und Tabellenwerk nachschlagen).

Tab. 2.5: d^n-Konfigurationen und die zugehörenden RS-Terme unter Berücksichtigung der Elektronenwechselwirkung [212, p. 101], [214, ch. 8.3.1].

d^n Ion	RS-Term Grundzustand	Weitere RS-Terme
d^1	^2D	
d^2	^3F	$^3P, {}^1G, {}^1D, {}^1S$
d^3 $Cr^{3\oplus}$	^4F	$^4P, {}^2H, {}^2G, {}^2F, {}^2D, {}^2D, {}^2P$
d^4	^5D	$^3H, {}^3G, {}^3F, {}^3F, {}^3D, {}^3P, {}^3P, {}^1I, {}^1G, {}^1G, {}^1F, {}^1D, {}^1D, {}^1S, {}^1S$
d^5	^6S	$^4G, {}^4F, {}^4D, {}^4P, {}^2I, {}^2H, {}^2G, {}^2G, {}^2F, {}^2F, {}^2D, {}^2D, {}^2D, {}^2P, {}^2S$
d^6	^5D	$^3H, {}^3G, {}^3F, {}^3F, {}^3D, {}^3P, {}^3P, {}^1I, {}^1G, {}^1G, {}^1F, {}^1D, {}^1D, {}^1S, {}^1S$
d^7 $Co^{2\oplus}$	^4F	$^4P, {}^2H, {}^2G, {}^2F, {}^2D, {}^2D, {}^2P$
d^8	^3F	$^3P, {}^1G, {}^1D, {}^1S$
d^9 $Cu^{2\oplus}$	^2D	

Ionen im Ligandenfeld

Fügen wir eines der soeben betrachteten freien Ionen in einen Pigmentkristall ein, geht neben $\mathbf{H_{ee}}$ noch die Störung durch das Ligandenfeld $\mathbf{H_{LF}}$ in die Schrödingergleichung ein. Die Metallelektronen spüren nun nicht nur den Einfluß der anderen Elektronen im selben Ion, sondern auch den der Elektronen aller anderen Atome im Kristall. Während die weiter entfernten Atome einen Beitrag zu einem statischen mittleren Feld leisten, ist der Einfluß der nächsten Nachbarn des Metall-Kations von großer Bedeutung. Diese Nachbarn sind die Bindungspartner des Metall-Kations (Liganden) und in einer charakteristischen Weise um das Metall angeordnet, die durch die Koordinationszahl und -geometrie des Metalls beschrieben ist. In der Verbindung $Cr(OH)_6^{3\oplus}$ z. B. sind die sechs Aqualiganden oktaedrisch um das Chromion angeordnet.

Die Koordinationsverhältnisse sind bei Verbindungen wie $CuCO_3 \cdot Cu(OH)_2$ nicht sofort ersichtlich: welche Liganden umgeben die Kupfer-Ionen, und in welcher Anordnung? Auf diese Frage kann uns die Kristallchemie Antwort geben. Es stellt sich heraus, daß die für Pigmente wesentlichen Kationen zumeist oktaedrisch, verzerrt-oktaedrisch oder tetraedrisch von ihren Liganden umgeben sind. Kupfer ist bekannt für starke Jahn-Teller-Verzerrungen und zeigt sehr variable Koordination.

Welche Folgen müssen wir von der Koordinationsgeometrie erwarten? Die Elektronen des zentralen Metall-Kations spüren je nach dem Orbital, in dem sie sich aufhalten, den Ligandeneinfluß unterschiedlich stark. Er hängt davon ab, wie das betreffende Orbital zum Liganden orientiert ist. Dies führt zur Aufspaltung der Terme in Abhängigkeit der Liganden und ihrer Anordnung. Da die Elektron-Ligand-Wechselwirkung von der Koordinationsgeometrie und damit der Symmetrieeigenschaften der Orbitale und Liganden abhängt, kann das Aufspaltungsmuster der Terme gruppentheoretisch bestimmt werden, wie wir gleich sehen. Wiederum können wir über die energetische Lage und Abfolge der entstehenden Energieniveaus aber keine allgemeine Aussage treffen.

2.3.3 Oktaedrische Koordination

Wir wollen den wichtigen Fall einer oktaedrischen Koordination genauer untersuchen und betrachten für einen Moment einzig die Ligandenfeldstörung $\mathbf{H_{LF}}$, $\mathbf{H} = \mathbf{H_0} + \mathbf{H_{LF}}$. Das Aufspaltungsmuster kann mit Hilfe der Gruppentheorie bestimmt werden: „d-Orbitale besitzen unter einer O_h-Symmetrie die irreduziblen Darstellungen t_{2g} und e_g“ heisst es in der Sprache der Mathematiker. Das bedeutet, daß die entarteten d-Orbitale des freien Ions bei oktaedrischer Koordination O_h in zwei Gruppen zu zwei resp. drei Orbitalen getrennt werden (►Tabelle 2.6, ►Abbildung 2.19), die die Bezeichnungen e_g und t_{2g} tragen. Die Bezeichnungen kennzeichnen die Symmetrieeigenschaften der Orbitale in den beiden Gruppen. Details zu solchen gruppentheoretischen Betrachtungen finden Sie in [206], [214, ch. 1.2].

Tab. 2.6: Aufspaltung von atomaren Orbitalwellenfunktionen im oktaedrischen (O_h-Symmetrie) und tetraedrischen (T_d-Symmetrie) Ligandenfeld in Gruppen (Starkfeldnäherung) [214, ch. 1.2].

Orbital	Aufspaltung O_h-Symmetrie	Aufspaltung T_d-Symmetrie
s	a_{1g}	a_1
p	t_{1u}	t_2
d	$t_{2g} + e_g$	$t_2 + e$
f	$a_{2u} + t_{1u} + t_{2u}$	$a_2 + t_1 + t_2$

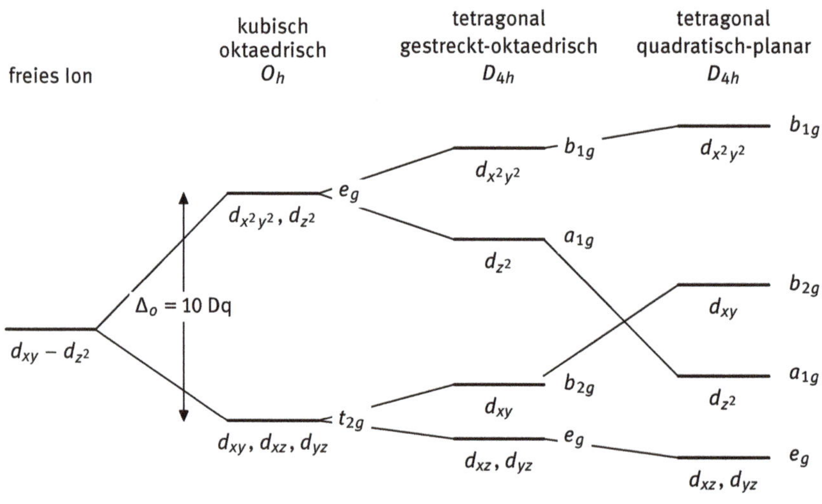

Abb. 2.19: Niveauschema eines Zentralions in einem oktaedrischen Ligandenfeld ohne Berücksichtigung von $\mathbf{H_{ee}}$. Die Oktaedersymmetrie wird über eine gestreckt-oktaedrische zu einer quadratisch-planaren 4+2-Symmetrie verzerrt. Gezeigt ist die energetische Lage der Orbitale, keine Term- oder Zustands-Gesamtenergie. Bei der D_4-Symmetrie kann das d_{z^2}-Niveau auch unterhalb der d_{xz}- und d_{yz}-Niveaus liegen. Rechts von jedem Orbital bezeichnen kleingeschriebene Symbole wie e_g oder a_{1g} die Symmetrie der betreffenden Orbitale.

Die Entstehung der zwei Gruppen ist auf die unterschiedliche Raumausrichtung der fünf *d*-Orbitale zurückzuführen, die je nach ihrer Lage unterschiedlich stark mit den hinzutretenden Liganden wechselwirken. Orbitale der Gruppe e_g erstrecken sich längs der *x*-, *y*- und *z*-Achse und sind genau auf die Liganden gerichtet. Die Orbitale der t_{2g}-Gruppe sind zwischen den Achsen konzentriert und wechselwirken weniger stark mit den Liganden. Eine genauere Diskussion dieser Orbitalwechselwirkung mit Hilfe der MO-Theorie führen wir in ►Abschnitt 2.4.1 im Rahmen von Ligand-Metall-Übergängen.

Die Energiedifferenz zwischen den Gruppen e_g und t_{2g} wird Δ_o genannt und steht in direktem Zusammenhang zu den Liganden. Um allgemein über sie sprechen zu können, wird sie nicht in Energieeinheiten wie eV oder J angegeben, sondern in „10 Dq". Im Falle der Oktaederaufspaltung weist die t_{2g}-Gruppe eine Energie von −4 Dq relativ zum freien Ion auf, die e_g-Gruppe von +6 Dq.

Wenn wir zu $\mathbf{H_{LF}}$ wieder $\mathbf{H_{ee}}$ hinzunehmen, können wir dies in verschiedener Reihenfolge tun:

– Wir bestimmen zunächst das Niveauschema unter Einfluss von $\mathbf{H_{ee}}$ und berechnen dann die zusätzliche Aufspaltung durch $\mathbf{H_{LF}}$. Dies ist die *Schwachfeldnäherung*, da sie annimmt, dass das Ligandenfeld schwach gegenüber der Elektron-Elektron-Wechselwirkung ist. Den Fall $\mathbf{H_{LF}} = 0$ (verschwindendes Ligandenfeld) hatten wir bereits in ►Abschnitt 2.3.2 betrachtet und als Ergebnis die (atomaren) RS-Terme erhalten, die sagen, welche Gesamtenergie jede Verteilung von Elektronen auf die entarteten *d*-Orbitale hat.

  Die Gruppentheorie sagt uns, dass die atomaren RS-Terme im oktaedrischen Ligandenfeld gemäß ►Tabelle 2.7 in (molekulare, d. h. komplexbezogene) Kristallfeldkomponenten aufgespalten werden. Das heißt, weist ein freies Ion einen *F*-Term auf, wird dieser im oktaedrischen Ligandenfeld in die drei Kristallfeldkomponenten A_{2g}, T_{2g}, T_{1g} aufgespalten.

Tab. 2.7: Aufspaltung von atomaren RS-Termen in komplexbezogene Kristallfeldkomponenten im oktaedrischen (O_h-Symmetrie) und tetraedrischen (T_d-Symmetrie) Ligandenfeld (Schwachfeldnäherung) [214, ch. 8.3.3].

Term ($\mathbf{H_{LF}} = 0$, $\mathbf{H_{ee}} \neq 0$)	O_h ($\mathbf{H_{LF}} \neq 0$, $\mathbf{H_{ee}} \neq 0$)	T_d ($\mathbf{H_{LF}} \neq 0$, $\mathbf{H_{ee}} \neq 0$)
S	A_{1g}	A_1
P	T_{1g}	T_1
D	$T_{2g} + E_g$	$T_2 + E$
F	$A_{2g} + T_{1g} + T_{2g}$	$A_2 + T_1 + T_2$
G	$A_{1g} + E_g + T_{1g} + T_{2g}$	$A_2 + E + T_1 + T_2$
H	$E_g + 2\,T_{1g} + T_{2g}$	$E + T_1 + 2\,T_2$
I	$A_{1g} + A_{2g} + E_g + T_{1g} + 2\,T_{2g}$	$A_1 + A_2 + E + T_1 + 2\,T_2$

– Wir bestimmen das Niveauschema unter Einfluss von $\mathbf{H_{LF}}$ und berechnen dann die zusätzliche Aufspaltung durch $\mathbf{H_{ee}}$. Da hier ein gegenüber der Elektron-Elektron-Wechselwirkung starkes Ligandenfeld angenommen wird, heissen wir dies die *Starkfeld-Näherung*.
  Wir haben den Einfluß von $\mathbf{H_{ee}} = 0$ in diesem Abschnitt für ein Oktaederfeld bestimmt, die Orbitalgruppen t_{2g} und e_g erhalten, und müssen nun $\mathbf{H_{ee}}$ hinzunehmen. Wir sehen dann, dass sich t_{2g} und e_g in die gleichen Kristallfeldkomponenten A_{2g}, T_{1g} etc. aufspalten.

Letztlich erhalten wir auf beiden Wegen die gleichen Kristallfeldkomponenten; wenn wir mit der RS-Termfolge des freien Ions beginnen und die Ligandenfeldstärke kontinuierlich von Null (Schwachfeld) bis zum Maximum erhöhen, enden wir bei der Starkfeld-Näherung. Die Kristallfeldkomponenten ändern lediglich ihre energetische Lage auf dem Weg von einer zur anderen Näherung. Besonders schön wird dieser Übergang in *Korrelationsdiagrammen* sichtbar, ►Abbildung 2.20 zeigt ein Beispiel für eine $3d^3$-Konfiguration im Oktaederfeld. Wir sehen an diesem Diagramm, daß es mehrere Kristallfeldkomponenten derselben Symmetrie, aber unterschiedlicher Energie geben kann, z. B. T_{1g}. Zur Unterscheidung werden ihnen oft die Ursprungsterme nachgestellt: $T_{1g}(^4F)$, $T_{1g}(^4P)$.

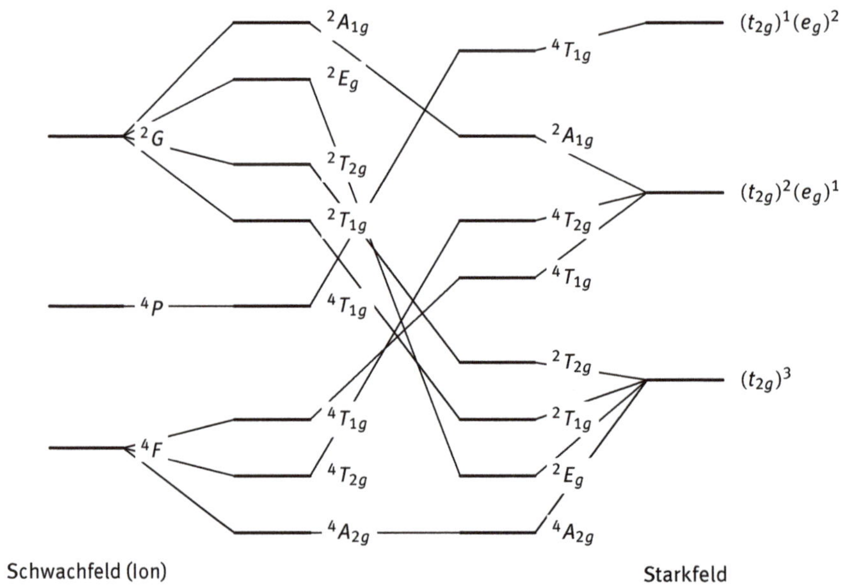

Abb. 2.20: Korrelationsdiagramm für ein oktaedrisches Ligandenfeld und einer $3d^3$-Konfiguration. Links die Aufspaltung in Terme (RS-Terme) im schwachen Ligandenfeld, hervorgerufen durch Elektron-Elektron-Wechselwirkung. Rechts die Aufspaltung der Orbitale in einem starken Ligandenfeld in Gruppen, die sich denselben Kristallfeldkomponenten und damit RS-Termen zuordnen lassen [212].

Während die Korrelationsdiagramme die Zusammenhänge schematisch wiedergeben, zeigen die *Tanabe-Sugano-Diagramme* die genauen energetischen Verhältnisse. Wir finden diese wichtigen Hilfsmittel in Aufsätzen [295, pp. 753] und Tabellenwerken [216].

Δ_o und das sichtbare Licht

Nach diesem theoretischen Exkurs wollen wir aber wieder zum eigentlichen Thema, der Farbe, kommen. Durch das Auflösen der Entartung der *d*-Orbitale im Kristall, d. h. die Herausbildung mehrerer Orbitalgruppen, haben wir die Möglichkeit, durch Zufuhr der Energie Δ_o Elektronen aus den tieferliegenden Orbitalen in höhere Orbitale zu heben. Genauer gesagt: wir überführen eine energetisch tieferliegende in eine höherliegende Konfiguration. Können wir Δ_o durch Bestrahlung mit sichtbarem Licht aufbringen, findet eine Absorption statt und die Substanz erscheint uns farbig. Da Δ_o für die Aufspaltung von *d*-Orbitalen im Bereich des sichtbaren Lichts liegt, sind besonders *d*-Block-Elementen am Aufbau von Pigmenten und gefärbten Mineralien beteiligt.

Den Grundvorgang wollen wir uns am Beispiel einer $3d^3$-Konfiguration für das $Cr^{3\oplus}$-Ion anschauen, ►Abbildung 2.21. In der Starkfeldnäherung sind die *d*-Orbitale in zwei Gruppen t_{2g} und e_g unterteilt, ein t_{2g}-Elektron kann durch Bestrahlung in ein e_g-Orbital wechseln, sodass die Grundzustandskonfiguration $(t_{2g})^3$ in die Konfiguration eines angeregten Zustands $(t_{2g})^2(e_g)^1$ überführt wird und ein Übergang möglich ist (links). Nehmen wir die Elektron-Elektron-Wechselwirkung hinzu, erhalten wir

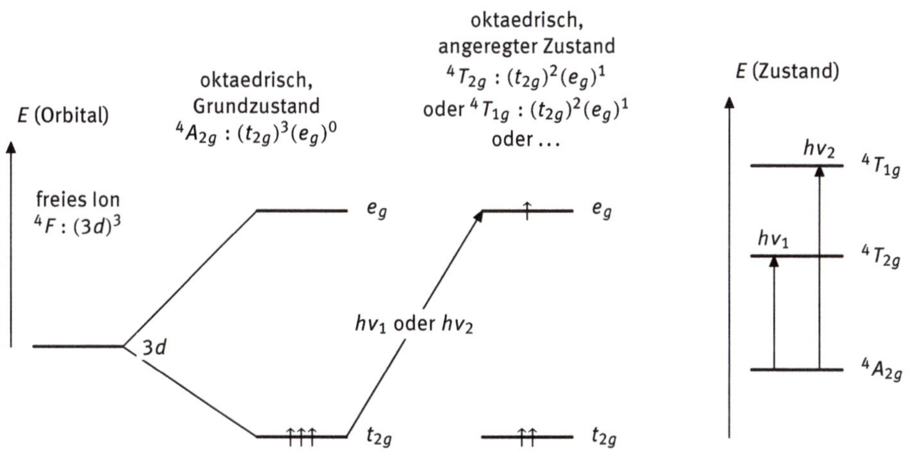

Abb. 2.21: Links: Grundvorgang der Absorption durch Ligandenfeldaufspaltung am Beispiel einer Drei-Elektronen-Konfiguration $3d^3$ in $Cr^{3\oplus}$ in der Starkfeldnäherung. *d*-Orbitale werden durch das Kristallfeld in Gruppen aufgespalten, kleingeschriebene Symbole bezeichnen die Symmetrie dieser Gruppen. Rechts: Auftragung der Konfigurationsenergie unter Berücksichtigung der Elektron-Elektron-Wechselwirkung. Großgeschriebene Symbole (Kristallfeldkomponenten) bezeichnen die Symmetrie der Konfiguration.

die Kristallfeldkomponenten. Für den Grundzustand mit $(t_{2g})^3$-Konfiguration erhalten wir die Kristallfeldkomponente $^4A_{2g}$. Die Konfiguration $(t_{2g})^2(e_g)^1$ des angeregten Zustandes wird nun jedoch durch *zwei* Kristallfeldkomponenten $^4T_{1g}$ und $^4T_{2g}$ dargestellt, da z. B. das e_g-Elektron ein d_{z^2}-Orbital besetzen kann, das nur längs einer Achse mit den Liganden wechselwirkt und energetisch tiefer liegt als eine Konfiguration, bei der das e_g-Elektron in ein $e_{x^2-y^2}$-Orbital wechselt, das längs zweier Achsen mit den Liganden wechselwirkt und energetisch entsprechend höher liegt.

Beispiel: Eisenoxidpigmente

Als erstes, wenn auch nicht einfachstes Beispiel, wollen wir die Farbe der Eisenoxidpigmente untersuchen [64, chap. 2, 6, 7], [208], [218, pp. 217], [209, ch. 3.7.2, 3.7.3, 10.8.1]. Zu diesen Oxiden gehören die Verbindungen α-Fe_2O_3 (Hämatit und roter Ocker) und α-FeOOH (Goethit, gelber Ocker), sowie γ-Fe_2O_3 (Maghemit, braun) und γ-FeOOH (Lepidokrokit, orange). ►Abbildung 2.22 zeigt für die wichtigen Ockererden schematische Reflexionsspektren, ►Abbildung 3.11 und ►Abbildung 3.13 gemessene Spektren realer Pigmente.

In allen Oxiden ist das dreiwertige Eisen Fe^{III} mit der Konfiguration $3d^5$ in einen High-Spin-Komplex eingebaut und oktaedrisch von $O^{2\ominus}$- oder $OH^{\ominus}$-Liganden umgeben, die Baueinheiten sind somit $Fe(O)_6$ resp. $Fe(O)_3(OH)_3$-Oktaeder. In den α-Phasen sind die Liganden hexagonal-dicht gepackt, in den γ-Phasen kubisch-dicht.

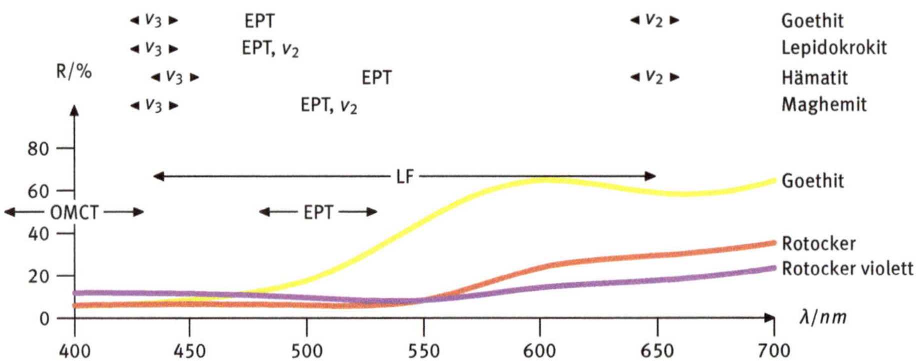

Abb. 2.22: Schematisches Reflexionsspektrum von gelbem Ocker (Goethit), rotem Ocker (Hämatit) und einem violetten Rotocker (Spektren gezeichnet nach [47, vol. 4, p. 55]). Ligandenfeldübergänge $\nu2$ und ν_3 in Eisen sind nur schwach zu erkennen, z. B. der $^6A_1 \rightarrow {}^4T_2$-Übergang beim Goethit. Gut sichtbar ist die Absorption im Blaubereich durch die Flanke der sehr starken OMCT-Bande, die um 250 nm im UV liegt, ►Abschnitt 2.4.1 auf S. 130. Gut zu erkennen auch die unterschiedliche Löschung des Blau-/Grünbereichs durch die EPT (electron pair transition), die im Hämatit bei 530 nm zur roten Farbe führt.
Oben angegeben sind Absorptionsbereiche typischer Features der verschiedenen Eisenoxide. Reale Spektren sind in ►Abbildung 3.11 zu sehen.

d-Orbitale spalten auf in die Gruppen t_{2g} und e_g (►Abbildung 2.19) mit der Termfolge gemäß ►Abbildung 2.23, sodass wir folgende Übergänge sehen:

$^6A_1 \rightarrow {}^4T_1(^4G)$	$(t_{2g})^3(e_g)^2 \rightarrow (t_{2g})^4(e_g)^1$	ν_1 NIR
$^6A_1 \rightarrow {}^4T_2(^4G)$	$(t_{2g})^3(e_g)^2 \rightarrow (t_{2g})^4(e_g)^1$	ν_2 VIS
$^6A_1 \rightarrow {}^4E(^4G), {}^4A_1(^4G)$	$(t_{2g})^3(e_g)^2 \rightarrow (t_{2g})^3(e_g)^2$	ν_3 VIS
$^6A_1 \rightarrow {}^4T_2(^4D)$	$(t_{2g})^3(e_g)^2 \rightarrow (t_{2g})^3(e_g)^2$	ν_4 UV
$^6A_1 \rightarrow {}^4E(^4D)$	$(t_{2g})^3(e_g)^2 \rightarrow (t_{2g})^3(e_g)^2$	ν_5 UV

Alle Übergänge sind spinverboten, da sich die Spinmultiplizität von 6 auf 4 ändert, und daher von Natur aus schwach. Wie ►Tabelle 2.8 zeigt, führen die Strukturunterschiede zwischen α- und γ-Phasen bzw. Oxiden und Hydroxiden, dem unterschiedlichen Ligandenfeld entsprechend, zu einer unterschiedlichen Orbitalaufspaltung. In der Realität führen Verzerrungen der Struktur zu einer Reduktion der Oktaedersymmetrie und Aufhebung von Orbitalentartungen und damit zahlreichen Übergängen [582–585]. Die Unterschiede in den LF-Übergangsenergien zwischen rotem Hämatit und gelbem Ocker resp. den γ-Modifikationen sind jedoch zu wenig ausgeprägt und die Intensitäten von verbotenen Übergängen normalerweise zu gering, um die Eigenfarbe oder die deutlichen Farbunterschiede zwischen gelben Hydroxiden und roten Oxiden zu erklären.

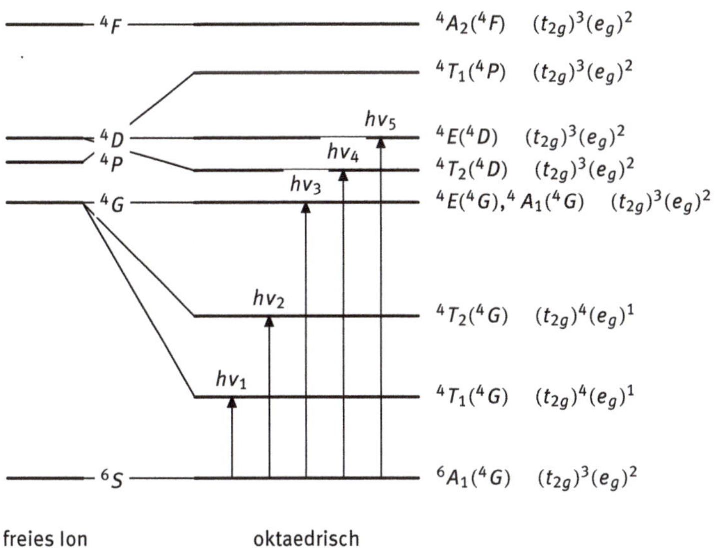

Abb. 2.23: Termschema eines $3d^5$-Kations wie $Fe^{3\oplus}$ im Oktaederfeld. Rechts neben der großgeschriebenen Termsymmetrie ist die Besetzung der Orbitale mit Elektronen angegeben [208, 209, 218].

Tab. 2.8: Übergangsenergien der farbbestimmenden Übergänge in Eisenoxidpigmenten in Nanometer [209, ch. 3.7.2, 3.7.3, 10.8.1]. EPT: electron pair transition.

Übergang	Hämatit	Maghemit	Goethit	Lepidokrokit
CT O → Fe^{III} ($2t_{1u} \rightarrow 2t_{2g}^*$)	270	250	250	240
CT O → Fe^{III} ($1t_{2u} \rightarrow 2t_{2g}^*$)			250	210
LF $^6A_1 \rightarrow {}^4T_1(^4G)$	885	935	917	960
LF $^6A_1 \rightarrow {}^4T_2(^4G)$	649	510	649	485
LF $^6A_1 \rightarrow {}^4E(^4G), {}^4A_1(^4G)$	444	435	435	435
LF $^6A_1 \rightarrow {}^4T_2(^4D)$	405			
LF $^6A_1 \rightarrow {}^4E(^4D)$	380	370	365	360
EPT $^6A_1 + {}^6A_1 \rightarrow {}^4T_1 + {}^4T_1$	530	510	480	485

Eine genaue Analyse der elektronischen Verhältnisse zeigt, dass die eigentliche Ursache für die Farbe der Eisenoxide in zwei weiteren Prozessen begründet ist:

- Im UV-Bereich um 210–270 nm tritt ein starker OMCT-Übergang zwischen Oxid-Anionen und Eisen auf, ►Abschnitt 2.4.1 auf S. 130. Der Übergang ist so intensiv, dass schon bei geringem Eisengehalten um 0,5 % die langwellige Flanke des Absorptionspeaks ins Sichtbare reicht und blaue Teile des Spektrums absorbiert. Viele Eisenminerale zeigen deshalb rotbraune oder dunkle Farben.
  Bei reinen Verbindungen wie den Eisenoxiden ist diese Absorption noch stärker und löscht blaue Anteile des sichtbaren Lichts aus. Es verbleibt eine gelbe Farbe, die durch LF-Übergänge nur wenig modifiziert wird.
- In den Eisenoxiden und -hydroxiden liegt das Eisen zwar in kristallographisch äquivalenten Oktaederpositionen vor, Verzerrungen in den einzelnen Kristallstrukturen führen jedoch zu kürzeren und längeren Eisen-Sauerstoff-Bindungen und einer magnetischen Ungleichheit der Eisen-Kationen. Die Eisen-Kationen können über Elektronen der Oxid- und Hydroxidbrücken weiträumig magnetisch koppeln. Details sind in [582, 583], [64, ch. 6] zu finden.

Während der erste Prozess eine Erklärung für die grundsätzlich gelben Farben liefert, hat der zweite Prozess zwei Auswirkungen, die die roten Farben erklären:

- Durch die Kopplung werden spektroskopische Auswahlregeln, die für isolierte Ionen und nicht für Ionenpaare gelten, so weit gelockert, dass die bei isolierten Eisenionen verbotenen LF-Übergänge nun erlaubt sind, erheblich an Intensität gewinnen und beobachtet werden können.
- Die Kopplung über die elektronenreiche Oxidbrücke (Fe–O–Fe) in Hämatit und Maghemit ist so intensiv, dass sie Anlass zu einem neuen Absorptionspeak gibt, der *electron pair transition* (EPT) genannt wird. Die EPT liegt im Hämatit bei 530 nm und führt durch das Löschen der grünen Anteile des Spektrums zum roten Gesamteindruck des roten Ockers.

- Die magnetische Kopplung in Goethit und Lepidokrokit ist durch die veränderte Geometrie des Kristallgitters schwächer und liegt bei kürzeren Wellenlängen. Die Lage der EPT bei 470 nm im Goethit beeinflußt durch Löschung der Blauanteile den gelben Farbton nur wenig.

Die Kopplung kann mathematisch durch einen Hamiltonoperator beschrieben werden, der die Elektronenspins der Kopplungspartner Fe_a und Fe_b zusammenfaßt, J ist das Austauschintegral [583]:

$$\mathbf{H} = J\mathbf{S_a} \cdot \mathbf{S_a} \tag{2.5}$$

Führt man eine Störungsrechnung mit diesem Hamiltonoperator als Störung zum Ligandenfeld durch, erhält man für die Energien des gekoppelten Systems

$$E = \frac{J}{2}\left(S(S+1) - S_a(S_a+1) - S_b(S_b+1)\right) \tag{2.6}$$

Der Gesamtspin S des gekoppelten Systems kann die Werte $|S_a + S_b|$, $|S_a + S_b - 1|$, $\ldots |S_a - S_b|$ annehmen. Wenn wir vom Grundzustand $^6A_1$ ausgehen, gilt $S_a = S_b = \frac{5}{2}$, und $S_{GZ} = (0, 1, 2, 3, 4, 5)$.

Bei *einfachen* LF-Übergängen in angeregte Zustände wie $^4T_1$ oder $^4T_2$ gilt dagegen $S_a = \frac{5}{2}, S_b = \frac{3}{2}$, und $S_{AZ} = (1, 2, 3, 4)$. Wir sehen, daß es durch Kopplung der beiden Eisen-Kationen nun vier Übergänge aus dem Grundzustand in angeregte Zustände gibt, für die die Auswahlregel $\Delta S = 0$ erfüllt ist. Im gekoppelten System sind Übergänge wie $^6A_1 + {}^6A_1 \rightarrow {}^6A_1 + {}^4T_1$ nun spin-erlaubt und entsprechend intensiver.

Im gekoppelten System können zwei Übergänge $h\nu_1$ zusammengeschaltet werden und erfolgen dann simultan. Diese *electron pair transition* oder EPT wird durch $^6A_1 + {}^6A_1 \rightarrow {}^4T_1 + {}^4T_1$ beschrieben und liegt etwa bei der doppelten Energie des einfachen Übergangs, der dadurch aus dem nahen Infrarot in den sichtbaren Bereich wandert. Für die EPT gilt $S_a = S_b = \frac{3}{2}$, und $S_{AZ} = (0, 1, 2, 3)$. Für die EPT gibt es durch Kopplung der Eisen-Kationen ebenfalls vier spin-erlaubte Übergänge aus dem Grundzustand in den angeregten Zustand mit $\Delta S = 0$. EPT sind daher so intensiv, daß sie signifikante Anteile im grün-gelben Teil des Spektrums löschen. Im Hämatit führt dies zu der beobachteten intensiv roten Farbe.

Da die Kopplung über Brücken in den Eisenhydroxiden durch eine veränderte Geometrie der Kristallgitter (veränderte Eisen-Sauerstoff-Eisen-Winkel) nicht so effizient ist, liegt sie bei den Eisenhydroxiden im kurzwelligen Bereich nahe der OMCT-Flanke und beeinflußt das Spektrum von Goethit und Lepidokrokit daher nicht so stark, die ihre gelbe Farbe beibehalten.

Die magnetische Kopplung ist empfindlich gegenüber einer Veränderung der Partikelgröße. Eine Verringerung der Teilchengröße trägt zur Verringerung der Kopplung bei, sodass im Reflexionsspektrum ein höherer Anteil gelben Lichts verbleibt und das Teilchen einen wärmeren oder orangefarbenen Rotton zeigt. Auch die Kristallinität spielt eine große Rolle für die Intensität der Kopplung und wirkt damit auf die Farbe ein. Zusätzlich spielt die Entwicklung von Oberflächenplasmonen eine bedeutende Rolle für die Abhängigkeit der genauen Farbe von der Teilchengröße, in ►Abschnitt 1.6.4 haben wir dies genauer diskutiert.

2.3.4 Einfluß der Ligandenfeldstärke

Die geschilderten Zusammenhänge können wir am Beispiel des Chromoxids nachvollziehen, dessen grüne Farbe von der Ligandenfeldaufspaltung des Cr^{III} bestimmt wird – ebenso wie die violette Farbe im Chromalaun und die rote im Rubin [568]. Wie kann das sein?

Beispiel: Chromoxidgrün

Chromoxidgrün besitzt das Ion Cr^{III} ($3d^3$), das oktaedrisch von den $O^{2\ominus}$-Liganden umgeben ist. Die d-Orbitale spalten in zwei Gruppen t_{2g} und e_g auf (►Abbildung 2.19)

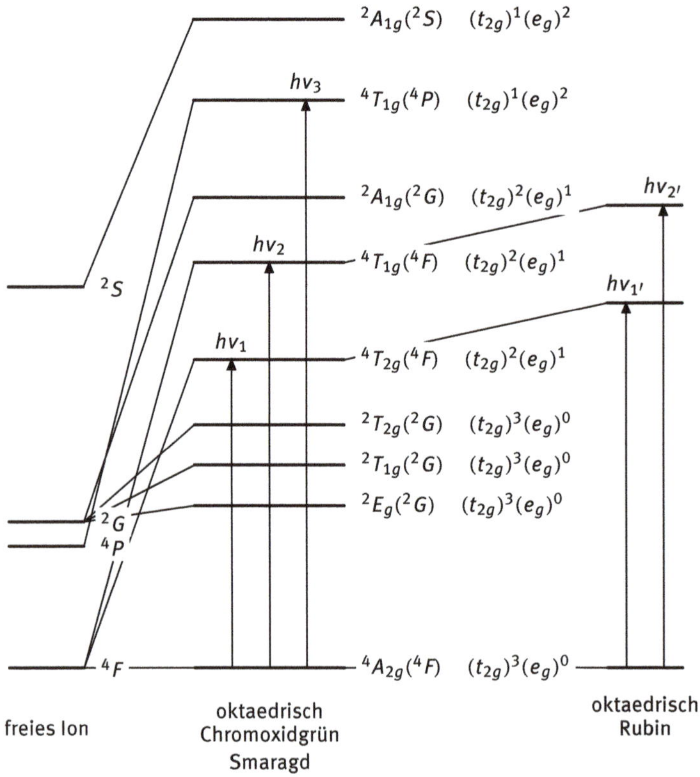

Abb. 2.24: Termschema eines $3d^3$-Kations wie $Cr^{3\oplus}$ im Oktaederfeld. Rechts neben der großgeschriebenen Termsymmetrie ist die Besetzung der Orbitale mit Elektronen angegeben [208, 209].

mit der Termfolge gemäß ►Abbildung 2.24 [208, 209]. Für den Grundzustand beobachten wir die Elektronenkonfiguration $(t_{2g})^3(e_g)^0$, aus der folgende spin-erlaubten Übergänge möglich sind:

$$^4A_{2g} \rightarrow {}^4T_{2g}(^4F) \quad (t_{2g})^3(e_g)^0 \rightarrow (t_{2g})^2(e_g)^1 \quad \nu_1 \text{ VIS}$$
$$^4A_{2g} \rightarrow {}^4T_{1g}(^4F) \quad (t_{2g})^3(e_g)^0 \rightarrow (t_{2g})^2(e_g)^1 \quad \nu_2 \text{ VIS}$$

Wir können auch einen Übergang in den höheren ^4P-Zustand beobachten. Dieser Übergang ist schwächer, da es sich um einen Zwei-Elektronen-Übergang handelt, dessen Wahrscheinlichkeit geringer ist:

$$^4A_{2g} \rightarrow {}^4T_{1g}(^4P) \quad (t_{2g})^3(e_g)^0 \rightarrow (t_{2g})^1(e_g)^2 \quad \nu_3 \text{ UV}$$

Übergänge wie $^4A_{2g} \rightarrow {}^2T_{2g}$ sind spin-verboten (der Spin ändert sich von $3/2 \rightarrow 1/2$) und treten daher (theoretisch) nicht auf. Da die Verbindung oktaedrisch ist, sind alle gezeigten LF-Übergänge laporte-verboten (g-g-Übergänge aus *d*- in *d*-Orbitale) und daher entsprechend intensitätsschwach.

In vielen Chrom-Verbindungen liegen ν_1 und ν_2 im VIS-Bereich, sodaß die Verbindungen farbig sind. Es ergibt sich so die seltene Chance, den grünen Spektralbereich durch „Wegschneiden“ der roten und blauen Bereiche zu isolieren. Dies ist z. B. der Fall beim Chromoxidgrün oder Smaragd, hier liegt die Absorption bei ν_1 im roten Spektralbereich und die bei ν_2 im blauen, was zur grünen Farbe führt, ►Abbildung 3.27. Im Falle des Rubins liegen die Kristallfeldkomponenten $^4T_{2g}$ und $^4T_{1g}$ höher, daher ist $\nu_{1'} > \nu_1, \nu_{2'} > \nu_2$, und die Absorptionen bei $\nu_{1'}$ und $\nu_{2'}$ erfolgen bei niedrigeren Wellenlängen im Gelben und Blauvioletten, sodass neben blauem ein deutlicher Anteil an rotem Licht durchgelassen wird, ►Abbildung 2.25. Der Gesamtfarbeindruck beim Rubin ist ein blaustichiges Rot.

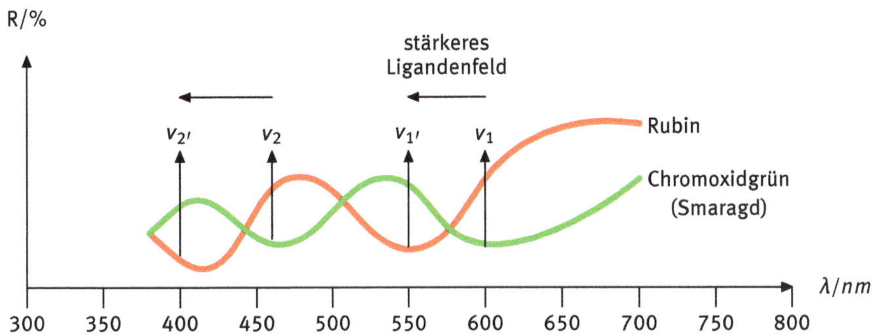

Abb. 2.25: Reflektivität zweier Minerale mit Chromoxid-Zusammensetzung (Rubin und Smaragd oder Chromoxidgrün). Verschiebung von ν_1 und ν_2 im unterschiedlich starken Ligandenfeld. Im Rubin ist das Ligandenfeld stärker, sodass ν_1' und ν_2' kurzwellig verschoben sind. Rubin zeigt neben blaugrünem auch rotes Licht und besitzt daher eine kühl-rote Farbe [208] (Spektren schematisch gezeichnet nach [208]).

Ligandenfeldstärke

Warum verhält sich der Term in der geschilderten Art und Weise? Der Energieunterschied Δ_o zwischen den Orbitalgruppen t_{2g} und e_g steht in direktem Zusammenhang zu der chemischen Umgebung des Metall-Kations, also zu seinen Liganden. Durch systematische Untersuchungen konnte die *spektrochemische Reihe* gefunden werden, in der Liganden nach der Größe der durch sie bewirkten Aufspaltung angeordnet sind, ►Abbildung 2.26:

$$(\Delta \text{ klein})\ I^{\ominus} < Br^{\ominus} < Cl^{\ominus} < F^{\ominus} < O^{2\ominus} < S^{2\ominus}\ (\Delta \text{ groß})$$

Deutlich wird der Einfluß der Liganden auf Δ, wenn wir in einem Komplex bei ansonsten gleichen Bedingungen einen oder mehrere Liganden austauschen. In Pigmenten sind oft Oxid- und Sulfid-Liganden zu finden, die ein starkes Feld hervorrufen, sodass es gerechtfertigt ist, in der Starkfeldnäherung zu arbeiten.

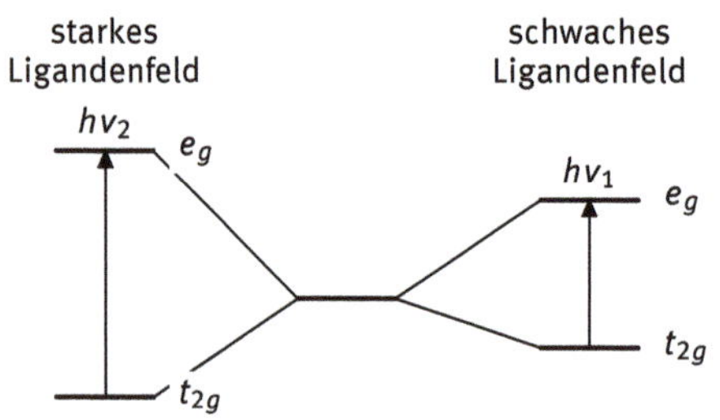

Abb. 2.26: Einfluß der Ligandenfeldstärke auf die Aufspaltung. Im starken Ligandenfeld ist die Aufspaltung groß, der Übergang erfordert kurzwelliges Licht, der Farbeindruck ist ins Rote verschoben. Schwache Ligandenfelder führen zu langwelliger Absorption und blauen Farbeindrücken.

Desweiteren besteht eine Proportionalität zwischen Δ_o und dem Abstand a zwischen Metall-Kation und Ligand [212, Kap.2]:

$$\Delta_o \propto a^{-5} \tag{2.7}$$

Je nach dem zugrundeliegenden Rechenmodell (Liganden als Punktladung oder als Dipol) variiert der Exponent etwas, für die Dipolnäherung gilt etwa näherungsweise eine Abhängigkeit von a^{-6}. Unabhängigkeit von diesen Details erkennen wir, dass die Weite des Kristallgitters oder die Grösse einer Elementarzelle den Wert von a bestimmt und damit einen starken Einfluss auf die Aufspaltung besitzt. In [580, 581] wird gezeigt, wie eine Aufweitung verschiedener oxidischer Kristallgitter die Farbe von Kobalt- und Chromdotierungen ins Kürzerwellige verschiebt (größere Gitterkonstante, schwächeres Kristallfeld, geringere Aufspaltung, langwellige Absorption, kurzwelliger Farbeindruck).

Um einen Eindruck hiervon zu bekommen, können wir anhand eines wertvollen Beispiels aus der Welt der Edelsteine für diese Abhängigkeit eine Überschlagsrechnung durchführen: sowohl Korund Al_2O_3 (farblos) als auch Eskolait Cr_2O_3 (grün) kristallisieren in der Korundstruktur und bilden eine lückenlose Reihe von Mischkristallen mit zunehmendem Cr^{III}/Al^{III}-Verhältnis, was den Mineralien Farben verleiht, die sich wie folgt mit der Chromkonzentration ändern: farblos (Korund), rot (Rubin, etwas Chrom), grün (mehr Chrom), grün (Eskolait, Aluminium vollständig durch Chrom ersetzt). Wir sehen hieran, daß sich die Farbe im gleichen Gitter mit dem gleichen Chromophor mit der Konzentration ändern kann. Für den Maler naheliegender ist eine ähnliche Mischreihe Korund (farblos), Aluminiumchromrosa (rot, aber Sphen-Gitter statt Korund), Chromoxidgrün (grün), ►S. 252.

Im Rubin ist der O–Cr- (Ligand-Metall-) Abstand etwa 191 pm mit einer ungefähren Oktaederaufspaltung von $\Delta = 535$ nm. Damit können wir die Proportionalitätskonstante bestimmen und ausrechnen, dass Δ für den Abstand 199 pm im Eskaloit ungefähr den Wert 668 nm annimmt. In ►Abbildung 2.25 können wir sehen, daß diese grobe Näherung erstaunlich gut ist! Der fiktive Abstand 180 pm ergäbe Werte um 394 nm. Wir sehen deutlich, wie durch eine geringe Änderung des Ligandenabstandes eine erhebliche Änderung in der Farbe eintreten kann.

Wir können mit dieser starken Abstandsabhängigkeit auch das Phänomen der Thermochromie erklären: durch die erhöhte Temperatur wird das Gitter aufgeweitet, a wird grösser und damit Δ kleiner. Über die fünfte Potenz verstärkt sich die Änderung. Es wird damit auch klar, dass Kristallbaufehler in grösserer Menge (etwa bei hydrothermaler Bildung oder durch Verwitterung, die oft zu unregelmässigen Kristallen oder Knollen führt) zu einem buntem Reigen an mehr oder weniger nahe beieinanderliegenden Farben führt, die sich in der Summe zu Braunschwarz mischen.

2.3.5 Verzerrung des Oktaederfelds, Jahn-Teller-Effekt

In ►Abbildung 2.19 sehen wir nicht nur die Aufspaltung im Oktaederfeld, sondern auch in Feldern, die durch Verzerrung des Oktaeders entstehen: verschieben wir die beiden Liganden auf der z-Achse nach aussen, erhalten wir einen länglich gestreckten Oktaeder mit tetragonaler Symmetrie. Verschieben wir die beiden Liganden so weit nach aussen, dass sie praktisch nicht mehr vorhanden sind, gelangen wir zur quadratisch-planaren Koordination. Da bei teilbesetzten *d*-Orbitalen durch diese Aufspaltung unter Umständen die Gesamtenergie verringert werden kann, können wir häufig solchermaßen verzerrten Kristallgitter beobachten.

Die Verzerrung hat nicht nur veränderte Koordinationsgeometrie zur Folge, sondern führt auch zu einer weiteren Aufhebung der Orbitalentartung: je niedriger die Symmetrie wird, umso weniger Entartung tritt noch auf. Da dieser Vorgang wiederum allein durch die Symmetrieverhältnisse der Orbitale und Liganden bedingt wird, können wir auch diesen Vorgang gruppentheoretisch formulieren: „Das Korrelationsdiagramm für O_h zeigt, daß die Verzerrung resp. Symmetrieerniedrigung $O_h \rightarrow D_{4h}$ eine Aufspaltung von $t_{2g} \rightarrow b_{2g}/e_g$ und von $e_g \rightarrow a_{1g}/b_{1g}$ bewirkt.“ Das heisst, die Orbitalgruppen des Oktaederfelds spalten durch die Symmetrieerniedrigung weiter auf.

Bei Kupferpigmenten beobachten wir in deutlicher Weise diese Wechselwirkung des Metalls mit dem Kristallgitter: einerseits wird das Koordinationspolyeder über die

Lage der Liganden vom Kristallgitter bestimmt, andererseits übt auch das Metall-Kation eine Kraft auf die Liganden aus, die einige Kristallgitter bevorzugt oder Verzerrungen hervorruft.

Diese *Jahn-Teller-Verzerrung* tritt immer dann auf, wenn hochliegende Orbitale entartet und partiell gefüllt sind, wie die e_g-Orbitale im Falle von $Cu^{2\oplus}$ mit der Konfiguration $3d^9$. e_g ist zweifach entartet, und es müssen drei Elektronen in diesen beiden Orbitalen untergebracht werden. In ►Abbildung 2.19 können wir sehen, was geschieht: durch eine leichte Verzerrung des Oktaeders in z-Richtung (Elongation) kann die Symmetrie erniedrigt und diese Entartung aufgehoben werden. Durch die schwächere Wechselwirkung der d_{z^2}-Elektronen mit dem Liganden in z-Richtung ist es nun energetisch günstiger, zwei Elektronen im d_{z^2}-Orbital unterzubringen, das energetisch abgesenkt wird, während $d_{x^2y^2}$ einfach besetzt und energetisch erhöht wird. Als Ergebnis erhalten wir einen Energiegewinn, sodass das Kristallgitter dauerhaft verzerrt (elongiert) wird.

Beispiel: Kupferpigmente (Malachit, Azurit, Ägyptischblau)

Die Ligandenfeldaufspaltung von $Cu^{2\oplus}$ ist das farbgebende Prinzip aller kupferhaltigen Pigmente. Es hat als freies Ion die Elektronenkonfiguration $3d^9$ (Zustand ^2D). In den für uns relevanten farbigen Verbindungen ist es oktaedrisch koordiniert und besitzt den Grundzustand $^2E_g(^2D)$ sowie den angeregten Zustand $^2T_{2g}(^2D)$, ►Abbildung 2.27 [208, 209]. Daher können wir nur den Übergang

$$^2E_g(^2D) \rightarrow {}^2T_{2g}(^2D) \qquad (t_{2g})^6(e_g)^3 \rightarrow (t_{2g})^5(e_g)^4$$

erwarten. Der Jahn-Teller-Effekt führt aber zu einem Energiegewinn, wenn die Symmetrie durch Verzerrung des idealen Oktaeders verringert wird. Die t_{2g}- und e_g-Orbitale werden aufgespalten, sodass letztlich folgende drei Übergänge resultieren:

$$\begin{array}{lll}
^2B_{1g}(^2D) \rightarrow {}^2A_{1g}(^2D) & (e_g)^4(b_{2g})^2(a_{1g})^2(b_{1g})^1 \rightarrow (e_g)^4(b_{2g})^2(a_{1g})^1(b_{1g})^2 & \nu_1 \text{ IR} \\
^2B_{1g}(^2D) \rightarrow {}^2B_{2g}(^2D) & (e_g)^4(b_{2g})^2(a_{1g})^2(b_{1g})^1 \rightarrow (e_g)^4(b_{2g})^1(a_{1g})^2(b_{1g})^2 & \nu_2 \\
^2B_{1g}(^2D) \rightarrow {}^2E_g(^2D) & (e_g)^4(b_{2g})^2(a_{1g})^2(b_{1g})^1 \rightarrow (e_g)^3(b_{2g})^2(a_{1g})^2(b_{1g})^2 & \nu_3 \text{ VIS}
\end{array}$$

Die Verzerrung des idealen Oktaeders nimmt in der Reihe Malachit (stark verzerrter Oktaeder) – Azurit (vier Liganden quadratisch-planar, zwei bipyramidal) – Cuprorivait (quadratisch-planar) zu. Hierdurch ändert sich die Lage von ^2E_g so, daß beim Malachit ein grüner, beim Azurit ein blaugrüner und beim Cuprorivait (Ägyptischblau) ein blauer Farbeindruck entsteht. In ►Abbildung 2.28 können wir die Verschiebung von ν_3 zu höheren Energien hin deutlich erkennen; der Farbeindruck entsteht durch die Reflexion zwischen der Absorption bei ν_3 und starken OMCT-Übergängen (Ligand-Kupfer) bei hohen Energien im UV. Hierdurch entsteht ein deutliches Reflexionsmaximum im Grünen (Malachit) resp. Blauen (Azurit und Cuprorivait). ν_1 liegt bei den Mineralen im IR-Bereich.

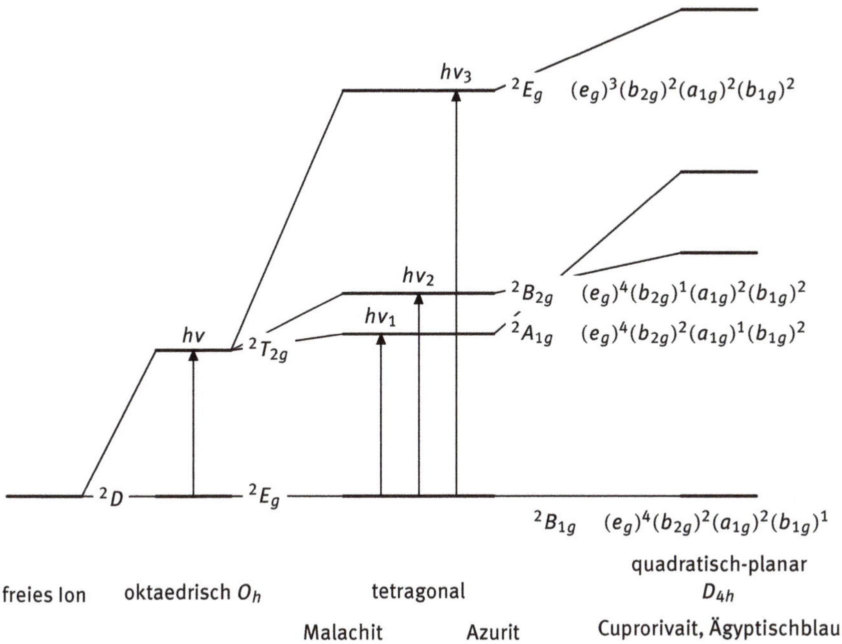

Abb. 2.27: Termschema eines $3d^9$-Kations wie $Cu^{2\oplus}$ im Oktaederfeld [208, 209]. Von links nach rechts nimmt die Verzerrung des Oktaeders zu, entsprechend den Mineralien Malachit, Azurit und Cuprorivait (Ägyptischblau). Rechts ist wieder die Elektronenverteilung der Konfigurationen auf die Orbitale angegeben.

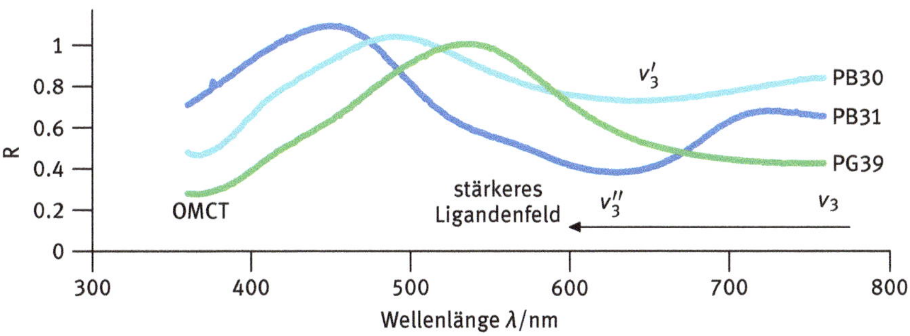

Abb. 2.28: Einfluß des Jahn-Teller-Effekts auf die Farbe von Kupferpigmenten. Reflexionsspektrum verschiedener Kupferminerale und -pigmente, normiert auf eine beliebige Einheit: Ägyptischblau (Kremer Nr. 10060, PB31, $CaCu[Si_4O_{10}]$), Azurit (Kremer Nr. 102078, PB30, $Cu(OH)_2 \cdot 2\,CuCO_3$), Malachit (Kremer Nr. 103458, PG39, $Cu(OH)_2 \cdot CuCO_3$). Zu sehen ist die Verschiebung des ν_3-Übergangs im Kupfer durch die unterschiedlich verzerrten Koordinations-Oktaeder in Malachit (schwaches Ligandenfeld im verzerrten Oktaeder, ν_3), Azurit (stärkeres Ligandenfeld, quadratisch-planar und bipyramidal koordiniertes Kupfer, ν_3') und Cuprorivait (stärkstes Ligandenfeld, quadratisch-planar koordiniertes Kupfer, ν_3'') [208]. ν_1 liegt in allen Fällen im IR-Bereich. Starke OMCT-Übergänge im nahen UV formen ein ausgeprägtes Reflexionsmaximum, das beim Malachit im Grünen liegt, während beim Azurit und Cuprorivait die verschobene ν_3-Absorption das Maximum zunehmend auf den blauen Bereich begrenzt.

Die Lage des OMCT-Übergangs wird von der Zusammensetzung der Kupferverbindungen beeinflußt. Sie variiert gerade bei natürlichen Kupferpigmenten, da deren Entstehung in der Verwitterungszone von Erzlagerstätten oder auf hydrothermalem Wege wechselnde Zusammensetzung mit Carbonaten, Hydroxiden und weiteren Anionen bedingt. Eine Veränderung der OMCT-Bandenlage vom UV in den Blaubereich beeinflußt die Farbe von Malachit besonders, da sie darüber entscheidet, ob wir eine blaugrüne oder grüne Farbe sehen. Der breite Reflexionspeak im Malachit wird daher zwischen 505 und 525 nm beobachtet [47, Bd. 2].

2.3.6 Tetraedrische Koordination

Nach der ausgiebigen Betrachtung des oktaedrischen Ligandenfelds sehen wir noch das tetraedrische Ligandenfeld näher an, das im Zusammenhang mit Kobaltpigmenten von Bedeutung ist. ►Abbildung 2.29 zeigt die typische Aufspaltung der *d*-Orbitale. Der Energieunterschied Δ_t zwischen den Gruppen t_2 und e ist kleiner als Δ_o, auch die beiden Orbitalgruppen t_{2g} und e_g sind vertauscht.

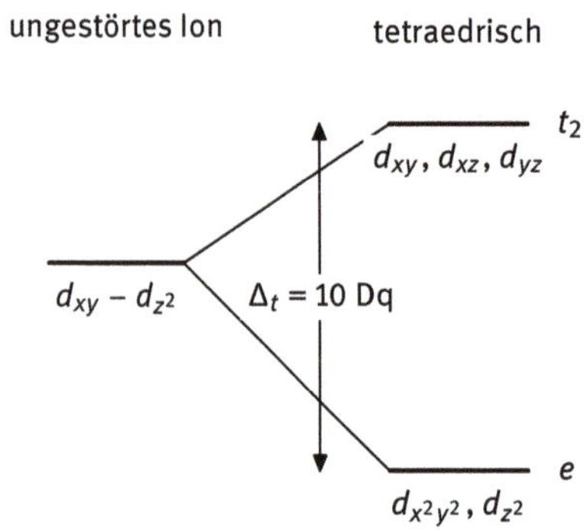

Abb. 2.29: Aufspaltung der *d*-Orbitale in einem tetraedrischen Ligandenfeld ohne Berücksichtigung von Termen oder LS-Kopplung.

Der Wechsel der Koordination bewirkt eine gravierende Änderung in der elektronischen Struktur, die wir am Beispiel der kobalthaltigen Farbmittel sehen können: in den tiefblauen Kobaltgläsern (Smalten) ist Kobalt(II) tetraedrisch koordiniert (Δ_t klein, Absorption erfolgt im Roten, es resultiert eine blaue Farbe), während es im rotvioletten Kobaltviolett quadratisch-planar koordiniert ist (Δ_q groß, Absorption im Grünen, zu sehen ist eine rotviolette Farbe). Im Aureolin ist das oktaedrische Feld durch die sechs Cyano-Liganden so stark, daß die Absorption im Blauen stattfindet und zu einer gelben Farbe führt. Auch das Färben von Glas verschiedener Grundzusammensetzung liefert Beispiele: gewöhnliches Silikatglas liefert prächtig-blaues Kobaltglas (Kobalt tetraedrisch koordiniert), Phosphatglas dagegen pinkfarbenes Kobaltglas mit oktaedrisch koordiniertem Kobalt.

Die Farbvielfalt der Kobaltpigmente wird durch die Fähigkeit von Kobalt erreicht, in verschiedenen Wertigkeiten und Koordinationsgeometrien aufzutreten: $Co^{2\oplus}$ mit der Konfiguration $3d^7$ bildet High-Spin-Komplexe, die entweder tetraedrisch koordiniert und meist blau sind (Konfiguration $(e)^4(t_2)^3$), oder oktaedrisch koordiniert und meist rot (Konfiguration $(t_2)^5(e)^2$).

Beispiel: Kobaltblau

Kobaltblau ist ein gutes Beispiel für blaues, tetraedrisch koordiniertes Kobalt. Es ist ein normaler Spinell $A^{II}B_2^{III}O_4$, in der die divalenten Kationen A die Tetraederlücken und die trivalenten Kationen B die Oktaederlücken einnehmen. Der Grundzustand ist $^4A_2$, wir können folgende Übergänge beobachten, ►Abbildung 2.30 [208, 209]:

$$^4A_2(^4F) \rightarrow {}^4T_2(^4F) \quad (e)^4(t_2)^3 \rightarrow (e)^3(t_2)^4 \quad \nu_1 \text{ IR}$$
$$^4A_2(^4F) \rightarrow {}^4T_1(^4F) \quad (e)^4(t_2)^3 \rightarrow (e)^3(t_2)^4 \quad \nu_2 \text{ NIR}$$
$$^4A_2(^4F) \rightarrow {}^4T_1(^4P) \quad (e)^4(t_2)^3 \rightarrow (e)^2(t_2)^5 \quad \nu_3 \text{ VIS}$$

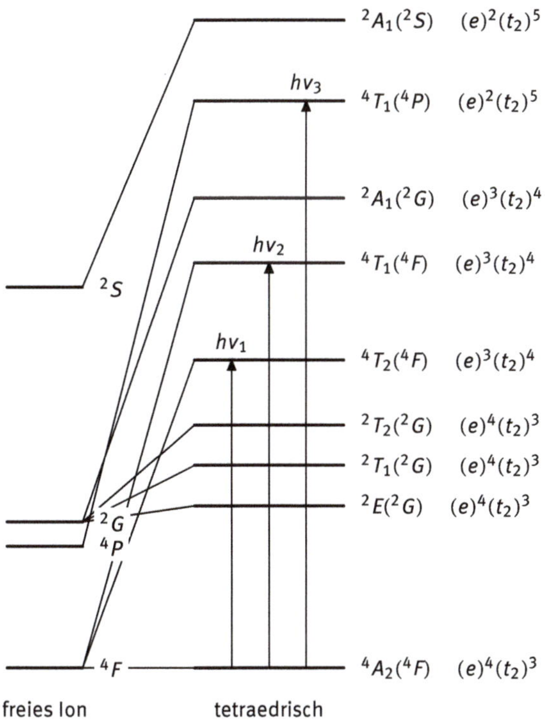

Abb. 2.30: Termschema eines $3d^7$-Kations wie $Co^{2\oplus}$ im Tetraederfeld [208, 209]. Rechts ist die Besetzung der Orbitale mit Elektronen angegeben.

Durch die Tetraedersymmetrie ist jeder Übergang laporte-erlaubt und daher intensiv. Im Kobaltblau liegt der intensive Übergang ν_3 im grün-roten Bereich, sodass das Pigment tiefblau erscheint (►Abbildung 3.21 auf S. 249 und ►Abbildung 3.24 auf S. 253).

Wenn wir nochmals den Vergleich zum oktaedrischen Chrom ziehen, sehen wir, daß im Chrom-Ion ν_3 schon im UV und ν_1, ν_2 im sichtbaren VIS-Bereich liegen. Dies ist auf die größere Aufspaltung Δ_o im Oktaederfeld im Vergleich zur Aufspaltung Δ_t des Tetraederfelds zurückzuführen.

Beispiel: Aureolin

Im Aureolin liegt trivalentes Kobalt $Co^{3\oplus}$ ($3d^6$) vor, das fast immer oktaedrische Low-Spin-Komplexe $(t_{2g})^6(e_g)^0$ mit dem Grundzustand ^1I bildet [209]. Die Aufspaltung führt zu folgenden spin-erlaubten (ν_3, ν_4) und -verbotenen (ν_1, ν_2) Übergängen, ►Abbildung 2.31:

$$\begin{array}{lll} {}^1A_{1g}({}^1I) \rightarrow {}^3T_{1g}({}^3H) & (t_{2g})^6(e_g)^0 \rightarrow (t_{2g})^5(e_g)^1 & \nu_1 \text{ IR} \\ {}^1A_{1g}({}^1I) \rightarrow {}^3T_{2g}({}^3H) & (t_{2g})^6(e_g)^0 \rightarrow (t_{2g})^5(e_g)^1 & \nu_2 \text{ IR} \\ {}^1A_{1g}({}^1I) \rightarrow {}^1T_{1g}({}^1I) & (t_{2g})^6(e_g)^0 \rightarrow (t_{2g})^5(e_g)^1 & \nu_3 \text{ VIS} \\ {}^1A_{1g}({}^1I) \rightarrow {}^1T_{2g}({}^1I) & (t_{2g})^6(e_g)^0 \rightarrow (t_{2g})^5(e_g)^1 & \nu_4 \text{ VIS} \end{array}$$

Im Aureolin liegen die ν_3- und ν_4-Übergänge im blauen und roten Bereich, sodass der gelbe und gelbgrüne Bereich reflektiert wird.

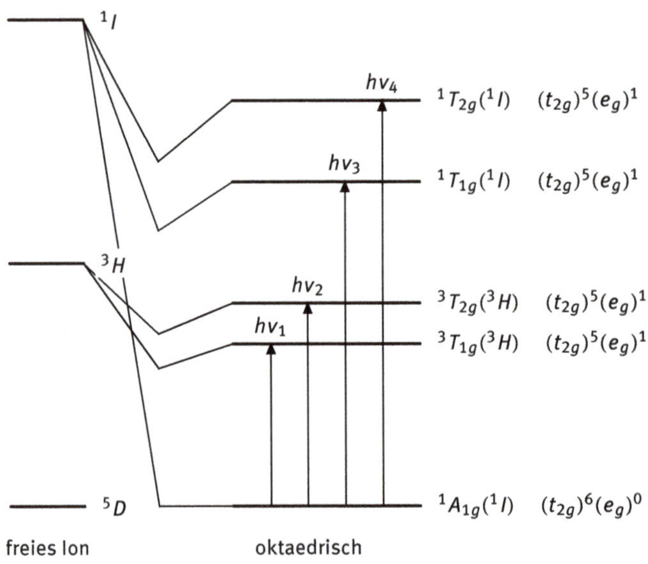

Abb. 2.31: Termschema eines $3d^6$-Kations wie $Co^{3\oplus}$ im Oktaederfeld (Low-Spin-Komplex) [209]. Der Knick symbolisiert den Wechsel der Energielagen von High-Spin- (links) zu Low-Spin-Komplexen (rechts).

2.3.7 LF-Basierte Chromophore

Pigmente auf Basis eines LF-Übergangs enthalten als farbaktive Substanz einen Komplex aus einem *d*-Block-Metall und Liganden, die eine hinreichend hohe Feldstärke für die beabsichtigte Farbe aufbauen. Aufgrund der natürlichen Häufigkeit der Elemente gehören Eisen, Mangan und Kupfer zu den klassischen Metallen, die in LF-Pigmenten enthalten sind. Durch die Herausbildung der anorganischen Chemie in der Neuzeit wurden auch Chrom, Kobalt, Vanadium zu häufigen metallischen Komponenten.

Kristallgitter

zeichnen sich durch einen hohen Grad an Nah- und Fernordnung aus, das heißt das aufgebaute Ligandenfeld ist in allen Richtungen für alle Metall-Kationen gleich, sodass wir im optischen Spektrum eine (oder mehrere) isolierte scharfe Absorption entsprechend einer reinen Farbe beobachten können.

Um eine hohe Farbstärke zu erhalten, muß das Metall für den Einsatz als Pigment der Hauptbestandteil des Kristallgitters sein. In natürlichen Mineralien ist es oft nur eine Verunreinigung, sodass viele Mineralien entsprechend farbschwach sind. Wertvolle Beispiele sind Edelsteine wie Rubin oder Smaragd, die aus farblosem Aluminiumoxid bestehen. Die Aluminiumatome sind oktaedrisch von Oxidionen umgeben, die Farbe entsteht durch den Ersatz eines Teils des Aluminiums durch das farbaktive Metall Chrom. Da Chrom nur in geringem Masse enthalten ist, ist das Mineralpulver nicht gefärbt, sondern weiß.

Liganden in natürlichen, plutonisch (d. h. unterirdisch durch Hitze und Druck) entstandenen Mineralien sind häufig Oxid- und Sulfid-Anionen, die eine hohe Feldstärke besitzen und auch chemisch stabile Pigmente bilden. Heute werden die natürlichen Kristallgitter als Vorbild für neue Mineralbildungen gesehen, in denen die Metall-Kationen ganz oder teilweise durch Ionen eines neuen Metalls ersetzt sind und dabei ihre Farbe verändern oder überhaupt erst farbig werden. Häufige Wirtsgitter solcher „Farbtrojaner“ sind Korund Al_2O_3 oder Rutil TiO_2. Da solche Mischoxidpigmente heute einen hohen Anteil an farbstabilen und feuerfesten Pigmenten darstellen, werden wir uns mit ihnen in ►Abschnitt 3.4.3 auf S. 243 ausführlich befassen.

Häufige Liganden in hydrothermal abgelagerten oder durch Verwitterung entstandenen Mineralien sind Hydroxidionen, Karbonationen und Wasser. Die Mineralien entstehen durch spontane Fällung aus wäßrigen Lösungen oder stückchenweise Verwitterung und besitzen oft erheblich gestörte Kristallfelder, die zu Einbußen in der Farbqualität führen. Diese Problematik haben wir in ►Abschnitt 1.7.2 schon angesprochen.

Statistische oder gemittelte Kristallgitter
finden wir in amorphen Stoffen wie Gläsern und Glasuren. In diesen liegt kein regelmässiges Gitter vor, aber sie weisen dennoch eine Nahordnung auf. Jedes Metall-Kation befindet sich in einer individuellen chemischen Umgebung, statistisch betrachtet sind sich die meisten von ihnen aber ähnlich und können in erster Näherung als Kristallgitter betrachtet werden. Eine darüberhinaus gehende Fernordnung existiert nicht, bei homogener Zusammensetzung ist jedoch auch der Beitrag der entfernten Bereiche zum lokalen Ligandenfeld überall im Durchschnitt gleich. In Summe beider Effekte ist das lokal wirkende Ligandenfeld konstant mit einer kleinen Streuung, sodass wir leicht verbreiterte Absorptionspeaks im Spektrum beobachten können. Auch Gläser können somit farbrein sein.

Da die Zusammensetzung von amorphen Substanzen nicht durch stöchiometrische Gesetze begrenzt ist, sondern nur von elektrischer Ladungsneutralität und der Löslichkeit einer Mineralphase in einer anderen, können die Ligandenfelder in weiten Bereichen kontinuierlich schwanken. Die Färbungen von Gläsern sind dementsprechend sehr empfindlich gegenüber einem Wechsel in der Zusammensetzung und nicht leicht durch Faustregeln faßbar.

2.4 CT: Charge-Transfer-Übergänge

Im letzten Abschnitt haben wir gesehen, wie Farbe durch elektronische Übergänge zwischen *d*-Orbitalen entsteht. Die Entartung der *d*-Orbitale wird durch ein Ligandenfeld aufgehoben, sodass bei partieller Besetzung der *d*-Orbitale ein Elektronenübergang zwischen ihnen möglich ist. Überraschenderweise können auch Verbindungen, in denen das Metall eine d^0- oder d^{10}-Konfiguration aufweist, intensiv farbig sein, obwohl hier kein *d*-Elektronen-Übergang erfolgen kann, Beispiele sind HgI_2 (rot) oder $MnO_4^{\ominus}$ (violett).

Wertvolle Beispiele finden wir auch in der Welt der Edelsteine: Korund Al_2O_3 ist in reinem Zustand farblos (weißer Saphir). Verunreinigt mit weniger als 1 % Ti^{IV} ist er immer noch farblos, mit 1 % Fe^{II}-Anteil dagegen schwach gelb und mit Cr^{III} rubinrot. Die genannten Farben lassen sich auf die LF-Übergänge von Eisen und Chrom zurückführen. Entsprechend gelang es dem französischen Chemiker Verneuil 1902 relativ leicht, Rubine künstlich herzustellen, indem er reinem Korund Chromsalze als Verunreinigung hinzufügte. Ein anschliessender Versuch, auch Saphire künstlich herzustellen, schlug jedoch fehl: zugesetzte Kobaltsalze konnten die gesuchte saphirblaue Farbe nicht hervorrufen, ebensowenig alle anderen getesteten Metallsalze. Unerwarteterweise war Verneuil erst erfolgreich, als er *zwei Verunreinigungen zusammen* hinzufügte: die kombinierte Gabe von wenigen Promille Ti^{IV} und Fe^{II} lieferte eine prächtige saphirblaue Farbe.

Ladungsübertragung

Was wir bei HgI_2 und $MnO_4^{\ominus}$ beobachten, ist die (partielle) Übertragung von Ladung eines Liganden zum Metall. Im Bild der Molekülorbitale werden durch Einstrahlung von Licht Elektronen aus einem MO mit Ligandcharakter (von Iod oder Sauerstoff) in ein MO mit Metallcharakter (von Quecksilber oder Mangan) überführt. Dieser Mechanismus wird allgemein *Charge Transfer* genannt, die Beispiele zeigen den Typ des *Ligand-Metall-Übergangs*. Im Gegensatz zu CT-Übergängen wechseln bei LF-Übergängen Elektronen zwischen Orbitalen innerhalb des Metalls. (Wir können den CT-Übergang als photoinduzierte Redoxreaktion ansehen und Analogien zur Verwendung von Silberiodid in Photopapieren ziehen: auch hier wird Silber durch lichtinduzierten Elektronenübergang vom Iodid zum schwarzen Silber reduziert.)

Das Beispiel des Saphirs illustriert einen weiteren Typus, den des *Intervalenz-* oder *Metall-Metall-Übergangs*. Im Saphir ersetzen $Ti^{4\oplus}$- und $Fe^{2\oplus}$-Ionen einige $Al^{3\oplus}$-Ionen im Korundgitter, und durch Einstrahlen von Licht kann ein Elektron von $Fe^{2\oplus}$ zu $Ti^{4\oplus}$ wechseln. Wiederum sind bei diesem Übergang im Gegensatz zu LF-Übergängen Orbitale zweier Reaktionspartner beteiligt.

Allgemein wird bei CT-Prozessen Ladung von einem Donor auf einen Akzeptor übertragen, sodass wir von einer internen Redoxreaktion sprechen können [298], [214, ch. 13]. Das Saphirbeispiel hat uns gezeigt, daß der Prozess nicht auf d^0 oder d^{10}-Konfigurationen beschränkt ist, sondern ganz allgemein

- bei Komplexen aus Metall und Ligand, oder allgemeiner
- bei Verbindungen von Nebengruppenmetallen und organischen Verbindungen sowie
- bei Stoffen mit mehreren Metallen oder
- bei Stoffen mit einem multivalenten Metall in mehreren Oxidationsstufen

auftreten kann [298]. Wie die Edelsteine zeigen, müssen die beteiligten Metalle nicht mit einer direkten Bindung verbunden sein, es reicht eine räumliche Anordnung in einem Kristallgitter, die den Elektronentransfer erlaubt. In der Regel liegen die betreffenden Absorptionen im UV-Bereich und sind daher nicht als Farbe beobachtbar. Wenn einer der Partner aber ein hohes Oxidationspotential aufweist (hohe Elektronenaffinität) und der andere ein Reduktionsmittel ist, kann die Übergangsenergie so erniedrigt werden, daß die Absorption im blauen Bereich stattfindet (ergibt eine gelbe Farbe) oder gar im roten (liefert eine grüne bis blaue Farbe).

Die chemische Natur der Redoxpartner bestimmt den Typus des CT-Übergangs:

- Ligand-Metall-CT (LMCT): Elektronen werden von Liganden- in Metallorbitale verschoben. Häufig tritt das Oxid-Anion als Ligand auf, dieser wichtige Spezialfall wird *oxygen metal CT* (OMCT) genannt. Beispiele sind Chromat-Anionen (gelb), Permanganat-Anionen (violett) und Eisen(III)oxid (Hämatit, rot).
- Intervalenz-CT homonuklear (IVCT): Elektronen werden von einem Metall niedriger Oxidationsstufe zum gleichen Metall in höherer Oxidationsstufe verschoben. Beispiel ist Preussischblau oder grüne Erde mit einem $Fe^{II} \rightarrow Fe^{III}$-Übergang.

- Intervalenz-CT heteronuklear oder Metall-Metall-CT (MMCT): Elektronen werden von einem Metall niedriger Oxidationsstufe zu einem anderen Metall hoher Oxidationsstufe übertragen. Beispiel ist blauer Saphir mit einem $Fe^{II} \rightarrow Ti^{IV}$-Übergang.
- Metall-Ligand-CT (MLCT): Elektronen werden vom Metall zum Liganden übertragen. Dieser Typus tritt in Farbmitteln nicht auf, aber z. B. in Nickelcarbonylen.
- Donor-Akzeptor-CT intra- und intermolekular: Elektronen werden von einem (oft organischen) Donor zu einem (oft organischen) Akzeptor übertragen. Auch dieser Typus ist nicht relevant für Farbmittel, Beispiel ist Chinhydron mit einem Elektronenübergang vom Hydrochinon zum Chinon.

Die Charakteristika des Charge-Transfer-Mechanismus sind:
- CT-Übergänge sind durch Auswahlregeln erlaubt und sehr intensiv ($\epsilon > 10^3$ mol^{-1} cm^{-1}).
- Als Folge der hohen Intensität ist die Absorptionsbande sehr breit.
- Der Übergang kann prinzipiell jede Farbe hervorrufen, ist aber praktisch durch die begrenzte Zahl an geeigneten Redoxpartnern eingeschränkt.
  Häufig liegen LMCT-Übergänge im Blaubereich oder nahen UV, sodass die Flanken der intensiven Absorptionspeaks in den Blaubereich ragen, ►Abbildung 2.2. Dies gilt insbesonders für OMCT-Übergänge, die einer langen Reihe von oxidischen Mineralien oder Chromaten eine gelbe bis rote Farbe verleihen, Beispiele sind Chromgelb (Bleichromat), gelbe und rote Ocker (Eisenoxid).
  IVCT-Übergänge liegen dagegen häufig im VIS oder nahen IR, daher beobachten wir eine blaue Farbe (Preussischblau, blaue und grüne Minerale mit gemischtvalentem Eisen).
- Die Farbe, die von einem CT-Übergang hervorgerufen wird, hängt vom Druck und der Temperatur ab. Eine Druckerhöhung verkürzt die Bindungslänge der beteiligten Ionen, die Überlappung der Orbitale vergrössert sich und das Überwechseln von Elektronen wird erleicht. Es resultiert eine intensivere Farbe. Im Gegensatz dazu vergrössert eine Temperaturerhöhung die Bindungslängen und vermindert damit das Überlappungsintegral und die Farbintensität.
- CT-Übergänge überdecken häufig die viel schwächeren LF-Absorptionen.

In einigen Verbindungen sind CT-Übergänge nicht auf zwei Partner beschränkt. Die Elektronen können in ihnen, bedingt durch die Kristallstruktur, kettenartig von einem Partner zum nächsten wechseln, sodass sich die Absorptionsbanden breitbandig über den ganzen VIS-Bereich erstrecken und den Verbindungen eine braune bis schwarze Farbe verleihen, ein Beispiel ist der schwarze Magnetit.

Sulfide sind in dieser Hinsicht den Oxiden nicht ähnlich, da Schwefel mehr zu kovalenter als ionischer Bindung neigt und somit Elektronenübergänge vermindert stattfinden. Die elektrischen und optischen Eigenschaften sulfidischer Feststoffe weisen auf Elektronen hin, die über den ganzen Kristall delokalisiert sind. Es resultiert eine Molekülorbital- oder Bandstruktur, Elektronen wechseln zwischen MOs und Bändern statt zwischen Komplex- oder Ionenorbitalen. Sulfide zeigen daher im Gegensatz zu Oxiden mehr Ähnlichkeit mit Metallen, und ihnen ist oft hoher Glanz und eine metallische Farbe zu eigen (Beispiele FeS_2 Pyrit oder PbS Galenit). Sulfidische Farbmittel haben wir bei der Diskussion des HL-Mechanismus ►Abschnitt 2.2 bereits besprochen.

2.4.1 Ligand-Metall-Übergang (LMCT) und Sauerstoff-Metall-Übergang (OMCT)

Bei dieser Variante des CT-Mechanismus, dem Ligang-Metall-Übergang oder LMCT (ligand metal charge transfer) wird im atomaren Bild Ladung von Liganden auf ein Zentralatom verschoben. Beispiele sind die komplexen Permanganat- und Chromat-Anionen $MnO_4^{\ominus}$ und $CrO_4^{2\ominus}$ mit ihrer intensiven violetten und gelben Farbe. Bei diesen komplexen Anionen ist aufgrund der $3d^0$-Konfiguration des Metall-Kations kein d-d-Übergang möglich. Das hochgeladene (sechs- oder siebenfach positive) Metall-Kation kann aber licht-induziert einen Teil der Ladungsdichte von den Oxo-Liganden übernehmen, ►Abbildung 2.32. Da Oxo-Liganden sehr häufig auch in Verbindung mit kleineren Oxidationszahlen wie bei Fe^{III}, Mn^{IV} oder Cu^{II} auftreten, wird dieser spezielle Fall eines LMCT auch OMCT (oxygen metal charge transfer) genannt.

Abb. 2.32: Schematische Darstellung eines LMCT-Übergangs. Links allgemein, rechts am Beispiel des OMCT-Übergangs Sauerstoff (Ligand) → Chrom (Metall) im Chromat-Ion (ohne korrekte Zuordnung der MOs zu Metall oder Ligand). Es können s-, p- oder d-Orbitale sowie Mischungen wie d-π beteiligt sein.

Der Sachverhalt kann auch in der Molekülorbital-Sicht beschrieben werden [214, ch. 9.5.2, 13], [206, ch. 6], [217]. Wie wir weiter unten sehen werden, beteiligt sich das Metall mit seinen $3d$-, $4s$- und $4p$-Orbitalen am Komplex. Unter Oktaedersymmetrie besitzen diese Orbitale die Symmetrien t_{2g}/e_g, a_{1g} und t_{1u}, unter Tetraedersymmetrie e/t_2 und a_1. Die Liganden beteiligen sich mit $2s$- und $2p$-Orbitalen am Komplex, ihre Symmetrien sind verschieden.

Auftreten des Mechanismus, LMCT-Farbmittel

Als Partner benötigen wir ein Übergangsmetall mit großer Ionisierungsenergie oder einer hohen Oxidationsstufe (ein Oxidationsmittel), das unbesetzte Orbitale mit niedriger Energie aufweist. Als Ligand kommt ein Nichtmetall mit geringer Elektronenaffinität (ein starkes Reduktionsmittel) in Frage, das besetzte Orbitale mit hoher Energie besitzt und leicht oxidierbar ist. Diese Voraussetzungen sind bei allen komplexen Anionen mit Metall-Kationen in hoher Oxidationsstufe (V^{V}, Cr^{VI}, Mo^{VI}, Mn^{VII}, Ti^{IV}, Fe^{III}, Cu^{II}) sowie Oxid-Liganden gegeben und führen oft zu einer Absorption im UV- oder Blaubereich, d. h. gelben Farben:

- Kupferverbindungen: blau–grün (durch zusätzliche Absorptionen im roten und gelben Bereich),
- Eisen(III)oxid Fe_2O_3 (Hämatit), roter Ocker: rot (durch zusätzliche Absorptionen im gelben Bereich),
- Eisen(III)oxidhydrat FeOOH (Goethit) gelber Ocker: gelb,
- Bleichromat $PbCrO_4$ (Krokoit), Chromgelb: gelb,
- Bleimolybdat $PbMoO_4$ (Wulfenit): gelb; Molybdatrot $Pb(Cr, S, Mo)O_4$: rot,
- Bismutvanadat $BiVO_4$ und Bismutvanadat-molybdat $4\,BiVO_4 \cdot 3\,Bi_2MoO_6$: gelb,
- Kaliumpermanganat $KMnO_4$: violett.

Bis auf Kaliumpermanganat werden oder wurden alle genannten Verbindungen als wertvolle farbstarke Pigmente genutzt. Sie wurden teils natürlich gefunden, teils in der Neuzeit synthetisch hergestellt. Auch die schweren Halogenide erfüllen die Anforderungen an Liganden in Verbindungen wie HgI_2 (Iodscharlach, in Bildern von J. W. M. Turner), BiI_3 oder PbI_2. Darüberhinaus verleihen OMCT-Übergänge häufigen Eisenmagnesiumsilikaten wie Biotiten und Hornblenden ihre dunkle rote bis braune Farbe [209, pp. 132].

Die Tatsache, daß auch Fe^{III} in oxidischem Umfeld, z. B. in Hämatit und Goethit, dem OMCT-Mechanismus unterliegt, ist von größter Bedeutung für die Kolorierung unserer gesamten Umwelt. Der intensive Übergang $O^{2\ominus} \rightarrow Fe^{3\oplus}$ liegt bei hohen Energien im nahen UV, die Flanke dieser Absorptionsbande im blauen Bereich führt zu den beobachteten gelben und roten Farben. Da Eisenoxide als Verunreinigung in fast allen Mineralen und Gesteinen enthalten ist, ist deren Farbe häufig gelb, rot oder rötlich modifiziert (braun). Die Nordhälfte Afrikas ist dank der OMCT-Übergänge im Eisen(III)ion gelb gefärbt (Sahara), die andere Hälfte durch zusätzliche EPT-Übergänge rot (Namib, Kalahari, Laterit-Böden). Diese Variabilität macht Eisen zu einem wertvollen Element für Pigmente, ►Abschnitt 3.4.2. LF- und EPT-Übergänge des Eisens haben wir in ►Abschnitt 2.3.3 auf S. 112 im Detail besprochen.

Beispiel: Oktaeder-Komplex ML_6, Eisenoxidpigmente

In Eisenoxidpigmenten, besonders im intensiv farbigen Hämatit, liegt das farbgebende Eisen-Kation oktaedrisch koordiniert in FeO_6-Oktaedern vor, oder im Goethit in $FeO_3(OH)_3$-Oktaedern [64, chap. 2, 6, 7], und zwar in der high-spin-Konfiguration. Im $FeO_6^{9\ominus}$-Komplex bringen die sechs Oxid-Liganden $6 \times 8 = 48$ Elektronen mit, das Eisen-Kation 5.

Das theoretische MO-Schema ist in ►Abbildung 2.33 gezeigt [218, pp. 116], eine genauere Ableitung ist z. B. in [195, ch. 15.2], [214, ch. 1.3.1] zu finden. In der Realität sind die Verhältnisse bei Eisenoxiden durch Verzerrungen der Kristallgitter sehr viel komplizierter [582–585], überhaupt ist die Kristallsymmetrie in vielen Eisenmineralen erniedrigt. Als Folge ist die Entartung der MOs weitgehend aufgehoben und es werden viele eng beieinanderliegende Übergänge möglich, die zu komplizierten Feinstrukturen in den Spektren führen.

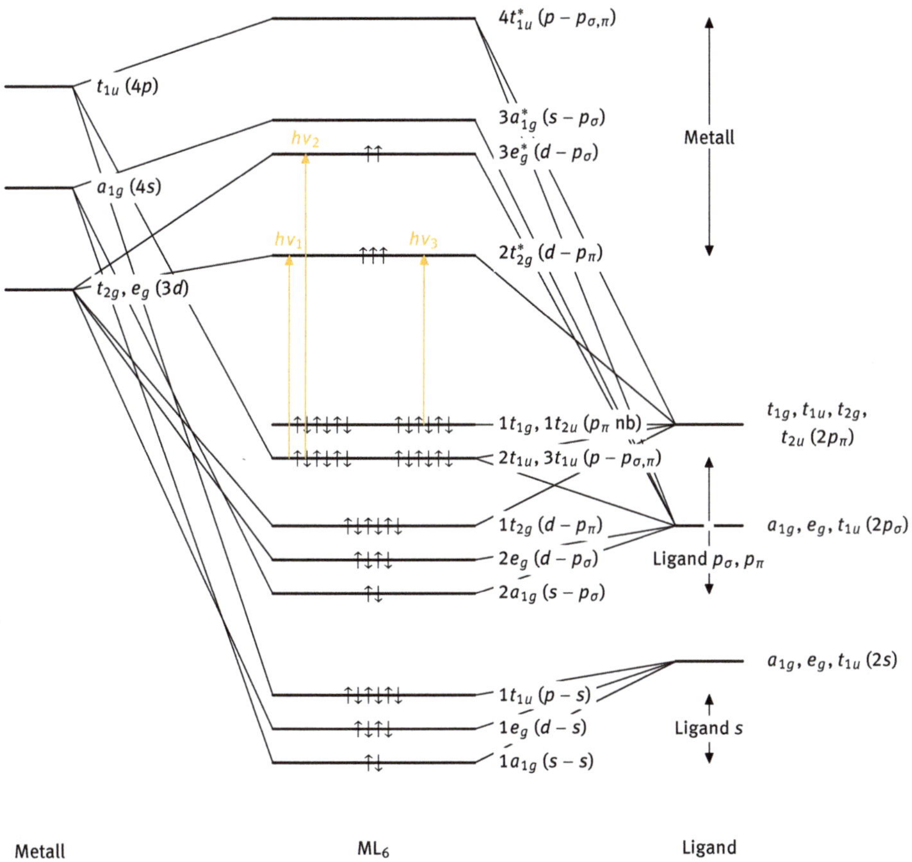

Abb. 2.33: Schematisches MO-Diagramm eines ML_6-Komplexes mit LMCT-Übergängen, die häufig im kurzwelligen blauen Spektralbereich liegen und zu gelben Farben führen. Das Schema zeigt d^2sp^3-Hybridorbitale, die für *inner orbital*-Komplexe von Nebengruppenmetallen typisch sind und kann näherungsweise für d^5-high spin-Konfigurationen wie Fe^{III} (Hämatit, Eisenoxidpigmente) genutzt werden [218, pp. 116], [219, p.248], [195, ch. 14.1, 15.2], [214, ch. 1.3.1]. Die hochliegenden MOs haben starken Metallcharakter, die tieferen überwiegend Ligandcharakter.

σ-Gerüst Jeder der sechs Oxid-Liganden bringt neben dem s-Orbital je ein Orbital in das σ-Gerüst ein, das z. B. durch Linearkombination aus p-Orbitalen entsteht (symmetry-adopted linear combination, SALC, [195, ch. 14.1]). Die sechs s- und sechs p_σ-Orbitale weisen in der Oktaedergruppe die Symmetrien a_{1g}, e_g und t_{1u} auf. Damit besteht das σ-Gerüst aus den vollbesetzten σ- und den leeren σ^*-Orbitalen. Die σ-MOs weisen einen starken Ligandencharakter auf, die σ^*-MOs einen starken Metallcharakter.

π-Gerüst Kann der Ligand π-Bindungen zum zentralen Metall bilden, etwa durch die beiden verbleibenden p-Orbitale, so besitzen diese Ligandenorbitale im Oktaederfeld die Symmetrietypen t_{1g}, t_{1u}, t_{2g} und t_{2u}. Das heisst, die t_{1u}- und t_{2g}-Orbitale treten in Wechselwirkung mit den Metall-d- und p-Orbitalen, und die t_{1g}- und t_{2u}-Orbitale bleiben nicht-bindend. Ist der Ligand unfähig zur Ausbildung von π-Bindungen, bleiben die t_{2g}-Orbitale ebenfalls nichtbindend.

Übergänge Bei Liganden wie $O^{2\ominus}$ sind die MOs durch die Liganden-Elektronen bis einschliesslich der nicht-bindenden MOs gefüllt. Die Metall-d-Elektronen besetzen das t^*_{2g}-MO (eventuell auch e^*_g) und können durch Lichteinstrahlung in e^*_g überführt werden, was einem normalem Ligandenfeldübergang entspricht. Der eigentliche Ligand-Metall-Übergang findet jedoch mit Elektronen statt, die in MOs mit starkem Ligandcharakter lokalisiert sind:

$$
\begin{array}{ll}
2t_{1u} \rightarrow 2t^*_{2g} & \nu_1 \text{ VIS} \\
2t_{1u} \rightarrow 3e^*_g & \nu_2 \text{ VIS} \\
1t_{2u} \rightarrow 2t^*_{2g} & \nu_3\ n \rightarrow \pi^* \text{ CT, VIS} \ldots
\end{array}
$$

Die Verhältnisse bei den Eisenoxiden sind durch die Verzerrungen der Kristallgitter nicht einfach und in [582–585] detailliert dargestellt.

Beispiel: Tetraeder-Komplex ML_4, Chromgelb (Chromat), Permanganat

Analoge Betrachtung können wir auch für tetraedrische Komplexe anstellen, wie sie im Chromat- oder Permanganat-Ion vorliegen. Nach Korrelation der Orbitale des σ- und π-Gerüsts erhalten wir das in ►Abbildung 2.34 gezeigte MO-Diagramm [218, pp. 116], eine theoretische Ableitung enthält [214, ch. 1.3.1]. Folgende Übergänge sind für die tiefe Farbigkeit entscheidend:

$$
\begin{array}{ll}
1t_1 \rightarrow 2e^* & \nu_1\ n \rightarrow d\pi^* \text{ CT, VIS} \\
1t_1 \rightarrow 4t^*_2 & \nu_2\ n \rightarrow d\pi^* \text{ CT, VIS} \\
3t_2 \rightarrow 2e^* & \nu_3\ d\pi \rightarrow d\pi^* \text{ CT, VIS} \\
3t_2 \rightarrow 4t^*_2 & \nu_4\ d\pi \rightarrow d\pi^* \text{ CT, VIS}
\end{array}
$$

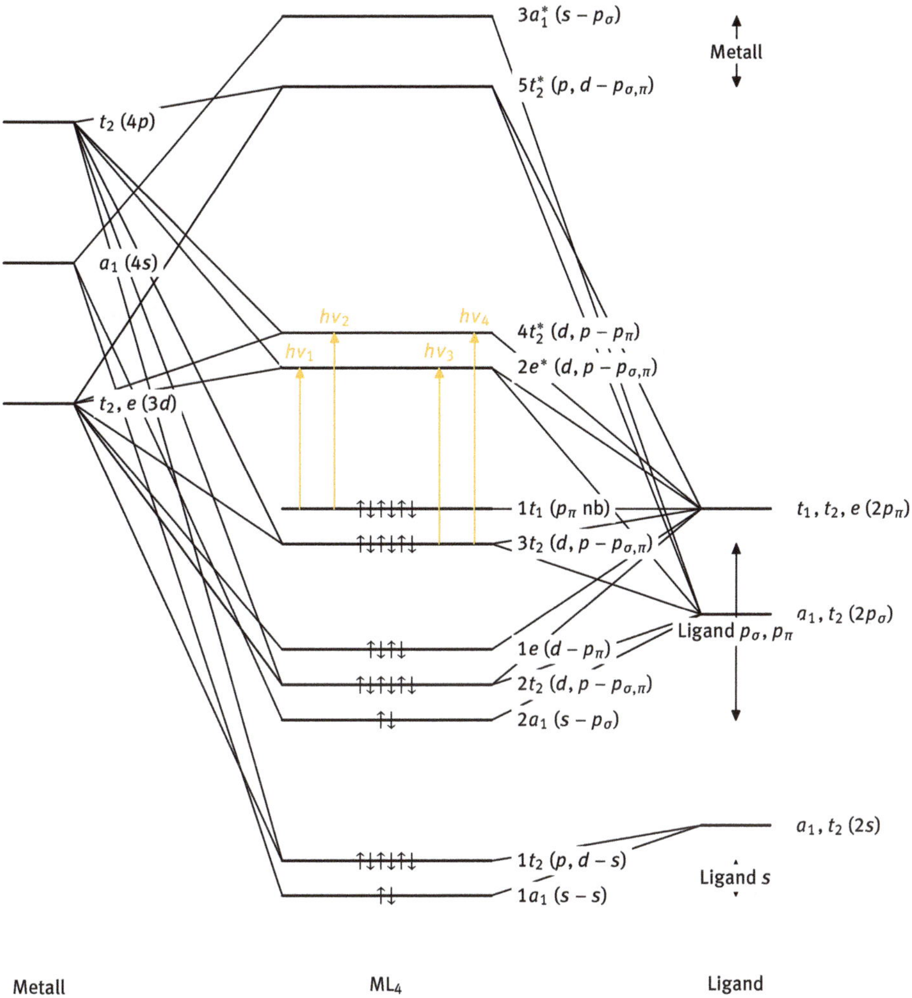

Abb. 2.34: Schematisches MO-Diagramm eines ML_4-Komplexes mit LMCT-Übergängen, die häufig im kurzwelligen blauen Spektralbereich liegen und zu gelben Farben führen. Das Schema kann so für d^0-Konfigurationen wie Cr^{VI} (Chromat) und Mn^{VII} (Permanganat) genutzt werden [218, pp. 116], [219, p.248], [214, ch. 1.3.2].

In [569–579] werden die tatsächlichen Verhältnisse im Chromat- resp. Permanganat-Anion beschrieben, die im wesentlichen dem Schema entsprechen. Durch die enge Energielage der HOMO-Gruppe ($1t_1$, $2t_2$, $3t_2$, $2a_1$) und der LUMO-Gruppe ($2e^*$, $4t_2^*$, $3a_1^*$) treten neben den genannten vier Übergängen fast alle anderen HOMO-LUMO-Kombinationen ebenfalls auf.

2.4.2 Metall-Metall-Übergang (MMCT), Intervalenz-Übergang (IVCT)

Findet der Elektronen- oder Ladungstausch zwischen zwei verschiedenen Übergangsmetall-Kationen statt, handelt es sich um MMCT-Übergänge. Liegt dasselbe Metall in verschiedenen Oxidationsstufen vor, können Elektronen vom niedriger zum höher oxidierten Metall-Ion wechseln, wir nennen dies IVCT [214, ch. 13].

Heteronuklearer IVCT- oder Metall-Metall-Übergang (MMCT)

Der Ladungsübergang erfolgt zwischen zwei verschiedenen Metall-Kationen. Das klassische Beispiel ist Saphir, in dem Ladung von Fe^{II} zu Ti^{IV} übertragen wird:

$$Fe^{2\oplus} + Ti^{4\oplus} \xrightarrow{2{,}11\ \text{eV}} Fe^{3\oplus} + Ti^{3\oplus}$$

Im Saphir ersetzen $Fe^{2\oplus}$ und $Ti^{4\oplus}$ einige $Al^{3\oplus}$-Kationen im Gitter des Korund. Sie können benachbarte Positionen in den Aluminiumoxid-Oktaedern besetzen (die dadurch etwas verzerrt werden) und in eine Distanz von ca. 0,265 nm gelangen, ab der die d_z-Orbitale beider Kationen überlappen. Die Überlappung ermöglicht den beschriebenen Elektronwechsel, wenn zusätzlich eine Energie von 2,11 eV aufgebracht wird, z. B. durch gelbes Licht von 588 nm (photochemische Oxidation). Als sichtbare Farbe erhalten wir tiefes Saphirblau.

Das Paar Fe^{II}/Ti^{IV} gibt neben Saphiren auch anderen blauen, braunen oder schwarzen Mineralien ihre Farbe, wie Kyanit Al_2SiO_5 oder extraterrestrischen Pyroxenen $(Mg, Fe^{II}, Mn, Ti^{IV})(Mg, Mn, Fe^{II})(Si, Al, Fe^{III})_2O_6$ [209, pp. 115], [208, S. 62f]. In diesen Mineralien sind $Fe^{2\oplus}$ oder $Ti^{4\oplus}$ als Beimengung vorhanden. Da CT-Übergänge intensiv sind, sind nur geringe Eisen-Titan-Beimischungen für eine kräftige Farbe erforderlich. Zum Vergleich: Saphire benötigen nur eine Fremdatombeimischung im Promille-Bereich, um eine kräftige blaue Farbe zu zeigen, während Chrom im Prozentbereich notwendig ist, um einen Rubin über LF-Übergänge intensiv zu färben. Dennoch sind die Farbintensitäten der gemahlenen Steine zu schwach, als daß sie als Farbmittel in Erscheinung getreten wären.

Homonuklearer IVCT-Übergang

Hier erfolgt der Ladungstausch zwischen zwei Kationen desselben Elements, die verschiedene Oxidationsstufen aufweisen. Ein klassisches Beispiel ist das Paar $Fe^{2\oplus}/Fe^{3\oplus}$ im Preussischblau und Magnetit:

$$Fe_A^{2\oplus} + Fe_B^{3\oplus} \longrightarrow Fe_A^{3\oplus} + Fe_B^{2\oplus}$$

Zur Hervorbringung von Farbigkeit müssen sich die Kationen in verschiedenen chemischen Umgebungen A und B befinden, da sonst Anfangs- und Endzustand nicht unterscheidbar sind und damit keine Energiedifferenz vorläge. Beispiele für Verbindungen, in denen gemischtvalentes Eisen Fe^{II}/Fe^{III} für intensive Farben verantwortlich ist, sind [209, pp. 115], [208, S. 58f]:

- Turnbulls Blau, Berliner Blau oder Preussischblau, intensiv blau.
- Braunes Flaschenglas.
- Allochromatische (farblose) Minerale, die durch Eisen gefärbt werden:
  - Blaue Alkali-Amphibole wie Glaukophan oder Riebeckit mit der allgemeinen Zusammensetzung $Na_2(Mg, Fe^{II})_3(Al, Fe^{III})_2[(OH)_2|Si_8O_{22}]$, in der Frühzeit als Blaupigment genutzt (►Abschnitt 1.2.1 auf S. 6 und weiter unten).
  - Grüne Erde, eine Mischung aus Seladonit und Glaukonit mit der Zusammensetzung $(K, Na)(Al, Fe^{III}, Mg)_2(Si, Al)_4O_{10}(OH)_2$, seit der Frühzeit als Grünpigment genutzt (►Abschnitt 1.2.1 auf S. 6, ►Abschnitt 3.4.2.3 auf S. 236 und weiter unten). Die grüne Farbe entsteht durch Mischung der blauen Farbe (IVCT) mit Gelb (LF-Übergängen im $Fe^{3\oplus}$).
  - Vivianit $Fe_3^{II}(PO_4)_2$, Lazulith, Aquamarin $Be_3Al_2Si_6O_{18}$, blaue und grüne Turmaline, Chlorit $(Fe^{II}, Fe^{III}, Mg, Al)_6(Si, Al)_4O_{10}(OH)_8$, blau.

Fe^{II} bzw. Fe^{III} sind entweder fester Bestandteil des Minerals oder als Verunreinigung oder Nebenbestandteil enthalten. In diesem Fall ist die erreichte Farbintensität meist gering. Verschiedene gemischtvalente Metalle sind für die intensive Farbe einiger idiochromatischer (eigenfarbiger) Oxid-Minerale verantwortlich:

- Magnetit (Eisen(II,III)oxid) Fe_3O_4 oder $FeFe_2O_4$, schwarz,
- Mennige (Blei(II,III)oxid) Pb_3O_4 oder Pb_2PbO_4, orangerot,
- Mangan(II,III)oxid Mn_3O_4, schwarz,

Schließlich sind noch Molybdän-Blau und Wolfram-Blau zu nennen, kolloide hydratisierte und partiell reduzierte Oxide von Molybdän und Wolfram, in denen die verschiedenen Oxidationsstufen der Metalle gemäß

$$Mo_A^{V} + Mo_B^{VI} \longrightarrow Mo_A^{VI} + Mo_B^{V}$$

einen IVCT-Übergang hervorrufen. A und B sind die verschiedenen kristallographisch-chemischen Umgebungen der Metall-Kationen. Da dieser Übergang im nahen Infrarot stattfindet, resultiert eine intensive blaue Farbe. Die räumliche Nähe der Metallatome wird durch die Anordnung der Metalloxid-Polyeder gesichert.

Wir sehen an der Aufzählung, daß der IVCT-Mechanismus natürliche Farbmittel im Blau- und Grünbereich liefert, die seit der Antike neben Kupferpigmenten Verwendung fanden. Preussischblau gehörte zu den ersten und wichtigsten synthetischen Blaupigmenten der Neuzeit.

Ein interessantes und farbenprächtiges Beispiel ist das Mineral Vivianit, das frisch gefällt einem farblosen Eisen(II)phosphat entspricht. An der Luft wird Fe^{II}

teilweise allmählich zu Fe^{III} oxidiert. Da dieser Vorgang einige Zeit in Anspruch nimmt, existieren währenddessen beide Oxidationsstufen nebeneinander, sodass die Bedingungen für IVCT erfüllt sind und ein Farbumschlag über Grün und Blau zu Schwarzblau und retour stattfindet:

$$\underset{\text{frisch farblos}}{Fe_3^{II}(PO_4)_2 \cdot 8\,H_2O} \xrightarrow{O_2} \text{grün} \rightarrow \text{blau} \rightarrow \text{schwarzblau} \rightarrow \text{blau} \rightarrow \text{grün} \xrightarrow{O_2} \underset{\text{gealtert gelb}}{Fe_3^{III}(PO_4)_2(OH)_3}$$

Da in der oxidierten Form Hydroxid-Anionen hinzugekommen sind, liegen beide Sorten Eisen-Kationen in einer anderen chemischen Umgebung vor, sodass die Bedingung der Diversität erfüllt ist. Ein ähnlicher Vorgang ist bei der Oxidation von Mangan(II)sulfid zu beobachten, das frisch gefällt eine pink Farbe aufweist, die sich dann zu Braun weiterentwickelt.

Ein anderes interessantes Beispiel ist Magnetit, der so intensiv absorbiert, daß er schwarz und undurchsichtig ist. Er besteht aus endlosen Ketten von miteinander kantenverknüpften Eisenoxid-Oktaedern. Die Elektronen können in diesen Ketten nicht nur zwischen zwei bestimmten Eisenionen wechseln, sondern jeweils zum nächsten Ion in der Kette gelangen und auf diese Weise ein über die Kette delokalisiertes System aufbauen. Dieses System hat eine Vielzahl von angeregten Zuständen, sodass Magnetit Licht jeder Wellenlänge absorbiert und damit schwarz ist. In ähnlicher Weise sind zahlreiche Mineralien mit ketten- oder bandverknüpften Eisenoxid-Oktaedern braun bis schwarz gefärbt.

Beispiel: Berlinerblau

Der IVCT-Mechanismus ist die Grundlage eines Pigments, das ab 1700 die Palette in revolutionärer Weise um ein farbstarkes billiges Blaupigment erweiterte. Das seinerzeit sehr beliebte blaue Pigment Turnbulls-, Preussisch- oder Berlinerblau (►Abschnitt 3.7 auf S. 274)

$$Fe_4^{III}[Fe^{II}(CN)_6]_3 \cdot 16H_2O$$

besitzt eine intensive blaue Farbe, weil es zwei- und dreiwertiges Eisen im selben Molekül enthält. Im Kristallgitter liegt das farbgebende Strukturelement $Fe^{II}{-}C{-}N{-}Fe^{III}$ vor. Sowohl $Fe^{2\oplus}$ als auch $Fe^{3\oplus}$ sind oktaedrisch koordiniert, sodaß eine Aufspaltung der Eisen-*d*-Orbitale im jeweiligen Ligandenfeld erfolgt [375], [337, p.298]. Während $Fe^{2\oplus}$ von sechs Cyanid-Kohlenstoffatomen umgeben ist und einen low-spin-Komplex bildet (Umgebung A), befindet sich $Fe^{3\oplus}$ in einer Umgebung B aus Cyanid-Stickstoff und Kristallwasser-Sauerstoff. B führt zu einem schwächeren Ligandenfeld und einer geringeren Orbitalaufspaltung als A und zu high-spin-Komplexen, ►Abbildung 2.35.

Bei der geschilderten Anordnung befinden sich beide Sorten von Metall-Kationen in unterschiedlichen chemischen Umgebungen A und B, sind aber räumlich so nahe beinander, daß sie miteinander wechselwirken: bei Einstrahlung von langwelligem Licht beobachten wir den Transfer eines low-spin-t_{2g}-Elektrons in den high-spin-t_{2g}-Zustand:

$$(t_{2g})_A^6 \cdot (t_{2g})_B^3 (e_g)^2 \rightarrow (t_{2g})_A^5 \cdot (t_{2g})_B^4 (e_g)^2$$

Der intensive Übergang führt zur sichtbaren blauen Farbe der Verbindung. Da das plötzlich in einer Umgebung für Fe^{II} verbleibende Fe^{III} einen aktivierten Zustand darstellt, reagiert es rasch über Gitter-Schwingungen ab und führt damit die eingestrahlte Energie ans Gitter ab.

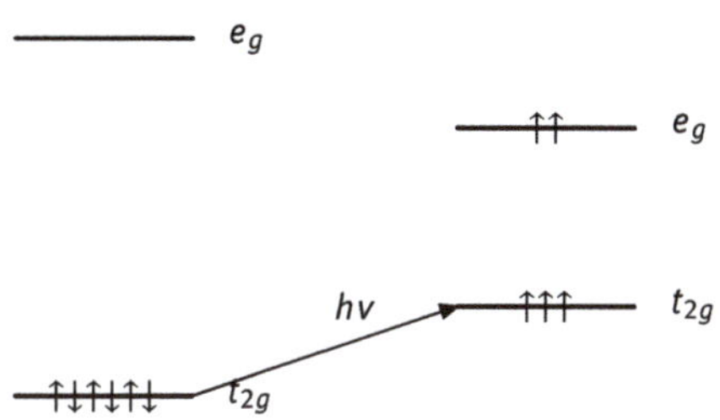

Abb. 2.35: Niveauschema der Eisen-*d*-Orbitale im Berlinerblau [375], [337, p.298]. Links der low-spin-Komplex, gebildet von Fe^{II} und über Kohlenstoff gebundene Cyanidliganden, rechts der high-spin-Komplex aus Fe^{III} und über Stickstoff gebundene Cyanidliganden.

Beispiel: Grüne Erde

Ebenso wie Preussischblau sind auch die grünen Erden (►S. 236) aufgrund des IVCT-Übergangs

$$t_{2g}(Fe^{II}) \rightarrow t_{2g}(Fe^{III})$$

vom tiefliegenden t_{2g} von Fe^{II} ins höherliegende t_{2g} von Fe^{III} gefärbt, in diesem Fall grün. Dieser CT-Übergang ruft zwar ebenfalls eine blaue Farbe hervor, in den grünen Erden mischt sich diese jedoch mit der gelben Farbe, die durch LF-Übergänge im Eisen(III)-Ion entsteht.

Beispiel: blaue Amphibole

In der Frühzeit wurden insbesondere im östlichen Mittelmeerraum, der Ägäis, von den Minoern und Mykenern blaue bis blaugraue Amphibole zur Erzielung blauer Freskofarben eingesetzt [434–438]. Alkali-Amphibole besitzen die allgemeine Zusammensetzung $Na_2(Mg, Fe^{II})_3(Al, Fe^{III})_2[(OH)_2|Si_8O_{22}]$, speziell gehören

Ferroglaukophan	$Na_2Fe_3^{II}Al_2[(OH)_2\|Si_8O_{22}]$,
Glaukophan	$Na_2Mg_3Al_2[(OH)_2\|Si_8O_{22}]$,
Riebeckit	$Na_2Fe_3^{II}Fe_2^{III}[(OH)_2\|Si_8O_{22}]$,
Magnesium-Riebeckit	$Na_2Mg_3Fe_2^{III}[(OH)_2\|Si_8O_{22}]$

zu dieser Familie. In der Amphibol-Struktur liegen Doppelreihen unendlich kantenverknüpfter SiO_4-Oktaeder vor. Mg bzw. Al liegen in typischen oktaedrisch koordinierten Umgebungen vor, die kristallographisch M1, M2 und M3 genannt werden.

Insbesondere beim Riebeckit können wir sofort sehen, daß die Anwesenheit von gemischtvalentem Eisen Fe^{II}/Fe^{III} Anlaß zu Farbigkeit (blau) durch IVCT gibt:

$$Fe^{II}_{M1} + Fe^{III}_{M2} \xrightarrow{\beta} Fe^{III}_{M1} + Fe^{II}_{M2} \quad \text{und} \quad Fe^{II}_{M3} + Fe^{III}_{M2} \xrightarrow{\beta} Fe^{III}_{M3} + Fe^{II}_{M2}$$

$$Fe^{II}_{M1} + Fe^{III}_{M2} \xrightarrow{\gamma} Fe^{III}_{M1} + Fe^{II}_{M2}$$

Tatsächlich gehörte Riebeckit neben Ägyptischblau zum festen Inventar der minoischen Maler. Da die oben genannten weiteren Mitglieder der Amphibol-Familie in der Natur nie mit der idealisierten Zusammensetzung auftreten, sondern stets $Fe^{2\oplus}$ oder $Fe^{3\oplus}$ als Verunreinigung oder Nebenbestandteil enthalten, können auch Glaukophan und Magnesium-Riebeckit blaue Farben zeigen. Die ältere Literatur fand Glaukophan als weiteres Blaupigment neben Ägyptischblau, [438] vertritt die Auffassung, daß es sich eher um Magnesium-Riebeckit handele.

Die oben gezeigten, für die blaue Farbe verantwortlichen IVCT-Übergänge liegen bei etwa 540 nm (β) bzw. 620 nm (γ) im gelben und roten Bereich [208], [209, pp. 124], [300]. Die Intensität der Farbe ist proportional zum Produkt der Konzentrationen von $Fe^{2\oplus}$ bzw. $Fe^{3\oplus}$, sodaß die Farbstärke erwartungsgemäß vom Grad der Eisen-Beimengung abhängig ist.

Interessant ist, daß die genannten Mineralien Pleochroismus zeigen, d. h. ihre Farbe hängt von der Polarisation des Lichts ab. Dies ist damit zu erklären, daß die gezeigten Übergänge durch die Kristallstruktur räumlich orientiert sind und die Absorptionen direkt von der Polarisationsrichtung des einfallenden Lichts abhängen. Die mit β bezeichneten Übergänge sind längs der b-Achse orientiert (Mineral ist purpur), die γ-Übergänge liegen längs der c-Achse (Mineral ist blau). Da längs der a-Achse kein Übergang angeregt werden kann, ist das Mineral längs dieser Achse farblos.

2.5 MO: Molekülorbital-Übergänge

Die bisher diskutierten Mechanismen von Farbigkeit haben sich dadurch ausgezeichnet, dass sie vor allem bei anorganischen Materialien auftraten, und dass sie im wesentlichen auf ein oder wenige Atome begrenzt waren, wodurch sie sich relativ einfach beschreiben lassen. Organische und auch einige anorganische Farbmittel lassen sich besser beschreiben, wenn wir viele, wenn nicht gar alle Atome des Moleküls miteinbeziehen. Farbigkeit resultiert dann aus dem Übergang zwischen *Molekülorbitalen*. Leider können wir eine solche Beschreibung mathematisch nicht geschlossen liefern, und die numerischen Näherungen sind ausserordentlich rechenintensiv. Auf diesem Gebiet müssen wir daher mit Modellen arbeiten, von denen es eine ganze Anzahl gibt. Unbefriedigenderweise werden wir dieses Thema daher jetzt nur streifen können und verweisen auf die Literatur, insbesondere auf [3–5, 189, 190, 192–194, 194, 196, 320].

Farben, die durch MO-Übergänge hervorgerufen werden, weisen folgende Merkmale auf:

- Die (theoretisch) schmalbandigen Absorptionen führen zu reinen Farbtönen.
- Die Lage der Absorptionsbanden ist durch geeigneten Chemismus frei wählbar, d. h. alle Farben sind möglich. Um grüne Farbmittel zu erhalten, müssen allerdings *zwei* geeignete Absorptionsbanden erzeugt werden.
- Die Absorptionsbanden können hohe Intensitäten erreichen und intensive Farben liefern.
- Sie treten bei den meisten organischen Farbmitteln und einigen anorganischen Molekülen auf, z. B. in den Sulfid-Anionen $S^{3\ominus}$ oder $S^{4\ominus}$ (Ultramarine).

Molekülorbitale

Molekülorbitale sind Vorstellungen der theoretischen Chemie, die den Orbitalbegriff über ein einzelnes Atomorbital (AO) hinaus auf ein ganzes Molekül erweitern. Erste Ansätze in dieser Richtung wurden bereits in der ersten Hälfte des letzten Jahrhunderts mit dem LCAO-Ansatz entwickelt, seitdem werden sowohl die theoretischen als auch die numerischen Methoden intensiv weiterentwickelt [5].

Um zu erkennen, wieso die Bildung von Molekülorbitalen (MO) Ursache von Farbigkeit sein kann, betrachten wir ein stark vereinfachtes Bild, in dem zwei Atome mit *s*- und *p*-AOs ein Molekül bilden. Die Elektronen können sich dann in erweiterten Bereichen, die *beide* Atome umfassen, bewegen, den sog. MOs, ►Abbildung 2.36.

Aufgrund der guten Überlappung der *s*-AOs in Richtung der Molekülachse bilden diese ein energetisch tiefliegendes bindendes σ_s-MO und ein energetisch um $h\nu_{s1}$ höherliegendes anti-bindendes σ_s^*-MO. Auch eines der *p*-Orbitale, das sich in Richtung der Molekülachse ausbreitet, kann eine σ-Bindung ausbilden, woraus ein weiteres Paar bindender σ_p und anti-bindender σ_p^* MOs folgt. Da das Überlappungsintegral (der gemeinsame Bereich) im Falle der *p*-Orbitale geringer ist, ist die Aufspaltung $h\nu_{s2}$ zwischen den σ_p-MOs kleiner als die der σ_s-MOs.

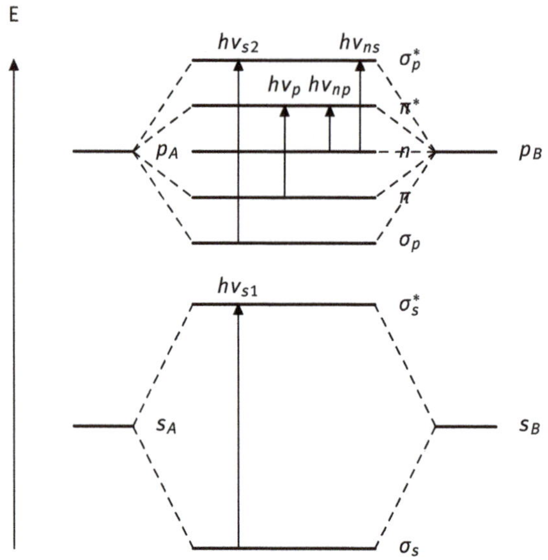

Abb. 2.36: Bildung von MOs aus s- und p-Orbitalen zweier Atome A und B, sowie die möglichen strahlungsinduzierten Übergänge zwischen den σ- und π-MOs. A und B bilden ein zweiatomiges Molekül mit einer Doppelbindung, z. B. Ethen. Ein p-Orbital von B ist im Beispiel nicht an der Bindung beteiligt und verbleibt als nicht-bindendes MO.

Die verbleibenden p-AOs können ebenfalls überlappen, aber nicht direkt in Richtung der Molekülachse, sondern innerhalb einer Ebene, die die Achse enthält. Als Resultat erhalten wir bindende π- und anti-bindende π^*-MOs. Das Überlappungsintegral bei π-Bindungen ist viel kleiner als bei σ-Bindungen, sodass der Energieunterschied $h\nu_p$ zwischen den π-MOs noch kleiner als bei den σ_p-MOs ist.

Im Bild ebenfalls angedeutet ist die Möglichkeit, dass Orbitale (hier ein p-Orbital) keine Bindung eingehen und als nicht-bindendes MO n verbleiben (häufig sind dies freie Elektronenpaare von Sauerstoff, Schwefel oder Stickstoff). Diese Orbitale sind energetisch nicht abgesenkt worden.

Die in ►Abbildung 2.36 geschilderte Situation liefert uns mehrere Möglichkeiten, licht-induzierte Elektronenübergänge zu formulieren: je nach der Besetzung der Orbitale können wir Elektronen aus den bindenden in die ani-bindenden MOs überführen ($\sigma \rightarrow \sigma^*$-Übergänge mit den Energien $h\nu_{s1}$ und $h\nu_{s2}$ sowie $\pi \rightarrow \pi^*$-Übergang mit der Energie $h\nu_p$). Auch nicht-bindende Elektronen können in σ^*- oder π^*-Orbitale überführt werden ($n \rightarrow \sigma^*$- oder $n \rightarrow \pi^*$-Übergang mit den Energien $h\nu_{ns}$ und $h\nu_{np}$). Da n-Orbitale zwischen bindenden und anti-bindenden MOs liegen, stellen sie für Elektronen „Sprungbretter" dar, die die notwendige Energie für Übergänge in π^*-Orbitale reduzieren. Die typische Lage dieser Elektronenübergänge ist in ►Abbildung 2.37 gezeigt.

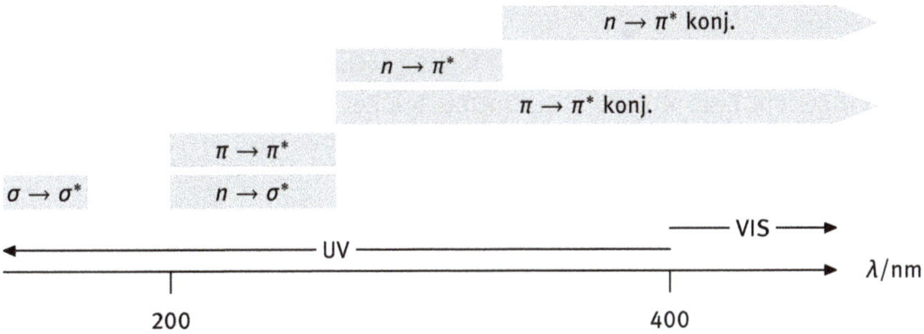

Abb. 2.37: Schematische Lage der wichtigsten Arten von Elektronenübergängen zwischen Molekülorbitalen (gezeichnet nach [196]).

$\sigma \rightarrow \sigma^*$-Übergang

Die Aufspaltung der σ-MOs ist so groß, dass die $\sigma \rightarrow \sigma^*$-Absorptionsbande im UV-Bereich stattfindet und wir keine Farbe beobachten können. Aus diesem Grunde ist der grösste Teil der organischen Welt farblos. Die Absorption führt jedoch dazu, daß organische Verbindungen gegenüber UV-Licht empfindlich sind und von diesem zerstört werden können.

Die $\sigma \rightarrow \sigma^*$-Absorptionsbande im UV kann so intensiv und breit sein, dass ihre Flanke in den nahen Blau-/Violettbereich hineinragt. Dieses „Anknabbern" des VIS-Bereichs nehmen wir als leichte Gelbfärbung wahr und ist der Grund dafür, daß organische Verbindungen häufig schwach gelbe Färbung besitzen.

$n \rightarrow \pi^*$-Übergang

Durch den geringen energetischen Abstand zwischen n- und π^*-MOs liegt die $n \rightarrow \pi^*$-Absorptionsbande im VIS- oder nahen UV-Bereich. Bekannte $n\pi^*$-Chromophore sind:

- Carbonylgruppen $R_2C{=}O$ liefern mit ihren nicht-bindenden Elektronenpaaren hochliegende Sprungbretter.
- Azogruppen NR=NR liefern ebenfalls nicht-bindende Elektronenpaare, ebenso das doppelt gebundene Heteroatom in der Iminogruppe =C=N–.

Wir begegnen diesen Chromophoren in zahlreichen organischen Verbindungen, die teilweise schöne Farben zeigen. Durch die geringe Übergangswahrscheinlichkeit des $n \rightarrow \pi^*$-Übergangs sind ihre Extinktionskoeffizienten jedoch gering. Das Carbonylchromophor tritt unerwünschterweise beim Vergilben von Firnis, Malmitteln und Papier auf und verleiht dem Material einen gelben Farbstich, ►Abschnitt 7.4.8 auf S. 601 und ►Abschnitt 6.7.10 auf S. 540.

Sowohl Carbonyl- als auch Azogruppen finden wir als wesentlichen Bestandteil echter Farbmittel wieder, S. 150 und S. 155. In diesen Fällen wirken die Strukturen allerdings nicht über den $n \rightarrow \pi^*$-Übergang, sondern über ihre Fähigkeit, als Elektronenakzeptoren aufzutreten.

$\pi \rightarrow \pi^*$-Übergang

Durch die relativ geringe Aufspaltung der π-MOs liegt eine $\pi \rightarrow \pi^*$-Absorptionsbande im nahen UV-Bereich. Eine Molekülstruktur mit solcher Absorption ist „fast farbig". Besonders wichtig ist die Doppelbindung $R_2C{=}CR_2$, die über einen $\pi \rightarrow \pi^*$-Übergang wirkt und entweder selber Basis von Farbmitteln ist oder die Absorptionsbanden anderer Chromophore durch Konjugation in den langwelligeren Bereich verschiebt. Um die Absorption des $\pi \rightarrow \pi^*$-Chromophors vollends in den sichtbaren Bereich zu verschieben, haben wir mehrere Möglichkeiten.

Auxochrome

Substituenten, die die elektronische Struktur verändern, verändern auch die Übergangsenergien. *Auxochrome* sind Elektronendonoren, deren freies Elektronenpaar mit dem HOMO des Chromophors in Wechselwirkung tritt und es anhebt, sodass die Übergangsenergie von $h\nu_1$ auf $h\nu_2$ sinkt, ►Abbildung 2.38.

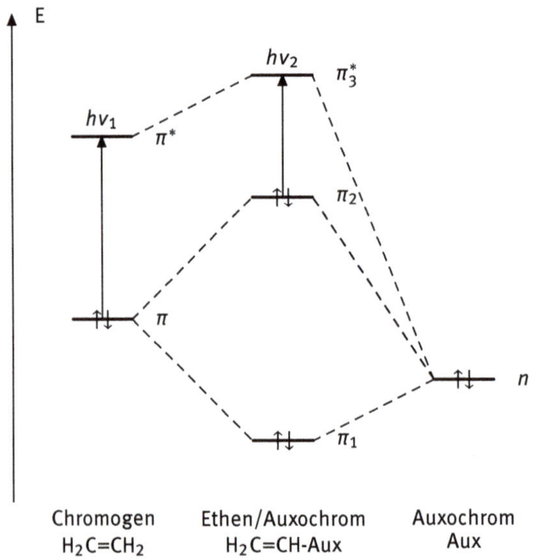

Abb. 2.38: Bathochrome Verschiebung von $\pi \rightarrow \pi^*$-Elektronenübergängen ν_1 durch Auxochrome (–OR, –SR, –NR_2, –Hal), die nicht-bindende MOs n beisteuern. Durch die π-n-Wechselwirkung wird ein höherliegendes MO π_2 erzeugt, die Übergangsenergie $h\nu_2$ aus dem neuen HOMO π_2 ist kleiner als $h\nu_1$ (gezeichnet nach [196]).

Konjugation

Mit der Vergrösserung des π-Systems um weitere π-Bindungen erhöhen wir die HOMO-Energie, senken die LUMO-Energie und verringern damit ebenfalls die Energie des $\pi \rightarrow \pi^*$-Übergangs auf $h\nu_4$, ►Abbildung 2.39. Von dieser Möglichkeit wird häufig

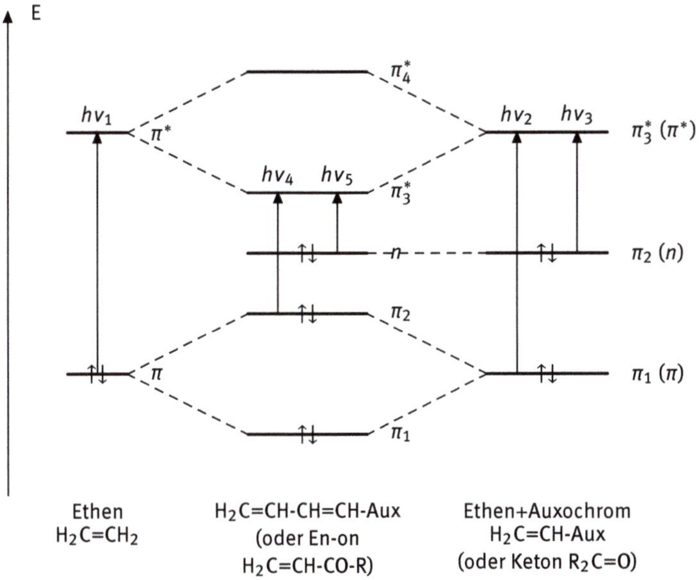

Abb. 2.39: Weitere bathochrome Verschiebung von $\pi \rightarrow \pi^*$-Elektronenübergängen (ν_1, ν_2) und $n \rightarrow \pi^*$-Elektronenübergängen (ν_3) durch konjugierte Doppelbindungen. Jede weitere Etheneinheit erhöht das HOMO (von π auf π_2) und senkt das LUMO (von π^* auf π_3^*). ν_4 und ν_5 sind kleiner als die ursprünglichen Frequenzen (gezeichnet nach [196]).

Gebrauch gemacht, z. B. bei Polyenen und Polymethinen (►Abschnitt 2.5.4 und ►Abschnitt 2.5.5), und so finden wir in gebräuchlichen Farbmitteln ausgedehnte konjugierte π-Bindungssysteme.

2.5.1 VB- und MO-Bild, Resonanzstrukturen

Wir haben bisher MO-Diagramme von Farbmitteln betrachtet. Üblicherweise finden wir auch Diskussionen der Chromophore über Resonanzstrukturen oder mesomere Grenzformeln. Letztlich beschreiben beide Bilder unterschiedliche Aspekte des gleichen Problems, ►Abbildung 2.40 zeigt den Zusammenhang. Farbmittel mit energetisch ähnlichen Resonanzstrukturen sind häufig farbig, da die Resonanzstrukturen durch Lichteinstrahlung ineinander überführt werden können (VB-Bild):

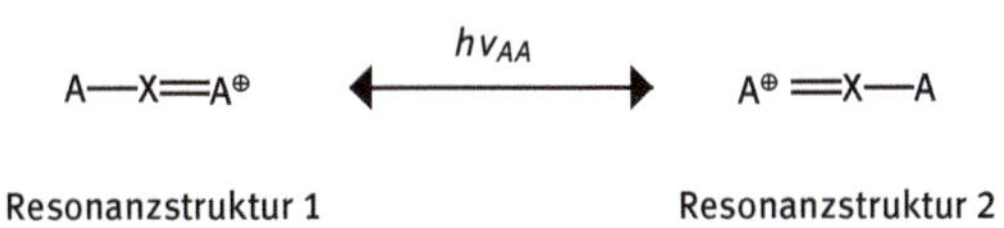

►Abbildung 2.40 links zeigt das MO-Bild: die Realität wird weder durch A–X=A$^{\oplus}$ noch durch und A$^{\oplus}$=X–A wiedergegeben, sondern durch die Überlagerung beider Struktu-

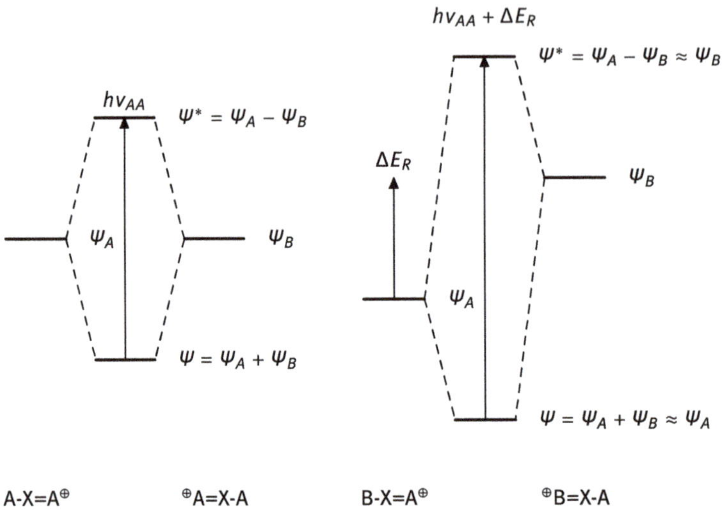

Abb. 2.40: Zusammenhang zwischen Resonanzstrukturen (VB-Bild) und MO-Schema (gezeichnet nach [4, ch. 4.2]). Links: die Resonanzstrukturen weisen gleiche Energie auf, im MO-Bild entstehen neue MOs Ψ und Ψ^*, die durch die Energie $h\nu_{AA}$ getrennt sind und einen Elektronenübergang ermöglichen. Rechts: die Resonanzstruktur mit A-Kation ist um den Betrag ΔE_R bevorzugt (stabiler), die Aufspaltung der MOs ist um diesen Betrag grösser.

ren, d. h. die Bildung neuer MOs Ψ und Ψ^*. Zwischen diesen ist der beschriebene Übergang mit der Energie $h\nu_{AA}$ möglich. Je mehr gleichwertige Grenzformeln möglich sind, desto geringer werden die Energiedifferenzen zwischen den HOMOs und LUMOs, d. h. desto langwelliger und näher am VIS-Bereich ist der Übergang.

Ist eine der Resonanzformeln um die Energie ΔE_R bevorzugt, z. B. B–X=A$^{\oplus}$ gegenüber B$^{\oplus}$=X–A, muß neben $h\nu_{AA}$ noch die Energie ΔE_R zusätzlich aufgebracht werden, die Absorption erfolgt bei kürzeren Wellenlängen und verschiebt sich in den UV-Bereich. Das zugehörige MO-Bild ist in ►Abbildung 2.40 rechts gezeigt.

2.5.2 Erweiterte Chromophore

Wie wir gesehen haben, reicht in der Regel das Vorhandensein eines $\pi\pi^*$-Chromophors nicht aus, um durch eine Absorption im VIS-Bereich farbige Verbindungen herzustellen, es ist zusätzlich eine bathochrome Verschiebung der Absorptionsbande notwendig. Wir können die genannten Mittel zur Herbeiführung bathochromer Verschiebungen mit den Chromophoren kombinieren und Struktureinheiten erhalten, die immer wieder als Farbträger in MO-basierten Farbmitteln fungieren, ►Abbildung 2.41:

- Donor-Akzeptor-Systeme aus Elektronendonoren, -akzeptoren und konjugierten Brücken sind ein wesentliches Element vieler natürlicher und synthetischer Farb-

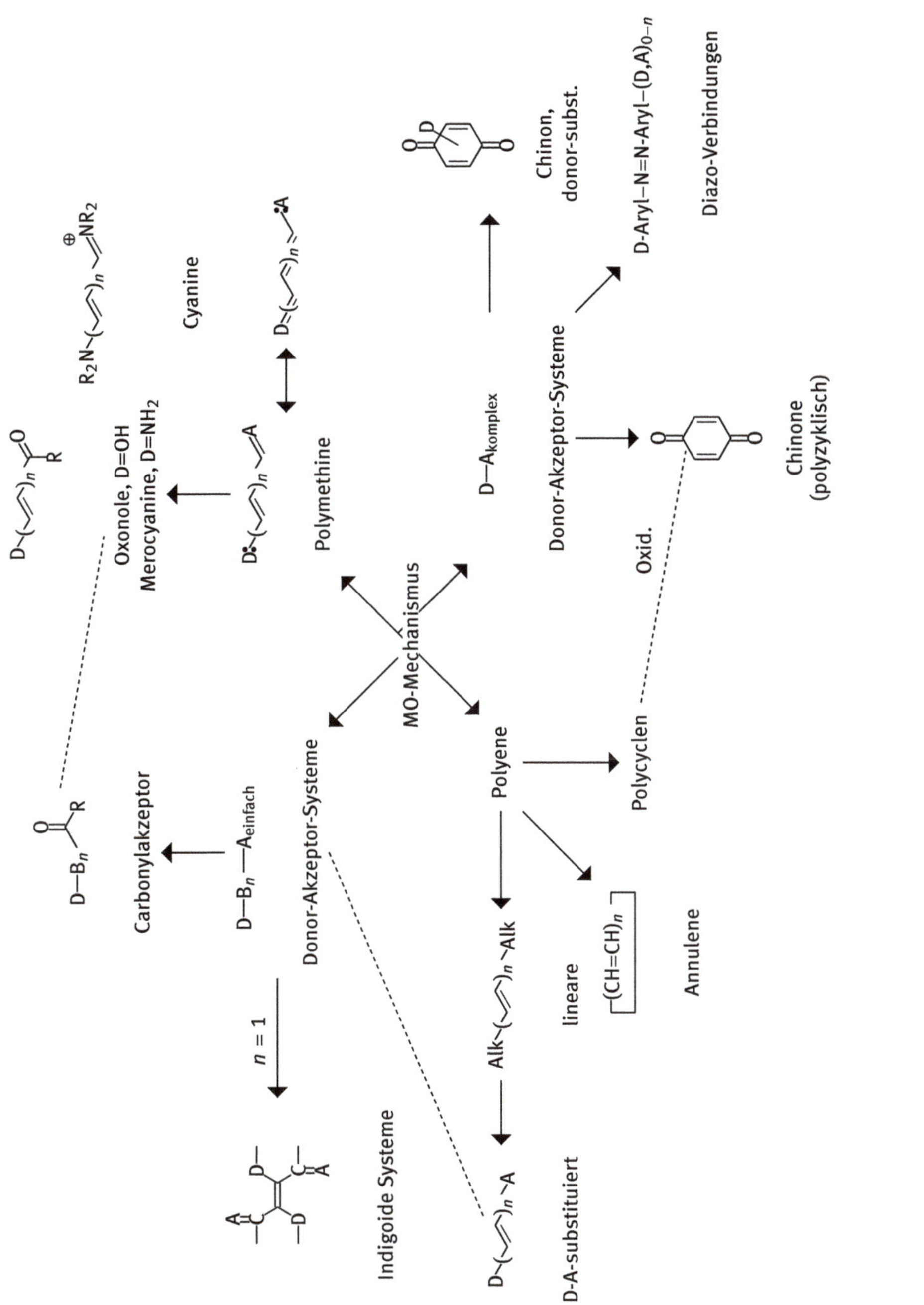

Abb. 2.41: Stammbaum der Chromophore, die primär durch MO-Übergänge Farbe hervorrufen. Die Hauptvertreter sind π-Systeme, Systeme mit Azogruppen und Carbonylgruppen mit π-Systemen. Die gestrichelten Linien markieren äquivalente Chromophore. B = Brücke, B_n = Brücke, die äquivalent zu n CH_2=CH_2-Einheiten ist.

mittel. Die chromogene Wirkung beruht auf dem Übergang zwischen Donor und Akzeptor, die Brücken rufen die bathochrome Verschiebung hervor.
Wir können einfache lokalisierte Akzeptoren unterscheiden von komplexen Akzeptoren. Die Carbonylgruppe ist als einfacher Akzeptor in vielen Farbmitteln enthalten, u. a. den indioiden Farbmitteln. Zu komplexen Akzeptoren zählen donorsubstituierte Chinone und Diazoverbindungen.
- Verbindungen mit einer ungeraden Anzahl an Atomen und MOs in einem konjugierten π-System zeigen Übergänge zwischen einem nichtbindenden MO (NBMO) und dem LUMO. Zu diesem Typus zählen die wichtigen natürlichen und synthetischen Oxonol- und Cyaninfarbmittel.
- Verbindungen mit einer geraden Anzahl an Atomen und MOs in einem π-System gehören zu den Polyenen, in denen der HOMO-LUMO-Übergang chromogen wirkt. Neben linearen Polyenen gehören die zyklischen Annulene und die polycyclischen Kohlenwasserstoffe zu dieser Gruppe.

In all diesen Klassen spielt die Farbigkeit aufgrund eines eventuell möglichen $n \rightarrow \pi^*$-Übergangs in Carbonylgruppen keine wesentliche Rolle.

2.5.3 Donor-Akzeptor-Chromophore

Zu den häufigsten Chromophoren in Farbmitteln gehören die Typen

D–B–A (einfach) D–A (komplex)

die aus einem Elektronendonor D, einem Elektronenakzeptor A und einer Brücke aus konjugierten Mehrfachbindungen B aufgebaut sind [4, ch. 6, 7]. Prinzipiell wird die Farbe bei diesem Chromophor durch die Anregung

$$\text{D–B–A} \xrightleftharpoons{h\nu} \text{D}^{\oplus}\text{=B=A}^{\ominus} \qquad \text{D–B–A} \xrightleftharpoons{h\nu} \text{D}^{\oplus}\text{=B}^{\delta-}\text{=A}^{\delta-}$$

A einfach A komplex

hervorgerufen. Im Falle eines einfachen Akzeptors können wir kleine Molekülteile A identifizieren, die die Ladung im angeregten Zustand übernehmen. Ist dies nicht möglich, liegt ein komplexer Akzeptor vor, bei dem die Ladung von einem oder mehreren größeren Teilen des Moleküls übernommen wird, worin auch die Brücke einbezogen sein kann.

Da die Anregungsfrequenz des Chromophors D–A im UV-Bereich liegt, kommt dem konjugierten System der Brücke und dem komplexen Akzeptor eine große Bedeutung zu. Beide bewirken eine bathochrome Verschiebung, die die Absorption des Chromophors in den VIS-Bereich verschiebt, wie wir an einem Beispiel sehen können:

$H_2N\text{-}NO_2$

Nitro-amin
farblos

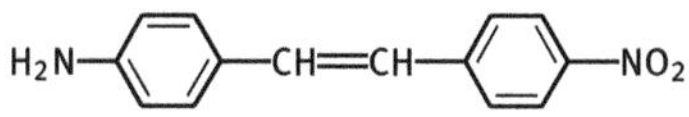

1-p-Aminophenyl-2-p-Nitrophenyl-ethen
farbig, einfacher Akzeptor

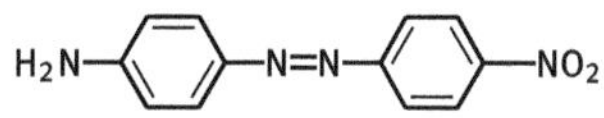

p-Amino-p'-Nitro-azobenzol
farbig, komplexer Akzeptor

Im Nitroamin liegen zwar ein starker Donor (Aminogruppe) und Akzeptor (Nitrogruppe) vor, die Absorption liegt jedoch nicht im sichtbaren Bereich. Durch Einbau einer Polyenbrücke (über zwei Phenylringe und eine Vinyleinheit) wird die Absorption in den VIS-Bereich verschoben. In beiden Fällen ist die Nitrogruppe ein einfacher Elektronenakzeptor. Beim Azobenzol tritt uns ein komplexer Akzeptor entgegen, da die Stickstoffatome der Brücke die Ladung schon teilweise selber übernehmen.

Als *Donor* treten Atome mit einem einsamen Elektronenpaar in einem hohem Orbital auf, das zur Überlappung mit dem π-System befähigt ist, d. h. in die Bildung von MOs einbezogen ist. (Liegt das freie Elektronenpaar als isoliertes n-AO vor, kann nur der oben besprochene lokalisierte $n \rightarrow \pi^*$-Übergang erfolgen.) Häufig übernehmen Sauerstoff, Schwefel oder Stickstoff diese Rolle, wichtige Donoren sind nach Stärke geordnet:

$-O^{\ominus}, -NR^{\ominus}, -S^{\ominus} > -N(CH_3)_2 > -NHCH_3 > -SCH_3 > -NH_2 > -OCH_3 > -NHCOCH_3 > -OH > -OCOCH_3$

Die Rolle der *Brücke* übernimmt ein System von konjugierten Mehrfachbindungen, die in Ketten oder Ringen angeordnet sein können. Je größer dieses System ist, desto größer ist die bathochrome Verschiebung, die erreicht wird. Die absolute Größe hängt jedoch neben der Positionierung von Donoren und Akzeptoren auch von der Anordnung der Brücke ab. So ist z. B. die longitudinale Verlängerung der Brücke wirkungsvoller als die laterale Anordnung:

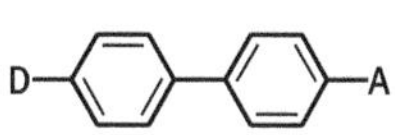

wirkungsvoller als

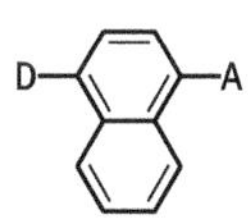

Brückenglieder, die nicht in aromatischen Kernen liegen, zeigen wie die später behandelten Polyene deutliche Unterschiede zwischen Einfach- und Doppelbindungen.

Der *Akzeptor* ist aus zwei Atomen aufgebaut, die über eine Mehrfachbindung verbunden sind und von denen das terminale Atom eine höhere Elektronegativität als Kohlenstoff hat. Wichtige Akzeptoren in fallender Stärke sind

$-SO_2CF_3 > -NO_2 > -SO_2CH_3 > -CN > -COCH_3 > -COOH > -SOCH_3 > -COOCH_3 > -CONH_2 > -CHO > -NO > -COO^{\ominus}$

Einfache Donor-Akzeptor-Systeme treten in den von uns betrachteten Farbmitteln mit Carbonylgruppen als Akzeptor und als indigoide Chromophore auf. Komplexe Akzeptoren finden wir in donorsubstituierten Chinonen und donorsubstituierten Diazoverbindungen. Beide Gruppen sind von großer Bedeutung für natürliche und synthetische Farbmittel.

2.5.3.1 Einfache D-A-Chromophore mit Carbonylakzeptor

Die Carbonylgruppe ist ein häufiger Akzeptor in Donor-Akzeptor-Systemen, kombiniert mit einem Polyen als konjugierter Brücke [4, ch. 6.2]:

I

D=OH: Oxonol, D=NH_2: Merocyanin

II

In diesem System liegt i. A. eine asymmetrische Ladungsverteilung vor, sodass auch im Grundzustand schon polare Anteile II mit einer Konzentration von negativer Ladung am Carbonylsauerstoff vorhanden sind, die im angeregten Zustand verstärkt werden. Desweiteren beobachten wir in der Brücke nach wie vor abwechselnd Einfach- und Doppelbindungen und eine Konvergenz der bathochromen Verschiebung mit steigender Brückenlänge, auch bei Verwendung starker Donoren. Je nach Brückenlänge und Donor können diese Systeme jedoch Absorption im gesamten VIS-Bereich zeigen, d. h. die erreichbare Palette umfaßt alle Farben von Gelb bis Blaugrün.

Die maximale bathochrome Verschiebung des HOMO-LUMO-Übergangs erhalten wir bei einer symmetrischen Elektronenverteilung, also Anteilen der neutralen I und der ionischen Struktur II im Grundzustand. Interessanterweise wird diese Verschiebung nicht bei Verwendung des stärksten Donors und des stärksten Carbonylakzeptors erhalten, da dies nur zu einer stark ionischen Grundzustandsstruktur II führt.

Stattdessen müssen Donor und Carbonylakzeptor in ihrer Stärke aufeinander so abgestimmt werden, daß eine hohe elektronische Symmetrie erreicht wird. Die maximal erreichbare bathochrome Verschiebung liegt dann in der Größenordnung von etwa 80 nm pro Vinyleinheit in der Brücke. (Die höchste Symmetrie erhalten wir im gezeigten Beispiel mit einem Oxonol, wenn also das Donoratom mit dem Carbonylakzeptor übereinstimmt. Dann sind aber Donor und Akzeptor nicht mehr unterscheidbar und wir haben ein Polymethin erhalten, dessen elektronische Struktur mit einem nichtbindenden MO und Äquivalenz zwischen Einfach- und Doppelbindungen stark von Donor-Akzeptor-Systemen abweicht, ►Abschnitt 2.5.5.)

2.5.3.2 Indigoide Chromophore

Indigo gehört zu den klassischen Farbmitteln mit häufig diskutiertem Chromophor. Ausgangspunkt war die Beobachtung, dass das kleine Indigomolekül eine hohe bathochrome Verschiebung bis in den blauen Bereich zeigt, wie sie sonst nur mit erheblich ausgedehnteren Molekülen oder starken Donorgruppen erreichbar ist.

Die Geschichte dieser Diskussion ist interessant und umfasst viele Jahrzehnte chemischer Forschung und wechselnde Ansichten, die sich in der Debatte widerspiegeln und das Chromophor immer mehr reduzieren konnten ([402–404], ►Abschnitt 4.7.4). Wir wollen uns mit den Resultaten befassen, die als eigentliches Chromophor die Gruppe I identifiziert haben, das sog. *H-Chromophor* [4, ch. 7.9]:

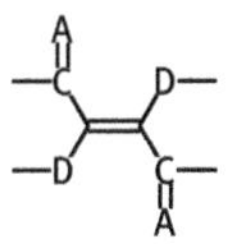

H-Chromophor I

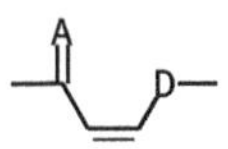

Pentacyanin II

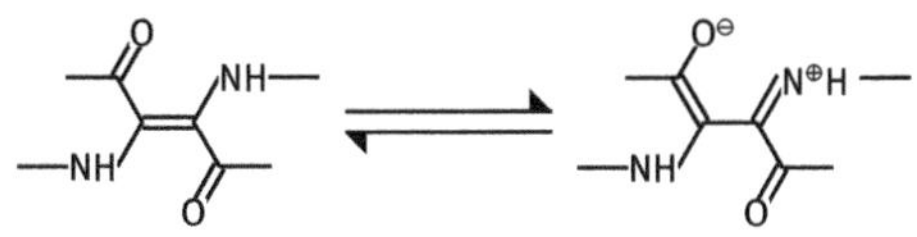

III IV

Die Gruppen D sind Elektronendonoren (–O–, –S–, –NH–, –Se–, –Te–), A sind Akzeptoren (=O, =NH, =NR).

I kann als einfaches Donor-Akzeptor-System mit zwei Donor-Akzeptor-Paaren angesehen werden, die über eine Brücke aus einer einzelnen Vinylgruppe verbunden sind. In jedem dieser Paare –CO–CH=CH–NH– ist die sekundäre Aminogruppe der Donor, die Carbonylgruppe der Akzeptor. I kann aber auch als doppeltes Merocyanin (Pentacyanin, II) mit der kürzestmöglichen Kette aus einer Doppelbindung betrachtet werden. In einer Mesomerie-Beschreibung wird das Chromophor am besten durch Grenzformeln wie III und IV wiedergegeben, MO-Rechnungen legen die tatsächlichen Verhältnisse aber besser dar.

Nun zeigen selbst Donor-Akzeptor-substituierte Merocyanine wie II bei so kurzen Ketten noch keine Farbe. Die starke Bathochromie resultiert aus der Substitution von II mit einem zweiten Donor X und einem weiteren Akzeptor Y [5], ►Abbildung 2.42. Die Substitution mit dem Donor erfolgt am mittlerem Kohlenstoffatom, das einen großen Entwicklungskoeffizienten im HOMO aufweist. Donor und II koppeln daher stark, Ψ und Ψ_{Donor} bilden das MO-Paar Ψ_u und Ψ_o. Das neue HOMO Ψ_o ist energetisch angehoben. Das LUMO Ψ^* koppelt nicht mit dem Donor, da es an der Stelle einen verschwindenden Entwicklungskoeffizienten aufweist.

Der Akzeptor dagegen wird an einer Stelle mit hohem LUMO-Koeffizienten eingeführt, sodass Ψ^* und Ψ_{Akzeptor} koppeln und das MO-Paar Ψ_u^* und Ψ_o^* bilden. Das neue LUMO Ψ_u^* ist energetisch abgesenkt. In der Summe ist in I im Vergleich zu II die HOMO-LUMO-Lücke erheblich verringert und damit die Übergangsfrequenz $h\nu_2$ verringert worden. Betrachten wir II als heterosubstituiertes Pentacyanin, das an den Positionen D und A Stickstoff und Sauerstoff trägt, können wir dieses Ergebnis auch aus den Dewarregeln herleiten, ►Abschnitt 2.5.5 auf S. 181. Der Donor ist dann an einer besternten Position des Polymethins eingeführt, der Akzeptor an einer unbesternten Stelle. Beide Veränderungen führen zu einer bathochromen Verschiebung der Über-

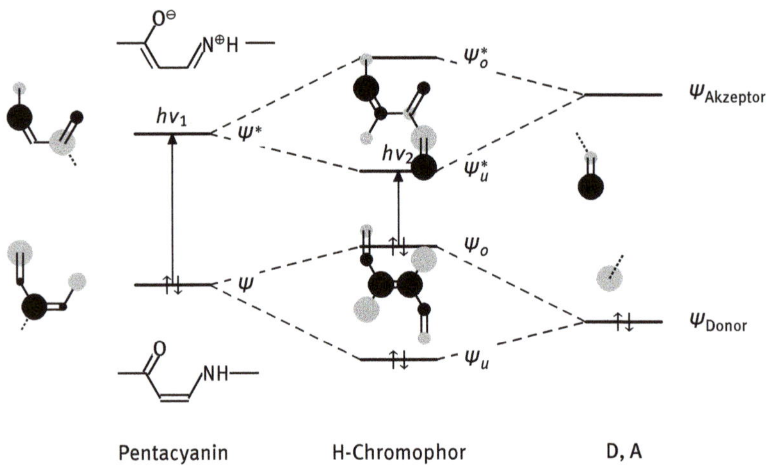

Abb. 2.42: MO-Schema des Pentacyanins, das den indigoiden Farbmitteln zugrundeliegt (gezeichnet nach [5, ch. X.1]). Links MOs des Pentacyanins, die Kugeln deuten die Grösse der Entwicklungskoeffizienten und damit die Anteile der einzelnen AOs am MO an. Rechts sind die MOs der zusätzlichen Donor- und Akzeptorgruppen (Amino- resp. Carbonylgruppe) angedeutet. Im substituierten Pentacyanin (Mitte) sind HOMO und LUMO dichter zusammengerückt, die Absorptionsenergie von $h\nu_1$ auf $h\nu_2$ gesenkt.

gangsfrequenz. Das Beispiel zeigt gleichzeitig, wie eng Polymethine und Polyene mit Carbonylakzeptor zusammenhängen.

Das H-Chromophor zeigt zwar eine hohe Bathochromie, die eigentliche Farbe des Indigo ist aber nicht Blau, sondern Rot, die Verschiebung fällt somit geringer aus [405]. Die blaue Farbe ist ein Artefakt von Indigo als Feststoff und in der Dampfphase nicht zu beobachten. Für den Festkörper werden weitere Wechselwirkungen zwischen Carbonylgruppen und Wasserstoffatomen der Aminogruppe diskutiert, über die das konjugierte System erheblich vergrössert wird (theoretisch über den ganzen Festkörper).

2.5.3.3 Donorsubstituierte Chinone

Die wichtigen natürlichen Benzo-, Naphtha- und Anthrachinonfarbmittel, allen voran das klassische rote Chinonpigment „Krapplack" (►Abschnitt 4.1) wie auch die synthetischen Anthrachinonfarbmittel (►Abschnitt 4.2) basieren auf donorsubstituierten Chinonen als Chromophoren. Schon der lokalisierte $n \rightarrow \pi^*$-Übergang innerhalb der Carbonylgruppe ruft Farbe hervor, ist aber für kommerzielle Farbmittel von zu geringer Intensität. Farbintensive Chinone sind mit Elektronendonoren substituiert und zeigen dann einen intensiven $\pi \rightarrow \pi^*$-Übergang, der auf der Übertragung von Ladung vom Donor auf den Carbonylsauerstoff basiert. Mit stärker elektronenliefernden Substituenten können mono- und disubstituierte Anthrachinone jeden beliebigen Farbton von Gelb bis Blau liefern.

Zusammen mit dem π-System des Aromaten stellt der Carbonylsauerstoff einen effizienten, komplex aufgebauten Elektronenakzeptor dar [3], [4, ch. 7.2]:

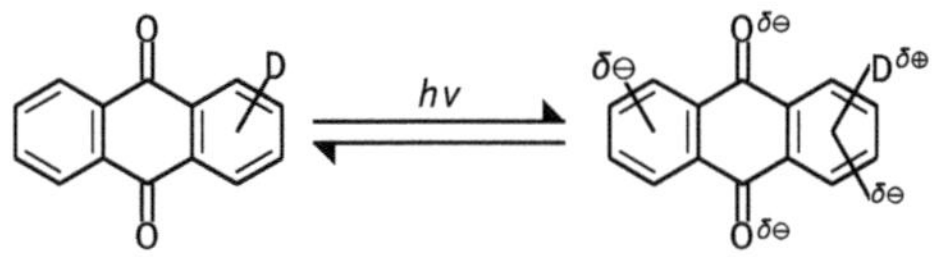

In der Formel ist angedeutet, daß Ladung vom Donor abgezogen und primär auf den Carbonylsauerstoff, aber auch auf andere Positionen im Ringsystem übertragen wird. Im VB-Bild (siehe unten) führt diese Ladungsverschiebung zu intensiven Absorptionsbanden und mehr oder weniger ausgeprägten ionischen Zuständen. Als Donoren kommen in fallender Stärke in Frage:

$-O^{\ominus}, -NR_2^{\ominus}, -S^{\ominus} > -N(CH_3)_2 > -NHCH_3 > -NH_2 > -SH_2 > -NHOCCH_3 > -OCH_3 > -OH > -OOCCH_3$

Im Spektrum können wir mehrere Peaks beobachten, die sich Elementen zuordnen lassen, die durch die verschiedenen Zerlegungsmöglichkeiten des farbigen Moleküls entstehen [5]. Chinone können wir in Carbonylgruppen mit konjugiertem π-System zerlegen und damit *p*-Chinon als „verdoppeltes En-on" oder Anthrachinon als „verdoppeltes Acetophenon" betrachten. Auch aromatische Kohlenwasserstoffe sind mögliche Komponenten. Beispielhafte Zerlegungen von p-Chinon und Naphthochinon sind:

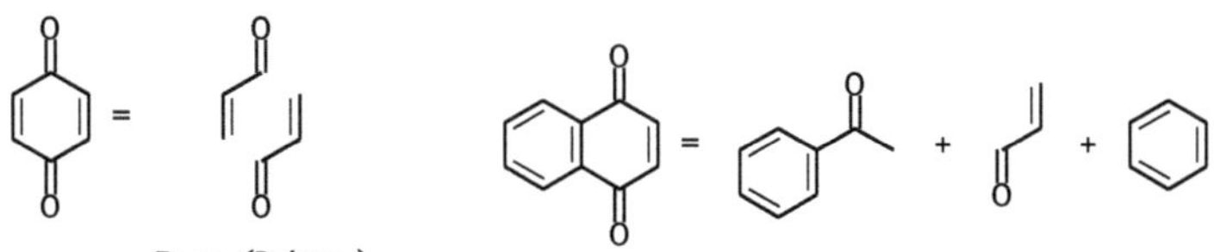

Jede dieser Zerlegungen erklärt bestimmte Aspekte des Spektrums. Banden im UV gehören zu $\pi \rightarrow \pi^*$-Übergängen innerhalb der Benzolringe, intensive Banden im VIS-Bereich gehören zu $\pi \rightarrow \pi^*$-Übergängen des chinoiden Systems, und langwellige schwache Absorptionen zu $n \rightarrow \pi^*$-Übergängen der konjugierten Carbonylgruppe. [635] und [636] zeigen dies am Beispiel der Anthrachinone.

Die Banden der $\pi \rightarrow \pi^*$-Übergänge werden durch Kondensation der Chinone mit Benzolringen zu höheren Wellenlängen verschoben (Vergrößerung der Konjugation), Anthrachinon unterscheidet sich jedoch kaum vom Naphthochinon. Die spektroskopischen Eigenschaften werden bereits im Naphthochinon mit dem einzelnen Benzolring festgelegt. Der zweite Ring im Anthrachinon führt zu keiner weiteren Verschiebung der Absorption zu höheren Wellenlängen, aber zu einer Verdoppelung der

Intensität: Anthrachinon können wir in dieser Hinsicht in zwei sich überdeckende Naphthochinone zerlegen. Es gilt für annelierte Aromaten die Faustregel: das grössere Ringsystem bestimmt die bathochrome Verschiebung, alle weiteren Ringe erhöhen die Intensität der Absorption.

VB-Bild, donor-substituierte Chinone Im VB-Bild können wir $\pi \rightarrow \pi^*$-Übergänge von Chinonen durch das Gleichgewicht zwischen einer neutralen und mehreren ionischen mesomeren Grenzformeln beschreiben, ►Abbildung 2.43 [3]. Die Stabilität der ionischen Strukturen hängt vom Substitutionsmuster des Chinons mit Elektronendonoren ab, sodass wir folgende Reihe zunehmender Bathochromie erhalten:

2-Substitution < 1 < 1,5 < 1,8 < 1,2 < 1,4 < 1,4,5,8-Tetrasubstitution

Beispiele für die resultierenden Farben sind in ►Tabelle 2.9 gegeben.

Tab. 2.9: Farben von verschiedenartig substituierten Anthrachinonen [3, ch. 4.6] (der Farbblock zeigt die theoretische Farbe der Verbindung als Komplementärfarbe zur angegebenen absorbierten Wellenlänge).

Substitution	Farbe	$\lambda(\pi \rightarrow \pi^*)$
2-Hydroxy-anthrachinon	Gelbgrün	368 nm
1-Hydroxy-anthrachinon	Gelb	402 nm
1,5-Dihydroxy-anthrachinon	Gelb	425 nm
1,2-Dihydroxy-anthrachinon	Gelb	430 nm
1,8-Dihydroxy-anthrachinon	Gelb	430 nm
2-Amino-anthrachinon	Gelb	440 nm
1,4-Dihydroxy-anthrachinon	Orange	470 nm
2-Dimethylamino-anthrachinon	Orange	472 nm
1-Amino-anthrachinon	Orange	475 nm
1,2-Diamino-anthrachinon	Orangerot	480 nm
1,5-Diamino-anthrachinon	Rot	487 nm
1-Dimethylamino-anthrachinon	Rot	504 nm
1,8-Diamino-anthrachinon	Rot	507 nm
1,4-Diamino-anthrachinon	Blau	550 nm, 590 nm
1,4,5,8-Tetra-amino-anthrachinon	Blau	610 nm

Unsubstitutiertes Anthrachinon Beim Übergang vom unsubstituierten Anthrachinon I in den angeregten Zustand, der durch Grenzformeln wie II und III beschrieben wird, verlieren wir die Resonanzstabilisierungsenergie (RSE) eines Benzolrings, die Übergangsenergie ist höher und die Verbindung nur schwach gelblich gefärbt, ►Abbildung 2.43 links.

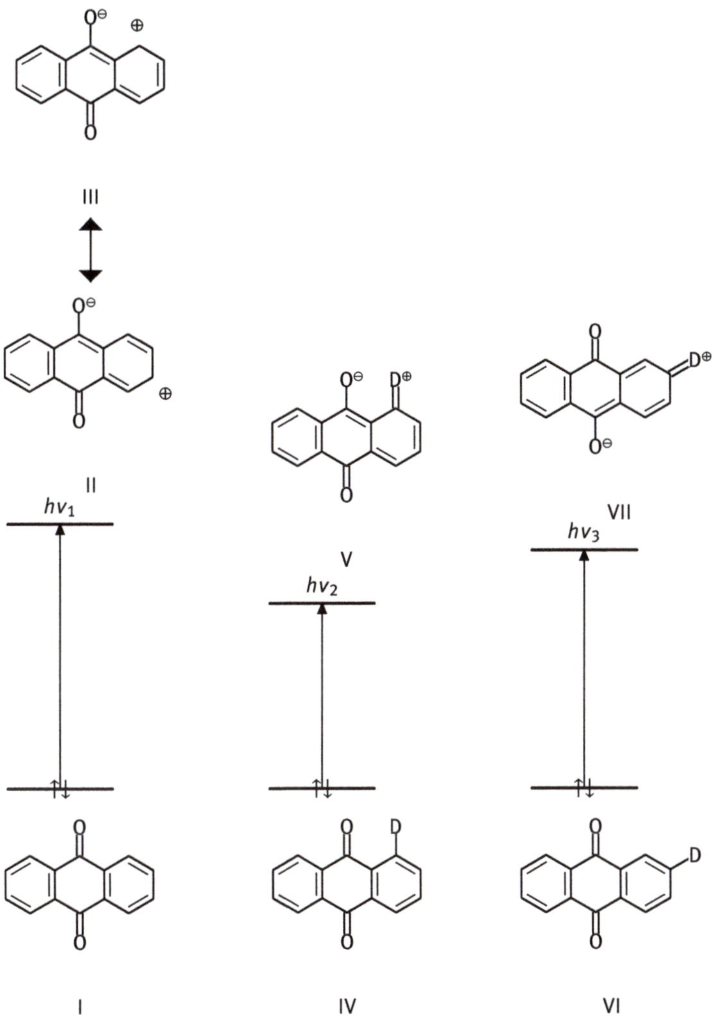

Abb. 2.43: VB-Schemata für verschieden donor-substituierte Anthrachinone [3, ch. 4.6]. Links der Übergang vom Anthrachinon in den angeregten Zustand. Die Ladung des Carbo-Kations kann von Elektronendonoren übernommen und stabilisiert werden. Entsprechend sinkt die Übergangsenergie von ν_1 auf ν_2, ν_3 oder ν_4.

1-Donor-Substitution Durch die Einführung eines 1-Donor-Substituenten kann das Carbo-Kation in der ionischen Struktur III stabilisiert werden, die Übergangsenergie sinkt, ►Abbildung 2.43 Mitte links. Die Grösse dieser bathochromen Verschiebung hängt unmittelbar mit der Donorfähigkeit des Substituenten ab:

$NHCH_3 > NH_2 > NHCOCH_3 > OCH_3 > OH$

Durch die Symmetrie des Anthrachinon-Moleküls liegt diese Situation auch bei 1,5-disubstituierten Anthrachinonen vor. Durch die räumliche Nähe des Donor-Kations zum Oxid-Anion an C^9 gewinnen wir darüberhinaus elektrostatische Energie. Donoren mit freiem Wasserstoff können zusätzlich Wasserstoffbrücken ausbilden und über diese Elektronendichte zum Carbonylsauerstoff verschieben:

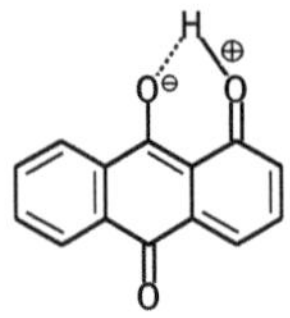

2-Donor-Substitution Eine ähnliche Situation liegt bei einer Donor-Substitution in 2-Position vor, es fehlt in VII aber die elektrostatische Stabilisierung zwischen dem Donor und O^9. Die Übergangsenergie ν_3 liegt daher über ν_2, ►Abbildung 2.43 Mitte rechts.

1,4-Donor-Substitution Eine besonders hohe Stabilisierung erhalten wir durch die 1,4-Substitution mit *zwei* Elektronendonoren VIII: hier gibt es Grenzformeln wie IX, in denen die RSE eines Naphthen-Systems erhalten wird, ►Abbildung 2.43 rechts.

MO-Bild, donor-substituierte Chinone Im MO-Bild können wir die Änderung der Elektronendichte beim Übergang vom Grund- in den angeregten Zustand betrachten [3, 4]. Wir sehen deutlich, dass der Donor jeweils der Hauptlieferant der Elektronendichte ist (Veränderung der Dichte um −0,38 und −0,43), die am Carbonylsauerstoff (+0,19, +0,11, +0,08 und +0,13) und am Carbonylkohlenstoff (+0,13, +0,26) aufgebaut wird:

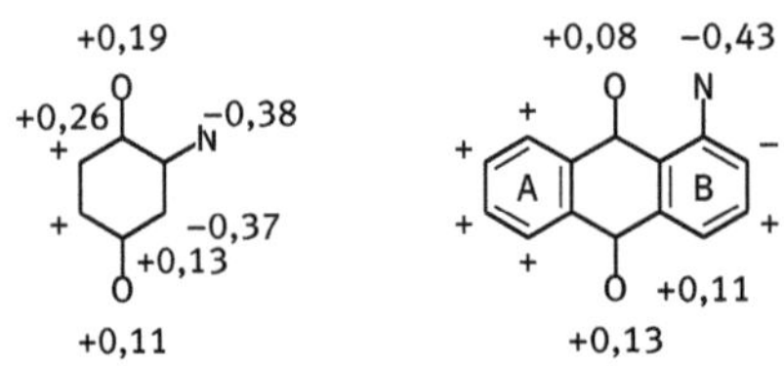

Durch diese Ladungsverteilung erhält der Übergang Charge Transfer-Charakter (D → O), Ladung geht vom Donor auf Sauerstoff über.

Interessant ist, dass die MO-Rechnung im Gegensatz zum einfachen VB-Bild zusätzlich eine Erhöhung der Elektronendichte am jeweils anderen Carbonylsauerstoff sowie verschiedenen Kohlenstoffatomen voraussagt. Substitution dieser Positionen mit Elektronenakzeptoren können daher weitere bathochrome Verschiebung bewirken. Die Bewertung der einzelnen Veränderungen ist kompliziert und wird in [5] detaillierter gezeigt. Mit Hilfe von ►Abbildung 2.44 können wir diesen Substituenteneinfluß im Rahmen des MO-Bildes verstehen. Es zeigt für die höchsten besetzten MOs einschließlich HOMO und das LUMO einiger Chinongerüste die Größe der Entwicklungskoeffizienten. An den Positionen, die bereits von der VB-Theorie als Donorpositionen erkannt wurden, sind die Entwicklungskoeffizienten der besetzten MOs groß und der Einfluß eines Donors destabilisierend. D. h. Donoren erhöhen die Energie des MOs und die Energiedifferenz des MO-LUMO-Übergangs sinkt (bathochrome Verschiebung). Diesen Sachverhalt werden wir zusammen mit den Dewarregeln näher kennenlernen, ►S. 181. Hiervon betroffen sind z. B. die 5,8-Positionen von Naphthochinonen und die 1,4,5,8-Positionen des Anthrachinons.

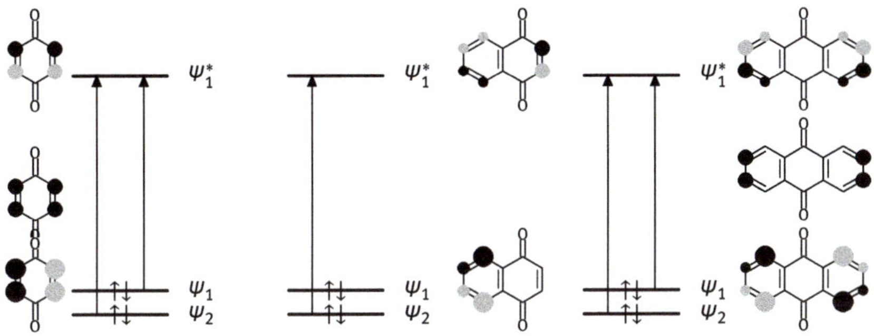

Abb. 2.44: Schematische strahlungsinduzierte Elektronenübergänge zwischen Molekülorbitalen von Chinon, Naphthochinon und Anthrachinon (gezeichnet nach [5]). Gezeigt sind nur erlaubte Übergänge. Die mit Ψ_1 und Ψ_2 bezeichneten Orbitale sind das HOMO und die weiteren tieferen bindenden MOS, während Ψ_1^* das LUMO bezeichnet. Die Größe der Scheiben symbolisiert die Größe der Entwicklungskoeffizienten und für die HOMOs auch den Einfluß von Donorsubstituenten.

Mit Hilfe von MO-Rechnungen können wir den Charakter der Übergänge genauer bestimmen, ►Abbildung 2.45 zeigt die vier höchsten besetzten MOs Ψ_1 bis Ψ_4 und das LUMO von Anthrachinon. Wir sehen, daß aus zwei MOs (Ψ_1 und Ψ_2) heraus beim Übergang die Entwicklungskoeffizienten an den Donorpositionen kleiner, im LUMO an den Carbonylsauerstoffatomen größer werden, was einem Donor-Akzeptor-Übergang entspricht. Daneben sind auch MO-MO-Übergänge möglich, bei denen die Sauerstoffatome nicht wesentlich beteiligt sind (Ψ_3 und Ψ_4). Diese Art von Übergängen dominiert bei polyzyklischen Chinonen zunehmend.

2.5.3.4 Diazo-Chromophore

Die Azogruppe –N=N– ist bereits durch ihr freies Elektronenpaar am Stickstoff ein $n \rightarrow \pi^*$-Chromophor und als solches farbig (gelb bis orange), der Übergang ist jedoch

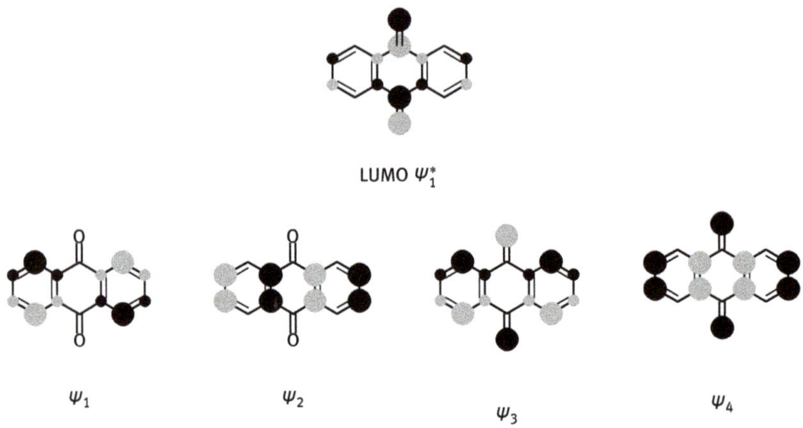

Abb. 2.45: Entwicklungskoeffizienten der vier höchsten besetzten MOs Ψ_1–Ψ_4 und des LUMO Ψ_1^* von Anthachinon, berechnet mit ArgusLab [289] (Standardeinstellungen). Die energetische Lage oder Reihenfolge der (HO)MOs Ψ_1 bis Ψ_4 ist nicht berücksichtigt. Beim Übergang aus Ψ_1 oder Ψ_2 ins LUMO ändert sich die Elektronendichte an Donor- und Carbonylpositionen (Donor-Akzeptor-Charakter). Die Übergänge aus Ψ_3 oder Ψ_4 ins LUMO sind reine MO-MO-Übergänge ohne Beteiligung des Carbonylakzeptors.

aufgrund seiner niedrigen Intensität keine geeignete Grundlage für Farbmittel. Durch Hinzunahme von Elektronendonoren und konjugierten Brücken wird die Azogruppe dagegen zu einem wichtigen $\pi \rightarrow \pi^*$-Chromophor [4, ch. 7.3, 7.4] mit dem Aufbau

Die Anregung kann in erster Näherung durch Ladungsübergang vom Donor auf einen Akzeptor beschrieben werden (II):

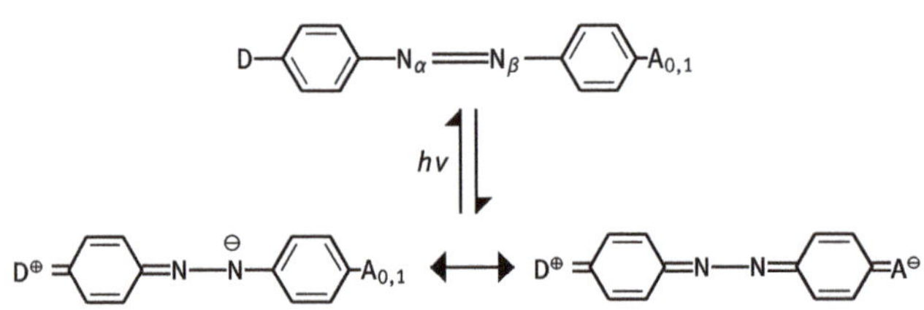

I II

Diazochromophore besitzen einen komplexen Akzeptor, da nicht nur die Stickstoffatome der Azobrücke Ladung aufnehmen können (I), sondern weitere große Teile des Moleküls, selbst wenn kein expliziter Akzeptor A vorhanden ist. Wie wir weiter unten sehen werden, ist die gezeigte Ladungsansammlung am β-Stickstoffatom nur in der VB-Theorie eindeutig, tatsächlich finden wir auch am α-Stickstoffatom signifikante Ladung, die durch die MO-Theorie gut beschrieben wird.

Die zunächst benutzten klassischen Donoren und Akzeptoren konnten die Absorptionsbande des Diazo-Chromophors vom UV- überwiegend in den blauen VIS-Bereich verschieben, was zu den bekannten gelben, orangen und roten Farbtönen der Azofarbmittel führte. Grüne und blaue Azofarbmittel sind vergleichsweise selten und erfordern moderne Substituenten, die wir im Abschnitt über Azofarbmittel näher betrachten, ►Abschnitt 4.11.5. ►Tabelle 2.10 zeigt typische Zahlen für die erreichbaren Verschiebungen.

Tab. 2.10: Erreichbare Verschiebungen des $\pi \rightarrow \pi^*$-Übergangs in einfachen Azofarbmitteln [5].

Verbindung	Farbe	$\lambda_{\pi\rightarrow\pi^*}$ [nm]
C_6H_5–N=N–C_6H_5		316
HO–C_6H_4–N=N–C_6H_5		339
H_2N–C_6H_4–N=N–C_6H_5	Gelbgrün	364
1-Naphthyl-N=N-1-naphthyl	Gelbgrün	371
HO–C_6H_4–N=N–C_6H_4–NH_2	Gelb	399
$(H_3C)_2N$–C_6H_4–N=N–C_6H_5	Gelb	400
$(H_3C)_2N$–C_6H_4–N=N–C_6H_4–$N(CH_3)_2$	Orange	460

VB-Modell ►Abbildung 2.46 zeigt uns den Einfluß der Substitution im VB-Bild [3, ch. 3.5]. Links sehen wir das schwach gelbe unsubstituierte Azobenzen I, dessen angeregter Zustand durch die ionische Struktur II repräsentiert werden kann. Die Aufhebung der Aromatizität des Benzolrings macht diesen Zustand unattraktiv, zu seiner Erreichung müssen wir viel Energie aufbringen und beobachten entsprechend eine hohe Energiedifferenz $h\nu_1$ (kurze Wellenlänge). Substitution mit einem Elektronenakzeptor allein verändert das Bild noch nicht wesentlich, da bereits die Azogruppe ein guter Akzeptor ist (angeregter Zustand III).

Ortho- oder para-ständige Elektronendonoren stabilisieren die Grenzformel mit dem Carbo-Kation, z. B. durch Bildung des Ammonium-Ions in V, ►Abbildung 2.46 Mitte. Durch die Donorfähigkeit der Aminogruppe sinkt die Energie des angeregten Zustands ab, und $h\nu_2$ ist entsprechend geringer.

In ►Abbildung 2.46 rechts sehen wir die Wirkung einer gleichzeitigen ortho- oder para-Donor- und Akzeptorsubstitution: hier ist die Energiedifferenz zwischen Grund- VI und angeregtem Zustand VII noch geringer, weil durch den Akzeptor nun auch die negative Ladung der Azogruppe übernommen wird.

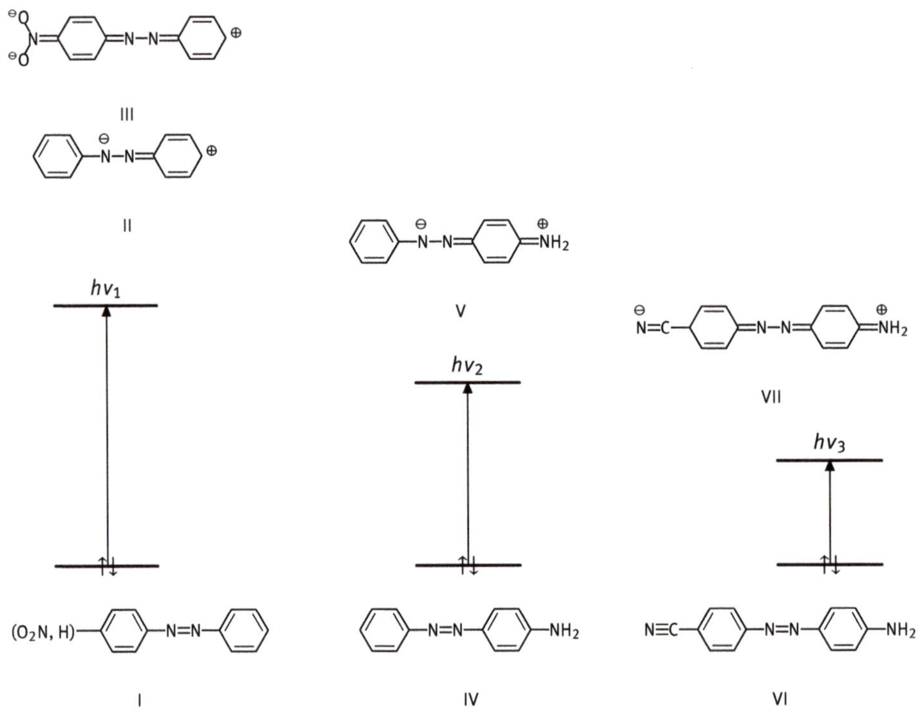

Abb. 2.46: VB-Schemata für verschieden substituierte Diazoverbindungen [3]. Links der Übergang vom Azobenzol in den angeregten Zustand. Die Ladung des Carbo-Kations kann von Elektronendonoren übernommen und stabilisiert werden (Mitte), entsprechend ändert sich die Übergangsenergie ν_1 auf ν_2. Die negative Ladung kann von einem Elektronenakzeptor übernommen werden, verbunden mit weiterer Absenkung der Übergangsenergie auf ν_3 (rechts).

MO-Bild Im MO-Bild zeigen Rechnungen an p-Amino-azobenzol, daß beim Übergang vom Grund- in den angeregten Zustand erwartungsgemäß Elektronendichte am Amin-Stickstoff abgebaut und an den Stickstoffatomen der Azogruppe aufgebaut wird [3, ch. 3.5], [5, ch. VII]:

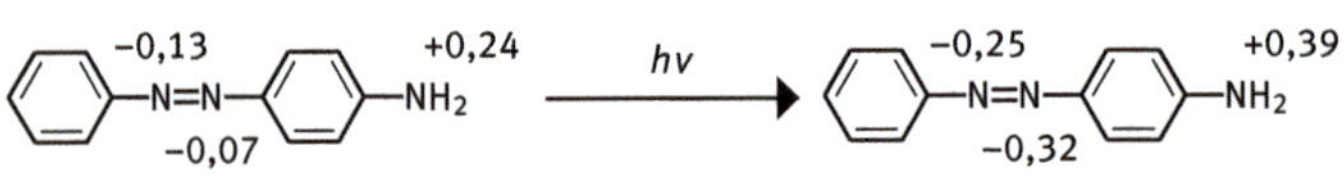

Die Erhöhung der Elektronendichte am β-Stickstoff entspricht in etwa dem Übergang zum Azo-Anion. Im Gegensatz zum VB-Modell beobachten wir jedoch eine deutliche Erhöhung der Elektronendichte an beiden Stickstoffatomen, die auf eine Wechselwirkung der n-AO der beiden Stickstoffatome miteinander zurückzuführen ist: die freien Elektronenpaare mit sp^2-Charakter liegen in der σ-Bindungsebene und bilden eine bindende und eine anti-bindende Kombination n_+ und n_-. Die Veränderung der Elektronendichte an den verschiedenen Kohlenstoffatomen ist komplizierter zu begründen und wird ausführlich in [5] diskutiert. Dort werden auch weitere mögliche Übergänge zwischen den MOs vorgestellt.

Metallierung Das Diazochromophor kann mit Metallen Komplexe bilden. Diese Metallierung wird genutzt, um die Lichtechtheit des Farbmittels zu erhöhen und/oder den Farbton zu verändern, da sie zu einer bathochromen Verschiebung der $\pi \rightarrow \pi^*$-Absorption führt [4, ch. 7.8]. Die Komplexe werden besonders mit o,o'-ständigen Substituenten gebildet, ►Abschnitt 5.5 auf S. 429. Die Ursache der bathochromen Verschiebung ist dieselbe wie bei der Bildung von Farblacken, ►Abschnitt 2.6.3.

2.5.4 Polyenchromophore

Polyenchromophore [4, ch. 8] besitzen keine erkennbaren Donor- oder Akzeptorgruppen, zwischen denen bei Anregung eine Ladungsverschiebung stattfinden kann. Stattdessen bestehen sie aus n konjugierten Doppel- oder Mehrfachbindungen, die verschiedenartig angeordnet sein können und ein System von $2n$ π-Elektronen aufbauen. Je nach Anordnung der Doppelbindungen unterscheiden wir:

- *Lineare Polyene* stellen die einfachste Form organischer Farbmittel dar und besitzen eine Kette mit n konjugierten Doppelbindungen oder Vinyleinheiten. Sie tragen an den Enden des konjugierten Bindungssystems aus $2n$ π-Elektronen aliphatische oder alizyklische Gruppen, die elektronisch inert sind und nicht zur Farberscheinung beitragen.

  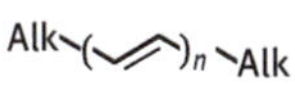

  Die einzelnen Methingruppen können heterosubstituiert oder Teil eines carbo- oder heterozyklischen Ringsystems sein.
- *Annulene* sind zyklische Polyene mit n Vinyleinheiten, die einen einfachen Ring mit $2n$ π-Elektronen bilden.

  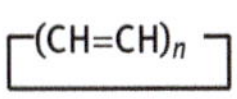

- In *polyzyklischen Kohlenwasserstoffen* sind die n Vinyleinheiten zu Ringsystemen mit komplexer und vielfältiger Geometrie verschmolzen (linear, gewinkelt, kondensiert). Sie besitzen aromatischen oder olefinischen Charakter.

Isolierte Doppelbindungen zeigen im Gegensatz zu σ-Systemen Energiedifferenzen zwischen HOMO und LUMO im nahen UV-Bereich. Je ausgedehnter das konjugierte π-Elektronensystem ist, umso mehr sinkt diese Energiedifferenz, bis sie bei Polyenchromophoren im Bereich der sichtbaren Strahlung liegt.

Lineare Polyene, Annulene sowie viele (aber nicht alle) Typen von polyzyklischen Kohlenwasserstoffen gehören zu den sogenannten „even alternant hydrocarbons" oder alternierenden Kohlenwasserstoffen mit einer geraden Anzahl an Atomen im π-System. Bei alternierenden Verbindungen ist es möglich, von einem Kohlenstoffatom ausgehend, die anderen Kohlenstoffatome immer abwechselnd so mit Sternen zu markieren, dass jedes Atom mit Stern nur Verbindungen zu einem Atom ohne Stern hat und umgekehrt (Alternanzprinzip):

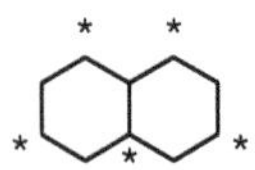

besternbarer Kohlenwasserstoff, even alternant

besternbarer Kohlenwasserstoff, odd alternant

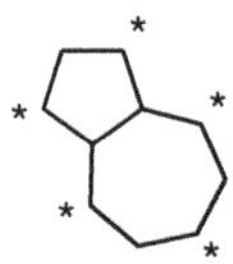

nicht besternbarer Kohlenwasserstoff

Besternbare alternierende Kohlenwasserstoffe besitzen eine grundlegend andere Elektronenstruktur als nichtalternierende Verbindungen mit diesen Eigenschaften:

- Die MOs treten immer gepaart auf, d. h. zu jedem Ψ mit der Energie $E = \alpha + i\beta$ gibt es ein Ψ^* mit der Energie $E = \alpha - i\beta$, das MO-Schema ist symmetrisch zu einer Energie α aufgebaut. ►Abbildung 2.47 (links) zeigt dies, die MOs Ψ_{n-1} und Ψ_n sowie Ψ_{n-2} und Ψ_{n+1} sind solche Paare.
- In den gepaarten MOs haben die Entwicklungskoeffizienten gleiche Beträge.
- Die Elektronendichte q_r für das Atom r über alle MOs j ist Eins, $q_r = 2\sum_j c_{rj}^2 = 1$.

Für Betrachtungen der optischen Spektren sind die langwelligsten Übergänge relevant, sodass wir nur die MOs an der HOMO-LUMO-Grenze betrachten, die sog. *four orbitals*. Die Folge der MO-Paarung und dieser Energielage ist, daß Übergänge aus Ψ_{n-2} ins LUMO Ψ_n bzw. dem HOMO Ψ_{n-1} in Ψ_{n+1} die gleiche Energie $h\nu_2$ aufweisen. Die langwelligsten Übergänge zwischen den *four orbitals* haben damit in einer Ein-Elektronen-Näherung die Energien ν_1 bis ν_3.

Die Konfigurationswechselwirkung hebt die Entartung auf und führt zu vier langwelligen Absorptionsbanden, die p, α und β und β' genannt werden (Notation nach Clar [325]), ►Abbildung 2.47 (rechts). p entspricht dem HOMO-LUMO-Übergang, α und β den Übergängen zwischen den aufgespaltenen Zuständen in ihrer energetischen Reihenfolge, und β' entspricht dem Übergang zwischen den äußeren MOs Ψ_{n-2} und Ψ_{n+1} (HOMO-1 und LUMO+1). Die Reihenfolge hängt von der Größe der Aufspaltung der entarteten Zustände ab, die nach Platt mit Namen wie ^1L_a oder ^1B_b bezeichnet werden [323, 324]. Bei großer Aufspaltung ist eine Sequenz α, p, β zu erwarten, bei kleiner Aufspaltung p, α, β.

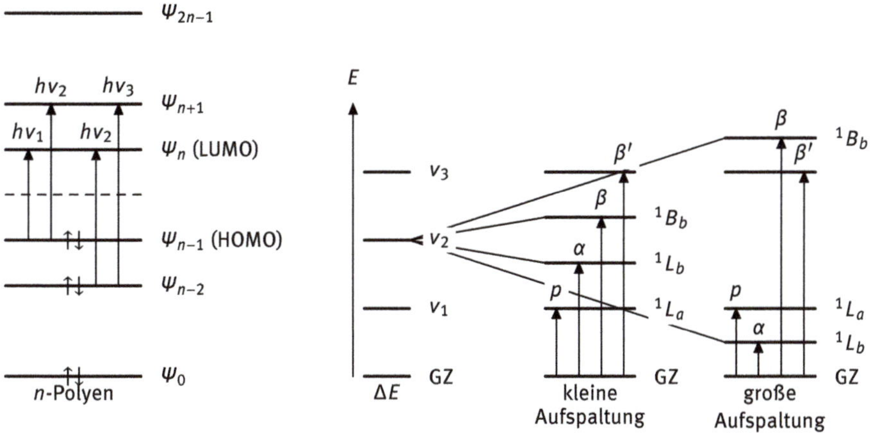

Abb. 2.47: Schematische strahlungsinduzierte Elektronenübergänge zwischen Molekülorbitalen eines alternierenden Kohlenwasserstoffs mit gerader Anzahl an MOs (even alternant-Kohlenwasserstoff). Links: das MO-Schema mit der gedachten Mittellinie um $E = \alpha$ (gestrichelt) und die möglichen langwelligen Übergänge. Mitte: Energetische Lage dieser Übergänge mit dem entarteten Übergang ν_2. Rechts: Energetische Lage der Zustände nach Aufhebung der Entartung bei kleiner und großer Aufspaltung. GZ = Grundzustand, p, α, β, β' sind die Namen der Übergänge nach Clar [325], ^1L_a, ^1L_n und ^1B_b sind die Namen der Zustände nach Platt [323, 324], ν_1–ν_3 sind die Übergangsenergien.

2.5.4.1 Lineare Polyene

Die einfachsten Polyenfarbmittel sind *lineare Polyene*, die aus n konjugierten Doppelbindungen bestehen [4, ch. 8.2]. Dieses Chromophor ist an beiden Enden mit Gruppen R abgesättigt ist, die keinen Einfluß auf die elektronische Anregung des Moleküls aufweisen, wie zum Beispiel Alkylgruppen oder Alicyclen:

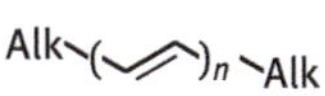

Lineare Polyene besitzen in der chromogenen Kette $2n$ π-Elektronen und $2n$ MOs. Im Beispiel Butadien ($n = 2$) liegt ein π-System mit vier Elektronen vor, die MOs werden mit Ψ_0–Ψ_3 bezeichnet, ►Abbildung 2.48. Dabei ist Ψ_1 das HOMO und Ψ_2 das LUMO, sodass diese vier MOs gleichzeitig den *four orbitals* entsprechen. Die Übergänge mit der kleinsten Übergangsenergie sind der HOMO-LUMO-Übergang $\Psi_1 \rightarrow \Psi_2$ und der Übergang $\Psi_1 \rightarrow \Psi_3$, der energiegleich mit dem Übergang von $\Psi_0 \rightarrow \Psi_2$ ins LUMO ist, sowie der kürzerwelligste Übergang $\Psi_0 \rightarrow \Psi_3$:

$$(\Psi_0)^2(\Psi_1)^2 \rightarrow (\Psi_0)^2(\Psi_1)^1(\Psi_2)^1 \quad \nu_1$$
$$(\Psi_0)^2(\Psi_1)^2 \rightarrow (\Psi_0)^2(\Psi_1)^1(\Psi_3)^1 \quad \nu_2$$
$$(\Psi_0)^2(\Psi_1)^2 \rightarrow (\Psi_0)^1(\Psi_1)^2(\Psi_2)^1 \quad \nu_2$$
$$(\Psi_0)^2(\Psi_1)^2 \rightarrow (\Psi_0)^1(\Psi_1)^2(\Psi_3)^1 \quad \nu_3$$

Wie geschildert, wird die Entartung von ν_2 durch Konfigurationswechselwirkung aufgehoben und es resultieren zwei Übergänge, sodass wir in aufsteigender Energie die langwelligsten Übergänge p (ν_1), α, β und β' (ν_3) erwarten können.

Durch Verlängerung des Polyens schieben wir $h\nu_1$ zu optischen Energien. ►Abbildung 2.48 zeigt schematisch, daß mit steigendem n bei Hexatrien oder Oktatetraen die Absorption ins Langwellige wandert, da die HOMO-Energien steigen und die LUMO-Energien sinken. Als Folge sinken auch die Übergangsfrequenzen ν_3 und ν_4 und erreichen mit $n = 7$ den sichtbaren Bereich. Beispiele aus der Natur sind Carotene, ►Abschnitt 4.3. An ihnen sehen wir, daß zum Auftreten von Farbigkeit, also einer Absorption im VIS-Berich (ab etwa 400 nm), die erwähnten 14 Methingruppen erforderlich sind ($n = 7$). Die Verschiebung der Übergangsfrequenz ins Langwellige sehen wir am Bixin (gelb $n = 7$), α-Carotin (orange, $n = 10$) und Lycopin (rot, $n = 11$).

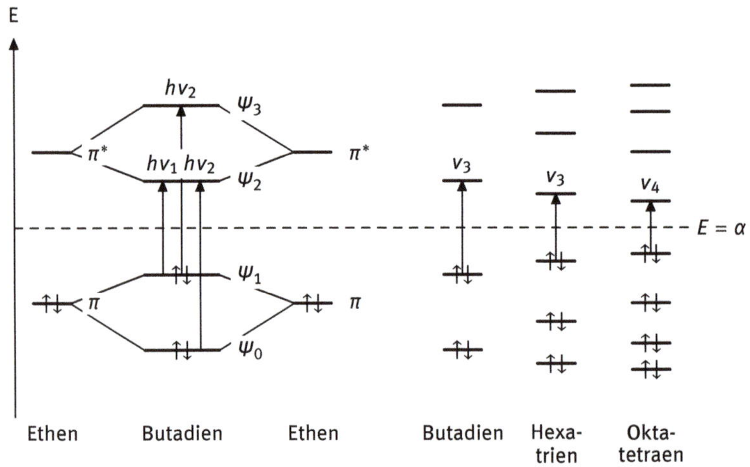

Abb. 2.48: Schematische strahlungsinduzierte Elektronenübergänge zwischen Molekülorbitalen eines vieratomigen Moleküls mit konjugierten Doppelbindung, z. B. Butadien. Die Ψ-MOs werden aus π- und π^*-MOs von je zwei Ethen-Einheiten gebildet und liegen symmetrisch zu einer gedachten Mittellinie. Rechts: MO-Schemata für die homologen Hexatrien und Oktatetraen mit dem Zusammenrücken von HOMO und LUMO.

Das geschilderte Verhalten kann aus theoretischen Modellen abgeleitet werden. [192, 193] beschreibt die Berechnung der MO-Energien für Ψ_i und der Übergangsfrequenz für Polyene mit $2n$ Kohlenstoffatomen in der HÜCKEL-Näherung:

$$h\nu = \Psi_n - \Psi_{n-1} = -4\beta \sin \frac{\pi}{2n+2} \tag{2.8}$$

Bekannter als die mathematische Herleitung der Orbitalenergien als Eigenwerte ist ein graphisches Verfahren, das als *Musulin-Frost-Diagramm* bekannt ist: wir zeichnen einen Halbkreis längs der Energie-Achse und unterteilen diesen in $n + 1$ gleiche Sektoren. Die Projektionen der Eckpunkte der Sektoren auf die Energieachse liefern die MO-Energien.

In der Praxis beobachten wir, daß sich die Übergangsfrequenz mit steigendem n einem festen Wert annähert, der bei etwa 600 nm liegt. Das Polyenchromophor kann daher nicht für die Erzeugung von Farben über Rot hinaus verwendet werden. Dieses Verhalten ist Ausdruck dafür, daß einige Voraussetzungen der Hückel-Theorie nicht streng eingehalten werden, z. B. die Gleichwertigkeit der Bindungen: Polyene zeigen starke Unterschiede zwischen Einfach- und Doppelbindungen. Die Theorie sagt jedoch korrekt, daß Substitution der Kettenatome durch Heteroatome keinen Einfluß auf die Lage der Absorptionsbanden hat.

2.5.4.2 Donor-Akzeptor-substituierte Polyene

Schließen wir ein Polyen nicht mit Alkylgruppen, sondern einem Donor und einem Akzeptor ab, erhalten wir ein Chromophor, dessen Übergangsfrequenz mit steigender Kettenlänge n immer weiter sinkt. Die Donor- und Akzeptorgruppen unterstützen die Delokalisierung der Elektronen über die gesamte Kette und erfüllen damit die Bedingungen des Hückel-Modells besser. Das VB-Bild zeigt, wie der Donor im Vergleich zum Carbo-Kation die Elektronenabgabe ins System unterstützt:

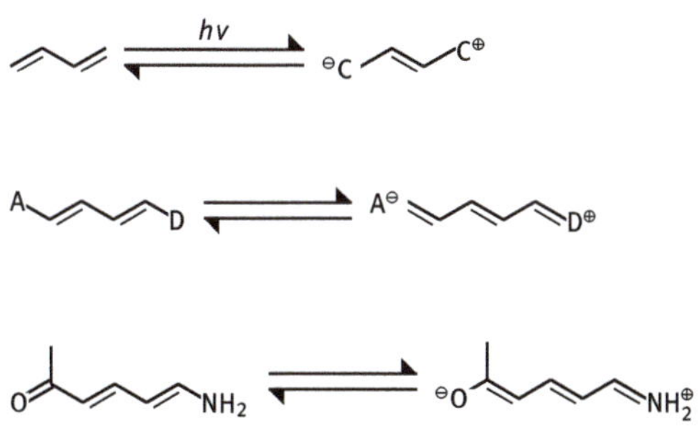

Im MO-Bild ►Abbildung 2.49 (links) sehen wir, daß die terminalen Atome der Polyenkette große Entwicklungskoeffizienten sowohl im HOMO wie auch im LUMO aufweisen, sodass Donor und Akzeptor mit den Grenzorbitalen stark koppeln. Gemäß den Dewarregeln ►S. 181 erhöht die Substitution mit einem Donor das HOMO, während ein Akzeptor das LUMO senkt. ►Abbildung 2.49 zeigt die Lage von HOMO und LUMO des Donor-Akzeptor-substituierten Polyens, die mesomeren Grenzformeln zeigen den klassischen Grund- und angeregten Zustand.

Das substituierte System können wir wahlweise als Donor-Akzeptor-substituiertes Polyen betrachten, oder als Donor-Akzeptor-Chromophor mit einem Polyen als Brücke, ►Abschnitt 2.5.3. Als Donor resp. Akzeptor kommen alle dort vorgestellten Gruppen in Frage.

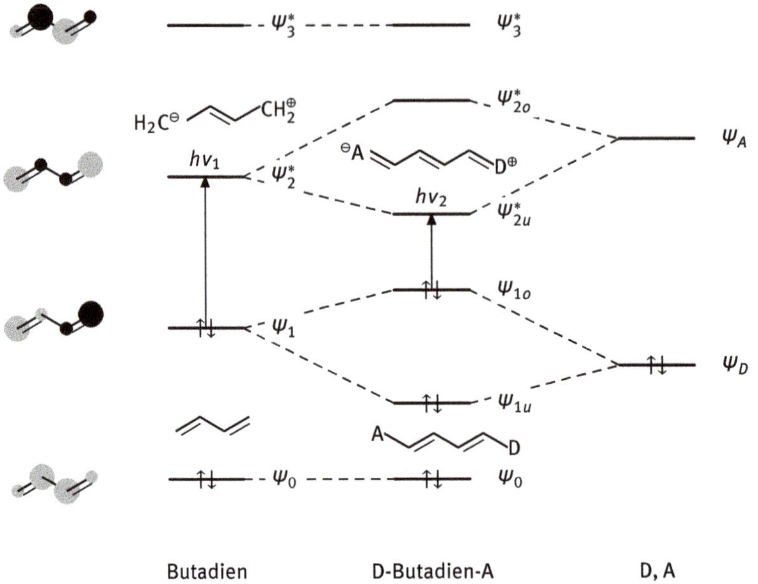

Abb. 2.49: MO-Schema eines Polyens mit terminalen Donor- und Akzeptorgruppen. Die Absorptionsenergie wird von $h\nu_1$ beim Polyen auf $h\nu_2$ beim substituierten Polyen gesenkt. Links sind die Entwicklungskoeffizienten der Atome im jeweiligen MO angedeutet. Die Durchmesser der Scheiben symbolisieren die Größe der Entwicklungskoeffizienten [5, ch. VI.1].

Einige Akzeptoren wie die Carbonylgruppe verlängern die Kohlenstoff-Kette des Polyens um ein Kohlenstoffatom. Zusammen mit den beiden Heteroatomen von Donor und Akzeptor kommen wir so formal zu den *Polymethinen* mit einer ungeraden Anzahl an Kettenatomen, die Thema eines folgenden Abschnitts ►Abschnitt 2.5.5 sein werden. Je nachdem, welche Donor- und Akzeptorgruppen die Kette abschliessen, erhalten wir Oxonole, Streptocyanine oder weitere Typen:

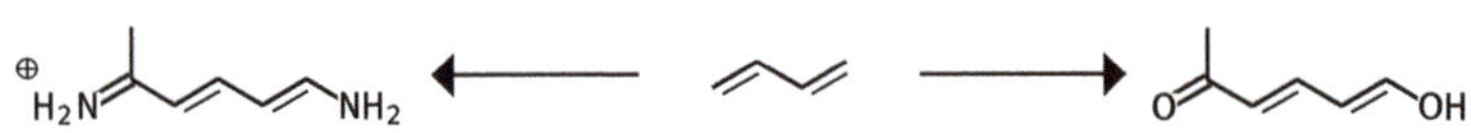

Streptocyanin, $n = 3$ Polyen, $n = 2$ Oxonol, $n = 3$

2.5.4.3 Polyzyklische Polyene

n Vinyleinheiten oder Doppelbindungen können wir in vielfältiger Weise zu kondensierten Ringen, meist Sechsringen, kombinieren [260–262]. Mögliche Anordnungen sind lineare Reihen von Ringen, angulare Reihen mit einem oder mehreren Winkeln, verzweigte oder vielfältig kondensierte Systeme. Sie können aromatisch sein oder kleine aromatische Einheiten (aromatische Elektronensextette oder Naphthaleneinheiten) und Bereiche mit olefinischem Charakter enthalten.

Leider ist es aufgrund der strukturellen Vielfalt nicht möglich, allgemeine Aussagen über die MO-Strukturen dieser polyzyklischen Kohlenwasserstoffe zu machen oder Formeln für die HOMO-LUMO-Differenz zu erhalten, wie dies für monozyklische Polyene möglich ist. ►Abbildung 2.50 zeigt als Beispiele MO-Schemata einiger höher annelierter Kohlenwasserstoffe, die in Farbmitteln auftreten. Die Energien wurden mittels einfacher Hückel-MO-Rechnung erhalten, und wir sehen daran, daß die von den Polyenen und Polymethinen her bekannten Muster bei polyzyklischen Verbindungen nicht mehr gültig sind.

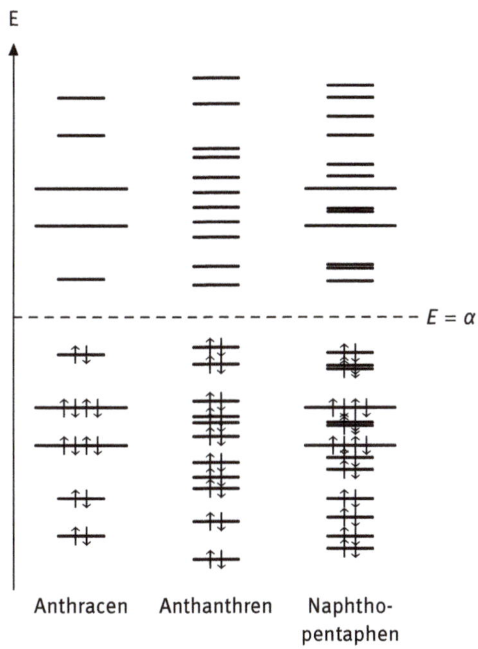

Abb. 2.50: MO-Schemata einiger polyzyklischer Verbindungen, die als Stammkörper von Farbmitteln auftreten, auf Basis einfacher Hückel-Rechnungen. Die von den Polyenen und Polymethinen her bekannten Muster von MOs sind hier nicht mehr anwendbar.

Als Gruppe sind polyzyklische Kohlenwasserstoffe farbschwach, Systeme mit vier Ringen wie Pyren oder Chrysen sind farblos. Die HOMO-LUMO-Übergangsenergie sinkt jedoch wie bei allen Polyenen bei hinreichend großem n bis in den sichtbaren Bereich ab, sodass höhermolekulare Vertreter intensive Farben in allen Farbtönen zeigen (Perylen gelb, Diindenoperylen rot).

Aufgrund der Vielfalt sind allgemeine Aussagen über die Farbe der Verbindungen nur für die einzelnen Strukturtypen möglich, in [262] ist dies für eine große Anzahl geschehen. Wir müssen uns an dieser Stelle damit begnügen, das Prinzip kennenzulernen, und werden sehen, daß bei einem bestimmten Strukturtyp mit jeder Erweiterung des Systems um einen Ring eine bathochrome Verschiebung in ähnlicher Größe erfolgt.

Der einfachste Fall liegt bei den aromatischen, linear annelierten *Acenen* vor. Die niederen Vertreten Benzol, Naphthalin, Anthracen sind farblos, Farbe tritt ab dem vierten Ring in Folge auf: Tetracen ist orange (λ_{max} 470 nm), Pentacen violett (λ_{max} 580 nm) und Hexacen grün (λ_{max} 690 nm). Mit zunehmender Länge der Acene verliert sich jedoch der aromatische zugunsten eines polyolefinischen Charakters (siehe unten), die höheren Vertreter sind reaktiv und instabil.

Wie eingangs geschildert, gibt es vier langwellige Übergänge, von denen zwei zunächst entartet sind, ►Abbildung 2.47. Durch Konfigurationswechselwirkung wird die Entartung aufgehoben und wir beobachten vier Absorptionsbanden p, α, β und β'. In der Reihe der Acene steigt die Wellenlänge des p-Übergangs (HOMO-LUMO) stark mit n an, was sich im erwähnten Auftreten von Farbe ab vier Ringen manifestiert. Bei niedrigen Vertretern liegt also die Reihenfolge β, p, α vor (UV- bis VIS-Bereich), während höhere Glieder die Reihenfolge β, α, p zeigen. Farbbestimmend sind aufgrund ihrer Intensität im wesentlichen der p- und der β-Übergang.

In der Reihe der *Phene* sind alle Ringe mit einer Ausnahme linear verknüpft, sodass sich eine gewinkelte Anordnung ergibt. In dieser Reihe steigen mit jedem neuen Ring die Wellenlängen von β, α und p nur schwach an, intensive Farben treten im Vergleich zu Acenen erst bei größeren Systemen auf. Generell erfahren angular kondensierte Verbindungen mit jedem Winkel und jeder Verzweigung eine hypsochrome Verschiebung. Wir sehen dies an folgenden Beispielen [4, pp. 219]:

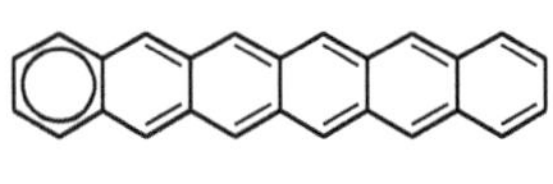

I, Hexacen, grün (λ_{max} 690 nm)

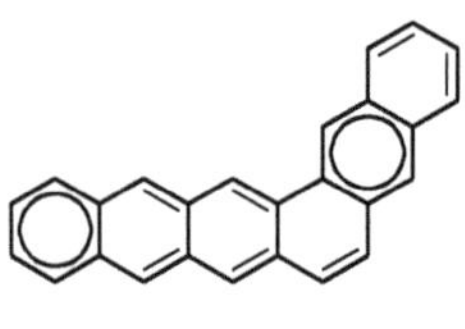

II, violett (λ_{max} 550 nm)

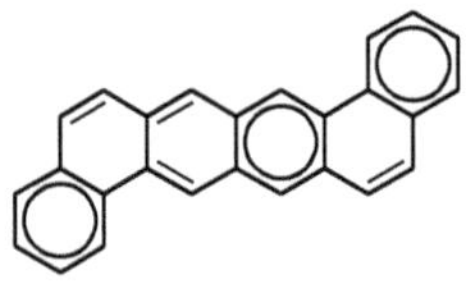

III, gelb (λ_{max} 438 nm)

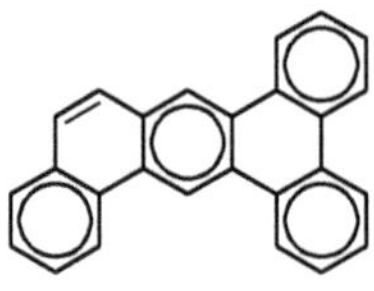

IV, farblos(λ_{max} 388 nm)

Wir können diese Farbreihe deuten, wenn wir wie gezeigt Polyzyklen nach CLAR so zeichnen, daß wir abgeschlossene π-Elektronensextette mit dem *Robinsonsymbol* markieren [261, 262]. Das Kreissymbol wurde 1925 von ROBINSON eingeführt und symbolisiert die Eigenschaft „6 π-Elektronen", d. h. das Vorliegen eines aromatischen Elektronensextetts mit benzolähnlichen Eigenschaften und vergleichbarer Stabilität [321]. Die Regeln von CLAR und ZANDER zur Zeichnung der Strukturformel sind (1958) [261, 322]:

- Zeichne soviele Robinsonkreise wie möglich.
- Zeichne niemals Robinsonkreise in angrenzenden Sechsringen.
- Zeichne für den Molekülrest nach Wegnahme der Sechsringe mit Robinsonkreisen eine Kekuléstruktur mit Doppelbindungen.

Vergleichen wir nun isomere benzenoide Kohlenwasserstoffe, steigt mit der Anzahl an Robinsonkreisen die Stabilität des Polyzyklus, und die Absorptionswellenlänge sinkt in gleichem Maße: Im Hexacen I liegt ein Robinsonring und zehn Doppelbindungen vor, in II zwei Ringe und 7 Doppelbindungen, III besitzt drei Ringe, und das farblose IV ganze 4 „abgeschlossene" Ringe. Mit steigender Anzahl an Robinsonringsymbolen vergrößert sich die Resonanzenergie, die durch benzoide Konfiguration gewonnen wird und zunehmend Untereinheiten vom Gesamt-π-System abkoppelt, sodass die Konjugation im Großen abgeschwächt wird. Als Folge beobachten wir eine Erhöhung der HOMO-LUMO-Differenz und -übergangsenergien. ►Abbildung 2.51 zeigt diese Tendenzen für eine Reihe typischer Kohlenwasserstoffskelette: lineare Annelierung führt i. A. zu einer Rotverschiebung der Absorption, angulare Annelierung zu einer Blauverschiebung durch Bildung neuer Elektronensextette und Unterbrechung der konjugierten Systeme.

Viele der größeren farbigen Systeme haben stark olefinischen Charakter. Wir erkennen dies schön an der Clar-Darstellung der Formeln, besonders des Hexacen. Doppelbindungen, die zu keiner benzoiden Untereinheit mit dem Robinsonkreissymbol gehören, verbleiben als olefinische Doppelbindung. Systeme mit vielen reaktiven olefinischen Bindungen können kaum als Farbmittel eingesetzt werden. Es gibt jedoch Polyzyklen, die als Chinon so viele aromatische Teilstrukturen aufweisen, daß sie stabil sind und als wichtige Küpenfarbstoffe dienen, wie wir im nächsten Abschnitt sehen werden.

2.5.4.4 Polyzyklische Chinone

Aus den polyzyklischen Verbindungen lassen sich durch Ersatz zweier Methingruppen durch Carbonylgruppen polyzyklische Chinone ableiten [4, ch. 8.5]. Die Carbonylgruppen können im gleichen Ring liegen, oder durch mehrere annelierte Ringe voneinander getrennt sein („phenyloge Chinone"). Es resultieren Polyzyklen, die aufgrund dieser Dicarbonylstruktur als Küpenfarbstoffe (►Abschnitt 4.6.1) und Pigmente (►Abschnitt 4.6.4) eingesetzt werden, z. B. Indanthrenblau.

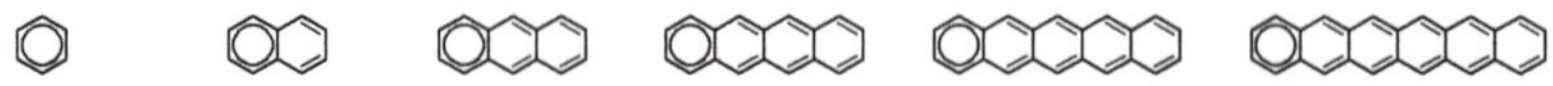

Ia, farblos Ib, farblos Ic, farblos Id, orange Ie, blauviolett If, grün

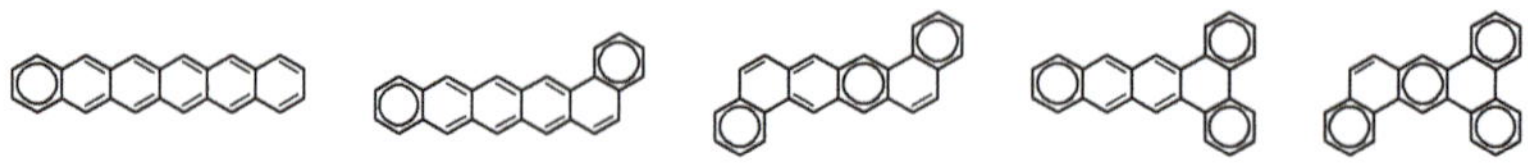

IIa, grün IIb, violett IIc, gelb IId, gelb IIe, farblos

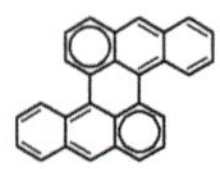

IIIa, farblos IIIb, gelb IIIc, orange IIId, violett IIIe, violett

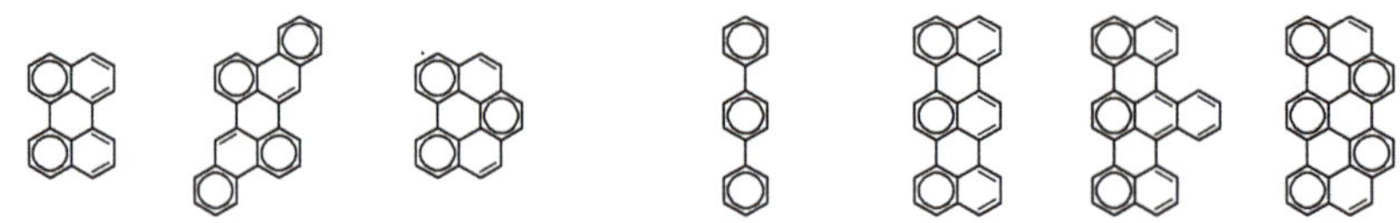

IVa, gelb IVb, gelb IVc, gelblich Va, farblos Vb, violett Vc, grün Vd, gelb

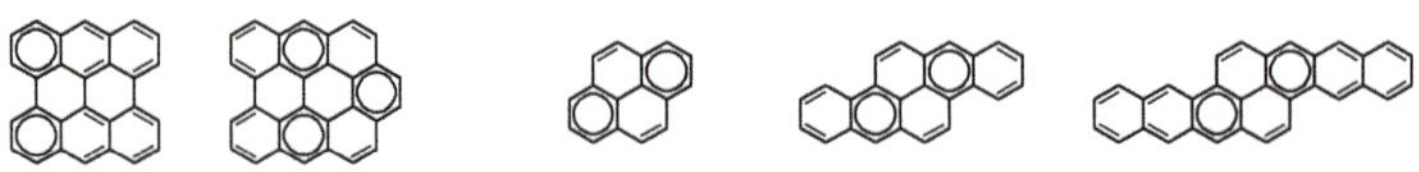

VIa, blau VIb, violett VIIa, farblos VIIb, gelb VIIc, blau

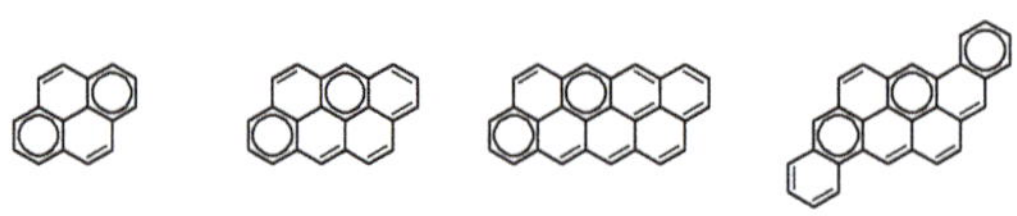

VIIIa, farblos VIIIb, gelb VIIIc, blau VIIIe, rotbraun

Abb. 2.51: Annelierungsreihen von polyzyklischen Kohlenwasserstoffen zur Verdeutlichung einiger Farbprinzipien [262]. Lineare Annelierung führt i. A. zu bathochromer Verschiebung, angulare Annellierung i. A. zu hypsochromer Verschiebung durch Bildung neuer Elektronensextette.

Die chinoide Struktur ist nicht nur für das Auflösen des Polyzyklus zu einer Küpe wichtig, sie erhöht auch die Stabilität von Polyzyklen, wie wir am Beispiel des Hexacens sehen können:

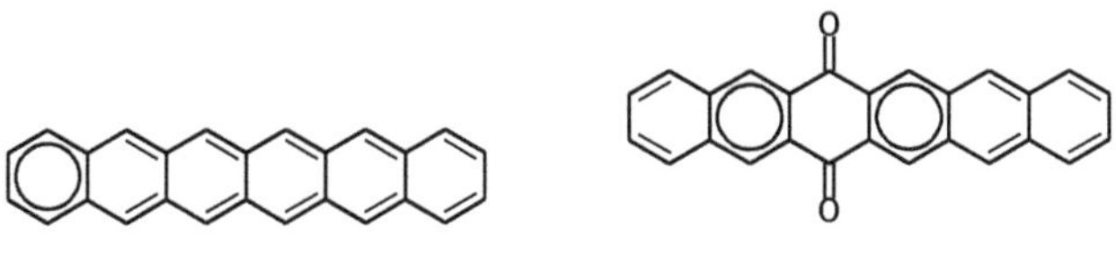

Hexacen Hexacen-dion

Durch die Chinoneinheit wird zwar die Größe des zusammenhängenden π-Systems erheblich verringert und damit die Absorption ins Kurzwellige oder UV verschoben, aber auch die Zahl der reaktiven olefinischen Doppelbindungen zugunsten eines neuen aromatischen Sextetts (eines Robinsonrings) verringert. Um den Verlust der Konjugation wettzumachen, werden in kommerziellen polyzyklischen Chinonen die Zahl der Sechsringe erhöht oder Elektronendonoren eingebaut.

Polyzyklische chinoide Kohlenwasserstoffe wie Anthanthren (►Abschnitt 4.6.4), die nicht mit Elektronendonoren substituiert sind (►Abschnitt 2.5.3.3), müssen ausgedehnte π-Systeme aufweisen, um farbig zu sein. Wir können uns vorstellen, daß das ausgedehnte aromatische Ringsystem Donorfunktion übernimmt, im Beispiel speziell das zentrale Naphthalinfragment [5]. Der Carbonylsauerstoff ist Teil eines komplexen Akzeptors, das π-System stabilisiert die positive Ladung mesomer:

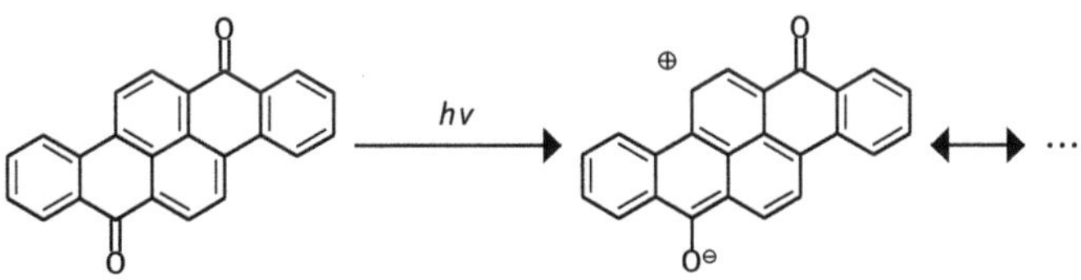

Untersuchungen der Spektren zeigen aber, daß höhere polyzyklische Chinone zunehmende Ähnlichkeit mit den reinen Kohlenwasserstoffen besitzen und dann die Carbonylgruppen nur kleine Störungen des aromatischen Systems darstellen. Wir sehen dies in ►Abbildung 2.52. In der oberen Reihe erkennen wir, daß beim HOMO-LUMO-Übergang im Anthrachinon große Ladungsmengen von den äußeren Ringen in den zentralen Ring und zu den Carbonylsauerstoffatomen verschoben werden (Übergang mit Donor-Akzeptor-Charakter). Im Anthanthron (mittlere Reihe) sehen wir, daß sich beim HOMO-LUMO-Übergang zwar ebenfalls Ladung im zentralen Bereich zwischen den Carbonylsauerstoffatomen sammelt, aber nicht mehr stark am Sauerstoffatom selber konzentriert. Im Anthanthren, dem Stammkohlenwasserstoff, ist keine eindeutige Ladungsverschiebung mehr zu erkennen, der Donor-Akzeptor-Charakter des Übergangs ist einem MO-MO-Charakter gewichen (untere Reihe). Die

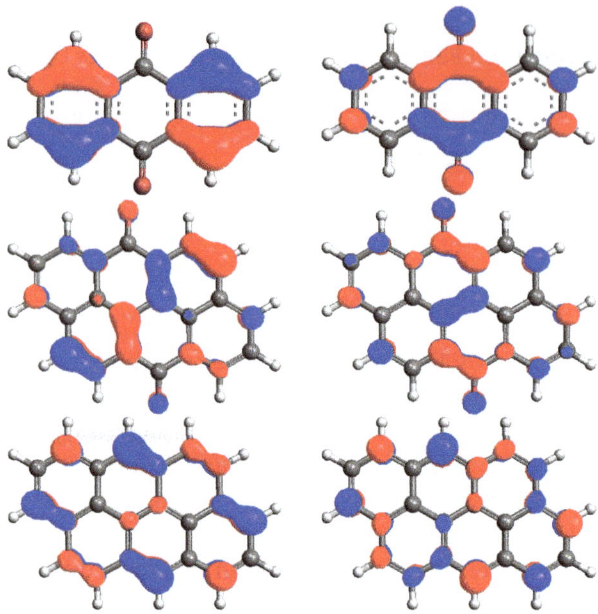

Abb. 2.52: Obere Reihe: HOMO (links) und LUMO (rechts) von 9,10-Anthrachinon. Mittlere Reihe: HOMO (links) und LUMO (rechts) von Anthanthron. Untere Reihe: HOMO (links) und LUMO (rechts) von Anthanthren. Alle MOs wurden mit ArgusLab [289] (Standardeinstellungen) berechnet und sind dargestellt, ohne zu berücksichtigen, ob Übergänge zwischen ihnen tatsächlich (symmetrie-)erlaubt sind oder nicht. Bei Chinonen sammelt sich Ladung im zentralen Bereich um die Akzeptorachse, die höheren Chinone wie Anthanthron (Mitte) ähneln aber zunehmend den reinen Kohlenwasserstoffen wie Anthanthren (unten).

Farbigkeit ist in diesen Fällen im wesentlichen auf $\pi \rightarrow \pi^*$-Übergänge zwischen MOs der Kohlenwasserstoffe als Ganzes zurückzuführen.

Wir haben in dieser Diskussion ein stark vereinfachtes Bild benutzt und nicht berücksichtigt, zwischen welchen MOs aufgrund ihrer Symmetrie tatsächlich Übergänge stattfinden. In der Praxis müssen wir beachten, daß neben dem HOMO auch tieferliegende MOs (HOMO-1, HOMO-2, …) an Übergängen beteiligt sein können, deren Donor-Akzeptor-Charakter stark variiert. So gibt es auch im Anthrachinon Übergänge zwischen tieferliegenden MOs und dem LUMO ohne deutliche Beteiligung der Carbonylsauerstoffatome.

2.5.4.5 Annulene

Schließen wir eine Polyenkette mit n konjugierten Doppelbindungen zu einem Ring, erhalten wir ein zyklisches System mit $2n$ π-Elektronen, ein sog. *[2n]-Annulen*:

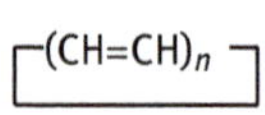

Der bekannteste Vertreter dieser Art ist das [3]-Annulen oder Benzen. Annulene, die $2n = 4m+2$ Elektronen besitzen, befolgen die Hückel-Regel und sind aromatisch, was sich unter anderem in einer Gleichwertigkeit von Einfach- und Doppelbindungen äußert. Unabhängig hiervon sind sie aber ebenso wie Polyene bei hinreichend großem $n > 6$ farbig [4, ch. 8.6]. Wie auf ►S. 160 geschildert, wird die Entartung von Übergängen zwischen den *four orbitals* durch Konfigurationswechselwirkung aufgehoben, sodass zwischen HOMO-1 bis LUMO+1 die vier Übergänge p, α, β und β' auftreten. Da Annulene der gleichen Reihe wie Benzol angehören, ähneln die Spektren dem von Benzol, sie besitzen alle den langwelligen α-Übergang, gefolgt vom p-Übergang und der kurzwelligen β-Bande.

2.5.4.6 Porphine und Phthalocyanine

In der Natur treten [16]-Annulene als vierfach stickstoff-substituierte Tetraaza-annulene auf, z. B. Porphin I, von denen sich wichtige Naturfarbstoffe wie Hämin ableiten. Verschiedene Hydrierungsmuster an den Fünfringen führen zu weiteren Gruppen, z. B. den Chlorinen mit Chlorophyll als bekanntem Vertreter. Durch Substitution der Brückenglieder mit Stickstoff gelangen wir zu Tetraza-porphinen (TAP) II, und durch Annelierung von Benzolringen zu Phthalocyaninen (Pc) III, die wichtigen synthetischen Farbmitteln zugrundeliegen, ►Abschnitt 4.10:

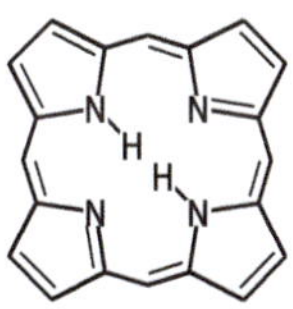

Porphin (P) I

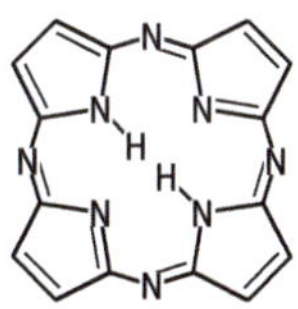

$\alpha,\beta,\gamma,\delta$-Tetraza-porphin (TAP) II

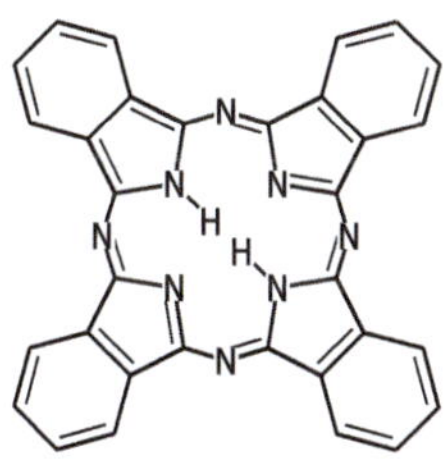

Phthalocyanin (Pc) III

Porphine zeichnen sich durch zwei Bereiche starker Absorption aus, die nahe dem UV und dem IR liegen und je nach Substitutionsmuster zwei bis mehrere intensive Absorptionsbanden aufweisen. Die stärkste Bande liegt nahe dem UV und heißt B- oder Soret-Bande, die nächstintensive und farbbestimmende Bande liegt nahe dem IR-Bereich und heißt Q-Bande.

Beobachtungsdaten Je nachdem, welcher der Typen I–III vorliegt, ändert sich die Lage der Hauptbanden B und Q und damit die Farbe in charakteristischer Weise, ►Tabelle 2.11 [328–332]. Im Grundkörper I liegt die intensive B-Bande im nahen UV/VIS. Liegt sie unter 400 nm, ergibt sich zusammen mit schwachen Q-Banden um 550 nm ein roter Farbeindruck (Hämin: B < 400 nm, Q = 550 nm = rot). Verschiebt sich die B-Bande nach 400 nm, wird eine Gelbkomponente zugemischt. In asymmetrischen Porphinen

Tab. 2.11: Lage der hauptsächlichen Absorptionsbanden in einigen Porphinen und Phthalocyaninen [4, ch. 8.6f], [5, ch. XIII], [328]. Angegeben ist die Bandenlage (schematisch) und der Absorptionskoeffizient log ϵ.

Klasse	B	Qy	Qx
[16]Annulen Dianion	412/5.2	560/4.1	600/4.2
Porphin allgemein	um 400	4x zwischen 500–700 nm	
Me_4Et_4-porphin	398/5.1	529/3.8	619/3.6
Kupfer-porphin	387/10	531/1	566/2
Tetrazaporphin	340/4.9	556/4.7	624/4.9
	(Q intensiver, B UV-verschoben, konstante Intensität)		
Kupfer-tetrazaporphin	334/5.5	578/6	
Phthalocyanin	330	556/3.8 576/4.0 604/4.5 636/4.7 668/5.2 703/5.2	
Kupfer-phthalocyanin	325	620/5	657/10

können sich die Q-Banden bis über 600 nm erstrecken, und es ergibt sich insgesamt ein grüner Farbeindruck wie im Chlorophyll (B = 400 nm = gelb, Q = 600 nm = blau), ►Abbildung 2.53 links und Mitte.

Der Ersatz der vier Brückenmethingruppen durch Stickstoff im Tetrazaporphin II ändert das Spektrum entscheidend: die B-Bande behält ihre Intensität und wandert in den UV-Bereich. Die Q-Banden dagegen gewinnen erheblich an Intensität, behalten ihre Lage aber bei. Dieser Wechsel führt zu einem rein blauen Farbeindruck.

Die Hinzunahme der vier Benzolringe beim Wechsel zu Phthalocyaninen III ändert an der B-Bande nichts Entscheidendes, die Q-Banden erstrecken sich nun aber bis in den IR-Bereich, ►Abbildung 2.53 rechts, blaues Phthalocyanin. Änderungen am Benzolring oder Ersatz durch z. B. Naphthalin führen nicht zu deutlichen Veränderungen.

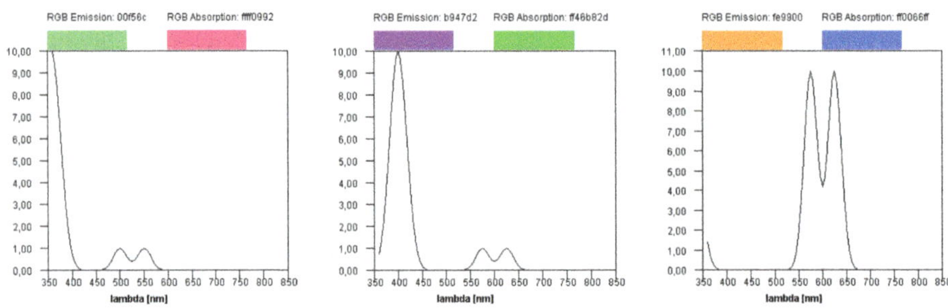

Abb. 2.53: Schematischer Einfluß der B- und Q-Bandenlage auf die Farbe, gezeigt sind Absorptionsbanden. Es sind nur die Hauptbanden B und Q in die Berechnung einbezogen. Links: Hämin (ein Porphin, rot, Löschung von Blaugrün und Gelb), Mitte: Chlorophyll (ein Porphin, grün, Löschung von Blau, Gelb, Rot), rechts: Phthalocyanin (türkis, Löschung von Gelb und Rot).

Weiterhin beobachten wir ein symmetrieabhängiges Splitting der Banden: Metallkomplexe aller drei Typen sowie deren Dianionen besitzen die hohe Symmetrie D_{4h}, in der die Absorptionsbanden (je nach Umgebungsbedingungen) entartet sind. In den freien Diwasserstoffverbindungen ist die Symmetrie auf D_{2h} verringert (im Zentrum treten zwei Amino- und zwei Iminogruppen auf), die elektronische Entartung aufgehoben, und wir sehen Splitting der Peaks in eine x- und eine y-Komponente. Dasselbe geschieht, wenn das Metall so groß ist, daß es nicht zentral in die Ringebene paßt, die Symmetrie ist dann auf C_{4v} gesenkt.

Die Metallierung der freien Verbindungen führt zu einer leichten Blauverschiebung der B-Bande, die parallel zur Elektronegativität des Metalls wächst. Die Q-Bande wird durch Dimerisation oder Aggregation blauverschoben, was besonders bei der Herstellung von Blaupigmenten für den Normfarbdruck bedeutsam ist, da der Kristallaufbau damit den Farbton beeinflussen kann.

Elektronische Struktur Untersuchungen haben gezeigt, daß die chromogene elektronische Struktur der innere 16-Ring ist, in dem 18 π-Elektronen delokalisiert sind [4, ch. 8.6f], [5, ch. XIII], [328, 329, 332]. Die Zahl ergibt sich aus folgender Rechnung: jede Methingruppe und jede Azagruppe =N– stellt ein π-Elektron, die tertiären Stickstoffatome –NH– liefern durch ihr freies Elektronenpaar zwei π-Elektronen. Der Azastickstoff kann dies nicht, da sein freies Elektronenpaar in der Ringebene liegt und nicht senkrecht dazu steht. Wir haben es somit mit [16]Annulen-dianionen zu tun.

Es hat nicht an Versuchen gefehlt, die Spektren mit ihrer Bandenlage, -aufspaltung, -intensität und -verschiebung zu deuten, u. a. durch Herleitung aus Annulenen und HMO-Rechnungen, [328, 329] gibt einen Überblick hierzu. Eine Reihe von Artikeln von GOUTERMAN, die das sog. *four orbital Modell* zur Beschreibung von Porphinen, Tetrazaporphinen und Phthalocyaninen entwickeln, zeichnet die Grundzüge schön nach [333–335].

Das einfache Annulenmodell nach SIMPSON betrachtet Porphine als $4n + 2$- und $4n$-Annulene, bei denen jeweils die entarteten HOMOs $\Psi_{\pm 4}$ vollständig besetzt sind, ►Abbildung 2.54 links. Die MOs werden durch magnetische Quantenzahlen ν unterschieden, für die HOMOs gilt $\nu = \pm 4$, für die LUMOs $\nu = \pm 5$. Da HOMO-LUMO-Übergänge $\nu = \pm 4 \rightarrow \pm 5$ nach der Abbildung mehrfach entartet sind, müssen wir starke Konfigurationswechselwirkung erwarten. Wir beobachten für Annulene vom Typ $4n$ zwei angeregte Zustände (in aufsteigender Energie):

$^1E_{7u}$, $^1E_{1u}$ (zwei Übergänge mit $\Delta\nu = \pm 9$ und ± 1)

Der Übergang GZ $\rightarrow$ $^1E_{7u}$ zeigt mit $\Delta\nu = \pm 9$ eine große Änderung der magnetischen Quantenzahl und ist symmetrieverboten und schwach. Die Literatur assoziiert ihn mit der Q-Bande. Der Übergang GZ $\rightarrow$ $^1E_{1u}$ mit $\Delta\nu = \pm 1$ ist symmetrieerlaubt und entsprechend intensiv. Er gehört zur B-Bande. Das einfache Modell kann also die Intensitätsverteilung annähernd richtig wiedergeben.

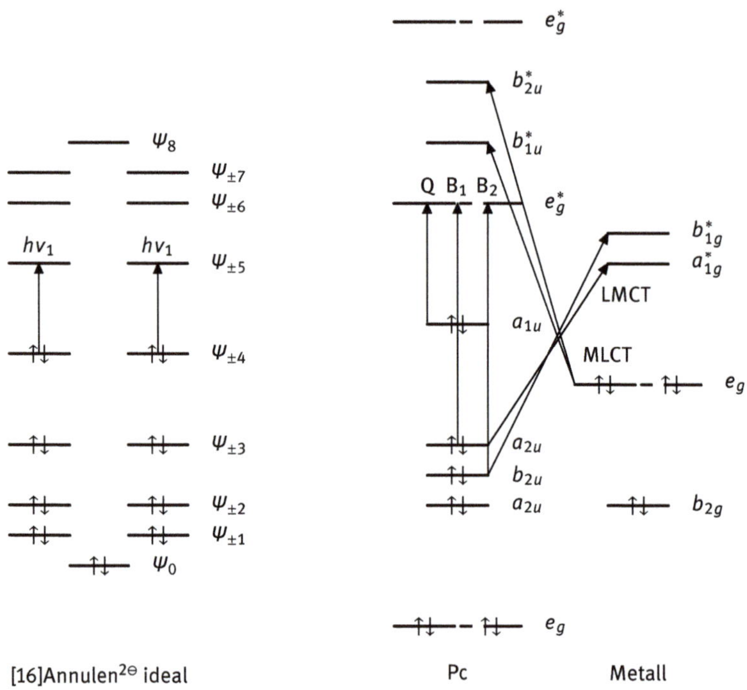

Abb. 2.54: Entstehung der B- und Q-Banden in Porphinen und Tetraaza-annulenen. Links: schematisches MO-Schema eines Tetraaza[16]annulens mit 18 π-Elektronen und der mögliche entartete Übergang [4, ch. 8.6f]. Im Polyenmodell wird dieser durch mehrere Zustände dargestellt.
Mitte: modernes berechnetes MO-Schema eines Phthalocyanins mit den vier zentralen MOs des *four orbital*-Modells und dem Ursprung von B- und Q-Banden (gezeichnet nach [329, 332]).
Rechts: Typische Lage von Metallorbitalen bei Phthalocyanin-Metall-Komplexen mit den Möglichkeit von MLCT und LMCT [332].

Das Modell kann die Aufspaltung der Q-Banden in zwei Peaks erklären, wenn angenommen wird, daß in der freien Porphinbase H_2P die Imino-Wasserstoffatome den Elektronenfluß durch das [16]Annulen stören und ein Fluß durch die äußeren Bindungen der beiden Pyrrolringe auftritt, der faktisch zu einem [18]Annulen korrespondiert. Dieses Annulen ist vom Typ $4n + 2$ mit anderen angeregten Zuständen:

$^1B_{2u}$, $^1B_{1u}$, $^1E_{1u}$ (drei Übergänge mit $\Delta\nu = \pm 9$, ± 9 und ± 1)

Die Übergänge GZ $\rightarrow$ $^1B_{2u}$ und GZ $\rightarrow$ $^1B_{1u}$ zeigen mit $\Delta\nu = \pm 9$ wiederum eine große Änderung der magnetischen Quantenzahl, sie sind symmetrieverboten und schwach (Q-Bande, gesplittet in zwei Peaks). Der Übergang GZ $\rightarrow$ $^1E_{1u}$ ($\Delta\nu = \pm 1$) ist wiederum symmetrieerlaubt, intensiv und gehört zur (einfachen) B-Bande.

GOUTERMAN und seine Gruppe fasste die Vorzüge des Polyen- und aller folgenden Modelle (Elektronen auf Draht, HMO-Rechnungen) in der Erkenntnis zusammen, daß die Spektren der Porphinderivate im wesentlichen von den eingangs erwähnten zwei HOMOs und zwei LUMOs bestimmt werden, den *four orbitals*, und schuf damit eine langfristig brauchbare Basis für weitere Untersuchungen.

►Abbildung 2.54 rechts zeigt einen Ausschnitt des MO-Schemas auf moderner Basis, das größere Unterschiede zu dem des Annulens (links) aufweist. Die HOMOs der *four orbitals* sind vom Symmetrietyp a_{1u} und a_{2u}, die LUMOs sind mit e_g^* entartet. ►Abbildung 2.55 zeigt die *four orbitals* im Vergleich der Porphintypen I–III und erklärt damit das unterschiedliche visuelle Verhalten dieser so ähnlichen Porphinderivate.

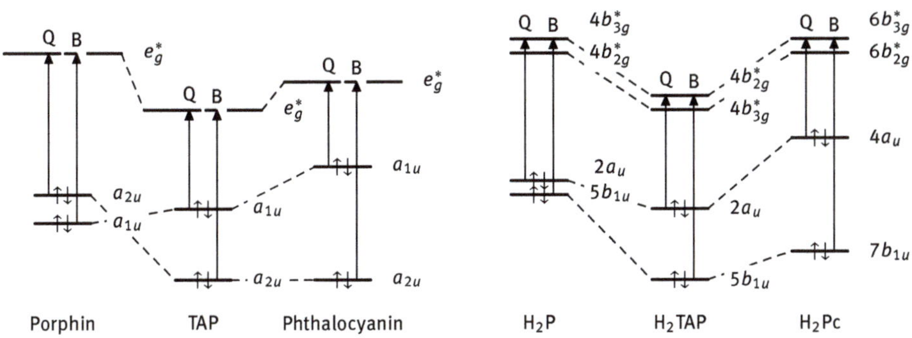

Abb. 2.55: Veränderung der Bandenlage der *four orbitals* bei drei Porphintypen, nach MO-Berechnungen und die damit verbundene bathochrome Verschiebung der Q-Bande und hypsochrome Verschiebung der B-Bande (gezeichnet nach [335]). Rechts: Das gleiche Schema für die freien Basen (gezeichnet nach [327]).

Porphine Im Falle der Porphine sind die HOMOs a_{1u} und a_{2u} eng beieinanderliegend und quasi entartet, was zu starker Konfigurationswechselwirkung führt. Anstelle einfacher Übergänge wie $a_{1u} \rightarrow e_g^*$ beinhalten die angeregten Zustände Mischungen verschiedener Übergänge mit verschiedener Intensität. Konkrete Beispielrechnungen für die freien Porphinbasen sind mit [326, 327] verfügbar. Die Porphinbase zeigt demnach folgende Übergänge:

$$\begin{aligned}
Q_x&: \; k_1(2a_u \rightarrow 4b_{3g}) + k_2(5b_{1u} \rightarrow 4b_{2g}) \\
Q_y&: \; k_3(2a_u \rightarrow 4b_{2g}) + k_4(5b_{1u} \rightarrow 4b_{3g}) \\
B_x&: \; k_5(2a_u \rightarrow 4b_{3g}) + k_6(5b_{1u} \rightarrow 4b_{2g}) + k_7(4b_{1u} \rightarrow 4b_{2g}) \\
B_y&: \; k_8(2a_u \rightarrow 4b_{2g}) + k_9(5b_{1u} \rightarrow 4b_{3g})
\end{aligned}$$

Aufgrund der ähnlichen Energielage aller HOMOs sind die Beiträge k_1–k_4 der Q-Übergänge in ähnlicher Größenordnung, und die Übergangsdipolmomente addieren sich etwa zu Null. Die Q-Übergänge sind damit wie beobachtet schwach. Die Beiträge der B-Banden sind so beschaffen, daß ein großes Netto-Übergangsmoment und intensive B-Banden resultieren.

Tetrazaporphine Beim Übergang von Porphin zu Tetrazaporphin TAP ist der Einfluß der *meso*-Substitution durch Stickstoff zu betrachten. Als Element mit höherer Elektronegativität als Kohlenstoff stabilisiert Stickstoff die MOs, die große Entwicklungskoeffizienten an der Position des Stickstoffatoms aufweisen, d. h. die MO-Energie sinkt. Dies ist besonders beim zweithöchsten HOMO-1 der Fall, etwas weniger bei den LUMOs, ►Abbildung 2.56. Das HOMO hat an der Stelle der Stickstoffatome Knotenpunkte und verändert sich kaum. Die resultierende Bandenlage ist in ►Abbildung 2.55 Mitte dargestellt, an der wir sehen können, wie als Folge die B-Bande blauverschoben, die Q-Bande dagegen rotverschoben wird.

Durch die Aufhebung der Entartung der HOMOs verringert sich die Konfigurationswechselwirkung. Die angeregten Zustände sind zwar immer noch aus allen Übergängen gemischt, aber die Beiträge der einzelnen Übergänge sind nun so, daß sich die Übergangsdipolmomente auch für die Q-Banden nicht mehr kompensieren. Sie gewinnen daher etwa gleiche Intensität wie die B-Banden.

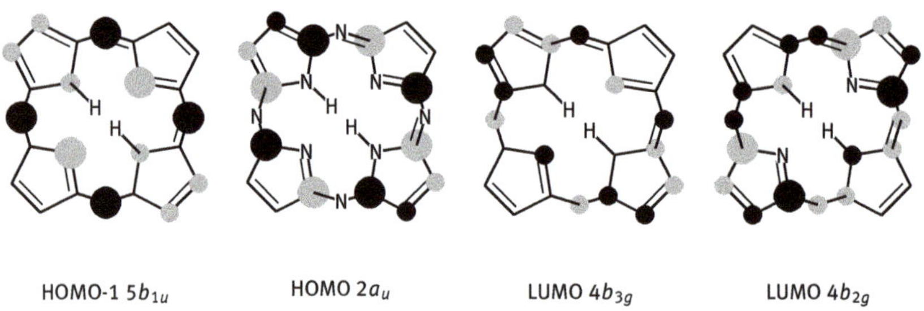

Abb. 2.56: HOMO, LUMO und die zwei angrenzenden MOs von H_2TAP mit schematischer Darstellung der Größe der Entwicklungskoeffizienten (symbolisiert durch die Größe der Scheiben, gezeichnet nach [326]).

Phthalocyanine Die Annellierung der Benzenringe in den Phthalocyaninen ändert die Lage der *four orbitals* wiederum, ►Abbildung 2.55 rechts. Diesen Schritt können wir uns als Wechselwirkung von TAP mit vier Butadien-Einheiten vorstellen, ►Abbildung 2.57. HOMO $2a_u$ tritt mit einem $2a_u$-MO der Butadien-Einheiten in Wechselwirkung, daraus geht $4a_u$ als neues HOMO hervor, das destabilisiert und energetisch angehoben ist. Das zweithöchste HOMO $5b_{1u}$ bleibt energetisch unverändert, da das Gegenstück im Butadien zu tief liegt und stattdessen mit dem tieferen $4b_{1u}$-MO wechselwirkt. Die Gegenstücke der LUMOs im Butadien liegen bei so hohen Energien, daß die Benzosubstitution auf das LUMO nur wenig Einfluß zeigt.

Das Resultat der Wechselwirkung ist eine weitere bathochrome Verschiebung der Q-Bande, die nun so weit zum IR-Bereich verschoben wurde, daß der Farbe des Phthalocyanins ein deutlicher Grünstich zugemischt werden kann. Durch das noch größere Ungleichgewicht der HOMO-LUMO-Energien addieren sich die Übergangsdipolmomente der Q-Bande noch stärker als bei TAP, sodass ihre Intensität noch höher ist. Die B-Bande bleibt weitgehend unverändert.

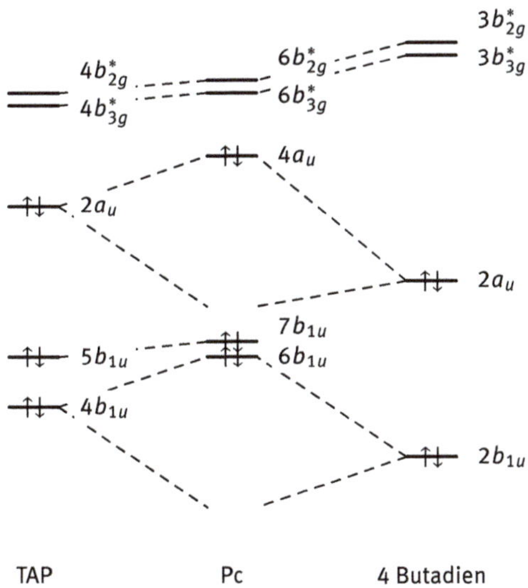

Abb. 2.57: Der Übergang der freien Basen von Tetrazaporphinen H_2TAP zu Phthalocyaninen H_2Pc, dargestellt als Wechselwirkung von H_2TAP mit vier Butadien-Einheiten (gezeichnet nach [326, 327]). Die Lage der LUMO bleibt i. w. unverändert, da kein passendes Gegenstück im Butadien vorliegt. Durch die Wechselwirkung des HOMO $2a_u$ mit Butadien wird das neue HOMO $4a_u$ destabilisiert und die Energie der Q-Bande gesenkt. Das HOMO-1 bleibt ebenfalls unverändert und damit auch die Lage der B-Bande.

Weitere Komponenten der Spektren In der Realität werden die Verhältnisse dadurch verkompliziert, daß auch Orbitale unterhalb des HOMOs zu Übergängen im UV-nahen Bereich unter der B-Bande beitragen. Freie Elektronenpaare der Stickstoffatome können zu $n \to \pi^*$-Übergängen Anlaß geben. Schließlich liegen in einigen Metallo-phthalocyaninen Metall-d-orbitale im Bereich der $\pi\pi^*$-MOs und können entweder als Donor oder Akzeptor in LMCT- und MLCT-Übergängen auftreten, ► Abbildung 2.54 rechts. Diese CT-Banden liegen i. A. zwischen B- und Q-Bande und können diese verbreitern oder als isolierte Peaks erscheinen. [326] gibt über die MO-Schemata einiger Metallo-phthalocyanine Auskunft. [327] deutet die Banden aufgrund SAC-CI-Rechnungen teilweise neu. Ein Beispiel möge die in der neueren Literatur diskutierten komplexen Konfigurationsmischungen zeigen: $0{,}57(4a_{2u} \to 7e_g) + 0{,}31(2a_{1u} \to 7e_g) - 0{,}55(3b_{2u} \to 7e_g) - 0{,}2(3a_{2u} \to 7e_g) + \ldots$ [329].

Dimerisierung und Aggregation Die planare Molekülgestalt der Phthalocyanine ermöglicht Dimerisierung und dichte Stapelung (Aggregation). Dabei treten charakteristische Änderungen in den Spektren auf, vor allem eine Verbreiterung und Verschiebung der Q-Banden.

Der Einfluß der Dimerisierung kann durch Wechselwirkung der e_g-MOs zweier Phthalocyanine gedeutet werden, die bei geeigneter räumlicher Anordnung (Aggregationsgrad, Abstand, Winkel) gemeinsam einen neuen Satz angeregter Zustände bilden (*Excitonensplitting*), ►Abbildung 2.58 [329, 332]. Die angeregten ^1E_u-Zustände bilden im Dimer je einen energetisch tieferliegenden $^1E_g^{(1)}$- oder $^1E_g^{(2)}$-Zustand und einen höherliegenden $^1E_u^{(1)}$- oder $^1E_u^{(2)}$-Zustand. Je nach gegenseitiger Orientierung der Dimeren sind Übergänge in diese neuen Zustände erlaubt oder verboten. Übergänge in tieferliegende E_g-Zustände entsprechen einer Rotverschiebung, solche in höherliegenden E_u-Zustände einer Blauverschiebung der Banden, die zu grünstichig-kühlen oder rotstichig-warmen Blautönen führen. In [336] wird das Phänomen des Excitonsplittings detailliert diskutiert.

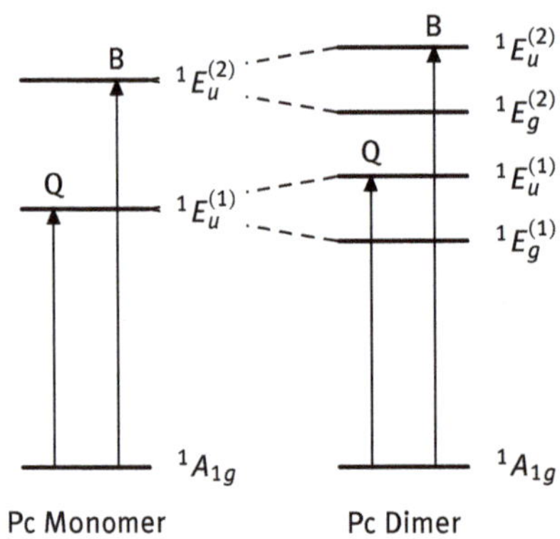

Abb. 2.58: Entstehung der hypsochromen Verschiebung der B- und Q-Banden in Phthalocyanin-Dimeren (gezeichnet nach [329, 332]). Je nach gegenseitiger Anordnung sind Übergänge in die neuen E_g-Zustände (Hypsochromie) oder – wie gezeigt – in E_u (Bathochromie) möglich.

Ringsubstitution B- und Q-Übergänge rufen eine Elektronenverschiebung vom Zentrum des Moleküls zum Rand hervor [4, ch. 8.6f]. Elektronenziehende Substituenten an der Ringperipherie stabilisieren daher den angeregten Zustand und führen zu einer bathochromen Verschiebung. In Übereinstimmung mit der Theorie zeigen halogenierte Phthalocyanine wie PG7 einen deutlichen Grünstich. Analog destabilisiert ein elektropositives Metall im Zentrum und ruft eine hypsochrome Verschiebung hervor (Tetraphenylporphyrin: B = 440 nm, Q = 635 nm; Kupfer-tetraphenylporphyrin: B = 420 nm, Q = 580 nm). Die Metallierung wird technisch jedoch nicht ausgenutzt, es kommen fast ausschließlich metallfreie Phthalocyanine oder Kupferphthalocyanin zum Einsatz.

2.5.5 Polymethinchromophore

Im letzten Abschnitt haben wir uns mit Polyenen beschäftigt, also Systemen mit *n* Vinyleinheiten. Fügen wir einem solchen System eine CH_2-Methineinheit mit einem sp^2-hybridisierten Kohlenstoff derart hinzu, daß das *p*-Orbital des neuen Kohlenstoffatoms mit den π-Elektronen des Polyens überlappen kann, ändert sich die elektronische Struktur der erhaltenen Verbindung in erheblichem Maße. Aus einem Kohlenwasserstoff vom Typ „even alternant“ mit lokalisierten Einfach- und Doppelbindungen ist ein „odd alternant“-Typ geworden, in dem die Elektronen weitgehend über die Kette delokalisiert sind und ein zentrales nichtbindendes MO (NBMO) auftritt. Die resultierenden Verbindungen vom Typ I

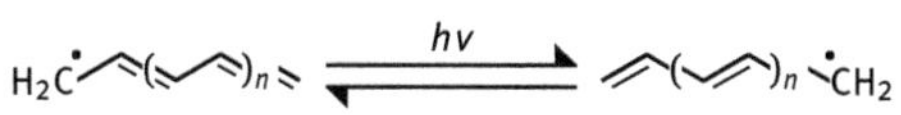

I II

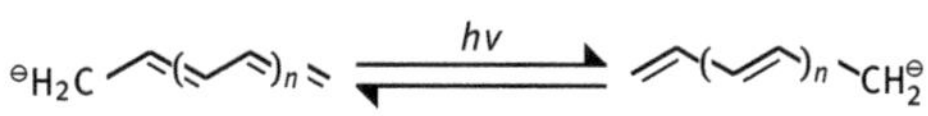

III

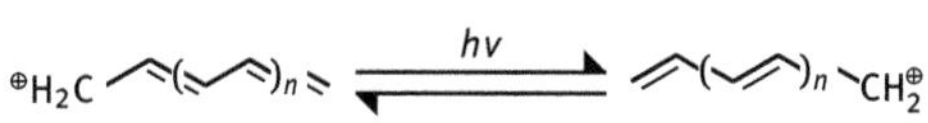

IV

weisen π-Systeme mit einer ungeraden Anzahl $2n + 1$ an Atomen und MOs auf und werden *Polymethine* genannt. Der neutrale Kohlenwasserstoff I besitzt eine ungerade Anzahl an π-Elektronen und ist radikalischer Natur, wenn die hinzugetretene Methingruppe $-CH_2\cdot$ ein einzelnes p-Elektron mitbringt. Es gibt auch anionische Polymethine III mit $2n+2$ π-Elektronen, in denen das Methinfragment $-CH_2$**:** zwei p-Elektronen einbringt und Polymethin-Kationen IV mit $2n$ π-Elektronen, in denen das Methinfragment $-CH_2$ nur die sp^2-Elektronen einbringt.

Gehen wir von einem Polyen zum nächsthöheren, um ein Kohlenstoffatom längeren Polymethin über, schiebt sich das neue MO als nichtbindendes MO (NBMO) zwischen HOMO und LUMO des Polyens, ►Abbildung 2.59.

Das NBMO verringert die Energiedifferenz zum LUMO erheblich, sodass Polymethinchromophore bereits ab fünf bis sieben Methingruppen ($n = 2$ oder 3) zu einer intensiven Absorption im VIS-Bereich führen, wenn die Dimethylaminogruppe als Donor und Akzeptor verwendet wird. Vergleichbare Polyene sind erst ab etwa 14 Methingruppen ($n = 7$) farbig.

Im Vergleich zu Polyenen können Polymethine auch bei großem n durch die einfache Hückelmethode beschrieben werden, da bei ihnen die Elektronen gleichmäßig über die ganze Kette delokalisiert sind. Als Ausdruck für die Übergangsenergie erhalten wir nach HÜCKEL [192, 193]:

$$h\nu = -2\beta \sin \frac{\pi}{n+1} \tag{2.9}$$

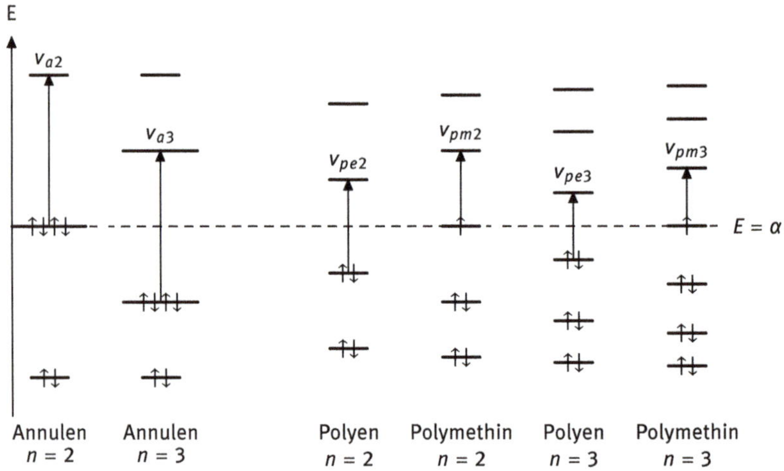

Abb. 2.59: Vergleich der MO-Struktur von Annulenen (links), Polyenen (Mitte) und Polymethinen (rechts). Polymethine besitzen durch die ungerade Anzahl an MOs ein nichtbindendes MO als HOMO, ihre Übergangsenergie ν_{pm2} ist kleiner als die vergleichbarer Polyene ν_{pe2}.

Der Ersatz der terminalen Methingruppen durch Heteroatome führt zu Verbindungen, die formal als Donor-Akzeptor-substituiertes Polymethin betrachtet werden können und ebenfalls mindestens zwei gleiche oder ähnliche resonante Strukturen besitzen:

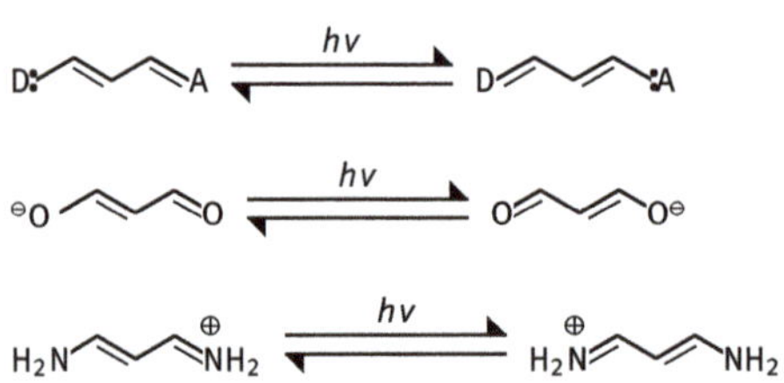

Als Heteroatome spielen Sauerstoff oder Stickstoff die größte Rolle. Anhand der Natur von Donor und Akzepor können wir Polymethine in Kategorien unterteilen. ►Tabelle 2.12 zeigt sauerstoff- und stickstoffbasierte Typen, die große Bedeutung für natürliche und synthetische Farbmittel besitzen, ►Kapitel 4 auf S. 295.

Interessant ist, wie sich die Eigenschaften der Polymethine durch diese Substitution ändern. Sind die Heteroatome oder Substituenten gleichartig, bleiben elektronische Symmetrie und Eigenschaften speziell der Kohlenstoffkette gewahrt. Unterschiedliche Substitution führt zu Asymmetrie und letztlich zum Verlust der Polymethineigenschaften, die Systeme gehen in Donor-Akzeptor-Systeme mit einem Carbonylakzeptor über, die wir bereits in ►Abschnitt 2.5.3.1 behandelt haben.

Tab. 2.12: Wichtige Arten von Polymethinen. Bei Amino-Donoren und -akzeptoren ist die Zugehörigkeit zu einem Ring oder der Kette von Bedeutung [191, Kap. 34].

Akzeptor	Donor	Klasse	
$=O$	$-OH$	Oxonol	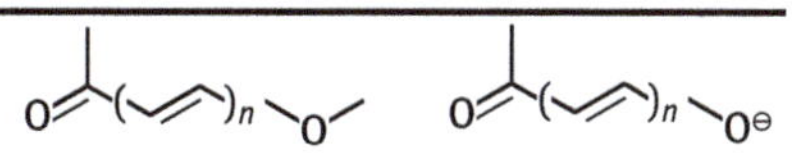
$=O^{\oplus}-$	$-OH$		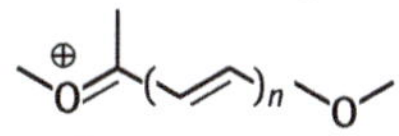
$=X$, $=O$	$-Y$:, $-NH_2$	Mero-, Neutrocyanin	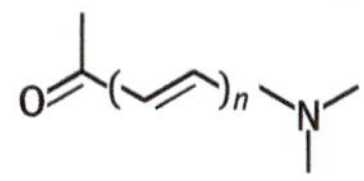
$=NH^{\oplus}-$	$-NH_2$	Streptocyanin	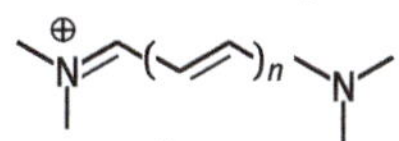
$=NH^{\oplus}-$	$-NH_2$	Hemicyanin	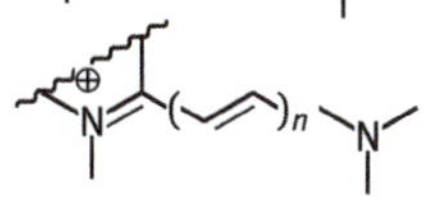
$=NH^{\oplus}-$	$-NH_2$	Cyanin	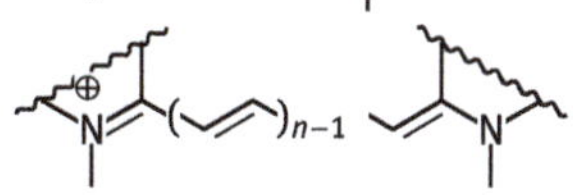

Als Beispiel können wir Merocyanine heranziehen, die durch die Substitution mit Sauerstoff und Stickstoff eine elektronische Asymmetrie aufweisen, sodass das Gleichgewicht im Grundzustand stark auf der Seite der neutralen Form I liegt:

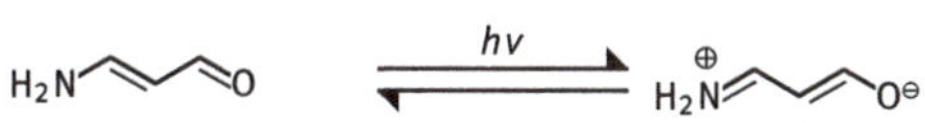

I
Donor-Brücke B_n-Akzeptor

II

Die Verbindungen zeigen alternierende Bindungslängen und eine Konvergenz der langwelligen Absorption mit steigender Kettenlänge, sowie große Unterschiede zwischen Grund- und angeregtem Zustand. Im Falle der Merocyanine sind die Unterschiede zwischen Stickstoff und Sauerstoff noch nicht so ausgeprägt, daß wir nicht mehr von einem Polymethin sprechen können, wir sehen jedoch, daß wesentliche Eigenschaften der Polymethine aufgeweicht werden.

Dewarregeln

Wir können Polymethine in verschiedener Weise modifizieren, ohne ihre grundlegende Struktur und damit optische Eigenschaften zu verändern. Zu diesen Modifikationen gehört der Ersatz von Kohlenstoffatomen oder Methingruppen der Kette durch Heteroatome sowie die Substitution von Wasserstoffatomen der Kette durch Seitengruppen.

Die Auswirkungen der Änderungen auf die Absorption können auf die veränderten Elektronegativitäten (EN) der Heteroatome und die Fähigkeit der Substituenten, Elektronen zu liefern oder aufzunehmen, abgeschätzt werden. DEWAR hat dies auf Basis einer Störungsrechnung mit seinen Regeln für Polymethine getan [193, ch. 6.9–6.11], [4, ch. 4.4], [5, ch. XII], [293, S. 26ff].

Für das Verständnis der Regeln, die in ►Tabelle 2.14 zusammengefaßt sind, hilft die Kenntnis, welche Auswirkung der Ersatz eines Atoms eines π-Systems durch ein Heteroatom oder Substitution hat. Die geschilderten Auswirkungen auf ein MO sind nur wirksam, wenn das betroffene Hetero- oder subsituierte Atom große Entwicklungskoeffizienten im betreffenden MO hat, insbesondere im HOMO oder LUMO, also MOs, die am optischen Übergang beteiligt sind.

Allgemein gilt, daß der Ersatz eines Kohlenstoffatoms in der Kette durch ein Heteroatom niedriger EN eine lockerere Bindung der π-Elektronen an das Atom bewirkt, alle MOs werden energetisch angehoben. Gleichartig wirkt die Substitution des Kettenatoms mit einem Elektronendonor. ►Abbildung 2.60 zeigt dies in der linken Hälfte graphisch.

Im Gegensatz dazu bewirkt der Ersatz eines Kettenatoms durch ein Heteroatom höherer EN eine engere Bindung der π-Elektronen an das Atom, alle MOs werden energetisch abgesenkt. In gleicher Weise wirkt die Substitution des Kohlenstoffatoms mit einem Elektronenakzeptor, ►Abbildung 2.60, rechte Hälfte.

Die Auswirkungen treten für die MOs deutlich hervor, für die das Hetero- oder substituierte Atom einen hohen Beitrag liefert, d. h. einen großen Entwicklungskoeffizienten hat, ►Tabelle 2.13. Ist der Entwicklungskoeffizient groß, ist auch die beobachtbare Auswirkung groß. Ist der Koeffizient klein, wird auch die Auswirkung kleiner und verschwindet völlig, wenn der Koeffizient Null wird.

Tab. 2.13: Auswirkung von Donor- und Akzeptorsubstitution bzw. Änderung der EN auf die Lage von HOMO und LUMO in Polymethinen.

Änderung	**Koeffizient groß am**	**Wirkung**
Donorsubstitution, Heteroatom mit kleiner EN	HOMO	HOMO ↑
dto	LUMO	LUMO ↑
Akzeptorsubstitution, Heteroatom mit großer EN	HOMO	HOMO ↓
dto	LUMO	LUMO ↓

Die Frage ist nun, an welchen Stellen der Polymethinkette Entwicklungskoeffizienten groß sind. Zur Lösung müssen wir wissen, daß Polymethine zu den sog. „odd alternant"-Verbindungen gehören, die eine ungerade Anzahl an π-Zentren besitzen. Bei diesen ist es möglich, die Kohlenstoffatome des π-Systems so abwechselnd mit einem Stern („starred position") zu markieren, daß Atome mit Stern immer nur mit Atomen ohne Stern verbunden sind, und umgekehrt. Aus MO-Rechnungen können wir ablei-

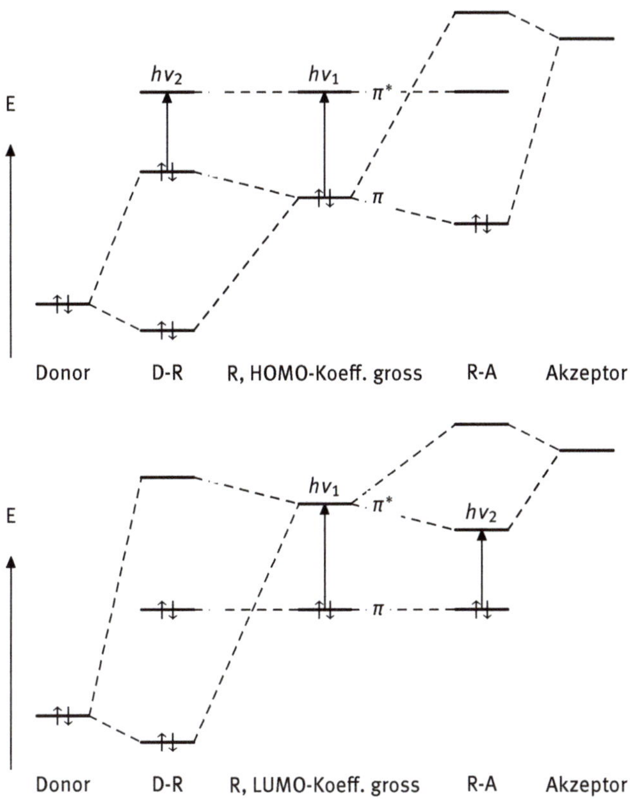

Abb. 2.60: Einfluss von Donor- und Akzeptorsubstitution auf die Lage von HOMO und LUMO eines Chromophors R (gezeichnet nach [293, S. 26ff], [4, ch. 4.4], [5, ch. XII]). Oben: Donor-Substitution einer Position mit starkem HOMO-Koeffizient erhöht das HOMO (Bathochromie, $\nu2 < \nu1$). Die Akzeptor-Substitution einer solchen Position senkt dagegen das HOMO (hypsochrome Verschiebung). Unten: Akzeptor-Substitution einer Position mit starkem LUMO-Koeffizient senkt das LUMO (wiederum bathochrome Verschiebung, $\nu2 < \nu1$). Die Donor-Substitution einer solchen Position erhöht dagegen das LUMO (hypsochrome Verschiebung).

ten, daß im Grundzustand (HOMO) Sternpositionen einen hohen Entwicklungskoeffizienten besitzen, unmarkierte Positionen einen solchen von Null, und dass im LUMO alle Positionen einen Koeffizienten ungleich Null aufweisen, der aber insgesamt kleiner ist, da die Elektronendichte über mehr Atome verteilt wird. Die Größe der Scheibe deutet die Größe des Entwicklungskoeffizienten an:

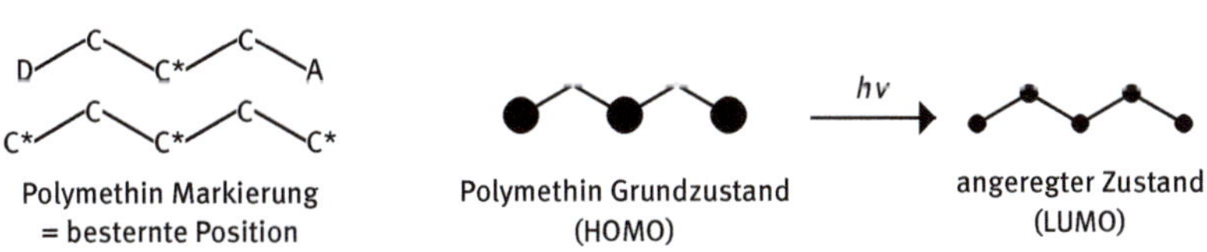

Tab. 2.14: Die Regeln von DEWAR zur Abschätzung von Substitutionseinflüssen auf optische Eigenschaften von Polymethinen (odd alternant-Kohlenwasserstoffe, das HOMO entspricht hier dem NBMO). Ein „*“ bedeutet eine mit Stern markierte Position, „ “ eine unmarkierte Position. ↑ bedeutet eine Anhebung der MO-Energie, ↑↑ eine starke Anhebung. Gleiches gilt für ↓. = symbolisiert eine unveränderte Lage.

Substitution mit	Pos.	Verschiebung	HOMO Lage	LUMO Lage
Donor oder Heteroatom niedrigerer EN	*	bathochrom	HOMO ↑↑	LUMO ↑
Akzeptor oder Heteroatom höherer EN	*	hypsochrom	HOMO ↓↓	LUMO ↓
Donor oder Heteroatom niedrigerer EN		hypsochrom	HOMO =	LUMO ↑
Akzeptor oder Heteroatom höherer EN		bathochrom	HOMO =	LUMO ↓

Die äußeren Positionen sind bei einer reinen Kohlenstoffkette Sternpositionen, in der Bedeutung von Donor D und Akzeptor A werden sie nicht berücksichtigt. Da die Koeffizienten das Maß der Auswirkung (Erhöhung oder Absenkung von MOs) darstellen, gelangen wir so zu den Regeln von Dewar, ►Tabelle 2.14, mit folgendem Ergebnis für eine Polymethinbrücke:

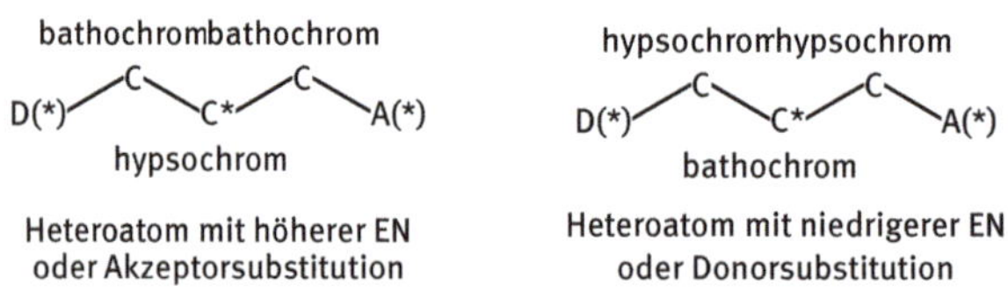

Da Polymethine häufig als Farbstoff verwendet werden, werden diese Regeln oft angewandt, z. B. bei Farbmitteln für die Farbphotographie, Drucktechnik und Spezialbereiche. Den genannten Veränderungen des Molekülgerüstes sind wir bei Farbmitteln bereits begegnet, z. B. beim Indigo ►Abbildung 2.42, den wir formal als Polyen mit Carbonylakzeptor oder Polymethin betrachten können.

(Die MOs von Polyenen unterliegen zwar ebenfalls den geschilderten Veränderungen, aber Polyene unterliegen als even alternant-Kohlenwasserstoffe dem Pairing-Theorem, ►Abschnitt 2.5.4. Das heißt, die Entwicklungskoeffizienten im HOMO entsprechen bis auf das Vorzeichen exakt denen im LUMO, sodass alle Verschiebungen der Energielage für HOMO und LUMO gleichsinnig erfolgen und weder batho- noch hypsochrome Verschiebungen resultieren.)

2.5.6 Weitere Chromophore: Sulfid-Radikalionen

Ein wichtiges Chromophor, das vor allem im leuchtend blauen Lapis Lazuli und Ultramarin ins Auge fällt, ist das radikalische Trisulfid-Anion, oder allgemeiner die Polysulfid-Anionen. Wir können sie auf Basis einer MO-Betrachtung verstehen.

Die elektronischen Verhältnisse im Disulfid-Radikalanion $S_2^{\ominus}$, das eine gelbe Farbe besitzt und die Farbe im Ultramarin und anderer schwefelhaltiger Minerale deutlich beeinflusst, sind in ►Abbildung 2.61 dargestellt [412]. Die erlaubten Elektronenübergänge sind im wesentlichen folgende:

$^2\Pi_g \rightarrow {}^2\Pi_u$	$(1\pi_u)^4(1\pi_g)^3 \rightarrow (1\pi_u)^3(1\pi_g)^4$	ν_1	VIS, 400 nm
$^2\Pi_g \rightarrow {}^2\Sigma_u$	$(1\pi_u)^4(1\pi_g)^3 \rightarrow (1\pi_u)^4(1\pi_g)^2(2\sigma_u)^1$	ν_2	UV, 340 nm

►Abbildung 2.61 zeigt auch die Verhältnisse im ansonsten weitgehend unerforschten Trisulfid-Radikalanion $S_3^{\ominus}$ [412, 413]. Dieses Anion ist die primäre Ursache der tiefblauen Farbe des Ultramarin und vieler anderer schwefelhaltiger Minerale. Die Farbe kann durch die eventuelle gleichzeitige Anwesenheit des gelben Disulfid-Anions in Richtung Grün modifiziert werden. Das Trisulfid-Anion liegt als gewinkeltes Molekül mit der Symmetrie C_{2v} vor, die erlaubten Elektronenübergänge sind im wesentlichen folgende:

$^2B_2 \rightarrow {}^2A_2$	$(4a_1)^2(1a_2)^2(3b_1)^2(2b_2)^1 \rightarrow (4a_1)^2(1a_2)^1(3b_1)^2(2b_2)^2$	ν_1	VIS, 600 nm
$^2B_2 \rightarrow {}^2A_1$	$(4a_1)^2(1a_2)^2(3b_1)^2(2b_2)^1 \rightarrow (4a_1)^1(1a_2)^2(3b_1)^2(2b_2)^2$	ν_2	IR, 870 nm
$^2B_2 \rightarrow {}^2A_1$	$(4a_1)^2(1a_2)^2(3b_1)^2(2b_2)^1 \rightarrow (4a_1)^2(1a_2)^2(3b_1)^2(2b_2)^0(5a_1)^1$	ν_3	UV–VIS, 400 nm

Ultramarin-Analoga, die Selen und Tellur anstelle Schwefel enthalten und rote resp. blaugrüne Diselenid- und Ditellurid-Farbzentren bilden, konnten ebenfalls hergestellt werden [414–417]. Wir werden hierauf in ►Abschnitt 3.3 zurückkommen.

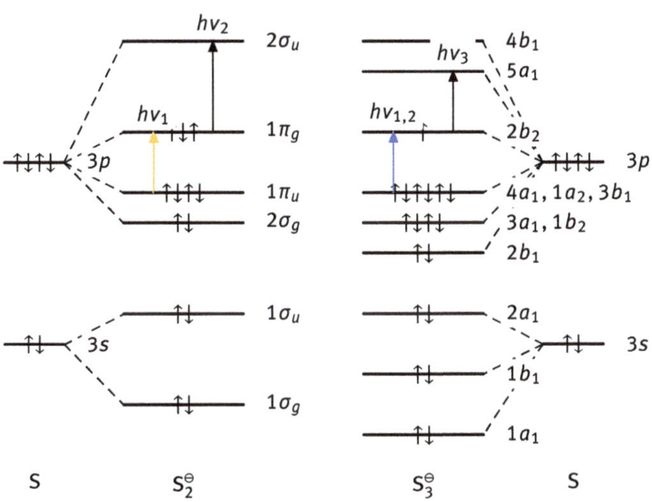

Abb. 2.61: MO-Schemata der Radikal-Anionen $S_2^{\ominus}$ (gelb) und $S_3^{\ominus}$ (blau), wie sie in den Ultramarinen vorkommen (gezeichnet nach [412]).

2.6 Verlackung und Farblacke

Viele farbige Verbindungen liegen in löslicher Form, als Farbstoff vor, insbesondere Farbmittel aus natürlichen pflanzlichen oder tierischen Quellen, aber auch synthetische Verbindungen. Um sie vermalbar zu machen, müssen wir ihre Löslichkeit stark vermindern und ihnen Körper geben. Dies gelingt durch Herstellung von *Farblacken*, das sind Farbstoffe, die auf unlöslichem anorganischem Material niedergeschlagen oder adsorbiert sind. Während Farbstoffe die Farbe erzeugen, magern Träger die Farbmittel ab und verleihen ihnen Körper, Vermalbarkeit und Deckkraft.

Tab. 2.15: Bekannte und historisch in der Tafelmalerei genutzte Farblacke, die aus den genannten Farbstoffen durch Verlackung mit Aluminium- (Alaun), Eisen- und Zinnsalzen entstehen [66, 69, 346, 442, 667]. Lacke, die in der Buchmalerei Verwendung fanden, sind in ►Tabelle 8.3 auf S. 687 aufgeführt.

Pflanze (Tier)	Zugrundeliegender Farbstoff	Eigenname des Farblacks
Gelb		
Färbermaulbeere	Morin (Flavonoid)	
Färberwau, Reseda	Luteolin (Flavonoid)	
Färberginster	Luteolin (Flavonoid), Genistein (Isoflavonoid)	
Färbereiche	Quercetin (Flavonoid)	
Kreuzbeeren (unreif)	Rhamnetin (Flavonoid)	Stil de Grain, Schüttgelb
Rot		
Saflor	Carthamin (Chalkon)	
Krappwurzel	Alizarin (Anthrachinon)	Krapplack, Rose Madder, Türkischrot
Kermes-Läuse	Kermessäure (Anthrachinon)	Kermes-Lack, Karmin
Cochenille-Läuse	Karminsäure (Anthrachinon)	Karminrot
kerria lacca-Läuse	Laccainsäure A, B (Anthrachinon)	Lac Dye
Rotholz, Brasilholz	Brasilin (Neoflavon)	
Grün		
Kreuzbeeren (reif)	Rhamnetin (Flavonoid), Anthocyane	Saftgrün

In ►Tabelle 2.15 sind einige dem Maler wohlbekannte Farblacke aufgelistet. In [47, vol. 3], [66, 69, 346, 667] werden Details ihrer Spektren und Herstellung genannt, [89] widmet sich ausführlich der Eigenherstellung von Pflanzenlacken. [103] enthält eine große Anzahl kommentierter mittelalterlicher Rezepte, [344] befasst sich mit der Frage nach der Natur von Präzipitat und Substrat. Farblacke können den ganzen Spektralbereich abdecken, weisen jedoch ähnlich wie ihre zugrundeliegenden Farbstoffe unterschiedliche Lichtechtheit auf. In der Tafelmalerei wurden daher nur die in der Tabelle aufgeführten gelben und roten Lacke verwendet, die eine gewissen Mindestechtheit aufweisen, während für die Buchmalerei auch wenig lichtechte blaue, grüne und violette Lacke in Frage kamen, ►Tabelle 8.3 auf S. 687. In ►Abschnitt 7.4.11 werden Schadbilder diskutiert, die auf ausbleichende Lackpigmente zurückgehen. In der Textilfärberei wurden durch die Anwendung von Beizen schon sehr lange vielfarbige Farblacke hergestellt [657].

Farblacke werden in zwei Schritten hergestellt. In dem einen werden die Farbstoffe mit mehrwertigen Metall-Kationen komplexiert, im anderen die Komplexe auf einem unlöslichen Träger (Substrat) niedergeschlagen oder adsorbiert. Die Komplexierung stabilisiert die Farbstoffe gegenüber Licht, da Metall-Sauerstoff-Bindungen gegenüber energiereicher UV-Strahlung stabiler als Kohlenstoffbindungen sind. Die eingestrahlte Energie wird über einen größeren Bereich des Moleküls verteilt und es finden weniger Bindungsbrüche statt, s. unten.

Vor allem aber wird die Löslichkeit der Farbstoffe verringert, da durch die Komplexierung das Molekulargewicht erhöht und die Zahl der funktionellen Gruppen verringert wird, die zur Löslichkeit beitragen, in der Regel freie Hydroxyl-, Carbonyl- oder Carboxylgruppen [651, pp. 727]. Das Molekulargewicht wird besonders hoch, wenn wie im Türkischrot mehrere Farbstoffmoleküle über das Metall verbrückt werden. Farbstoffe, die über mehrere geeignet angeordnete Koordinationsstellen verfügen, bilden Komplexe mit erhöhter Stabilität (Chelate).

Komplexbildende Metalle

Zur Komplexbildung befähigte Metalle sind Eisen, Aluminium, Zinn, Blei, Kupfer und Chrom. Historisch bedeutsam ist Aluminium, da es durch reiche Vorkommen von Alaun in der Antike leicht verfügbar war. Das wichtigste Aluminiumsalz war Alaun (Kaliumaluminiumsulfat) $KAl(SO_4)_2 \cdot 12H_2O$, das aus Alunit $KAl_3[(OH)_6|(SO_4)_2]$ gewonnen wurde. Bekannte Lagerstätten von Alunit, der aus kaliumreichen Feldspäten entsteht, gab es in Phocoea im östlichen Mittelmeerraum und ab 1460 in Tolfa, Italien. Durch die bei der Herstellung notwendige Kristallisation war das Produkt schon im Mittelalter recht rein. Auch Eisen war leicht zugängig, und ab ca. 1600 wird auch der Zinnlack entdeckt. Farblacke gehören zu den Beizen- oder Metallkomplexfarbstoffen, ►Abschnitt 5.5.

Trägermaterialien

Der Trägerkörper oder *Substrat* wurde vom 12. Jhd.–18. Jhd. gewöhnlich aus einem Aluminiumsalz und Alkalilauge in einer Fällungsreaktion erzeugt, grob entsprechend der Reaktion

$$\underset{\text{Alaun}}{KAl(SO_4)_2} \xrightarrow{HO^{\ominus}} \underset{\text{„Tonerde“}}{\text{„}Al(OH)_3\text{“}} \downarrow$$

Als Alkali wurde gewöhnlich Lauge aus Holzasche (überwiegend K_2CO_3) oder Pflanzenasche (überwiegend Na_2CO_3) verwendet, es konnte auch fauler Urin (Ammoniumhydroxid NH_4OH), kalzinierter Weinstein (Kaliumnatriumtartrat, liefert K_2CO_3) oder Kalkmilch aus Löschkalk ($Ca(OH)_2$) zum Einsatz kommen.

Im entstehenden voluminös-gallertigen Niederschlag wird der Farbstoff und eventuelle Begleitstoffe und -ionen mitgerissen. Der Niederschlag ist amorph, variabel zusammengesetzt und schwer zu charakterisieren. Er entspricht keinem der kristallinen Aluminiumoxidhydrate γ-$Al(OH)_3$=$Al_2O_3 \cdot 3\,H_2O$ (Gibbsit) oder γ-$AlOOH$=$Al_2O_3 \cdot H_2O$ (Boehmit). Die Niederschläge lassen sich zwei Typen zuordnen:

- enthaltend Al und O, am besten beschreibbar als amorphes hydratisiertes Aluminiumoxid $Al(OH)_3$,
- enthaltend Al, O und viel S als Sulfat, vor allem aus dem 19. Jhd. bekannt.

In Rezepten für gelbe Lacke und rosa bzw. rote Brasilholzlacke werden Kalk oder andere Arten von Kalziumkarbonat zugesetzt, wie Marmor oder Eierschalen.

Die genaue Natur des Niederschlags hängt von den Reaktionsbedingungen ab, also pH-Wert, Temperatur, Konzentration der Reaktanden, Geschwindigkeit der Zugabe und der Kristallisation. Entscheidend ist die Reihenfolge, in der die wesentlichen Schritte vollzogen werden. Bei der bis ins 18. Jhd. üblichen Reihenfolge

- Extraktion des Farbmittels aus dem Rohstoff mit Alkali,
- Zugabe von Alaun zur Fällung.

bildet sich ein voluminöser Niederschlag des ersten Typs aus hydratisiertem Aluminiumoxid, der die vorhandenen Anionen wie Carbonat mitreissen kann. Die in Rezepten des 19. Jhd. genannte Reihenfolge

- Extraktion des Farbmittels aus dem Rohstoff mit Alaunlösung,
- Zugabe von Alkali zur Fällung.

führt zu Niederschlägen des zweiten Typs mit Sulfat-Anionen, die ins Substrat eingebaut werden. Diese Vorgehensweise wurde früher nur selten und eher bei Brasilholzlacken angewandt.

Als neutrale Trägerkörper wurden neben der genannten Tonerde auch Gips, Kreide (Calciumcarbonat) und Bleiweiß (Bleicarbonat) verwendet, die als solche zugesetzt wurden. Aus löslichen Metallsalzen wie Alaun, Zinnchlorid oder Bleiacetat konnten unlösliche Trägerkörper wie Tonerde, basisches Zinnoxid oder Bleisulfat entstehen:

$$2\,KAl(SO_4)_2 + 3\,K_2CO_3 \longrightarrow 2\,Al(OH)_3\downarrow + 3\,CO_2\uparrow + 4\,K_2SO_4$$

$$SnCl_2 + K_2CO_3 \longrightarrow SnO{\cdot}H_2O\downarrow + CO_2\uparrow + 2\,KCl$$

$$2\,KAl(SO_4)_2 + 3\,CaCO_3 \longrightarrow 2\,Al(OH)_3\downarrow + 3\,CO_2\uparrow + 3\,CaSO_4\downarrow + K_2SO_4$$

$$2\,KAl(SO_4)_2 + 3\,PbCO_3 \longrightarrow 2\,Al(OH)_3\downarrow + 3\,CO_2\uparrow + 3\,PbSO_4\downarrow + K_2SO_4$$

Alle genannten Ingredienzien konnten schon in der Antike leicht gewonnen werden. Die zugesetzte Kreide reagiert je nach Mengenverhältniss entweder auf die gezeigte Weise als Fällungsreagenz für ein Aluminiumsubstrat, oder sie wird lediglich angefärbt und dient dann selber als Substrat.

Beispiel: Krapplack

Um uns den Vorgang der Verlackung näher anzuschauen, nehmen wir Krapplack, einen Komplex des Alizarins mit mehrwertigen Metall-Kationen, als Beispiel. In der natürlich vorkommenden Krappwurzel sind Anthrachinone wie Alizarin die farbgebenden Elemente. Wir erhalten je nach vorherrschendem Anthrachinon und Metall Farben, die von hellen Rosatönen bis zu dunklem Braun oder Violett reichen: Sn^{IV} Orange, Al^{III} Purpurrot, $\mathrm{Al}^{III}/\mathrm{Ca}^{II}$ Purpur, Ca^{II} Blauviolett, Fe^{III} Blauschwarz [663, Kap. 2.8.3, Anhang 1.4]. Wir sehen uns mit zwei Fragen konfrontiert:
- Welche Struktur besitzen die entstandenen Lacke?
- Warum tritt mit der Metallkomplex-Bildung eine Vertiefung der Farbe auf?

2.6.1 Struktur der Farblacke

Die Basis der Farblacke wird von aromatischen und chinoiden Stammkörpern gebildet, die mit Hydroxy- und Carbonylgruppen versehen sind. Sie bieten damit ideale Voraussetzungen für die Bildung von Metallkomplexen.

Das Produkt der Verlackung wird von mehreren Faktoren bestimmt. Zum einen bestimmt die Koordinationszahl des Metall-Kations die grundsätzliche Komplexgeometrie. Zum anderen legt das Substitutionsmuster der Liganden fest, in welcher Orientierung sie sich um das Zentralatom anordnen, und wie viele von ihnen hinderungsfrei gleichzeitig um das Metall angeordnet sein können. Zur Erreichung der vollen Koordinationszahl treten noch Sekundärliganden hinzu (Lösungsmittelmolekülen oder die Liganden des ursprünglichen Metallsalzes):

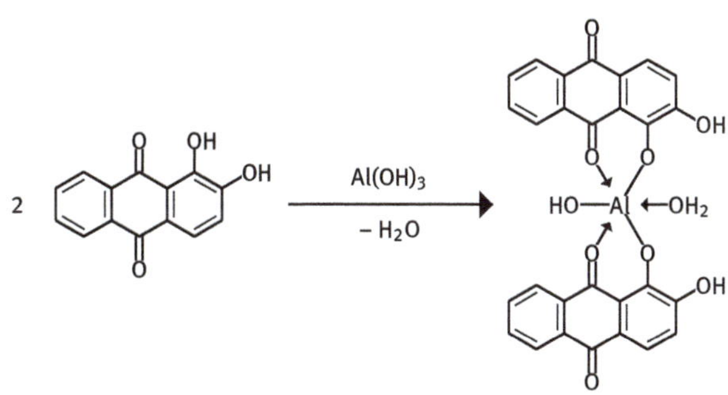

Alizarin

Alizarin-Al-Lack (I)
Vorschlag 1963

Die gezeigte Struktur I eines Aluminiumlackes wurde 1963 vorgeschlagen [659], [651, S. 727ff] und ist nur ein Meilenstein auf einem langen (Irr)weg. Das Problem besteht darin, daß die Stammkörper meist ambidente Liganden darstellen, d. h. mehrere mögliche Chelatisierungspositionen aufweisen. Im Falle des Alizarins kann Aluminium über Sauerstoffatome an den Positionen 1,2 oder 1,9 koordiniert werden. Die 1,9-Koordination wurde schon in [651] festgestellt, letztlich haben wir erst durch modernste Festkörper-Spektroskopie Sicherheit erhalten [664]. Diese zeigt uns, daß gegenüber Struktur I die sechste Koordinationsposition nicht vom Lösungsmittel (Wasser) eingenommen wird, sondern von der Hydroxygruppe eines zweiten Aluminium-Komplexes, sodass ein sauerstoff-verbrückter, mehrkerniger Komplex II resultiert:

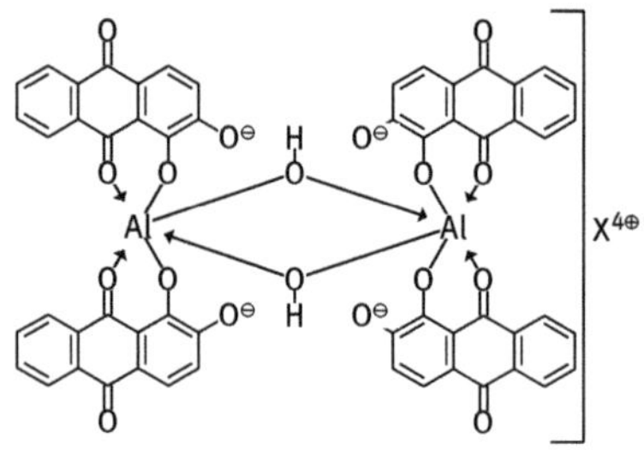

Al-Lack (II)
Vorschlag 1994–1996

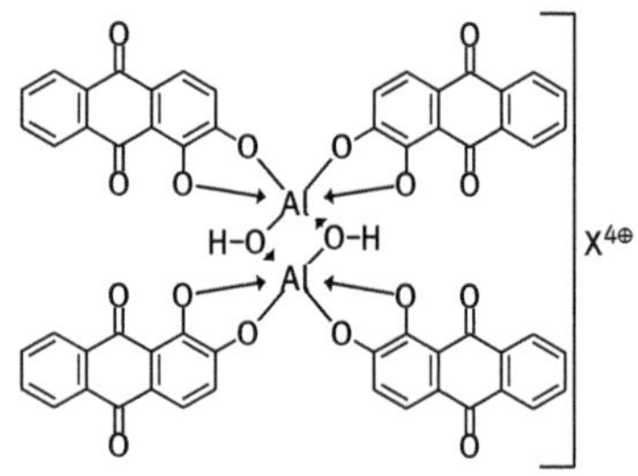

Al-Lack (III)
Vorschlag nach Wunderlich, 1993

Wunderlich [663, Kap. 3.2.2.2] weist jedoch darauf hin, daß die negative Ladung des Alizarinat-Dianions bevorzugt an O^1 und O^2 konzentriert ist, sodass für Aluminiumalizarinat eine Struktur III analog der des Türkischrot IV zu erwarten ist.

Interessant wird es, wenn wie beim Türkischrot mehrere Metalle zugesetzt werden. In diesem Falle können Chelate mit den 1,2- und 1,9-Positionen gebildet werden. Die Verteilung der Metalle auf die Positionen wird maßgeblich von ihrer Größe und Lewis-Säurestärke bestimmt, s. unten.

Historisch wurde im Zuge der Strukturaufklärung des Aluminiumlackes für den Calcium-Aluminium-Lack eine Struktur IV vorgeschlagen [658], [651, S. 727ff], die auch dem Pigment PR83:1 (Alizarinkarmesin) zugeschrieben wurde ([12], ►Abschnitt 4.6.4). Die Bildung des Calcium-Aluminium-Lacks geht nach [660] zunächst mit der Entstehung eines sauren Calciumsalzes an der 2-Hydroxygruppe einher, da die 1-Hydroxygruppe eine relativ feste Wasserstoffbrücke mit dem Carbonylsauerstoff ausbildet und wenig reaktiv ist. Das saure Salz kann entweder zum Calciumlack weiterreagieren, oder bei Anwesenheit eines dreiwertigen Kations wie Aluminium die dimere Struktur IV ausbilden, die die 1-Hydroxylgruppe einschließt, ►Abbildung 2.62.

In [662, 663] wird die Struktur des Calcium-Aluminium-Lacks jedoch analog zu II als mehrkerniger, Aluminium-verbrückter Komplex bestimmt (V), in dem je zwei Aluminium- und Calcium-Kationen mit Sauerstoffbrücken zu einem Metallkomplex zusammentreten. Alle Metall-Kationen koordinieren je zwei Alizarinmoleküle, Alumi-

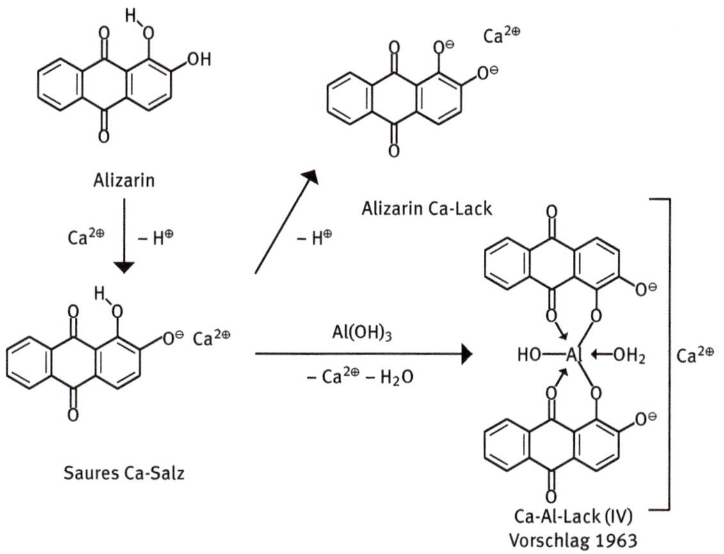

Abb. 2.62: Entstehung der Calcium- und Calcium-Aluminium-Lacke von Alizarin [660].

nium über die 1,2-Positionen (fünfgliedriger Chelatring), Calcium über die 1,9-Positionen (sechsgliedriger Chelatring). Insgesamt entsteht so ein Tetramer aus vier Alizarinmolekülen um einen Metall-Sauerstoff-Komplex herum:

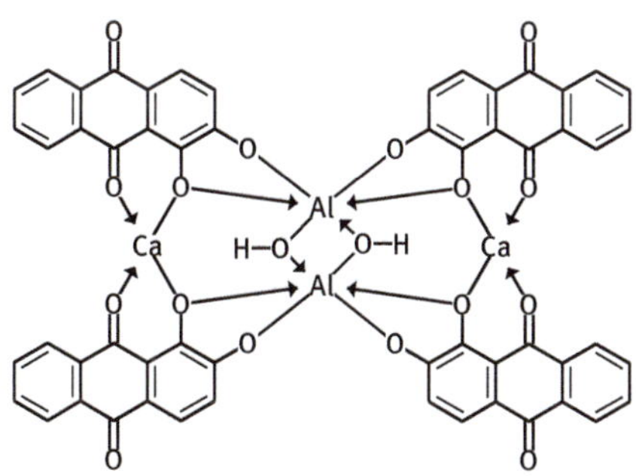

Ca-Al-Lack, Türkischrot (V)
1994

Die Bevorzugung bestimmter Koordinierungsstellen am ambidenten Liganden Alizarin können wir mit der Lewissäurestärke der beteiligten Metall-Kationen erklären [663, Kap. 3.2.1.1]. Im Alizarinat-Dianion konzentriert sich die negative Ladung auf die Sauerstoffatome an den Positionen 1 und 2. Es ist daher zu erwarten, daß bei gemischten Metallen das Kation mit der höchsten Lewissäurestärke (Elektronenakzeptorfähigkeit) diese Positionen besetzt. Beim vorliegenden Calcium-Aluminium-Lack hat Aluminium die höhere Lewissäurestärke und koordiniert mit Alizarin über die 1,2-Positionen, sodass für Calcium die 1,9-Positionen verbleiben.

Die Strukturen einer Reihe ähnlicher Lacke (z. B. Barium-Aluminium-Lack) wird in [664] besprochen. Wesentlich für den Maler ist, daß über das Metall eine Verbrückung mehrerer Alizarin-Einheiten stattfindet. Diese erhöht das Molekulargewicht und senkt die Löslichkeit, was einerseits die gute Waschechtheit des Türkischrot erklärt, und andererseits die guten Pigmenteigenschaften des Calcium-Aluminium-Lacks und überhaupt dieser Lacke.

2.6.2 Praktisches Vorgehen

Praktisch erfolgt die Verlackung auf verschiedenen Wegen [47, vol. 3], [69, 103, 555, 556]. Dabei sind natürliche Rohstoffe wie Alaun und Soda (Kaliumaluminiumsulfat und Natriumcarbonat) von größter Bedeutung, wie einige historische Rezepte zeigen mögen [47, vol. 3, pp. 122]:

- *Krapplack* entstand durch Auslaugen der Krappwurzeln mit kaltem Wasser, wobei lösliche Begleitstoffe ausgewaschen werden, während Alizarin und Purpurin als unlösliche Farbkörper in der Wurzel verbleiben. Nach Auspressen wurde die Wurzel mit heißer Alaunlösung versetzt und etwas gewartet, um die Komplexbildung zu ermöglichen. Nach Filtration wurde der Lack durch Zugabe von Natriumcarbonat (Soda), Kaliumarsenat oder Borax gefällt (Az = Alizarin):

$$4\,Az(OH)_2 + 3\,KAl(SO_4)_2 + 13\,NaOH \longrightarrow$$

$$[(AzO_2)_4Al_2(OH)_2]^{4\ominus} + Al(OH)_3 + 8\,H_2O + 3\,K^{\oplus} + 13\,Na^{\oplus} + 6\,SO_4^{2\ominus}$$

Krapplack

  Bei diesem und den folgenden Verfahren ist es wichtig, die richtigen Temperaturen für die Lösungen zu wählen, um die Komplexbildung zu beschleunigen und Alizarin in Lösung zu halten, ohne braune Zersetzungsprodukte zu erzeugen.
- *Rose madder* wurde erzeugt, indem die Krappwurzel mit verdünnter Schwefelsäure ausgelaugt wurde. Beim Erwärmen setzte sich Pseudopurpurin Psp ab, das in Alaunlösung aufgelöst und mit warmer Sodalösung gefällt wurde. Durch Fällung auf Kreide erhielt man einen helleren Farbton.

$$4\,Psp(OH)_2 + 3\,KAl(SO_4)_2 + 3\,NaOH + 2\,H_2O \longrightarrow$$

$$[(PspO_2)_4Al_2(OH)_2]^{4\ominus} + Al(OH)_3 + 3\,K^{\oplus} + 3\,Na^{\oplus} + 10\,H^{\oplus} + 6\,SO_4^{2\ominus}$$

Rose Madder

  Die ausgefallenen Flocken konnten auch durch Auflösen in Natronlauge und Fällung mit Aluminiumsulfat in einen konzentrierten Lack umgewandelt werden.

$$4\,\mathrm{Psp(OH)_2} + \mathrm{Al_2(SO_4)_3} + 8\,\mathrm{NaOH} \longrightarrow$$

$$[\mathrm{(PspO_2)_4Al_2(OH)_2}]^{4\ominus} + 8\,\mathrm{Na^{\oplus}} + 2\,\mathrm{H^{\oplus}} + 3\,\mathrm{SO_4^{2\ominus}} + 6\,\mathrm{H_2O}$$

Rose Madder

- Reines Aluminium-alizarinat entstand durch kaltes Auslaugen der Krappwurzeln, Extraktion des Farbstoffs mit heißer Alaunlösung und Fällung der Sulfationen durch Zugabe von Bleiacetat. Nach Filtration setzte sich beim Abkühlen der konzentrierte Aluminiumlack ab.

$$4\,\mathrm{Az(OH)_2} + 2\,\mathrm{KAl(SO_4)_2} + 2\,\mathrm{H_2O} + 4\,\mathrm{PbAc_2} \longrightarrow$$

$$[\mathrm{(AzO_2)_4Al_2(OH)_2}]^{4\ominus} + 4\,\mathrm{PbSO_4} + 2\,\mathrm{K^{\oplus}} + 2\,\mathrm{H^{\oplus}} + 8\,\mathrm{HAc}$$

Alizarinkarmesin

- Zur Darstellung des brillanten Türkischrot (Calcium-Aluminium-Lack von Alizarin) wurde zunächst das Substrat (Aluminiumhydroxid) hergestellt, indem es aus einer heissen Lösung von natürlichem Alaun mit Natriumcarbonat gefällt wurde. Nach Filtration und Waschen wurde es mit Calciumchlorid und Krapp versetzt, woraufhin sich der Calcium-Aluminium-Lack des Alizarins bildete und beim Abkühlen absetzte.

$$4\,\mathrm{Az(OH)_2} + 2\,\mathrm{CaCl_2} + 2\,\mathrm{KAl(SO_4)_2} + 6\,\mathrm{NaOH} \longrightarrow$$

$$[\mathrm{(AzO_2)_4Al_2(OH)_2}]^{4\ominus} + 4\,\mathrm{Cl^{\ominus}} + 2\,\mathrm{K^{\oplus}} + 6\,\mathrm{Na^{\oplus}} + 4\,\mathrm{H^{\oplus}} + 4\,\mathrm{SO_4^{2\ominus}} + 4\,\mathrm{H_2O}$$

Türkischrot

In der Neuzeit wurden reine Stoffe wie Aluminiumsulfat und Alizarin anstelle der Naturstoffe verwendet, um die Reinheit des Produkts zu erhöhen, sowie Türkischrotöl zugesetzt, um die Benetzung des Alizarins zu verbessern. *Türkischrotöl* ist ein Tensid aus Riziniusöl, das mit Schwefelsäure behandelt und anschließend mit Natronlauge neutralisiert wurde. Es besteht aus einem Gemisch von Rizinusöl (Rizinolsäure-glycerid), den Natriumsalzen von an der Hydroxylgruppe sulfatierter Rizinolsäure und Polyrizinolsäuren, sowie deren Anhydriden und -lactonen.

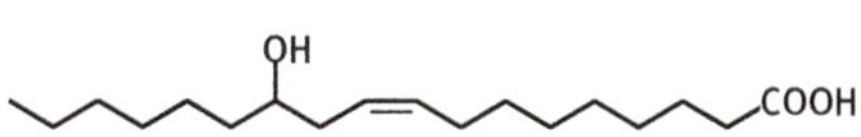

Rizinolsäure

Während wir über die Benutzung von Farblacken als Künstlermaterial erst fallweise aus der römischen Epoche, eher aber dem Mittelalter, genaue Kenntnis haben, wird das Prinzip der Verlackung bereits im zweiten Jahrtausend vor Christus beim textilen Beizenfärben realisiert, ►Abschnitt 5.5. Die Textilien werden mit einer Lösung des komplexbildenden Metallsalzes getränkt, und das Metallhydroxid durch Zugabe von Alkalien auf der Faser gefällt. Anschließendes Tränken des gebeizten Stoffes in einer Farbstofflösung führt zur Verlackung auf der Faser und Fixierung des Farbstoffes.

2.6.3 Farbtonverschiebung

Die Bildung des Komplexes zwischen einem Metall und einem organischen Liganden gibt zu zwei Typen von Farberscheinungen Anlass:

- Die Ausgangsprodukte sind farblos, das organische Molekül absorbiert nur im UV-Bereich, die Farbe tritt erst mit der Komplexbildung mit einem *Nebengruppenmetall* (d-Block) auf. Wir beobachten eine Ligandenfeld-Absorption.
- Der organische Ligand ist bereits zuvor farbig, oder die Absorption liegt im nahen UV. Durch die Komplexbildung wird die Farbe in den sichtbaren Bereich verschoben. Die beteiligten Metalle müssen nicht aus dem d-Block stammen, wie Aluminium oder Zinn. Die Absorption zeigt $\pi \longrightarrow \pi^*$-Charakter.

d-Orbital-Bathochromie: Ligandenfeld- und LMCT-Übergänge

Im ersten Falle wird durch die Metallierung mit einem d-Block-Metall ein Chromophor in Form des Metall-Kations erzeugt: das organische Molekül wirkt als Ligand und baut ein Ligandenfeld für das Metall auf. Zwischen den d-Orbitalen des Metall-Kations werden d-d-Übergänge im sichtbaren Bereich des Spektrums möglich, ►Abschnitt 2.3.

Hochgeladene Kationen wie $Fe^{3\oplus}$ oder $Ti^{4\oplus}$ können darüberhinaus LMCT-Übergänge $\pi \longrightarrow t_{2g}(t_2)/e_g(e)$ zeigen, indem sie Elektronen von elektronenreichen Liganden und deren π-Systemen übernehmen und auf diese Weise Farbe entwickeln, ►Abschnitt 2.4.1.

$\pi \longrightarrow \pi^*$-Bathochromie

Die blassroten Anthrachinone und leuchtend roten Anthrachinon-Metallkomplexe (Krapplack) illustrieren den zweiten Fall, die bathochrome Verschiebung von $\pi \longrightarrow \pi^*$-Übergängen in den sichtbaren Bereich. Da das Ausmass der Verschiebung vom Metall abhängig ist, können wir durch Verlackung mit verschiedenen Metallen aus einem Farbstoff mehrere unterschiedlich gefärbte Pigmente gewinnen: neben dem karminroten Krapplack gibt es ein Scharlach- und ein Violettrot.

Die Verschiebung kann so weit gehen, dass Metallkomplexfarbstoffe grün oder blau sind, ►Abschnitt 5.5. Da gerade diese Farbtöne schwer zu erzielen sind, sind Metallkomplexfarbstoffe häufig an dunklen Färbungen beteiligt [652]. Neben der bathochromen Verschiebung tritt auch eine Verbreiterung der Banden auf, die wir optisch als „Verschmutzung" wahrnehmen: Metallkomplexe zeigen weniger reine Farben, sondern eher gedeckte, stumpfe, bräunliche oder gräuliche. Es eröffnet sich damit die Möglichkeit, braune und schwarze Farbstoffe herzustellen.

Worauf sind die geschilderten Vorgänge zurückzuführen? Ein Faktor ist, dass durch die Bildung des Chelatrings eine planare Molekülgestalt favorisiert wird, in der die Konjugation der π-Orbitale verstärkt ist. Wesentlich für die bathochrome Verschiebung z. B. bei Verbindungen der Typen

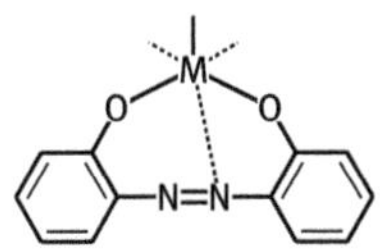

Azo metalliert

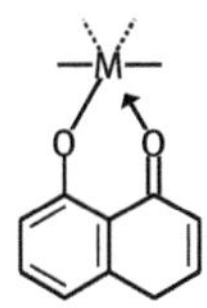

Chinon metalliert

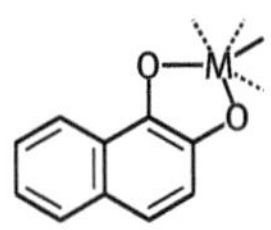

Dihydroxyaromat metalliert

sind jedoch zwei Faktoren, die in [4, 662] allgemein und in [655, 656] an Beispielen im Detail untersucht werden:

- Die Elektronendonorstärke von Gruppen wie der Hydroxylgruppe wird durch die Metallierung erhöht, das freie Elektronenpaar der Donorgruppe wird leichter in das π-System abgegeben.
- Das freie Elektronenpaar von Akzeptorgruppen wie der Azo- oder der Carbonylgruppe wird mit dem Metall geteilt und somit die Elektronegativität des Akzeptors erhöht.

Beide Faktoren verstärken Substituenteneffekte von Donor-Akzeptor-Chromophoren.

Erhöhung der Donorstärke Die Metall-Ligand-σ-Bindung wird in der Valenzstrich-Schreibweise als kovalente Bindung beschrieben, die in der Realität jedoch ionische Anteile aufweist. Je elektropositiver das Metall gegenüber dem Ligand ist, desto ausgeprägter ist die Ionizität. Da als Ligand oft Sauerstoff (E_n 3,44) oder Stickstoff (E_n 3,04) mit hoher Elektronegativität auftreten, konzentriert sich die negative Ladung am Ligand, dessen Donorfähigkeiten dadurch gesteigert werden:

$$\mathrm{M{-}L} \longleftrightarrow \mathrm{M^{\delta\oplus}{-}L^{\delta\ominus}} \longleftrightarrow \mathrm{M^{\oplus}\quad L^{\ominus}}$$

E_n hoch, kovalent — partiell ionisch — E_n klein, ionisch

Am Beispiel eines Anthrachinons können wir uns diese Art der Beteiligung des Metall-Kations am Anregungsvorgang folgendermaßen vorstellen [663, Kap. 3.3.2]:

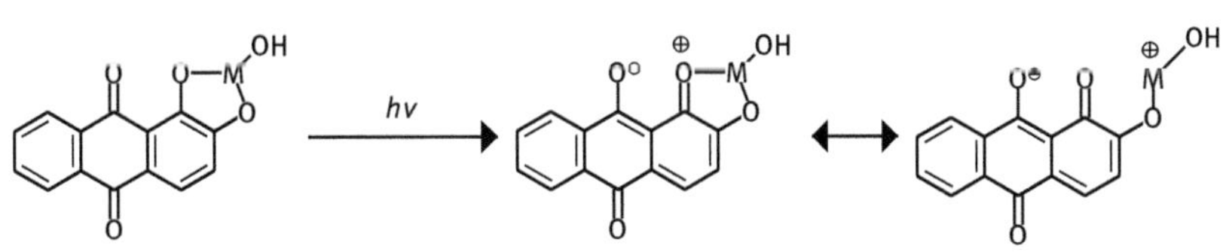

Bei elektropositiven Metallen liegt das Gleichgewicht auf der ionischen Seite, im Fall der Alkalimetalle wird aus –OH sogar der sehr starke Donor $-O^{\ominus}$:

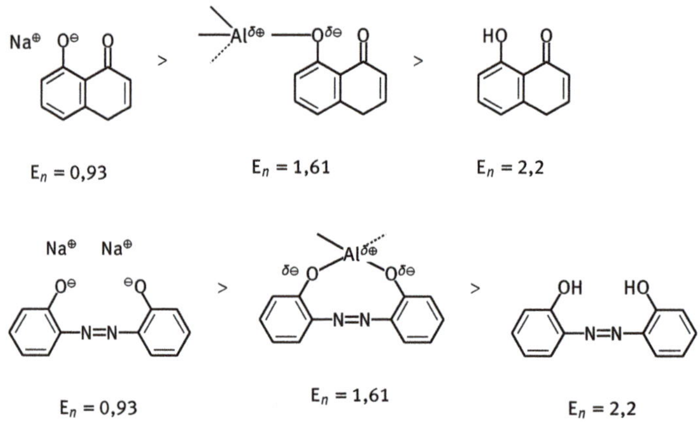

Bei starken Donoren reicht bereits die Absorption von langwelligem rotem Licht zur Elektronenübertragung vom Donor auf den Akzeptor. Die sichtbare Farbe liegt dann im Blauen, während die schwächeren, nicht-metallierten Donoren Farben im Bereich Gelb–Rot zeigen. In ►Abbildung 2.63 sehen wir den Sachverhalt deutlich: die elektropositiven Metalle Calcium oder Strontium (E_n 1,0 resp. 0,95) führen bei Anthrachinonen zu einer Absorption oberhalb von 550 nm, die mässig elektropositiven Metalle Zinn und Aluminium (E_n 1,96 resp. 1,61) zu einer um 500 nm, der elektronegativere Wasserstoff (E_n 2,2) nur zur Absorption bei 450 nm.

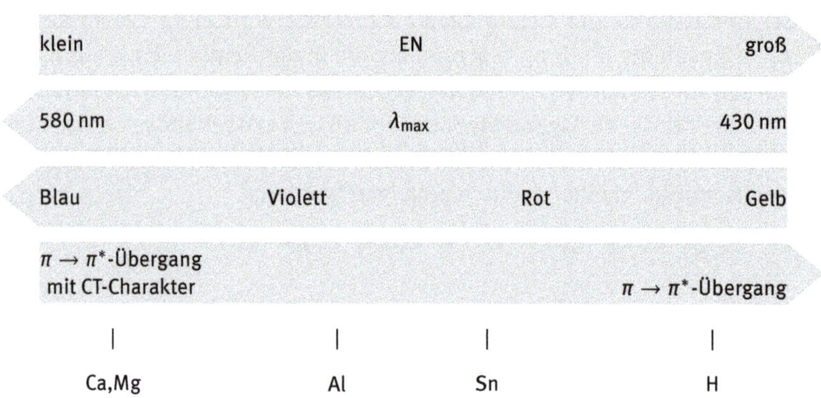

Abb. 2.63: Einfluß der Elektronegativität (EN) auf die Farbigkeit metallierter Farbmittel (Anthrachinone) am Beispiel von Calcium, Magnesium, Aluminium, Zinn und Wasserstoff [662], [663, Kap. 3.3].

Eine Folge einer stark polaren Metall-Donor-Bindung ist, dass der $\pi \rightarrow \pi^*$-Übergang zunehmend Charge Transfer-Charakter annehmen kann: die hohe Ladung des Donor-Systems kann partiell in ein leeres MO mit starkem Metallcharakter übertragen werden, was mit der hohen Intensität erfolgt, die CT-Übergänge allgemein auszeichnet. Damit kommen wir zum zweiten Punkt, der …

Erhöhung der Akzeptorstärke Der zweite Effekt der Metallierung erhöht nicht die Stärke der Donorgruppen, sondern die der Akzeptorgruppen. Durch die Komplexierung der Akzeptoren wird das freie Elektronenpaar eines Carbonyl-Sauerstoff oder eines Azo-Stickstoffs (partiell) zum Metall transferiert, wir beobachten eine Verminderung der Elektronendichte am Akzeptor. Die Übertragung von Elektronen eines Donors zu einem solchen, effektiv elektronegativer gewordenen Akzeptor kann bereits durch Absorption von langwelligem Licht erfolgen. Wir können auch den Standpunkt einnehmen, daß das Metall oder ein Metallchelat-Ring als gute Akzeptoren das konjugierte System vergrössern und damit auxochrom wirken. Klassisch formuliert:

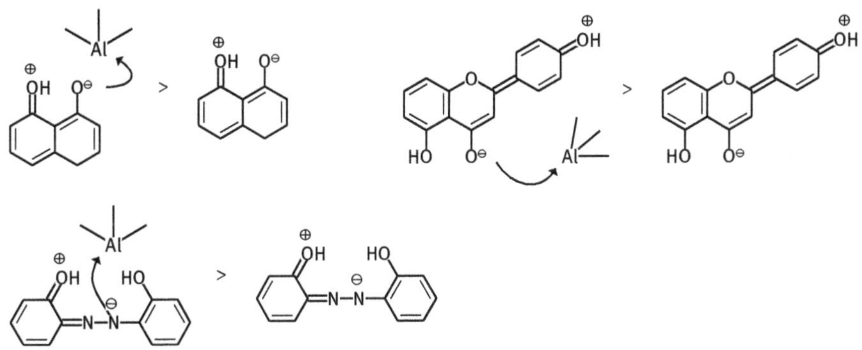

Bei Hauptgruppenmetallen wie Aluminium werden die Elektronen des Akzeptors von Metall-p-Orbitalen übernommen und tragen zur Erlangung der Edelgaskonfiguration bei. Bei Nebengruppenmetallen tritt eine Wechselwirkung zwischen Metall-d- und Akzeptor-p_π-Orbitalen auf, die wir in ►Abschnitt 2.4.1 und ►Abbildung 2.33 auf S. 131 bereits kennengelernt haben und die zur Bildung von d-p-MOs mit starkem Metallcharakter führt. Die Elektronen werden vom Akzeptor in diese d-p-MOs und damit zum Metall überführt.

Wir können die Akzeptorfähigkeit eines komplexierten Metalls anhand des Aluminiumalizarinats (Krapplack) sehen [663, Kap. 3.2.2.2]. Die vorgestellten MO-Rechnungen zeigen, daß im Aluminiumkomplex beim HOMO-LUMO-Übergang Ladung in ein $3p$-Orbital des Metalls fließt, also ein $\pi \rightarrow 3p$-Übergang mit hohem Charge Transfer Charakter vorliegt. Im freien Alizarin wird die Ladung überwiegend vom Carbonylsystem im mittleren Ring übernommen:

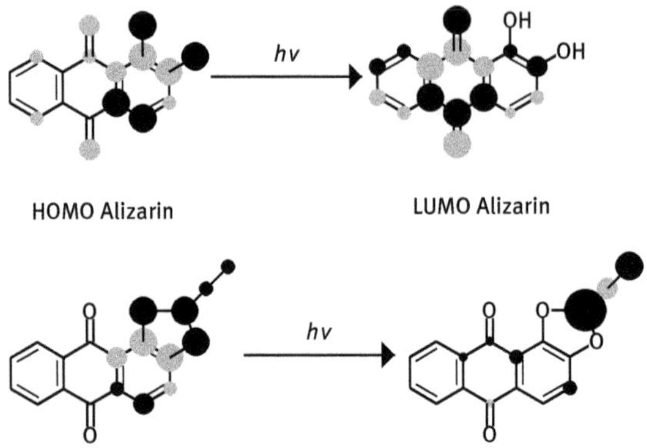

HOMO Alizarin LUMO Alizarin

HOMO Al-alizarinat LUMO Al-alizarinat

Bei einigen Metallen dominiert dieser intensive LMCT-Übergang die Farberscheinung gegenüber $\pi \rightarrow \pi^*$-Übergängen, weshalb wir bei Komplexbildungsreaktionen mit z. B. Eisen(III)-Kationen oft intensive Farberscheinungen beobachten. Ein Beispiel ist die Eisen-Phenol-Reaktion, ►S. 697.

3 Anorganische Pigmente

Die Geschichte der Malerei – zumindest der Teil, dessen Erzeugnisse sich bis heute erhalten haben – beginnt mit anorganischen Farbmitteln. Sie umgeben den Menschen von Anbeginn an und bauen in Form von Erden, Mineralen und Gesteinen die Welt im Großen auf. Häufig sind sie in großen Mengen vorhanden und gut verfügbar. Ihr Vorkommen ist nicht auf die Lebensräume von bestimmten Tieren und Pflanzen begrenzt, und die wichtigsten von ihnen sind in den meisten Kulturkreisen verfügbar.

Der Vorteil ist ihre gute bis sehr hohe Beständigkeit gegenüber verschiedensten Umweltbedingungen (Licht, Luft, Temperatur). Besonders in der Frühzeit der Malerei, in der die Chemie noch nicht einmal als Alchemie existierte, boten sie die Möglichkeit, eine mehr oder weniger vollständige Farbpalette über einen weiten Anwendungsbereich einzusetzen. Vor über zwanzigtausend Jahren wurden damit Höhlen ausgemalt, später religiöse und dekorative Wandmalereien und Tafelbilder geschaffen und Keramiken Objekte in Heißbemalung dekoriert. Der größte Nachteil ist die eingeschränkte Farbpalette, die aus den häufig vorkommenden Materialien zusammengestellt werden kann. Neben verschiedenem Schwarz und Weiß sind hauptsächlich gelbe, rote und braune Erdfarben (Ocker und Erden) verfügbar, die schöne, aber auch stumpfe Farben aufweisen. Chemisch betrachtet liegt dies daran, daß die Massenelemente der Geologie (Si, Ca, Mg, O ...) entweder farblos sind oder ihre Farbigkeit aus LF-Übergängen resultiert (Fe, Mn). Da viele dieser LF-Übergänge durch spektroskopische Auswahlregeln verboten sind, sind die Übergänge von geringer Intensität und die hervorgerufenen Farben stumpf. Die natürlichen Oxide dieser Elemente sind jedoch chemisch außerordentlich stabil.

Viele Elemente, die den Farbraum deutlich erweitern, treten als Mineralien selten auf. Sie erweitern die Palette in den Grün-, Blau- und Violettbereich (Cu, Co, Cr) oder den Gelb-, Rot- und Weißbereich (Pb, As, Sn, Sb, Hg). Sie bringen neue Mechanismen der Farbentstehung (HL, CT) ein, durch die die Farben besonders im Weiß-, Gelb- und Rotbereich farbstark und reintönig sind. Freilich sind diese Minerale nicht nur selten, sie enthalten als farbtragende Elemente meist giftige Schwermetalle (Pb, As, Sb, Hg) oder mobile ungesunde bis toxische Nebengruppenelemente (Cu, Co, Cr^{VI}). Zudem zeigen die natürlichen Hydroxide, Carbonate, Sulfide oft geringe Stabilität gegenüber chemischen Einflüssen, es kommt zu licht- und temperaturinduziertem Zerfall des Pigments oder zur chemischen Umwandlung in andersfarbige oder farblose Verbindungen, also zur Schwärzung, Bräunung oder Bleiche.

Zur Erweiterung des Farbspektrums über die natürlich dargebotenen Verbindungen hinaus wurden schon früh chemische Synthesen farbiger Stoffe durchgeführt, die es in der Natur nicht gab. Die frühesten anorganisch-synthetischen Leistungen erbrachten die alten Ägypter, die bereits vor fünftausend Jahren Ägyptischblau und -grün herstellten. Zweitausend Jahre später folgte Bleiweiß, -gelb und -rot, Grünspan und Zinnober. Die Renaissance bringt Bleizinngelb, und mit dem Aufkommen der frü-

https://doi.org/10.1515/9783110649154-003

hen Alchemie und Mineralogie im 17./18. Jhd. entsteht eine ganze Reihe von Pigmenten (Bleizinngelb, Neapelgelb, Berlinerblau). Ab dem 19. Jhd. stellte die wissenschaftliche und industrielle Chemie zahlreiche neue anorganische Pigmente zur Verfügung, die frühe unbefriedigende Vorläufer ersetzt haben und neue Farbtöne zeigen, z. B. eigenständige Orange- und Violetttöne. Die meisten damaligen Pigmente werden aus toxikologischen Gründen heute nicht mehr benutzt, da sie zunächst weiterhin auf giftigen Schwermetallen wie Pb, As, Sb, Cd, Co, Se und Cr^{VI} beruhten, hier sind etwa die grünen Arsenverbindungen Schweinfurter Grün und Scheeles Grün oder die bleihaltigen Gelbpigmente Chromgelb und Neapelgelb zu nennen.

Ab dem 20. Jhd. wurden neue chemische Klassen für die Pigmentchemie erschlossen, z. B. die mixed metal-Oxide, in denen farbtragende Elemente in ein mineralisches Wirtsgitter so eingebaut werden, daß sie nicht mehr mobil, d. h. bioverfügbar sind. So ist es möglich geworden, farbtragende Elemente wie Cd, Se, Co, Cr oder Mn gefahrlos einzusetzen. Nachteil ist häufig die geringere Färbekraft und Farbreinheit. Das Ziel der modernen anorganischen Pigmentchemie ist demnach die Entwicklung ungiftiger und dennoch ökonomischer Pigmente mit hoher Farbreinheit und Färbekraft. Die zunehmend auf Sicherheit für Mensch und Umwelt bedachte Gesetzgebung schränkt die Chemie neuer Pigmente immer weiter ein, sodaß Fortschritte eher im Kleinen kommen, so bringen etwa bei den mixed metal-Oxiden neue Metallkombinationen gelbe und orangegelbe Pigmente hervor, die sich dem kritisch gesehenen brillanten Chromgelb immer mehr in Farbreinheit und Färbekraft annähern. Bismutvanadat und Cersulfide sind Beispiele neuer Chemie. Darüberhinaus sind in den letzten Jahren durch das bessere Verständnis von Festkörperstrukturen und den Konsequenzen der Herstellungsbedingungen und Nachveredlung anorganische Farbmittel entwickelt worden, die die Palette des Malers langsam, aber stetig mit hochwertigen ungiftigen Pigmenten erweitern.

Letztendlich ist es für uns Chemiker erfreulich, daß die eingeschränkte Pigmentchemie Hersteller dazu zwingt, bekannte Wege zu verlassen und neue zu betreten, die zu farbigen Verbindungen wie $LaTaON_2$ oder $YInO_3 : Mn^{3\oplus}$ führen.

Lohnen sich die Mühen denn, weiterhin anorganische Pigmentchemie zu betreiben? Die Antwort ist klar ja, denn als Vorteile bieten anorganische Pigmente:
- hohen Brechungsindex und damit hohe Deckkraft,
- hohe Licht-, Temperatur- und Wetterbeständigkeit,
- hohe Farbbeständigkeit,
- hohe Beständigkeit gegenüber Lösungsmitteln und Ausbluten.

Als Nachteil verbleibt nach dem bereits erfolgten oder künftig zu erwartenden Ausscheiden brillanter, aber gefährlicher Pigmente die häufig geringere Brillanz gegenüber organischen Farbmitteln. So werden also auch heute anorganische Pigmente im industriellen Masstab hergestellt. Dabei können streng kontrollierte Herstellungsbedingungen gewährleistet werden, sodaß heutige Pigmente allein dadurch farbkräftiger, farbreiner und reproduzierbarer gefärbt sind als ihre Vorgänger. Außerdem können ihre optischen, chemischen und anwendungstechnischen Eigenschaften durch Nachbehandlung auf ihren Einsatzzweck hin optimiert werden.

Wir wollen folgende Klassen vorindustrieller Pigmente näher betrachten:
- Kohlenstoff (als Russ und Kohle) ►Abschnitt 3.1
- Kupferpigmente (Carbonate, Hydroxide), großteils aus natürlichen Quellen ►Abschnitt 3.2
- natürlicher Ultramarin ►Abschnitt 3.3
- Oxide und Sulfide von Arsen-, Antimon-, Blei- und Quecksilberpigmente, meistens natürlichen Ursprungs, in einigen Fällen synthetisch dargestellt ►Abschnitt 3.4.1
- natürliche Eisenoxide ►Abschnitt 3.4.2

Aufbauend auf chemischen Erkenntnissen, werden durch die chemische Industrie weitere Klassen produziert:
- Oxide/Hydroxide von Eisen und einer Reihe anderer Metalle (Cr, Mn, Ni, Co, Cu, Pr, V), häufig als Mischoxide vorliegend und synthetisch hergestellt ►Abschnitt 3.4.3
- Cerpigmente, synthetisch ►Abschnitt 3.4.4
- Chromoxid-, Chromat- und Molybdatpigmente, einige natürlichen Ursprungs, viele synthetisch ►Abschnitt 3.4.5 und ►Abschnitt 3.6
- Cadmium- ►Abschnitt 3.4.7, Titan-/Zink- ►Abschnitt 3.4.6 und Bismutpigmente ►Abschnitt 3.5, synthetisch
- Eisenblaupigmente, synthetisch ►Abschnitt 3.7
- Sonstige anorganische Pigmente, größtenteils synthetisch ►Abschnitt 3.8

Wie wir in ►Abbildung 3.1 schematisch sehen, kann mit diesen Farbmitteln das gesamte Farbspektrum überdeckt werden. [9, ch. 7, app. D] enthält Reflexionsspektren für einige dieser Pigmente.

3.1 Kohlenstoffpigmente

Im Color Index sind unter den Namen PBk6 bis PBk10 schwarze Pigmente gelistet, die auf elementarem Kohlenstoff unterschiedlicher Reinheit basieren [47, Bd. 4], [187, S. 358ff], [350, 351], [144, S. 101ff]. Alle bis auf PBk10 (Graphit) entstehen durch Verbrennung oder Verkohlung eines kohlenstoffhaltigen organischen Materials. Die natürlich vorkommenden Produkte wie Graphit oder Holzkohle sind schon seit der Frühzeit als schwarze Pigmente in Gebrauch, viele von ihnen wurden früh auch künstlich hergestellt (Holzkohle und Verkohlungsprodukte, Ruß aus Bränden und Lampen). Im 19. Jhd. wurde durch gezielte Verbrennungsprozesse die Reinheit gesteigert.

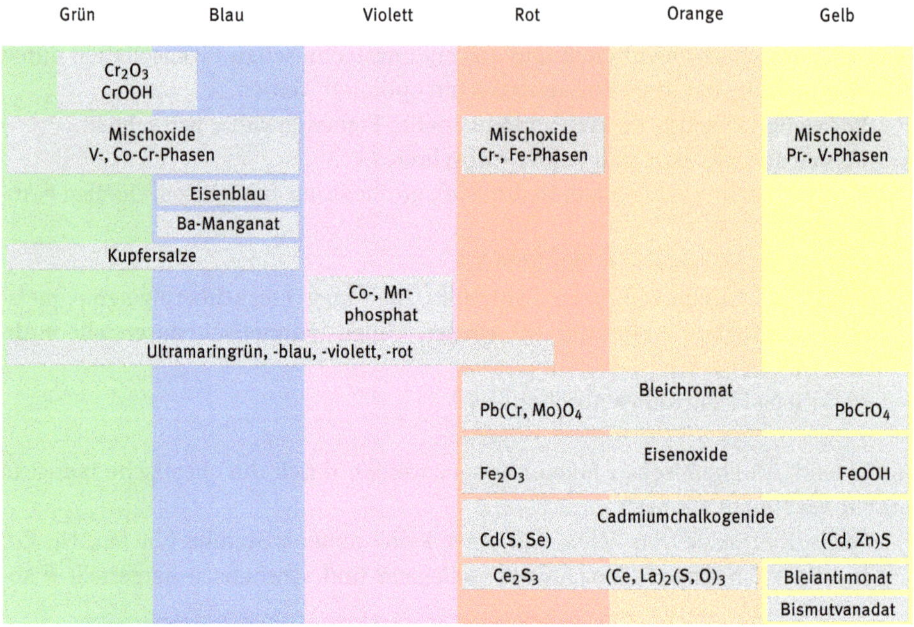

Abb. 3.1: Überdeckung des Farbspektrums durch anorganische Farbmittel.

Allgemein zeichnen sich Kohlenstoffpigmente durch hohe Deckkraft und meist gutes Färbevermögen aus, darüberhinaus sind sie beständig gegenüber Licht und anderen Umweltbedingungen. Ausnahmen bilden nur teilkarbonisierte Produkte wie Bister, deren Farbe teilweise auf instabilen teerigen Bestandteilen basiert.

Lampenschwarz, Rußschwarz (PBk6, CI 77266) Das klassische schwarze Rußpigment ist *Lampenschwarz*, das im 5. Jhd. als Bestandteil chinesischer Tinten erwähnt wird, aber bereits für schwarze Tinten auf ägyptischen Papyri vor 5000 Jahren benutzt wurde [723].

Es besteht aus Flammruß von Lampen, die mit brennbaren Ölen, später auch Petroleum betrieben werden und der sich aus der Gasphase bildet. Zur Bereitung wird Ruß an diversen Oberflächen abgeschieden und gesammelt. Ruß für dieses Pigment zeichnet sich durch eine spezifische Teilchenmorphologie aus, die kleinen sphärischen Teilchen bilden Ketten oder Klumpen. Neben Kohlenstoff sind aromatische Kohlenwasserstoffe, vor allem Pyren, Perylen, Fluoranthen und Acenaphthen, enthalten.

Problematisch an diesem Pigment ist, daß das flüssige Brennmaterial vollständig verdampft und mit der richtigen Menge an Sauerstoff verbrannt werden muß. Da dies bei früheren Herstellungsweisen nur unvollständig kontrolliert werden kann, enthält Lampenschwarz neben Ruß auch teerartige organische Produkte. Diese sind Folge einer teilweisen Verbrennung und erschweren das Dispergieren des Pigments in Wasser erheblich.

Kohlenstoffschwarz (PBk7, CI 77266) Kohlenstoffschwarz ist ein Rußpigment, das um 1864 entwickelt wurde und das moderne Schwarzpigment darstellt. Der Unterschied zu anderen Arten von Rußschwarz ist seine Reinheit und homogene Zusammensetzung, die von einer genau kontrollierten Herstellung herrühren und es für die Industrie so bedeutend macht.

Zur Herstellung werden gasförmige Brennstoffe wie Erdgas oder Azetylen in Röhren oder Kanälen verbrannt und kohlenstoffreiche Substanzen (petrochemische Öle) in die heißen Gase eingespritzt [187]. Durch den Sauerstoffmangel verbrennen diese bei 1200–1900 °C rasch, aber kontrolliert unvollständig zu Russ. Der entstandene reine Kohlenstoff schlägt sich in Flocken an den Wänden nieder und kann gesammelt werden. Die Primärpartikel, die eine typische Größe von 10–75 nm haben, ballen sich anschließend zu Aggregaten von bis zu 300 nm zusammen.

Das Produkt besteht aus amorphem Kohlenstoff und kleinen Graphitkristalliten. Nebenprodukte sind polynukleare Aromaten, häufig mit Fünfringen, wie Pyren, Fluoranthen, Benzo[j]fluoranthen, Benzo[k]fluoranthen, Perylen, Coronen oder Benzpyren. Je nach Reaktionsbedingungen besteht die Oberfläche aus mehr oder weniger reinem Kohlenstoff mit funktionellen Gruppen wie Alkoholen, Carbonsäuren, Estern oder Ketonen, die von oberflächlichen Oxidationsreaktionen herrühren:

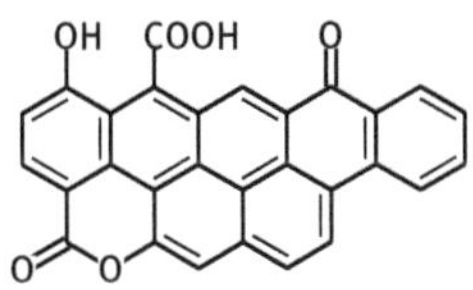

Wenn wir das Pigment zur Tintenherstellung einsetzen wollen, sind diese Gruppen erwünscht und geben uns Möglichkeiten an die Hand, den Kohlenstoff in wäßrigen Lösungsmitteln zu dispergieren, was ohne weitere Behandlung kaum möglich ist. In ►Abschnitt 8.5.4 werden wir die Möglichkeiten von funktionen Gruppen zur Dispergierung näher beleuchten.

Im Druckfarbenbereich gehört Kohlenstoffschwarz zu den bedeutendsten heutigen Schwarzpigmenten, es stellt praktisch die ganze Menge an Schwarz, die die Druck- und Farben-, aber auch die Gummiindustrie benötigt, bereit. Auch für diese Anwendungen, die mit polaren Bindemitteln arbeiten, werden die oxidischen Oberflächenstrukturen benötigt. Häufig wird ihr Anteil durch gezielte Nachoxidation beträchtlich erhöht [186, Stichwort „Pigmente, anorganische: Schwarzpigmente"]. Seine für Künstlerfarben benötigte Menge ist vergleichsweise unbedeutend.

Elfenbeinschwarz (PBk9, CI 77267) Das nur für die Künstlerfarbenfabrikation seit etwa 1500 verwendete Beinschwarz oder Elfenbeinschwarz entsteht durch Verkohlen von knochenartigen Substanzen und besteht daher nicht nur aus Ruß, sondern auch aus Calciumphosphat (Apatit) mit der Zusammensetzung $C \cdot Ca_3(PO_4)_2$.

Der Kohlenstoffanteil liegt bei 10–20 %. Das tiefe Schwarz entsteht durch die große schwarze Oberfläche des Ruß in den Verästelung feinster Löcher in der Apatitstruktur.

Holzkohlenschwarz, Rebenschwarz (PBk8, CI 77268) Dieses ebenfalls klassische Künstlerpigment besteht nicht aus dem Flammruß, sondern aus den anaerob verkohlten Resten des Brennmaterials. Es ist daher nicht pulver- oder flockenförmig, sondern strukturell noch deutlich sichtbar mit dem Ausgangsprodukt verwandt. Ein Beispiel ist die Zeichenkohle: dünne Hölzchen (Weinreben, Weidenhölzchen, aber auch Pfirsichkerne, Mandelschalen oder Eichenstücke) werden in geschlossenen Gefäßen unter Luftausschluß bis zum Verkohlen erhitzt und behalten ihre (Stäbchen-) Form bei. Holzkohlestücke wurden bereits 14 000 v. Chr. zur Ausmalung steinzeitlicher Höhlen mit Zeichnungen genutzt, Holzkohlepulver zur Erzielung schwarzer Flächen.

Das Holzkohlenschwarz besteht hauptsächlich aus Kohlenstoff, als Nebenprodukte finden wir polyzyklische Aromaten, häufig mit fünfgliedrigen Ringen in der Struktur (Acenaphthen, Anthracen, Phenanthren, Fluoranthen, Benzo[j]fluoranthen, Benzo[k]fluoranthen, Pyren, Chrysen, Benzpyren) sowie eine Vielzahl weiterer Kohlenwasserstoffe.

Zum Vermalen müssen die Kohlestückchen gemahlen werden, dabei wird jedoch nicht die Feinheit der Teilchen des Rußschwarz erreicht. Eine sehr interessante Anwendung speziell dieses Schwarzpigments finden wir in mittelalterlichen englischen Wandmalereien: dort tritt zuweilen ein blaugrauer Farbton auf, der entsteht, indem der Maler Holzkohleschwarz mit Weiß mischt oder auf Weiß aufträgt. Die Kohlepartikel sind so geartet, daß anstelle des erwarteten Grautons durch Rayleigh-Streuung ein deutlich blauer Farbeindruck entsteht, ►Abschnitt 1.6.6 auf S. 55 [53]. Auch Rubens, Van Dyck und andere wußten dies zu nutzen, so finden wir in den Gemälden „Samson und Dalilah“ und „Frau mit Kind“ blaue und violette Färbungen, die auf Holzkohlenschwarz zurückzuführen sind [507, 510].

Graphit (PBk10, CI 77265) Graphit ist kristallisierter Kohlenstoff mit Schichtstruktur. Da die einzelnen Schichten ein unendlich ausgedehntes aromatisches System bilden, können sie das einfallende Licht vollständig absorbieren und sind aufgrund dieses hohen Absorptionskoeffizienten metallisch glänzend, ►Abschnitt 1.6.7. In großen Stücken besitzt Graphit silbergraue Farbe, als Pulver ist er schwarz.

Graphit wird selten als Pigment eingesetzt, dafür aber häufig als Zeichenmaterial, da durch die Schichtengrenzen ein leichter Abrieb auf dem Papier oder anderem Zeichenuntergrund möglich ist. Ein frühes Zeugnis liegt in Form dekorativer Zeichnungen vor, die griechische Künstler um 500 v. Chr. auf Keramikartikeln aufbrachten [47, Bd. 4]. Graphit in der uns bekannten Form von holzgefaßten Bleistiften ist ab dem 17. Jhd. verfügbar.

Bister Bister ist eine lasierende Farbe, die vor allem im 18. Jhd. in Wasserfarben und zur Lavierung von Federzeichnungen verwendet wurde [48, 350, 351]. Er besitzt eine warme rotbraune bis braunschwarze Farbe und besteht aus Holzruß, die besten Sorten aus Buchenholzruß. Die Gewinnung erfolgt z. B. aus Kaminen und Öfen, die mit dem entsprechenden Holz geheizt werden, und Abkratzen der sich ablagernden fetten Masse. Lösliche Bestandteile werden in heißem Wasser gelöst, abdekantiert und das Sediment getrocknet.

Bister besteht aus Produkten einer mehr oder minder vollständigen Verbrennung des Holzes: Flammruß (wie im Lampenschwarz), Holzkohle (wie im Holzkohlenschwarz), Koks und teerigen Bestandteilen, vor allem polyzyklischen Aromaten (Acenaphthen, Fluoren, Fluoranthen, Pyren, Perylen) sowie deren Oxidations- und Abbauprodukte.

Während Ruß und Holzkohle eine schwarze Farbe besitzen, ist die teerige Komponente für die braune Farbe verantwortlich, die je nach Holzsorte mehr gelb, rot oder braun ist. Da sich die teerigen Bestandteile vornehmlich beim Verbrennungsort sammeln, wird Ruß für Bister nahe der Verbrennungsstelle entnommen. Im Vergleich dazu wurde Ruß für chinesische Tuschen möglichst weit von der Verbrennungsstelle entfernt gesammelt, um die teerigen Anteile zu reduzieren.

3.2 Kupferpigmente

Kupfer war für die Malerei eines der wichtigsten Elemente, da es durch die Ligandenfeldübergänge seiner *d*-Elektronen blaue und grüne Farben zeigt. Alle beständigen grünen und die meisten blauen Farbmittel von der Antike bis ins 19. Jhd. hinein beruhen auf diesen Übergängen. Für die Farbentwicklung ist dabei besonders von Bedeutung, daß das Kupfer-Ion mit seiner Elektronenkonfiguration d^9 anfällig für Jahn-Teller-Verzerrung ist und damit eine Absorptionsbande in den Gelb-/Rotbereich fällt, während eine starke Ladungsübertragungsbande $O^{2\ominus} \rightarrow Cu^{2\oplus}$ im nahen UV-/Blaubereich liegt und das Reflexionsspektrum somit auf den Blau- und Grünbereich begrenzt wird, ▶Abschnitt 2.3.5 und ▶Abbildung 3.2. Die vielfältige Variation der Farbe rührt von unterschiedlichen Ligandenfeldstärken der Chlorid-, Hydroxid-, Karbonat- und anderen Liganden her, die in Verbindungen mit unterschiedlicher Kristallgeometrie und damit unterschiedlichen Koordinationspolyedern vorliegen und beide Arten von Absorptionsbanden beeinflussen. Da die Übergänge aufgrund der Selektionsregeln für oktaedrisch und quadratische Komplexe verboten sind, sind kupferbasierte Farbmittel nicht farbstark.

Begünstigend für die Verwendung von Kupfer als Farbmittel ist, daß grüne und blaue Kupferminerale in der Umgebung von Kupfererzlagerstätten in großer Menge als oberflächliche Verwitterungsprodukte oder Produkte hydrothermaler Fällungen auftreten. Sie konnten gesammelt, gereinigt und gemahlen werden. Minerale der Antike

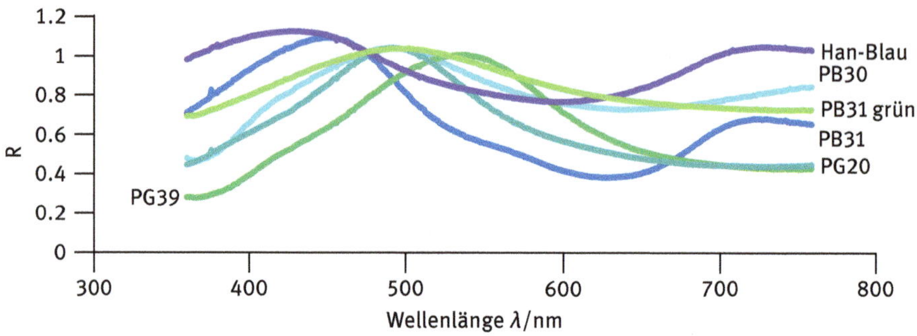

Abb. 3.2: Reflexionsspektrum von Aquarellfarben auf Kupfer-Basis, normiert auf eine beliebige Einheit: Ägyptischblau (Kremer Nr. 10060, PB31, $CaCu[Si_4O_{10}]$), Azurit (Kremer Nr. 102078, PB30, $Cu(OH)_2 \cdot 2\,CuCO_3$), Malachit (Kremer Nr. 103458, PG39, $Cu(OH)_2 \cdot CuCO_3$), Grünspan (eigene Herstellung, PG20, etwa neutrales Kupferacetat $CuAc_2 \cdot H_2O$), Han-Blau (Kremer Nr. 10072, $BaCu[Si_4O_{10}]$) und Ägyptischgrün (Kremer Nr. 10064, PB31, grünes Kupfer-Silikatglas). Allen gemein ist eine Absorption im gelben bis roten Spektralbereich, was zu blauen bis grünen Farben führt. Der Einfluß des Jahn-Teller-Effekts auf die exakte Farbe wird in ►Abschnitt 2.3.5 auf S. 120 diskutiert.

wie Atacamit (►Abschnitt 1.2.1) spielten in der europäischen Tafelmalerei keine Rolle mehr, dagegen konnten sich die beiden Hauptpigmente Malachit und Azurit bis ins zweite Jahrtausend halten. Eine frühe hervorragende Syntheseleistung ist Ägyptischblau und -grün. Grünspan und Kupferresinate sind weitere Beispiele früher synthetischer Pigmente, eine Übersicht einschliesslich moderner Synthesevorschriften finden wir in [368]. [104] faßt den Kenntnisstand zu den Kupferpigmenten zusammen. [369] widmet sich wenig verbreiteten Pigmenten, die auf verschiedenen basischen Kupferchloriden, -sulfaten und -carbonaten basieren, wie z. B.

$Cu_4SO_4(OH)_6 \cdot H_2O$ (Posnjakit), $Cu_4SO_4(OH)_6 \cdot 2\,H_2O$ (Langit)
$Cu_7Cl_4(OH)_{10} \cdot H_2O$
$Cu_7SO_4(OH)_6$, $Cu_7SO_4(OH)_6 \cdot H_2O$, $Cu_7SO_4 \cdot Cu(OH)_2$
$Na_2Cu(CO_3)_2 \cdot 3\,H_2O$
$Cu_2(OH)_3NO_3$, $Cu_5(PO_4)_2(OH)_4$

Für den Ölmaler von Nutzen ist die Tatsache, dass Kupfer ähnlich Blei als bivalentes Metall-Kation die Trocknung von trocknenden Ölen katalysiert. Buchmaler oder Graphiker dagegen hatten unter Kupferpigmenten eher zu leiden; einige der frühen Kupferpigmente tragen leider erheblich zum Zerfall des Trägerpapiers bei, das für graphische Kunstwerke eingesetzt wurde, ►Abschnitt 6.7.8. In der Tafelmalerei ist die Verwendung solcher Pigmente unproblematischer, da hier ein Leinölfilm die Pigmente umschliesst und isoliert, sodass sie nicht mehr direkt mit dem stabileren Trägermaterial in Kontakt treten können.

Antike und verschiedene Grünpigmente (Atacamit u. a.) In der Antike wurde eine Reihe von mehr oder weniger eindeutig zusammengesetzten Kupferverbindungen als Grün- und Blaupigmente eingesetzt [104, 366]. Neben den wichtigen Mineralien Malachit und Azurit finden wir basische Chloride des Kupfers, Kupfer-hydroxychlorid Cu(OH)Cl oder die zwei Modifikationen Atacamit (grün) und Paratacamit (fahlgrün) $Cu_2(OH)_3Cl$, die auch vom 8.–19. Jhd. genutzt wurden. Dabei ist nicht immer klar, ob sie Umwandlungsprodukt anderer Kupferpigmente sind. Ein grünes bis türkisfarbenes antikes Pigment ist Chrysokoll $(Cu,Al)_2H_2Si_2O_5(OH)_4 \cdot n\,H_2O$, der auch vom 10.–16. Jhd. und besonders im 16. Jhd. als Wasserfarbe benutzt wurde.

Ägyptischblau (PB31, CI 77437) Bereits um 3000 v. Chr. finden wir auf ägyptischen Wandmalereien ein leuchtendes Blau (►Abbildung 3.2), das aus Calcium-kupfer-tetrasilikat $CaCu[Si_4O_{10}]$ besteht und als eines der ersten synthetischen Pigmente künstlich hergestellt wurde [47, Bd. 3], [104, 381, 723]. In dieser Verbindung, die natürlich als Mineral Cuprorivait auftritt, ist Kupfer quadratisch-planer koordiniert (zur Farbentstehung ►Abschnitt 2.3.5).

Je nach Korngröße, der genauen Zusammensetzung und der Herstellungsweise variiert der erhaltene Blauton von weißlich-blau bis dunkelblau, kleine Pigmentkörner führen zu hellerer Farbe, wie wir bereits in ►Abschnitt 1.7.1 gesehen haben.

Das Pigment weist neben einem schönen reinen Blauton eine außerordentliche Lichtechtheit auf und ist in allen gebräuchlichen Maltechniken stabil. Es kann daher nicht verwundern, daß es seit seiner Entdeckung bis ins 9. Jhd., nach [104] 4. Jhd. das wichtigste antike Blaupigment war. Infolge seines Verschwindens nach dem Zusammenbruch des römischen Reichs musste die aufkommende europäische Tafelmalerei auf Azurit und für besondere Fälle Ultramarin bauen. Schon der Chemiker Davy versuchte daher 1815 erfolgreich, das Geheimnis seiner Herstellung wiederaufzufinden.

Die Ausgangsmaterialen Kalk, Sand sowie ein Kupfermineral waren im frühen Ägypten leicht erhältlich [381]. Nach der Reaktion verbleiben je nach Menge der Edukte überschüssiges Kupferoxid, Siliziumdioxid, Natriumoxid oder Calciumsilikat. Da die Zusammensetzung von historischem Ägyptischblau über vier Jahrtausende hinweg ziemlich konstant ist, dürfen wir annehmen, daß die frühen Handwerker um die Notwendigkeit definierter Mengenverhältnisse gewußt haben. Sie waren darüberhinaus in der Lage, die erforderlichen Temperaturen von 800–900 °C über lange Zeit (bis zu hundert Stunden) hinweg ohne echte Kontrollmöglichkeit genau einzuhalten.

Ägyptischgrün, grüne Fritte Neben Ägyptischblau wurde in Ägypten zwischen 2300 v. Chr. und etwa 600 v. Chr. ein grünes Pigment (►Abbildung 3.2) benutzt, das ähnlich dem Ägyptischblau aus Quarz, Kalk und Kupfermineralen erschmolzen wurde. Da es in keinem der zahlreichen zeitgenössischen oder späteren Rezeptbüchern zur Herstellung von Pigmenten erwähnt wird, war seine Herstellung und Zusammensetzung Gegenstand zahlreicher Spekulationen und Theorien, die von einem calciumreichen oder -armen Cuprorivait über kupferhaltigen Wollastonit $(Cu, Ca)SiO_3$ bis zu einem grün gefärbten Kupferglas reichen. Auch die Meinung, kein eigenes Pigment, sondern ein misslungenes Ägyptischblau vor sich zu haben, wurde vertreten. Erst in jüngster Zeit wurden mehrere detaillierte Untersuchungen zu diesem Pigment angestellt. Nach [62] handelt es sich beim Ägyptischgrün um Silikatglas, das durch Kupfer-Ionen grün gefärbt ist. Der im Glas eingebettete Wollastonit ist farblos, enthält praktisch kein Kupfer und trägt nicht zur Farbigkeit bei. Nach [104] gibt es entweder Glasphasen mit Kupferwollastonit als Beimengung, oder Wollastonit mit Glas als Beimengung. Auch [433] und [432] sehen Wollastonit mit Glas als Beimengung oder Glas mit Wollastonit als Beimengung, nehmen aber an, daß nicht gezielt der eine oder der andere Typ hergestellt wurde, sondern die Variationen unbeabsichtigt vorkamen. In allen Fällen rührt die grüne Farbe von LF-Übergängen im Kupfer-Ion her.

Die Farbe des Glases hängt von der Abkühlungsgeschwindigkeit des Produkts ab und reicht von Grün (rasche Abkühlung) über Türkis zu Blau (langsame Abkühlung). Als meßbarer Unterschied liegt nach [62] im grünen Glas nur ein höherer Calciumgehalt vor. Die Farbe des grünen Glases wird durch Ligandenfeldübergänge eines Kupferkomplexes verursacht, in dem Kupfer-Ionen von Oxid-Anionen der Glasmasse umgeben sind. Es wird angenommen, daß Calciumionen die Kupfer-Sauerstoff-Bindungslänge und damit die Ligandenfeldaufspaltung des Komplexes so ändern, daß blaue und blaugrüne statt grüner Farben resultieren. Nach [104] hängt die Farbe von Calcium-Kupfer-Gehalt und Herstellungsbedingungen ab.

Han-Blau, Chinesischblau; Han-Purpur, Chinesischpurpur Zu Zeiten der Han-Dynastie (200 v. Chr. bis 220 n. Chr.) war in China ein dem Ägyptischblau chemisch sehr ähnliches Blau in Verwendung, das aus Barium-kupfer-tetrasilikat $BaCu[Si_4O_{10}]$ besteht und z. B. zur Bemalung der Terrakotta-Armee verwendet wurde, ►Abbildung 3.2 [104, 381]. Diesem Blau sehr ähnlich ist das quarzärmere Han-Purpur, Barium-kupfer-disilikat $BaCuSi_2O_6$, das einzige nichtorganische Purpurpigment. Genau wie Ägyptischblau sind auch die Han-Farben durch Ligandenfeldübergänge im quadratisch-planar koordinierten $Cu^{2\oplus}$-Ion gefärbt, ►Abschnitt 2.3.5.

Antike Darstellung Bemerkenswerterweise führt der Wechsel von Calcium zu Barium zu einer erheblich problematischeren Chemie [381]. Das System $BaO/CuO/SiO_2$ weist viele getrennte Phasen auf, sodass zur gezielten Herstellung der gewünschten Han-Blau-Phase eine strenge Kontrolle der Stöchiometrie und damit der eingesetzten Stoffmengen notwendig ist. Hierfür sind hohe Reinheit der Ausgangsprodukte und entsprechende Erfahrung Voraussetzung.

Als Quelle des nötigen Bariumoxid ist Bariumcarbonat sehr geeignet, das natürlich als Witherit $BaCO_3$ auftritt. Leider ist Witherit selten, sodass die antiken Handwerker auf Baryt $BaSO_4$ zurückgreifen mußten, der nicht zu zufriedenstellenden Ergebnissen führt. Bewundernswerterweise fanden sie den Weg, Baryt über Bleisalze

(Bleicarbonat oder -oxid) aufzuschliessen: in einem Kreisprozess entsteht aus dem Bleisalz und Baryt Bleisulfat und das gewünschte Bariumoxid. Bleisulfat wird bei den hohen Temperaturen unter Freisetzung des Schwefels als Oxid wieder in Bleioxid zurückverwandelt:

$$PbO + BaSO_4 \longrightarrow PbSO_4 + BaO$$

$$PbSO_4 \longrightarrow PbO + SO_3 \quad \text{oder} \quad SO_2 + 1/2\,O_2$$

Zur Herstellung des Han-Blau mußten die Handwerker die hohe Temperatur von 1000 °C über sehr lange Zeit möglichst konstant halten. Dies ist notwendig, weil zunächst Han-Purpur als kinetisch kontrolliertes Produkt entsteht und sich nur langsam in Han-Blau umwandelt.

Aufgrund der genannten Komplikationen vermutet [381], daß den Chinesen zunächst das Ägyptischblau bekannt war, was zu der Zeit im gesamten Mittelmeerraum ein übliches Handelsprodukt war, und die Feinheiten der Han-Blau-Chemie erst später allmählich entdeckt wurden.

Moderne Herstellung In Anlehnung an den vermuteten antiken Syntheseweg erfolgt die Herstellung heutzutage durch eine Feststoffreaktion zwischen Bariumcarbonat, Kupferoxid und Siliziumdioxid. Die Mischung wird bei ca. 1000 °C eine Woche gesintert [610]. Zu Beginn der Reaktion entstehen zu etwa gleichen Teilen Han-Blau $BaCu[Si_4O_{10}]$ und Han-Purpur $BaCuSi_2O_6$. Durch aufeinanderfolgende Vermahlungs- und Sinterschritte wird das Gleichgewicht zugunsten des reinen Han-Purpur verschoben.

Zur Herstellung von Han-Blau wird ein Kupferüberschuss eingesetzt, der mit heisser Salzsäure später entfernt wird. Durch die Säure wird gleichzeitig das empfindlichere Han-Purpur zerstört, sodass reines Han-Blau verbleibt.

Die Labilität von Han-Purpur kann mit den Bindungsverhältnissen des Kupfers erklärt werden [381]. Han-Purpur enthält mehr Kupfer als Han-Blau, in der Struktur des Han-Purpur liegen je zwei Kupferatome so dicht zusammen, daß wir von einer Cu–Cu-Bindung sprechen können, die labil gegenüber Säuren ist.

Azurit, Bergblau, Blue Verditer (PB30, CI 77420) Der schöne blaue Azurit [47, Bd. 2], [104] ist wie Malachit ein basisches Kupferkarbonat $Cu(OH)_2 \cdot 2\,CuCO_3$. Er tritt zusammen mit diesem vor allem in den oberen, oxidischen Bereichen von Kupfererzgängen auf und muß zur Verwendung nur gemahlen, gewaschen und gesiebt werden. Je besser die Korngrößen dabei sortiert wurden, desto reiner wurde der erzielte Farbton, da Azurit mit abnehmender Korngröße heller wird und stark an Farbintensität verliert. Im Gegensatz zu Ultramarin zeigt Azurit den grünen Unterton, der allen Kupferverbindungen zu eigen ist, da diese im roten Bereich des Spektrums absorbieren.

Azurit wurde in neolithischen Dekorationen um 6000 v. Chr. in Catal Hüyük gefunden. Schon die ägyptische Antike kannte und nutzte Azurit ab 2500 v. Chr. [22], jedoch besaßen die alten Hochkulturen im Ägyptischblau ein gutes Blaupigment für die Malerei. Die reichen Vorkommen in Silber- und Kupferbergwerken des deutschsprachigen Raums und das Fehlen anderer Blaupigmente nach Verschwinden des Ägyptischblau erklärt, warum Azurit im Mittelalter, vor allem vom 14.-17. Jhd. das wichtigste Blaupigmente der europäischen Maler war. In Verbindung mit teurem natürlichen Ultramarin wurde häufig eine Azurit-Untermalung angelegt, um Ultramarin zu sparen.

In Europa wird Azurit erst ab dem 18. Jhd. mit der Entdeckung und Fabrikation von Preussischblau und synthetischem Ultramarin verdrängt. Versuche, Azurit aus Kupfersalzen künstlich herzustellen:

$$CuSO_4 + Na_2CO_3 \longrightarrow CuCO_3 \downarrow + Na_2SO_4$$

erreichten nie die Farbschönheit des natürlichen Minerals. Auch durch Reaktion von Kupfersalzen mit Kalk wurde Azurit dargestellt:

$$CuSO_4 + CaCO_3 \longrightarrow CuCO_3{\cdot}Cu(OH)_2 \downarrow + CaSO_4$$

Künstlicher Malachit und Azurit wurde nach [104] exzessiv im Mittelalter genutzt, Azurit bis ins 17. Jhd.

Als Karbonat ist Azurit gegenüber Licht und Luft stabil, zersetzt sich aber mit verdünnten Säuren. Der Einschluß in den Ölfilm erhöht seine Widerstandsfähigkeit bedeutend. Noch haltbarer wird Azurit in Eitempera, da hier zusätzlich der weiter unten genannte Temperierungseffekt eintritt.

Im Azurit ist Kupfer in einem so stark elongierten Oktaeder koordiniert, dass faktisch eine 4+2-quadratisch-planar-bipyramidale Koordination vorliegt. Es stellt damit eine Zwischenstufe zwischen verzerrt-oktaedrischem Malachit-Kupfer und quadratisch-planarem Ägyptischblau-Kupfer dar, was wir auch im optischen Spektrum an seiner Mittelstellung zwischen grünen und blauen Kupferpigmenten, z. B. Malachit und Ägyptischblau, erkennen können, ►Abbildung 3.2, ►Abschnitt 2.3.5.

In Leinöl kann sich der grüne Unterton bis zur Vergrünung verstärken, was möglicherweise mit der Umwandlung von Azurit in grüne Organokupferverbindungen (Kupferresinat, Kupferoleat) zusammenhängt. In Gemälden der Van Eycks kann unveränderter Azurit beobachtet werden. Als Erklärung wird angeführt, daß in diesen Fällen die Azuritpartikel von einem feinen Proteinfilm ummantelt sind. Durch *Temperierung*, d. h. Sättigung der Fehlstellen des Kristalls, mit Proteinen kann dem Vorgang der Vergrünung entgegengewirkt werden [60]. Anhand der Informationen kann nicht entschieden werden, ob durch den Proteinfilm die Bildung der Organokupferverbindungen verhindert wird, oder die Stabilisierung des Kristallgitters möglicherweise den Übergang der planaren Koordination um das Kupfer-Kation in eine oktaedrische unterbindet. Mit einem solchen Übergang kann eine deutliche Farbveränderung zu Grün einhergehen (Malachit), ►Abschnitt 2.3.5. Auch in Wandmalereien kann Azurit vergrünen, was mit der Umwandlung in grünen Atacamit durch Salze und Feuchtigkeit im Mauerwerk erklärt wird.

Malachit, Berggrün, Green Verditer (PG39, CI 77420) Malachit [47, Bd. 2], [104, 359], ein basisches Kupferkarbonat $Cu(OH)_2 \cdot CuCO_3$, war ein wichtiges blaues bis grünes Kupferpigment. Inwieweit alle als Malachit angesprochenen Grünpigmente wirklich Kupferkarbonat sind, wird in [360] diskutiert.

Malachit kommt zusammen mit Azurit in großen Mengen in den oberen oxidischen Teilen von Kupfererzgängen vor, die Darstellung des Pigments erfolgte durch Mahlen, Waschen und Sieben des Minerals. Da Malachit mit sinkender Korngröße heller und farbschwächer wird und Kupferpigmente eine geringe Farbstärke aufweisen, wird Malachit nicht fein gemahlen, wir finden Korngrößen bis zu 100 µm. Malachit wurde häufig eher in Untermalungen verwendet, unter Lasuren von Grünspan oder Kupferresinat, und weist in Öl/Aquarell keine hohe Deckkraft auf, bewährt sich aber in Tempera. Seine Verwendung beginnt in ägyptischen Grabmalereien um 2 500 v. Chr. [723], er wird in mittelalterlichen Buchmalereien häufig verwendet, in der Tafelmalerei seltener. Nach intensiverer Verwendung um das 15./16. Jhd. verschwindet er allmählich von der Palette.

Malachit als Pigment kann auch künstlich hergestellt werden, indem Kupfernitrat oder -sulfat auf Calciumcarbonat niedergeschlagen oder lösliche Kupfersalze mit Alkalicarbonaten gefällt werden. Man erhält wechselnde basische, aber farbschwache Carbonate. Künstlicher Malachit und Azurit wurde nach [104] exzessiv im Mittelalter genutzt, Malachit besonders auch im 15. Jhd.. Eine moderne Vorschrift finden wir in [368].

Malachit ist stabil gegenüber Licht und Luft, als Karbonat dagegen labil gegenüber Schwefelwasserstoff (Bräunung unter Sulfidbildung) und verdünnten Säuren. Die Verwendung in Öl schützt das Pigment jedoch in gewissem Maße gegen diese Einflüsse.

Das Kupfer-Ion ist im Malachit stark verzerrt-oktaedrisch koordiniert und steht damit am Anfang einer Reihe, die im Ägyptischblau mit einer quadratisch-planaren Koordination endet. Die Farbe von Malachit wird durch eine starke Absorptionsbande im UV-Bereich so beeinflußt, daß sie zwischen Blau und Grün schwanken kann (►Abbildung 3.2), Details zur Entstehung der Farbe von Azurit und Malachit haben wir in ►Abschnitt 2.3.5 im Detail besprochen.

Grünspan, Verdigris (PG20, CI 77408) Historischer Grünspan ist ein Sammelbegriff für blaue bis grüne basische Kupferacetate variabler Zusammensetzung, die bereits seit der Antike bekannt waren [47, Bd. 2], [104, 361, 362, 368]. Die verschiedenen basischen Acetate

1: $(CuAc_2)_2 \cdot Cu(OH)_2 \cdot 5\,H_2O$ (Blau)
2: $CuAc_2 \cdot Cu(OH)_2 \cdot 5\,H_2O$ (Fahlblau)
3: $CuAc_2 \cdot 2\,Cu(OH)_2$ (Blau)
4: $CuAc_2 \cdot 3\,Cu(OH)_2 \cdot 2\,H_2O$ (Grün)
5: $CuAc_2 \cdot 4\,Cu(OH)_2 \cdot 3\,H_2O$ (Blaugrün)

können einzeln oder in Kombinationen 1/2 und 2/4 auftreten (mit $Ac{=}CH_3COO^{\ominus}$ Acetylrest). Heute verstehen wir unter Grünspan neutrales Kupferacetat-dihydrat

6: $CuAc_2 \cdot H_2O$ (Blaugrün)

das als Dimer $(CuAc_2)_2 \cdot 2\,H_2O$ auftritt. In keinem Fall ist Grünspan mit der blaugrünen Patina zu verwechseln, die nach langer Bewitterung auf Kupferdächern entsteht und aus basischen Carbonaten, Chloriden und Sulfaten zusammengesetzt ist. Da Grünspan mit vielen harzhaltigen Bindemitteln unter Bildung von transparenten tiefgrünen Kupfersalzen reagiert, wurde er oft zur Herstellung weiterer Farbmittel herangezogen, s. u. → Kupferresinat.

Da Grünspan eine intensiv blaugrüne Farbe besitzt (►Abbildung 3.2), die die von Malachit und Grüner Erde übertrifft, wurde er seit der Antike und besonders im 13.–19. Jhd. hinein künstlich hergestellt und als grünes Pigment eingesetzt, auch transparente Kupferresinatlasuren waren sehr beliebt. Nach der Entdeckung von Schweinfurter Grün und Chromoxidgrün wurde er vollständig von diesen ersetzt.

Grünspan galt in der zeitgenössischen Literatur als sehr unbeständiges Pigment, das seine Farbe leicht von Grün zu Braun ändert und mit sulfidischen Pigmenten wie Auripigment unter Bräunung zu Kupfersulfid reagiert. Die alten Meister wussten um diese Problematik und isolierten das Pigment zwischen Firnislagen, im Gemälde ist Grünspan deutlich stabiler. Stabilisierend wirkt auch das Fernhalten von Luft und Feuchtigkeit. Es mag jedoch auch sein, daß nicht immer dasselbe Material gemeint war, da „Grünspan" früher oft jede künstliche oder natürliche grüne Kupferverbindung meinte.

Die Herstellung erfolgte auf mehreren Wegen. Eine Variante sah Auflösen von Kupferspänen in den essigsäurehaltigen Dämpfen von fermentierendem Weintrester vor, eine andere Einlegen von Kupferstreifen in Essig und Dung. Hernach konnte der blaugrünen Belag von den Kupferplatten gekratzt und durch Einlegen in starke Essigsäure gereinigt werden. Da die basischen Acetate dabei in wechselnder Zusammensetzung und Farbe entstehen, wurde zuweilen empfohlen, das Produkt durch Anreiben in starker Essigsäure in das blaugrüne neutrale Acetat 6 zu überführen. Diese Verbindung kann auch direkt durch Reaktion von Essigsäure mit Kupferoxid oder -carbonat erhalten werden.

Ab dem 19. Jhd. erfolgte die Herstellung über Kupfersulfat und einem Schwermetall- (Blei) oder Erdalkaliacetat (Calcium, Barium), wobei die Schwerlöslichkeit des entstehenden Sulfats ausgenutzt werden konnte:

$$CuSO_4\ aq. + Ba(OOCCH_3)_2\ aq. \longrightarrow Cu(OOCCH_3)_2 + BaSO_4 \downarrow$$

Künstliche Kupferblau und Kupfergrün Im Rahmen der mittelalterlichen Farbenherstellung finden wir zahlreiche Rezepte zur Herstellung grüner oder blauer Kupferpigmente. Durch unklare oder unvollständige Rezepte sowie den Mangel an reinen Ausgangsstoffen sind die entstehenden Verbindungen oft wenig definierbar oder analytisch erfaßbar.

[103] enthält die Darstellung von *Kalkblau* aus Kupfer oder Grünspan, Kalk und Essig sowie NH_4Cl. Das entstandene blaue Produkt wurde als künstlicher Azurit (blue verditer) oder als Kupfer-Ammonium-Kalk-Verbindung gedeutet. In neuerer Zeit nimmt Krekel folgende Produkte an: ein Calcium-kupfer-acetat (türkisgrün, $CaCuAc_4 \cdot 6\,H_2O$), ein Calcium-kupfer-hydroxid (tiefblau) $CaCu(OH)_4 \cdot H_2O$), Calumetit (grünstichig-blau, $Cu(Cl, OH)_2 \cdot 2\,H_2O$).

Ein *Kupfergrün* wird als künstliches Grünpigment oft erwähnt, es handelt sich dabei um Mischungen von Acetaten, Karbonaten, Chloriden oder Tartraten. Beim Spangrün z. B. handelt es sich um die Minerale Atacamit und Paratacamit $Cu_2(OH)_3Cl$. Kupferacetate werden häufig beschrieben, die basischen Acetate $CuAc_2 \cdot n\,Cu(OH)_2$ sind blaugrün und vergrünen nach dem Vermalen, während neutrales Acetat $CuAc_2$ eine stabile blaugrüne Farbe aufweist. Ein Verreiben von Grünspan mit Essig ist daher sinnvoll, um neutrales Acetat zu gewinnen.

Das benötigte Kupfer wird direkt als Kupferblech oder durch Kupfergefäße eingeführt, häufig auch als Grünspan, wobei dieser Begriff früher jedes natürliche oder synthetische Kupfergrün bezeichnete. Wir müssen annehmen, daß Kupfer oft auch unerkannt als Bestandteil einer Metallegierung in die Rezeptur eingebracht wurde, sonst wären Rezepte für Pigmente wie „Silberblau“ aus Silber nicht denkbar. In solchen Fällen ist es vorstellbar, daß das verwendete Silber unrein war und Kupfer als Bestandteil enthielt.

Grüne Färbungen wurden ebenfalls häufig auf Kupferbasis vorgenommen, oft werden in Wasser oder Essig gelöste Kupferacetate (Grünspan) oder lösliche Kupferchloride benutzt.

Kupferresinat, -oleat Grünspan besitzt die Fähigkeit, mit öl- und harzhaltigen Bindemitteln Kupfersalze der Öl- und Harzsäuren zu bilden, sog. Kupferoleate und -resinate [47, Bd. 2], [361, 362]. Bei den im Bindemittel auftretenden Carbonsäuren handelt es sich um Ölsäure, Linolsäure, Linolensäure oder Abietinsäure, ►Abschnitt 7.4.2 und ►Abschnitt 7.4.8. Auch mit proteinhaltigen Bindemitteln reagiert Kupfer unter Bildung von Kupfer-proteinat.

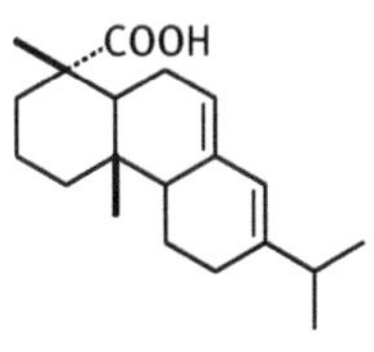

Abietinsäure

Die erhaltenen Stoffe sind dunkelgrüne Lasurfarben und ähneln gealtertem Grünspan. Sie wurden gezielt durch Erhitzen von Grünspan in Venezianer Terpentin mit

Harzen oder Leinöl erhalten. Da die Reaktionen jedoch auch mit Grünspan und einem Bindemittel stattfinden, kann nicht immer entschieden werden, ob diese Salze bewußt hergestellt wurden. Nach [104] können diese Stoffe möglicherweise auch Ursache des Vergrünens von Azurit in Ölbindemitteln sein.

Scheeles Grün (PG22, CI 77412) 1775 entdeckte Scheele das grüne Kupferarsenit $n\,CuO \cdot As_2O_3 \cdot m\,H_2O$ ($n = 2, 3, m = 2$ oder $n = 1, m = 0$) oder $CuHAsO_3$, das als erstes synthetisches Kupfer-Arsen-Pigment unter dem Namen „Scheeles Grün" in den Handel kam [47, Bd. 3], [104, 368]. Es handelt sich um ein unbeständiges und nicht reintöniges Pigment, dessen genaue Zusammensetzung von den Herstellungsbedingungen und dem Kupfer/Arsen-Gehalt abhängt: während die Zusammensetzung 1:1 eher gelbgrün ist, zeigt die 1:3-Komposition eine dunkelgrüne Farbe.

Da es im 18. Jhd. noch keine überzeugenden Grünpigmente gab, war Scheeles Grün eine willkommene Ergänzung der Palette und in der Tapetenindustrie geschätzt, wurde aber schon bald vom brillanten Schweinfurter Grün abgelöst.

Schweinfurter Grün, Veroneser Grün, Parisergrün, Wienergrün, Smaragdgrün (PG21, CI 77410) Das Kupfer-acetat-arsenit $Cu(CH_3COO)_2 \cdot 3Cu(AsO_2)_2$ wurde um 1800 von von Mitis und Sattler unabhängig voneinander entdeckt und schon bald in größerem Umfang produziert, da es sich um ein sehr farbstarkes und brillant-grünes Pigment handelt [47, Bd. 3], [104, 363–365, 368, 537, 538]. Als eines der ersten Pigmente stellte es ein leuchtendes Grün zur Verfügung, das sich schon bald auf Malerpaletten, Stoffen, Gebrauchsartikeln und vor allem Tapeten fand. Vorsicht war im Zusammenhang mit frühen Cadmiumsulfidpigmenten und anderen Sulfidquellen (Luftverschmutzung) geboten, da dann die Gefahr der Schwärzung besteht.

Der Nachteil der schönen Farbe war, daß das Pigment hochgiftig ist, was im LD_{50}-Wert von 22 mg kg^{-1} und dem Begriff „giftgrün" zum Ausdruck kommt. In den damaligen Medien wurden erhebliche Diskussionen über die Frage geführt, welche Arsenverbindung entstehen könnte. Wir wissen heute, daß die nur in Spuren entstehenden organischen Arsenverbindungen wie z. B. Trimethylarsin hochtoxisch sind und sich unter den Bedingungen damaliger Wohnräume bilden konnten. Aus diesem Grunde verschwand das Pigment, sobald koloristisch vergleichbare Möglichkeiten angeboten wurden, was jedoch bis ins 20. Jhd. hinein dauerte. Noch lange danach wurde es als Rattengift gehandelt.

Die Farbe des Pigments wird von Ligandenfeldübergängen des $Cu^{2\oplus}$-Ions hervorgerufen, das oktaedrisch von den Sauerstoffatomen der Arsenit-Anionen koordiniert ist:

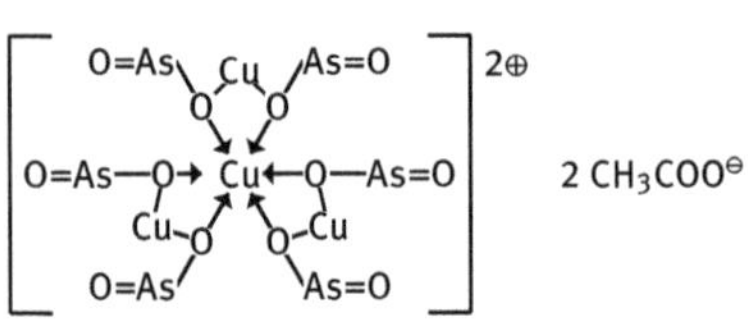

Ausgangsprodukt für die Herstellung ist Natrium-arsenit und Kupferacetat und -sulfat, es gibt zwei Produktionswege:

$$6\,NaAsO_2\text{ aq.} + 4\,Cu(OAc)_2\text{ aq.} \longrightarrow Cu(OAc)_2\cdot 3\,Cu(AsO_2)_2\downarrow + 6\,NaOAc$$

$$6\,NaAsO_2\text{ aq.} + 4\,CuSO_4\text{ aq.} + 2\,HOAc + Na_2CO_3\text{ aq.} \longrightarrow$$

$$Cu(OAc)_2\cdot 3\,Cu(AsO_2)_2\downarrow + 4\,Na_2SO_4 + H_2O + CO_2\uparrow$$

Die Farbe wird entscheidend von der Korngröße und -form beeinflußt, sodass durch unterschiedliche Herstellungsbedingungen (Temperatur, Rühren) eine Vielzahl an hellen oder dunklen Grüntönen erhalten werden kann. Je einheitlicher die Kristalle sind, desto brillanter und dunkler ist der Grünton.

3.3 Ultramarinpigmente

Ultramarin [47, Bd. 2], [11, 16] ist ein Pigment mit einer romantischen Historie. Der Name bedeutet „das Blau von jenseits des Meeres" und weist darauf hin, daß bis ins 19. Jhd. Lapis Lazuli, aus dem das echte Ultramarin gewonnen wird, von weither, aus Afghanistan, geholt wurde. Es war ein beliebtes, wenn auch teures Blau. Nachdem 1806 die Struktur festgestellt worden war, wurden ab 1820 aufgrund seines Preises und seiner guten koloristischen Eigenschaften Versuche zur künstlichen Herstellung durchgeführt. Sie gipfelten 1828 in der Synthese durch Guimet und Gmelin. [411] zeichnet die spannende Erforschungsgeschichte des Ultramarinblaus nach, die durch die hohe Stabilität des Pigments erschwert wurde: der farbige Körper, das Trisulfid-Anion, läßt sich nicht unzerstört aus der Sodalith-Matrix isolieren. Erschwerend kam hinzu, daß Versuche des 19. Jhd., Ultramarin mit Valenzstrichformeln und neu aufgekommenen organischen Farbtheorien zu beschreiben, fehlschlagen mußten, da ein Verständnis der Farbe nur mit der MO-Theorie möglich ist.

Heute kann synthetischer Ultramarin in vielen Farbtönen (Gelb, Grün, Rotviolett, Blau) hergestellt werden, praktische Bedeutung besitzen neben dem warmen rotstichigen Ultramarinblau aber nur die blauviolette und pinkfarbene Variante (Ultramarinviolett und -rot). Die Bezeichnung „Ultramaringelb" steht nicht für gelbe Pigmente vom Ultramarintyp, sondern für Barytgelb oder Bleichromat, ►S. 273.

Kristallstruktur

Ultramarinblau ist ein schwefelhaltiges Alumosilikat, das wir uns vom Sodalith $Na_8[Al_6Si_6O_{24}](Cl, OH)_2$ abgeleitet denken können [16, 410, 411]. Im Ultramarin sind die Gegenionen durch Polysulfid-Radikalanionen ersetzt, die typische Zusammensetzung ist etwa $Na_{6,9}Al_{5,6}Si_{6,4}O_{24}S_{4,2}$ ist.

Im Sodalith sind käfigartige Strukturen aneinandergereiht. Die Sulfid-Anionen befinden sich quasi-frei im Inneren dieser Käfige und sind vollkommen abgeschirmt. Sie sind normalerweise instabil, werden durch den Einschluss in die Sodalith-Struktur und $Na^{\oplus}$ als Gegenion aber dermaßen stabilisiert, daß Ultramarine zu den außerordentlich beständigen Pigmenten gehören. Eine Fülle von Details zu den Kristallstrukturen der Ultramarine ist in [418] zu finden.

Zur Annäherung an die komplexe Formel können wir von SiO_2 oder $Si_{12}O_{24}$ ausgehen und darin sechs $Si^{4\oplus}$ durch sechs $Al^{3\oplus}$ und sechs $Na^{\oplus}$ ersetzen, was zum idealisierten Alumosilikat $Na_6Al_6Si_6O_{24}$ führt. Damit sind von acht Lücken für Alkalimetall-Kationen, die in der der Sodalith-Struktur vorhanden sind, bereits sechs durch Na-Ionen besetzt, die für die Ladungsneutralität des Alumosilikats notwendig sind. Die beiden verbleibenden Lücken können durch Na-Ionen aus Polysulfiden besetzt werden. Da Schwefel aber als Dianion $S_3^{2\ominus}$ vorliegt, kann pro Sodalith-Einheitszelle nur ein Molekül Na_2S_3 und damit nur ein Polysulfid-Anion eingeführt werden ($\rightarrow Na_8Al_6Si_6O_{24}S_3$), selbst wenn durch die spätere Oxidation zu $S_3^{\ominus}$ ein Na-Ion wieder verloren geht, was zur Zusammensetzung $Na_7Al_6Si_6O_{24}S_3$ führt.

Wird der Schwefelgehalt erhöht, intensiviert sich die Farbe. Möglich ist dies durch Ersatz von $Al^{3\oplus}$ gegen $Si^{4\oplus}$, sodaß weniger Na-Ionen zum Ladungsausgleich notwendig werden und mehr Na_2S_3 eingeführt werden kann. Durch Zugabe eines siliziumreichen Feldspats kann die Zusammensetzung $Na_{6,9}Al_{5,6}Si_{6,4}O_{24}S_{4,2}$ erreicht werden.

Die Farbe

So wie Schwefel bereits in elementarer Form ein reiches Farbenspiel bietet, zeigt er auch in den Pigmenten vom Ultramarin-Typ ein breites Farbspektrum [410, 411]. Die Farbe des blauen Ultramarins wird vom tiefblau gefärbten Trisulfid-Radikal-Anion $S_3^{\ominus}$ verursacht, das eine intensive Absorption um 600 nm verursacht, ►Abschnitt 2.5.6 und ►Abbildung 3.3. Je höher der Anteil dieses Anions im Sodalith-Gerüst ist, umso intensiver ist die Farbe.

Im stahlblauen oder gar grünen Ultramarin liegt neben dem blauen Trisulfid-Anion das ebenfalls radikalische Disulfid-Anion $S_2^{\ominus}$ vor, das bei 400 nm im Blaubereich absorbiert und gelb erscheint, sodaß ein hoher Anteil dieses Anions im Ultramarin den wahrgenommenen Farbeindruck ins Grüne verschiebt, ►Abbildung 3.3.

Der violette und pinkfarbene Ultramarin variiert im Oxidationszustand des Schwefels und weist daher etwas niedrigere Na- und S-Gehalte auf. Das Schwefelchromophor liegt in oxidierten Formen wie $S_3Cl^{\ominus}$ oder $S_4^{\ominus}$ vor. Das Tetrasulfid-Ion zeigt eine Absorption um 500 nm und ist, wenn es die vorherrschende Spezies ist, für die rote Farbe des Ultramarinrots verantwortlich. Kommt neben $S_4^{\ominus}$ auch $S_3^{\ominus}$ vor, resultiert die violette Farbe des Ultramarinvioletts, ►Abbildung 3.3.

Alle Sulfid-Anionen sind intensiv farbig, da die elektronischen Übergänge zwischen den Molekülorbitalen (►Abschnitt 2.5.6) keinen spektroskopischen Auswahlregeln unterliegen, anders als z. B. bei den blauen Kupferpigmenten Ägyptischblau und Azurit, in denen das Paritätsverbot für Ligandenfeldübergänge gilt und die Intensität der Farben mindert.

Ultramarin-Analoga, die das homologe Selen anstelle Schwefel enthalten, konnten ebenfalls hergestellt werden [410, 414–416]. Sie stellen brillant-rote Pigmente der ungefähren Zusammensetzung $Na_{6,4}[Al_{5,9}Si_{6,1}O_{24}]Se_{2,0}$ dar, die aus ökologischen Gründen jedoch nicht weiter zum Einsatz kommen. Als Farbzentrum agiert hier $Se_2^{\ominus}$, das ebenfalls durch Sodalith-Käfige stabilisiert wird. Noch schwerere Chalkogene (Tellur) wurden ebenfalls erfolgreich in die Sodalith-Struktur eingebaut, das erhaltene $Na_{9,4}[Al_{6,1}Si_{5,9}O_{24}]Cl_{1,2}Te_{1,1}$ ist blau–grün und enthält $Te_2^{\ominus}$ als Farbzentrum [417]. Schliesslich können auch andere farbige Anionen in das Sodalith-Gerüst eingeschlossen werden, so etwa das Chromat-Ion, das zu gelben Pigmenten führt [419].

Ultramarinblau (PB29, CI 77007) Echtes Ultramarinblau, das zu den edelsten und schönsten Blaupigmenten gehört, zeigt ein helles, intensives rötliches Blau, ►Abbildung 3.3. Da der Brechungsindex von 1,5 dem von Malmitteln und Kunststoffen gleicht, nehmen wir Ultramarin als tiefes transparentes Blau wahr. Opazität erreichen wir durch Zumischung von Weiß.

Das äußerst lichtechte Pigment ist gegenüber Basen stabil, Säuren zersetzen es völlig unter Bildung von S, H_2S und SiO_2. Eine kurzfristige Säurestabilisierung kann durch Beschichtung der Pigmente mit SiO_2 erreicht werden. Es ist in Wasser und organischen Lösungsmitteln unlöslich und daher sehr migrationsecht und für den Kontakt mit Lebensmitteln und in Kosmetika zugelassen. Die thermische Stabilität ist hoch, Ultramarinblau ist bis 400 °C stabil.

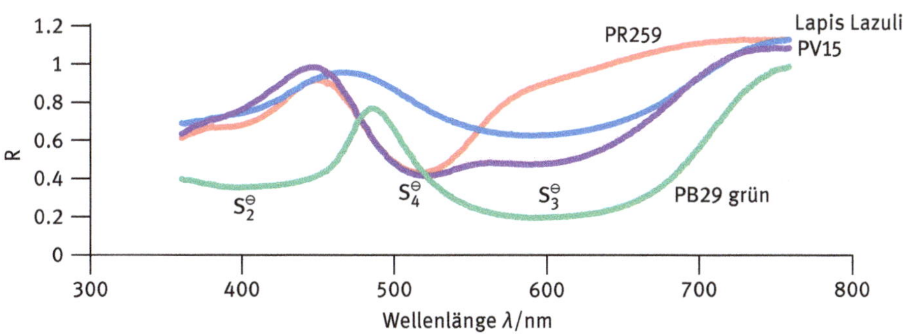

Abb. 3.3: Reflexionsspektrum von Aquarellfarben auf Basis Ultramarin, normiert auf eine beliebige Einheit: Lapis Lazuli (Kremer Nr. 10530, PB29, etwa $Na_{6,3}[Al_{4,79)}Si_{7,21}O_{24}] \cdot S_{3,74}$), Ultramarinrot (Kremer Nr. 42600, PR259, etwa $Na_{3,6}(NH_4)_{0,25}(H_3O)_{1,94}[Al_{4,8}Si_{7,2}O_{24}] \cdot S_{3,01}$), Ultramarine violet (Winsor&Newton Professional Watercolor Nr. 672, PV15, etwa $Na_{6,08}(NH_4)_{0,17}(H_3O)_{1,28}[Al_{5,36}Si_{6,64}O_{24}] \cdot S_{3,83}$), Ultramaringrün (Kremer Nr. 447008, PB29, etwa $Na_{7,74}[Al_{5,7}Si_{6,3}O_{24}] \cdot S_{1,88}$). Deutlich zu erkennen ist die intensive Absorption durch $S_3^{\ominus}$ im Bereich um 600 nm, die zur Entstehung der typischen blauen Farbe führt. Die deutliche Absorption durch $S_2^{\ominus}$ um 400 nm führt zum grünstichigen bis grünen Ultramaringrün. Eine kombinierte Absorption durch $S_4^{\ominus}$ um 500 nm und durch $S_3^{\ominus}$ führt zum Ultramarinviolett oder zum Ultramarinrot, wenn die Absorption durch $S_4^{\ominus}$ allein auftritt.

Aufgrund seiner koloristischen Eigenschaften war Ultramarinblau seit der Antike beliebt, einer breiten Anwendung waren aber durch den sehr hohen Preis enge Grenzen gesetzt. Eine solche ist erst seit der gelungenen Synthese von Ultramarin 1828 möglich, Ultramarinblau wird heute in Künstlerfarben, Lacken und Anstrichen, zur Einfärbung von Kunststoffen, in Druckfarben, zur Papiereinfärbung, überhaupt zur Einfärbung aller möglichen Verbrauchsartikel, Kosmetika und Spielzeugen eingesetzt. In Waschmitteln und Papier wird es zur Blauschönung zugesetzt, d. h. zur Korrektur eines Gelbstichs durch Blau. Entsprechend der breiten Anwendung gibt es viele Typen. Feine Partikel haben eine hohe Oberflächenenergie und neigen zu Kohäsion. Feinkörnige Typen sind daher schwer zu dispergieren, durch spezielle Oberflächenbehandung wurden Typen mit reduzierter Oberflächenenergie entwickelt. Für Druckfarben gibt es Typen mit hoher Färbekraft, für Lithographietinten hydrophobe Typen.

Die Synthese ist nicht einfach. Der Aufbau des Sodalith-Gerüstes und die Einführung des Schwefels erfolgt in einem komplizierten mehrstufigen Prozess aus Kaolinit, wasserfreier Soda, Schwefel und einem Reduktionsmittel wie Kohlenstoff, ►Abbildung 3.4 [16, 187]. Kaolinit wird zunächst thermisch zum Metakaolinit dehydratisiert und dann mit Natriumpolysulfid zum Prä-Ultramarin umgesetzt. Polysulfid entsteht aus Soda, Schwefel und dem Reduktionsmittel, z. B. Kohlenstoff. Prä-Ultramarin wird durch Luftzutritt zum Ultramarin umgewandelt, wobei Polysulfid-Dianionen zu Polysulfid-Monoanion-Radikalen oxidiert werden. Der gesamte Prozess kann 20 Tage dauern. Der endgültige Farbton hängt neben der chemischen Zusammensetzung von der Teilchengröße ab, feine Pulver sind heller und grünlicher als gröbere, sodaß der Vermahlungsgrad kommerziell ein wichtiger Zielparameter für Farbton und Färbekraft ist. Üblich sind Korngrößen von 0,7–5 µm.

Ultramarinblau ist nicht akut toxisch, haut- oder schleimhautreizend. Während seiner sehr langen und intensiven Nutzungsgeschichte gab es keine bekannten toxikologisch bedenklichen Befunde. Lediglich bei Kontakt mit Säuren entweicht giftiges H_2S.

Ultramarinrot (PR259, CI 77007) und -violett (PV15, CI 77007) Durch Variation der Mengenanteile der Ausgangsprodukte bei der Herstellung können weitere Ultramarinpigmente hergestellt werden, namentlich das pinkfarbene Ultramarinrot und das violette Ultramarinviolett [16]. Sie sind weniger intensiv gefärbt als Ultramarinblau und werden kaum in großem Umfange für künstlerische Zwecke eingesetzt. Bei der gewerblichen Anwendung ist die etwas geringere thermische Stabilität zu berücksichtigen, Ultramarinviolett ist bis 280 °C stabil, Ultramarinrot bis 220 °C. Ultramarinrot nimmt unter Einfluß von Basen violette Farbe an.

Alle Ultramarin-Varianten enthalten das gleiche Alumosilikatgitter, als Chromophor treten jedoch die oxidierten Sulfid-Anionen $S_3Cl^{\ominus}$ oder $S_4^{\ominus}$ auf. Zusätzlich ist et-

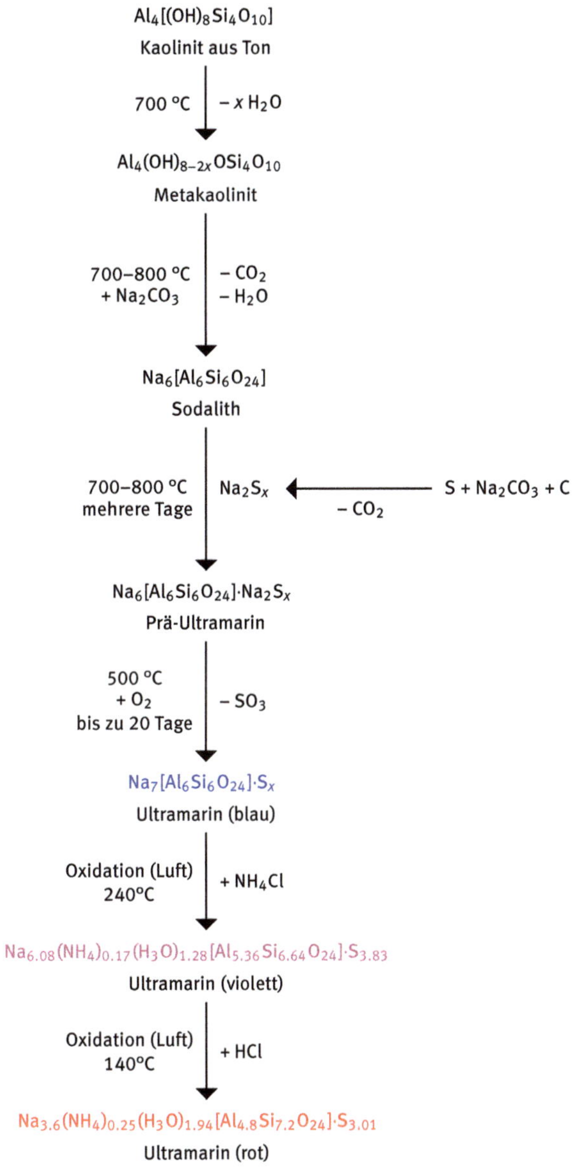

Abb. 3.4: Synthese von französischem Ultramarin aus Kaolin und Schwefel [16], [187, S. 344ff], [186, Stichwort „Pigmente"].

was $Na^{\oplus}$ durch $NH_4^{\oplus}$ und $H^{\oplus}$ ersetzt, sodass sich folgende ungefähre Zusammensetzungen ergeben [186, Stichwort „Pigmente"]:

Ultramarin blau	$Na_{6,3}[Al_{4,79)}Si_{7,21}O_{24}] \cdot S_{3,74}$
Ultramarin grün	$Na_{7,74}[Al_{5,7}Si_{6,3}O_{24}] \cdot S_{1,88}$
Ultramarin violett	$Na_{6,08}(NH_4)_{0,17}(H_3O)_{1,28}[Al_{5,36}Si_{6,64}O_{24}] \cdot S_{3,83}$
Ultramarin rot	$Na_{3,6}(NH_4)_{0,25}(H_3O)_{1,94}[Al_{4,8}Si_{7,2}O_{24}] \cdot S_{3,01}$

3.4 Oxid- und Sulfidpigmente

Aufgrund ihrer hohen chemischen Stabilität gehören Oxide und Sulfide zu den häufigsten natürlichen Verbindungen. Viele von ihnen sind farbig, wie ein Blick auf ►Abbildung 3.5(a) und ►Abbildung 3.6(a) zeigt. Anhand der Lokalisierung der Farbmechanismen im PSE können wir erwarten, dass ihre Farbigkeit von LF-Übergängen (Nebengruppenmetalle), HL-Übergängen (Schwermetalle) und CT-Übergängen (Metalle höherer Nebengruppen) bestimmt wird.

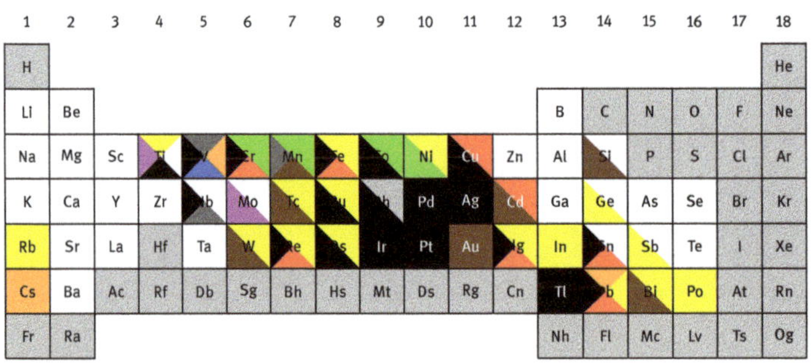

(a) Farbigkeit der Oxide.

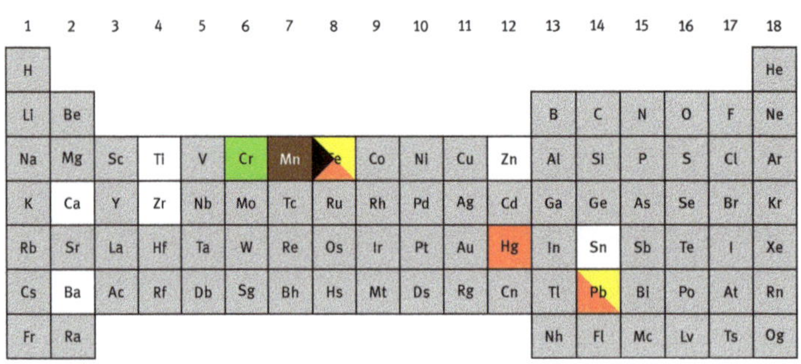

(b) Maltechnisch tatsächlich in Pigmenten verwendete Oxide.

Abb. 3.5: Lokalisierung der farbigen Oxide im PSE [182–184]. Berücksichtigt sind die Farben verschiedener Oxidationsstufen und Modifikationen.

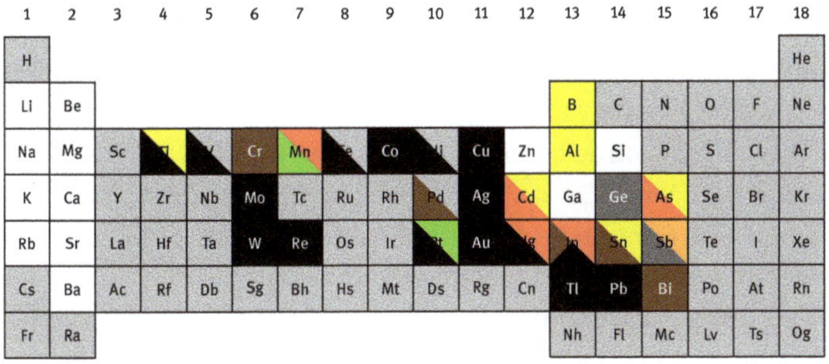

(a) Farbigkeit der Sulfide.

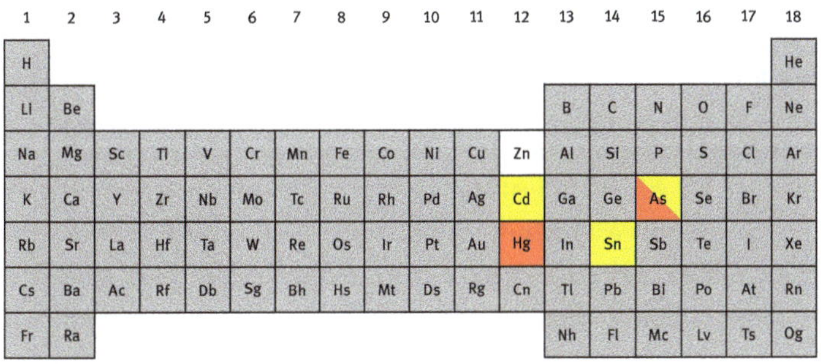

(b) Maltechnisch tatsächlich in Pigmenten verwendete Sulfide.

Abb. 3.6: Lokalisierung der farbigen Sulfide im PSE [182–184]. Berücksichtigt sind die Farben verschiedener Oxidationsstufen und Modifikationen.

Für die Malpraxis ist die Auswahl an farbigen Oxiden und Sulfiden auf natürliche und synthetische Mineralien begrenzt, seltene oder nicht mineralbildende Verbindungen entfallen. Es verbleiben die in ►Abbildung 3.5(b) und ►Abbildung 3.6(b) gezeigten Chalkogenide, die teilweise bereits in der Antike als Pigment eingesetzt wurden. Neuerdigs stehen bestimmte anorganische Metalloxide als ungiftige Ersatzpigmente wieder im Fokus der Pigmentindustrie.

3.4.1 Klassische Schwermetalloxide und -sulfide

Zahlreiche Pigmente, die vom Altertum bis in die Neuzeit hinein verwendet wurden, enthalten Oxide und Sulfide von Schwermetallen wie Arsen, Blei und Quecksilber. Sie entstammen oxidischen und sulfidischen Mineralien und wirken über ihre Halbleiternatur farbig. Die meisten der hier angesprochenen Schwermetallpigmente wurden aus toxikologischen oder ökonomischen Gründen häufig schon in der Vergangenheit, spätestens aber im 20. Jhd. durch Neuentwicklungen ersetzt, bei denen es sich i. A. um Nebengruppenoxide (►Abschnitt 3.4.3) oder hochstabile organische Pigmente handelt.

Massicot, Bleiglätte, Bleigelb, Königsgelb (PY46, CI 77577) Blei(II)oxid PbO tritt als Pigment und als Ausgangsprodukt zur Herstellung von Chromgelb auf. Von den zwei Modifikationen ist die gewöhnliche (tetragonale) rot, die metastabile rhombische jedoch von zartem Gelb. Dieses Gelb wurde bereits 400 v. Chr. im Altertum auf Wandmalereien in Thrakien gefunden [723] und bis ins Mittelalter hinein verwendet. In beiden Fällen wird die Farbe durch eine Bandlücke des halbleitenden Pigments (die im roten Bleioxid schmäler ist) hervorgerufen.

Die Herstellung erfolgt durch Verbrennen von Blei an der Luft, wobei zunächst das rote Blei(II)oxid entsteht, das bei 488 °C in die gelbe Modifikation übergeht:

$$2\,Pb + O_2 \longrightarrow \underset{\text{tetragonal}}{2\,PbO\,(\text{rot})} \xrightleftharpoons{488\,°C} \underset{\text{hexagonal}}{2\,PbO\,(\text{gelb})}$$

Daß Massicot gegen Ende des Mittelalters mit dem Aufkommen des Bleizinngelbs von der Palette verschwunden ist, ist seiner Unbeständigkeit zuzuschreiben. Bei niedrigen Temperaturen ist die Umwandlungsgeschwindigkeit in die rote Modifikation zwar sehr gering, es verfärbt sich an Licht und Luft aber zu schwarzem Blei(IV)oxid und löst sich in Säuren und Laugen rasch auf. Als Vorteil war jedoch zu werten, dass es als Bleisalz sikkative Wirkung in der Ölmalerei entfaltete. Im Übrigen ist die Bezeichnung Massicot häufig auf alle gelben Bleipigmente angewandt worden und hat zu großer Verwirrung geführt.

Auripigment (PY39, CI 77086 und 77085), Rauschgelb, Königsgelb, Operment Das leuchtend gelbe Arsen(III)sulfid As_2S_3 war bereits um 1500 v. Chr. in Ägypten bekannt, wir finden es in Gemälden der Antike, in der mittelalterlichen Buchmalerei und als wichtiges Malerpigment bis ins 19. Jhd. [47, Bd. 3], [353, 354], da seine Farbe mit anderen frühen Pigmenten nicht erreichbar war. Erst mit dem Aufkommen von Neapelgelb und vor allem Chromgelb um 1818, das einen ähnlichen Farbton aufweist, sowie der künstlichen Grünpigmente verschwand es von den Paletten.

Wie alle sulfidischen Pigmente, verdankt es seine Farbe seinem Halbleitercharakter mit einer mäßig großen Bandlücke. Die scharfe Bandkante trägt erheblich zur farblichen Reinheit des Pigments bei, der hohe Brechungsindex von 2,4–3 verhilft dem Pigment zu hoher Deckkraft.

Als Sulfid genoß es allgemein den Ruf der Unverträglichkeit mit Kupfer- und Bleipigmenten. Da es zahlreiche Beispiele gibt, in denen Auripigment durch die Einbettung in einen Leinölfilm stabil geblieben ist, ist dieser Ruf nur teilweise gerechtfertigt. Untersuchungen haben gezeigt, daß Auripigment vor allem mit Spuren von Essigsäure und Feuchtigkeit zersetzt wird und die freiwerdenden Sulfid-Anionen Kupfer- oder Bleipigmente angreifen können.

Auch über seine Giftigkeit gibt es unterschiedliche Auffassungen. Der bergmännische Abbau des Minerals, das in hydrothermalen Lagerstätten gefunden wird, ist sehr schädlich. Im 18. Jhd. wurde es synthetisch durch Sublimation von Schwefel und Arsenik As_2O_3 hergestellt,

$$2\,As_2O_3 + 9\,S \longrightarrow 2\,As_2S_3 + 3\,SO_2\uparrow$$

Dieses synthetische Pigment war durch Anteile an löslichem Arsenik sehr giftig. Im 19. Jhd. wurde ein Naßverfahren zur Herstellung aus löslichen Arsensalzen entwickelt:

$$As^{3\oplus}\,aq. + 3\,H_2S \longrightarrow As_2S_3\downarrow + 3\,H^{\oplus}$$

Neapelgelb, Bleiantimonatgelb (PY41, CI 77588) Neapelgelb [47, Bd. 1] ist ein schönes deckendes Gelb, das in gelb-kühlen oder rötlich-warmen Schattierungen hergestellt werden kann. Gern mit Bleizinngelb verwechselt und zu einer beträchlichen Verwirrung führend, hatte es dieses 1750 verdrängt, bis es etwa 1850 seinerseits von Chrom- und Cadmiumgelb verdrängt wurde.

Neapelgelb ist jedoch keineswegs ein Pigment der Neuzeit, sondern gehört mit Ägyptischblau zu den ältesten synthetischen Pigmenten: als keramische Bemalung können wir es bereits um 1500 v. Chr. auf Tonziegeln und in gelben Gläsern und Glasuren der alten Kulturen im Zweistromland finden [22].

Die theoretische Zusammensetzung $Pb_2Sb_2O_7$ (dem Mineral Bindheimit entsprechend) wird selten angetroffen, wir finden die Formeln $Pb_3(SbO_4)_2$, $Pb(SbO_3)_2$ oder $Pb(SbO_4)_2$. Da die alten Rezepte bezüglich der genauen Darstellungsmethode keineswegs klar sind, kann angenommen werden, daß je nach Herstellung eine mehr oder weniger gute Näherung an das echte Neapelgelb erreicht wurde und Blei sogar vorzeitig bei hohen Temperaturen sublimierte und damit fehlte.

Zur Darstellung wurde eine Blei- und eine Antimonverbindung geröstet, als Edukte fanden Blei, Blei(II)oxid (Litharge), Blei(II,IV)oxid (Mennige) sowie Antimon, Antimon(III)oxid (weißspießglanz) oder Antimon(III)sulfid (Grauspießglanz) Verwendung. Je nach Temperatur entstehen verschiedene Farbtöne: bei großer Hitze (über 800 °C) und mehrstündiger Reaktionszeit ein zitron- bis schwefelgelber, bei niedriger Temperatur ein ins Orange gehender. Experimente zeigen, daß in diesem Fall jedoch kaum noch das echte Neapelgelb entsteht, sondern vielfältige Mischungen von gelben Blei- und Antimonoxiden, Chloriden und Oxychloriden, etwa das *Kassler Gelb* $PbCl_2 \cdot 7PbO$.

Moderne Farbenhersteller verwendeten Bleicarbonat, Bleinitrat oder Bleihydroxid sowie Antimon(III)oxid oder Antimonate mit Zuschlägen wie Kochsalz, Bleichlorid oder Ammoniumchlorid.

Mit einem Brechungsindex von 2,01–2,23 gehört echtes Neapelgelb zu den gut deckenden Pigmenten. Während es gegen Alkali und Licht beständig ist, reagiert es mit Säuren und Schwefelverbindungen, sodass es vorzugsweise in Öl gebunden wird. Schreiben wir die Zusammensetzung $Pb_2Sb_2O_7$ als $2\,PbO \cdot Sb_2O_5$, erkennen wir einen Bandübergang im gelben halbleitenden Blei(II)oxid als Ursache der Farbe, ►Abschnitt 2.2.4.3.

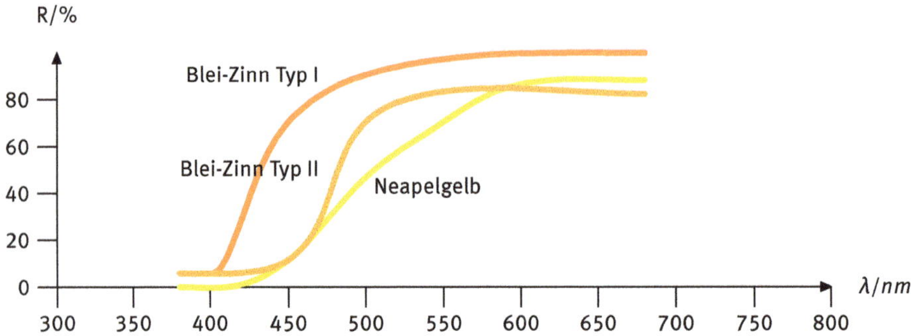

Abb. 3.7: Schematische Reflexionsspektren von Neapelgelb, Bleizinngelb Typ I und Bleizinngelb Typ II (Spektren gezeichnet nach [47, Bd. 1, S. 227]).

Bleizinngelb (CI 77629) Bleizinngelb ist ein mittelalterliches Gelbpigment [47, Bd. 2], [355, 356], dessen Farbe vom hellen Zitronengelb bis zum warmen Orangelb reicht. Chemisch ist es ein Bleistannat, Typ I hat die Zusammensetzung $Pb_2SnO_4 = 2PbO \cdot SnO_2$, der glasartige Typ II hat den Aufbau $PbO \cdot (Sn, Si)O_2$.

Aufgrund seiner Farbe und Ungiftigkeit war es im Zeitraum von etwa 1300–1700 das wichtigste leuchtendgelbe Pigment, nur Auripigment erfreute sich einer höheren Wertschätzung. Im 18. Jhd. wurde es dann von Neapelgelb verdrängt, bis es 1940 im Zuge der Gemäldeforschung wiederentdeckt wurde.

Mit einem Brechungsindex von 2,3 ist es ein deckendes Pigment, das stabil gegenüber Säuren und Laugen ist. Mit Schwefelwasserstoff bildet es braunes PbS.

Trotz der weiten Verbreitung gibt es nur wenige Quellen für die Herstellung. Das Bologneser Manuskript spricht von geröstetem Blei, Zinn und Sand, was einer Festkörperreaktion von Blei- und Zinnoxiden entspräche. Die moderne Synthese von 1941 geht von Blei(II)oxid aus und führt über Typ I zu Typ II:

$$2PbO + SnO_2 \xrightarrow[\text{700–800 °C (grünlich)}]{\text{650 °C (rötlich)}} Pb_2SnO_4 \xrightarrow[\text{800–950 °C}]{SiO_2} PbO \cdot (Sn, Si)O_2$$

Bei niedriger Umsetzungstemperatur kann eine wärmere rote, bei höherer Temperatur eine kühlere zitrongelbe Variante des Typ I-Gelbs erhalten werden, analog zur Herstellung von Neapelgelb. Die gelbe Farbe ist auf einen Bandübergang im Bleioxid-Zinnoxid-Halbleiter zurückzuführen, ►Abschnitt 2.2.4.3.

Realgar, Rauschrot, Opperment, Sandarak Orangerotes Arsensulfid As_4S_4, das sich durch hohe Giftigkeit auszeichnet, war als Rotpigment vom zweiten vorchristlichen Jahrtausend bis zum Mittelalter in Gebrauch, da sein reiner orangeroter Farbton nicht durch Alternativen wie roter Ocker ermischbar war [47, Bd. 3]. Im Vergleich zum ausgiebig genutzten Auripigment wurde es jedoch deutlich seltener eingesetzt. Mineralisch tritt es als Begleiter von Arsen und Erzen in hydrothermalen Lagerstätten auf, sichere Hinweise auf eine synthetische Darstellung fehlen bis jetzt. Problematisch ist seine Neigung, an der Luft in ein orangegelbes Pulver überzugehen, ►Abschnitt 7.4.11.

Zinnober, Vermillion, Minium (PR106, CI 77766) Quecksilber(II)sulfid HgS ist ein Rotpigment [47, Bd. 2], [56, 341] mit einem klaren, sprichwörtlichen „zinnoberroten" Farbton, der je nach Vermahlungsgrad des Pigments schwankt: hell orangerot für die Größenordnung 2–5 µm, tief dunkelrot für die Größenordnung > 5 µm [57]. Diese Abhängigkeit der Farbe von der Korngröße ist typisch für Halbleiterpigmente, in denen eine Bandlücke die Farbe bestimmt, ►Abschnitt 2.2.2. Zinnober gehört wie viele Sulfide und Oxide zu diesen farbigen Halbleitern und zeigt im Reflexionsspektrum die typische Absorptionskante, ►Abbildung 3.8. Das polytrope Mineral besitzt neben der roten α-Modifikation (hexagonal, Bandlücke E_g 2 eV) noch eine schwarze amorphe Modifikation (E_g 1,6 eV), die als Pigment keine Bedeutung hat. Mit einem Brechungsindex von 2,8 weist es hohe Streuung und damit Deckkraft auf.

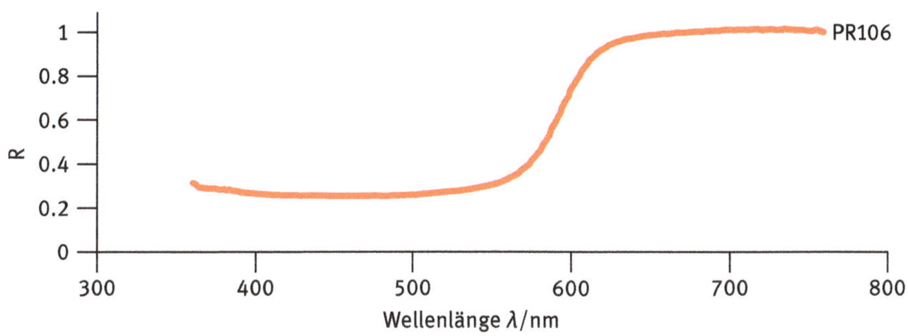

Abb. 3.8: Reflexionsspektrum von Aquarellfarben auf Basis Quecksilbersulfid (Halbleiter), normiert auf eine beliebige Einheit: Zinnober (Kremer Nr. 42000, PR106, HgS).

Zinnober war schon im alten Griechenland bekannt und avancierte dank der Zinnobermine in Almaden zu einem wichtigen Rotpigment. In China ist Zinnoberrot die Farbe des Glücks, der Beständigkeit und auch des Himmlischen Palastes in Peking und spielt in der chinesischen Kunstgeschichte eine wichtige Rolle. Neben rotem Ocker, den er an Reinheit der Farbe und Deckkraft übertrifft, war Zinnober seit dem Mittelalter eines der wichtigsten Rotpigmente und in der mittelalterlichen Buchmalerei in der Mischung mit Mennige als „Minium" bekannt, der im folgenden ganz auf Mennige überging (hiervon leitet sich auch der Begriff „Miniatur" ab). Auch für die Alchemie war Zinnober ein wichtiger Stoff, da er in einem idealen Kreislauf die Vereinigung der Grundprinzipien Schwefel (sulfur philosophorum, männlich, heiß, trocken) und Quecksilber (mercurius philosophorum, weiblich, geistig kühl, feucht) zum lapis philosophorum nebst der Trennung in die Ausgangsstoffe darstellte. Dabei konnten die Stufen Reinstoffe – graue materia prima, nigredo – solvatio und coagulatio – citrinitas (Polysulfide) – rubefactio (Zinnober) beobachtet werden (sehr schön in [58] als Versuchsreihe zu sehen). Das Rösten des Zinnobers an der Luft, das wieder Quecksilber liefert, war lange Zeit die Hauptmethode zur Quecksilbergewinnung aus Bergzinnober und wurde alchemistisch als Läuterung des hergestellten Zinnobers (des noch zu unreinen Steins der Weisen) interpretiert.

Bis etwa 1900 wurde das gemahlene und gewaschene Naturmineral als Pigment verwendet, bis es von alternativen Pigmenten abgelöst wurde: um 1880 Quecksilberzinnoberpigmente, später organische Pigmente wie Litholrot. Bereits sehr früh (ab 800) konnte es aber auch synthetisch hergestellt werden:

$$\text{Hg} + \text{S} \xrightarrow{\Delta} \underset{\text{mineralischer Mohr}}{\text{HgS (schwarz)}} \xrightarrow{\text{trocken (alt): Sublimation, 580 °C}} \text{HgS (rot)}$$

$$\text{Hg}^{2\oplus}\ \text{aq.} \xrightarrow[-\ \text{NH}_4^{\oplus}]{\text{naß (neuer): (NH}_4)_2\text{S aq., }\Delta} \text{HgS} \downarrow \text{(rot)}$$

Die ältere, trockene Darstellung lieferte bis ins 17. Jhd. hinein nur unstöchiometrische Produkte. Zinnober war stets mit Alchemie verbunden, und es dauerte geraume Zeit, bis die Rezepte einer genauen Beobachtung folgten und ein verläßlich und stöchiometrisch zusammengesetztes Produkt lieferten.

Trotz seines Quecksilbergehalts ist es ein ungiftiges Pigment, da das Sulfid extrem schwerlöslich ist und sich so nach der oralen Aufnahme praktisch nicht im Körper verteilen kann. Auch gegenüber anderen Pigmenten ist es inert, sodaß ohne weiteres Fleischtöne mit Bleiweiß und Zinnober ermischt werden können.

Mennige, Saturnrot, Minium (PR105, CI 77518) Gemischtvalentes Blei(II,IV)oxid oder Blei(II)-plumbat(IV) Pb_3O_4=$Pb_2[PbO_4]$ ist ein leuchtendrotes Pigment [47, Bd. 1] mit dem hohen Brechungsindex 2,42, das bereits von den alten Kulturen benutzt wurde. Eine wichtige Anwendung fand es als Rotpigment der Buchmalerei: zuerst in Mischung mit Zinnober als „Minium“ bekannt, ging der Name später auf reine Mennige über. Heute wird es mehr als Rostschutzanstrich und in keramischen Glasuren gebraucht, da es durch langsame Oxidation in schwarzes Blei(IV)oxid PbO_2 übergeht und unverträglich mit schwefelhaltigen Pigmente ist. Auch darf die Giftigkeit nicht vergessen werden.

Die Herstellung erfolgt durch Luftoxidation von Blei(II)oxid bei 500 °C:

$$3\,\text{PbO} \xrightarrow[\substack{\text{300–500 °C (antik)} \\ \text{450–470 °C (heute)}}]{+\frac{1}{2}\text{O}_2,\ \Delta} \text{Pb}_3\text{O}_4$$

Diese Synthese wurde bereits im Altertum ausgehend von Bleiweiß vollzogen:

$$2\,PbCO_3 \cdot Pb(OH)_2 \xrightarrow[-\,2\,CO_2\,-\,H_2O]{+\,O_2,\ \Delta\ 430\,°C} Pb_3O_4$$

Die Verbindung gewinnt ihre Farbe durch einen IVCT-Übergang zwischen den zwei Valenzen von Blei, ►Abschnitt 2.4.2.

3.4.2 Eisenoxidpigmente, Ocker

Eisenoxiden und -oxidhydroxiden in den verschiedenen Oxidationsstufen (II, II/III gemischt und III) wurde seit frühester Zeit Aufmerksamkeit zuteil, da sie das breite Farbspektrum von Gelb über Orange, Rot, Rotviolett und Braun bis hin zu Schwarz abdecken und viele dieser Farben natürliche, leicht zugängliche Vorkommen besaßen oder noch besitzen. Zudem sind sie lichtecht, wetter- und alkaliresistent. Sie wurden daher bereits seit frühester Zeit als Pigmente verwendet. Durch ihre attraktiven Farbtöne, hohe Beständigkeit, Ungiftigkeit und den niedrigen Preis sind sie immer noch äußerst beliebte Pigmente [11, 16], [47, Bd. 4], [64, 65], [187, S. 317ff], [586]. Ende des 19. Jhd. wuchs die Nachfrage und die Anforderungen an die Qualität und Eigenschaften dieser Pigmente so stark an, daß die natürlichen Quellen nicht mehr ausreichten und mit der Herstellung synthetischer Eisenoxide begonnen wurde. Heute besitzen synthetische Eisenoxide einen Anteil von ca. 80 % an der Gesamtmenge an Eisenoxidpigmenten.

Mehr als 50 % aller Eisenoxide werden für die Einfärbung von Bauprodukten genutzt, etwa für Betondachsteine, Pflastersteine oder Zement. Weitere 40 % werden für die Produktion von Farben, Lacken und Anstrichen genutzt. Um die notwendige Deckkraft zu erreichen, müssen die Pigmentpartikel in der Größe 0,1–1 μm vorliegen. Auch für die Kunststoffeinfärbung werden Eisenoxide gern genutzt. Die geringe Temperaturstabilit des gelben Eisenoxidhydrats verhindert die Färbung bestimmter Polymertypen, durch ein Einhüllen in anorganische Schichten kann Eisenoxidgelb aber bis ca. 260 °C stabilisiert werden.

Eisenoxidpigmente gelten als ungiftig, wenn sie keine Schwermetalle enthalten, was bei Pigmenten aus natürlichen Quellen aber möglich ist. Nur bestimmte, synthetische Grade sind daher für die Anwendung in Kosmetika und Pflegeprodukten, Pharmaka oder den Kontakt mit Lebensmitteln zugelassen. Weiterhin werden sie zur Einfärbung von Papier und aufgrund ihrer magnetischen Eigenschaften zur Beschichtung von Datenbändern und als Lasertoner benutzt.

3.4.2.1 Mineralogische Grundlage

Eisenoxidpigmente basieren auf chemisch verwandten Eisen(III)oxiden, die in je zwei Kristallmodifikationen auftreten können und sich in den Liganden unterscheiden, die am Eisen-Kation koordiniert sind:

Liganden	hexagonal-dicht (α-Phase)	kubisch-dicht (γ-Phase)
Oxid- und Hydroxid-Anionen ($FeOOH$)	Goethit α-$FeOOH$ (gelb) Diaspor-Struktur, nadelförmige Kristalle	Lepidocrocit γ-$FeOOH$ (orange) Boehmit-Struktur
Oxid-Anionen (Fe_2O_3)	Hämatit α-Fe_2O_3 (rot) Korund-Struktur, verschiedene Kristallformen	Maghemit γ-Fe_2O_3 (braun)

Dazu kommt noch Eisen(II,III)oxid Fe_3O_4. Zu den wichtigsten Eisenoxiden gehören $FeOOH$ und Fe_2O_3. Alle Eisenoxide stehen in engem Zusammenhang zueinander, was sich in der leichten wechselseitigen Umwandlung widerspiegelt (►Abbildung 3.9):

- *Kalzinieren* oder *Brennen* führt vom gelbem Goethit unter Wasserverlust zu rotem Hämatit und erlaubt die Herstellung von rotem Ocker aus gelbem. Der Künstler findet dasselbe Prinzip hinter den Farben „Siena gebrannt" und „Umbra gebrannt", die einen deutlichen roten Unterton aufweisen, während „Siena natur" lichtgelb und „Umbra natur" braun ist. Auch der typische Farbwechsel zu Rot beim Brennen von Tonwaren wird von der Umwandlung Goethit → Hämatit verursacht.
- Erhitzen (Sintern) von (hell-)rotem Hämatit führt zu blauviolett-braunstichigen grobkörnigen Hämatitpartikeln, dem Künstler als „Caput Mortuum" bekannt.
- Erhitzen von Magnetit unter oxidierenden Bedingungen führt ebenfalls zu Hämatit, verbunden mit einem Farbwechsel von Schwarz nach Rot. Als Zwischenstufe wird Maghemit erreicht, wodurch ein brauner Farbton entsteht.

Die Umwandlungen sind von großer technischer Bedeutung, wie wir bei den Herstellungsverfahren weiter unten sehen werden. Bereits im Altertum wurden zwei typische Umwandlungsreaktionen zur Herstellung der polychromen Keramik genutzt (►Abschnitt 7.1): die gelben Oxide zersetzen sich ab 180 °C zum roten α-Fe_2O_3 und liefern reine Rottöne mit hoher Färbekraft. Ab 180 °C wandeln sich die schwarzen Oxide in braunes γ-Fe_2O_3 um, und ab 350 °C ebenfalls in rotes α-Fe_2O_3. Einzig die roten Oxide sind bis 1200 °C stabil. Durch geschickte Reaktionsführung mit reduzierenden und oxidierenden Bedingungen konnten so gelbe, rote und schwarze Keramiken hergestellt werden. Durch eine Beschichtung mit anorganischen Stoffen kann die thermische Stabilität der gelben Eisenoxide bis auf 260 °C erhöht werden.

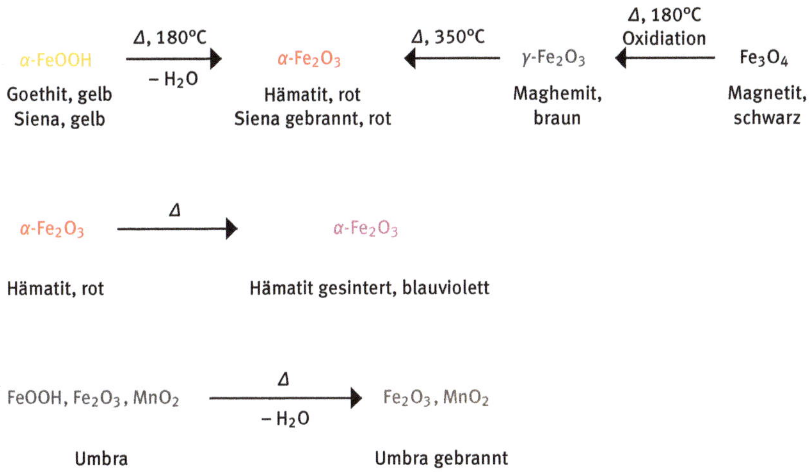

Abb. 3.9: Zusammenhänge zwischen den Eisenoxidpigmenten.

3.4.2.2 Farbe der Eisenoxide

Die sehr verschiedenen Farben der chemisch ähnlichen Verbindungen (►Abbildung 3.11) werden durch mehrere parallel ablaufende Prozesse hervorgerufen, die wir in ►Abschnitt 2.3.3 auf S. 112 im Detail diskutiert haben und die von der Kristallphase (α oder γ) und der Natur der Liganden (Oxid- oder Hydroxid-Anionen) abhängen:
- starke OMCT-Übergänge zwischen Sauerstoff- und Eisenatomen im nahen UV-Bereich (→ gelb),
- verbotene Ligandenfeldübergänge im grünen Spektralbereich, die durch magnetische Kopplung der Eisenatome intensiviert werden (→ Unterscheidung gelbe und rote Pigmente),
- zusätzliche Übergänge von Elektronenpaaren im VIS-Bereich.

Diese Prozesse sind unabhängig von Größe und Gestalt der Pigmentpartikel. Zusätzlich zu diesen Einflüssen wirkt gerade bei Eisenoxiden die Partikelgrösse und -gestalt sichtbar auf die Farbe ein:

Mineral	Feinkörnig	Grobkörnig
Goethit	Grüngelb (0,05–0,8 μm)	Braungelb (0,3–1 μm)
Lepidokrokit	Gelb	Orange
Hämatit	Hellrot (unter 0,1 μm orange)	Rotbraun (über 5 μm violett)

Die Ursache dieser Farbtonveränderungen ist nicht offensichtlich. In Eisenoxid, einem Halbleiter, spielen *kollektive Elektronenanregungen* oder *Oberflächenplasmonen* eine wesentliche Rolle. Diese Anregungen hängen stark von Geometrie und räumlicher Ausdehnung der Pigmentpartikel ab und werden in ►Abschnitt 1.6.4 erläutert.

Eisenoxide besitzen einen hohen Brechungsindex von 2,36 (Goethit), 2,87 (Hämatit) und 2,42 (Magnetit) und sind daher deckend. Über die Partikelgrösse kann das Streuvermögen beeinflußt werden (►Abschnitt 1.6.8): durch gezielte Herstellung sehr kleiner Partikel mit einem Durchmesser < 0,05 µm erhalten wir transparente gelbe oder gelblich rote Lasurpigmente, während deckende Pigmente mit Durchmessern von 0,05–1,0 µm gröber sind. Hämatitpartikel zeigen dann neutralen bis kühlroten Farbton [16, 178]. Die Grenze von 0,05 µm ergibt sich aus dem Verlauf der Streuung als Funktion des Partikeldurchmessers, ►Abbildung 3.10. Nur in diesem untersten Größenbereich ist die Streuung Q praktisch Null, darüber steigt sie sehr schnell auf einen Maximalwert an, bevor sie einen Grenzwert erreicht, der deutlich größer Null ist.

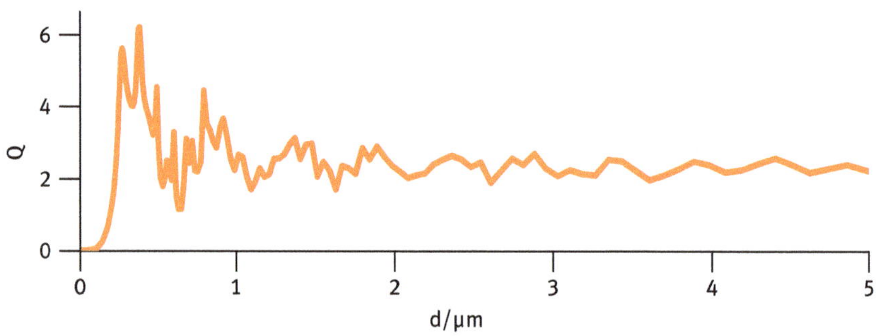

(a) Verlauf von Q für Partikel mit Brechungsindex $n_1 = 2{,}3$ (Goethit).

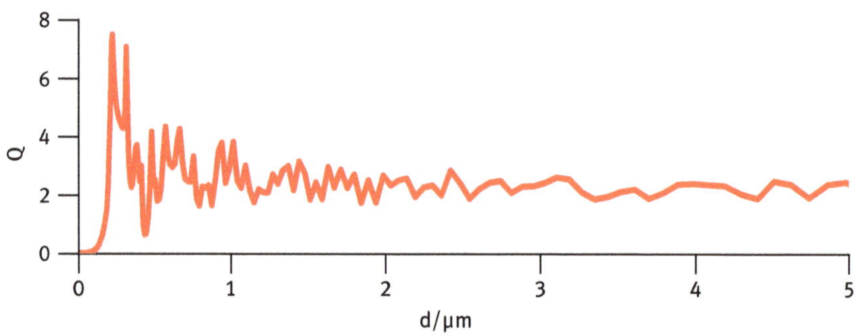

(b) Verlauf von Q für Partikel mit $n_1 = 2{,}8$ (Hämatit).

Abb. 3.10: Verlauf der (Mie-)Streuung Q als Funktion des Partikeldurchmessers d für rotes Licht der Wellenlänge 650 nm (berechnet mit Mieplot [288]). Der Brechungsindex des Mediums ist $n = 1$ (Luft). Die Kurven zeigen, daß Streuung ab einem Partikeldurchmesser von ca 0,05 µm auftritt, transparente Pigmentpartikel müssen also kleiner als dieser Wert sein.

3.4.2.3 Natürliche Eisenoxide

Die oben genannten Oxide sind Bestandteile verschiedener natürlicher Pigmente. Abhängig von ihren Mengenverhältnissen und der Anwesenheit sonstiger Begleitstoffe bilden sie die Grundlage für „Gelbocker" und „Rotocker", „Terra di Siena" und „Umbra". Der Eisengehalt hängt stark vom Fundort ab. Der typische Fe_2O_3-Gehalt von Hämatit liegt bei 45–95 %, besonders große, qualitativ hochwertige Vorkommen finden sich bei Malaga und Hormuz am Persischen Golf. Dieses „Spanischrot" oder „Persischrot" besitzt > 90 % Eisen(III)oxid. Qualitativ hochwertige Vorkommen von Goethit liegen in Südafrika mit umgerechnet 55 % Fe_2O_3-Gehalt und in Südfrankreich mit 20 % Fe_2O_3. Begleitmineralien wie Tone oder Silikate, oft in großer Menge vorhanden, sind für die restlichen Massenanteile verantwortlich und „verdünnen" die Eisenoxide, sodaß natürliche Pigmente eine wechselnde und eher geringe Färbekraft besitzen.

Zur Pigmentherstellung werden die Rohstoffe gemahlen, gewaschen und erneut gemahlen. Siena und Umbra werden kalziniert, um Wasser zu entfernen, der Farbton hängt von den Kalzinierungsparametern, Temperatur und Zusammensetzung ab. Eine höhere Farbreinheit wird erreicht, indem das eisenreiche Ausgangsmaterial aufgeschlämmt und nach Partikelgröße getrennt wird, z. B. durch Sedimentation der gröberen Teilchen und Ableiten des überstehenden Wassers samt feineren Teilchen. Haupteinsatzfelder von Eisenoxidpigmenten sind Künstlerfarben und -pastellstifte, günstige Anstriche für den Schiffbau und Färbemittel für Bauprodukte wie Zement, Kunststein, Tapeten.

Die stumpferen, oft beige-braun-grauen Farbschattierungen natürlicher Eisenoxide rühren von geringen Eisengehalten, einer breiten Verteilung der Partikelgröße und der wechselnden Beimengung diverser farbaktiver Metall-Kationen her. Gerade hydrothermal abgelagerte Eisenoxide oder Ockererden als inhomogene Verwitterungsprodukte liegen in der Natur meist als schlecht kristallisierte oder knollig-amorphe Mineralienmischungen vor. Wie in ►Abschnitt 1.7.2 auf S. 73 gezeigt, führen stark unterschiedlich ausgebildete Kristalle zu einer Variation aller Eigenschaften, auch der optischen. Die Features im Absorptionsspektrum des idealen Eisenoxids werden verbreitert und die Farbreinheit verringert. Dazu kommt, daß natürliche Lagerstätten meist eine Vielzahl an (Fremd-)Metallen enthalten, sodaß die Farbe des reinen Eisenoxids schnell durch akzessorische Metall-Kationen verändert wird. Vor allem der Ersatz von Eisen durch Mangan wirkt stark farbbeeinflussend und verschiebt die Farbe in Richtung Braun bis Schwarz.

Gelber Ocker (PY43, CI 77492, natürlich); Eisenoxidgelb, Marsgelb (PY42, CI 77492, synthetisch); Marsorange (PO42, CI 77492) ist ein Verwitterungsprodukt eisenhaltiger Erze, das seine Farbe dem Goethit FeOOH verdankt, der zu 10–60 % im gelben Ocker enthalten ist. Zusätzlich kann Fe_2O_3 vorkommen. Bedeutende natürliche Vorkommen liegen in Frankreich (Roussillon) und in Südafrika. Die Gewinnung erfolgt durch Schlämmen der Erde im gewünschten Farbton. Typische Sorten sind „Lichter Ocker" und „Goldocker".

Anhand der breiten Features im Reflexionsspektrum von Ocker ►Abbildung 3.11 (idealisiert in ►Abbildung 2.22) können wir leicht sehen, dass die gelbe Farbe gedämpfter und weniger rein ist, vor allem im Vergleich zu den halbleiter- oder CT-basierten Gelbpigmenten Cadmiumsulfid und Chromgelb. Ocker weisen dennoch intensive gelbe Farbtöne auf, wenn sie sorgfältig gewaschen und nach Korngröße sortiert werden. Zusätze von Mangan in Umbra-Erden dämpft den Farbton weiter, ►Abbildung 3.12.

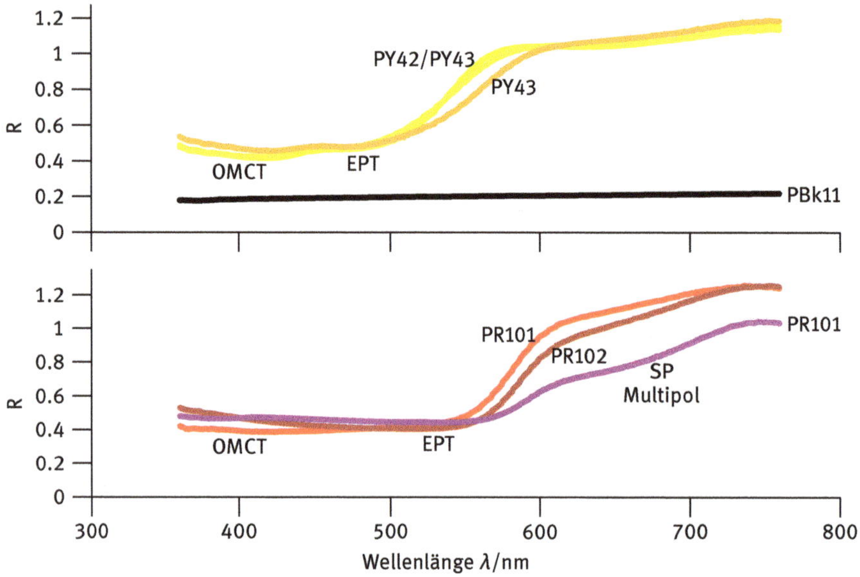

Abb. 3.11: Reflexionsspektrum von Aquarellfarben auf Basis Eisenoxid, normiert auf eine beliebige Einheit: Lichter Ocker (Schmincke Horadam Nr. 655, PY42, α-FeOOH, synthetisch) und Englischrot (Schmincke Horadam Nr. 649, PR101, α-Fe_2O_3, synthetisch) sowie Gelbocker JTCLES (Kremer Nr. 40010, PY43, α-FeOOH), Gelbocker Havane Orange (Kremer Nr. 40080, PY43, α-FeOOH), Rotocker RTFLES (Kremer Nr. 40020, PR102, α-Fe_2O_3), Caput Mortuum Violet (Winsor&Newton Professional Watercolor Nr. 125, PR101, α-Fe_2O_3) und Eisenoxidschwarz (Schmincke Horadam Nr. 791, PBk11, Fe_3O_4=$FeFe_2O_4$).
Die komplexen Hintergründe der Farbentstehung sind in ►Abschnitt 2.3.3 auf S. 112 ausführlich erläutert. Es ist deutlich zu erkennen, wie die EPT zu unterschiedlicher Farbe führt: die EPT um 530 nm bei roten Ockern löscht alle Gelbanteile und verursacht die rote Farbe, während die EPT in Gelbockern um 480 nm liegt und neben roten auch gelbe Spektralanteile zu einer gelben Farbe führen. Steigende Teilchengröße führt neben einer Verschiebung der EPT zu höheren Wellenlängen hin auch zur Entwicklung höherer Multipol-Resonanzen von Oberflächenplasmonen (SP), die eine zusätzliche Dämpfung im roten Bereich verursachen und die Entwicklung eines Blauviolett-Stichs verstärken. Ergänzend legt ein intensiver OMCT-Übergang im Blaubereich Gelb bzw. Rot als Grundfarbe fest. Weiterhin ist zu erkennen, daß das synthetische Eisenoxid PR101 mit hohem Eisenoxidgehalt eine steilere Absorptionskante aufweist und daher farbreiner ist als der natürliche Rotocker PR102.

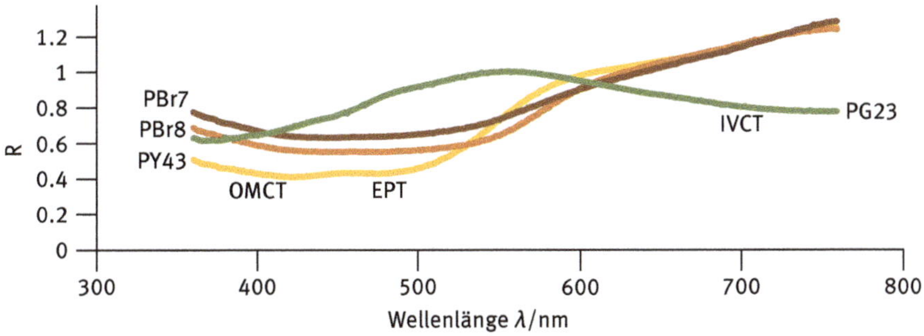

Abb. 3.12: Reflexionsspektrum von Aquarellfarben auf Basis Eisenoxid $x Fe_2O_3 \cdot y FeOOH \cdot z MnO_2$ (gelb–braun) bzw. Eisensilikat (grün), normiert auf eine beliebige Einheit: Terra di Siena (Kremer Nr. 40400, PY43, *y* groß), ital. Umbra gebrannt (Kremer Nr. 40700, PBr8, *y* und *z* groß), cypr. Umbra gebrannt (Kremer Nr. 407208, PBr7, *y* groß) und böhmische Grüne Erde (Kremer Nr. 408108, PG23, $(K, Na)(Al, Fe^{III}, Mg)_2(Si, Al)_4O_{10}(OH)_2$). Während bei den (manganhaltigen) Eisenoxiden OMCT- und EPT-Übergänge im Blaubereich dominieren und eine gelbbraune Farbe hervorrufen, absorbiert bei Grüner Erde ein IVCT-Übergang zwischen Fe^{II} und Fe^{III} im Gelbbereich. Zusammen mit LF-Übergängen des gelben Fe^{III}-Kations resultiert eine gelbgrüne bis blaugrüne Farbe.

Je nach Ursprung oder Herstellungsbedingungen können Ocker deckend oder transparent sein. Besonders Ocker vom Typ der Siena-Erde zeichnen sich durch hohe Transparenz aus, was im wesentlichen auf deren geringe Partikelgrösse zurückzuführen ist.

Terra di Siena (PBr7, CI 77492) stammt ursprünglich aus der Toskana, besteht aus 20–60 % Eisenoxid (als Goethit) und kann geringe Mengen Mangan (< 1 % MnO_2) enthalten. Im Vergleich zu gelben Ockererden finden wir in den Sieneser Erden einen hohen Goethit-Gehalt.

Im Gegensatz zu anderen Eisenoxiden wird Siena erst seit dem 18. Jhd. explizit erwähnt, der Übergang zu gelben Ockererden ist fließend und unklar. Tatsächlich gibt es chemisch keinen signifikanten Unterschied zwischen gelbem Ocker und Siena-Erden, ein eventueller Mangangehalt ist kein entscheidendes Kriterium. Die wärmere und transparentere Farbe von Siena im Vergleich zu gelbem Ocker wird von manchen Autoren dem Mangangehalt zugeschrieben, von anderen einem geringen organischen Anteil. Die Transparenz könnte davon herrühren, daß Eisen in der Silikat- oder Aluminatmatrix des Materials gebunden ist. In jedem Fall trägt die erheblich geringere Partikelgrösse der Siena-Erden (um 5 nm) entscheidend zur Transparenz bei. ►Abbildung 3.12 zeigt das Spektrum einer Siena-Erde, die einem gelben Ocker nahe steht.

Die Farbe der gebrannten Siena ändert sich analog zum gelben Ocker in rotbraune Töne, da auch hier eine mehr oder weniger vollständige Umwandlung des Goethits in Hämatit erfolgt. Auch „Siena gebrannt“ ist ein gutes Lasurpigment.

Roter Ocker, Sinope (PR102, CI 77491, natürlich); Eisenoxidrot, Englischrot, Marsrot (PR101, CI 77491, synthetisch) enthält bis 90 % des roten Hämatit Fe_2O_3. Je nach Gehalt an Hämatit schwankt die rote Farbe des Ockers, die besten Sorten mit hohem Hämatitgehalt tragen nach ihren Lagerstätten in Spanien und Hormuz Namen wie „Spanischrot“ oder „Persischrot“. *Rötel* ist roter Ocker, durchmischt mit Tonen, der als Malerpigment kaum benutzt wird, wohl aber in roten Zeichenstiften (Rötelstifte).

Roter Ocker kann natürlich abgebaut oder durch Brennen von gelbem Ocker erhalten werden, wobei eine Umwandlung des Goethit in Hämatit stattfindet. Diese künstlichen roten Ocker gelangen als „Venezianischrot“ oder „Englischrot“ in den Handel.

In ►Abbildung 3.11 ist deutlich zu erkennen, daß das synthetische Eisenoxid PR101 reiner als der natürliche Rotocker PR102 ist (mehr Eisen(III)oxid oder Hämatit enthält), was sich in einer steileren Absoptionskante und einer reineren Farbe ausdrückt.

Umbra (PBr8) mit dem wichtigsten Fundort auf Zypern ist Ton, der neben 45–70 % Eisenoxid (Goethit) auch 5–20 % MnO_2 enthält, weswegen der Farbton von „Umbra natur“ ein gelbliches Braun ist (►Abbildung 3.12). Die beiden Bestandteile bilden kein Mischoxid, sondern liegen in separaten Kristallphasen nebeneinander vor, wie experimentell bestätigt werden konnte. „Umbra gebrannt“ ist dunkelbraun mit rotem Unterton, was von der Kalzinierung von Goethit zu Hämatit verursacht wird.

Marsbraun (PBr6, CI 77499) ist synthetisches braunes Eisenoxid. Der größte Teil an Eisenoxidbraun ist allerdings, obwohl theoretisch möglich, kein spezielles Eisenoxid, sondern eine Mischung gelber, roter und schwarzer Eisenoxide $FeOOH/Fe_2O_3/Fe_3O_4$ [186, Stichwort „Pigmente“]. Das chemisch reine Marsbraun ist ein gefällter Maghemit oder ein mit Mangan geglühter Goethit.

Caput Mortuum ist ein braunes bis braunviolettes Pigment und besteht aus gebranntem Eisensulfat oder stark erhitztem roten Ocker. Chemisch ist es Hämatit, dessen rote Farbe durch Versinterung und Vergröberung der Teilchen in der Hitze ins Blauviolett-Rote verändert ist, ►Abschnitt 1.6.4 auf S. 50 und ►Abbildung 3.11. ►Abbildung 3.13 zeigt die Reflexionskurven einer Reihe von Eisenoxidrot-Pigmenten, die mit steigender Teilchengröße Farben von Warmrot über Kaltrot bis zu Violettrot von Caput Mortuum aufweisen.

Zur Herstellung wurde früher der Destillationsrückstand (Eisenoxid) verwendet, der bei der Gewinnung von SO_3 und Schwefelsäure (Vitriolöl) aus Eisensulfat (Vitriol) anfiel:

$$2\,FeSO_4 \xrightarrow{\Delta} Fe_2O_3 + SO_2\uparrow + SO_3\uparrow$$

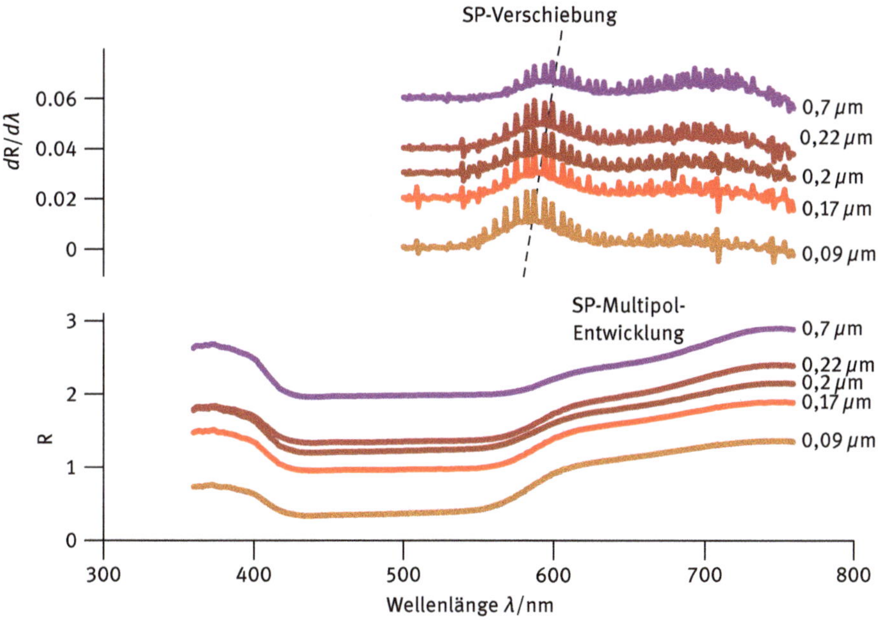

Abb. 3.13: Unten: Reflexionsspektrum von Aquarellfarben auf Basis PR101 (α-Fe_2O_3) mit verschiedener Partikelgröße d, normiert auf eine beliebige Einheit und auf der y-Achse verschoben, um die Einzelkurven hervorzuheben: Eisenoxidrot 110 M hell (Kremer Nr. 48100, d = 0,09 µm), Eisenoxidrot 130 M mittel (Kremer Nr. 48200, d = 0,17 µm), Eisenoxidrot 222 dunkel (Kremer Nr. 48250, d = 0,2 µm), Eisenoxidrot 130 B mittel (Kremer Nr. 48150, d = 0,22 µm) und Caput Mortuum 180 M (Kremer Nr. 48220, d = 0,7 µm). Kleine Partikel zeigen einen orangeroten Farbton. Deutlich zu sehen ist, wie sich im roten Spektralbereich mit steigender Teilchengröße höhere Multipol-Resonanzen von Oberflächenplasmonen (SP) entwickeln und den Farbton über Warmrot zu Kaltrot bis hin zu Violettrot ändern.
Oben: die Ableitung der Reflektivität nach der Wellenlänge $dR/d\lambda$zeigt die Absorption im roten Spektralbereich deutlicher (breites Minimum um 640 nm herum). Ebenso ist die Verschiebung der SP-Absorption zu höheren Wellenlängen deutlich zu sehen (Verschiebung des Peaks im Bereich 580–600 nm), der eine zunehmende Löschung roter Anteile und damit den steigenden kühl-bläulichen Farbeindruck bewirkt.

Auch bei der frühen Kupfergewinnung aus sulfidischen Kupfererzen mit Eisen (Schrott) durch die Redoxreaktion

$$Cu^{2\oplus} + Fe \longrightarrow Cu + Fe^{2\oplus}$$

fielen neben „Zementkupfer“ große Mengen Eisensulfat an. In Falun in Schweden, Europas bekanntester Kupferlagerstätte, war das Produkt meist durch Schwermetalle verunreinigt, sodaß es als „Falun Rot“ oder „Schwedenrot“ wirksam gegen Pilzbefall war und hohe Haltbarkeit besaß. Auch heute gibt es dort noch die Abfallberge des Caput Mortuum.

Magnetit, Eisenoxidschwarz, Mars-Schwarz (PBk11, CI 77499) ist schwarzes gemischtvalentes Eisen(II,III)oxid Fe_3O_4 mit Spinellstruktur. Es wird als Künstlerpigment nicht verwendet, da es nur geringe Färbekraft besitzt, ist jedoch häufig Bestandteil von schwarzen Keramikbemalungen und hat daher vor allem im Altertum große Bedeutung gehabt.

Die tiefe Farbe des Magnetit entsteht durch einen Intervalenz-CT-Übergang zwischen den Oxidationsstufen Fe^{II} und Fe^{III} des Eisens (IVCT, ►Abschnitt 2.4.2). Im Kristallgitter des Magnetits liegen neben jedem Fe^{II} dicht benachbarte Fe^{III}, und neben jedem Fe^{III} weitere dicht benachbarte Fe^{II}. Elektronen, die soeben den Übergang zum benachbarten Fe^{III} vollzogen haben, können so sofort weiter zum nächsten Fe^{III} wechseln und dabei weiteres Licht absorbieren, sodaß eine fast vollständige Absorption von Licht und eine tiefe, gleichmäßig schwarze Farbe resultiert. ►Abbildung 3.11 zeigt diese über den ganzen Frequenzbereich gleichmäßig hohe Absorption.

Grüne Erde, Terre Verte (PG23, CI 77009) ist ein Verwitterungsprodukt von Eisensilikaten, das universell vorkommt und entsprechend seit der Antike von jedem Volk als Pigment verwendet und seit ca. 1780 namentlich erfaßt wird [47, Bd. 1]. Da es nur geringe Deck- und Färbekraft aufweist, wurde es nicht primär als Grünpigment eingesetzt. Mit einem Brechungsindex von etwa 1,62 ist es recht transparent und kann daher gut als Lasurfarbe oder Wasserfarbe verwendet werden.

Die Farbe der grünen Erde ist vom Fundort abhängig, da die Erde keine feste Zusammensetzung hat, sondern eher morphologisch definiert ist. Es kann als reines Material (Seladonit) oder als grünlicher Sand oder Erde (Glaukonit) auftreten, die ungefähre Zusammensetzung $(K, Na)(Al, Fe^{III}, Mg)_2(Si, Al)_4O_{10}(OH)_2$ ist die eines Schicht-Silikats mit Al, Fe und Mg in oktaedrischer Koordination. Durch partielle Reduktion von Fe^{III} enthält das Mineral immer auch mehr oder weniger viel Fe^{II}, womit ein IVCT-Übergang zwischen den beiden Oxidationsstufen des Eisens möglich wird, der für die grüne Farbe verantwortlich ist, ►Abschnitt 2.4.2 [584]. Dieser Übergang ist in ►Abbildung 3.12 im Gelbbereich deutlich zu erkennen.

Je nach dem Verhältnis Fe^{II}/Fe^{III} ändert sich die Intensität des Übergangs, bei hohen Fe^{II}-Gehalten ist der IVCT-Übergang deutlich zu sehen, wir erhalten blaue Grünerden. Bei einem niedrigen Fe^{II}-Gehalt ist der IVCT-Übergang nur schwach, die Grünerde ist aufgrund der Ligandenfeld-Übergänge im Fe^{III}, das gelb gefärbt ist, gelbstichig.

3.4.2.4 Synthetische Eisenoxide

Natürliche Eisenoxidpigmente treten heute zugunsten synthetischer Eisenoxide zurück, die bei ihrem Erscheinen nach 1800 *Mars-Pigmente* genannt wurden [47, Bd. 4], [11, 16]. Wie ihre natürlichen Vorbilder bestehen sie aus den Mineralen Goethit (gelbe Pigmente), Hämatit (rote Pigmente), Magnetit (schwarz) und Lepidocrocit (orange).

Der große Vorteil gegenüber natürlichen Verbindungen ist ihr sehr hoher Eisengehalt, da sie nicht wie die natürlichen Erden mit Ton- und Silikat-Mineralien vermengt sind. Der Eisengehalt synthetischer gelber Oxide beträgt typischerweise 96–97 Gew.-% α-FeOOH, der synthetischer roter Oxide 92–96 Gew.-% α-Fe_2O_3. Sie sind damit farbstärker als natürliche Eisenoxide und können mit reproduzierbaren Farbtönen hergestellt werden. Die Reproduzierbarkeit der Farbtöne ergibt sich aus der Möglichkeit, die Reaktionsbedingungen bei der Herstellung genau vorzugeben und immer einzuhalten, was bei der natürlichen Bildung von Eisenoxid-Lagerstätten kaum gegeben ist. Durch die gleichbleibende Partikelgröße ist die Variation im Farbton der synthetischen Oxide erheblich geringer als die natürlicher Erden, synthetische Pigmente sind daher i. A. viel reiner im Farbton als natürliche Oxide.

Über die Herstellungsbedingungen können die Eigenschaften der Eisenoxidpigmente – Farbton, Partikelgrösse bzw. Deckkraft oder Transparenz und Färbekraft – dem Anwendungszweck entsprechend gesteuert werden. Die Nachfrage nach synthetischen Eisenoxiden ist aufgrund der genannten Vorteile sehr hoch.

Die Ausgangsmaterialien sind vielfältig, von Eisenschrott bis zu Eisensulfatresten aus der Titanweißproduktion können viele Eisenverbindungen genutzt werden, aus denen in Festkörperreaktionen oder naßchemisch die verschiedenen Eisenoxide in Pigmentqualität gewonnen werden. Neben deckenden können auch transparente Typen produziert werden.

Gelbe Eisenoxide in Pigmentqualität besitzen nadelförmige Kristallgestalt, die 0,3–0,8 µm lang sind und einen Durchmesser von 0,05–0,2 µm haben. Typische Partikel roter Eisenoxide sind 0,1–1,0 µm groß und zeigen in diesem Bereich ein gelbliches bis violettstichiges Rot. Schwarze Eisenoxide sind kubisch mit einem Durchmesser von 0,1–0,6 µm. Eisenoxidbraun ist gewöhnlich eine Mischung aus gelben, roten und schwarzen Eisenoxiden. Ein weniger nachgefragtes, eigenständiges braunes Eisenpigment ist γ-Fe_2O_3 (Maghemit) oder $(Fe, Mn)_2O_3$.

Die Industrie kennt mehrere hauptsächliche Synthesewege, um kontrolliert Eisenoxidpigmente definierter Partikelgröße, -größenverteilung, -form und Zusammensetzung zu erhalten:
- Festkörperreaktionen mit festen Addukten,
- Fällungsreaktionen mit wäßrigen Lösungen von Fe^{II}-Salzen mit dem sehr wichtigen Penniman-Prozess sowie den
- Laux-Prozess.

Die Ausgangsprodukte sind in der Regel Nebenprodukte anderer Industriezweige, wie der Stahl- und Metallindustrie.

Festkörperreaktionen Zur Darstellung von Eisenoxidpigmenten stehen eine Reihe von Festkörperreaktionen zur Verfügung, die in ►Abbildung 3.14 dargestellt sind:
1. Rote Eisenoxidpigmente können durch thermische Zersetzung von Eisenverbindungen erzeugt werden, besonders von Eisen(II)sulfat $FeSO_4$ und Goethit α-FeOOH. Auch die Oxidation von Fe_3O_4 liefert rote Pigmente. Die Pigmente werden nach der Synthese zur gewünschten Partikelgröße gemahlen. Das Problem

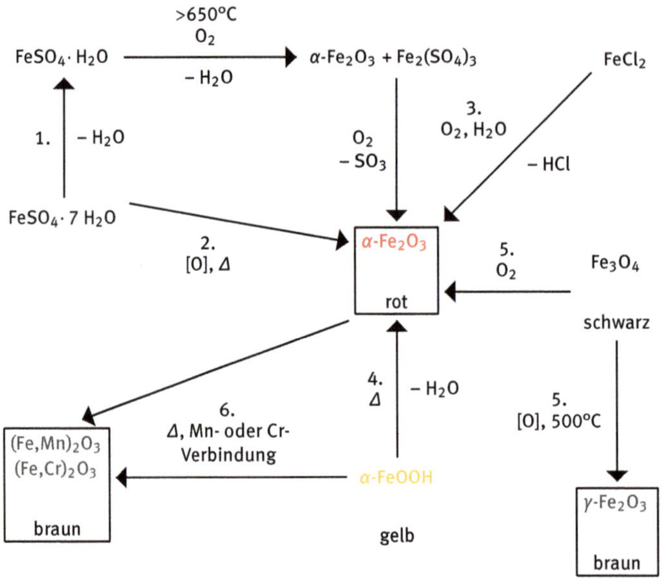

Abb. 3.14: Darstellung deckender synthetischer Eisenoxide durch Festkörperreaktionen [16]. Die Nummern 1.–6. beziehen sich auf die Aufzählung im Text.

bei dieser Darstellungsmethode ist die Verschmutzung des Abwassers mit Eisen(II)sulfat. Entstandenes SO_3 kann zu Schwefelsäure umgesetzt werden.

2. Die direkte Zersetzung von Eisen(II)sulfat führt zu farbschwachen blaustichigen Pigmenten minderer Qualität. Das als Nebenprodukt in großer Menge aus anderen Industriezweigen verfügbare Eisen(III)chlorid liefert bei einer gleichartigen Zersetzung Fe_2O_3, das keine Pigmentqualität besitzt.
3. Eisen(II)chlorid $FeCl_2$ kann in einem Sprüh-Trocknungs-Kalzinierungs-Verfahren zum roten Pigment umgesetzt werden.
4. Die Kalzinierung von α-FeOOH liefert gute reinfarbige farbstarke Rotpigmente.
5. Fe_3O_4 aus dem Laux-Prozess oder anderen Prozessen kann oxidativ zu Pigmenten mit einer breiten Farbpalette oxidiert werden. Die Farbe hängt vom Ausgangsmaterial und den Reaktionsbedingungen ab. Die Darstellung der braunen γ-Phase erfordert sorgfältige Kontrolle der Reaktionsbedingungen.
6. Festkörperreaktionen von Eisenoxiden und -oxidhydroxiden mit geringen Mengen einer Mn- oder Cr-Verbindung liefern braune Mischoxide vom Hämatittyp.

Fällungsreaktionen Gelbe α-FeOOH-Pigmente, rote α-Fe_2O_3-Pigmente und schwarze Fe_3O_4-Pigmente können durch Fällungsreaktionen aus Eisensulfat $FeSO_4 \cdot 7\ H_2O$ mit Alkalihydroxiden und Luft als Oxidationsmittel erhalten werden. Da die eingesetzten Reagenzien praktisch immer gleich sind, entscheiden Reaktionsbedingungen wie Temperatur, pH-Wert und deren zeitlicher Verlauf über das erhaltene Oxid, den er-

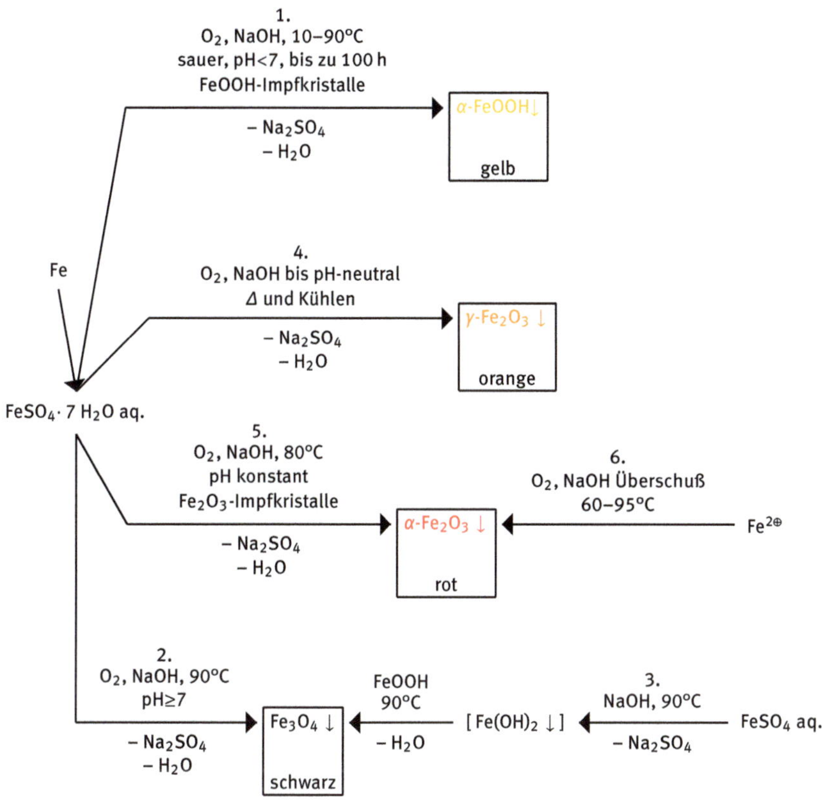

Abb. 3.15: Darstellung deckender synthetischer Eisenoxide durch Fällungsreaktionen aus wäßrigen Lösungen von Fe^{II}-Salzen [16]. Die Nummern 1.–6. beziehen sich auf die Aufzählung im Text.

zielten Farbton, die Farbreinheit und die Pigmentqualität. Die benötigte Fe^{II}-Lösung kann aus Eisenresten anderer Industrien gewonnen werden. In diesem Fall muß die Anwesenheit anderer Metall-Kationen vermieden werden, um reine Farben zu erhalten. ►Abbildung 3.15 enthält eine Reihe von Fällungsreaktionen zur Herstellung von Eisenoxidpigmenten:

1. Gelbe gleichmäßige Eisenoxidpigmente hoher Farbreinheit werden erhalten, wenn auf getrenntem Wege Impfkristalle aus α-FeOOH erzeugt werden, die ein gleichmäßiges und kontrolliertes Kristallwachstum der eigentlichen Pigmentpartikel auslösen.
2. Schwarzes Eisenoxid in der Magnetit-Struktur und hoher Farbstärke entsteht durch Fällung im alkalischen Milieu und Abbruch der Reaktion bei der berechneten Stöchiometrie. Noch bessere Qualitäten werden bei 150 °C unter Druck erhalten.
3. Das schnelle Aufheizen einer Suspension von FeOOH mit $FeSO_4$ und NaOH liefert ebenfalls qualitativ hochwertige schwarze Pigmente, wobei als Zwischenstufe Eisen(II)hydroxid entsteht.

4. Orangefarbene Pigmente in Lepidokrokit-Struktur werden aus verdünnten Lösungen von Eisen(II)sulfat gefällt, indem Alkalihydroxide bis zum neutralen pH-Wert zugegeben werden. Die Mischung wird kurz aufgeheizt, rasch gekühlt und mit Luft oxidiert.
5. Rein rote Pigmente werden bei konstantem pH-Wert mit Hilfe von Impfkristallen aus α-Fe_2O_3 erhalten.
6. Rote Pigmente können auch aus wäßrigen Fe^{II}-Lösungen mit Überschuß an NaOH und Oxidation mit Luft erhalten werden.

Der *Penniman-Prozess* wird am häufigsten zur Produktion gelber, roter und schwarzer Eisenoxidpigmente angewandt. Ausgangsmaterialien sind Eisen(II)sulfat, Natriumhydroxid und Eisenschrott. Fremdmetalle müssen entfernt werden, um den Farbton der Pigmente nicht zu verändern. Der Ablauf umfaßt zwei Schritte:

1. Zunächst werden α-FeOOH-Impfkristalle aus Eisen(II)sulfat und Natriumhydroxid unter Luftzutritt hergestellt. Die für diesen Schritt benötigten Rohstoffe sind die einzigen Reagenzien, die benötigt werden.
2. Die Suspension der Impfkristalle wird in einen Reaktionstank gepumpt, in dem Eisenschrott vorgelegt wurde. In diesem Schritt wachsen die Impfkristalle zu Pigmentpartikeln heran. Das benötigte FeOOH entsteht, indem Eisenschrott mit Schwefelsäure zum Eisen(II)sulfat und mit Luft weiter zum Oxidhydrat reagiert. Beim Oxidationsschritt wird Schwefelsäure wieder frei, die mit weiterem Eisenschrott zum Sulfat reagieren kann, sodaß ein Rohstoff-Kreislauf vorliegt.

   Das Ergebnis der Reaktion ist ein gelbes Eisenoxidpigment.
3. Rotes Eisen(III)oxid kann durch Kalzination von gelbem Eisenoxidhydroxid erhalten werden.
4. Die Behandlung von rotem Eisen(III)oxid mit einer reduzierenden wasserstoffhaltigen Atmosphäre liefert schwarzes Eisen(II,III)oxid.

►Abbildung 3.16 stellt die Schritte und Möglichkeiten des Penniman-Prozesses dar.

Laux-Prozess Der *Laux-Prozess* beruht auf der Oxidation von Eisen durch aromatische Nitroverbindungen. Diese seit über 150 Jahren bekannte Reaktion liefert Eisenoxidschlamm ohne jede Pigmentqualität. LAUX konnte die Reaktion jedoch durch Zugabe von Metallchloriden, Schwefelsäure und Phosphorsäure modifizieren und damit hochwertige Eisenoxide produzieren, die hervorragend als Pigment geeignet sind. Je nach Reaktionsbedingungen und Additiven werden gelbe, rote oder schwarze Pigmente erhalten. Kalzinierung der primären gelben und schwarzen Pigmente liefert hellrote bis violette Pigmente, die Mischung gelber, roter und schwarzer Pigmente ist braun. ►Abbildung 3.17 zeigt die Schritte des Laux-Prozesses.

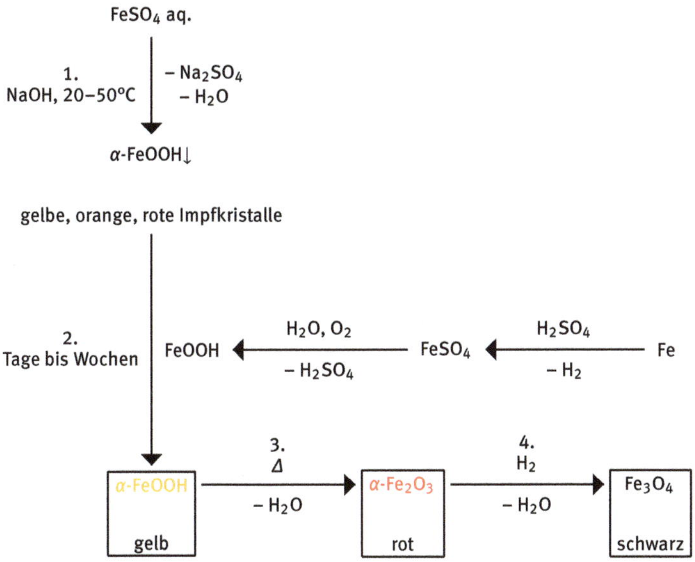

Abb. 3.16: Reaktionsschritte des Penniman-Prozesses zur Darstellung deckender synthetischer Eisenoxide [16]. Die Nummern 1.–4. beziehen sich auf die Aufzählung im Text.

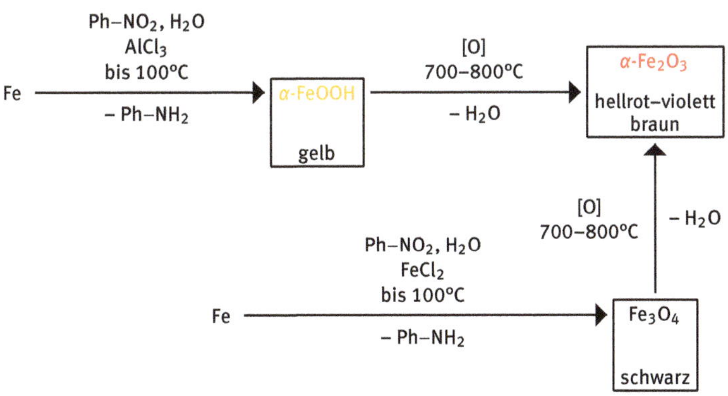

Abb. 3.17: Reaktionsschritte des Laux-Prozesses zur Darstellung deckender synthetischer Eisenoxide [16].

3.4.2.5 Transparente Eisenoxide

Transparente Eisenoxidpigmente sind stets synthetische Pigmente, da für Transparenz genau umrissene Partikelgrößen von 1–50 nm erreicht werden müssen [16]. Den Einfluß der Größe haben wir zu Beginn des Abschnitts über Eisenoxidpigmente bereits diskutiert, dort zeigt ►Abbildung 3.10 auch, woher der Wert für die obere Grenze der Partikelgröße kommt.

Bei der genannten Partikelgröße sind Eisenoxide transparent, zeigen reine gelbe und rote Farben und besitzen höhere Färbekraft als deckende Eisenoxide. Der Herstellungsprozess beeinflußt Größe und Gestalt der primären Partikel. Fällungsreaktionen liefern nadelförmige Kristalle von FeOOH und Fe_2O_3, die Zersetzung von Eisencarbonylen sphärische Partikel von Fe_2O_3. ►Abbildung 3.18 enthält die wesentlichen Darstellungsmethoden:

1. Transparentes gelbes Eisenoxid entsteht durch Fällung feinster Fe^{II}-Kristallite aus sehr verdünnten Lösungen eines Fe^{II}-Salzes und Luftoxidation. Die Qualität hängt von Konzentration, Temperatur, Oxidationszeit, pH-Wert und Reifezeit ab. Erhalten werden Nadeln, die 50–150 nm lang und 2–5 nm dick sind.
2. Transparentes rotes Eisenoxid entsteht aus gelbem durch Kalzinierung. Das Produkt wird zur gewünschten Partikelgröße gemahlen.
3. Transparentes rotes Eisenoxid kann auch direkt durch Fällung von Eisen(II)-hydroxid oder Eisen(II)carbonat aus Fe^{II}-Lösungen und Oxidation mit Luft erhalten werden, wobei Chloride zugesetzt werden.
4. Sehr reines halbtransparentes rotes Eisenoxid wird durch thermische Zersetzung von Eisenpentacarbonyl erhalten. Die Farbe variiert von orange bis rot, die Partikel besitzen eine Größe von 10–20 nm.

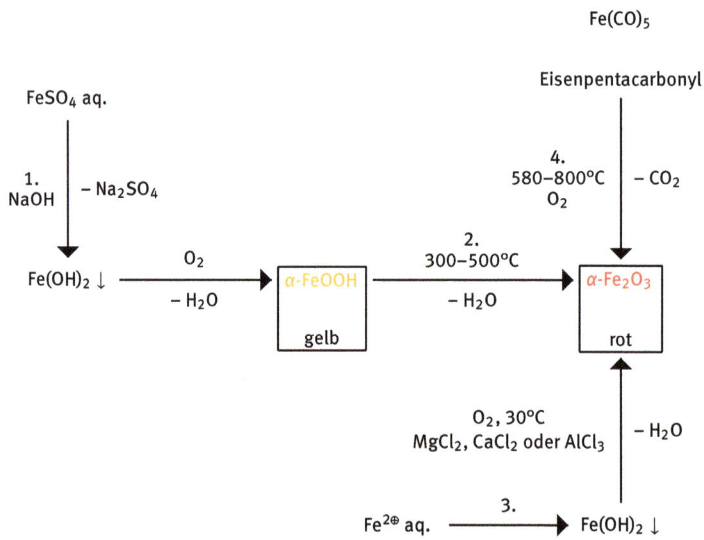

Abb. 3.18: Darstellung transparenter synthetischer Eisenoxide aus wäßrigen Lösungen von Fe^{II}-Salzen oder durch Zersetzung von Eisenpentacarbonyl [16]. Die Nummern 1.–4. beziehen sich auf die Aufzählung im Text.

3.4.3 CICP, Komplexe Oxide, Mischoxide

Die Entdeckung, daß farblose Mineralien durch Einbau von Metall-Kationen Farbe gewinnen, führte zur Entwicklung künstlicher farbiger oxidischer Mineralien. Bei diesen *komplexen Oxidpigmenten* (complex inorganic color pigment, CICP) handelt es sich um kristalline Mischoxide, die die Strukturen natürlicher Minerale haben und in denen Konstituenten A durch fremde, farbgebende Metalle A′ ersetzt sind [11, 14, 16], [187, S. 330ff], [422], [188, Stichwort „Colorants for Ceramics"], [39, 590, 948]. Es handelt sich um feste Lösungen von Metalloxiden, die homogen im Wirtsgitter verteilt sind und mit diesem neue chemische Verbindungen bilden, also keine bloße Mischung darstellen.

Welche Metall-Kationen in welchem Gitter eingebaut werden können, hängt vom Metall-Sauerstoff-Verhältnis und den Radien der Metall-Kationen ab. Beispielsweise können Metall-Kationen mit einem ähnlichen Radius wie Ti^{IV} bei einem Metall-Sauerstoff-Verhältnis von 2 oft eine Rutil-Struktur bilden, sich also auch in ein Rutil-Gitter einfügen. Spinelle besitzen ein Metall-Sauerstoff-Verhältnis von 1,33, Hämatit und Korund ein solches von 1,5.

Farbtechnisch bedeutsam sind die folgenden Typen:

- Spinell- und inverser Spinell $(A, A')_3O_4$, beruht auf Magnesium-aluminiumoxid,
- Rutil $(A, A')O_2$, beruht auf Titandioxid (Rutil),
- Hämatit, Kassiterit und Korund $(A, A')_2O_3$, beruhen auf Eisen-, Zinn- und Aluminiumoxid,
- und in geringem Ausmaß Mischoxide, die auf Mineralen wie Priderit, Sphen und andere beruhen.

Rutil-basierte Farbkörper sind als hoch temperaturstabile keramische Farbmittel seit 1934 bekannt. Einige Spinelle bereichern unsere Malerpalette schon erheblich länger, wie Thenards Blau (Kobaltaluminat, das Kobaltblau der Impressionisten), Coelinblau (ein Kobaltstannat der Realisten) und Bleizinngelb (ein Bleistannat der alten Meister). Jedoch wurden erst im letzten Jahrhundert künstliche Minerale als Farbkörper einer genaueren Untersuchung unterzogen, da sie große Vorteile bieten:

- Sie überdecken einen weiten Farbbereich, der Blau, Grün, Gelb, Braun und Schwarz umfaßt. Nur Rottöne sind selten.
- Durch die Wahl der Metalle und die Möglichkeit, das gewählte Metall auch noch teilweise durch ein weiteres auszutauschen, ergeben sich zahlreiche Möglichkeiten der Zusammensetzung mit fein abstimmbaren Farben.
- Sie weisen hohe Deckkraft, Hitzestabilität bis zu einigen hundert Grad Celsius, Licht- und Wetterechtheit und hohe Beständigkeit gegenüber Chemikalien auf.
- Sie sind ungiftig.

Viele Vertreter der Mischoxide sind daher prädestiniert für Aussenanstriche und Einfärbungen im Kunststoff-Bereich.

Als Nachteil ist zu nennen, daß Größe und Form der Mischoxidpartikel entscheidend für die Eignung als Pigment und für seine Qualität ist. Besonders problematisch ist eine reproduzierbare Farbwiedergabe, da die Farbe stark von der Zusammensetzung und den Herstellungsbedingungen abhängig ist. Zu diesen zählt z. B. auch Dauer, Art und Intensität der Vermahlung.

Träger der Farbe von CICP sind Elemente des *d*-Blocks wie V, Cr, Mn Fe, Co, Ni und Cu, in ►Abbildung 3.19 blau unterlegt. Ihre Farbigkeit beruht somit auf LF-Übergängen im Ligandenfeld, ►Abschnitt 2.3. Da diese Übergänge häufig verboten sind (►Abschnitt 2.3.1), sind die resultierenden Pigmente eher farbschwach. Verbesserungen bei der Verarbeitung haben zu farblichen Verbesserungen geführt. In einigen Fällen zeigt der oxidische Festkörper Halbleiter-Eigenschaften, wir beobachten dann auch Farbigkeit durch den HL-Mechanismus. Dies ist besonders bei den Mischoxiden der Fall, die keine *d*-Block-Elemente enthalten, z. B. Bleistannat.

Da die farbtragenden Metall-Ionen nicht notwendig in dieselben Oxidationsstufe vorliegen wie die Gitterkonstituenten, die sie ersetzen, können Ladungsdifferenzen entstehen. Zum Ladungsausgleich und zur Stabilisierung der Kristallstruktur werden daher die in ►Abbildung 3.19 weiß unterlegten Metalle zugesetzt. Der Ladungsausgleich erfolgt rechnerisch nach folgendem Schema: soll z. B. ein Rutil-Farbmittel $Ti^{IV}O_2$ mit dem zweiwertigen Metall-Kation A^{II} aufgebaut werden, erhält man die durchschnittliche Oxidationszahl +IV durch den Ausgleich mit zwei fünfwertigen Metall-Kationen B_2^V, da $(2 + 2 \times 5) = 4 \times 3$, das heisst 1 mol A-Oxid $A^{II}O$ und 2 mol B-Oxid $B_2^VO_5$ sind zu 3 mol Rutil äquivalent und bilden in diesen Mengenverhältnissen ein elektrisch neutrales Gitter:

$$Ti^{IV}O_2 \longrightarrow A^{II}O \cdot B_2^VO_5 \cdot Ti^{IV}O_2$$

Die Struktur, die Mischoxide annehmen, richtet sich im wesentlichen nach der Grösse der Metall-Kationen und ihrer Konzentration gegenüber Sauerstoff. Die genannten Strukturtypen (Spinell, Rutil, Hämatit, Korund) weisen jeweils ein typisches Sauer-

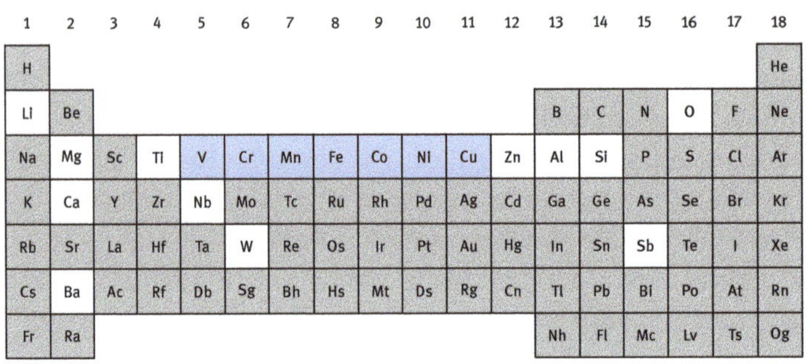

Abb. 3.19: Lokalisierung der für Mischoxide verwendeten Elemente im PSE. Hellblau unterlegt sind farbaktive Elemente, während weiß unterlegte Elemente zur Farbmodifikation und zum Ladungsausgleich dienen [14].

stoff/Metall-Verhältnis auf. Je nach der Zusammensetzung der Pigmentmasse kann sich so eine dieser Strukturen besonders einfach herausbilden.

3.4.3.1 Herstellung

Oxidische Pigmente werden über eine Festkörperreaktion hergestellt. Als Ausgangsstoffe dienen meist Metalloxide oder -salze. Sie werden im richtigen Mengenverhältnis gemischt und bei hohen Temperaturen (mehrere hundert Grad Celsius) zur Reaktion gebracht, wie einige Beispiele zeigen sollen:

$$CoO + Al_2O_3 \longrightarrow CoAl_2O_4$$

$$2\,CoO + TiO_2 \longrightarrow Co_2TiO_4$$

$$0{,}9\,TiO_2 + 0{,}025\,Cr_2O_3 + 0{,}025\,Sb_2O_5 \longrightarrow (Ti_{0,9},Cr_{0,05},Sb_{0,05})O_2$$

Metallsalze zersetzen sich bei der Reaktion zu Oxiden. Ab einer bestimmten Temperatur diffundieren Metall-Kationen in das Wirtsgitter des Hauptminerals, das der vorgegebenen Zusammensetzung entspricht. Dieses schmilzt teilweise auf, es bilden sich komplizierte und ständig wechselnde Mineralphasen, bis ein Gleichgewicht der Phasen erreicht ist, das für die Zusammensetzung und Produktionsbedingungen charakteristisch ist.

Der Vorgang ist im Detail sehr kompliziert und erfordert in der Praxis hohe Kontrolle, da bereits geringe Abweichungen reproduzierbare Ergebnisse, d. h. Eigenschaften wie gewünschter Farbton oder Brillanz, unmöglich machen.

3.4.3.2 Der Spinelltyp

Die Spinellstruktur AB_2O_4 ist sehr stabil, wenn A ein Hauptgruppenmetall und B ein Nebengruppenmetall aus der Titan- bis Zink-Gruppe ist [209, pp. 247], [16, 210]. Die Metalle sind gewöhnlich zwei- und dreiwertig. ►Tabelle 3.1 zeigt die für Pigmente relevanten Spinelle, eine Übersicht über alle Kombinationsmöglichkeiten gibt [422].

Tab. 3.1: Die für die Pigmenttechnik wichtigsten Spinelltypen [14, 209, 221, 590].

Typ	A	B	Beispiel
normal (A tetraedrisch, B oktaedrisch koordiniert)			
$A^{II}B_2^{III}O_4$	Mg, Cr, Mn, Fe, Co, Ni, Cu, Zn, Cd, Sn	Al, Ga, In, V, Ti, Cr, Mn, Fe, Co, Ni	$CoAl_2O_4$ (blau), $CoCr_2O_4$ (blaugrün)
invers (A oktaedrisch, B tetraedrisch und oktaedrisch koordiniert)			
$B^{III}[A^{II}B^{III}]O_4$	Fe, Co, Ni, Cu, Mg	Fe, In, Cr, Al	$FeFe_2O_4$ (schwarz), $ZnFe_2O_4$ braun
$B^{II}[A^{IV}B^{II}]O_4$	Ti, Sn, V	Mg, Mn, Co, Zn, Ni, Fe	$(Co, Ni, Zn)_2TiO_4$ (blaugrün)

A und B können normale Spinelle AB_2O_4 bilden, in denen A tetraedrisch von Sauerstoff umgeben ist und B oktaedrisch. Bei der Anordnung $B[AB]O_4$ sprechen wir von einem inversen Spinell, in dem A oktaedrisch und B sowohl tetraedrisch als auch oktaedrisch koordiniert ist. Sauerstoff nimmt in allen Spinellen die kubisch dichteste Kugelpackung an.

Spinelle bilden eine maltechnisch bedeutsame Gruppe, wenn A und/oder B farbgebende oder farbmodifizierende Metall-Kationen sind. Je nachdem, ob A oder B durch farbgebende Kationen ersetzt wird, tritt oktaedrische oder tetraedrische Ligandenfeldaufspaltung der Metallorbitale auf. Gehen wir z. B. vom Grundspinell $MgAl_2O_4$ aus, gibt es folgende für Pigmente relevante Möglichkeiten(► Abbildung 3.20):

– Wird Mg (A) im farblosen Grundspinell ganz oder teilweise durch ein anderes Metall ersetzt, erhält man die Reihe der *Aluminate* mit Spinellstruktur und tetraedrischer Koordination des Farbträgers. Ist A Kobalt, erhalten wir blaue bis blaugrüne *Kobaltblaupigmente*. Sie enthalten bis zu 25 Gew.-% Kobalt und bis zu 27 Gew.-% Chrom.

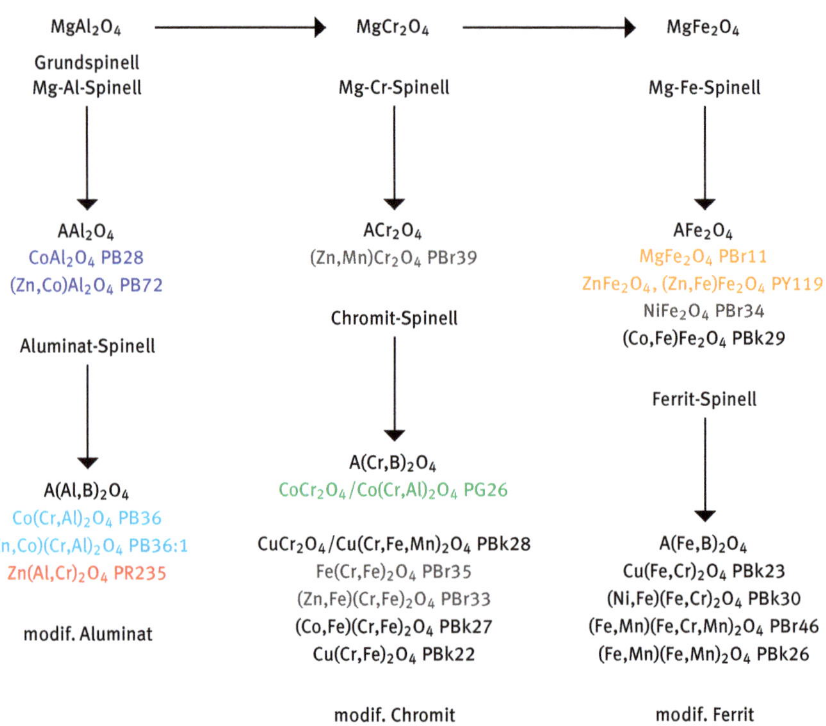

Abb. 3.20: Die Reihe der sich aus dem Grundspinell ergebenden Aluminat-, Chromit- und Ferrit-Spinelle. Durch fließende Übergangszusammensetzungen sind Aluminate, Chromite und Ferrite oftmals nicht klar voneinander zu trennen.

- Wird Al (B) des Grundspinells vollständig durch ein farbgebendes Metall wie Chrom oder Eisen ersetzt, erhält man die Reihe der *Chromite* und *Ferrite*, in denen eine oktaedrische Koordination des Farbträgers vorliegt. In diesen kann zusätzlich Mg (A) durch ein (gleiches oder anderes) Metall ausgetauscht werden, wodurch die Farbe der Chromite und Ferrite variiert werden kann. Sie bewegt sich für Ferrite und Eisen-Chrom-Spinelle $(A, Fe)(Cr, Fe)_2O_4$ meist im Bereich Hellbraun bis Dunkelschwarzbraun. Hierbei ist das Strukturelement $A(B, Fe)_2O_4{=}AO \cdot B_2O_3 \cdot Fe_2O_3$ zu finden, das durch CT- und EPT-Übergänge in Fe_2O_3 rot ist. Strukturen $(A, Fe)(Fe, B)_2O_4$ sind durch die gleichzeitige Anwesenheit von Fe^{II} (A-Element) und Fe^{III} (B-Element) und die Möglichkeit eines IVCT zwischen ihnen dunkel bis schwarz, Extremfall ist der schwarze Magnetit $FeFe_2O_4$.
  Die leuchtend blaugrünen Kobaltchromite vereinen die typische blaue Farbe des tetraedrisch koordinierten Kobalts (A-Element) und die grüne Farbe von oktaedrisch koordiniertem Chrom (B-Element).

Titanate leiten sich vom inversen Spinell Mg_2TiO_4 ab, in dem Co zusammen mit Zn und Ni eingeführt wird, um *Kobaltgrünpigmente* $(Co, Ni, Zn)_2TiO_4$ wie PG50 zu erhalten. Sie zeigen einen ähnlichen Farbumfang wie Chromoxidgrün, weisen aber durch die intensive Kobalt-Absorption im gelbroten Bereich leuchtendere und reinere Farben auf [401]. Eisen-titanate zeigen gelbbraune bis dunkel-rotbraune Töne, sie kristallisieren ebenfalls als inverser Spinell.

Jeder Metallersatz kann vollständig oder teilweise erfolgen, wodurch die oben genannten reinen Strukturen und ihre Farbe variiert werden können. ►Tabelle 3.2 zeigt eine kleine Teilmenge der heute verwertbaren Spinelle, die vor allem den grünen, blauen, braunen und schwarzen Farbbereich abdecken. ►Abbildung 3.21 zeigt typische Reflexionsspektren für blaue bis grüne kobalt- chrom- und nickelhaltige Spinellpimgmente, ►Abbildung 3.22 solche für gelbe bis braune eisenhaltige Spinellpigmente.

Kobaltblau, Thenards Blau (PB28, CI 77346) Der tiefblaue Spinell $CoAl_2O_4$ aus Kobaltoxid und Aluminiumoxid, Kobaltblau, ist eines der frühesten und das wichtigste Beispiele für Mischoxidpigmente [47, Bd. 4], [16, 420]. Um 1800 wurde von Thénard ein Verfahren entwickelt, das es erlaubt, das Pigment fabrikmässig herzustellen. Wir finden es bereits in altägyptischen Glasuren, als Pigment scheint es jedoch erst im 19. Jhd. verwendet worden zu sein und revolutionierte die Möglichkeiten der Landschaftsmalerei durch seinen einzigartigen Blauton, der besonders für die Himmelsdarstellung geeignet ist. Es ist bis heute ein hervorragendes Blaupigment, aufgrund seines hohen Preises konnten es jedoch zunächst nur vermögendere Maler einsetzen, z. B. der Schule von Barbizon oder der Impressionisten [537, 538]. Auch heute noch ist reines

Tab. 3.2: Farbe von (synthetischen) Spinellpigmenten [11, 14], [188, Stichwort „Colorants for Ceramics"], [39, 590]. Es sind fließende Übergänge zwischen Aluminaten, Chromiten und Ferriten üblich, die eine einfache Einordnung erschweren.

Spinelltyp	Name	Färbung
$A^{II}Al_2^{III}O_4$, **Aluminat**		
$Zn(Al, Cr)_2O_4$	Zinkaluminiumrosa, Aluminiumchromrot, Chromaluminiumrosa, PR235	Rosa
$(Co, Zn)Al_2O_4$	Kobaltzinkaluminatblau, PB72	Blau
$CoAl_2O_4$	Thenards Blau, Kobaltblau, Kobaltaluminiumblau, PB28	Blau rötlich
$CoAl_2O_4 \cdot Co_2SnO_4$	Kobaltzinnaluminiumblau, PB81	Blau
$A^{II}Cr_2^{III}O_4$, **Chromit**		
$(Zn, Co)(Cr, Al)_2O_4$	Zinkchromkobaltaluminiumblau, PB36:1	Blau grünlich
$Co(Cr, Al)_2O_4$	Kobaltchromblaugrün, Kobaltblau türkis, PB36	Blau grünlich
$CoCr_2O_4$, $Co(Cr, Al)_2O_4$	Kobaltchromitgrün, PG26	Grün
$CuCr_2O_4$, $Cu(Cr, Fe, Mn)_2O_4$	Kupferchromitschwarz, PBk28	Schwarz
$(Zn, Mn)Cr_2O_4$	Chrommanganzinkbraun, Manganzinkchromitbraun, PBr39	Braun
$Fe(Cr, Fe)_2O_4$	Eisenchromitbraun, PBr35	Braun
$(Zn, Fe)(Cr, Fe)_2O_4$	Zinkeisenchromit, Zinkeisenchrombraun, PBr33	Braun
$(Co, Fe)(Cr, Fe)_2O_4$	Eisenkobaltchromitschwarz, PBk27	Schwarz
$Cu(Cr, Fe)_2O_4$	Kupferchromitschwarz, PBk22	Schwarz
$A^{II}Fe_2^{III}O_4$, **Ferrit**		
$(Co, Fe)Fe_2O_4$	Kobaltferritschwarz, Eisenkobaltschwarz, PBk29	Schwarz
$NiFe_2O_4$	Nickelferritbraun, PBr34	Braun
$ZnFe_2O_4$, $(Zn, Fe)Fe_2O_4$	Zinkferritbraun, Zinkeisenbraun, PY119	Rehbraun
$(Fe, Mn)(Fe, Mn)_2O_4$	Manganferritschwarz (Spinell), PBk26	Schwarz
$(Fe, Mn)(Fe, Cr, Mn)_2O_4$	Chromeisenmanganbraun, PBr46	Schwarz
$(Ni, Fe)(Fe, Cr)_2O_4$	Chromeisennickelschwarz, Chromnickelferritschwarz, PBk30	Schwarz
$MgFe_2O_4$	PBr11	Rotbraun
$Cu(Fe, Cr)_2O_4$	Spinellschwarz, PBk23	Schwarz
$A_2^{II}Ti^{IV}O_4$, **Titanat**		
Co_2TiO_4, $(Co, Ni, Zn)_2TiO_4$	Kobalttitangrün, Kobaltgrün, Kobalttürkis, PG50	Grün
Fe_2TiO_4	Eisentitanbraun, PBk12	Gelbbraun

Kobaltblau ein teures Pigment, steht aber mit seiner hohen Farbsättigung einzigartig da und ist kaum mit synthetischem Ultramarin zu vergleichen. Das grobkörnige Pigment ist geeignet für Öl-, Acryl- und Aquarellmalerei, mit einem Brechungsindex von 1,7 aber nicht sehr deckend. Aufgrund seiner oxidischen Zusammensetzung ist es sehr beständig gegenüber Licht und Umwelteinflüssen.

Eine transparente Variante besteht aus hexagonalen Flocken von 20–100 nm Durchmesser und 5 nm Dicke [16]. Sie wird hergestellt, indem Kobalt- und Alumi-

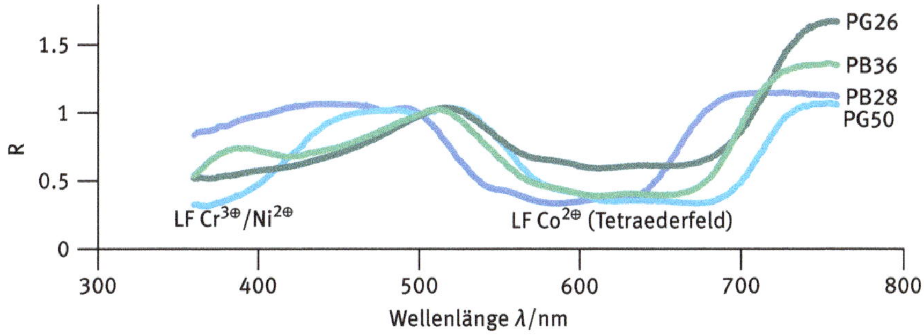

Abb. 3.21: Reflexionsspektrum von Aquarellfarben auf Spinellbasis (Aluminate, Titanate, Chromite mit Kobalt in Tetraederlücken), normiert auf eine beliebige Einheit: Kobaltblau hell (Schmincke Horadam Nr. 487, PB28, $CoAl_2O_4$), Kobalttürkis (Schmincke Horadam Nr. 509, PG50, $(Co, Ni, Zn)_2TiO_4$), Kobaltgrün (Schmincke Horadam Nr. 533, PG26, $Co(Cr, Al)_2O_4$) und Kobaltgrün türkis (Schmincke Horadam Nr. 510, PB36, $Co(Cr, Al)_2O_4$). Kobalt-Mischoxidpigmente zeigen den intensive Ligandenfeldübergang des tetraedrisch koordinierten Kobalt-Kations im gelben bis roten Spektralbereich, der zur blauen Farbe führt. Die chromhaltigen Pigmente PG26 und PB36 zeigen zusätzlich einen Ligandenfeldübergang im blauen Bereich, der die blaue zur grünen Farbe modifiziert.

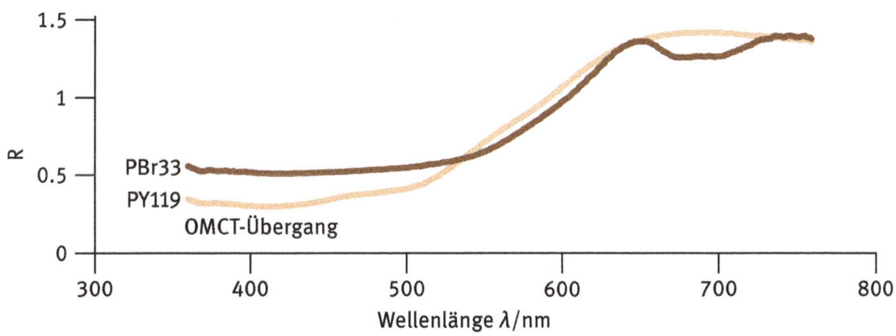

Abb. 3.22: Reflexionsspektrum von Aquarellfarben auf Spinellbasis (Ferrite), normiert auf eine beliebige Einheit: Spinellbraun (Schmincke Horadam Nr. 650, PY119, $(Zn, Fe)Fe_2O_4$) und Mahagonibraun (Schmincke Horadam Nr. 672, PBr33, $(Zn, Fe)(Cr, Fe)_2O_4$). Eisenhaltige Mischoxidpigmente zeigen den intensive OMCT-Übergang im blauen Spektralbereich, der zu gelben bis roten Farben führt (Eisenoxide, Ockererden).

niumhydroxid aus Lösungen ihrer Salze gefällt und in einer Festkörperreaktion bei hoher Temperatur geglüht werden:

$$Co^{2\oplus}\,aq. + Al^{3\oplus}\,aq. \longrightarrow Co(OH)_2\downarrow + Al(OH)_3\downarrow \xrightarrow[-\,H_2O]{1000\,^\circ C} CoAl_2O_4$$

Anschließend erfolgt die Vermahlung zur gewünschten Korngröße. Auch dieses Pigment zeigt gute chemische, Licht- und Wetterstabilität und übertrifft damit auch organische Blaupigmente. Allerdings besitzt es nur eine geringe Farbintensität.

Thenards Blau zeigt die typische blaue Farbe des tetraedrisch koordinierten Co^{II} durch intensive Elektronenübergänge im gelbroten Spektralbereich entsprechend der Tetraederaufspaltung Δ_t, ►Abschnitt 2.3.6. Spektroskopische Auswahlregeln sind im Tetraederfeld nicht wirksam, sodaß die Farbe intensiv ist, ►Abschnitt 2.3.1.

Das Tetraederfeld ist auch in Kobaltaluminat-Pigmenten $Co(Al, B)_2O_4$ wie PB36 für die intensiv blaue Farbe verantwortlich, wir sehen die Absorption im gelbroten Bereich deutlich in ►Abbildung 3.21.

Kobaltchromitgrün (PG26, CI 77344) Im Kobaltblau-Spinell können wir Aluminium in Oktaederlücken solange durch Chrom ersetzen $Co(Al, Cr)_2O_4$, bis die Grenzformel des reinen Kobaltchromit $CoCr_2O_4$ erreicht ist. Die Farbe des kobaltblauen Spinells ändert sich durch einen zusätzlichen Ligandenfeldübergang von Chrom im blauen Spektralbereich von Blau über Türkis nach Blaugrün, ►Abbildung 3.21.

Kobaltgrün, Kobalttitangrün (PG50, CI 77377) Führen wir Kobalt nicht in ein Aluminat, sondern ein Titanat ein, erhalten wir Kobaltgrün $(Co, Ni, Zn)_2TiO_4$. In diesem inversen Spinellgitter ist Kobalt an Oktaeder- und Tetraederpositionen eingebaut und führt über seinen Ligandenfeldübergang im gelbroten Bereich zu einer blauen Farbe. Diese wird durch weitere Ligandenfeldübergänge im blauen Bereich, diesmal von Nickel, zu Blaugrün modifiziert, ►Abbildung 3.21. Das resultierende Kobaltgrün ist wie Kobaltblau- und Kobalttürkispigmente für die Malerei im Blau- und Grünbereich von großer Bedeutung.

3.4.3.3 Der Rutiltyp

Analog zum Spinell kann auch Rutil als Grundlage eines Metallaustauschs dienen, [422, 424] zeigt hierzu zahlreiche Möglichkeiten. Rutil-Mischoxide besitzen eine Basis von 70–90 Gew.-% TiO_2 in Rutil-Struktur und ähneln diesem daher, z. B. zeigen sie Halbleitercharakter und einen intensiven OMCT-Übergang $O^{2\ominus} \rightarrow Ti^{IV}$. Im Rutil ist jedes Titan-Kation oktaedrich von Oxidionen umgeben, wir beobachten daher eine d-Orbital-Aufspaltung der Metallorbitale im oktaedrischen Ligandenfeld. Während Ti^{IV} mangels d-Elektronen nicht farbig ist, führt das Oktaederfeld beim Ersatz von Ti durch Nebengruppenmetalle wie Ni^{II}, Cr^{III}, Mn^{II}, Mn^{III}, zu farbigen Titanaten, die als DR-Pigmente oder „doped rutile“-Pigmente maltechnisch sehr bedeutend sind. Ladungsdifferenzen zu $Ti^{4\oplus}$ müssen wir durch farblose Metalle wie Sb^V, Nb^V oder W^{VI} ausgleichen. Heute existiert eine große Anzahl dieser Verbindungen (►Tabelle 3.3), die den Gelb–Braun-Bereich abdecken, ►Abbildung 3.23 zeigt typische Reflexionsspektren.

Der Farbeindruck der Rutil-Pigmente wird wesentlich von einem intensiven OMCT-Übergang im nahen UV bestimmt, da Elektronen von den Oxid-Liganden zum hochgeladenen Ti^{IV}-Kation verschoben werden können [587]. Dies erklärt, warum DR-Pigmente grundsätzlich weiß bzw. grau, gelb oder braun sind. Durch den inten-

Tab. 3.3: Farbe von (synthetischen) Rutil-Titanat-Pigmenten (doped-rutil- oder DR-Pigmente) [11, 14], [188, Stichwort „Colorants for Ceramics“], [39, 590].

Rutiltyp	Name	Färbung
TiO_2	Titanweiß, PW6	Weiß
$(Ti, Ni, Sb)O_2$	Nickeltitangelb, Nickelantimontitangelb, PY53	Gelb
$(Ti, Cr, Sb)O_2$	Chromtitangelb, Chromantimontitanbraun, PBr24	Orange
$(Ti, Mn, Sb)O_2$	Mangantitanbraun, Manganantimontitanbraun, PY164	Braun
$(Ti, V, Sb)O_2$	Titanvanadiumgrau, Titanvanadiumantimongrau, PBk24	Grau
$(Ti, Ni, W)O_2$	Nickelwolframtitangelb, PY189	Gelb
$(Ti, Sn, Zn)O_2$	Zinn-Zink-Rutil, PY216, PO82	Gelb–Orange
$(Ti, Cr, W)O_2$	Chromwolframtitanbraun, PY163	Braun
$(Ti, Mn, W)O_2$	Manganwolframtitanbraun, PBr45	Braun
$(Ti, Ni, Nb)O_2$	Nickelrutilgelb, Nickelniobtitangelb, PY161	Gelb
$(Ti, Cr, Nb)O_2$	Chromniobtitangelb, Chromniobtitanbraun, PY162	Braun
$(Ti, Mn, Nb)O_2$	Manganrutilbraun, Manganniobtitanbraun, PBr37	Braun
$(Ti, Mn, Cr, Sb)O_2$	Manganchromantimontitanbraun, PBr40	Braun

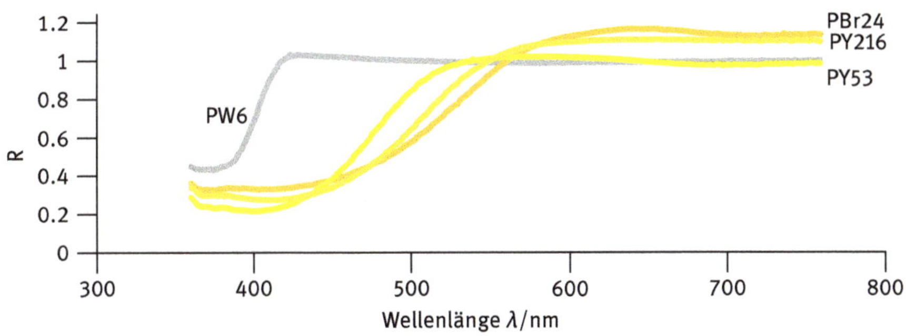

Abb. 3.23: Reflexionsspektrum von Aquarellfarben auf Rutilbasis, normiert auf eine beliebige Einheit: Titanweiß (Kremer Nr. 46200, PW6, TiO_2), Titangoldocker (Schmincke Horadam Nr. 659, PBr24, $(Ti, Cr, Sb)O_2$), Nickeltitangelb (Kremer Nr. 432008, PY53, $(Ti, Ni, Sb)O_2$) und Turners Gelb (Schmincke Horadam Nr. 219, PY216, $(Ti, Sn, Zn)O_2$). Deutlich ist anhand der scharfen Absorptionskante der reine Halbleitercharakter von TiO_2 zu sehen, der in den Titanaten als intensiver OMCT-Übergang im blauen Spektralbereich neben einem Ligandenfeldübergang auftritt.

siven Übergang entstehen steile Absorptionskanten und klare reine Farben, wie sie für Halbleiter- und CT-Übergänge typisch sind. Im Extremfall des reinen weißen TiO_2 (Titanweiß) ist dies der Halbleiterübergang $O(2p) \rightarrow Ti(3d)$, ▸Abbildung 2.9 auf S. 89. Ligandenfeldübergänge in den zugesetzten Metallen bestimmen die genaue Farbe der Titanate. In ▸Abschnitt 2.2.7 wird ein Charge-Transfer-Mechanismus für die Farbe der dotierten Rutilpigmente diskutiert, der darauf beruht, dass Fremdatome Energieniveaus in der Bandlücke von Titandioxid bilden, mit deren Hilfe die große Bandlücke bis zu optischen Energien verringert wird.

3.4.3.4 Hämatit- und Korundtyp, sonstige Typen

Neben Spinell und Rutil werden weitere Minerale als Wirtsgitter für farbgebende Metalle verwendet. Einige Beispiele solcher Pigmente sind in ►Tabelle 3.4 und ►Tabelle 3.5 gezeigt, Spektren realer Pigmente in ►Abbildung 3.24 und ►Abbildung 3.25. [422] enthält eine gute Übersicht über die Bildungsmöglichkeiten verschiedener Mischphasen.

Am Beispiel der Wirtsgitter Korund Al_2O_3 und Hämatit Fe_2O_3 können wir die Auswirkung der diskutierten Mechanismen zur Farbentstehung deutlich sehen. Beide Gitterstrukturen unterscheiden sich nur gering voneinander, in beiden sind die Metall-Kationen oktaedrisch von Oxidionen umgeben. Die Minerale können kontinuierliche Mischreihen miteinander bilden, deren einzelne Glieder typische Farben besitzen:

Al_2O_3	↔	$(Cr,Al)_2O_3$	↔	Cr_2O_3	↔	$(Cr,Fe)_2O_3$	↔
farblos Korund		rubinrot Rubin ähnlich: PR230 LF(Cr^{III})		grün Chromoxidgrün PG17 LF(Cr^{III})		braun Chromeisenbraun PBr29 LF(Cr^{III})+CT/EPT(Fe^{III})	

Fe_2O_3	↔	$(Fe,Mn)_2O_3$	↔	$(Mn,Al)_2O_3$
rot Hämatit PR102/Marsrot PR101 CT/EPT(Fe^{III})		braun Eisenmanganoxid PBr43 LF(Mn^{III})+CT/EPT(Fe^{III})		rot Aluminiummanganrosa PR231 LF(Mn^{III})

Wird dem farblosen Korund Chrom hinzugefügt, zeigt dieses im starken Ligandenfeld des Korunds die für oktaedrisch koordiniertes Cr^{III} typische rubinrote Farbe. Auf der Malerpalette sei Rubin vertreten durch das Cr^{III}-Pigment Aluminiumchromrosa PR230, das allerdings das Sphen-Wirtsgitter besitzt. Mit steigender Menge an Chrom sinkt die Feldstärke, und im Chromoxidgrün PG17 wird die ebenfalls für oktaedrisch koordiniertes Cr^{III} typische grüne Farbe sichtbar. Die Farbänderung PR230-PG17 ist also auf die Ligandenfeldstärke zurückzuführen, ►Abschnitt 2.3.4. Im Chromeisenbraun PBr29 überlagert sich die grüne Farbe des Chromoxids mit der roten des Eisen(III)oxids, d. h. grünes Licht wird vom Eisenoxid ausgelöscht und es entsteht ein dunkler brauner Farbeindruck. Dieses Braun ähnelt den Brauntönen, die sich der Maler aus Grün und Rot selbst ermischen kann. Überwiegt das Eisenoxid, verschiebt sich der Farbton ins Rote, bis reines Eisenoxid PR101 eine rein rote Farbe durch CT- und EPT-Übergänge zeigt, ►Abschnitt 2.3.3 auf S. 112.

Das Kassiterit-Wirtsgitter ist für den Bereich der Künstlerfarben von Wichtigkeit, da sich bedeutende klassische Pigmente von ihm ableiten: Coelinblau als Mischoxid mit Kobaltoxid, Bleizinngelb als Mischoxid mit Bleioxid.

Für keramische Farben haben farbige Zirkonsilikate grösste Bedeutung erlangt, da sie eine hohe thermische Stabilität bis ca. 1350 °C zeigen und den Temperaturen des Keramikbrandes widerstehen können, ►Abschnitt 7.1.3 auf ►S. 554. Sie basieren auf

Tab. 3.4: Farbe von weiteren Mischoxiden (I) [11, 14], [188, Stichwort „Colorants for Ceramics“], [39, 590].

Oxid	Name	Färbung
Korund Al_2O_3		
$(Al, Mn)_2O_3$	Aluminiummanganrosa PR231	Rot
$(Al, Cr)_2O_3$	Aluminiumchromrosa (synth. Rubin), PR230	Rot
Cr_2O_3	Chromgrün, PG17	Grün
Hämatit Fe_2O_3		
Fe_2O_3	Hämatit PR101, Marsrot, Eisenbraun, PR101	Rot
$(Fe, Cr)_2O_3$	Chromeisenbraun, PBr29	Braun
$(Fe, Mn)_2O_3$	Eisen-Mangan-Oxid, PBr43	Braun
$MnFe_2O_4 = (Fe, Mn)_2O_3$	Manganferritschwarz (Oxid), PBk33	Schwarz
$(Cr, Fe, Al)_2O_3$	Chromhämatit, PG17	Grün–Grünschwarz
Kassiterit SnO_2		
$(Sn, V)O_2$	Zinnvanadiumgelb, Vanadium-gelb, PY158	Gelb
$(Sn, Cr)O_2$	Zinnchromviolett, PR236	Violett
$(Sn, Sb)O_2$	Zinnantimongrau, PBk23	Grau
$2\,PbO \cdot SnO_2$, $PbO \cdot 2\,SnO_2 \cdot SiO_2$	Bleizinngelb, CI 77629	Gelb
$n\,CoO \cdot SnO_2$, $n \in [1, 2]$	Kobaltstannat, Coelinblau, PB35	Hellblau
Perowskit, s. auch ►Abschnitt 2.2.3 auf S. 89		
$PbTiO_3$	Bleititanat, PY47	Gelb
$CaTaO_2N$	Calciumtantalgelb	Gelb
$Ca_{1-x}La_xTaO_{2-x}N_{1+x}$	Lanthantantalrot	Gelb–Rot

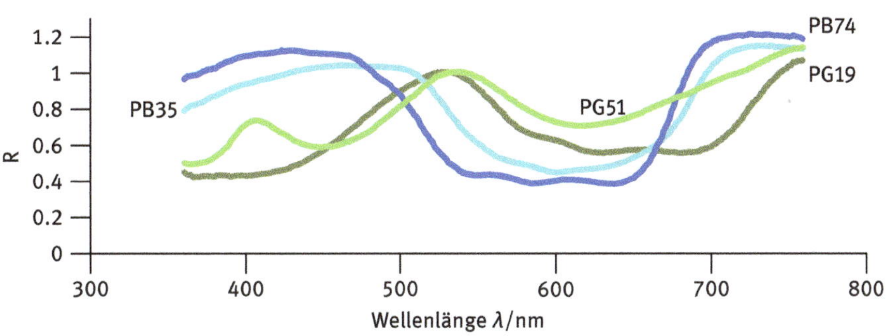

Abb. 3.24: Reflexionsspektrum von blauen und grünen Aquarellfarben auf Basis verschiedener Mineralgitter, normiert auf eine beliebige Einheit: Kobaltgrün rein (Schmincke Horadam Nr. 535, PG19, $ZnO \cdot xCoO$, ►S. 255), Kobalt Azur (Schmincke Horadam Nr. 483, PB35, $n\,CoO \cdot SnO_2$, $n \in [1, 2]$), Kobaltblau dunkel (Schmincke Horadam Nr. 488, PB74, $(Co, Zn)_2SiO_4$) und Lindgrün (Viktoriagrün, Kremer Nr. 441908, PG51, $3\,CaO \cdot Cr_2O_3 \cdot 3\,SiO_2$). Deutlich ist bei den blauen und grünen Kobalt-Pigmenten der intensive farbgebende LF-Übergang des Kobalt-Ions im gelben bis roten Spektralbereich zu sehen. Beim grünen Chrom-Pigment sind die farbgebenden LF-Übergänge im roten und blauen Bereich zu sehen.

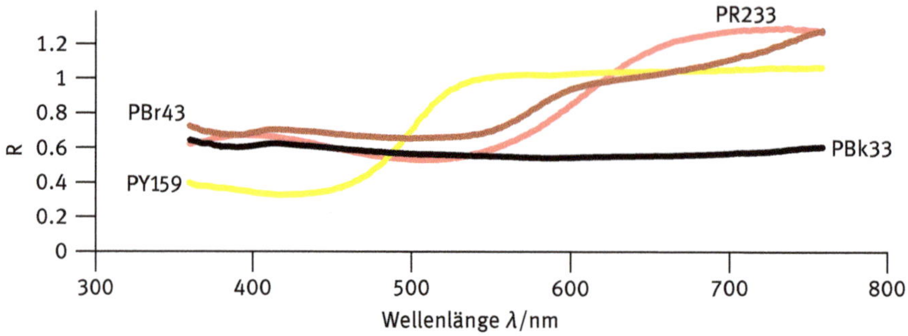

Abb. 3.25: Reflexionsspektrum von gelben, roten und braunen Aquarellfarben auf Basis verschiedener Mineralgitter, normiert auf eine beliebige Einheit: Potters Pink (Schmincke Horadam Nr. 370, PR233, $CaO \cdot Cr_2O_3 \cdot SiO_2 \cdot SnO$), Intensivgelb (Kremer Nr. 438808, PY159, $(Zr, Pr^{IV})SiO_4$), Eisenmanganmischoxid 303T (Kremer Nr. 48445, PBk33, $MnFe_2O_4 = (Fe, Mn)_2O_3$) und Eisenmanganbraun 645T (Kremer Nr. 48330, PBr43, $(Fe, Mn)_2O_3$).

Tab. 3.5: Farbe von weiteren Mischoxiden (II) [11, 14], [188, Stichwort „Colorants for Ceramics"], [39, 590].

Oxid	Name	Färbung
Sonstige		
$(Zr, Pr^{IV})SiO_4$	Zirkonpraseodymgelb, PY159	Gelb
$ZrSi_{1-x}O_4 : V_x^{4\oplus}$	Zirkonvanadiumblau, PB71	Blau
$ZrSiO_4 \cdot Fe_2O_3$	Zirkoneisenrosa PR232	Rosa
$ZrSiO_4 \cdot Cd(S, Se)$	Zirkoncadmiumrot	Orange–Rot
$(Co, Zn)_2SiO_4$	Kobaltblau dunkel, Kobaltzinksilikatblau (Phenazit), PB74	Blau
Co_2SiO_4	Kobaltsilikatblau (Olivin), PB73	Blau–Violett
Ni_2SiO_4	Nickelsilikatgrün (Olivin), PG56	Grün
$ZnO \cdot xCoO$	Rinmanns Grün, PG19	Grün
$(Zr, (V, In, Y)^{III}, V^{V})O_2$	Zirkonvanadiumgelb (Baddeleyt), PY160	Gelb
$3\,CaO \cdot Cr_2O_3 \cdot 3\,SiO_2$	Viktoriagrün, PG51 (Granat)	Grün
$CaO \cdot Cr_2O_3 \cdot SiO_2 \cdot SnO$	Chrom-Zinn-Rosa, PR233 (Sphen)	Rosa
$Sn_2Nb_2O_7$	Zinn-Niob-Gelb, PY227 (Pyrochlor)	Gelb
$2\,NiO \cdot 3\,BaO \cdot 17TiO_2$	Nickelbariumtitan-Gelb, PY157 (Priderit)	Gelb

Zirkonsilikat $ZrSiO_4$ und sind durch Metall-Kationen gefärbt. Nach der Entdeckung des Zirkonvanadiumblau mit $V^{4\oplus}$ als Farbzentrum kam bald ein intensives Gelb (►Abbildung 3.25) und nach langer Forschung ein Rot auf den Markt, sodass heute durch Mischung dieser Grundfarben alle Zwischentöne zur Verfügung stehen.

Zirkoneisenrosa leitet zu den *Einschlusspigments* über, in denen der Farbkörper durch Einschluß in widerstandsfähige Oxide wie ZrO_2, SnO_2 und SiO_2 vor äußeren Einflüssen geschützt ist. Im Falle des Zirkoneisenrosas ist dies $ZrSiO_4$. Nach dem großen Erfolg des Zirkoneisenrosa wurden auch Einschlusspigment mit Cadmiumgelb und -rot als Farbkörper hergestellt, um die Zirkonfarbenpalette um brillante Gelb-, Orange- und Rottöne zu bereichern, ►Abschnitt 7.1.3.

Bleizinngelb Bleizinngelb ►Abschnitt 3.4.1 auf S. 224 verdankt seine intensive gelbe Farbe nicht der Ligandenfeldaufspaltung eines farbgebenden Metall-Kations, da weder Zinn als Gerüstelement noch Blei die notwendigen *d*-Elektronen besitzen. Stattdessen verursachen Halbleiter-Übergänge die Farbe, da die Mischung von gelbem Bleioxid (Massicot) und weissem Zinndioxid Halbleiter-Eigenschaften aufweist ►Abschnitt 2.2.4.3.

Coelinblau (PB35, CI 77368) Ein weiteres, seit ca. 1860 bekanntes Beispiel eines Mischoxides ist Coelinblau, ein Kobaltstannat der Zusammensetzung $n\,CoO \cdot SnO_2$. Mit typischen Werten von n zwischen 1 und 2 ergeben sich die Grenzformeln $CoSnO_3$ und Co_2SnO_4. Seine Farbe verdankt es wie Thenards Blau den Ligandenfeldübergängen im Kobalt-Kation, ►Abbildung 3.24.

Rinmanns Grün, Zinkgrün (PG19, CI 77335) Die Festkörperreaktion zwischen einer Kobalt- und einer Zinkverbindung, die in der Gluthitze jeweils in Oxide übergehen, fand um 1780 als *Rinmanns Grün* Eingang in die frühe chemische Literatur. Das leuchtend grüne Pulver, dessen Farbton mit steigendem Kobaltgehalt ins Dunkelgrün wechselt, wird als Malerfarbe kaum verwendet, da es farbschwach ist. In [396] werden jedoch Überlegungen zu seinem Einsatz als keramischer Farbkörper angestellt. Hier wird auch deutlich, dass Rinmanns Grün keine einheitliche spinell-artige Verbindung mit der festen Zusammensetzung $ZnCo_2O_4$ ist, sondern eine feste Lösung des farbigen Kobalt(II)oxids in Zinkoxid. In Gegenwart von Luft entstehen darüberhinaus merkbare Mengen an Kobalt(III)oxid, die das Produkt dunkelgrün färben, ►Abbildung 3.24. Interessanterweise konnten auch Mischkristalle von MnO und FeO mit ZnO hergestellt werden, die gelbgrün–olivgrün und leuchtend gelb–rot gefärbt sind [423].

3.4.4 Cersulfidpigmente

Eine aktuelle Entwicklung sind Pigmente auf Basis von Cersulfid, das mit anderen Metallen und Sauerstoff dotiert ist [11, 14, 16]. Sie weisen sehr reine Rot- und Burgundertöne sowie hohe Stabilität und Deckkraft auf, der Farbbereich konnte bislang bis Orange erweitert werden. Entwickelt wurden sie als ungiftiger Ersatz für die brillanten, aber toxischen Orange- und Rotpigmente auf Blei-, Chromat- und Cadmiumbasis (Chromorange und -rot, Cadmiumorange und -rot), vor allem für die Einfärbung von Kunststoff, es sind aber weitere Anwendungen denkbar.

Vorteilhaft ist neben der Ungiftigkeit ihre hohe Deckkraft (Brechungsindex 2,7), die der Deckkraft der blei- und cadmiumhaltigen Pigmente entspricht, sowie die hohe Licht-, Wetter- und Temperaturbeständigkeit. Die Farbreinheit ist etwas geringer als die der Blei-/Cadmiumpigmente, aber erheblich besser als die der Eisenoxide.

Problematisch ist der hohe Preis der Rohstoffe, sodaß Cersulfidpigmente derzeit am oberen Ende der Preisskala liegen. Obendrein besitzen Cersulfide drei Modifikationen, von denen die gewünschte γ-Modifikation sich erst oberhalb von 1100 °C bildet, was die Herstellung erschwert. Schließlich ist ein Nachteil noch die schwache Hydrolyseneigung des Cersulfids in Wasser und feuchter Atmosphäre, wobei H_2S entsteht. Bisher konnte eine Behandlung der Pigmentoberfläche das Problem nicht vollständig lösen.

Cersulfidorange hell (PO78, CI 772850); Cersulfidorange (PO75, CI 77283-1); Cersulfidrot (PR265, CI 77283-2); Cersulfid-Burgunderrot (PR275, CI 772830) Die Pigmente bestehen aus Cer(III)sulfid Ce_2S_3 (PO78: $Ce_2S_3 \cdot La_2S_3$), in dem ein geringer Anteil des Schwefels durch Sauerstoff ersetzt ist. Wie bei praktisch allen Sulfiden entsteht die intensive Farbe durch einen HL-Übergang, in diesem Fall von Ce(4*f*)-Orbitalen in das Ce(5*d*)-Leitungsband ►Abbildung 3.26. Die Lage des 4*f*-Niveaus hängt von der Ionizität der Cer-Schwefel-Bindung ab. Über den Einfluß von Alkali-Ionen und des Schwefel-Sauerstoff-Verhältnisses auf die Ionizität können wir die Größe der Bandlücke ändern und die Farbe zwischen Burgunderrot und Hellorange variieren. Noch hellere Orangetöne erreichen wir durch teilweisen Ersatz von Cer durch Lanthan: $(Ce, La)_2S_3$, PO78. (Patentschriften wie [608] oder [609] deuten an, daß durch Ersatz von Ce und La durch Seltenderdmetalle eine ganze Reihe von potentiellen Seltenerdsulfid- und Seltenerdoxysulfid-Pigmenten der Art $(Ce, La, SE)_2S_{3-x}O_x$ vorstellbar ist.)

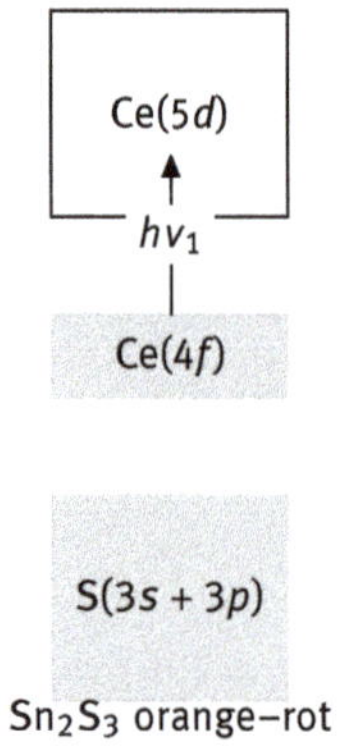

Abb. 3.26: Schematische Bandstruktur von orangerotem Cersulfid mit dem farbgebenden Ce(4*f*)-Ce(5*d*)-Übergang.

Die Herstellung des Cersulfids kann nicht in wäßriger Lösung erfolgen, da das Sulfid hydrolyseempfindlich ist. Es muß daher eine Festkörper-Gas-Reaktion eingesetzt werden. Zunächst wird aus einem gelösten Cersalz mit Hydroxiden farbloses Cerhydroxid als cerhaltige Vorläuferverbindung ausgefällt:

$$Ce^{3\oplus}\,aq. + 3\,OH^{\ominus} \longrightarrow Ce(OH)_3 \downarrow$$

Ein Zusatz von (Erd-)Alkalisalzen in dieser Stufe beeinflußt die Farbe des fertigen Pigments. Das getrocknete Cerhydroxid wird dann zwischen 700 und 1000 °C in einer schwefelhaltigen Atmosphäre zum farbigen Sulfid umgesetzt:

$$2\,Ce(OH)_3 + 3\,H_2S \longrightarrow Ce_2S_3 + 6\,H_2O$$

Dabei entstandene Agglomerate müssen zerstört werden, um eine hohe Pigmentqualität zu erreichen. Eine Oberflächenbehandlung schließt sich an, um die Stabilität des Pigments zu erhöhen.

3.4.5 Chromoxidpigmente

Chromoxidpigmente [11, 16] sind strukturell mit Korund verwandt, in dem Aluminium-Kationen oktaedrisch von Sauerstoff-Anionen umgeben sind. Der vollständige Ersatz von Aluminium gegen trivalentes Chrom führt zum Chromoxidgrün, in dem Chrom anstelle von Aluminium oktaedrisch von Sauerstoff koordiniert ist und seine Farbe der *d*-Orbital-Aufspaltung verdankt, also einem LF-Übergang ►Abschnitt 2.3.4 auf S. 116.

Chromoxidpigmente dürfen nicht mit Chromatpigmenten verwechselt werden, die als farbtragendes Element das $Cr^{VI}O_4^{2-}$-Ion mit hexavalentem Chrom enthalten und über den LMCT-Mechanismus farbig sind, ►Abschnitt 3.6. Im Gegensatz zu diesen Chromaten sind die Chromoxidpigmente ungiftig und für Spielzeuge und Kontakt mit Nahrungsmitteln zugelassen. Problematisch sind aber auch hier die hexavalenten Chromate, die bei der Herstellung der Cromoxide eingesetzt werden müssen.

Chromoxidgrün (PG17, CI 77288) besteht aus Chrom(III)oxid Cr_2O_3 und wurde 1809 von Vauquelin entdeckt [47, Bd. 3], [11, 16, 187]. Es weist einen stumpfen olivgrünen Ton auf, der etwas von der Partikelgrösse (typischerweise 0,3–0,6 µm) abhängig ist: kleinere Partikel sind heller und gelbstichig, grössere dunkler und blaustichig, aber auch weniger farbstark. Durch den hohen Brechungsindex von 2,5 ist seine Deckkraft hoch.

Chrom(III)oxid ist ungiftig, praktisch inert gegenüber den meisten chemischen Einflüssen, insbesondere Licht und SO_2, Säuren, Alkali, unlöslich in Wasser und bis 1000 °C farbstabil. Aufgrund seiner stumpfen Farbe wird jedoch meist Chromoxidgrün feurig bevorzugt (►Abbildung 3.27), zudem sind Chromfarben teurer als Grünmischungen oder moderne organische Grünpigmente. Ein Problem bei der maschinellen Verarbeitung von Chromoxid ist seine sehr große Härte (Mohs-Härte 9), die zu hohem Abrieb bei Druckwalzen oder Sprühdüsen führt.

Da keine natürlichen Vorkommen von Chrom(III)oxid bekannt sind, wird dieses Pigment stets synthetisch hergestellt. Ausgangsmaterial sind Alkalidichromate, die als Feststoff mit S oder C reduziert oder mit Ammoniumsulfat thermisch zersetzt werden:

$$Na_2Cr_2O_7 + S \longrightarrow Cr_2O_3 + Na_2SO_4$$

$$Na_2Cr_2O_7 + (NH_4)_2SO_4 \longrightarrow Cr_2O_3 + Na_2SO_4 + 4\,H_2O + N_2\uparrow$$

Aus dem Ammoniumsulfat entsteht in situ zunächst Ammoniumdichromat, das thermisch zu Stickstoff und Chromoxid zersetzt wird. Chromoxid kann auch über eine

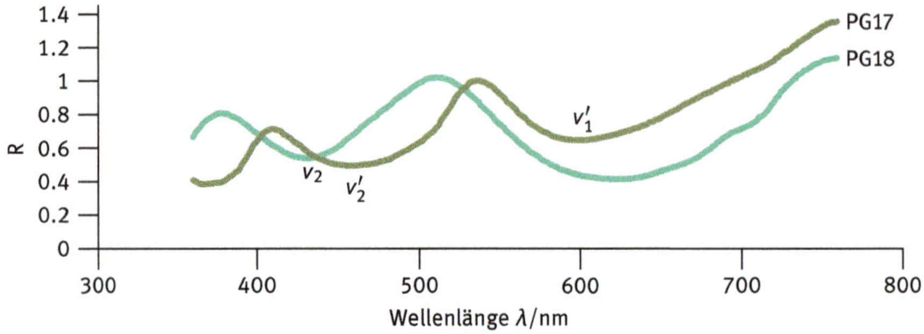

Abb. 3.27: Reflexionsspektrum von Aquarellfarben auf Basis Chromoxid, normiert auf eine beliebige Einheit: Smaragdgrün, Chromoxidhydrat oder Chromoxidgrün feurig (Schmincke Horadam Nr. 513, PG18, $Cr_2O_3 \cdot 2\,H_2O$) und Chromoxidgrün stumpf (Schmincke Horadam Nr. 512, PG17, Cr_2O_3). Es ist deutlich zu erkennen, daß Chromoxidhydrat schärfere und intensivere Reflektivitätspeak mit höherem Blau- und Grünanteil aufweist. Absorptionspeaks (ungefähr): Chromoxid 460 nm breit, 600 nm breit, Chromoxidhydrat 430 nm schmäler, ≈ 620 nm sehr breit.

Naßreaktion erhalten werden, bei der aus einer Natriumdichromatlösung und Natriumhydroxid mit Schwefel als Reduktionsmittel zunächst Chromhydroxid erhalten wird, das zum Chromoxid geglüht wird:

$$8\,Cr_2O_7^{2\ominus}\,aq. + 12\,S + 8\,OH^{\ominus} + 20\,H_2O \longrightarrow 16\,Cr(OH)_3 + 12\,SO_3^{2\ominus}$$

$$16\,Cr(OH)_3 \xrightarrow{900\text{–}1100\,°C} 8\,Cr_2O_3 + 24\,H_2O$$

Durch Fällung von Titan- oder Aluminiumhydroxiden auf dem Chromoxid und anschliessendes Kalzinieren können seine Eigenschaften verändert werden. Bei dem Vorgang entstehen Überzüge aus Titan- oder Aluminiumoxid auf dem Chromoxid und der Farbton verschiebt sich zu einem gelblichen Grün.

Chromoxidgrün feurig, Chromoxidhydratgrün (PG18, CI 77289) besteht aus dem Hydrat von Chrom(III)oxid $Cr_2O_3{\cdot}2\,H_2O$ [47, Bd. 3], [11, 16, 187]. Die veränderte chemische Umgebung führt zu einem feurigen, blaugrün kühlen Farbton, wie auch im Reflektivitätsspektrum zu sehen ist ►Abbildung 3.27. Chromoxidhydrat besitzt eine höhere Gesamtreflektivität und ist daher leuchtender. Durch die Verschiebung der Absorption ν_2 um etwa 30 nm nach 430 nm im Blauvioletten und einen schärferen Absorptionspeak besitzt es einen reineren und mehr blaugrünen Farbton. Zusätzlich ist die Absorption im Rotbereich erheblich breiter und intensiver als beim Chromoxid, sodass mehr Rotanteile gelöscht werden und die Farbreinheit im Blaugrünen nochmals gesteigert wird.

Das Pigment wurde 1838 von Pannetier entwickelt und seit 1860 fabrikmässig hergestellt. Aufgrund seiner Leuchtkraft und Farbe wird es heute sehr häufig als Künstlerfarbe verwendet, war jedoch zu Beginn sehr teuer. Die wohlhabenderen der Maler von Barbizon schufen damit eine neue Form der Landschaftsmalerei mit Grüntönen, die zuvor unbekannt waren [537, 538], und bald wurde es ein beliebter Ersatz für das giftige Smaragdgrün und eine Alternative zu gemischten Grüntönen. Durch den niedrigen Brechungsindex von 1,6–2 ist die Deckkraft nicht hoch, und es ist ein gutes Lasurpigment. Chromoxidhydrat ist chemisch ähnlich beständig wie Chromoxid, nur gegen starke Säuren ist es empfindlich. Bei höheren Temperaturen, wie sie bei der Kunststoffverarbeitung auftreten, verliert es Kristallwasser und ist dann nicht farbstabil. Technisch wird das Pigment daher nicht mehr eingesetzt.

Auch die Herstellung von Chromoxidhydrat erfolgt rein synthetisch aus Alkalichromat und Borsäure über ein Borat, das in Wasser zum Oxidhydrat hydrolysiert:

$$2\,Na_2CrO_4 + 12\,H_3BO_3 \xrightarrow{\text{(bei 500 °C)}} Cr_2(B_4O_7)_3 + 4\,NaOH + 16\,H_2O + 3/2\,O_2$$

$$Cr_2(B_4O_7)_3 + 20\,H_2O \longrightarrow Cr_2O(OH)_4 + 12\,H_3BO_3$$

Chromgrün Unter diesem irreführenden Namen verbergen sich grüne Mischungen von gelben und blauen Pigmenten, ►Abschnitt 3.6.2 auf S. 273.

Moderne Chrompigmente Eine neue Form von chromhaltigen Pigmenten sind die chromhaltigen Mischoxide, die für ungefährliche, klare und leuchtende blaugrüne und türkisfarbene Pigmente eingesetzt werden, ►Abschnitt 3.4.3 auf S. 243.

3.4.6 Titan- und Zinkoxide

Titanweiß (PW6) Titanweiß, bestehend aus Titandioxid TiO_2, ist heute das bedeutendste Weißpigment [47, Bd. 3], [187]. Es wurde erstmal 1821 hergestellt, seit 1918 fabrikmässig, da die natürlichen Mineralien Rutil und Anatas nicht in ausreichender Menge und Qualität zur Verfügung stehen. Seitdem wird das Pigment in Farben, Lacken und Beschichtungen, in der Keramikindustrie und in Glasuren sowie zur Kunststoffeinfärbung eingesetzt. In der Papierindustrie wird Titanweiß zur Produktion von hochweißem Papier oder von Papier, das sehr dünn und dennoch opak sein muß, eingesetzt. Es kann direkt in die Pulpe gegeben oder oberflächlich gestrichen werden. Preislich werden jedoch Füllstoffe wie Kaolin, Kalk oder Talk vorgezogen. In Druckfarben dient Titanweiß als einzig verfügbarer Aufheller, da es selbst bei sehr kleinen Pigmentpartikeln genügend Farbstärke besitzt, im Gegensatz zu anderen Weißpigmenten wie Lithopone. Die geringe erlaubte Teilchengröße ergibt sich aus den Schichtdicken von unter 10 µm heute üblicher Druckschichten. Nur geringe Mengen gehen als Titanweiß in die Künstlerfarbenfabrikation.

Der Grund für die Beliebtheit des halbleitenden Materials liegt in seiner großen Bandlücke und seinem hohen Brechungsindex von 2,7 für Rutil und 2,55 für Anatas. Der hohe Brechungsindex bedingt eine optimale Teilchengröße von 0,19 µm für Rutil- und 0,24 µm für Anatas-Pigmente, um die Streuung zu maximieren, ►Abschnitt 1.6.6. Die dann sehr hohe Streuung verursacht eine reinweiße Farbe, die in jedem üblichen Künstler-Bindemittel, auch in Öl, erhalten bleibt. Sie ist deutlich im Reflexionsspektrum ►Abbildung 3.28 an der hohen gleichmäßigen Reflexion über den ganzen visuellen Spektralbereich zu erkennen. Andere weiße Stoffe wie Kalkstein, Gips oder Marmormehl werden in Öl transparent, da sich ihr Brechungsindex kaum von dem des Öls unterscheidet. Darüberhinaus ist es gesundheitlich unbedenklich. In Übereinstimmung mit der Theorie steht, daß kleine Teilchen höhere Streuung kürzerer Wellenlängen verursachen, also einen Blaustich zeigen, während größere Teilchen einen gelblichen Ton besitzen, ►Abschnitt 1.6.6.

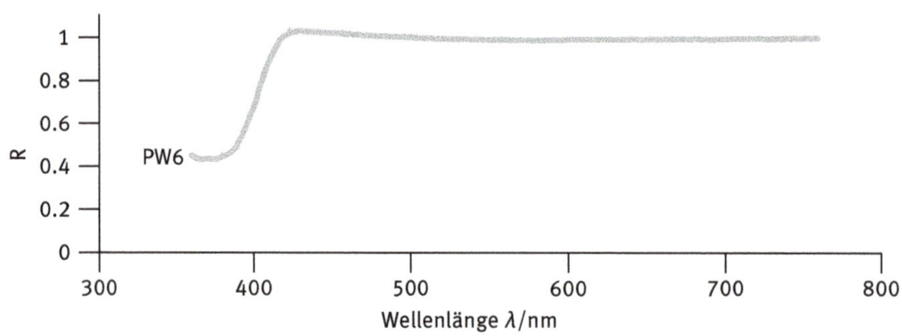

Abb. 3.28: Reflexionsspektrum von weißen Aquarellfarben, normiert auf eine beliebige Einheit: Titanweiß (Kremer Nr. 46200, PW6, TiO_2) mit der steilen Absorptionskante eines Halbleiters.

Zur industriellen Herstellung von Titan(IV)oxid wurde 1916 der *Sulfat-Prozess* entwickelt. Ausgangsstoffe sind Ilmenit oder Titanschlacke aus dem Sorel-Prozess (titanhaltige Restschlacke aus Ilmenit nach Abtrennung des Eisens). Durch Digestion mit Schwefelsäure werden die Ausgangsstoffe zu Oxysulfaten umgesetzt. Die Suspension wird erneut disgestiert, diesmal mit Wasser oder verdünnter Schwefelsäure, wobei Titan in Lösung geht. Störende Fremdmetall-Kationen wie $Fe^{3\oplus}$ müssen entfernt oder durch Reduktion in eine löslichere Form überführt werden. Abkühlung der Lösung führt zur Kristallisation von Nebenprodukten wie Eisen(II)sulfat, die früher störende Abfallstoffe waren, heute aber z. B. zu Eisenoxidpigmenten verarbeitet werden. Die Hydrolyse der titanhaltigen Lösung unter Zugabe von Kristallisationskeimen führt zu Titanoxidhydrat, das noch keine Pigmenteigenschaften aufweist. Das Hydrat enthält immer noch Fremdmetalle, die durch Reaktion („Bleichen") mit Zink oder Aluminium bei 50–90 °C reduziert und durch Waschen entfernt werden. Die im Hydrat eingeschlossene Restschwefelsäure wird durch Kalzinieren entfernt:

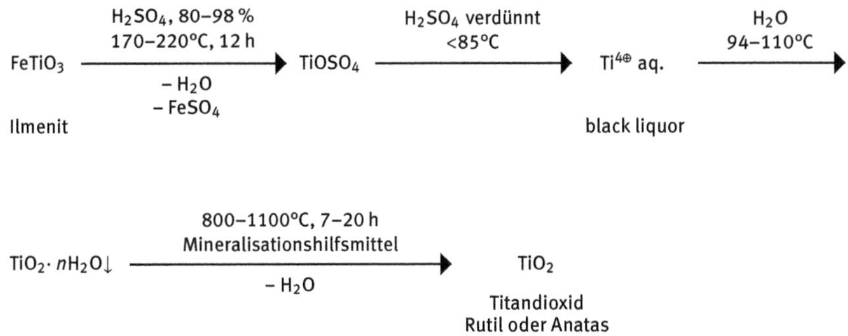

Durch Zugabe von Mineralisierungshilfsmitteln (Alkalien, Phosphorsäure) und ZnO, Al_2O_3 oder Sb_2O_3 kann die Bildung der gewünschten Kristallstruktur (Rutil oder Anatas) gefördert und die Struktur stabilisiert werden. Dabei werden Zn-, Al- oder Sb-Kationen an $Ti^{4\oplus}$-Positionen ins Gitter eingebaut und stabilisieren es gegen Wetter und UV-Licht.

Der *Chlorid-Prozess* wurde um 1950 herum entwickelt und liefert durch den effizienten Destillationsschritt sehr reine Produkte. Der erste Schritt besteht in der Carbochlorierung von natürlichem oder synthetischem Rutil mit Chlor und Koks als Reduktionsmittel. Es entsteht gasförmiges Titan(IV)chlorid und weitere flüchtige Chloride von Fremdmetallen. Diese können durch kontrolliertes Abkühlen (Ausfrieren) und Sublimationsprozesse entfernt werden. Nach Reinigung des verbleibenden $TiCl_4$ durch Destillation und Reaktion mit Sauerstoff bildet sich Titan(IV)oxid in Pigmentqualität:

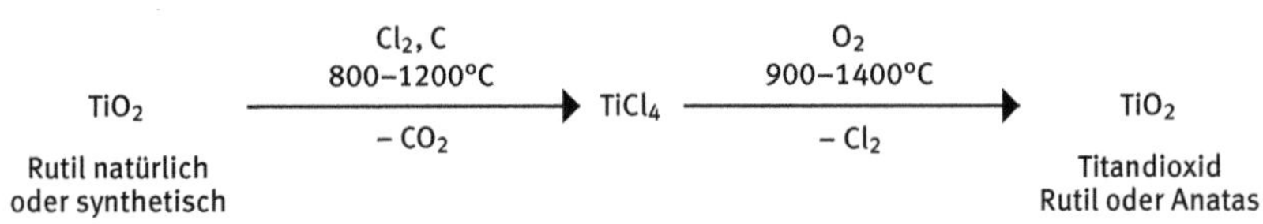

Die Prozessparameter bestimmen wesentlich die Eigenschaften des Produkts. Zugabe von Wasser oder Alkaliverbindungen steuert über die Bildung von Kristallisationskeimen das Partikelwachstum. Zugabe von $AlCl_3$ fördert die Bildung der Rutil-Struktur, Zugabe von PCl_3 und $SiCl_4$ die der Anatas-Struktur.

Die meisten Titanpigmente werden nach der Herstellung durch Überziehen mit Metalloxiden oder organischen Stoffen stabilisiert. Die Bildung des Überzug erfolgt durch:

– Fällung des Überzugs aus wäßrigen Lösungen, die Oxide, Oxidhydrate, Silikate oder Phosphate von Ti, Zr oder Al enthalten, etwa als Na_2SiO_3, $NaAlO_2$, $Al_2(SO_4)_3$, $ZrOSO_4$ oder $TiOSO_4$. Die Fällung erfolgt durch Steuerung des pH-Wertes, der Niederschlag bildet einen dichten Überzug auf den Titan(IV)oxid-Partikeln.

- Adsorption von Metalloxiden oder -hydroxiden an die Partikeloberfläche während des Mahlvorgangs.
- Abscheiden des Überzugs aus der Gasphase mit flüchtigen Chloriden oder Metallorganylen.

Eine auf den jeweiligen Anwendungsfall abgestimmte Oberfläche hilft dabei, das Pigment im Medium optimal zu dispergieren, um hochwertige Farbschichten zu erhalten.

Titanweiß ist nach heutigen Befunden nicht akut oder chronisch toxisch, sofern keine Schwermetalle enthalten sind, und nicht haut- oder schleimhautreizend. Es ist daher für Lebensmittelkontakt und Kosmetikanwendungen zugelassen. Zusammen mit Eisenoxiden ist es wesentlicher Bestandteil in Make-Up und Foundations. In Sonnencremes sorgt es für Licht.

Zinkweiß, Schneeweiß, Chinesischweiß, Permanentweiß (PW4, CI 77947) Zinkoxid ZnO, in der Medizin als lana philosophorum seit dem Mittelalter bekannt, wurde nach allgemeiner Ansicht erst um 1780 als Pigment erkannt und durch Rösten von Zinkerzen oder Verbrennen von Zink an der Luft hergestellt. In Gemälden ist es ab 1800 feststellbar und gehört später zu den drei wichtigen Weißpigmenten (Bleiweiß, Zinkweiß, Titanweiß) [47, Bd. 1]. In [352] wird allerdings die Vermutung geäußert, daß im Zuge der Messingerzeugung seit dem Altertum auch Zinkoxid anfiel, das als Malfarbe hätte Verwendung finden können.

Seinen kühlen Weißton verdankt es wie andere Weißpigmente seinen Halbleitereigenschaften (HL-Mechanismus). Ein Vorteil ist, daß auch Zinksulfid weiß ist, sodass Zinkweiß auch bei engem Kontakt zu schwefelhaltigen Pigmenten keine erkennbare Bräunung oder Schwärzung durch Sulfidbildung zeigt. Die Tatsache, daß es sich beim Erhitzen reversibel gelb färbt, ist für die Malerei ohne Bedeutung.

Da Zinkweiß bei einem Brechungsindex von 2,0 eine geringere Deckkraft als Bleiweiß aufweist, wurde Zinkweiß klassisch in Wasserfarben eingesetzt. In Öl konnte es Bleiweiß trotz der stark verringerten Giftigkeit nicht vollkommen verdrängen. Gerade durch seine halbdeckenden Eigenschaften ist es aber sehr gut als weisse oder trübende, körperhafte Beimischung für die altmeisterliche Lasurmalerei geeignet.

Während zur Herstellung früher Zink aus natürlichen Quellen (Erzen) und Zinkmetall benutzt wurde, finden heute oft Zinkreste aus Industriebetrieben (Galvanisierbetriebe, Verzinkereien etc.) Verwendung. Der *direkte oder amerikanische Prozess* beginnt mit einer Hochtemperaturreduktion von zinkhaltigem Rohmaterial zu metallischem Zinkdampf, der anschliessend mit Sauerstoff zum Zinkoxid oxidiert wird. Das Rohmaterial besteht typischerweise aus bis zu 75 % ZnO und wird mit Kohle reduziert:

$$\mathrm{ZnO} \xrightarrow[\;]{\substack{\mathrm{C} \\ 1000\text{–}1200\,^\circ\mathrm{C}}} \mathrm{Zn}_{\mathrm{Dampf}} + \mathrm{CO} \xrightarrow{\mathrm{O_2}} \mathrm{ZnO} + \mathrm{CO_2}$$

Genaue Kontrolle der Prozessbedingungen sind notwendig, um definierte Pigmentpartikel (Größe, Form) zu erhalten. Je nach den gewünschten Eigenschaften kann eine Oberflächenbehandlung notwendig werden, auch die thermische Behandlung bei 1000 °C verbessert die Pigmenteigenschaften.

Beim *indirekten oder französischen Prozess* wird Zink in Muffelöfen oder Retorten aus Graphit oder Siliziumkarbid verdampft. Nach Reinigung des Zinkdampfes erfolgt die Oxidation mit Luftsauerstoff:

$$Zn \xrightarrow{\Delta} Zn_{Dampf} \xrightarrow{O_2} ZnO$$

Das entstandene Zinkoxid kann direkt genutzt werden, eine Oberflächenbehandlung verbessert aber seine Eigenschaften.

Der *Niederschlagsprozess* beginnt mit wäßrigen Lösungen von Zinksulfat oder Zinkchlorid und liefert feine Partikel mit hoher Oberfläche:

$$Zn^{2\oplus}\ aq. \xrightarrow{Na_2CO_3 \text{ oder } KHCO_3} ZnCO_3 \downarrow \xrightarrow[-\,CO_2]{\Delta} ZnO$$

In allen Fällen erhöht eine anschliessende Oberflächenbehandlung Wetter- und Lichtbeständigkeit sowie die Dispergierbarkeit. Sie erfolgt meistens durch Auftrag einer organischen Deckschicht, die aus Öl und Propionsäure erzeugt wird.

3.4.7 Cadmiumsulfidpigmente

Cadmiumsulfidpigmente [11, 16] umfassen Cadmiumsulfid CdS, Cadmiumsulfoselenide Cd(S, Se) und Zink-Cadmium-Sulfide (Zn, Cd)S. Da die vollsynthetischen Verbindungen Halbleiter sind, wird ihre Farbe durch den HL-Mechanismus verursacht, was zur beobachteten Farbbrillanz führt. Sie haben von den anorganischen Pigmenten den breitesten Umfang brillanter gelber bis roter Farbtöne, von hell Primelgelb bis Goldgelb und von Hellorange bis Karmesinrot und Kastanienbraun.

Alle Cadmiumsulfidpigmente basieren auf CdS, das im Wurtzitgitter kristallisiert. $Cd^{2\oplus}$ und $S^{2\ominus}$ können durch chemisch ähnliche Elemente ersetzt werden, praktische Bedeutung haben aber nur die Ersetzungen Cd → Zn, Hg und S → Se erlangt. Zinkdotierte Cadmiumsulfide weisen grünstichigere Gelbtöne auf, die selendotierten Cadmiumsulfoselenide und die Cadmium-Quecksilber-Sulfide besitzen orangegelbe und rote Farbtöne. Es ist möglich, den Ersatz der Elemente in fast beliebiger Menge vorzunehmen, um kontinuierliche Farbänderungen zu erzielen.

Neben den reinen Verbindungen werden auch billigere Varianten hergestellt, die der Lithopone ähneln. Es handelt sich um Fällungen der Cadmiumverbindungen auf Bariumsulfat, wobei keine Mischkristalle, sondern physikalische Mischungen resultieren, die ähnliche Färbeeigenschaften zu einem geringeren Preis haben.

Industriell werden Cadmiumsulfidpigmente ab etwa 1900 genutzt, Rohstoff- und Herstellungspreise machen sie jedoch teuer. Durch ihre Farbbrillanz und hohe thermische Stabilität (stabil bis ≈ 600 °C) sind sie äußerst interessant für die Einfärbung von Kunststoffen, Glas und keramischen Glasuren, ca. 90 % der Produktion geht in die Kunststoffindustrie, ca. 5 % in die Glasindustrie. Besonders die roten Cadmiumsulfoselenide sind bei diesen Anwendungsfällen weitgehend konkurrenzlos, während es im Gelbbereich anorganische Alternativen gibt. Cadmiumsulfidpigmente sind fast unlöslich in Wasser, Basen und organischen Lösungsmitteln, zersetzen sich aber mit Säuren unter H_2S-Bildung. Sie besitzen gute Migrationsbeständigkeit, aber keine hohe Wetterbeständigkeit, da sie unter Luft- und Lichteinwirkung zu $CdSO_4$ oxidiert werden.

Obschon Cadmiumsulfidpigmente nicht akut toxisch oder schleimhautreizend sind, könnten sich geringste Mengen in Säuren wie der Magensäure lösen und sich in inneren Organen anreichern. Um chronische Einwirkungen zu vermeiden, müssen industrielle Hygienevorschriften bei der Verarbeitung eingehalten werden. Da außerdem die Verbrennung cadmiumhaltiger Farben bei der Entsorgung in alten Anlagen cadmiumhaltige Flugstäube erzeugt, führte die Diskussion um Schwermetalle zur Entwicklung alternativer, unschädlicherer Pigmente. Als Ersatz für die gelben Pigmente erscheinen die halbleiter-basierenden Oxynitride mit Calcium und Tantal ($CaTaO_2N$) erfolgversprechend, für die roten Töne Oxynitride mit Lanthan und Tantal ($LaTaO_2N$), ►Abschnitt 2.2.3 auf S. 89.

Cadmiumgelb (PY37, CI 77199); Cadmiumgelb hell (PY35, CI 77117) Zu den reinen Cadmiumsulfiden gehören

- PY35, Zink-Cadmium-Sulfid (Zn, Cd)S grünlich gelb, mit 59–77 Gew.-% Cd und 13–0,2 Gew.-% Zn sowie 1–2 Gew.-% Al_2O_3 zur Gitterstabilisierung, sowie
- PY37, reines CdS rötlich gelb [47, Bd. 1], [11, 16].

Das Reflexionsspektrum von Cadmiumgelb ►Abbildung 3.29 zeigt ein typisches Halbleiterspektrum mit einer steilen Absorptionskante, die die hohe Farbreinheit erklärt, ►Abschnitt 1.5.3. Die Farbe des Pigments hängt über die Größe der Bandlücke von seiner Zusammensetzung und Korngröße ab (►Abschnitt 2.2.4) und kann ins Orange und Rot gehen → Cadmiumorange, → Cadmiumrot. Da heutige Pigmentpartikel Grössen unter etwa 0,5 µm besitzen, hängt die Bandlücke auch von der Partikelgrösse ab. Kleine Partikel haben eine grössere Bandlücke und sind heller und weisser. Dies erklärt, wieso Cadmiumgelb-Farben häufig dasselbe Pigment PY35 enthalten, einmal aber kühl-hellgelb, ein anderes Mal mittelgelb sind. Ebenso spielt die Partikelform eine Rolle und damit die genauen Herstellungsbedingungen.

Aufgrund der brillanten gelben Farbe ist Cadmiumgelb seit seiner Entdeckung um 1820 herum eines der wichtigsten gelben Pigmente für den Kunstmaler geworden und konnte in Mischungen mit Weiß, Gelbocker und Rotocker auch das echte → Neapelgelb ersetzen. Der hohe Brechungsindex und die heutigen geringen Korngrössen füh-

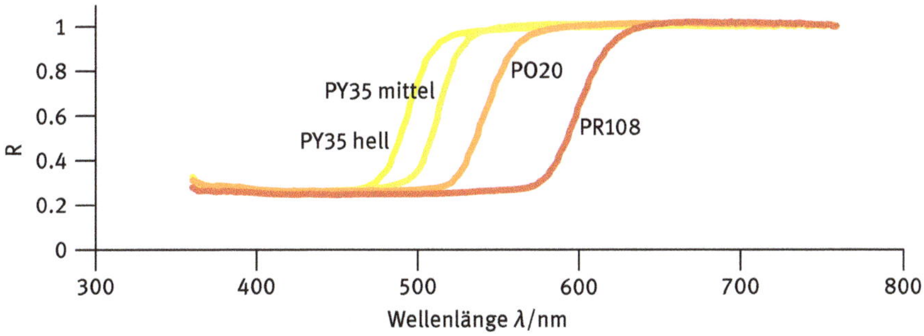

Abb. 3.29: Reflexionsspektrum von Aquarellfarben auf Basis Cadmiumsulfid (Halbleiter mit der typischen, farbbestimmenden Halbleiterkante), normiert auf eine beliebige Einheit: Cadmiumgelb hell (Schmincke Horadam Nr. 224, PY35, CdS), Cadmiumgelb mittel (Schmincke Horadam Nr. 225, PY35, CdS), Cadmiumorange hell (Schmincke Horadam Nr. 227, PO20, Cd(S, Se)) und Cadmiumrot mittel (Schmincke Horadam Nr. 347, PR108, Cd(S, Se)).

ren zu hoher Deckkraft. Es ist wenig löslich in verdünnten Mineralsäuren, in starken Mineralsäuren aber unter Bildung von Schwefelwasserstoff zersetzlich. Den frühen Pigmenten des 19. Jhds. wurde keine Verläßlichkeit im Farbton bescheinigt, was mit herstellungsbedingten Verunreinigungen erklärbar ist: sie enthielten häufig Schwefel, der über Bildung von Schwefelsäure die Bildung des farblosen Cadmiumsulfat verursachte; auch durch Oxidation des Sulfids konnte Cadmiumsulfat entstehen. Spuren von Kupfer, Blei oder Arsen veränderten den Farbton durch Bildung ihrer dunklen Sulfide. Durch verbesserte Herstellungsprozesse sind diese Probleme heute überwunden.

Zur Herstellung von Cadmiumsulfid muss hochreines Cadmium (> 99,99 %) verwendet werden, da ansonsten bei der Fällung von Cadmiumsulfide intensiv gefärbte Sulfide von Cu, Ni, Fe, Co oder Pb entstünden. Der naßchemische Weg geht von elementarem Cadmium aus, das entweder auf dem Umweg über Cadmiumoxid oder direkt in Mineralsäuren gelöst wird. Aus der entstandenen Lösung wird das rohe Pigment mit Natriumsulfid gefällt:

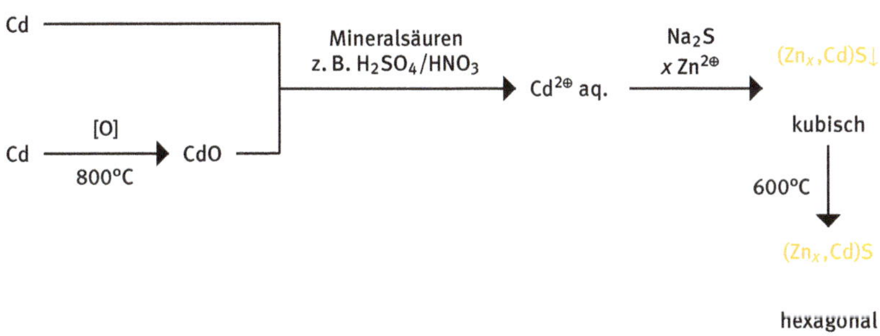

Das rohe Pigment kristallisiert in der kubischen Modifikation, die durch Kalzinierung bei hoher Temperatur zur gewünschten hexagonalen Modifikation umgesetzt wird.

Dabei wachsen die Pigmentteilchen zu der Größe heran, die für Pigmente notwendig ist (bis zu $\approx 0,5\ \mu m$). Die Zugabe von Zinksalzen in der erforderlichen Menge führt zur Bildung des helleren Zink-Cadium-Sulfids, dessen Farbe von den Mengenverhältnissen Cd/Zn abhängt.

Die Herstellungsbedingungen (Temperatur, Konzentration, pH-Wert, Zeitdauer etc.) beeinflußen Partikelgröße und -form. Nach der Produktion müssen restliche Cadmiumsalze sorgfältig ausgewaschen werden, da sie die Pigmenteigenschaften negativ beeinflussen und Cadmiumionen nicht ins Produkt gelangen dürfen.

In einem zweiten Weg, dem trockenen *powder process*, wird Cadmiumcarbonat oder -oxid mit Schwefel zum Sulfid umgesetzt. Auch hier kann Zink zugesetzt werden, um das hellere Zink-Cadmium-Sufid herzustellen, und es schließt sich der Kalzinierungsschritt zur Bildung des fertigen Pigments an:

$$\text{CdO oder } CdCO_3 \xrightarrow{S} \underset{\text{kubisch}}{CdS} \xrightarrow{600°C} \underset{\text{hexagonal}}{CdS}$$

Die billigeren Lithopone-Varianten der Cadmiumpigmente werden hergestellt, indem zusammen mit dem Cadmiumsalz ein lösliches Bariumsalz als Sulfat gefällt wird:

$$CdSO_4\ aq. + BaS\ aq. \longrightarrow CdS\downarrow + BaSO_4\downarrow$$

$$CdCl_2\ aq. + BaS\ aq. \longrightarrow CdS\downarrow + BaCl_2$$

$$BaCl_2\ aq. + Na_2SO_4\ aq. \longrightarrow BaSO_4\downarrow + 2\ NaCl$$

Cadmiumorange (PO20, CI 77196); Cadmiumrot (PR108, CI 77202) Ersetzen wir im Cadmiumgelb graduell Schwefel durch Selen, ändern die resultierenden Cadmiumsulfoselenide ebenso graduell ihre Farbe von Orange über Rot zu Dunkelrot. ►Abbildung 3.29 zeigt die korrespondierende Verschiebung der Absorptionskante zu längeren (roten) Wellenlängen hin. Da die Bandlücke der halbleitenden Sulfoselenide mit steigendem Selengehalt kleiner wird, kann neben energiereicher kurzwelliger blauer Strahlung zunehmend auch längerwellige Strahlung aus dem gelben und roten Spektralbereich absorbiert werden, die Farbe verschiebt sich zu Orange, Rot und schließlich Braun, ►Abschnitt 1.5.3. Reines Cadmiumselenid CdSe ist braunschwarz und hat keine maltechnische Bedeutung.

Zu Cadmium-sulfoseleniden Cd(S, Se) gehören PO20 (orange) und PR108 (rot) mit 76–66 Gew.-% Cd und 1–14 Gew.-% Se [11, 16]. Die ins Rote gehenden Cadmiumpigmente sind seit 1820 wegen ihrer Farbtöne und koloristischen Eigenschaften sehr gefragt und besitzen ebenso wie Cadmiumgelb hohe Deckkraft.

Zur Herstellung von Cadmiumorange und -rot wird das Cadmium-sulfoselenid aus cadmiumhaltigen Lösungen mit Natriumsulfid und Natriumselenid gefällt. Das Selenid entsteht aus Natriumsulfid und der berechneten Menge Selen, das als Pulver zugegeben wird. Die weitere Bearbeitung verläuft wie bei der Herstellung des Zink-Cadmium-Sulfids:

$$Cd^{2\oplus}\,aq. \xrightarrow{Na_2S,\ x\,Na_2Se} Cd(S,Se_x)\downarrow \xrightarrow{600°C} Cd(S,Se_x)$$

Cadmiumzinnober (PO23, CI 77201; PR113, CI 77201) ist ein Cadmiumgelbpigment, in dem Cadmium durch zweiwertiges Quecksilber ersetzt ist (Cd, Hg)S. Je höher der Quecksilber-Anteil ist (typisch 10–25 Gew.-%), desto größere Farbvertiefung über Orange zu Dunkelrot oder Braun tritt ein. Das Pigment zeigt hohe Farbbrillanz und ist dem Cadmiumrot ebenbürtig [358].

Anders als viele bekannte Künstlerpigmente, wurde es nicht zufällig, sondern durch geplante Forschung entdeckt, da um 1950 die aufkommende Elektronikindustrie immer mehr Selen verbrauchte. Gleichzeitig waren Cadmiumorange und Cadmiumrot (Pigmente auf Cadmiumselenid-Basis) aufgrund ihrer Farbe und Stabilität immer wichtiger für die Kunststoffindustrie geworden. Der Gedanke, Selen durch Ersatzstoffe zu ersetzen, führte über das alte Rotpigment Zinnober zu einem neuen Mischoxid aus Cadmium, Quecksilber und Schwefel. Möglich wurde dies durch die Gleichheit der Gitter von CdS und HgS, sowie die ähnlichen Ionenradien der Paare Cd/Hg sowie Se/S.

Zur Herstellung fällen wir lösliche Cadmium- und Quecksilbersalze mit Sulfiden. Sind Bariumionen anwesend, werden diese als weisses Bariumsulfat mitgefällt und stellen das Substrat für das eigentliche Pigment dar, sodass Lithophone erhalten wird:

$$x\,CdSO_4\,aq. + (1-x)\,HgSO_4\,aq. + Na_2S\,aq. \longrightarrow (Cd_x,Hg_{1-x})S\downarrow + Na_2SO_4$$

$$x\,CdSO_4\,aq. + (1-x)\,HgSO_4\,aq. + BaS\,aq. \longrightarrow (Cd_x,Hg_{1-x})S\downarrow + BaSO_4\downarrow$$

Cadmiumgrün (PG14, CI 77199) ist kein Pigment, sondern eine Mischung von Cadmiumgelb und Ultramarinblau.

3.5 Bismutpigmente

Um 1970 herum wurden auf der Suche nach ungiftigen Ersatzstoffen für die brillanten, aber toxischen gelben Pigmente Chromgelb und Cadmiumgelb Pigmente auf Basis von Bismus-orthovanadat $BiVO_4$ entwickelt [11, 16]. Sie weisen brillante und intensive grünstichige Gelbtöne auf und besitzen keine akute Toxizität. Der Gefahr einer chronischen Gefahr durch Inhalation der Stäube kann durch die übliche Industriehygiene vorgebeugt werden.

Die Farbe wird durch einen LMCT-Übergang im hochgeladenen komplexen $VO_4^{3\oplus}$-Ion hervorgerufen, ähnlich den Übergängen im Chromat-Ion. Entsprechend zeigen so-

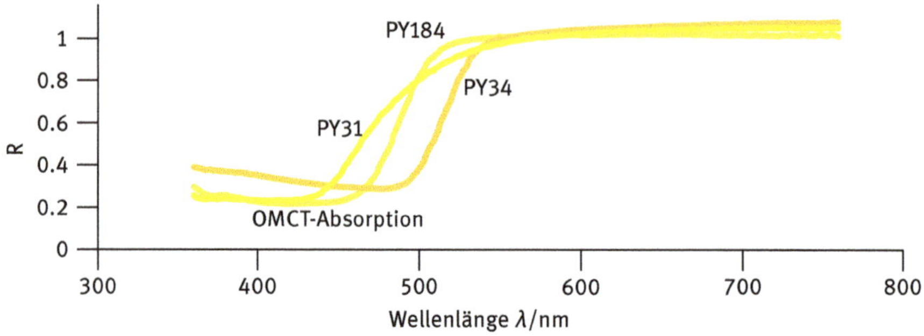

Abb. 3.30: Reflexionsspektrum von gelben Aquarellfarben auf CT-Basis, normiert auf eine beliebige Einheit: Vanadiumgelb (Schmincke Horadam Nr. 207, PY184, $BiVO_4$), Chromgelb hell (Schmincke, PY34, $Pb(Cr, S)O_4$) und Barytgelb (eigene Herstellung, PY31, $BaCrO_4$) mit der steilen Absorptionskante, die durch die intensive OMCT-Absorption im Blauen hervorgerufen wird. Bei Vanadiumgelb und Barytgelb liegt diese Absorption bei niedrigeren Wellenlängen, sodaß der grüne Spektralbereich zum kalten Gelbton des Vanadiumgelbs führt, während die Grünanteile in Chromgelb durch die höherliegende OMCT-Absorption verringert sind und Chromgelb ein wärmeres Gelb zeigt.

wohl Vanadat- als auch Chromatpigmente eine steile Absorptionskante, die durch die intensive OMCT-Absorption im blauen Spektralbereich hervorgerufen wird, ►Abbildung 3.30.

Bismutvanadiumgelb, Bismutvanadat-molybdat (PY184) Das Pigment besteht aus Bismutvanadat $BiVO_4$ und weist einen brillanten grünstichigen gelben Farbton sowie hohe Färbe- und Deckkraft bei einer Brechzahl von 2,45 auf [11, 16, 187]. Es ähnelt coloristisch dem Chromgelb und Cadmiumgelb und ist daher ein gutes Basisgelb für Mischungen im Farbbereich Gelb–Orange–Rot und Grün. Zudem besitzt es höhere Farbstärke als gelbe Eisenoxide oder Nickeltitangelb sowie sehr gute Wetter- und Chemikalienbeständigkeit. Es wird daher in Automobil- und Industrielacken, Anstrichfarben und bei der Kunststoffeinfärbung als Ersatz für blei- und cadmiumhaltige Farben verwendet.

Neben dem reinen Vanadat werden auch Mischphasen mit Mo eingesetzt, die bis zur Zusammensetzung $4\,BiVO_4 \cdot 3\,Bi_2MoO_6$ gehen. Die Bismutvanadate können in mehreren Modifikationen auftreten, von denen aber nur die monokline und die tetragonale für die Herstellung von Pigmenten von Bedeutung sind.

Die Herstellung erfolgt in einer Festkörperreaktion aus Bismutoxid und Vanadiumoxid oder durch Fällung aus Lösungen von Bismutnitrat und Natriumvanadat:

$$Bi_2O_3 + V_2O_5 \xrightarrow[500^\circ C]{\text{Festkörperreaktion}} 2\,BiVO_4$$

$$Bi + 4\,HNO_3 + 3\,H_2O \longrightarrow Bi(NO_3)_3 \cdot 5\,H_2O + NO$$

$$Bi(NO_3)_3\,aq. + NaVO_3\,aq. + 2\,NaOH \xrightarrow{\text{Fällungsreaktion}} BiVO_4 \downarrow + 3\,NaNO_3 + H_2O$$

Die Reaktionslösung muß unter Rückfluß erhitzt und der Niederschlag unter genau kontrollierten Bedingungen (Temperatur, pH-Wert, Konzentration) gefällt werden, um ein feinkristallines Produkt mit der gewünschten Modifikation zu erhalten, da nur monokline und tetragonale Kristalle die gewünschte Farbbrillanz zeigen.

Die Herstellung der molybdänhaltigen Bismutvanadate erfolgt aus einer Lösung von Bismutnitrat, Natriumvanadat und Ammoniummolybdat:

$$10\,Bi(NO_3)_3\,aq. + 4\,NaVO_3\,aq. + 3\,(NH_4)_2MoO_4\,aq. + 20\,NaOH \longrightarrow$$

$$4\,BiVO_4\cdot 3\,Bi_2MoO_6\downarrow + 24\,NaNO_3 + 6\,NH_4NO_3 + 10\,H_2O$$

Verbesserte Pigmenteigenschaften werden erhalten, wenn der Niederschlag einem Annealing-Prozess bei ca. 500 °C unterzugen wird. Die erhaltenen Pigmente werden durch zusätzliche Schichten aus Calcium-, Aluminium- oder Zinkphosphat, Al_2O_3 oder SiO_2 stabilisiert. Damit wird die Wetter- und Säurebeständigkeit sowie die Beständigkeit gegen Farbwechsel durch Licht erhöht. Auch die Temperaturbeständigkeit kann damit auf ca. 300 °C erhöht werden.

3.6 Chrompigmente

Zur Gruppe der chrombasierten Pigmente gehören wichtige Farbmittel:
- Chrom(III)oxide (►Abschnitt 3.4.5), die wir bereits bei den Oxidpigmenten kennengelernt haben,
- Chromate und die homologen Molybdate und analoge Mischphasen.
- Zu den Chromaten zählt auch Chromgrün, ein Mischpigment von Chromgelb mit Eisenblaupigmenten, und Zinkgrün, eine Mischung von Zinkchromat mit Eisenblaupigmenten.

3.6.1 Chromat- und Molybdatpigmente

Dank ihrer brillanten Farben gehören gelbe bis rote chromat- und molybathaltige Pigmente seit ihrer Entdeckung im 19. Jhd. zu den wichtigen anorganischen Pigmenten. Zu ihnen, in denen das Chromat-Ion $Cr^{VI}O_4^{2\ominus}$ die farbgebende Struktur bildet, gehören Bleichromat (Chromgelb) und Bleichromat-molybdate (Molybdänorange und -rot) [11, 16]. Ihre Farbtöne reichen von Zitronengelb bis zu bläulichem Rot, die sie einem OMCT-Übergang im Chromat-Ion verdanken, ►Abschnitt 2.4.1. Sie weisen brillante Farbtöne auf und besitzen eine hohe Färbe- und Deckkraft. Durch verbesserte Herstellungsmethoden und Stabilisierung der Pigmente mit Überzügen aus Silizium- oder Aluminiumoxiden konnten Lichtechtheit, Temperatur-, Wetter- und Chemikalienbeständigkeit stark verbessert werden. Chromathaltige Pigmente werden vor allem in Malerfarben und Lacken und zur Kunststoffeinfärbung verwendet. In Kombination mit Eisenblau oder Phthalocyaninblau erhalten wir leuchtende Grüntöne (Chromgrün, Permanentgrün).

Chromgelb, Postgelb (PY34, CI 77600); Primelgelb, Chromgelb zitron (PY34, CI 77603) ist ein gelbes Pigment [47, Bd. 1], [11, 16, 187], basierend auf Blei(II)chromat $PbCrO_4$ oder Bleisulfochromat $Pb(Cr, S)O_4$, in dem Chrom in gewissem Maße durch Schwefel ersetzt ist. Mit steigendem Schwefel-Anteil verschiebt sich der Farbton vom reinen Gelb zu einem grünstichigem Zitronengelb: mittleres Gelb 1 $PbCrO_4 \cdot 0\, PbSO_4$ vs. Primelgelb 3,2 $PbCrO_4 \cdot 1\, PbSO_4$ vs. Zitronengelb 2,5 $PbCrO_4 \cdot 1\, PbSO_4$. Der exakte Farbton wird beim Fällen der Mischphase durch das Mengenverhältnis Chromat/Sulfat sowie die Kristallgrösse eingestellt, die eine Folge von Konzentration der Lösungen, pH-Wert, Reaktionstemperatur und Zeit ist. Die Kontrolle der Reaktionsbedingungen ist entscheidend zur Produktion der grünstichigen Varianten, in denen Bleichromat in einer metastabilen orthorhombischen Kristallmodifikation vorliegt, die sich leicht in die gewöhnliche, stabile monokline Modifikation umwandelt. Monoklines Bleichromat, das auch im natürlichen Mineral Krokoit vorliegt, besitzt einen dunkleren Gelbton.

Das Pigment ist mit einem Brechungsindex von 2,3–2,7 gut deckend und für die Ölmalerei geeignet, der Ersatz von Chrom durch Schwefel vermindert in den grünstichigen Gelbtönen die Färbe- und Deckkraft. Der intensive OMCT-Übergang im Blauen führt zu einer steilen Absorptionskante (►Abbildung 3.30, idealisiert in ►Abbildung 3.31), sodass Chromgelb ein reinfarbiges und sehr intensives Gelbpigment ist.

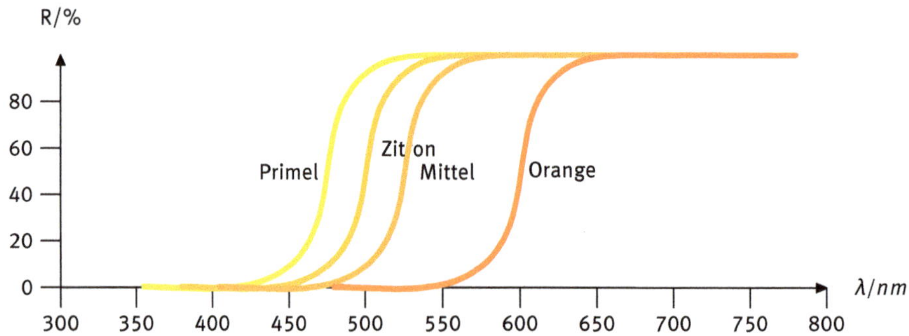

Abb. 3.31: Schematisches Reflexionsspektrum von Chromgelb $Pb(Cr, S)O_4$ in verschiedenen Tönungen (Spektren gezeichnet nach [47, Bd. 1, S. 190]).

Unbehandeltes Chromgelb ist wenig lichtecht und dunkelt durch Redoxreaktionen nach. Es wird auch durch H_2S oder SO_2 unter Bräunung, d. h. Bildung von Bleisulfid, angegriffen. Aufgrund dieser Eigenschaft galt es zunächst als instabiles Pigment. Heute können wir jedoch stabilisiertes Chromgelb kaufen, das durch Überzug der Pigmentpartikel mit den Oxiden von Ti, Ce, Al oder Si versiegelt ist, oder durch Zusatz von Zinksalzen als Photoinhibitoren geschützt wird.

Das Pigment geht auf die Entdeckung des Minerals Krokoit oder Rotbleierz (Bleichromat) zurück und wurde seit 1814 bis ins 20. Jhd. hinein ausgiebig genutzt. Seine reingelbe Farbe macht es zu einem idealen Mischungspartner mit Blaupigmenten, um leuchtende Grüntöne zu erhalten. Neben seinem Einsatz als Künstlerpigment wurde es in Druckfarben und Anstrichen aller Art (Lacke, Strassenmarkierungen) verwendet. Durch seinen im Vergleich zu anderen Gelbtönen niedrigen Preis und seine hohe Brillanz ist es noch heute von großem Interesse. Aufgrund der Toxizität des hexavalenten Cr^{VI} wurde es zunächst durch Cadmiumsulfid ersetzt, wobei auch dieses seit einiger Zeit in einem Verdrängungswettbewerb mit noch unbedenklicheren, schwermetallfreien Pigmenten steht, etwa den CICP, hier besonders PY216 und PY227 zusammen mit PY184.

Technisch wird das Pigment aus Blei hergestellt, das durch Auflösen in Salpetersäure in Bleinitrat überführt wird. Aus dieser Lösung wird Bleichromat durch Zugabe von Chromat-Ionen ausgefällt. Diese stammen aus einer Lösung von Natriumdichromat, deren pH-Wert so eingestellt ist, daß das Dichromat-Chromat-Gleichgewicht auf der Seite des Chromats liegt:

$$3\,Pb + 8\,HNO_3 \longrightarrow 3\,Pb^{2\oplus} + 6\,NO_3^{\ominus} + 4\,H_2O + 2\,NO$$

$$Cr_2O_7^{2\ominus} + H_2O \rightleftharpoons 2\,CrO_4^{2\ominus} + 2\,H^{\oplus}$$

$$Pb^{2\oplus}\,aq. + CrO_4^{2\ominus}\,aq. \longrightarrow PbCrO_4\downarrow$$

Enthält die Lösung zusätzlich Sulfat-Ionen aus Schwefelsäure oder Alkalisulfaten, entsteht das hellere Bleisulfochromat:

$$Pb^{2\oplus}\,aq. + x\,CrO_4^{2\ominus}\,aq. + (1-x)\,SO_4^{2\ominus}\,aq. \longrightarrow Pb(Cr_x,S_{1-x})O_4\downarrow$$

Früher wurde als Quelle für Blei-Ionen Bleiacetat benutzt, das durch Auflösen von Blei(II)oxid in Essigsäure gewonnen wurde. Bleioxid wiederum gewann man durch einfaches Verbrennen von Blei an der Luft:

$$2\,Pb + O_2 \longrightarrow 2\,PbO$$

Über diese Reaktion wurde auch das antike Gelbpigment Massicot (gelbes Bleioxid) hergestellt. Massicot entsteht aus rotem Bleioxid durch thermische Umwandlung.

Chromorange (gelb-orange: PO21, CI 77601; rot-orange: PO45, CI 77601), Chromrot, Türkischrot, Wiener Rot (PR103, CI 77601) sind basische Bleichromate der Zusammensetzung $PbCrO_4 \cdot PbO$ oder $Pb_2[CrO_4(OH)_2]$, die im Gegensatz zum neutralen Bleichromat ins Orange spielen [47, Bd. 1], [11, 16]. Es entsteht durch Fällung von Bleisalzen aus alkalischer Lösung. Der Chromorange-Niederschlag kann verschiedene

Schattierungen von Hell- bis Dunkelorange besitzen, die genaue Farbe hängt von der Teilchengröße ab, diese wiederum von den Fällungsbedingungen wie pH-Wert oder Temperatur. Dunklere rötere Varianten (Chromrot) weisen grössere Partikel auf. Auch der Bleioxidgehalt hat Einfluß auf den Farbton: je höher der Anteil an PbO, desto dunkler.

Chromate sind giftig, mit einem Brechungsindex von 2,4–2,7 gut deckend und wurden zusammen mit Chromgelb zu Anfang des 19. Jhd. als Pigment eingeführt. Aufgrund ihres Bleigehaltes und der Toxizität der Chromat-Ionen sind sie heute durch andere, ungefährliche und gute Orange- und Rotpigmente ersetzt worden.

Molybdatrot und Molybdatorange (PR104, CI 77605) sind Mischphasen $Pb(Cr, Mo, S)O_4$ mit etwa 10 % $PbMoO_4$, die brillant hellorange bis rot gefärbt sind [11, 16, 187]. Der genaue Farbton wird neben Zusammensetzung und Teilchengröße maßgeblich von der Kristallform bestimmt [186, Stichwort „Pigmente“]. Die Echtheiten der Molybatrotpigmente ähneln denen von Chromgelb, beide Pigmente weisen hohe Farbbrillanz und mit einem Brechungsindex von 2,3–2,65 auch hohe Deckkraft auf.

Als Pigment um 1935 auf dem Markt gebracht, avancierte Molybdatrot rasch zu einem der bedeutendsten Rotpigmente des letzten Jahrhunderts und wird vor allem in Drucktinten, Anstrichmitteln und Lacken sowie zur Kunststoffeinfärbung eingesetzt. Molybdatorange kann als Ersatz für das Chromorange dienen, dessen Produktion gestoppt wurde.

Interessanterweise ist reines Bleimolybdat farblos, Bleichromat gelb. Eine intensive orange bis rote Farbe tritt nur auf, wenn Bleimolybdat eine tetragonale Mischphase mit Bleisulfochromat bildet. Diese Phase ist thermodynamisch instabil und wandelt sich leicht in eine stabilere gelbe Modifikation um, was schon bei ungeschicktem Dispergieren erfolgen kann. Die erwünschte tetragonale Phase muß daher nach der Herstellung stabilisiert werden.

Zur Herstellung werden Blei-Ionen aus einer Bleinitratlösung mit Dichromat, Ammoniummolybdat und Schwefelsäure oder mit Kaliumchromat, Ammoniummolybdat und Natriumsulfat in den gewünschten Mengenanteilen gefällt:

$$Pb^{2\oplus}\,aq. + x\,CrO_4^{2\ominus}\,aq. + y\,MoO_4^{2\ominus}\,aq. + (1-x-y)\,SO_4^{2\ominus}\,aq. \longrightarrow Pb(Cr_x,Mo_y,S_{1-x-y})O_4\downarrow$$

Stöchiometrie und Fällungsbedingungen bestimmen den genauen Farbton.

Auch Molybdat-Pigmente müssen zur Erhöhung der Lichtechtheit stabilisiert werden. Dies erfolgt durch Zusatz von Natriumsilikat oder Aluminiumsulfat und Neutralisation mit NaOH oder Na_2CO_3, um auf dem Pigment Überzüge aus hydratisierten Silizium- oder Aluminiumoxiden zu bilden, z. B.:

$$Al^{3\oplus}\,aq. + 3\,OH^{\ominus} \longrightarrow Al(OH)_3\downarrow \longrightarrow Al_2O_3\cdot nH_2O$$

Zinkgelb (PY36, CI 77955); Strontiumgelb (PY32, CI 77839); Ultramaringelb, Barytgelb (PY31, CI 77103); Calciumchromat (PY33, CI 77223) Da die Farbigkeit des Chromgelb vom Chromat- und nicht vom Metall-Ion getragen wird, kann Blei durch zahlreiche andere Metalle ersetzt werden. Von 1850 an erfreuten sich Zink-, Strontium-, Barium- und Calciumchromate einer gewissen Beliebtheit. Sie zeigen ähnliche Brillanz, aber hellere Farben als das primelgelbe Chromgelb.

Während Zinkchromatgelb [48] $3\,ZnCrO_4 \cdot Zn(OH)_2 \cdot K_2CrO_4 \cdot 2\,H_2O$ oder $K_2O \cdot 4\,ZnCrO_4 \cdot 3\,H_2O$ öfter als Malerpigment genutzt wurde, erscheinen Strontiumchromat $SrCrO_4$ und Bariumchromat $BaCrO_4$ (►Abbildung 3.30) in den Farbenkatalogen nur als Additive. Ab 1941 tritt Zinkchromat auch als $ZnCrO_4 \cdot 4Zn(OH)_2$ auf. Die Hauptanwendung dieser Chromate lag darin, als gelber Bestandteil von grünen Mischungen mit Preussischblau zu fungieren (→ Zinkgrün).

Die Bezeichnung „Ultramaringelb“ für Barytgelb ist irreführend, da Bariumchromat nichts mit Pigmenten des Ultramarintyps wie Ultramarinblau zu tun hat.

3.6.2 Chromgrün, Zinnobergrün (PG15, CI 77510); Permanentgrün (PG48, CI 77600); Zinkgrün

Der Name „Chromgrün“ suggeriert das Vorhandensein einer weiteren grünen Verbindung des Chroms neben Chrom(III)oxid, was jedoch nicht der Fall ist: unter dem Namen „Chromgrün“ werden verschiedene Mischfarben aus gelben und blauen Pigmenten angeboten. PG15 ist eine Mischung aus Chromgelb und Eisenblaupigmenten, PG48 eine aus Chromgelb und Phthalocyaninblau [11, 16]. Zinkgrün ist eine Mischung aus Zinkchromat und Eisenblaupigmenten, mit diesem Namen wird aber auch die grüne Zink-Kobalt-Verbindung „Rinmanns Grün“ bezeichnet.

Chromgrün kann in Farbtönen von hell gelblichgrün bis dunkel blaugrün hergestellt werden, und zwar durch Mischung der Einzelpigmente, die sich der Maler auch selber herstellen könnte. Zur Herstellung besonders brillanter Grüntöne wird auf nasschemischem Weg ein Pigment auf den Körnern des anderen niedergeschlagen. Dabei werden zur Stabilisierung Lösungen von Natriumsilikat, Aluminiumsulfat oder Magnesiumsulfat zugesetzt, die schützende Schichten aus Silizium-, Aluminium- oder Magnesiumoxid bilden. Das resultierende Zweilagen-Pigment zeigt brillante Farben, hohe Farbstabilität und Deckkraft.

Echtheiten und maltechnische Eigenschaften der stabilisierten Chromgrüne sind – abhängig von den verwendeten Komponenten – gut, sodaß sie in der Regel die gleichen Anwendungsgebiete wie Chromgelb und die Molybdatpigmente besitzen. Für die Grün-Mischungen wird oft eine transparente Variante des primelgelben bleisulfat-haltigen Chromgelbs verwendet. Der niedrige Brechungsindex des Bleisulfat von 1,89 im Gegensatz zum deckenden Bleichromat verursacht weitgehende Transparenz in Ölbindemitteln.

3.7 Eisenblaupigmente (Preussischblau, Berliner Blau, Miloriblau, Pariserblau, PB27, CI 77510, 77520)

In dieser Gruppe werden die Pigmente Pariser Blau, Preussischblau, Berlinerblau, Miloriblau, Turnbulls Blau etc. zusammengefaßt, die ihre Farbigkeit einem gemischtvalenten hydratisierten Fe^{II}–Fe^{III}-Cyanokomplex verdanken [47, Bd. 3], [11, 16, 375, 376]. Die traditionellen Namen bezeichnen oft einen speziellen Farbton des unlöslichen Eisenkomplexes. Heute werden die Pigmente nach einer Systematisierung und Vereinfachung der Varietäten allgemein als *Eisenblau* bezeichnet.

Lange Zeit war es unklar, wie sich die Oxidationsstufen des Eisens in der Verbindung verteilen, d. h. ob eine Verbindung $AFe^{III}[Fe^{II}(CN)_6]$ oder eher $AFe^{II}[Fe^{III}(CN)_6]$ vorliegt. Neue Analysen zeigen, daß es sich bei allen Varianten von Eisenblau stets um den nämlichen Komplex handelt, der sich durch

$MFe^{III}[Fe^{II}(CN)_6]$ mit $M=Na, K, NH_4$ (CI 77520, sog. „lösliches Blau“)

$Fe_4^{III}[Fe^{II}(CN)_6]_3 \cdot n\,H_2O$ oder $Fe^{III}[Fe^{III}Fe^{II}(CN)_6]_3 \cdot n\,H_2O$ mit $n = 14–16$ (CI 77510)

beschreiben läßt und Fe^{II} im komplexen Anion enthält. *Löslich* meint in diesem Zusammenhang weniger die Wasserlöslichkeit des Pigments. Vielmehr drückt es aus, daß lösliches Eisenblau bei der Synthese als kolloidale Lösung entsteht, deren Partikel eine Größe von 0,01–0,1 µm besitzen. Auch besitzt es gute Peptisationsfähigkeit, also die Fähigkeit, sich wieder kolloidal zu lösen. Die beim löslichen Eisenblau eingesetzten Gegenionen sind wichtig für Farbton und Dispersionsfähigkeit, industriell werden Kalium und Ammonium als Gegenion verwendet, da sie die schönsten Farbtöne liefern. Kalium ist teurer als Ammonium.

Die Struktur von Eisenblaupigmenten basiert auf einem kubischen Gitter. In diesem sind abwechselnd Fe^{II} und Fe^{III} angeordnet, dazwischen liegen die Cyanogruppen und bilden das farbgebende Strukturelement Fe^{II}–C–N–Fe^{III}. Die intensive Farbe des Eisenblau ist ein Paradebeispiel für Farbigkeit durch Intervalenz-Charge Transfer: innerhalb des Strukturelements initiiert die Einstrahlung gelbroten Lichts einen Elektronenwechsel vom sechsfach C–koordinierten Fe^{II}-Ion zum sechsfach N-koordinierten Fe^{III}-Ion, ►Abschnitt 2.4.2. Dies veranlaßt eine intensive breite Absorption im gelbroten Bereich und intensiv blaue Farbe, ►Abbildung 3.32.

Kristallwasser und bei löslichem Eisenblau die einwertigen Metall-Kationen sind innerhalb der Kuben des Eisen-Gitters verteilt. Bei unlöslichem Eisenblau sind ¼ der Fe^{II}- und der Cyanopositionen leer. Das Kristallwasser ersetzt dann Stickstoff und ist für die Stabilität des Gitters unabdingbar.

Die Herstellung erfolgt aus einer Lösung von Kalium-hexacyanoferrat(II) mit Eisen(II)sulfat oder -chlorid. Es entsteht ein weißer Niederschlag von Berliner Weiß

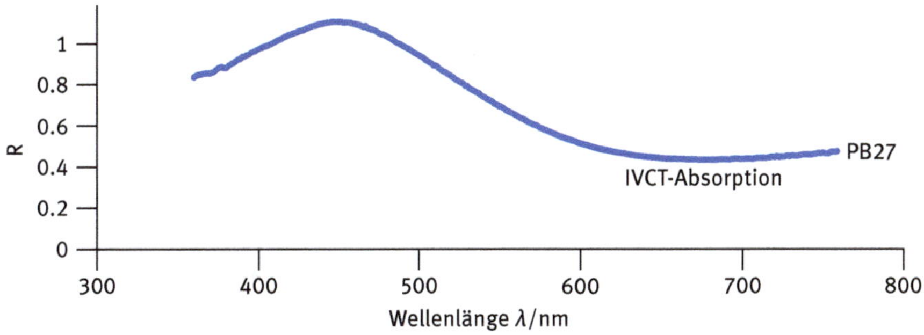

Abb. 3.32: Reflexionsspektrum von blauen Aquarellfarben auf CT-Basis, normiert auf eine beliebige Einheit: Preussischblau (Schmincke Horadam Nr. 492, PB27, (Na, K NH_4)$Fe^{III}[Fe^{II}(CN)_6] \cdot nH_2O$) mit der intensiven und breiten IVCT-Absorption im gelbroten Spektralbereich.

(Eisen(II)-hexacyanoferrat(II)), der nach Erhitzen der Suspension mit Alkalichlorat, H_2O_2 oder Alkalidichromat zum blauen Pigment oxidiert wird:

$$K_4[Fe^{II}(CN)_6]\ aq. \xrightarrow[-\,K_2SO_4]{FeSO_4} \underset{\text{Berliner Weiß}}{K_2Fe^{II}[Fe^{II}(CN)_6]\downarrow} \xrightarrow{[O]} \underset{\text{unlösliches Eisenblau}}{Fe_4^{III}[Fe^{II}(CN)_6]_3\downarrow}$$

$$K_4[Fe^{II}(CN)_6]\ aq. \xrightarrow[-\,K_2SO_4]{FeSO_4,\ (NH_4)_2SO_4} (NH_4)_2Fe^{II}[Fe^{II}(CN)_6]\downarrow \xrightarrow{[O]} \underset{\text{lösliches Eisenblau}}{NH_4Fe^{III}[Fe^{II}(CN)_6]\downarrow}$$

Die Alterungs- und Oxidationsphase wird abhängig von den Zielparameters des Pigments gesteuert. Die Reaktionsbedingungen (Temperatur, Konzentration) sowie die Zugabe von Ammoniumsulfat beeinflußen Größe und Form der gefällten Partikel und die Farbe des resultierenden Pigments. Es können zahlreiche Blau-Schattierungen erhalten werden, die ins Rötliche oder Grünliche spielen. Die Dispergierbarkeit des Pigments wird durch Zugabe organischer Verbindungen in der Alterungs- und Oxidationsphase verbessert, die die Agglomerisation beim Trocknen verhindern.

Lösliches Eisenblau wird auch durch Reaktion von Kalium-hexacyanoferrat(II) mit Eisen(III)-Salzen oder durch Reaktion von Kalium-hexacyanoferrat(III) mit Eisen(II)-Salzen gefällt:

$$K_4[Fe^{II}(CN)_6]\ aq. + Fe^{3\oplus}\ aq. \longrightarrow \underset{\text{lösliches Eisenblau}}{KFe^{III}[Fe^{II}(CN)_6]\downarrow} + 3\,K^{\oplus}$$

$$K_3[Fe^{III}(CN)_6]\ aq. + Fe^{2\oplus}\ aq. \longrightarrow KFe^{III}[Fe^{II}(CN)_6]\downarrow + 2\,K^{\oplus}$$

Liegen die Reaktanden im molaren 1:1-Verhältnis vor, entsteht kolloidales lösliches Eisenblau. Daraus kann durch Zugabe überschüssiger Eisen(II)- oder Eisen(III)-Ionen unlösliches Eisenblau hergestellt werden, was aber industriell nicht durchgeführt wird.

Eisenblau wurde um 1700 in Berlin von Diesbach als Niederschlag bei einer Fällungsreaktion beobachtet, der damit die älteste Koordinationsverbindung synthetisiert hat. Milori stellte das Pigment im frühen 19. Jhd. industriell her, und Pigmente dieser Gruppe gewannen rasch an Bedeutung, bevor sie diese ab etwa 1970 an blaue Phthalocyanin-Pigmente verloren.

Eisenblaupigmente weisen hohe Färbekraft und hohe Licht- und Wetterbeständigkeit auf und waren Bestandteil blauer Lacke und Anstrichfarben. Weißausmischungen beeinflußen die Beständigkeit aber negativ, und es ist je nach Anwendungsgebiet ein Decklack notwendig. Unter Malern war dies seit dem 18. Jhd. bekannt, [377–379] bestätigen die Tendenz des Berlinerblau zum Ausbleichen in Weißausmischungen.

Durch ihre Farbstärke und den geringen Brechungsindex von 1,56 sind Eisenblaupigmente sehr transparent. Eisenblaupigmente werden industriell in reiner Form verwendet, hauptsächlich in Druckfarben und -tinten, da sie eine hohe Deckkraft besitzen und ökonomisches Drucken erlauben. Frühe großtechnische gewerbliche Druckerzeugnisse waren z. B. Tapeten. Für den Mehrfarbdruck werden Eisenblau- mit Phthalocyanin-Pigmenten ergänzt, bis vor kurzer Zeit war Eisenblau überhaupt das wichtigste blaue Pigment für Druckfarben. Es dient auch heute noch zum Schönen von schwarzen Druckfarben, d. h. zum Justieren der schwarzen Farbe. Lösliches Eisenblau dient zur günstigen Einfärbung von Papier, unlösliches ist Bestandteil von Streichfarben für oberflächengefärbtes Papier.

Für die schönen Künste besaßen Eisenblaupigmente eine große Bedeutung als Bestandteil *grüner Fertigfarben*, in denen sie zusammen mit einem gelben Pigment auftreten: *Chromgrün* (Eisenblau und Chromgelb), *Zinkgrün* (mit Zinkgelb), *Hookersgrün* (mit Gamboge) sowie mit Ocker, Neapelgelb und anderen Gelbtönen.

Durch ihre sehr geringe Teilchengröße bilden Eisenblaupigmente rasch kolloide Lösungen und das Dispergieren ist problematisch, Alkohol oder andere Netzmittel sind erforderlich. Sie sind stabil gegenüber verdünnten Mineralsäuren und Oxidationsmitteln, starke Säuren und Alkalien zersetzen das Pigment dagegen. Sie können daher nicht in Medien wie Kasein, Fresko oder Natrium-Kalium-Silikaten verwendet werden. Wird das Blaupigment mit Füllstoffen wie Bariumsulfat, Tonerde oder Calciumsulfat vermischt, erhalten wir Farben wie Mineralblau, Antwerpener Blau oder Braunschweiger Blau.

Trotz des Vorhandenseins eines Cyanid-Anions findet nur eine sehr geringe Freisetzung aus dem Komplex statt. Verbunden mit der geringen Absorptionsrate im tierischen Organismus und einer hohen Exkretionsrate zeigen Eisenblaupigmente keine akute Toxizität oder nachgewiesene negative Langzeiteffekte und verursachen keine Reizung von Haut oder Schleimhäuten. Bemerkenswert ist, daß Eisenblau zur Dekontamination radioaktiv bestrahlter Personen herangezogen wird, da das gefährliche ^{137}Cs gegen Fe^{II} ausgetauscht und – fest gebunden – ausgeschieden wird. Auch die dabei benutzten hohen Gaben von bis zu 20 g/Tag zeigten keine toxikologischen Auffälligkeiten.

3.8 Verschiedene Metallpigmente

Eierschalen-, Muschel-, Knochen-, Hornweiß Diese Weißpigmente sind künstlichen Ursprungs und werden in verschiedenen Manuskripten zur Herstellung von Buchmalerfarben beschrieben [103]. Es handelt sich bei ihnen um Calciumhydroxid $Ca(OH)_2$ und -phosphat (Apatit) $Ca_3(PO_4)_2$, die durch Brennen und ggf. Ablöschen von Eierschalen, Perlmutt, Elfenbein oder Hirschhorn entstehen:

$$CaCO_3 \xrightarrow[\text{Brennen}]{\Delta} CaO \xrightarrow[\text{Löschen}]{H_2O} Ca(OH)_2$$

Während Eierschalen- und Muschelweiß rein weiß sind, ist Apatit härter und grauer im Ton, sodaß Knochen- und Hornweiß vorzugsweise in Grundierungen benutzt wurden. Alle diese Weißpigmente besitzen einen mittleren Brechungsindex, sodaß sie bevorzugt für wäßrige Techniken (Buchmalerei) in Frage kommen, für Öl jedoch zu transparent sind.

Gofun Shirayuki, japanisches Muschelweiß Dieses warm-porzellanweiße Pigment, bestehend aus Calciumcarbonat $CaCO_3$, wird in Japan als Ersatz für das vor etwa 400 Jahren verbotene Bleiweiß verwendet [61]. Es wird aus Austernschalen hergestellt, die, zu großen Haufen aufgeschichtet, im feucht-warmen Klima der japanischen Küste verrotten und schliesslich zu winzigen Perlmuttschuppen zerfallen, die durch Naßschlämmen in Größenklassen sortiert werden.

Bleiweiß, Kremserweiß (PW1) Basisches Bleikarbonat $2\,PbCO_3 \cdot x\,Pb(OH)2$, ist seit der Antike als Schmincke und Pigment bekannt. Trotz seiner Giftigkeit war es bis ins 19. Jhd. hinein das bedeutendste Weißpigment der europäischen Tafelmalerei [47, Bd. 2], [338], da es ein reines Weiß mit hoher Deckkraft auch in Öl ist. Dies ist durch den relativ hohen Brechungsindex von 1,94 bedingt, während Kalkweiß oder Gips durch den fast gleichen Brechungsindex wie Öl in diesem Bindemittel transparent erscheinen und nur für Fresko oder Aquarell geeignet sind.

Interessant an Bleiweiß ist, daß es zu den ältesten synthetischen Pigmente gehört und bereits seit der Antike künstlich hergestellt wurde. Man setzte Bleiplatten in geschlossenen Gefäßen den Dämpfen von Essig (also Essigsäure) und warmem Mist (Kohlendioxid) aus. Der zunächst entstandene weiße Belag von Bleiacetat wandelte sich in basisches Bleikarbonat um und wurde dann an der Luft getrocknet. Heutzutage wird das Pigment ebenfalls aus Bleiacetat oder einem anderen löslichen Bleisalz hergestellt, obschon das Pigment nur mehr für Spezialzwecke wie die Restauration durch Fachleute erhältlich ist [16]:

$$Pb \xrightarrow{O_2} PbO \xrightarrow[-\,H_2O]{CH_3COOH} Pb(CH_3COOH)_2 \xrightarrow[-\,CH_3COOH]{+\,CO_2,\ +\,H_2O} PbCO_3 \cdot Pb(OH)_2$$

Der weiße Niederschlag kann ohne weitere Behandlung als Pigment verwendet werden.

Ein Vorteil des Pigments war, daß es als Bleisalz die Trocknung von Öl beschleunigt. Mit Ölen bildet es darüberhinaus transparente Bleiseifen, sodass Gemälde ab der Zeit Rembrandts häufig nachdunkeln, weil die deckenden Lagen von Bleiweiß in zunehmendem Maße dunkle Untermalungen durchscheinen lassen, ►Abschnitt 7.4.11.

Als Carbonat ist Bleiweiß gegenüber Säuren empfindlich, wobei sich die entsprechenden Bleisalze bilden. Als Nachteil muss die Empfindlich gegenüber Schwefelwasserstoff oder Sulfiden allgemein genannt werden, die besonders bei der Aquarellfarbe auffällt, da Bleiweiß unter Bräunung mit Bildung des schwarzen Bleisulfids reagiert. Frühere Künstler mussten daher teilweise Bleiweißlagen mit Schutzfirnissen versehen, bevor sie weitere Farben auftragen konnten. Insgesamt können wir jedoch beobachten, daß die Einbettung des Pigments in einen Ölfilm eine Schutzwirkung über viele Jahrhunderte bis heute bewirkt.

Barytweiß, Baryt (PW22); Blanc Fix, Permanentweiß, Bariumsulfat (PW21, CI 77120)
Weisses Bariumsulfat $BaSO_4$ tritt natürlich als Baryt auf und wurde seit ca. 1782 als Alternative zu Bleiweiß verwendet, jedoch hauptsächlich als Wasserfarbe [47, Bd. 1], [187]. Durch eine Verknappung des natürlichen Minerals wurde es um 1830 synthetisch hergestellt und gelangte unter den Namen Blanc Fix oder Permanentweiß in den Handel. Es wird bis heute als Pigment verwendet, die Mengen sind jedoch rückläufig. Durch den geringen Brechungsindex von 1,64 eignet sich das an sich sehr stabile hochweisse Pigment nach wie vor am ehesten für Wasserfarben.

Die Herstellung des Pigments erfolgt einfach durch Fällung des schwerlöslichen Bariumsulfats mit einem löslichen Bariumsalz und Sulfat:

$$Ba^{2\oplus}\ aq. + SO_4^{2\ominus} \longrightarrow BaSO_4 \downarrow$$

Die Fällung wurde auch verwendet, um das natürliche Mineral zu reinigen, das aufgrund von Eisenspuren häufig zart gefärbt war. Es kann durch Reduktion mit Kohle in das lösliche Sulfid umgewandelt werden:

$$BaSO_4 + 2\,C \longrightarrow BaS + 2\,CO_2$$

$$BaS\ aq. + Na_2SO_4 \longrightarrow BaSO_4 \downarrow + Na_2S$$

Lithopone Obwohl Barytweiß als Pigment wenig verwendet wird, werden große Mengen zur Herstellung von *Lithopone* produziert. Diese Mischung aus Zinksulfid und Bariumsulfat ist seit über 150 Jahren bekannt. Sie war vor allem in der ersten Hälfte des 20. Jhd.s intensiv in Gebrauch, bevor sie vom Titanweiß verdrängt wurde [186, Stichwort „Pigmente"].

Lithopone wurde nie als Malerpigment verwendet, sondern für Beschichtungen aller Art (Papier, Primer) und als Füllstoff und Weißpigment in der Lackindustrie (Grundierungen, Spachtelmassen) gebraucht. Wir erhalten sie durch Mitfällung von Sulfid und Sulfat:

$$BaS\ aq. + ZnSO_4\ aq. \longrightarrow BaSO_4 \downarrow + ZnS \downarrow$$

Kobaltgelb, Aureolin (PY40, CI 77357) Gelbes Kalium-hexanitrito-kobaltat(III) $K_3[Co(NO_2)_6]$ kennen Chemiker vom qualitativ-mikrochemischen Kalium-Nachweise her. Es wurde um 1850 als Pigment vorgeschlagen und war im 19. Jhd. zuweilen in Gebrauch [47, Bd. 1]. Aufgrund des niedrigen Brechungsindex von 1,72 wurde der Kobaltkomplex vor allem als Wasserfarbe genutzt. Die Echtheiten dieses Pigments wurden kontrovers diskutiert, auf jeden Fall ist trivalentes Kobalt ein reaktives Oxidationsmittel, das schon bald durch billigere und bessere gelbe Pigmente ersetzt wurde. Für uns von Interesse ist die *gelbe* Farbe, die das Kobalt hier zeigt, hervorgerufen durch oktaedrische Koordination von Co^{III}.

Manganblau (PB33, CI 77112) Mit Mangan dotiertes Bariumsulfat ist seit etwa 1920 als Bariummanganat oder Manganblau bekannt und zeigt einen schönen leuchtenden kalten Blauton, wird jedoch leider nicht mehr als Pigment hergestellt. Das Pigment entsteht durch direkten isomorphen Ersatz von Schwefel durch Mangan, das darin tetraedrisch koordiniert als $MnO_4^{3\ominus}$ vorliegt [421]. Die Frage, welche Oxidationsstufe (VI oder V) das Mangan annimmt, war lange offen und kann durch die LF-Farbe der Ionen alleine nicht entschieden werden, so zeigen z. B. beide Oxidationsstufen in wässriger Lösung grüne bis blaue Farben.

In der häufig angegebenen Zusammensetzung $BaMnO_4 \cdot BaSO_4$ läge Mn^{VI} vor. Nach [421] ist jedoch eindeutig Mn^{V} für die Farbe verantwortlich, sodass wir das Pigment eher als Barium-manganat(V) $Ba_3(MnO_4)_2$ oder als Mischkristall $BaSO_4 \cdot BaHMnO_4$ beschreiben müssen. Für die letzte Annahme spricht die Existenz eines Mischkristalls $BaSO_4 \cdot BaHPO_4$. In einem basischen Wirtsgitter wäre folgende Redox-Reaktion denkbar:

$$2\ Mn^{VI}O_4^{2\ominus} + H_2O \longrightarrow 2\ HMn^{V}O_4^{2\ominus} + 1/2\ O_2$$

Das Spektrum und damit die Farbe ist typisch für den Ligandenfeldübergang $e \rightarrow t_2$ eines $3d^2$-Ions im Tetraederfeld, die dominanten Übergänge sind

$$^3A_2 \rightarrow {}^3T_1 \quad (e)^2(t_2)^0 \rightarrow (e)^0(t_2)^2 \quad (14500\text{–}16500\,\text{cm}^{-1})\ \text{dominant}$$
$$^3A_2 \rightarrow {}^3T_2 \quad (e)^2(t_2)^0 \rightarrow (e)^1(t_2)^1 \quad (11500\,\text{cm}^{-1})\ \text{schwächer}$$

und entsprechen dem Mn^V-Ion. Beiträge einer Mn^{VI}-Absorption sind im Spektrum nicht festzustellen. Durch die Tetraedersymmetrie sind die Übergänge erlaubt und daher sehr intensiv, im Gegensatz zu vielen anderen Pigmenten, die auf Ligandenfeldübergängen basieren.

Eisenphosphatblau, Vivianit, blauer Ocker, Eisenblau, Blaueisenerde Dieses vor allem im Mittelalter benutzte blaue Pigment besteht aus wasserhaltigem Eisenphosphat der Zusammensetzung $Fe_3(PO_4)_2 \cdot 8\,H_2O$, das Fe^{III}-Ionen enthält [48, 55]. Es ist ein häufiges Sekundärmineral, das in kristalliner und erdiger Form vor allem in Eisen-, Zinn- und Kupferlagerstätten sowie Braunkohlegruben oder am Grunde von eisenhaltigen Mooren vorkommt. Es entsteht als Umwandlungsprodukt von Knochen und organischem Material aus Eisen- und Phosphat-Ionen, färbt sich aber erst bei Luftkontakt durch oxidative Bildung von Fe^{III}-Ionen blau, ►Abschnitt 2.4.2 auf S. 134. Einmal gebildet, bleibt die Farbe stabil, sofern das Fe^{II}/Fe^{III}-Verhältnis nicht durch äußere Umstände geändert wird.

Kobaltviolett dunkel (PV14, CI 77360) Kobalt wird gern mit intensiv blauen Farben (Kobaltglas) assoziiert, aber dank des Ligandenfeldüberganges kann es auch einem intensiven und reinen Rotviolett seine Farbe verleihen [357], ►Abbildung 3.33. Kobaltviolett dunkel ist Kobalt(II)phosphat $Co_3(PO_4)_2$, das 1859 entdeckt wurde und bis heute in Gebrauch, aber teuer ist.

Ein gleichartig gebautes violettes Kobaltpigment ist Kobaltarsenat $Co_3(AsO_4)_2$ oder Kobaltviolett hell, in dem Kobalt durch Magnesium ersetzt sein kann: $Mg_3(AsO_4)_2$. Im Gegensatz zu seiner häufigen Erwähnung in der Literatur wird es selten in Gemälden gefunden.

Lithiumkobaltphosphat (PV47, CI 77363); Ammoniumkobaltphosphat, Kobaltammoniumviolett (PV49, CI 77362) sind weitere Pigmente, die durch Kobalt rotviolett gefärbt sind [357], ►Abbildung 3.33. Sie haben die Zusammensetzung $LiCoPO_4$ und $NH_4CoPO_4 \cdot H_2O$. Im Gegensatz zum Kobaltarsenat sind sie heutzutage kommerziell erhältlich.

Manganviolett (PV16, CI 77742) Auch Mangan ist ein Element, das seinen Verbindungen dank Ligandenfeldübergängen zahlreiche Farben verleihen kann. Als Mn^{III} im Manganammoniumphosphat $(NH_4)MnP_2O_7$ liefert es seit seiner Entdeckung um 1868 ein schönes bläuliches Violett, ►Abbildung 3.33.

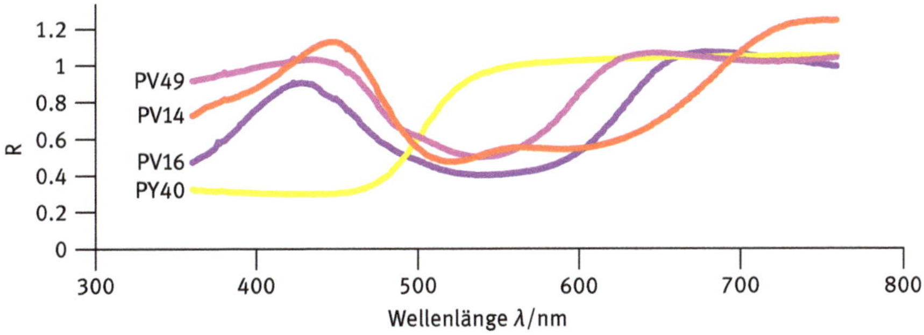

Abb. 3.33: Reflexionsspektrum von Aquarellfarben auf Kobalt-Basis, normiert auf eine beliebige Einheit: Manganviolett (Schmincke Horadam Nr. 474, PV16, $(NH_4)MnP_2O_7$), Kobaltgelb (Kremer Nr. 435008, PY40, $K_3[Co(NO_2)_6]$), Cobalt Violet (D. Smith Extra Fine Watercolor Nr. 284610030, PV49, $NH_4CoPO_4 \cdot H_2O$), Cobalt Violet (Winsor&Newton Professional Watercolor Nr. 192, PV14, $Co_3(PO_4)_2$).

3.9 Gläser

Mit den Gläsern treffen wir auf farbige Materialien, die an der Grenze von Malerei und Kunsthandwerk liegen. Da sie aber gut Farbigkeit durch Ligandenfeldübergänge illustrieren und einige Glasmassen in gewissem Umfange als Pigment verwendet wurden, ebenso die Kenntnis der Glasmalerei davon profitiert, sei hier ein kurzer Abriss über das Glas und seine Verwandten (Emaille und Glasuren) gestattet. Bei den Glasuren stossen wir auf eines der ältesten synthetischen Pigmente, auch wenn es zunächst nicht als solches verwendet wurde. Wir wollen uns zunächst einige Stationen in der Geschichte des Glases ansehen [26, 27]:

3000 v. Chr.	Ägypten, Mesopotamien	Erstes Glas aus Quarz (Sand) und Halophytenasche (Soda, Kalk), durch Cu grün gefärbt (Halophytenasche-Glas)
1600 v. Chr.	Syrien	Bleiglas mit verschiedenen Farbzusätzen, ►Tabelle 3.8
600 v. Chr.		Soda-Kalk-Glas aus mineralischer Soda
70	Rom	Farbloses Glas (eisenarm), Flachglas für Fenster
100		Glasmacherpfeife
2.-4. Jhd.		Gold- und Emaildekore
8. Jhd.	Karolingerreich	Frühmittelalterliches Blei-Flachglas als Farbfenster: grün, braun, seltener blau, rot; Holzasche-Glas (Kaliglas, Waldglas)
9.-12. Jhd.	Samarra	Islamische Gläser, grün, blau, farblos
15. Jhd.	Mitteleuropa	Holzasche-Kalk-Glas
19. Jhd.		Kalknatronglas, Vielzahl an spezialisierten Glasrezepturen

Als Glas bezeichnen wir Mischungen, die aus dem Schmelzfluß nicht in kristalliner, sondern in „glasig"-amorpher Form, das heißt mit Nah-, aber ohne Fernordnung erstarren. Sie bestehen aus [29–31, 557, 558]

- sauren Oxiden (wie SiO_2, B_2O_3 oder P_2O_5)
- amphoteren Oxiden (wie Al_2O_3 oder SnO_2)
- und basischen Oxiden (wie K_2O, NaO, MgO, CaO oder PbO und ZnO)

Die sauren Oxide, die *Glasbildner*, bilden ausgedehnte dreidimensionale Netzwerke, während die basischen Oxide, die *Netzwerkwandler*, Trennstellen erzeugen und die Netzwerke unterbrechen. Sie helfen, aus den harten und spröden Glasmassen schmelz- und bearbeitbare Materialien zu gewinnen. Die amphoteren Oxide sind selber keine Glasbildner, können diese aber ersetzen und verändern die Eigenschaften des Glases.

Das eigentliche Glas besteht aus dem Netzwerkbildner SiO_2, das ein Netzwerk von eckenverknüpften SiO_4-Tetraedern ausbildet. In diesem sind einige der Si–O–Si-Brücken durch Oxidionen O^{2-}, die von basischen Oxiden geliefert werden, gespalten (Trennstellenbildner): $Si–O–Si + O^{2\ominus} \rightarrow Si–O^{\ominus} + {}^{\ominus}O–Si$. Je mehr Trennstellen gebildet werden, desto mehr sinken Erweichungstemperatur und Schmelzpunkt.

In dem aus SiO_2 gebildeten Grundgerüst kann $Si^{4\oplus}$ durch andere Atome ersetzt werden, zum Beispiel $B^{3\oplus}$, $Al^{3\oplus}$ oder $P^{5\oplus}$. Man erhält so Gläser wie das Borosilikatglas. Da diese Atome die Ladung des Grundgerüstes verändern, benötigen sie zusätzliche Trennstellenbildner, um die Differenzen auszugleichen.

Eine Reihe antiker Glasrezepturen können wir in [26, Kap. 6], [34, 116] finden. Die Rezepturen lassen eine gewisse zeitliche und räumliche Ordnung erkennen, ►Abbildung 3.34. Im Mittelmeerraum und im Orient, an dessen Küsten natriumreiche Halophyten (Salzpflanzen) gediehen und eine natrium- und calciumreiche Asche lieferten, oder in deren Wüsten und Salzseen natürliche Soda (Natriumcarbonat und calciumreiche Begleitstoffe) gefunden wurde, ist der Anteil an widerstandsfähigen *Kalknatrongläsern* hoch.

Assyrisches Glas, 7 v. Chr., Kalknatronglas [26, Kap. 6] 1 Teil Sand, 3 Teile Salicornia-Asche, 0,1 Teile Salpeter, 0,04 Teile Kalk

Römisches Glas, 1. Jhd., Kalknatronglas farbkompensiert [26, Kap. 6] $9/12$ Teile Sand, $3/12$ Teile Natursoda, etwas Braunstein

Syrisches Glas, 7.-11. Jhd., Kalknatronglas [26, Kap. 6] 1 Teil Pulver von Kieseln, 3 Teile Asche oder 0,8 Teile Alkali aus Asche

Mitteleuropäische Glashütten verfügten dagegen nicht über natriumhaltige Pflanzen, die das nötige Natriumcarbonat liefern konnten, und waren auf importierte Natriumverbindungen angewiesen. Am Ende des 8. Jhd. trat eine Verknappung an Naturso-

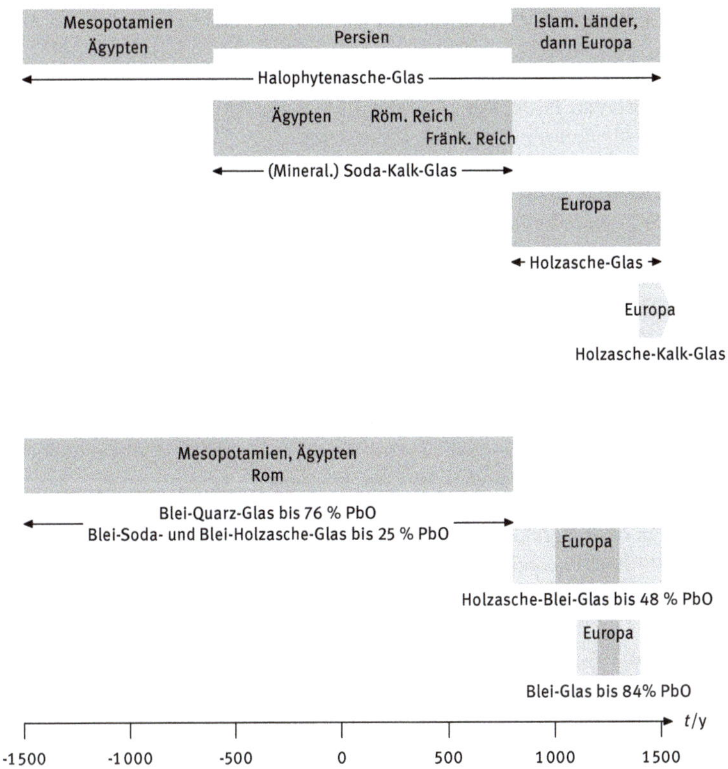

Abb. 3.34: Grobe zeitliche und räumliche Einordnung antiker Glastypen (gezeichnet nach [26, Kap. 6], [27, Kap. 13, 14]). Die natrium- und calciumreichen Halophytenasche- und Soda-Kalk-Gläser werden auch zusammenfassend als Kalknatrongläser bezeichnet. Kaliumreiche Holzaschegläser kennen wir auch als Kaliglas.

da auf, im Mittelmeerraum mußte auf natriumreiche Halophytenasche (ergab Kalknatronglas) oder kaliumreiche Holzasche (ergab Kaliglas) umgestellt werden. Auch ins merowingische Reich wurde nicht mehr genügend Soda geliefert, sodaß auch dort die alkalische Komponente hauptsächlich durch Veraschung von kaliumreichen Farnen und Hölzern (Buchen) gewonnen werden mußte. Dieses weniger beständige *Kaliglas* oder *Holzascheglas* („Waldglas“) wies eine typische, eisenbedingte grüne Färbung auf und blieb von der Karolingerzeit bis zum späten Mittelalter bestimmend für Mitteleuropa. Venezianisches Glas wurde mit natriumreicher Halophytenasche aus der Levante erzeugt und mit Calciumanteilen aus den Ausgangsstoffen zum Kalknatronglas umgesetzt. Später kann in Europa eine Umstellung der Ofenkonstruktionen beobachtet werden, die höhere Schmelztemperaturen erreichen und die Herstellung eines calcium- und siliziumreicheren Holzasche-Kalk-Glases zulassen, das bis zur Neuzeit beibehalten wird.

Glas nach Theophilus Presbyter, 1123, Kaliglas [26, Kap. 6] 1 Teil Sand, 2 Teile Buchenholzasche

Grünes Waldglas, Nordeuropa 14.-16. Jhd., Kaliglas [116] Kaliumcarbonat (Holzasche, Pottasche), Sand (mit Eisenverbindungen) oder weiße Kieselsteine

Venezianisches cristallo-Glas nach V. Biringuccio 1540, Kalknatronglas farbkompensiert [116], [26, Kap. 6] 2 Teile Flusskiesel oder Sand (mit Kalkanteil), 1 Teil Salz aus Asche (natriumhaltige Kalipflanzen, Farne, Flechten), etwas Braunstein (Mangandioxid)

Glas nach Agricola, 1556, Natronglas farbkompensiert [26, Kap. 6] 2 Teile Sand, 1 Teil Soda, Steinsalz oder Salz aus Halophytenasche, kleine Stücke Braunstein.
Alternativ: 1 Teil Sand, 2 Teile Holzasche, etwas Steinsalz, ein kleines Stück Braunstein

Venezianisches cristallo-Glas nach A. Neri 1612, Kalknatronglas farbkompensiert [116] Rochetta (sodahaltige Pflanze) aus der Levante oder Syrien, Weinstein, Tarso (kalkhaltige Flußkiesel aus dem Ticino mit wenig Eisenverbindungen), Mangan, Kochsalz

Böhmisches Kreideglas oder Kalkkristallglas nach J. Kunckel, 1689, Kalkkaliglas farbkompensiert [116] 100 Pfund Pottasche, 150 Pfund Sand (mit Eisenverbindungen), 20 Pfund Kreide, 5 Unzen Mangan

Die Möglichkeit, der Glasmasse Blei hinzuzufügen und damit ein leicht schmelzbares und färbbares *Bleiglas* zu erzeugen, wurde bereits in der Antike erkannt. Wir finden in Ägypten und Rom reine Blei-Quarz-Gläser mit bis zu 76 % PbO, und Blei-Soda-Gläser mit bis zu 25 % PbO. In Mitteleuropa wurde Blei als Nebenprodukt der mittelalterlichen Silbergewinnung aus Bleierzen gewonnen. Mit der Umstellung auf Kupfererze im 14. Jhd. und dem Rückgang der sakralen Glasfensterkunst ging auch die Bleiglasfertigung im späten Mittelalter zurück.

Venezianisches weißes Mosaikglas, 15. Jhd., Bleiglas [116] Bleiglas, Zinkoxid

Der Anteil an Bleioxid erhöht Brechungsindex und Dispersion des Glases, erniedrigt die Viskosität des geschmolzenen Glases, senkt die Oberflächenspannung des Glases und verbessert damit die Benetzbarkeit von anderem Glas, löst andere Metalloxide leicht auf und senkt die Schmelztemperatur auf 700–800 °C ab. Das resultierende leicht aufschmelzbare Glas war die Basis von transparenten oder opaken Emaillefarben, die durch Zumischung von Metalloxiden gefärbt werden konnten, ►Abschnitt 3.9.3. Die genannten Eigenschaften lassen sich auf die großen, leicht polarisierbaren Blei(II)-Ionen zurückführen, die etwa ebenso groß sind wie die glasbildenden Bestandteile $O^{2\ominus}$ und $K^{\oplus}$ [31]. Dadurch ordnen sich Blei-Kationen nicht in den Leerstellen des Silikatnetzwerks an, sondern stören die Glasordnung und veranlassen SiO_4-Tetraeder, sich um die Bleiionen herum anzuordnen. Durch ihre Deformierbarkeit können sie sich an Grenzflächen anpassen, sodaß die Oberflächenspannung vermindert und die Löslichkeit für andere Metalloxide erhöht wird. Die durch ihre Polarisierbarkeit hervorgerufenen optischen Eigenschaften haben wir in ►Abschnitt 1.6.5 bereits besprochen.

Heutige Gläser weisen folgende beispielhafte Zusammensetzungen auf:

Kieselglas (Quarzglas) stellt fast reines Siliziumdioxid dar und enthält mehr als 99 % SiO_2. Es ist hoch temperaturfest, schwer schmelzbar und sehr spannungsfest. Man verwendet es im Apparatebau und Labor.

Kalknatronglas ist unser normales Gebrauchsglas und besteht aus $Na_2O \cdot CaO \cdot 6SiO_2$ oder 75 % SiO_2, 13 % Na_2O und 12 % CaO. Es wird aus Quarzsand, Soda und Kalk hergestellt.

Kalikalkglas ist etwa gemäß $K_2O \cdot CaO \cdot 8SiO_2$ zusammengesetzt. Es ist schwerer schmelzbar und stellt das böhmische Kristallglas oder *Kronglas* dar. Krongläser weisen niedrige Lichtbrechung bei niedriger Dispersion auf. Neuerdings wird in Lanthan-Krongläsern durch Lanthanzusatz eine hohe Lichtbrechung bei niedrig bleibender Dispersion erreicht.

Thüringer Glas ist eine Mischung der beiden zuletzt genannten Sorten und als Kalikalknatronglas anzusprechen.

Bleiglas ersetzt CaO und Teile von SiO_2 mit PbO, BaO, ZnO sowie Na_2O mit K_2O. In *Kristallgläsern* müssen diese schweren Oxide mindestens 10 % der Masse ausmachen, im *Bleikristallglas* muss mindestens 24 % PbO enthalten sein, und im *Hochbleikristallglas* mindestens 30 % PbO. Ein typisches Bleikristall ist wie folgt zusammengesetzt: 55–65 % SiO_2, 18–38 % PbO, 13–15 % K_2O.

Die schweren Elemente erhöhen den Brechungsindex erheblich (▶Abschnitt 1.6.5 auf S. 53), ein Bleioxidgehalt von bis zu 33 % verstärkt zusätzlich die Dispersion stark (Flintgläser). Noch höhere Gehalte erhöhen die Lichtstreuung. Durch die hohe Dispersion haben Flintgläser ein starkes Feuer. Neuerdings wird Blei durch Titan ersetzt, was bei sinkender Dichte Brechungsindex und Dispersion erhöht (für eine Besprechung der Eigenschaften von Blei und Titan siehe [31]).

Borosilikat-, Jenaer-, Duranglas sind Gläser für Spezialzwecke (Labor, Industrie) und enthalten neben SiO_2 weitere Glasbildner wie B_2O_3 und Al_2O_3. Bor verringert den thermischen Ausdehnungskoeffizienten, sodass das Glas widerstandsfähiger gegenüber Temperaturwechseln wird, Aluminium setzt die Sprödigkeit herab. Das im Labor eingesetzte säureresistente Duranglas stellt eine Mischung mit der typischen Zusammensetzung 70–80 % SiO_2, 7–13 % B_2O_3, 2–7 % Al_2O_3 und 4–8 % Na_2O/K_2O, 5 % $BaO/MgO/CaO$ dar.

3.9.1 Glasfärbung

Den Kristallen ähnlich, können auch die amorphen *Gläser* durch Zusatz von Metallen gefärbt werden [26, 176]. Die Färbung verläuft über zwei Mechanismen:

- Bei der *Ionenfärbung* werden der Glasmasse Metalloxide zugesetzt, die die Masse bereits in der Schmelze färben und im Glas gelöst sind.
- Bei der *Anlauffärbung* werden der Glasmasse Metalle oder II-VI-Verbindungen zugesetzt, die kolloidal in der Glasmasse verteilt werden. Die Farbe entsteht erst nach wiederholtem Schmelzen und Abkühlen.

3.9.1.1 Ionenfärbung

Bei der Ionenfärbung tritt Farbe auf, sobald ein Metalloxid in der Glasmasse in Lösung geht. Da diese Farbe nur vom Ion und der Glaschemie abhängig ist, verändert sie sich beim Schmelzen oder Verarbeiten nicht mehr weiter. Die erzielbaren Farben bei dieser Oxidfärbung sowie typische Oxide sind in ►Tabelle 3.6 aufgeführt, Färbungen frühzeitlicher Gläser sind in [564, 565], [26, Kap. 7], [27, Kap. 2.8], [38] untersucht, ►Tabelle 3.8. Man benötigt zwischen einigen Gramm und einigen Kilogramm Metalloxid pro 100 kg Glas (0,1–3 %). Da die Farbe stark von der chemischen Umgebung (Basizität, Koordinationszahl) abhängig ist, sind die angegebenen Farben nur beispielhaft zu sehen.

Die Ursache der Farbe ist bis auf wenige Ausnahmen die bekannte Ligandenfeld-Aufspaltung der d-Orbitale von Nebengruppenmetallen. Da bei Glasfärbungen im Vergleich zu Pigmenten eine geringere Farbintensität ausreichend ist, beobachten wir hier auch häufig Beteiligung von f-Orbitalen. Die zugesetzten Metalloxide werden beim Schmelzen des Glases aufgelöst und die Metall-Kationen in die Struktur des Glases eingebaut. In dieser kristallartigen Umgebung kann das Metall über die Aufspaltung seiner d- und f-Orbitale als Farbzentrum wirken.

Für das Metall existieren zwei mögliche Positionen im Glasnetzwerk. Übernimmt es die Funktion des Netzwerkbildners (ersetzt es z. B. Si), wird es an Tetraederpositionen eingebaut, es ist dann tetraedrisch koordiniert. Ersetzt es einen Trennstellenbilder wie z. B. Na, wird es an Oktaederpositionen mit oktaedrischer Koordination eingebaut. Welche Positionen eingenommen werden, hängt vom Metall, seiner Oxidationszahl und der Zusammensetzung des Glases ab. Kobalt-Kationen z. B. sind in Silikatgläsern tetraedrisch von Oxid-Anionen umgeben und bilden CoO_4-Einheiten mit der bekannten blauen Farbe. Ein Phosphatglas dagegen enthält oktaedrisch koordinierte Kationen mit CoO_6-Einheiten, die ihm eine schwach pink Farbe verleihen (ganz analog zum Kobaltchlorid mit und ohne Kristallwasser).

Es ist zu beachten, dass im Gegensatz zu kristallinen Stoffen mit genau definierter Zusammensetzung die Farbe eines Glassflusses mit der Zusammensetzung des Glases variiert, da sich die chemische Umgebung der Metall-Kationen und damit die Kristallfeldstärke kontinuierlich verändert. ►Tabelle 3.6 enthält daher Angaben von Glassorten und Koordinationszahlen von Metallen für bestimmte Farbtöne.

Glas kann mit den zugesetzten Metallen zu neuen Farbkörpern reagieren. In Bleiglas entsteht z. B. mit Zinn(IV)oxid das gelbe Pigment $PbSnO_3$ (Bleizinngelb), das das Glas gelb färbt.In normalem Silikatglas unterbleiben viele dieser Nebenreaktionen, Zinnoxid fungiert dann lediglich als Trübungsmittel für weißes Glas.

Gebrauchsgläser An dieser Stelle mag die Frage aufkommen, was die Färbung unserer weit verbreiteten Gebrauchsgläser verursacht. Wir wollen sie kurz beantworten, obwohl wir den Zusammenhang mit Kunst selber nicht sehen, und verweisen auf [32] für Details.

Tab. 3.6: Ionenfärbungen von Kalknatronglas durch Metalloxide auf Basis von Ligandenfeldübergängen in der modernen Glasfärberei [41, pp. 72], [31, 32, 38, 42–44].

Metalloxid	Erzielte Färbung
Eisen(II)oxid FeO	Blaugrün (in reduzierender Umgebung, auch IVCT Fe(II)/Fe(III)), Hellgrün (in Phosphatglas)
Eisen(III)oxid Fe_2O_3	Gelb–Rosa (Koord.-Zahl 6), Rot–Braun (Koord.-Zahl 4)
Chrom(III)oxid Cr_2O_3	Grün (Koord.-Zahl 6, mit ZnO Bildung gelbbrauner Zink-Spinelle $ZnCr_2O_4$, mit BaO/PbO Bildung gelber Chromate)
Kaliumchromat(VI) K_2CrO_4	Gelb (Koord.-Zahl 4)
Kupfer(I)oxid Cu_2O	Farblos–Rot (Koord.-Zahl 6)
Kupfer(II)oxid CuO	Kaltblau (Koord.-Zahl 6; mit SnO_2 Bildung von türkis Kupfer-Coelinblau) Gelbbraun (Koord.-Zahl 4), Grün–Türkisblau (Koord.-Zahl 4, in Blei- und Boratgläsern)
Kobalt(II)oxid CoO, auch Co_3O_4 (zerfällt zu CoO)	Tiefes Blau (Koord.-Zahl 4), Rosa (Koord.-Zahl 6, in Phosphat- und Boratgläsern)
Mangan(II)oxid MnO	Farblos–Gelb (Koord.-Zahl 4), Orange (Koord.-Zahl 6), Violett (Oxidation zu $Mn^{3\oplus}$)
Mangan(III)oxid Mn_2O_3	Violett (Koord.-Zahl 4)
Mangan(IV)oxid MnO_2	Trübes Braun (unlöslich) oder Violett (Bildung von $Mn^{3\oplus}$)
Nickel(II)oxid NiO, auch Ni_2O_3	Gelb (Koord.-Zahl 6, mit Li), Purpur (Koord.-Zahl 4, mit Na, K), Blau (in ZnO-reichen Gläsern)
Vanadium(III)oxid V_2O_3	Grün (Koord.-Zahl 6)
Vanadium(IV)oxid VO_2	Blaugrün–Blau (Koord.-Zahl 6)
Vanadium(V)oxid V_2O_5	Farblos–Gelbgrün (Koord.-Zahl 4)
Uran(IV)oxid UO_2, Uran(IV,VI)oxid U_3O_8, Uran(VI)oxid UO_3	Braun–Schwarz (reduzierender Brand) Gelb–Rot (oxidierend, durch $U_2O_7^{2\ominus}$) Gelbgrün fluoreszierend (Annagelb, durch $UO_2^{2\oplus}$; Annagrün, mit Kupfer) [559]
Antimon(V)oxid Sb_2O_5	Neapelgelb (in Blei- und Blei-Bor-Glas)
Europium(III)oxid Eu_2O_3	Rosa [560, 561]
Neodym(III)oxid Nd_2O_3	Lavendelblau–Purpurviolett
Praseodym(III)oxid Pr_2O_3	Grün
Erbium(III)oxid Er_2O_3	Pink
Holmium(III)oxid Ho_2O_3	Hellgelb
Samarium(III)oxid Sm_2O_3	Gelb (auch IR-Absorber in Glas)

Flaschenglas Das Chromophor des bekannten gelblich-braunen Flaschenglases ist der tetraedrische Komplex $[Fe^{III}O_3S]^{5\ominus}$ („iron-sulphur amber“). Ein LMCT-Übergang $S^{2\ominus} \rightarrow Fe^{3\oplus}$ führt zu einer starken Absorption bei 400 nm, also im blauen Bereich [562, 563]. Einen ähnlichen Übergang kennen wir vom Eisenoxidrot (Marsrot) oder Hämatit, auch im Flaschenglas ist dieser Übergang im Vergleich zu den Ligandenfeldübergängen der sonstigen Ionenfärbung intensiv.

Zur Herstellung wird der Glasmasse Schwefel und Eisen in reduzierender Atmosphäre (Kohlenstoff) zugesetzt, sodass einerseits $S^{2\ominus}$-Ionen entstehen können, aber noch hinreichend $Fe^{3\oplus}$ verbleibt.

Eine weitere Möglichkeit der Braunfärbung besteht in der Erzeugung von farbigen Polysulfiden („carbon amber“). Hierbei wird Schwefel durch Kohlenstoff zu verschiedenen farbigen Polysulfiden reduziert, die den Farbbereich Gelb–Rot–Blau überdecken können [563]. Die farbigen Spezies sind $S_2^{\ominus}$ (Absorption bei 400 nm, rote Farbe) und $S_3^{\ominus}$ (Absorption bei 600 nm, blaue Farbe), die wir bereits von Ultramarinblaupigmenten her kennen ►Abschnitt 3.3 auf S. 215.

Da Flaschenglas nicht aus hochreinen Ausgangsstoffen hergestellt wird, wird der braune Farbton durch die vorhandenen, blaugrün färbenden $Fe^{2\oplus}$-Ionen modifiziert.

Rein blaues Flaschenglas wird mit Hilfe von Kobaltoxid Co_3O_4 hergestellt, das in Spuren (typisch 300 ppm) zugesetzt wird.

Grüne Flaschen können mit Hilfe von 0,2 Gew.-% Chromoxid Cr_2O_3 produziert werden. Wichtig ist eine reduzierende Atmosphäre, da sonst durch Oxidation von Chrom zu Chromat ein gelbgrüner Farbton entsteht. Je nach dem gewünschten Grünton wird zusätzlich FeO oder CoO zugesetzt.

Flachglas Klares Flachglas muss aus reinen, eisenfreien Rohstoffen hergestellt werden. Je nach dem Verhältnis Fe^{II}/Fe^{III} verbleibt ein blaugrüner (> 0,5) oder gelbgrüner (< 0,3) Farbstich, den wir in großer Schichtdicke an der Glaskante gut erkennen können. Die bei Bürogebäuden gern eingesetzten grünen, bronzefarbenen und blaugrauen Flachgläser sind wie folgt zusammengesetzt.

Für *grünes* Flachglas wird weiteres Eisenoxid bis etwa 0,5 Gew.-% Eisen zugesetzt, das Verhältnis Fe^{II}/Fe^{III} wird durch Zugabe von Kohlenstoff als Reduktionsmittel kontrolliert.

Das schöne *Bronze-Flachglas* ist komplizierter zusammengesetzt. Etwa 0,002 Gew.-% Selen liefern eine pink Farbe durch molekular gelöstes Selen. Diese wird durch etwa 0,3 Gew.-% Fe_2O_3 im Blauen abgeschwächt und zeigt dann eine rot-braune Farbe. Weiterer Zusatz von 0,004 Gew.-% Co_3O_4 schwächt im roten Bereich ab, sodass sich in summa der Bronze-Ton ergibt. Es wird auch ein tetraedrisches Farbzentrum $[Fe^{III}O_3Se]^{5\ominus}$ mit einem LMCT-Übergang $Se^{2\ominus} \rightarrow Fe^{3\oplus}$ diskutiert.

Blaugraues Flachglas enthält mehr Kobaltoxid, sodass der bläuliche Farbeindruck zunimmt.

3.9.1.2 Anlauffärbung

Im Gegensatz zur Ionenfärbung wird die Farbe bei der Anlauffärbung nicht durch im Glas gelöste farbige Ionen hervorgerufen, sondern durch kolloidale Partikel im Grössenbereich von einigen Nanometern, die im Glas suspendiert sind und durch die Entwicklung von Oberflächenplasmonen farbig sind, ►Abschnitt 1.6.4. Die entstehenden Farben sind klar und zeichnen sich durch scharfe Absorptionspeaks aus. Die Lage der Peaks und damit der wahrgenommene Farbeindruck hängt neben der Zusammensetzung der Partikel von der Teilchengrösse ab.

Als mögliche Farbträger wurden schon früh Edelmetalle (Kupfer, Silber, Gold) erkannt, so finden wir auf abbassidischem Glas aus dem 9. Jhd. gelbe, rote und auch Lüsterglasuren, die mit kolloidalem Kupfer und Silber gefärbt sind [566]. Die notwendige feine Verteilung der Metalle kann durch Reduktion von löslichen Metallsalzen (Chloriden, Nitraten) zum Element erreicht werden. Als Reduktionsmittel kann Zinn(II) als $SnCl_2$ fungieren:

$$2\,AuCl_3 + 3\,SnCl_2 + 6\,H_2O \longrightarrow 2\,Au + 3\,SnO_2 + 12\,HCl$$

Das spätmittelalterliche echt durchgefärbte Glas, das durch kolloidales Silber gelb gefärbt ist, wurde durch Auftragen einer Farbe aus Silberoxid und Ton auf Glas hergestellt. Beim Erhitzen auf etwa 600 °C diffundieren Silber-Kationen ins Glas und werden durch Eisen(II) reduziert [38]:

$$Ag^{\oplus} + Fe^{2\oplus} \longrightarrow Ag + Fe^{3\oplus}$$

Das Anwachsen der Metallpartikel auf die notwendige Größe kann durch den Temperaturverlauf gesteuert werden.

Früher wurden als Farbträger neben Edelmetallen auch Sb_2S_3, FeS, FeSe, CuS oder Mo_2S_3 verwendet, in der Neuzeit kamen Cadmiumchalkogenide hinzu (►Tabelle 3.7). Bei Verwendung von II-VI-Verbindungen muss eine reduzierende Atmosphäre eingehalten werden, damit die Chalkogenide nicht zu den Chalkogenoxiden (z. B. SeO_2) oxidiert werden. Für eine kräftige Färbung reicht ein Zusatz von 0,1 % Metall oder 0,1–1 % der genannten Verbindungen.

Tab. 3.7: Anlauffärbungen von Glas durch kolloidal verteilte Metalle und Verbindungen [32, 33, 116].

Färbemittel	Färbung	Färbemittel	Färbung
Gold	Rot (Goldrubinglas)	Bismut	Rotbraun
Kupfer	Rot (Kupferrubinglas)	Blei, Antimon	Grau
Silber	Gelb	Zinn, Kobalt	Braun
Selen, Platin	Rosa		
CdS · ZnS	Hellgelb	CdS	Gelb
CdS · CdSe	Orange	CdSe	Rot
CdSe · CdTe	Dunkelrot		

Das Grundglas, in dem die Partikel verteilt werden, ist meist ein Kali-Kalk-Glas $K_2O \cdot CaO \cdot SiO_2$, ein Bleiglas $K_2O \cdot PbO \cdot B_2O_3 \cdot SiO_2$ oder $K_2O \cdot ZnO \cdot SiO_2$.

Interessanterweise entsteht die Anlauffarbe häufig nicht gleich beim Vermischen der Bestandteile, sondern erst beim nochmaligen Erhitzen des zunächst farblosen geblasenen Glases auf 450–500 °C für ca. 30 min. Hierbei spielen sich folgende Vorgänge ab [33, ch. 21, 22]:

1. Beim erstmaligen Erhitzen entsteht eine übersättigte Lösung des Chromophors in der Glasschmelze, die noch farblos ist.
2. Bei der Abkühlung der Schmelze bilden sich Kristallisationskeime in der Größenordnung weniger hundert Atome. Diese sind zu klein, um farbig zu sein.
3. Beim Wiedererwärmen wachsen die Keime durch Rekristallisation und Koagulation bis zur Größe kolloidaler Partikel heran, und neue Keime entstehen. Sind die Partikel hinreichend groß, entwickelt sich die Farbe. Das Wachstum muß dann durch Steuerung des Temperaturverlaufs rechtzeitig abgebrochen werden, da Teilchen ab einer bestimmten Größe nicht mehr farbig sind, sondern nur noch den grausilbernen Metallglanz zeigen.

3.9.2 „Entfärbung" von Glas, Farbkompensation

Das aus den meisten natürlichen Rohstoffen gewonnene Glas ist grünlich gefärbt, wie historische Gläser (Waldgläser) zeigen. Die Farbe rührt von den in den Rohstoffen enthaltenen Eisen-Kationen her, die mit bis zu 1,5 % besonders im verwendeten Sand vorkommen. Sie stammen aus der Verwitterung ursprünglicher Gesteine, die in eisenreiche Feldspäte und Glimmer zerfallen und in Fluß- und Strandsanden zu Anreicherungen der Schwermetalle führen können. Überwiegend liegt Eisen als Fe^{III} vor, beim Erschmelzen des Glases stellt sich jedoch je nach Sauerstoffgehalt ein Gleichgewicht zwischen Fe^{III} und Fe^{II} ein. Da Fe^{II} dem Glasfluss eine deutlich blaugrüne, Fe^{III} eine schwach gelbe Farbe verleiht, resultiert zusammengenommen grünes Glas mit Gelb- oder Blaustich.

Zur Vermeidung der Färbung muss eisenfreies Material genommen werden, venezianische Glasmeister benutzten wie oben geschildert eisenarme Kieselsteine aus dem Ticino. Wenn dies nicht möglich ist, kann eine Aufklarung durch Zugabe von Braunstein MnO_2 erfolgen. Dessen Wirkung beruht auf dem Zerfall in Mangan(III)oxid und Sauerstoff, mit dem Fe^{II}-Ionen oxidiert werden:

$$2\,Mn^{IV}O_2 \longrightarrow Mn_2^{III}O_3 + O$$

$$2\,Fe^{II}O + O \longrightarrow Fe_2^{III}O_3$$

Auf diese Weise wird nicht nur die deutliche Blaugrünfärbung durch die schwächere gelbe Färbung ersetzt, das violette Mangan(III) kompensiert den Gelbstich noch. Es ist nicht möglich, den natürlichen Gehalt der Rohstoffe an Mangan(II) zu nutzen, da es im Glasfluss nicht zum notwendigen Mangan(III) oxidiert wird.

Die aus der Farbkompensation resultierende leichte Graufärbung können wir mangels Vergleich mit einem wirklich klaren Glas nicht erkennen. Da reines Grau nur entsteht, wenn die Konzentrationen der beteiligten Ionen zusammenpassen, muß die Menge des Braunsteins genau auf das Glas abgestimmt sein. Möglichst eisenfreie Rohstoffe sind eine wichtige Voraussetzung, um klares Glas zu erzeugen.

Es ist möglich, die Oxidation des Fe^{II} mit anderen Oxidationsmitteln wie Arsen(V)oxid oder Antimon(V)oxid durchzuführen. Arsenoxid beispielsweise bildet sich bei mäßiger Ofenhitze aus zugesetztem Arsen(III)oxid (Arsenik) und Sauerstoff. Bei höherer Temperatur zerfällt es wieder unter Oxidation von Fe^{II}:

$$As_2^{III}O_3 + O_2 \longrightarrow As_2^{V}O_5$$

$$4\,Fe^{II}O + As_2^{V}O_5 \longrightarrow 2\,Fe_2^{III}O_3 + As_2^{III}O_3$$

Hierbei wird die störende Färbung nicht zu Grau kompensiert wie beim Entfärben mit Braunstein, sondern nur in die schwächer gelbe Farbe von Fe^{III} umgewandelt.

3.9.3 Antike Glasfärbungen

Wissen über Metalloxide zur Glasfärbung war bereits in der Bronzezeit vorhanden und führte zu dekorativen Glasschmuckwaren und Gefäßen [26, 27, 31]. Die in der Antike bekannten Farbmittel sind in ►Tabelle 3.8 dargestellt und befolgen wesentliche Prinzipien heutiger Farbmittel.

Mangan Mn^{II} besitzt eine schwach rosa, Mn^{III} eine intensiv rotviolett–purpurfarbene Färbung. In mittelalterlichen Emaillefarben tritt Mangan als *Manganviolett* für das Inkarnat auf. Mn^{II}/Mn^{III} liegt immer in einem Gleichgewicht vor, dessen Lage von der Zusammensetzung des Glases und den Schmelzbedingungen abhängt. Eisen kann benutzt werden, um eine unerwünschte violette Farbe zu beseitigen:

$$Fe^{II} + Mn^{III} \longrightarrow Fe^{III} + Mn^{II}$$

Kupfer Kupferzusätze wurden seit der Bronzezeit benutzt, um blaue, grüne und rote Gläser zu erzeugen. Cu^{II} färbt blau oder grün, in (Kalk)Natrongläsern türkis, Cu^{I} rot durch Bildung des Pigments Cu_2O. Metallisches Kupfer dagegen führt zu tiefroter Farbe durch Bildung eines Kupferkolloids, z. B. aus CuO und Reduktion mit Fe^{II}.

Kobalt Als Quelle blauer Färbungen wurden Kobalterze (sog. *zaffer*) genutzt. In Alkaligläsern der Frühzeit lag nur tetraedrisch koordiniertes Kobalt mit blauer Farbe vor.

Tab. 3.8: Färbende Zusätze (Metalle und Metalloxide) in antikem Glas [27, Kap. 2.8]. t = transparenter Glaskörper, o = opaker Glaskörper.

Farbmittel	Farbe	Zeitliches Auftreten
Cu^{II}, $CaCuSi_3O_{10}$ (Kolloid)	Blaugrün (t), Blaugrün (o)	Ägypten, altes Reich
Cu^{II}, Pb^{II}	Smaragdgrün (t)	1350 v. Chr.
Cu^{II}, $Ca_2Sb_2O_7$ (Kolloid), $PbSnO_3$ (Kolloid)	Türkis (o)	1427 v. Chr.
Cu^{II}, $Pb_2Sb_2O_7$ (Kolloid)	Grün (o)	1550 v. Chr.
Cu_2O (Kolloid), Cu (Kolloid), reduz. Ofen	Rot (o/t)	1427 v. Chr.
Co^{II}	Blau (t)	1390 v. Chr.
Co^{II}, $Ca_2Sb_2O_7$ (Kolloid), $CaSnO_3$ (Kolloid)	Blau (o)	1479 v. Chr.
Fe^{II}	Blaugrün (t)	Beginn Glasherstellung
Fe^{III}, Mn^{II}	Gelbgrün (t)	Beginn Glasherstellung
Fe_3O_4 (Kolloid), reduz. Ofen	Schwarz (o)	1425 v. Chr.
Fe_2O_3 (Kolloid), oxid. Ofen	Rot (o)	1450 v. Chr.
FeS (Kolloid)	Gelb (t/o)	1479 v. Chr.
Mn^{III}	Violett (t)	1427 v. Chr.
Pb^{II} (Sb ?)	Gelb (t)	
$Pb_2Sb_2O_7$ (Kolloid)	Gelb (o)	1550 v. Chr.
$Pb_2Sb_2O_7$ (Kolloid), $PbSnO_3$ (Kolloid)	Gelb (o)	1391 v. Chr.
$Ca_2Sb_2O_7$ (Kolloid)	Weiß (o)	1427 v. Chr.
SnO_2 (Kolloid)	Weiß (o)	2. Jhd. v. Chr.

Kohlenstoff/Schwefel Interessant ist, daß seit der Frühzeit neben Metalloxiden auch Eisenpolysulfide als Farbmittel bekannt waren. Die in Flaschenglas als *carbon amber* bekannte gelbe bis bernsteinfarbene Färbung mit Kohlenstoff und Schwefel (►S. 288) wurde bereits in antiken Gläsern gefunden. Sie beruht auf der Farbe der Polysulfide $S_2^{\ominus}$ und $S_3^{\ominus}$, die durch Reduktion von Schwefel mit Kohlenstoff in der Glasmasse entstehen. Sie führen zu gelben und in Verbindung mit Fe^{II} zu grünen Gläsern.

Eisen Eisen wird durch die Rohstoffe in die Glasmasse eingebracht und war in der Vergangenheit daher ein häufiger färbender Bestandteil, ►Abschnitt 3.9.2. Es färbt als Fe^{III} schwach gelb und als Fe^{II} blau, wir finden jedoch immer ein Gleichgewicht zwischen beiden Valenzstufen, dessen Lage von der Zusammensetzung der Glasmasse und den Herstellungsbedingungen abhängt, und damit meist eine gelb- oder blaustichige Grünfärbung. Besonders schön sehen wir dies an den grünlichen Waldgläsern des Mittelalters (zumindest aus heutiger Sicht).

Blei Hohe Mengenanteile an Blei(II)oxid PbO führen zu Bleiglas, das eine niedrige Erweichungstemperatur von etwa 750 °C und hohe Brillanz besitzt. Bleiglas kann gelb sein, besonders bei Zusatz von Zinnoxid oder Antimonoxid, wobei die als Pigment genutzten Verbindungen Bleistannat (Bleizinngelb) $PbSnO_3$ und Bleiantimonat (Neapelgelb) $Pb_2Sb_2O_7$ entstehen. In Verbindung mit Kupferoxid in oxidierender Ofenatmosphäre liefern Bleigläser smaragdgrüne Färbungen, mit kolloidalem Kupfer oder Cu_2O rote. CuO in Verbindung mit Sb_2O_3 färbt türkis.

Edelmetallkolloide Auch die Färbung mit Anlauffarben wurde bereits seit der Antike praktiziert. Schöne Beispiele für Gläser mit gelber, roter und auch Lüsterglasur aus dem 9. Jhd. werden in [566] beschrieben. Sie sind mit kolloidalem Kupfer und Silber gefärbt. Der Lüsterglanz wird dabei durch eine geordnete mehrlagige Struktur von Kolloiden und anderen Glasbestandteilen erreicht. Die Reduktion der Metallsalze zum Metall wird durch multivalente Redoxelemente wie Fe, Sn, Bi oder Sb erreicht, die schnell ins schmelzende Glas diffundieren und die Wirkung der reduzierenden Ofenatmosphäre weitertragen können.

Kolloidglasuren, 9. Jhd., Th. Deck [566]
Ocker, Essig, 10 Teile CuS, 1 Teil Ag_2S, 5 Teile FeS
oder Ocker, Essig, 5 Teile CuS, 4 Teile $AgNO_3$, 1 Teile Eisenoxide
oder Ocker, Essig, 8 Teile CuO, 6 Teile Eisenoxide
oder Ocker, Essig, 5 Teile CuS, 2 Teile SnO_2

Der Essigsäure kommt dabei die Rolle zu, das im Bleiglas enthaltene PbO aufzulösen und damit das Glas anzuätzen. Die Metallverbindungen können beim Aufschmelzen in die poröse Struktur eindringen und zu sphärischen Metallpartikeln reduziert werden.

3.9.4 Frittenfarben

Farbige Gläser wurden hauptsächlich zu Gebrauchsgegenständen wie Becher oder Krüge verarbeitet. Nur wenige farbige Gläser waren gemahlen auch als Pigment für den Maler von Interesse, zum Beispiel Smalte, ein durch Kobalt blau gefärbtes Kaliumsilikatglas. Zwar kann jeder farbige Glasfluss gemahlen werden, da die Mengen der Chromophore (Ionen) im Glas aber gering und die farberzeugenden Ligandenfeldübergänge schwach sind, ist die Färbekraft eines solchen Glasmehls zur Verwendung in der Malerei zu gering.

Smalte (PB32, CI 77365) Smalte ist grob gemahlenes blaues Kaliumsilikatglas [47, Bd. 2], [370, 371] mit einer Zusammensetzung nach Gewichtsprozenten von etwa 65–72 % SiO_2, 10–21 % K_2O, 2–18 % CoO, 0–8 % As_2O_3. Blaues Kobaltglas war von der Antike (Eridu, Mesopotamien um 2000 v. Chr., Ägypten um 1400 v. Chr., Ninive um 650 v. Chr.) bis ins römische 7. Jhd. bekannt. Zwischen 850–1490 klafft eine Lücke im Auftreten von blauem Glas, es erfährt im 15. Jhd. wieder einen großen Aufschwung im Zuge der venezianischen Glasmacherkunst. Smalte als billiges Pigment wird auf einen böhmischen Glasbläser um 1550 zurückgeführt, wurde aber auch schon früher in Bildern gefunden. Die Hauptanwendungszeit datiert um 1600–1800, das Pigment wurde aber rasch verdrängt, sobald im Preussischblau ein intensives Pigment gefunden war.

Die Farbe wird durch LF-Übergänge im Kobalt-Kation hervorgerufen, das im Kaliglas tetraedrisch koordiniert ist und als Chromophor also $Co^{2\oplus}$ oder CoO_4 aufweist, ►Abschnitt 2.3. Trotz der symmetrieerlaubten und damit an sich intensiven Absorption ist Smalte durch die geringe Kobaltkonzentration in einer Glasmatrix ein transparentes, farbschwaches Pigment. Die Farbtiefe hängt stark von der Korngrösse ab. Bei zu feiner Mahlung verblasst die Farbe, grobe Mahlung verringert die Deckkraft erheblich. Weitere Probleme sind ein geringer Brechungsindex von 1,46, die rasche Sedimentation des groben Pigments im Ölmedium sowie graugrüne Verfärbungen, die durch Lufteinschlüsse zwischen Pigment und Bindemittel hervorgerufen werden, z. B. bei Zersetzung des Bindemittels. Obendrein neigt Smalte zum Ausbleichen, was schon seit langer Zeit bekannt war, ►Abschnitt 7.4.11.

3.9.5 Trübgläser

werden nicht als (Maler-)Pigment verwendet, wir wollen sie aber zur Vervollständigung des Themas Farbglas ansprechen. Sie werden hergestellt, indem winzige Partikel in die Glasmasse eingebettet werden, deren Brechungsindex von dem des Glases abweicht. Typische Stoffe sind $Ca_3(PO_4)_2$, CaF_2, NaF, Na_3AlF_6 (Kryolith), auch Weißtrübmittel wie SnO_2, ZrO_2 oder TiO_2 sind möglich. Antike weiße Gläser wurden mit SnO_2 oder $Ca_2Sb_2O_7$ gefärbt. In höherer Konzentration leiten solche Trübgläser zur Emaille über.

3.10 Emaille

Der Übergang von einem hochpigmentierten Trübglas zur Emaille ist fliessend. Ein bekanntes Emaille-Produkt sind die weißen Milchkannen und Gefäße des „Oma-Geschirrs“. Hier sind Silikat-Oxid-Massen auf einen Metallkörper aufgeschmolzen und in der Masse weiß durchgefärbt.

Emaille ist Glas, das zum Schutz von *metallenen* Gegenständen auf die Metalloberfläche aufgetragen und zusammengeschmolzen wird. Ihrem Einsatzzweck entsprechend besteht sie aus glasbildenden Oxiden wie SiO_2, B_2O_3, Al_2O_3 sowie NaF, KF und AlF_3. Die zugesetzten Pigmente dienen oft nicht der Trübung, sondern der deckenden Durchfärbung der Glasmasse. Trübungen werden von Zinnoxid, Titansilikat oder -oxid, Antimontrioxid hervorgerufen, Färbungen von Kupfer-, Eisen-, Chrom-, Cadmium-, Kobalt-, Nickel- und Manganoxiden analog den Gläsern.

Eine typische Zusammensetzung ist 20–35 % Borax, 25–50 % Feldspat, 5 % Fluorit, 5–20 % Quarz, 6 % Soda, 2–5 % Natriumnitrat, 0,5–1,5 % Kobalt-, Nickel- oder Manganoxid.

4 Organische Farbmittel

Bis in die Neuzeit hinein mußten Künstler, die nicht mit den eher stumpfen Erdfarben auskamen, für reine Farbtöne entweder teure (Ultramarin) oder giftige (Realgar, Arsensulfid, Bleiverbindungen) Minerale benutzen – sofern diese überhaupt bekannt oder verfügbar waren.

Die Aufmerksamkeit der Künstler richtete sich daher auch auf leuchtende Farben im Pflanzen- und Tierreich [22–24, 103, 258]: naturverbundene Völker verstehen es noch heute, Kleidung und Gebrauchsgegenstände auf pflanzlicher Basis in vielen Farben eindrucksvoll zu färben, und bereits im Altertum blühten Städte und Völker aufgrund ihrer färberischen Fähigkeiten auf (und sanken wieder in Bedeutungslosigkeit zurück). Inwieweit und wann die Maler Kenntnisse der Färber übernommen und organische Farbmittel benutzt haben, ist teilweise noch unklar. Funde aus der Antike sind selten, wir kennen Beispiele von Pigmenten auf Basis von Purpur, Krapp und Indigo, später von gelben Flavonoiden, dann roten und blauen Anthocyanen oder braunen Rindenextrakten.

Dass wir hierüber nur spärlich Auskunft geben können, zeigt einen schwerwiegenden Mangel der farbenfrohen Naturpalette: die häufig schlechte Lichtbeständigkeit. Manche Farben verblassen bereits nach Wochen, spätestens nach Jahrzehnten ist die meiste Farbe zerstört, bei vielen alten Proben von Kunstwerken oder Kleidungsstücken können wir mit modernster Analytik nur noch Reste der Farbmittel identifizieren.

Daß die meisten natürliche Farbmittel *Farbstoffe* sind, die sich aufgrund ihrer Löslichkeit im Malmittel und fehlender Körperhaftigkeit primär zum Färben eignen, ist an sich kein Nachteil, da Künstler schon im Altertum Mittel und Wege fanden, um aus den Farbstoffen vermalbare Pigmente herzustellen. Dazu zählen das Niederschlagen des Farbstoffs auf Kreide- oder Ton, sowie die Verlackung.

Im Ganzen gesehen müssen wir heute die natürlichen organischen Farbmittel aus einem historischen Blickwinkel heraus betrachten, da praktisch alle von ihnen heute von den Paletten verschwunden sind. Wie wir in ► Abschnitt 4.2 sehen werden, sind an ihre Stelle meist vollkommen neue chemische Strukturen getreten. Nur wenige Strukturen wurden beibehalten, anstelle der komplexen natürlichen Stoffgemische werden diese jedoch ebenfalls synthetisch und in Reinform hergestellt.

4.1 Natürliche organische Farbmittel

Die Mechanismen, die den meisten natürlichen organischen Farbmitteln zugrundeliegen, sind MO-Übergänge. Wir werden folgende Verbindungsklassen näher ansehen, ►Abbildung 4.1:

– Polyene. Zyklische Annulene erfüllen biologische Funktionen von grundlegender Bedeutung für das Leben (Sauerstofftransport, Energieversorgung durch Licht),

https://doi.org/10.1515/9783110649154-004

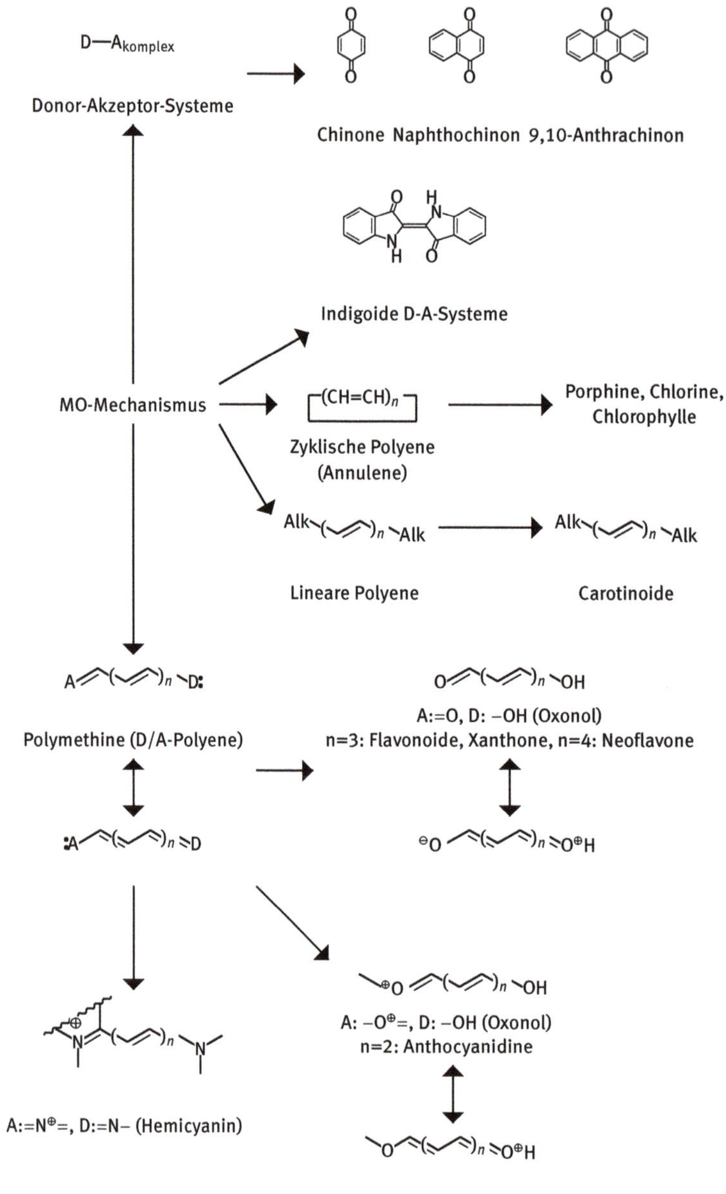

Abb. 4.1: In natürlichen Farbmitteln auftretende MO-basierte Chromophore.

haben aber für die Malerei keine Bedeutung, sehen wir von ungewollten Färbungen von Kleidern mit Grasflecken und einigen Lebensmittelfarbstoffen ab. Bedeutender sind die linear aufgebauen Carotinoide ►Abschnitt 4.3, die allerdings ebenfalls eher Lebensmittelfarbstoffe denn Pigmente sind.

- Polymethine sind in Form der Flavonoide für die Kunst bedeutsam, ►Abschnitt 4.4, und Xanthone, ►Abschnitt 4.5. Die genannten Gruppen sowie die verwandten Betalaine sind für die meisten Blüten- und Fruchtfarben verantwortlich und fanden häufig Anwendung in mehr oder weniger lichtechten Farbstoffen und Pigmenten.
- Donor-Akzeptor-Systeme, besonders Chinone, ►Abschnitt 4.6 sowie natürlicher Indigo und Purpur, ►Abschnitt 4.7.1. Die Zahl der in der Natur vorkommenden gefärbten Chinone ist groß, sie treten z. B. beim Braunwerden von Obst und Rinden, beim Verwesen von organischem Material oder in dunklen Insektenpanzern auf. Diese Verbindungen sind jedoch für künstlerische Zwecke ungeeignet. Einfache Chinone mit ein bis drei Benzolringen wie Alizarin oder Karmin dagegen wurden seit dem Altertum zum Färben und Malen eingesetzt.

Die erreichbare Überdeckung des Spektrums ist in ►Abbildung 4.2 wiedergegeben.

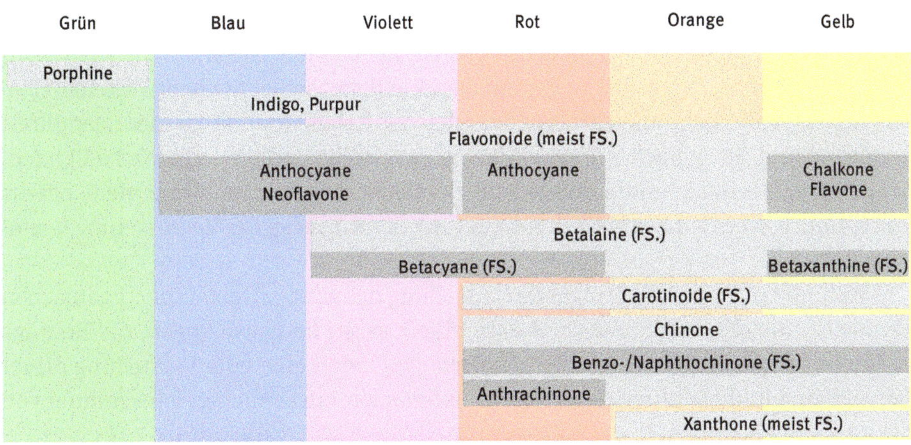

Abb. 4.2: Abdeckung der Farbtöne durch die natürlichen organischen Farbmittelklassen (FS: nur als Farbstoff).

4.2 Synthetische organische Farbmittel

In diesem Abschnitt werden wir die organischen Farbmittel ansehen, die erst durch die Entwicklung der organischen Chemie ermöglicht wurden. Dabei werden wir die Struktur einiger natürlicher Farbmittel wiedererkennen, die heute jedoch in reiner, synthetischer Form benutzt werden. Weitaus häufiger werden jedoch vollsynthetische Farbmittel mit grundlegend anderen Strukturen eingesetzt.

Mit dem Beginn der wissenschaftlichen Chemie, besonders der Organik, im 19. Jhd. wuchs die Zahl der organischen Farbmittel jedoch explosionsartig an. Hierfür gibt es mehrere Gründe:

- Farbtöne können durch geringe Variation der chemischen Struktur häufig in eine gewünschte Richtung verändert werden.
- Neue synthetische Strukturen können bisher unerreichte oder schwer verfügbare Farbbereiche erschliessen.
- Die Eigenschaften synthetischer Farbmittel wie Unlöslichkeit, Körper, Licht- und Migrationsechtheit können durch Strukturvariation optimiert werden.
- Synthetische Farbmittel können für Anwendungsbereiche wie Künstler-, Druck-, Airbrush-, Anstrichfarben optimiert werden.
- Synthetische Farbmittel sind meist billiger als natürliche Substanzen.

Inzwischen ist es organischen Farbmitteln gelungen, sich einen festen Platz unter den Künstlerfarben zu sichern. Viele dieser Pigmente weisen Eigenschaften auf, die denen der anorganischen Pigmente nicht nachstehen. Allerdings steht der Beweis, daß sie nach 500 Jahren immer noch gut erhalten sind, noch eine Weile aus ...

Interessant ist, daß selbst zu Beginn des 21. Jhd. mit seiner hochentwickelten Chemie immer noch nicht alle Farbtöne mit gleicher hoher Qualität zu niedrigem Preis verfügbar sind. Es ist nach wie vor einfacher, gute gelbe und rote organische Pigmente zu finden, als blaue und besonders grüne. Heutzutage werden daher viele, bereits im 20. Jhd. entdeckte farbtragenden Strukturen zum Zwecke der Verbesserung weiter erforscht.

Während [12] eine hervorragende Darstellung des ganzen Gebiets der organischen Pigmente darstellt, werden wir nur Farbmittelklassen berücksichtigen, die Beiträge zur Malerpalette nach ►Abschnitt 1.2 liefern. [49] liefert eine gute Darstellung dieser Entwicklung und bietet reiches Referenzmaterial zur tatsächlichen Verwendung von organischen Pigmenten in der Malerei.

Von den in ►Abschnitt 2.5 vorgestellten organischen Chromophoren konnte sich aufgrund der geforderten anwendungstechnischen Eigenschaften nur eine eingeschränkte Menge industriell durchsetzen. Es ist instruktiv, wenn wir einen Vergleich mit ►Abschnitt 4.1 ziehen, in dem die natürlichen organischen Farbmittel betrachtet werden. Nur wenige natürliche Strukturen bleiben in modifizierter Form erhalten, die Chromophore werden meist mit neu entwickelten Strukturen eingeführt. Im einzelnen werden wir betrachten (Übersicht ►Abbildung 4.3):

- Polyene, in Form von polyzyklischen Kohlenwasserstoffen und Annulenen. Die Polyzyklen sind häufig zum Chinon oxidiert, ►Abschnitt 4.6.4. Einfache lineare konjugierte Doppelbindungssysteme wie Carotenoide treten nicht mehr auf. Phthalocyanine, die wichtigsten blauen und grünen Pigmente, folgen dagegen dem Vorbild der Chlorophylle in der Natur und bauen auf zyklischen Annulenen auf, ►Abschnitt 4.10.

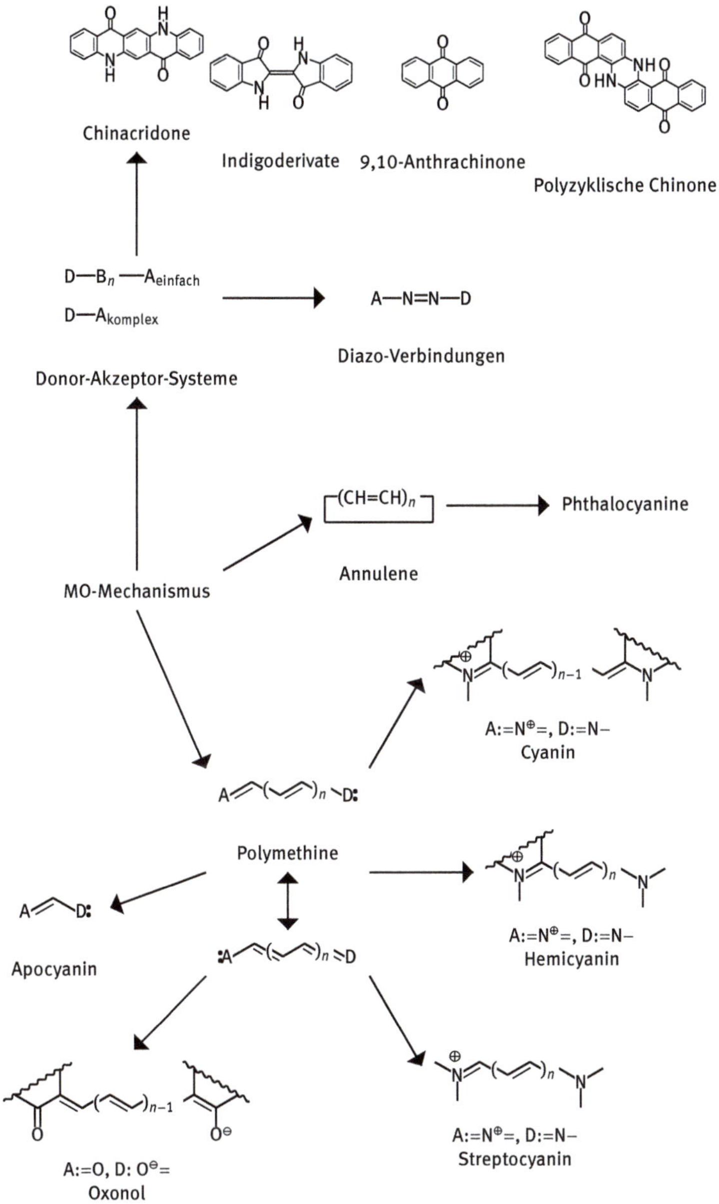

Abb. 4.3: Industriell genutzte Ausprägungen von MO-basierten Chromophoren.

– Polymethine, die speziell mit Stickstoff und Sauerstoff als Donor und Akzeptor eine bedeutende Rolle spielen. Viele Polymethine sind niedermolekulare Farbstoffe, aus denen farbige Tinten hergestellt werden können. Durch Salzbildung mit geeigneten Gegenionen entstehen aber auch Pigmente, die aufgrund ihrer breiten

Farbpalette von einem gewissen Interesse für Anwendungsbereiche wie Druckfarben sind (Di- und Triarylmethane, ►Abschnitt 4.8). Die modernen Diketo-pyrrolopyrrole besitzen von vorneherein Eignung als Pigment, ►Abschnitt 4.14.

- Donor-Akzeptor-Systeme. Die bathochrome Wirkung natürlicher Donor-Akzeptor-Systeme konnte durch moderne Donor- und Akzeptorgruppen sowie ausgedehnte π-Systeme erheblich gesteigert werden, sodass von vielen gelben und roten Naturstoffen moderne Entwicklungen mit violetter, blauer und blaugrüner Farbe abgeleitet sind. Für uns von Interesse sind:
  - Indigoide Farbmittel mit hetero-substituiertem Indigostammkörper, ►Abschnitt 4.7.2.
  - Chinacridone und Azomethine als (phenyloge) Donor-Akzeptor-Systeme, ►Abschnitt 4.12, ►Abschnitt 4.15.
  - Azofarbmittel, die mit der Azogruppe moderne komplexe Donor-Akzeptor-Systeme darstellen, ►Abschnitt 4.11.
  - Von den Chinonen hat sich nur 9,10-Anthrachinon als Grundkomponente gehalten. Heute werden synthetische polyzyklische Kohlenwasserstoffe als Grundkörper eingesetzt, ►Abschnitt 4.6.4. Die großen Moleküle zeigen neben der Bathochromie verbesserte Lösungsmittel- und Migrationsechtheit, was ihre Eignung als Pigment verbessert.

Die mit diesen Farbmitteln erreichbare spektrale Überdeckung ist in ►Abbildung 4.4 wiedergegeben. [9, ch. 7, app. D] enthält Reflexionsspektren für einige dieser Pigmente.

4.2.1 Bedeutung des Molekülbaus

Bei synthetischen organischen Farbmitteln haben Chemiker große Freiheit im Design der Farbmittelmoleküle. Haben sie eine Struktur gefunden, die die gewünschte Farbe liefert, können sie versuchen, durch Modifikationen des farbgebenden Gerüstes weitere Anwendungseigenschaften zu optimieren.

Hinsichtlich der Eignung als Pigment ist eine wesentliche Eigenschaft eine möglichst geringe Löslichkeit in verschiedenen Lösungsmitteln, sowohl beim Malvorgang selber als auch unter den späteren Nutzungsbedingungen. Viele synthetische Pigmente sind vom Markt verschwunden, weil sie eine mehr oder weniger hohe Löslichkeit in gängigen Lösungsmitteln zeigten. In einigen Fällen kann ein niedriger Preis schlechte Löslichkeitseigenschaften rechtfertigen, so wird bei Massendrucksachen oft in Kauf genommen, dass die Druckfarbe mit vielen Lösungsmitteln angelöst werden kann. Für Kunstdrucke, die eine lange Haltbarkeit aufweisen sollen, kämen diese Pigmente nicht in Frage.

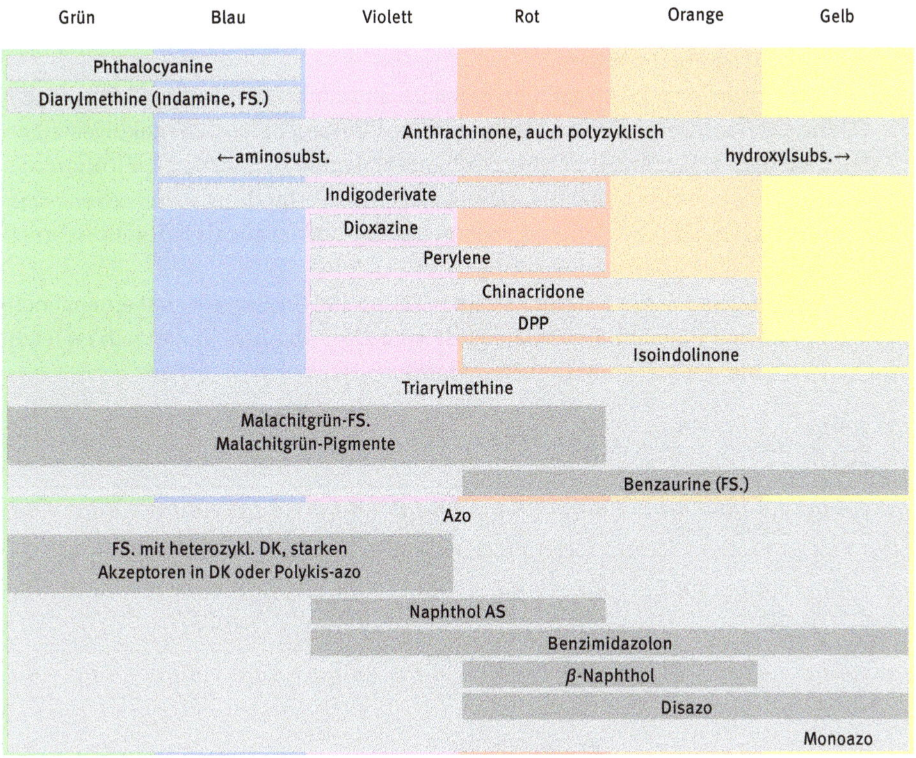

Abb. 4.4: Abdeckung der Farbtöne durch verschiedene synthetische organische Farbmittel (FS: nur als Farbstoff, DK: Diazokomponente).

Zur Verringerung der Löslichkeit sind verschiedene Wege denkbar:

- Große Moleküle sind schwerer löslich als kleine.
  - Verwendung von Naphthalin- anstelle von Benzen-Systemen. Wenn der Ring Teil eines π-Systems ist, geht hiermit oft eine Farbverschiebung zum Blaubereich einher.
  - Verdoppelung des Farbmittelmoleküls durch Verbrückung zweier einzelner Moleküle. Die Größe der Brücke, die selber nicht oder nur wenig zur Farbigkeit beiträgt, kann ebenfalls gesteigert werden. Beispiele sind Disazo-Verbindungen mit Benzen- oder Benzidin-Brücken.
- Die Einführung von solvatophoben Gruppen erleichtert die Bildung größerer, weniger löslicher Pigmentaggregationen. Beispiele sind Carbonamidgruppen oder Benzimidazolon in Azofarbmitteln.
- Supramolekulare Strukturen zeigen verringerte Löslichkeit. Beispiele sind Farblacke, in denen schwerlösliche Einheiten gebildet werden, indem kleine An-

thrachinonfarbmittel durch Metall-Kationen in einer übergeordneten größeren Struktur angeordnet werden.
- Auch die Möglichkeit, kristalline Bereiche auszubilden, führt zur bevorzugten Bildung von schwerlöslichen Aggregationen. Eine regelmäßige Molekülgestalt erleichtert dies, z. B. können sich eben gebaute Moleküle leichter gestapelt anordnen als irregulär geformte Moleküle. Häufig zeigt eine Verbindung verschiedene Kristallmodifikationen, von denen sich dann eine besonders gut als Farbmittel eignet.

Als Beispiel vergleichen wir ein frühes gelbes Farbmittel (Buttergelb) mit einem hochwertigen aktuellen Pigment. Beide Moleküle sind Azofarbmittel. Buttergelb ist leicht löslich, PY126 ein gutes Pigment für Druckfarben.

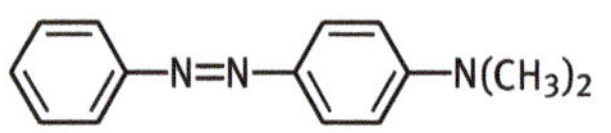

SY2
Buttergelb

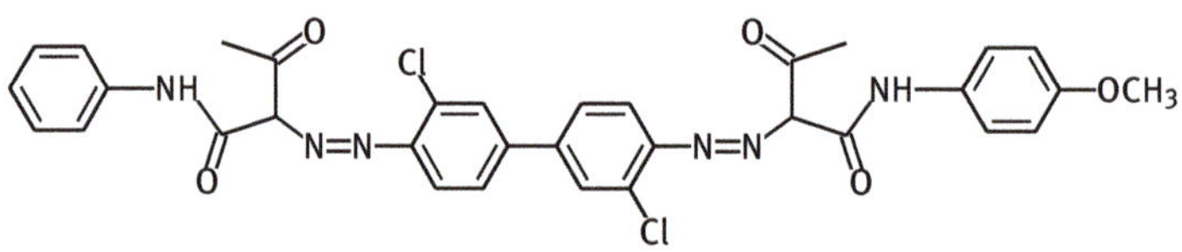

PY126, CI 21101
Primär-Gelb CMYK

PY126 ist ein großes Pigment durch eine bifunktionelle Benzidinbrücke und Verdoppelung der farbgebenden Struktur. Die meisten Substituenten sind hydrophob, die bewährte Carbonamidgruppe kommt zum Einsatz.

Wollen Chemiker anstelle eines Pigments einen Farbstoff konstruieren, müssen sie umgekehrt eine hohe Löslichkeit sowie Haftung auf dem Substrat erreichen. Beides kann z. B. durch saure oder basische Gruppen gelingen (siehe hierzu auch ►Abschnitt 8.5.4). Die funktionalen Gruppen reagieren mit komplementären Gruppen des Substrats und bilden eine mehr oder wenige stabile Verbindung (Reaktivfarbstoffe).

4.3 Carotinoide

Das Polyenchromophor (►Abschnitt 2.5.4.1) ist in der Natur in den *Carotinoiden* perfekt umgesetzt. Carotinoide sind Polyene aus acht Isopreneinheiten (C_{40}-Körper), die im Zuge des Isoprenstoffwechels (►Abschnitt 7.4.8) aufgebaut werden [227]. Sie bestehen aus einer Isoprenkette, die fast immer in der *all-trans*-Form vorliegt, und die von verschiedenen Endgruppen abgeschlossen wird, z. B. der β- oder ψ-Gruppe:

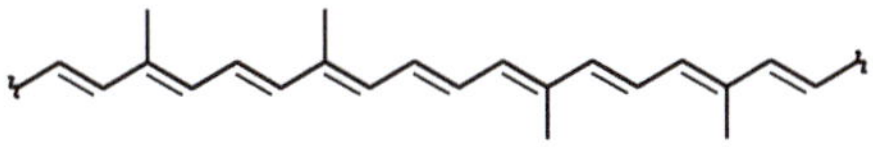

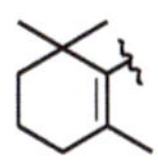

β-Gruppe

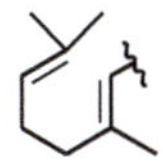

ψ-Gruppe

Durch den Chemismus unterscheiden wir zwei Gruppen von Carotinoiden [705]:

- *Carotine* sind wie gezeigt reine Kohlenwasserstoffe. Obwohl sie mehr oder weniger wasserunlöslich sind, haben sie keine Bedeutung als Pigmente in der Malerei erlangt, da sie unzureichende Eigenschaften aufweisen. Ihre eigentliche Bedeutung erlangen sie, da sie zahlreichen Gemüsen ihre intensiv gelben (z. B. Mais, Paprika), orange (Beispiel Karotten) und roten (z. B. Paprika, Tomaten) Farben verleihen. Auch viele gelbe Blumen (Beispiele: Rosen, Tulpen, Gerbera) verdanken ihnen ihre Farbe [689]. Sie treten auch in grünen Gemüse auf, ihre Eigenfarbe wird aber von den Chlorophyllen überdeckt.
- *Xanthophylle* weisen neben dem Kohlenwasserstoffgerüst auch Sauerstofffunktionen wie Hydroxy- oder Epoxygruppen auf. Einzelne sauerstoffhaltige Vertreter (Xanthophylle) wurden als Farbstoff in der Buchmalerei eingesetzt.

4.3.1 Xanthophylle

Gelb Orange Rot In einigen Zweigen der Carotinoid-Biosynthese werden Kohlenwasserstoffe mit Sauerstoff-Funktionen versehen [227, 705]. Wir gelangen so zu den *Xanthophyllen*, deren Zahl dank der vielfältigen Derivatisierungsmöglichkeiten in die Hunderte geht. Sauerstoff tritt in ihnen als Hydroxygruppe auf, oft verestert mit Fettsäuren, aber auch als Carbonyl- oder Ethersauerstoff. Vor allem die hydroxylierten Xanthophylle sind erheblich wasserlöslicher als Carotine, da sie mit Zuckern lösliche Glykoside bilden können.

Für uns als Maler sind sie interessanter als Carotine, weil einige Vertreter aufgrund ihrer Wasserlöslichkeit als Farbstoff verwendet wurden. Heutzutage finden wir Xanthophylle nur noch als Lebensmittelfarbstoffe und jeden Herbst im leuchtenden Gelb der Blätter, hier vor allem Violaxanthin, Lutein und Neoxanthin neben β-Carotin. Die gelben Farbstoffe werden nicht erst im Herbst gebildet, sondern sind zusammen mit dem β-Carotin essentieller Bestandteil der Chloroplasten und ganzjährig in den Blättern vorhanden. Ihre Farbe wird im Sommer jedoch vom intensiven Grün der Chlorophylle überdeckt, die zum Herbst hin allmählich abgebaut werden. Diese gelbe Farbe tritt uns übrigens nicht nur im Herbst entgegen, sondern auch im Sommersalat oder Kohl in Form der inneren, gelben Blätter. Diese enthalten *Etioplasten*, das sind verkümmerte, unbelichtete Chloroplasten, die nur die gelben Farbstoffe entwickelt haben.

Als bedeutenden Vertreter im Gelbbereich finden wir *Crocetin*, den gelben Farbstoff des Safrans *crocus sativus* (Natural Yellow 6). Von einem kleinen südamerikanischen Baum *bixa orellana* erhalten wir einen orangefarbenen Farbstoff, Anatto oder Orleans (Natural Orange 4), der seit der Antike zum Gelbfärben benutzt wurde. In Europa kennen wir ihn seit der Entdeckung Amerikas:

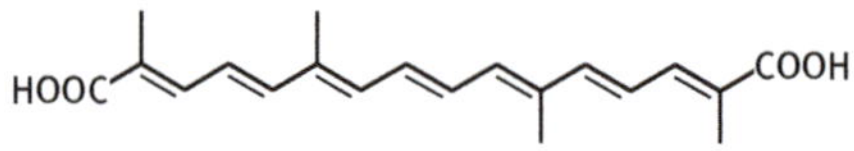

Natural Yellow 6
Crocetin

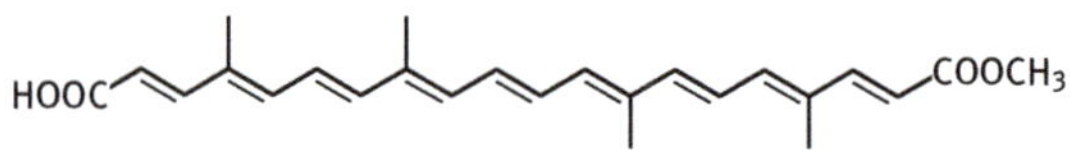

Natural Orange 4, E160 b
Bixin

Beide Carbonsäuren können aus den Staubfäden der heutzutage weit verbreiteten Safranpflanze oder den Samenkapseln des Anattobaumes mit Wasser extrahiert werden. Im Europa des Mittelalters wurden sie als Direktfarbstoffe (►Abschnitt 5.4) von Buch- und Miniaturmalern (►Abschnitt 8.3) eingesetzt, etwa auf alten gemalten Landkarten [649]. Grössere Bedeutung besassen sie seit dem Altertum zur Gelbfärbung von Baumwolle als Direktfarbstoff oder Beizenfarbstoff (►Abschnitt 5.5), wobei mit Aluminium- und Zinnsalzen orange und gelbe Farben erzielt wurden [69].

Die weiteren natürlichen Xanthophylle besitzen für die Malerei oder Kunst keine Bedeutung.

4.4 Flavanoide

Flavanoide stellen eine bedeutende Gruppe von Pflanzeninhaltsstoffen dar, die mit dem Stoffwechsel von Phenolkörpern in Zusammenhang stehen und zahlreiche Farbstoffe liefern. Eine Gruppe von ihnen ist intensiv gelb gefärbt und wird unter dem Namen *Flavonoide* zusammengefasst (lat. flavus = gelb). Kationische Flavonoide sind als *Anthocyanidine* intensiv rot, violett und blau gefärbt. Für Künstler sind Flavanoide als farbige Tinten interessant (►Abschnitt 8.3.1), als Beizenfarbstoffe (►Abschnitt 5.5) oder als Farblacke (►Abschnitt 2.6).

In der Natur treten über 5000 verschiedene Flavanoide auf. Von diesen verleihen Flavonoide vielen gelben, Anthocyanidine praktisch allen roten und blauen Blüten, Obst- und Gemüsearten ihre charakteristische Farbe [689]. Flavanoide haben aufgrund ihrer Polyphenolstruktur weitere Wirkungen innerhalb des Stoffwechsels, z. B. Schutz vor freien Radikalen).

Der Grundkörper aller flavonoiden Verbindungen ist Flavan I (mit der üblichen Bezifferung der Ringe):

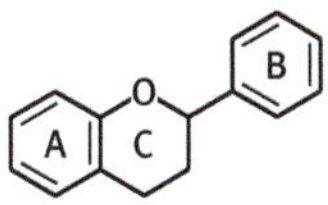

I, Flavan

4.4.1 Herkunft im Stoffwechsel

Flavanoide werden im Zuge des Sekundärstoffwechsels höherer Pflanzen aus Malonsäure und hydroxylierten Phenylpropensäuren synthetisiert [249]. Dieser interessante Teil des Stoffwechselgeschehens führt zu verschiedenen Phenolkörpern, die in Pflanzen zum Beispiel Aromastoffe wie Cumarin (Waldmeister) oder Scharfstoffe von Pfeffer oder Ingwer bilden. Aufgrund ihrer Bedeutung für Ernährung und Wirtschaft sind sie schon lange Gegenstand von Untersuchungen [668–684], [250, pp. 285], [252, pp. 106, 151].

Das primär entstandene Flavanon III kann in mehreren Schritten in verschiedene Grundkörper übergehen, ►Abbildung 4.5. In der natürlichen Form liegen Flavonoide meist als 3-Mono- oder 3,5-Diglykoside. Als Saccharid treten vorwiegend Glukose, Galaktose, Glukuronsäure, Galakturonsäure, Xylose, Rhamnose und Arabinose auf.

Flavanoide können durch Oxidation in o-Chinone und weiter in höher aggregierte Stoffe übergehen, die Polymere von komplizierter Struktur bilden und Anlaß zu braunen Verfärbungen von liegengelassenem oder angeschnittenem Obst geben, ►Abschnitt 8.2 [671]. Als braune Tinten wurden braune Holz- und Rindenbestandteile im Mittelalter hochgeschätzt, ►Abschnitt 8.3. Oligomere Flavonoide verursachen die Farbe von Tee und Kakao und sind bedeutende Aromastoffe. Sie sorgen für den typischen adstringierenden Geschmack von Tee, in geringerem Umfang auch von Kakao.

4.4.2 Einteilung

Wie bereits erwähnt, leiten sich alle Flavonoide vom Flavan I ab. Durch die natürlichen Substitutionsmuster von Flavan sind einige Verbindungsklassen vorgegeben, deren Vertreter ähnliche Eigenschaften und Funktionen besitzen (zur Übersicht über die strukturelle Vielfalt und Klassifizierung siehe [250]):

- Vom Flavan I leiten sich hydroxylierte Gruppen wie Flavan-3-ole II, auch Catechine genannt, oder Flavan-3,4-diole VII ab. Sie spielen als sekundäre Pflanzenin-

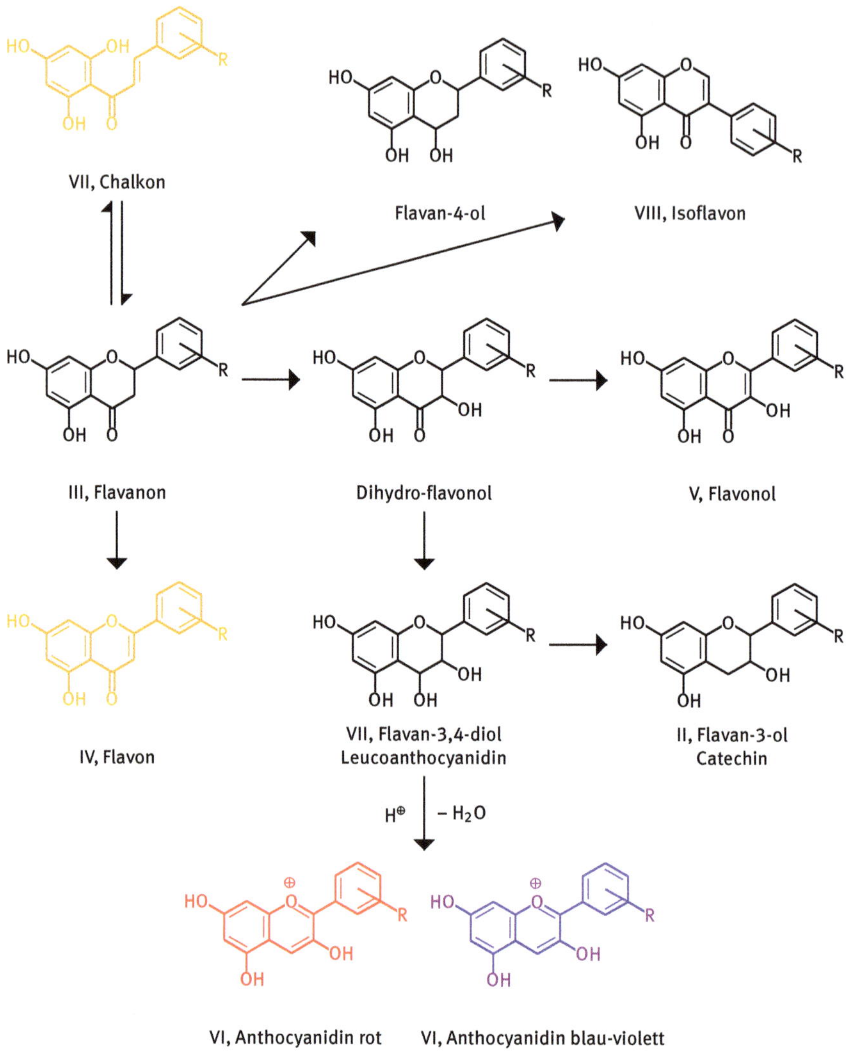

Abb. 4.5: Entstehung der verschiedenen Flavon-Stammverbindungen aus dem Stamm-Chalkon oder Flavanon [252], [254, pp. 106, 151], [668–670, 684], [250, pp. 285]. Die gezeigten Hydroxylierungsmuster sind beispielhaft und können je nach zugrundeliegender Phenylpropansäure und nachfolgenden Modifikationen variieren.

haltsstoffe in Früchten eine Rolle und sind farblos. Flavanone III sind ebenfalls farblos, durch ihr Vorkommen in Obst und Gemüse als Geschmacksstoffe jedoch bedeutsam.

– Die Oxo-Derivate IV und V sind Stammverbindungen der gelben Flavone, die große Bedeutung als Blüten-, Obst- und Malerfarbstoffe haben.

- Anthocyanidine leiten sich vom Flavanderivat VI ab und sind ionischer Natur. Sie liefern in Form ihrer Glykoside, der Anthocyane, zahlreiche rote und blaue Blütenfarbstoffe und waren als Tintenfarbstoffe von Wichtigkeit.
- Die gelben offenkettigen Chalkone VII sind bis auf wenige Ausnahmen ohne Bedeutung für den Maler.

4.4.3 Flavan-3-ole (Catechine), Flavan-3,4-diole und Flavanone

Flavan-3-ol II ist die Stammverbindung der *Catechine*, die sich wie andere Flavanoide durch das Hydroxylierungsmuster an den Benzenringen unterscheiden. Die oxidierten Verbindungen vom Typ des Flavanons III treten ebenfalls in zahlreichen Varianten auf. Die Stoffamilien sind farblos und kommen zusammen mit den farbigen Flavonoiden und Anthocyanen in Obst und Gemüse vor, einige typische Vertreter sind:

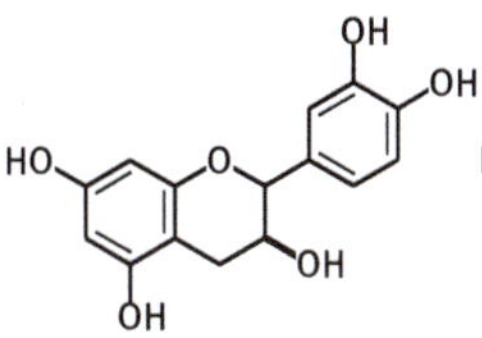

Catechin

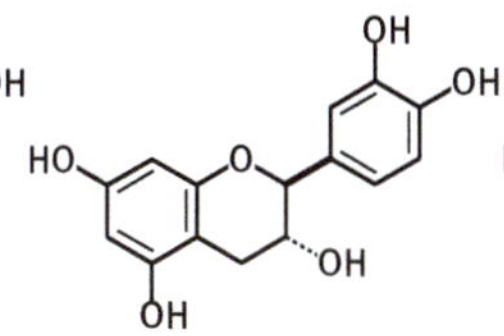

Epicatechin

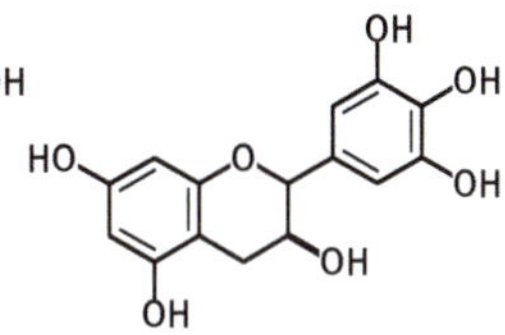

Gallocatechin

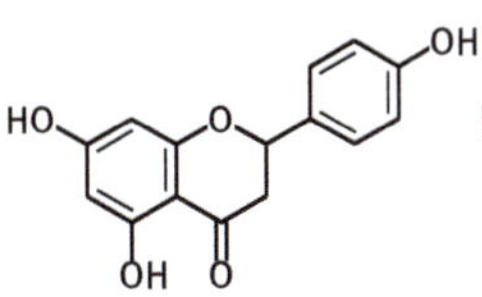

Naringenin

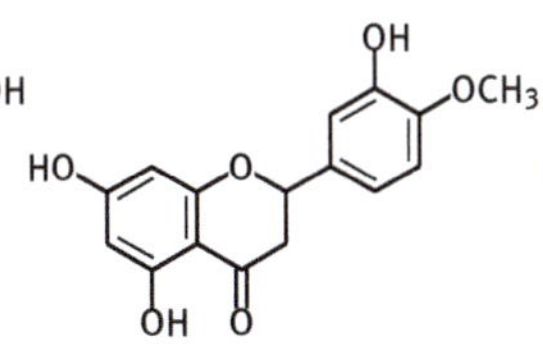

Hesperitin

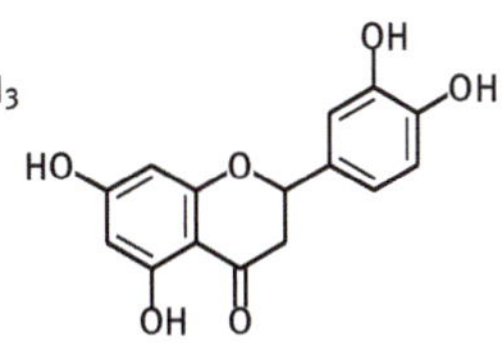

Eryodictiol

Catechine bilden durch enzymkatalysierte dehydrierende Polymerisation sog. *kondensierte Gerbstoffe*. Diese oligomeren Verbindungen tragen zum adstringierenden Geschmack von Früchten bei und geben dem schwarzen Tee seine rote Farbe. Sie bilden einen Teil der Gerbstoffe in Galläpfeln und ähnlichen Baumsekreten, denen wir beim Verfertigen von Tinten begegnen, ►Abschnitt 8.3 und ►Abschnitt 8.4.

Flavanone kommen als Glykoside vor allem in Südfrüchten vor und stellen einen wichtigen Geschmacksfaktor dar, da besonders die Verbindungen mit Neohesperidose bitter schmecken und den typischen Geschmack von Grapefruit und Bitterorange hervorrufen. Eine Entbitterung der Früchte ist durch enzymatische Abspaltung der Zuckerreste möglich.

Schwarzer Tee

Teeblätter enthalten große Mengen an Flavan-3-olen wie Catechin, Gallocatechin und deren Ester mit Gallussäure [668, 671, 682, 685], [248, pp. 203]. Nach der Ernte werden die Teeblätter zur Schwarzteegewinnung gebrochen, um eine umfassende enzymatische Tätigkeit in Gang zu setzen, in deren Verlauf die farblosen Catechine teilweise oxidativ umgewandelt werden, ►Abbildung 8.6 auf S. 680. Das Resultat der Fermentierung sind farbige Verbindungen, die zusammen mit den verbliebenen Catechinen den Hauptbeitrag zu Farbe und Geschmack des Schwarztee-Aufgusses leisten:

- Gelbe bis orangefarbene Theaflavine (dimere Catechine), im Schwarztee ca. 10 % der Flavanole.
- Rote bis braune Thearubigene (polymere Catechine), im Schwarztee ca 75 % der Flavanole. Sie sind nur unzulänglich bekannt und besitzen eine heterogene komplexe Struktur.
- Gelbe und orangefarbene, komplex gebaute dimere Catechine (Dicatechine, Theasinensine, Theanaphthochinone).

Diese Produkte werden wir bei den braunen Pflanzentinten betrachten, ►Abschnitt 8.3. Im Gegensatz zu Schwarztee werden bei grünem Tee die oxidierenden Enzyme nach der Ernte inaktiviert, sodass die Fermentierung unterbleibt und die gelbgrüne Farbe des Grüntees auf unveränderte Chlorophylle, Flavone und Flavonole zurückgeht.

4.4.4 Flavone

Gelb Flavon IV oder Flavonol V ist die Stammverbindung zahlreicher Derivate, die Flavone genannt werden und zu den am meisten verbreiteten natürlichen Flavonoiden gehören. Sie unterscheiden sich durch das Hydroxylierungsmuster an den Benzenringen, wie man an einigen häufig auftretenden Verbindungen erkennen kann:

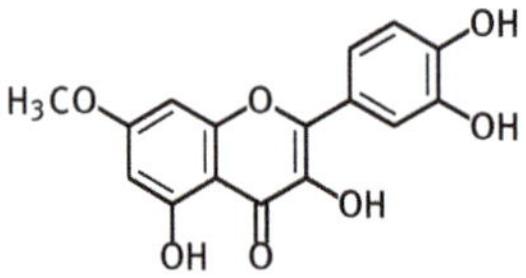

Natural Yellow 13, CI 75690
3,3',4',5-Tetrahydroxy-7-methoxy-flavon, Rhamnetin

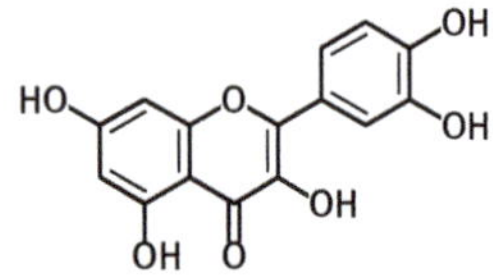

Natural Yellow 10,13, CI 75670
3,3',4',5,7-Pentahydroxy-flavon, Quercetin

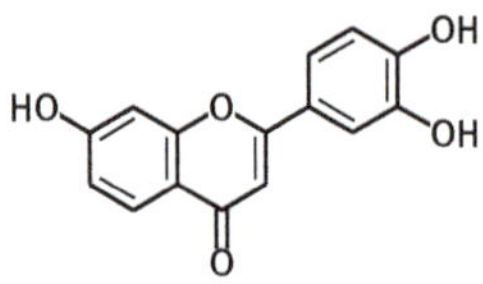

Natural Yellow 2, CI 75590
3',4',7-Trihydroxy-flavon, Luteolin

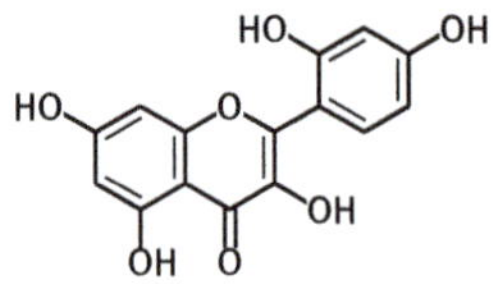

Natural Yellow 8,11, CI 75660
2',3,4',5,7-Pentahydroxy-flavon, Morin

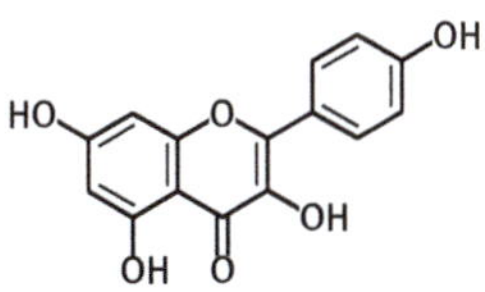

Natural Yellow 13,10, CI 75640
3,4',5,7-Tetrahydroxy-flavon, Kämpferol

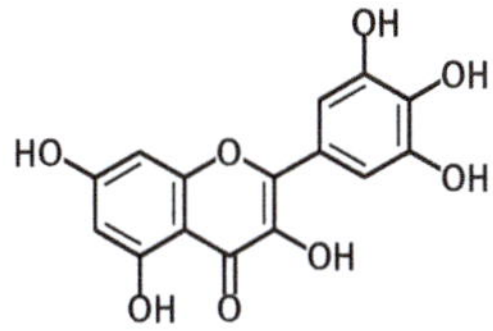

3,3',4',5,5',7-Hexahydroxy-flavon, Myricetin

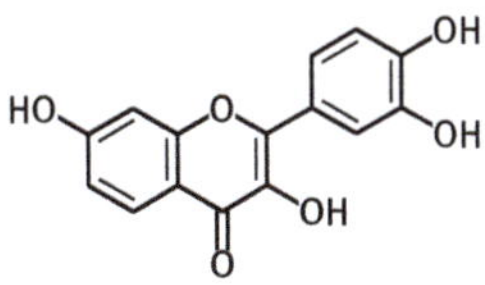

Natural Brown 1, CI 75620
3,3',4',7-Tetrahydroxy-flavon, Fisetin

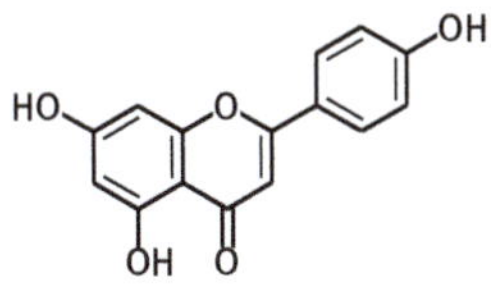

Natural Yellow 1,2, CI 75580
4',5,7-Trihydroxy-flavon, Apigenin

Ihre Farbe wird maßgeblich von der Zahl der Hydroxylgruppen bestimmt. Die genannten Flavone sind hellgelb bis gelb, weitere Hydroxylgruppen intensivieren die gelbe Farbe, wie z. B. im 6-Hydroxy-quercetin (Quercetagenin). In der Natur liegen die C^3-Hydroxylgruppen als Glukoside, Galaktoside und Rhamnoside vor.

Flavone und Flavonole kommen als gelbe Farbstoffe in den Blüten vieler Pflanzen vor, in Früchten, auch in Blättern und Zweigen treten sie zuweilen in nennenswerten Mengen auf [258], [232, Kap. 18.1.2.5], [22, Kap. III.7]. Zusammen mit Carotinoiden und Betaxanthinen stellen sie eine der drei großen Gruppen von natürlichen gelben Pflanzenfarbstoffen dar.

Liebhaber von Weißweinen werden Quercetin und Kämpferol zu schätzen wissen, da diese Substanzen wesentlich an der Farbe von Weißweinen beteiligt sind. Bedeutsamer ist jedoch die Verwendung einiger Flavone als Farbstoffe für Färberei und Buchmalerei.

Grüner Tee

Bis zu 80 % der phenolischen Verbindungen, die die Masse von Teeblättern ausmachen, stellen Flavanole dar, zum Rest gehören Flavone und Flavonole. Während der Fermentation der frischen Teeblätter werden die mengenmäßig übergeordneten Flavanole oxidiert und stellen zusammen mit ihren rötlich-gelbe Folgeprodukten (Theaflavine und Thearubigene) den Hauptbeitrag zu Geschmack und Farbe des Aufgusses von schwarzem Tee dar. Bei grünem Tee werden die oxidierenden Enzyme inaktiviert, sodass die gelbgrüne Farbe von Grüntee auf Flavone und Flavonole zurückgeht, deren Eigenfarbe nicht durch die intensivere Farbe der Theaflavine und -rubigene verdeckt wird.

Gelbe Farblacke, Schüttgelb, Stil de Grain, Gelbholzlack, Natural Yellow 13, 14

Aus Flavonen wurde eine Reihe verschiedener Farbmittel gewonnen. Die gelben wässrigen Extrakte wurden als *Saftfarben* in der Buchmalerei verwendet, ►Abschnitt 8.3.1. Gelbe Farblacke entstehen, indem wir Farbstoffe aus Beeren, Rinde, Stengel oder Hölzern mit Wasser extrahieren und durch Zugabe von Alaun und Soda (Natriumcarbonat) als Lack fällen [69]. Der Komplex kann auch auf Gips oder Kreide gefällt und in öligen oder wässrigen Bindemitteln vermalt werden. Details zur Verlackung sind in ►Abschnitt 2.6 dargestellt, [89] widmet sich ausführlich der Eigenherstellung gelber pflanzlicher Farblacke. Für die Malerei wichtige Farblacke sind:

- Schüttgelb, Stil de Grain aus den unreifen Kreuzbeeren, die Rhamnetin enthalten. Der Aluminiumlack des Kreuzbeerenextrakts wurde bereits im 1. Jhd. beim Färben benutzt [22].
- Gelbholzlack entsteht aus Extrakten der Färbermaulbeerbäume, die Morin enthalten.

Es gibt eine Reihe weiterer gelber Lacke, die mehr für die Färberei von Interesse sind, ►Tabelle 4.1. [103] listet eine Reihe gelber flavonhaltiger Lacke speziell für die Buchmalerei auf.

Tab. 4.1: Zusammensetzung und Herkunft der zur Färberei und – nach Verlackung – Malerei genutzten Flavone [69, 103]. Zur Verwendung in der Buchmalerei ►Abschnitt 8.3.1.

Ursprung	Zusammensetzung	Metalle und Farben
Natural Brown 1, Fisetholz *cotinus coggyna*	Fisetin	Aluminium (gelb), Chrom (rotbraun), Zinn (orange), Eisen (olive)
Natural Yellow 11, Gelbholz, Färbermaulbeerbaum *chlorophora/morus tinctoria*	Morin, Maclurin, Kämpferol	Aluminium (gelb), Chrom (olivgelb), Zinn (zitrongelb), Eisen (braun)
Natural Yellow 10, Färbereiche *quercus velutina*, Zwiebelschale, Johanniskraut	Quercetin	Aluminium (gelb), Chrom (olivgelb), Zinn (orange), Eisen (olivgrün)
Natural Yellow 13, Gelbbeere, Kreuzbeere *Rhamnus*	Rhamnetin, Quercetin, Kämpferol	Aluminium (orangebraun), Chrom (rotbraun), Zinn (orange), Eisen (olive)
Natural Yellow 2, Wau, Gelbkraut, Färberreseda *reseda luteola*	Luteolin, Apigenin	Aluminium (orangegelb), Kupfer (gelbgrün), Zinn (zitrongelb), Eisen (olivgrün)
Färberginster *genista tintoria*	Luteolin, Genistein	Aluminium (blaßgelb), Chrom (gelbgrün), Kupfer (gelbgrün), Eisen (schokoladebraun)
Färberscharte *serratula tintoria*	Luteolin	Aluminium (gelbgrün), Eisen (olivgrün)

Ein Nachteil gelber Farblacke ist ihre geringe Lichtechtheit. Sie können innerhalb von Wochen zerfallen, sodass gelbe Pflanzenfarbmitel nur bei solchen Kunstwerken erhalten geblieben, die geschützt aufbewahrt wurden, wie innere Seiten von Büchern oder dicke Malschichten. [347, 348] gibt Beispiele für verblichene Gelblacke, die besonders in Grünmischungen auffallend sind, man denke an flämische Gemälde mit auffallend blaustichigen Bäumen und Laubwerk. Bereits 1830 stellte Mérimée fest, daß „in several Flemish paintings, leaves of trees have become blue, because the yellow lake, mixed with ultramarine, has disappeared.“. Besonders im 17./18. Jhd. wurden vermehrt gelbe Lacke (Schüttgelb, Gamboge) anstelle stabiler Gelbpigmente wie Bleizinngelb oder Neapelgelb genutzt. Nach den genannten Untersuchungen sind Lacke der Kreuzbeeren und Färbereiche gefährdeter als Lacke der Reseda. Heute sind gelbe Lacke außer Gebrauch gekommen.

Grüne Farblacke, Saftgrün, Natural Green 2

Während der Reifung entwickeln die Kreuzbeeren von *rhamnus catharticus* neben Flavonen zunehmend Anthocyane. Wenn wir daher frischen Fruchtsaft mit Pottasche und Alaun oder Kalk, also Alkalien, eindampfen, erhalten wir *Saftgrün* [339]. Es handelt sich dabei nicht um eine grüne Verbindung, sondern um eine Mischung gelber Flavone (hauptsächlich Rhamnetin wie beim Schüttgelb) mit Anthocyanen, die in alkalischer Umgebung eine blaue Farbe zeigen [442].

Nach [103] werden grüne Pflanzensäfte häufig unabhängig von ihrer genauen Herkunft als Saftgrün bezeichnet. So werden als Quelle Beeren von Kreuzdorn, Liguster, Wacholder, unreife Heidelbeeren, Blätter und Blüten von Schwertlilie, Nachtschatten, Raute, Veilchen und Ysop genannt. Der Pflanzensaft, oft zunächst bräunlich, erhält erst durch Zusatz von Alaun eine grüne Farbe. Außer Flavonen tragen in diesen Fällen auch andere gelbe Komponenten zur grünen Mischfarbe bei. Schwertlilien z. B. enthalten mit Mangiferin einen gelben Xanthonfarbstoff (►Abschnitt 4.5), der zusammen mit Anthocyanen zur grünen Mischfarbe führt. Raute dagegen weist mit Chlorophyll von Beginn an einen echten grünen Farbstoff auf, der jedoch mit der Zeit verblasst, während das gelbe Flavonoid Rutin zurückbleibt.

Chemie der Farblacke (Metallkomplexe)

Die Komplexierung von Flavonoiden mit Aluminiumsalzen hattte als Beize für die löslichen Flavonoide erhebliche ökonomische Bedeutung für die Färberei. Färberreseda stellte z. B. bis zur Entdeckung Amerikas den wichtigsten gelben Farbstoff in Europa dar, der mit Aluminium gebeizt wurde. (Um 1500 kam Gelbholz als Konkurrent ins Land, um 1770 dann Färbereiche.) Die entstehenden Komplexe bilden aber auch unlösliche gelbe bis rote Farblacke, die als Pigment verwendet werden konnten. Die Komplexierung verursacht eine bathochrome Verschiebung von Absorptionsbanden aus dem UV ins nahe UV oder sogar den sichtbaren Bereich, sodass die Lacke intensiv gefärbt sind. Im nasschemischen Trennungsgang wird z. B. *Morin* als Reagenz verwendet, das mit starker Fluoreszenz auf Aluminium reagiert [631].

Es fehlt daher nicht an Untersuchungen über die Reaktion [256, 629–634, 698]. Die Komplexierung von o-Dihydroxybenzolen hängt vom pH-Wert der Lösung ab, über den die Deprotonierung der sauren Phenol-Wasserstoffatome geregelt wird und Bindungsstellen für das Metall freiwerden. Wir finden z. B. beim 3',4'-Dihydroxyflavan die Komplexbildung im B-Ring mit den stöchiometrischen Verhältnissen Aluminium-Flavan 1:3, 1:2 und 1:1 (L repräsentiert das Flavan):

in Methanol: $LH_2 + Al^{3\oplus} \longrightarrow AlL^{\oplus} + 2\,H^{\oplus}$

in Kaliumacetat: $2\,LH^{\ominus} + Al^{3\oplus} \longrightarrow AlL_2^{\ominus} + 2\,H^{\oplus}$

in Natriummethanolat: $3\,L^{2\ominus} + Al^{3\oplus} \longrightarrow AlL_3^{3\ominus}$

Sind noch Koordinationspositionen am Metall frei, werden diese mit Lösungsmittelmolekülen als Sekundärliganden besetzt.

Befinden sich die Hydroxylgruppen in Nachbarschaft zur 4-Oxo-Gruppe, also an C^3 oder C^5, so wird diese in den Chelatring miteinbezogen, wobei die Hydroxylgruppe an C^3 bevorzugt wird. Es bilden sich 1:1- und 1:2-Komplexe, das heißt das Metall kann mehrere Flavonmoleküle verbrücken. Bei mehrfacher Hydroxylierung können mehrere Chelatringe im selben Flavonmolekül auftreten. Unter Umständen entstehen auch komplizierte mehrkernige Strukturen, in denen Lösungsmittelmoleküle oder Hydroxoliganden mehrere Metallzentren überbrücken, die wiederum mit mehreren Flavonmolekülen komplexiert sein können.

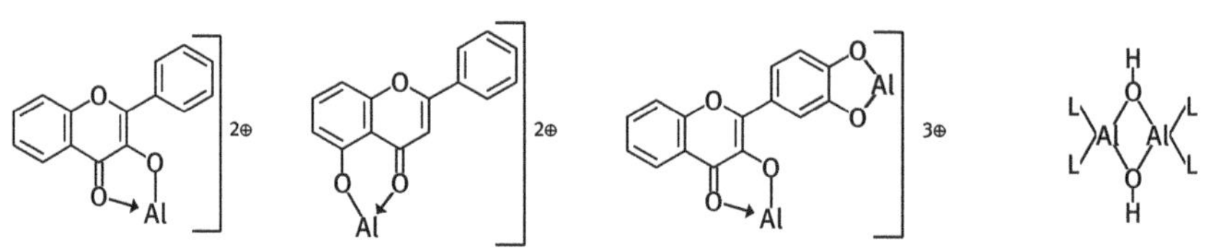

3-Hydroxy-flavon — 5-Hydroxy-flavon — 3,3',4'-Trihydroxy-flavon — mehrkernige Struktur L=Flavonoid

Während die Komplexierung an allen Hydroxylgruppen vonstatten gehen kann, findet eine bathochrome Verschiebung der UV-Absorption in den VIS-Bereich nur bei 3-Hydroxy- und 5-Hydroxyflavonen statt, da nur dann der entstehende Chelatring das chromogene System (Ring B, $\Delta^{2,3}$ und 4-Oxo-Gruppe im Ring C) beeinflusst, ►Abschnitt 2.6.3 und ►Abschnitt 4.4.9. Die mit der Metallierung einhergehende Verschiebung der Absorptionsbande ist bei Flavonkomplexen nicht stark ausgeprägt und geht nicht über Gelb hinaus. Stärkere Farbverschiebungen mit Nebengruppenmetallen wie Eisen und Chrom beruhen zusätzlich auf Ligandenfeld- und Charge Transfer-Übergängen, die wir bei den Eisengallustinten näher betrachten, ►Abschnitt 8.4.4 auf S. 697. Unklar ist, inwieweit die Bildung von chinoiden Strukturen aus den Flavonen, wie sie in [698] gesammelt werden, an der Entstehung von Farben jenseits Gelb beteiligt ist.

4.4.5 Anthocyane

Rot Violett Blau Flavonoide des Typs VI (2-Phenyl-benzopyrylium- oder Flavyliumsalze) sind unter dem Namen *Anthocyanidine* wohlbekannt. In der Natur treten sie ebenso wie Flavone als Glykoside auf. Die Glykoside werden *Anthocyane* genannt und haben ihren Namen vom griech. *cyanos* (himmelblau) erhalten, da sie rot, violett oder blau gefärbt sind. Die häufigsten natürlichen Anthocyanidine sind:

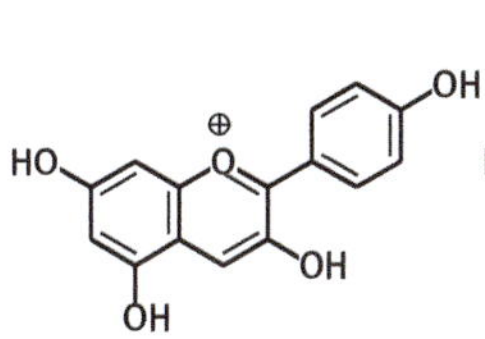

Pelargonidin

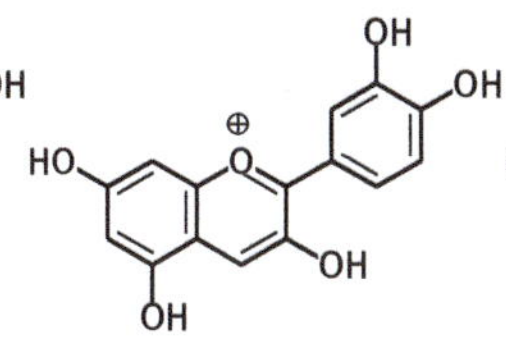

Cyanidin

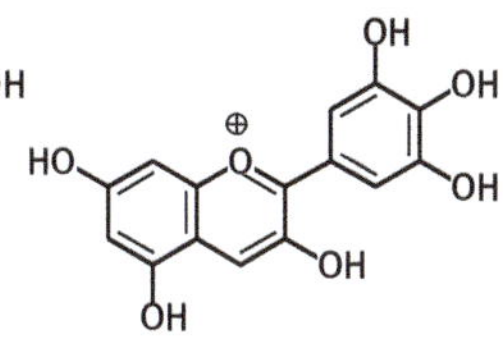

Delphinidin

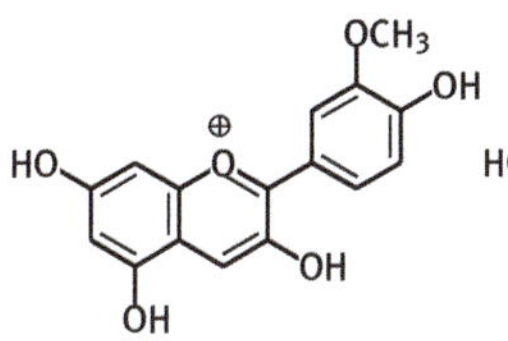

Paeonidin

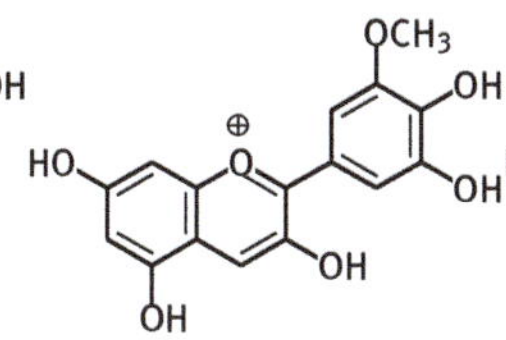

Petunidin

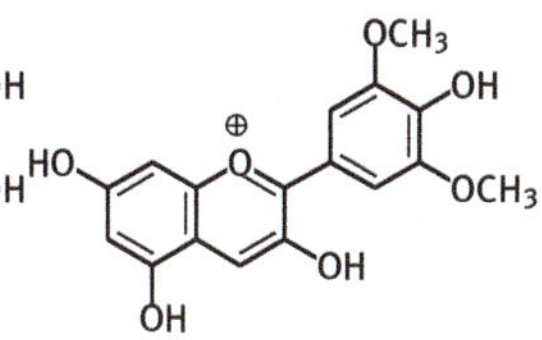

Malvidin

Das Hydroxylierungsmuster beeinflußt den Farbton erheblich, eine steigende Zahl an Hydroxylgruppen am Ring B verschiebt die Farbe von Rot nach Blau. Methylierung oder Glykosylierung ändert die Farben nur geringfügig, ►Tabelle 4.2 [232, 248, 258, 686, 689]. Der Fortfall einer Hydroxylgruppe führt zur Gelbverschiebung des Farbtons: die Entfernung der Hydroxylgruppe an C^3 des Cyanidins z. B. führt zum orangefarbenen Luteolinidin. Am Beispiel einiger Früchte aus ►Tabelle 4.3 erkennen wir typische Glykosylierungsmuster [232], [253, ch. 3], [686]. Glykoside werden zwischen den Hydroxylgruppen an C^3, C^5, seltener auch $C^{7,4'}$ mit Glukose, aber auch Galaktose, Rhamnose, Xylose oder Arabinose gebildet. Oft sind die Zucker mit Hydroxyzimtsäure

Tab. 4.2: Einfluß des Hydroxylierungsmusters auf die Farbe von Anthocyanidinen [232, 248, 258, 686].

Verbindung	Absorptionsmaximum λ_{max}	Substitution
Pelargonidin (orange bis ziegelrot)	520 nm	–OH
Cyanidin (rot)	535 nm	–OH, –OH
Paeonidin	532 nm	$-OCH_3$, –OH
Delphinidin (purpur bis blau)	546 nm	–OH, –OH, –OH
Petunidin	543 nm	$-OCH_3$, –OH, –OH
Malvidin	542 nm	$-OCH_3$, –OH, $-OCH_3$

Tab. 4.3: Beispiele für das Vorkommen von Anthocyanen in Früchten [232, 686].

Anthocyan	Pflanze
Cyanidin-glukosid (Cy-3-glc)	Pfirsich, Pflaume, Süßkirsche, Brombeere, Himbeere, Johannisbeere, Weintraube, Apfelsine, Feige
Cyanidin-galaktosid (Cy-3-gal)	Apfel, Birne
Paeonidin-glukosid (Pa-3-glc)	Pflaume, Weintraube
Pelargonidin-glukosid (Pg-3-glc)	Erdbeere
Petunidin-glukosid (Pt-3-glc)	Schwarzbeere, Banane, Weintraube
Delphinidin-glukosid (Del-3-glc)	Schwarzbeere, Johannisbeere, Weintraube, Blutorange, Passionsfrucht
Malvidin-glukosid (Mv-3-glc)	Schwarzbeere, Weintraube

oder Hydroxybenzoesäure verestert. Nach [66], [253, ch. 3] ist die Glykosylierung an C^3 wichtig für die Stabilität des Pyrylium-Kations und damit Voraussetzung, daß Pflanzen überhaupt größere Mengen an Anthocyanen akkumulieren können. Methylierung erfolgt typischerweise an den Hydroxylgruppen von $C^{3',5'}$.

Anthocyane stellen die wichtigste Gruppe roter und blauer Farbstoffe in Blüten- und Pflanzenfarben dar [66, 258], [22, Kap. III.8]. Überraschenderweise wird die hohe Zahl der in der Natur beobachtbaren roten bis blauen Farben im wesentlichen durch drei Anthocyanidine (Pelargonidin, Cyanidin, Delphinidin) hervorgerufen, durch Kombination von Anthocyanen mit gelben und roten Carotinoiden erweitert sich die Palette in Richtung Gelb–Orange, wie ►Tabelle 4.4 zeigt. Beispiele für Blumen, die ihre Farbe Anthocyanen verdanken, sind Kornblumen, Rosen und Pelargonien [258, 689]. Entscheidend für die große Zahl an erreichbaren Farbschattierungen ist die Abhängigkeit der Farbe der Anthocyanidine von den Umgebungsbedingungen (pH-Wert, Konzentration, Veresterung- und Glykosylierungsmuster, Copigmentierung).

Tab. 4.4: Anthocyanidine, die typisch für bestimmte Blütenfarben sind [258, 689].

Pelargonidin	Cyanidin	Delphinidin
←Rosa→	←Rot–Rotviolett→	
←Orange (mit gelben Farbstoffen)→		
←Rot→ (Pelargonidin–Cyanidin)		
		←Blau→
	←Blauviolett→ (Cyanidin–Delphinidin)	

pH-Abhängigkeit der Farbe, Stabilisierung und Komplexierung

Anthocyanidine zeigen eine ausgeprägte Abhängigkeit der Farbe vom pH-Wert und überdecken alle Farbtöne von Rot über Violett bis Blau [23, chapter 7], [66], [232, Kap. 18.1.2.5.3]. Während im sauren Medium ein rotes Flavyliumsalz vorliegt ►Abbildung 4.6, dominieren bei mittleren pH-Werten violette chinoide Formen, bis schließlich im alkalischen Bereich mit dem Hydroxylation ein starker Elektronendonor vorliegt, der in einem blauen Farbeindruck resultiert. Ein bekanntes Beispiel für die pH-Abhängigkeit ist der Farbwechsel vom blauvioletten Blaukraut (Rotkohl) zum tiefen Rot bei Zugabe von Essig.

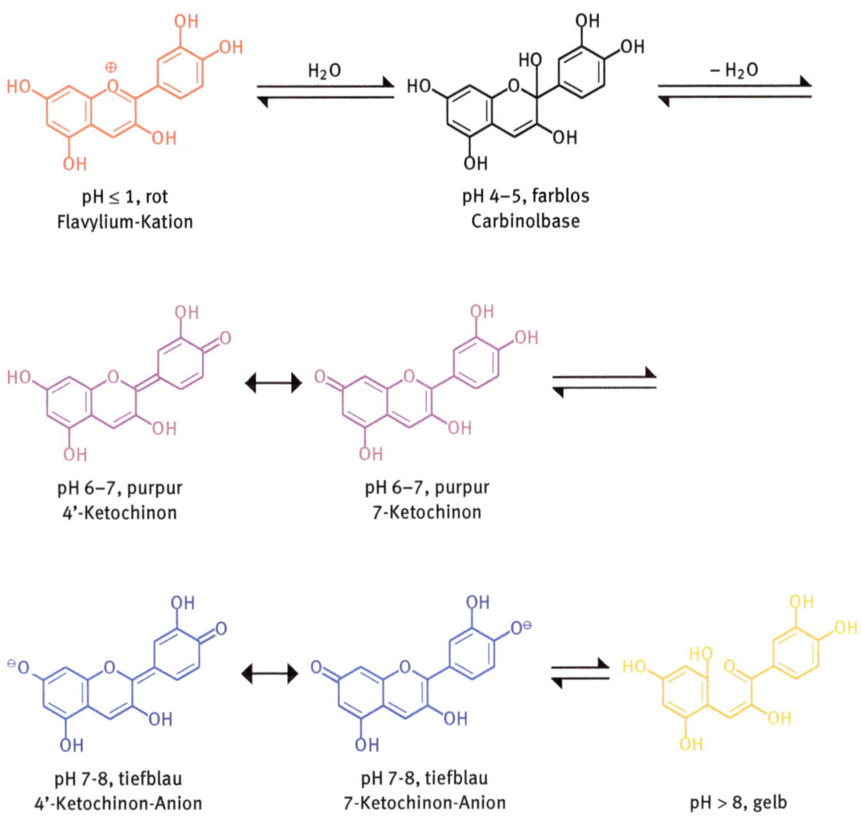

Abb. 4.6: Farbwechsel von Anthocyanidinen in Abhängkeit vom pH-Wert [232]. Nach [66] tritt der Farbwechsel zu Blau erst bei pH-Werten größer 11 auf, der Wechsel zu Rot schon bei pH-Werten kleiner 3–4.

Bei pH-Werten von 7–8 gehen Anthocyanidine unter Ringöffnung in gelbe Chalkone über, noch höhere pH-Werte bewirken den Zerfall in Aldehyde und Carbonsäuren. Über die Polyphenoloxidation können innerhalb weniger Minuten braune Produkte entstehen, ►Abschnitt 8.2.1. Mehrwertige Metall-Kationen wirken diesen Reaktionen entgegen, wobei tiefblaue Komplexe des Typs

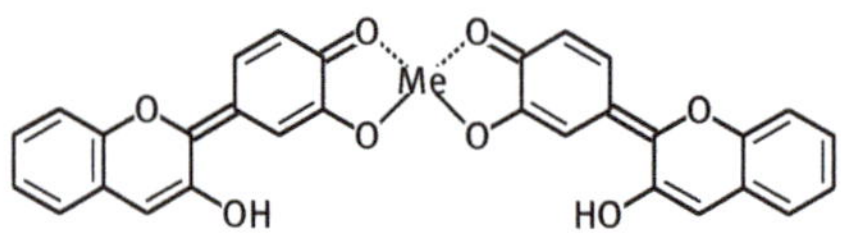

entstehen, die die Ketochinonform stabilisieren. In der Natur treten solche Komplexe mit $Fe^{3\oplus}$- und $Al^{3\oplus}$-Ionen auf. Rote Rosen und blaue Kornblumen unterscheiden sich z. B. nur dadurch in der Farbe, daß in Kornblumen Cyanidin als blauer Komplex mit Aluminium- und Eisenionen vorliegt, in Rosen als rotes Flavyliumsalz. Die freien Valenzen des Metall-Kations werden mit Hydroxyl-, Chlorid- oder Carboxylat-Anionen abgesättigt, wobei letztere aus pektinartigen Polysacchariden stammen können [249, S. 410]:

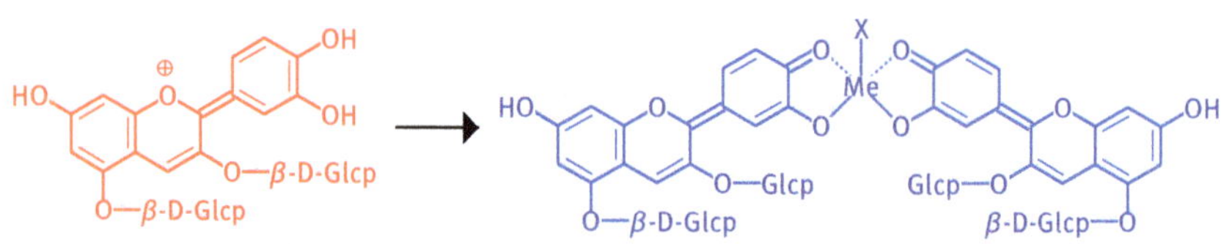

Cyanin Flavylium-Ion rot

Cyanin-Komplex blau
X=HO$^{\ominus}$, Cl$^{\ominus}$, Carboxylat von Pektinen

Die Komplexierung mit Metallen und daraus resultierende Farbverschiebungen haben wir bei schon bei Anthrachinonfarblacken kennengelernt, ►Abschnitt 2.6.3.

Komplexe mit Metall-Kationen werden in der Natur häufig genutzt, um Anthocyane und Copigmente zu definierten Strukturen zusammenzufügen.

Copigmentierung: Stabilisierung und Bathochromie

Durch den niedrigen pH-Wert pflanzlicher Zellsäfte besitzen die meisten Früchte rote bis violette Farben. Interessant ist, daß nach ►Abbildung 4.6 in diesem leicht sauren, wäßrigen Medium durch Hydrolyse die farblose Zwischenstufe des Carbinols erreicht werden und zu einer Entfärbung der pflanzlichen Zellen führen sollte. Da Pflanzen und Früchte dennoch intensiv farbig sind, wurde nach einem Mechanismus gesucht, der Anthocyanidine vor der Carbinolbildung schützt und die Farbe erklärt. Er wurde in der *Copigmentierung* gefunden: ein (farbiges oder farbloses) *Copigment* verhindert den Zugang von Wasser zum Reaktionszentrum im Pyryliumring, der die farbige Form des Anthocyanidins bestimmt [23, chapter 7], [686], [248, ch. 6], [706].

Als Copigment kann ein zweites Molekül eines Anthocyans dienen, oder farblose Flavonoide, die oft zusammen mit Anthocyanen vorkommen. Ein Beispiel ist Delphinidin, das mit Azalein eine blaue Struktur bildet [258, pp. 179], [248, ch. 6] enthält zahlreiche ausführliche Beispiele aus dem Blumenreich. Das Pyryliumsystem des Anthocyans bildet mit dem ebenfalls flachen Copigment Molekülstapel und schützt so das Reaktionszentrum vor Wasserzutritt. Auch die Veresterung der Zuckerkomponente des Anthocyans mit Zimt- oder Kaffeesäure kann zur Copigmentierung beitragen. Ein Beispiel hierzu ist wiederum Delphinidin, das mit Aluminiumionen und Caffeoylchinasäure (Chlorogensäure) eine blaue Struktur bildet. In diesem Fall legt sich der aromatische Ring der Phenylpropensäuren über das Pyryliumsystem.

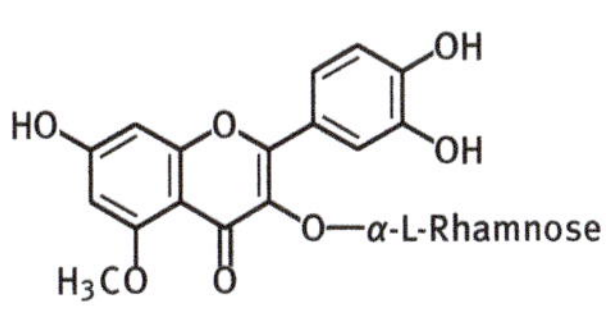

Azalein

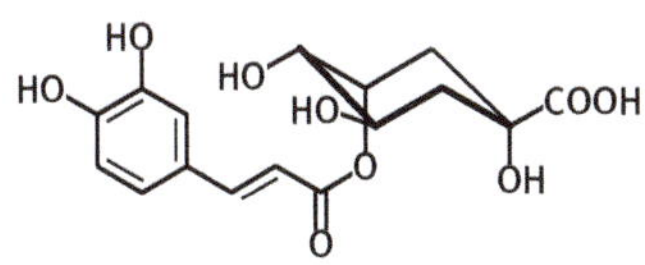

Caffeoyl-chinasäure
Chlorogensäure

Anthocyane und Copigmente können durch Komplexierung mit Metall-Kationen, z. B. $Mg^{2\oplus}$, $Fe^{3\oplus}$ und $Al^{3\oplus}$, in definierte supramolekulare Strukturen gebracht werden. Ein schönes Beispiel hierfür ist der Komplex aus Cyanidin, Apigenin und Eisen-, Aluminium- und Calcium-Kationen, der für die tiefblaue Farbe von Kornblumen verantwortlich ist [258, pp. 179].

Ein Ergebnis der Copigmentierung ist die Stabilisierung des Pyryliumrings gegen Wasserzutritt, es findet aber auch eine Intensivierung der Farbe oder eine Farbtonverschiebung in den Blaubereich statt. Da Copigmente eben gebaute Verbindungen mit aromatischen Ringen sind, treten in den Stapeln aus Anthocyanen und Copigmenten intermolekulare elektronische Wechselwirkungen auf, sodaß die Delokalisierung der Elektronen vom individuellen Anthocyan auf Teile des Molekülstapels erweitert wird. Ähnliche Vorgänge führen zur intensiven Farbe von Indigo, Diketo-pyrrolo-pyrrol-pigmenten und Perylenpigmenten.

Buchmalerei, Tinte, blaue und violette Farblacke

Für den Maler besassen Anthocyane zu keiner Zeit große Bedeutung, obschon sie mit ihren blauen und violetten Farbtönen einen Spektralbereich abdecken, der mit anderen Farbmitteln früher nur schwer erreichbar war. Dies ist hauptsächlich auf ihre schlechte Lichtechtheit zurückzuführen: oft können wir Ausbleichen und Zersetzung innerhalb von Tagen oder Wochen beobachten. Ein Einsatzgebiet, bei dem sie vor Licht geschützt waren, war die Buchmalerei und der Einsatz als farbige Tinte, ▶ Abschnitt 8.3.1 und [66, 103]. Häufig verwendete man Holler, Schwarzbeeren, Liguster und Veilchen, ▶ Tabelle 4.5 zeigt die darin enthaltenen Anthocyane.

Tab. 4.5: Anthocyane in Pflanzenextrakten, die häufig in der Buchmalerei (►Abschnitt 8.3.1) eingesetzt wurden [66, 89].

Pflanze	Farbgebendes Anthocyan
Schwarzbeere, Rotviolett–Blau	Myrtillin, eine Mischung aus Delphinidin-3-glykosiden, sowie Rutin und Quercitrin
Holler, Rot–Violett–Blau–Schwarz	Chrysanthemin = Cyanidin-3-glukosid, Sambucin = Cyanidin-3-rhamnoglukosid
Liguster, Rot–Violett–Blau	Malvidin-3-glukosid, Cyanidin-3-glukosid, Delphinidin-glykoside
Veilchen, Blau	Violamin = Delphinidin-3-rhamnoglukosid

Wäßrige Pflanzenextrakte zeigen durch den niedrigen pH-Wert der Pflanzenzellen rote bis rotviolette Farben, der Farbumschlag ins Blaue wurde durch Zugabe von Alkalien bewirkt. Dem in diesem Millieu stattfindenden raschen Zerfall in braune Oxidationsprodukte (alkalische Polyphenoloxdiation, ►Abschnitt 8.2.1) wirkte man durch Zugabe von Aluminium-, Eisen- oder Zinnsalzen entgegen. Dabei entstanden stabile blaue Metallkomplexe, deren Farbnuance vom Metall abhing.

Wie oben erwähnt, ist die Glykosylierung an C^3 wichtig für die Stabilität von Anthocyanidinen. Da Glykoside häufig bei der Zubereitung hydrolytisch gespalten wurden, könnte das Versetzen der ausgekochten Pflanzensäfte mit Alaun oder Gummi neben der Metallkomplexbildung den Zweck haben, die 3-Hydroxylgruppe mit Alaun oder Gummi zu komplexieren und so das Anthocyanidin wieder zu stabilisieren.

Die durch Pressen oder Auskochen gewonnenen und stabilisierten Pflanzenextrakte liessen sich direkt als Tinte und Wasserfarben (Saftfarben) nutzen. Ähnlich wie gelbe und rote Farblacke (►Abschnitt 2.6) konnten auch blaue und violette Lacke durch Versetzen der ausgekochten Pflanzensäfte mit Alaun und Kaliumcarbonat (Pottasche) gewonnen werden. Sie zeigen keine hohe Lichtbeständigkeit, wurden aber als billige Tapetenfarben, bis ins 20. Jhd. als transparente Druckfarbe und im 18. Jhd. in Pastellkreiden genutzt. Wenn wir solche Lacke selber herstellen wollen, finden wir in [89] eine reiche Sammlung von Rezepten.

Lebensmittelfarben

Heutzutage werden Anthocyane häufig als Lebensmittelfarbstoffe für den Rot-, Violett- und Blaubereich verwendet (E163), dies umso einfacher, als sie oft ohnehin in Lebensmitteln vorkommen (Schwarzbeerjoghurt). Bei Lebensmitteln mit begrenzter Haltbarkeit und Dunkellagerung spielen Faktoren, die sie zur Malerei ungeeignet erscheinen lassen, keine Rolle. Ihr fehlender Körper stellt ebenfalls kein Problem dar, da Lebensmittel durch Farbstoffe nur gefärbt werden müssen.

Wein und Fruchtsäfte

Anthocyane verleihen diversen Fruchtsäfte ihre Farbe, wie z. B. dem Saft oder Wein von roten Trauben. Der typische adstringierende Geschmack des Rotweins wird durch Flavanole (Proanthocyanidine, ►Abschnitt 4.4.3) hervorgerufen, die Farbe durch Anthocyane. Beide Eigenschaften ändern sich beim Alterungsprozess: der zuvor violettstichige Rotwein wird karmesin- und braunrot, der Geschmack weicher. Wir beobachten hier die Umwandlung von Flavonoiden in polymere Produkte und komplexe Pigmente [671, 677, 678, 683], [248, pp. 245]. Der Prozess ist noch nicht vollkommen verstanden, wir können uns Copolymere zwischen Anthocyanen und Flavanolen vorstellen (Anthocyan-(4→8)-Flavanol, I), ähnlich den Proanthocyanidinen, ►Abschnitt 8.2.3. Die Farbe dieser Polymere wird von der Flavyliumstruktur der Anthocyane bestimmt, aber möglicherweise nach Oxidation durch chinoide Komponenten wie II und III modifiziert [679], [248, pp. 338].

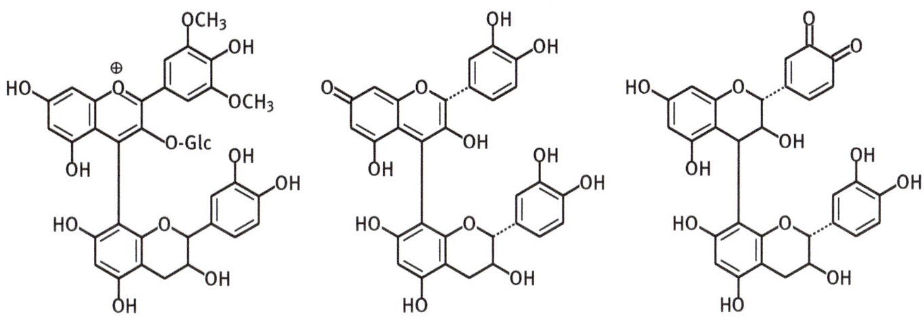

I (rot)

II chinoides Dimer

III chinoides Dimer

Weitere komplexe Pigmente entstehen durch Dimerisierung von Flavonolen mit Acetaldehyd oder Glyoxylsäure (aus dem Alkohol). Die Dimere sind farblos, wenn sie aus Flavonolen gebildet werden, und rotviolett, wenn sie aus Anthocyanen entstehen. Auch diese Produkte können zu einer Vielzahl an gelben und roten Pigmenten weiter reagieren, deren Chromophor ein Chinon, Flavylium- oder Xanthyliumsystem ist, ►Abbildung 4.7. Dem Autor ist leider nicht bekannt, ob derartige Prozesse auch in anthocyanhaltigen, mit Wein angesetzten Pflanzentinten ablaufen und ähnliche Farbstoffe bilden.

4.4.6 Neoflavone

Rot Violett Blau Neoflavone sind die färbenden Prinzipien in zahlreichen Wurzeln und Hölzern. In ihren Ursprungsländern (Orient, ferner Osten, Südamerika) sind sie seit je her als Färbematerialien bekannt, in Europa wurden sie nach der Entdeckung Amerikas ebenfalls häufig eingesetzt [69]. Wie die meisten Flavonoide sind sie Beizen-

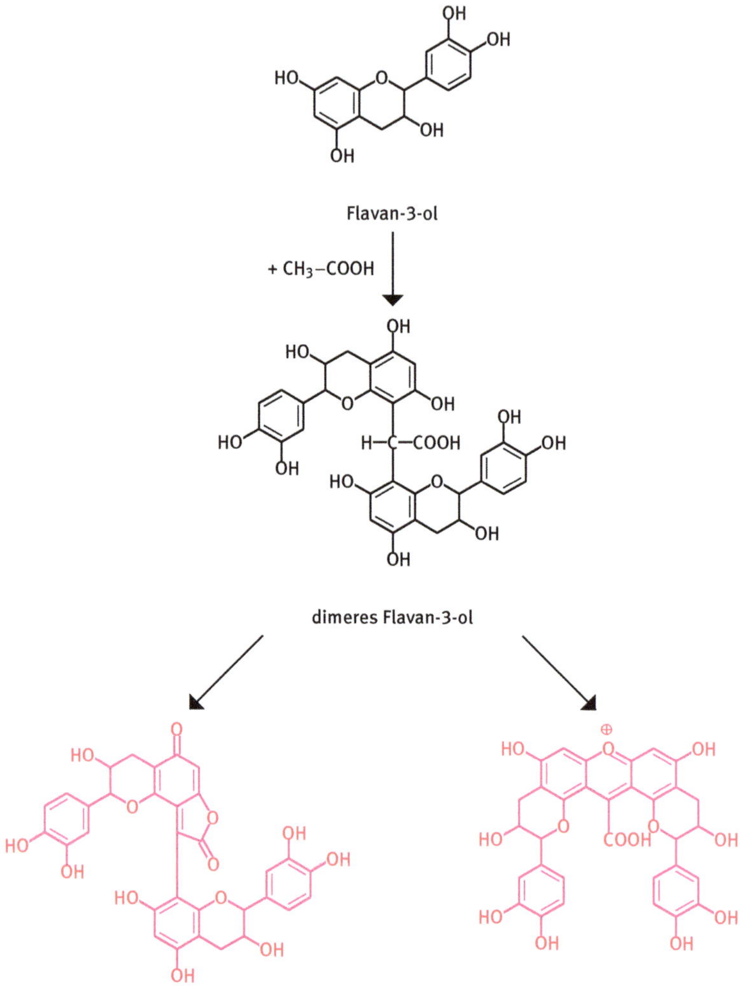

Abb. 4.7: Mögliche Entstehung roter Pigmente aus Flavanolen im Rotwein [671]. Vorstufe sind Dimere der Flavanole mit Ethanderivaten, die aus Alkohol entstehen. Die Dimere können zu gelben und roten Verbindungen mit Chinon-, Flavylium- oder Xanthylium-Chromophor weiterreagieren.

farbstoffe (►Abschnitt 5.5), mittelalterlichen Tinten verleihen sie rote und blauviolette Farben, ►Abschnitt 8.3. Die bekanntesten dieser Farbhölzer sind Blauholz und Rotholz.

Blauholz, Campecheholz, Natural Black 1 Der Blutholzbaum *haematoxylum campechianum*, der in Zentralamerika und Westindien beheimatet ist, hat ein Kernholz, das die farblose bis schwach gelbliche Farbstoff-Vorstufe Hämatoxylin enthält. Bei langer Lagerung und während des Kochens beim Färbevorgang wird diese Vorstufe oxidativ in

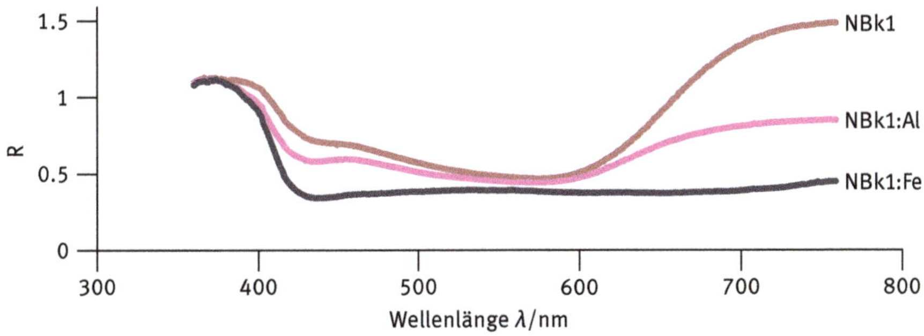

Abb. 4.8: Reflexionsspektrum von Farbstoffen auf Hämatoxylin-Basis, normiert auf eine beliebige Einheit: Hämatoxylin (NBk1), Hämatoxylin Aluminiumkomplex, Hämatoxylin Eisenkomplex.

Hämatein umgewandelt, das einen braun-blau-violetten Farbton aufweist. Durch die Verlackung (►Abschnitt 2.6) mit verschiedenen Metallen entstehen intensive Färbungen: Aluminium (blauviolett), Zinn (violett), Kupfer (blauschwarz), Eisen (schwarz), ►Abbildung 4.8.

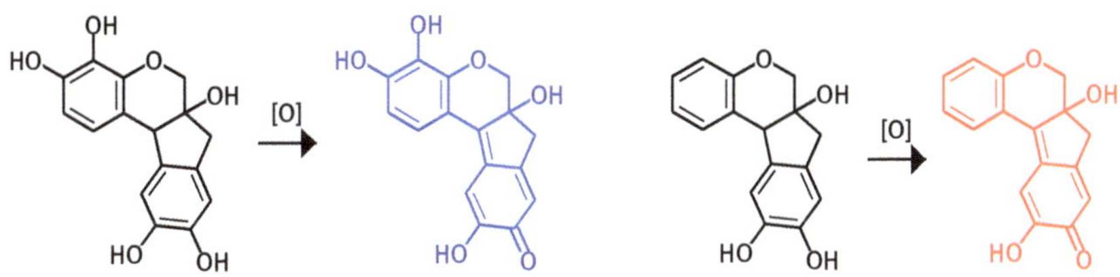

Hämatoxylin — Natural Black 1 Hämatein — Brasilin — Natural Red 24 Brasilein

Ein Anwendungsgebiet des Farbstoffs heute ist die Zell- und Gewebefärbung in der Histologie, früher wurde er zum Blau- und Schwarz-Färben von Textilien benutzt. Besonders in Verbindung mit Tannin (Sumach) und Eisenvitriol erhielt man eine tiefschwarze Farbe, die der schwarzen Eisengallustinte nicht unähnlich ist, ►Abschnitt 8.4.

Rotholz, Natural Red 24 Verschiedene Baumarten (Sappan *caesalpinia sappan*, Bahia *caesalpinia brasiliensis*, Pernambuk *caesalpinia echinata* ...) weisen ebenfalls ein Kernholz auf, das die Farbstoff-Vorstufe Brasilein enthält. Durch Kochen mit Wasser kann diese Vorstufe extrahiert werden. Auch sie wird erst oxidativ in den eigentlichen Farbstoff Brasilin umgewandelt, analog zum Blauholz. Mit Metallbeizen erhalten wir verschiedenfarbige Lacke: Aluminium (rot), Eisen (braun), Zinn (pink).

Rote Farblacke auf Brasileinbasis aus Brasilhölzern waren im frühen Mittelalter als Lasurpigment sehr geschätzt, jedoch waren sich die Maler der hohen Lichtempfindlichkeit dieser Lacke bewußt und gaben die Verwendung zugunsten des stabileren → Karminrot aus Cochenille auf, sobald dieses im 16. Jhd. durch die Einfuhr aus Lateinamerika verfügbar wurde. Im Bereich der Buchmalerei war Lichtechtheit von geringerer Bedeutung, sodaß Buchmaler das ergiebige Rotholz häufiger zur Farbenherstellung benutzten [103].

Da die Oxidation von Brasilin zu Brasilein im alkalischen Milieu sehr leicht, im sauren verzögert verläuft, hing die Farbe des Extraktes vom pH-Wert ab. Im sauren Bereich wurden eher gelbe, im alkalischen Bereich eher rote Extrakte erhalten. Beim Stehenlassen einer alkalischen Lösung tritt Braunfärbung ein, Rezepte mit alkalischem Extrakt und Alaunzugabe führten daher oft zu bräunlichem Karmesinrot. Der Extrakt wurde mit Alaunbeize als Saftfarbe, als Fällung auf Kreide als Farblack genutzt, ►Abschnitt 8.3.

4.4.7 Chinonmethide

Gelb Orange Rot Wir haben bei den Neoflavonen gesehen, dass die farbige Komponente der Blau- und Rothölzer aus dem Neoflavon durch Oxidation hervorgeht. Dabei entstehen stark farbige, chinonide Chinonmethide I:

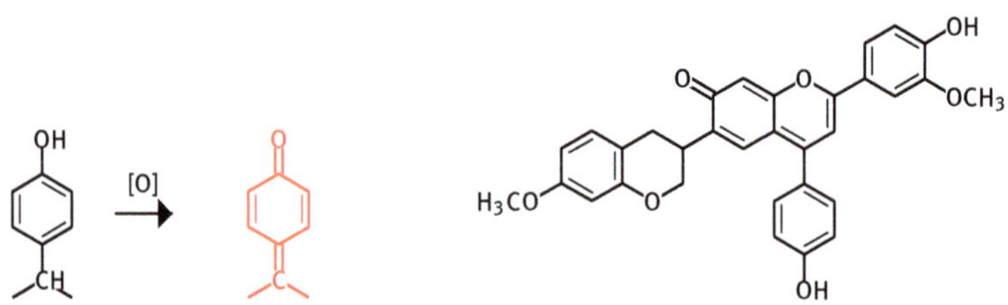

Neoflavon Chinonmethid, I Retusapurpurin

Chinonmethide können auch durch Oxidation der meisten anderen Flavonoide entstehen. Überhaupt lassen sich die verschiedensten phenolischen Verbindungen oxidativ in Chinonmethide überführen ►Abschnitt 8.2.1 und [718]. Ein Beispiel haben wir bei der oxidativen Bräunung des Rotweins bereits kennengelernt ►S. 319, Verbindungen dieses Typs sind auch an der Dunkelfärbung der Insektenlarven bei der Entwicklung der harten Exoskelette beteiligt [718].

Gelbe bis rote Chinonmethide sind häufige Bestandteile der farbigen Harze im Kernholz von Sträuchern und Bäumen [25], z. B. Dracorubin im Drachenbaumharz, Santalin im Sandelholz oder Retusapurpurin im Palisanderholz *dalbergia retusa*. Für den heutigen Maler sind sie unbedeutend, historisch wurden einige rote Harze (Drachenblut) und Holzextrakte (Sandelholzextrakt) in der Buchmalerei (►Abschnitt 8.3) und Färberei genutzt.

Drachenblut, Natural Red 31 Aus dem Harz des Drachenbaumes der Art *dracaena* wurde früher in Socotra oder Sumatra eine rote Farbe gewonnen, die für die Buchmalerei geeignet war. Sie enthält Dracorubin, das durch oxidative Dimerisierung eines Flavons (obere Molekülhälfte) und eines Flavans (untere Molekülhälfte) entstanden ist:

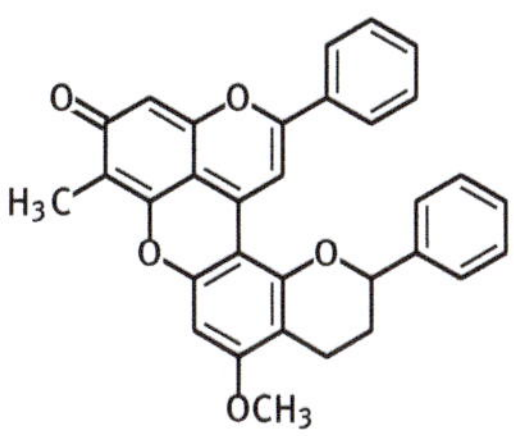

Natural Red 31
Dracorubin

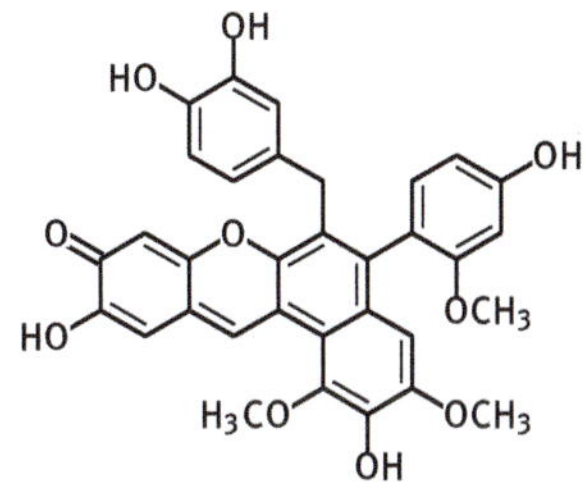

Natural Red 22
Santalin A

Sandelholz, Santalin, Natural Red 22 Sandelholz von *pterocarpus santalinus* ist ein weiteres Rotholz, dessen färbendes Prinzip Santalin ist, ein oxidiertes Isoflavon (linke untere Molekülhälfte). Im Gegensatz zum Brasilein muss Santalin mit Alkohol oder Basen extrahiert werden. Je nach Färbebedingungen sind eine Reihe von Farben von Rot über Violett bis Bronze möglich. Metallbeizen liefern verschiedene Lacke: Aluminium (orangerot), Eisen (braun), Zinn (rot), Chrom (braunrot).

4.4.8 Chalkone und Chinochalkone

Gelb Rot Chalkone gehören neben Flavonen zu den gelben Flavonoiden, sind jedoch im Gegensatz zu diesen für die Malerei unbedeutend. Untersuchungen der Färberdistel haben jedoch gezeigt, daß das Strukturelement des Chalkons in einer Reihe von Farbmitteln enthalten ist, die aus der Färberdistel gewonnen und für die Färberei, aber auch die Buchmalerei verwendet wurden.

Gelbwurzel, Kurkuma, Natural Yellow 3 Aus den Wurzeln von *curcuma domestica* können wir nicht nur ein schmackhaftes Gewürz gewinnen, sondern auch den altbekannten gelben Farbstoff Curcumin [22, Kap. III.2]:

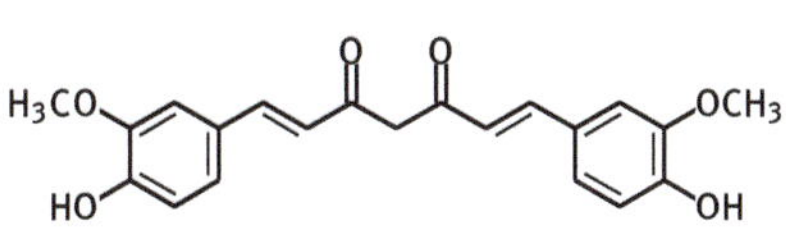

Natural Yellow 3, Food Yellow 3, E100
Curcumin

Curcumin ist ein Direktfarbstoff und für die Verwendung in historischen Farbtinten geeignet, ►Abschnitt 8.3.1. Dank der Diketogruppe kann Curcumin aber auch als Beizenfarbstoff verwendet werden, wobei das verwendete Metall die Farbe vorgibt: Aluminium (orangegelb), Chrom (braun), Zinn (orangerot), Eisen (braun). Als Farbstoff wurde Curcumin bis ins 19. Jhd. verwendet, jedoch nicht als Einzelfarbstoff, sondern hauptsächlich zum Abtönen von Cochenille-Färbungen.

Saflorkarmin, Natural Red 26 Aus der im Orient, Afrika und Südeuropa heimischen Färberdistel (Saflor) *carthamus tinctoria* wird Saflorkarmin gewonnen, das den Ägyptern bereits um 1000 v. Chr. bekannt war [22, Kap. III.3]. Der eigentliche, wertvolle Farbstoff der Färberdistel ist das rote Carthamin, das neben Saflorgelb A und B in den Blüten enthalten ist [69, 702, 703]. Saflorgelb liefert unbeständige gelbe Färbungen und ist wasserlöslich, wir finden es schon auf 4500 Jahre alten ägyptischen Mumienbinden [723]. Gute Qualitäten von Saflorkarmin erhält man durch Auswaschen der getrockneten Saflorblüten, um Saflorgelb zu entfernen. Als Tinte wurden jedoch beide Farbmittel verwendet, ►Abschnitt 8.3.

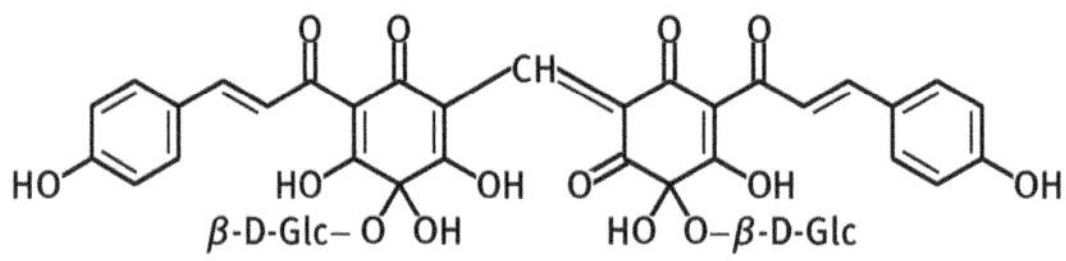

Natural Red 26
Carthamin

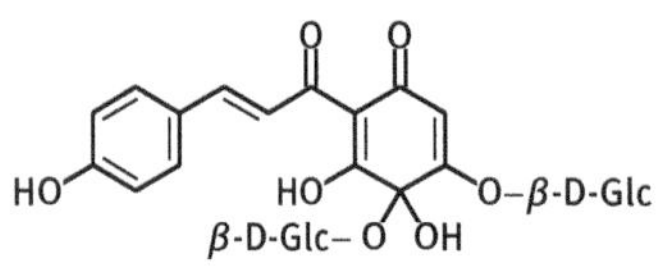

Saflorgelb A

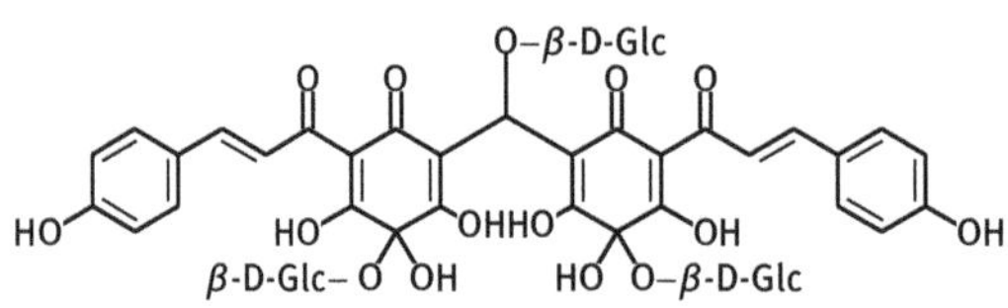

Saflorgelb B

Die Farbstoffe können in einer Beize verwendet werden (►Abschnitt 5.5), die erzielbaren Färbungen auf Wolle mit Alaun sind mit ungewaschenem Saflor gelb, ohne den gelben Farbstoff karminrot (Spanischrot). Als Direktfarbstoffe ohne Beize können Seide und Baumwolle kalt gefärbt werden, ►Abschnitt 5.4.

Interessant an der Struktur des Carthamins ist, daß wir es als Dimeres eines Chalkons ansprechen können, das gleichzeitig Elemente eines Chinons enthält. Da neuere Untersuchungen der Saflorpflanze eine Reihe weiterer Farbstoffe ähnlicher Struktur gefunden haben, wird diese Farbstoffgruppe nun als Chinochalkone angesprochen [704].

4.4.9 Ursache der Farbigkeit

Die Ursache der Farbigkeit von Flavonoiden ist im Oxonolsystem mit $n = 3$ begründet, das sich zwischen Pyran- und Phenylring B erstreckt. Die Carbonylgruppe wirkt als Akzeptor, die Hydroxylgruppe als Donor (►Abschnitt 2.5.5 auf S. 178):

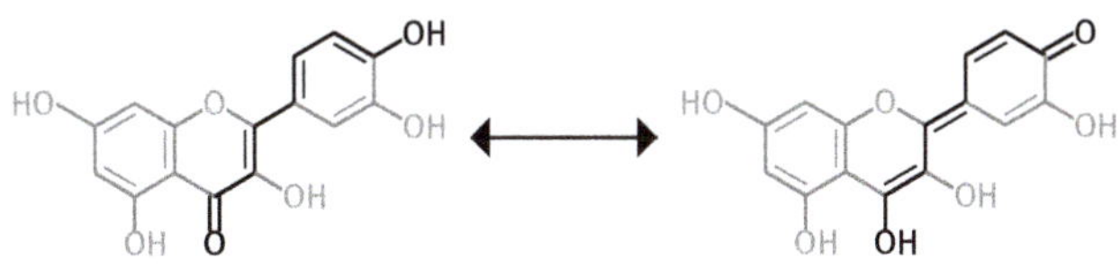

Rhamnetin

Die Hydroxylgruppen treten an besternten Positionen auf und führen zu bathochromer Verschiebung, ►S. 181, „Dewarregeln". Das Strukturelement des Oxonols ist auch in Chalkonen enthalten:

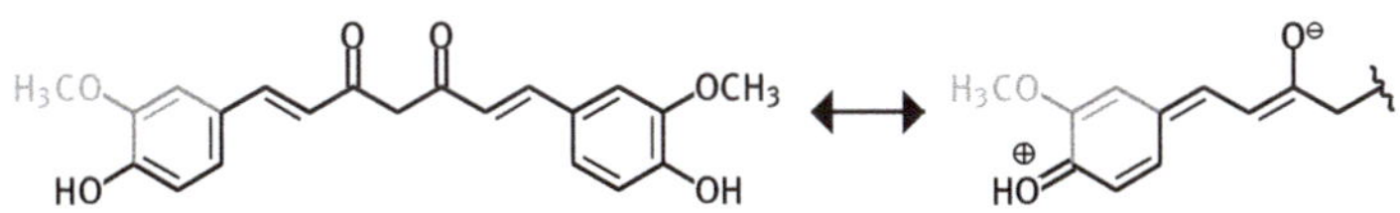

Curcumin

Curcumin ist trotz des zweifachen Vorhandenseins der Chalkonstruktur nur gelb, da beide Oxonolsysteme durch eine elektronisch inaktive Methangruppe getrennt sind. Neoflavone enthalten ein Oxonolchromophor mit $n = 4$:

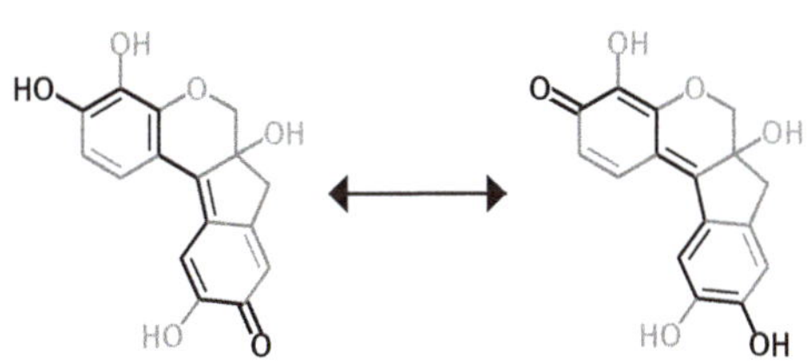

Hämatein

Anthocyanidine weisen als Chromophor ein Oxonolsystem mit $n = 2$ auf, bei dem im Gegensatz zu den Flavonen der Akzeptor vom Pyrylium-Sauerstoff gebildet wird. Als Donor fungieren Hydroxylgruppe am Ring B, zusätzlich können Hydroxylgruppen an Ring A weitere mesomere Strukturen liefern, hier ist dann $n = 3$:

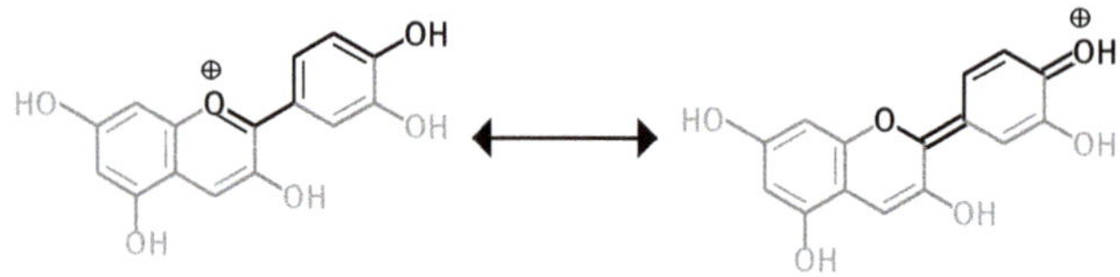

Pelargonidin

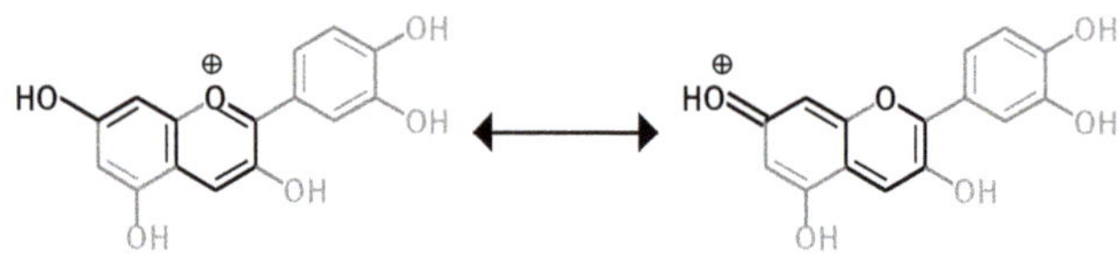

Die pH-Abhängigkeit und der Farbumschlag nach Blau im Basischen erklärt sich durch die Umwandlung einer Hydroxylgruppe in ein Oxid-Ion, das ein starker Elektronendonor ist:

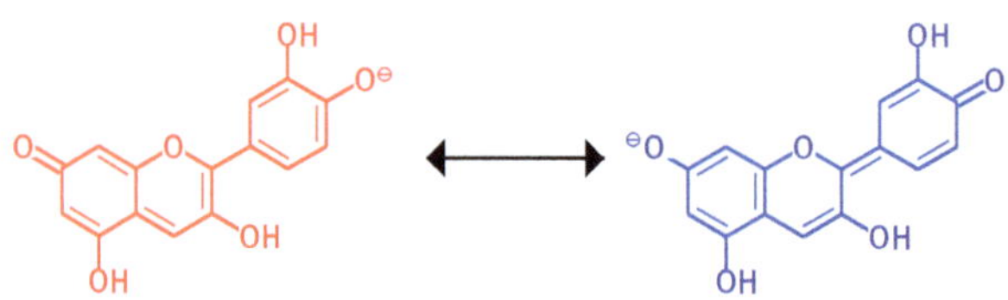

Bei den komplexen Strukturen der Chinochalkonen beobachten wir eine Überlagerung der Wirkungen des flavonoiden Systems und der chinoiden Carbonylsysteme ►Abschnitt 2.5.3.3, die zur Farbverschiebung von Gelb nach Rot beitragen.

Weitere Farbphänomene von Polyphenolen werden beobachtet, wenn zu diesen Verbindungen Metall-Kationen hinzutreten. Die entstehenden Komplexe sind oft tieffarbig, zum Beispiel die blauen bis schwarzen Verbindungen mit Eisen(III)-Kationen. Dies ist darauf zurückzuführen, daß die entstehenden Chelatringe zwischen Metall-Kationen und Hydroxylgruppen die Fähigkeiten der Partner zur Elektronenaufname resp. -abgabe erheblich verstärken, ►Abschnitt 2.6.3. Stärkere Farbverschiebungen mit Nebengruppenmetallen wie Eisen und Chrom beruhen zusätzlich auf Ligandenfeld- und Charge Transfer-Übergängen, wie wir im Zusammenhang mit Eisengallustinten sehen werden, ►Abschnitt 8.4.4.

Weitere Farbphänomene

Auch hier nicht näher betrachtete farblose phenolische Verbindungen können Farbphänomene in Obst und Gemüse hervorrufen. Sie sind Substrate für Polyphenoloxidasen, die Diphenole zu Chinonen oxidieren. Die Chinone gehen ihrerseits zahlreiche komplizierte Weiterreaktionen ein, die bei Obst zu braunen Verfärbungen führen. Durch Inaktivierung der Enzyme mit Schwefeldioxid oder Sauerstoffentzug kann dies unterbunden und die helle Farbe des Obstes erhalten werden. Ähnliche Oxidationsreaktionen spielen auch bei der Bildung von braunen Naturtinten eine Rolle, ►Abschnitt 8.2.1.

4.5 Xanthone

Gelb Orange Xanthone sind aromatische Oxoverbindungen, die sich vom Ringsystem des Xanthens ableiten und die farbgebenden Substanzen einiger Pflanzen stellen, die Eingang in die Malerei gefunden haben, wie Mangiferin, das als Bestandteil diverser Pflanzen (Schwertlilien) einen gelben Tintenfarbstoff stellt, ►Abschnitt 4.4.4 auf S. 311:

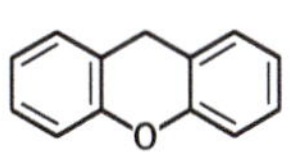

Xanthen

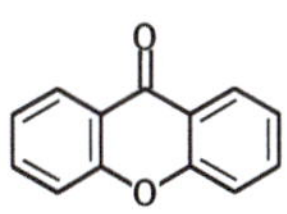

9H-Xanthon

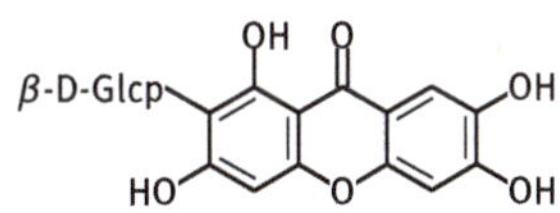

Mangiferin

Indischgelb, Natural Yellow 20 (CI 75320) In Indien wurde im Zeitraum vom 15. Jhd. bis 19. Jhd. das schöne gelbe Pigment *Indischgelb* produziert, das nach vagen Berichten aus dem Harn von Kühen, die mit Mangoblättern gefüttert wurden, erzeugt wurde [47, Bd. 1]. Bei diesem Pigment handelt es sich um das Magnesium- und Calciumsalz der Euxanthinsäure. Euxanthon, das keine Pigment- oder Farbstoffeigenschaften zeigt, kann enthalten sein und qualitätsmindernd wirken. Typischerweise sind im gepreßten Farbstoff 65 % Euxanthinsäuresalz enthalten, mindere Qualitäten enthalten nur 30 %.

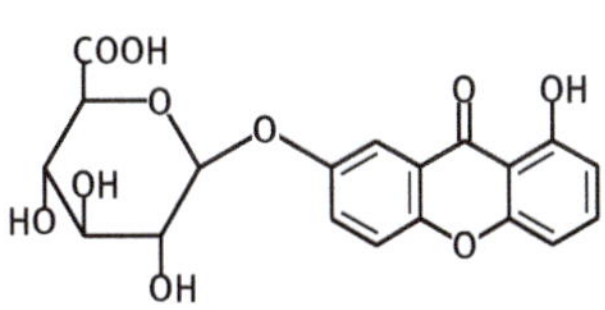

Natural Yellow 20, CI 75320
Euxanthinsäure

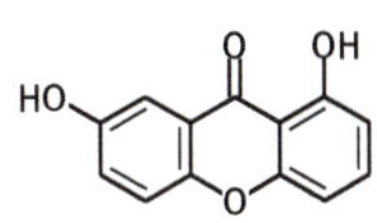

Euxanthon

Während das Pigment in Indien ausgiebig als Wasserfarbe verwendet wurde, tritt es in Europa spät und nur selten in Erscheinung. Da es als Salz in Öl unlöslich ist, kann es als gute Lasurfarbe benutzt werden, allerdings werden wir kaum je echtes Indischgelb vermalen können, da seine Produktion bereits um 1910 aus Gründen des Tierschutzes eingestellt worden ist. Ersatzweise können die Farbstoffe Acid Yellow 23 (Tartrazin) und 63, Acid Orange 1 und die Pigmente PY40 (Kobaltgelb) und PY153 genutzt werden.

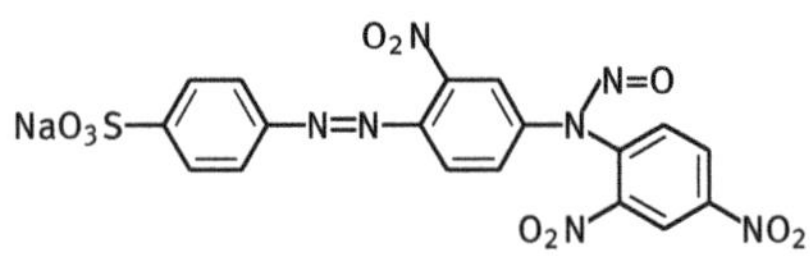

AY63, CI 13095

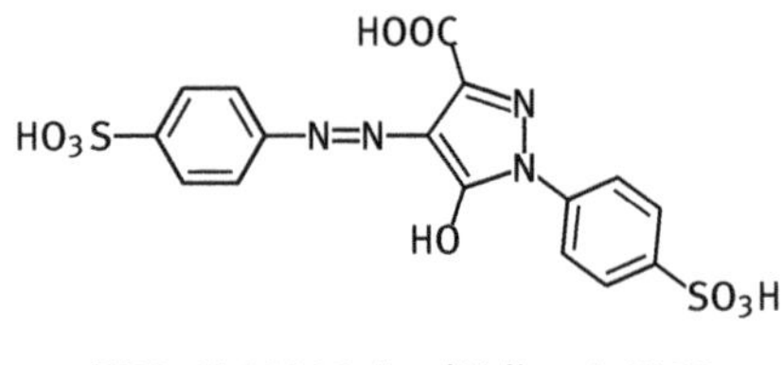

AY23, CI 19140, Food Yellow 4, E102
Tartrazin, gelbe Schreibtinte
Primär-Yellow CMYK

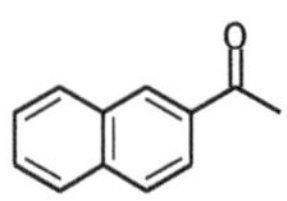

AO1

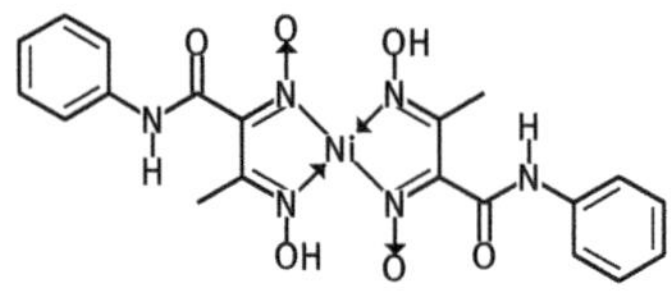

PY153, CI 48545

Auch die Ersatzstoffe zeigen schönes orangestichiges Gelb, das in Ausmischungen mit Weiß warme, abendliche Gelbtöne liefert.

Gamboge, Gummigutt, Natural Yellow 24 Gamboge oder Gummigutt ist ein leuchtend gelbes Pulver, das früher in der Buchmalerei (►Abschnitt 8.3) und Färberei gerne verwendet wurde. Es wird aus dem farbigen Harz der südostasiatischen *garcinia morella-* und *garcinia hanburyi*-Bäume gewonnen. Als farbige Komponenten treten Xanthonsäuren auf [225, Droge: Garcinia], [643, 647–649], vor allem Gambogasäure, Morellasäure, ihre Iso-Formen sowie ihre entsprechenden Alkohole, etwa Isomorellinol:

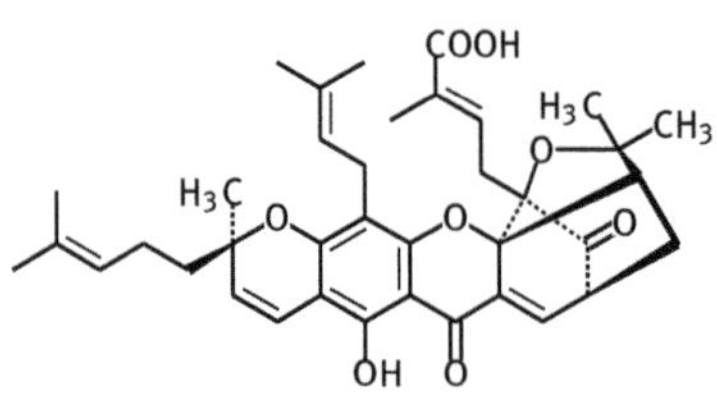

Natural Yellow24
α-Gambogasäure, α-Guttisäure, β-Guttiferin

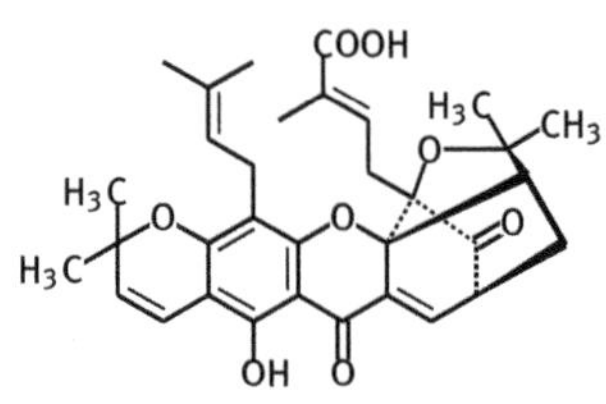

Natural Yellow24
Morellasäure

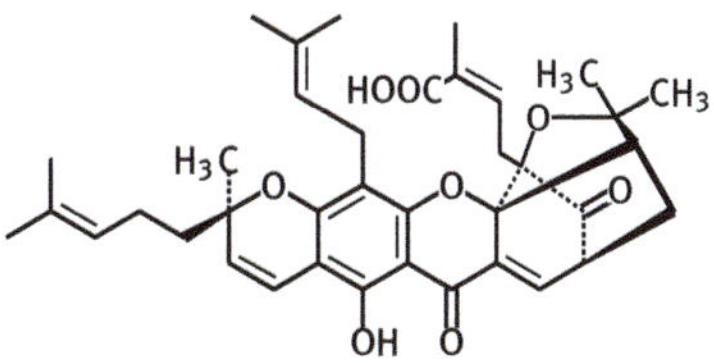

Natural Yellow24
Isogambogasäure

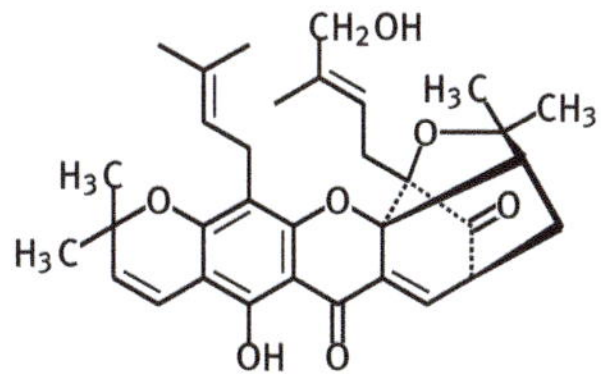

Natural Yellow24
Isomorellinol

Ursache der Farbigkeit

Wir können Xanthone als Polymethin (►Abschnitt 2.5.5 auf S. 178) mit Carbonylsauerstoff als Akzeptor und Pyransauerstoff als Donor betrachten. Auch die π-Systeme der Benzolringe wirken als Donor:

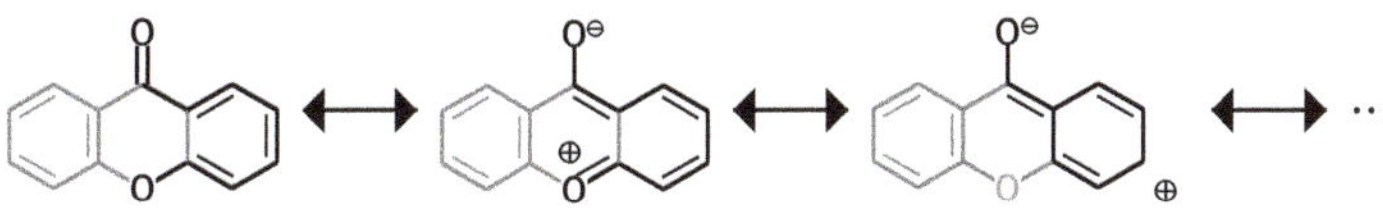

9H-Xanthon

4.6 Chinone

Chinone sind in der Natur Bestandteil vieler roter Farbstoffe und -lacke aus Hölzern und Wurzeln. Flechten, Pilze und Früchte verdanken ihnen ihre Farbe, z. B. Butterpilze, Mangos und Nüße. Zahlreiche natürliche Farbmittel von der Antike bis in die Neuzeit hinein basierten daher auf Chinonen, die sich von den einfachen Aromaten Benzol, Naphthalin und Anthracen ableiten:

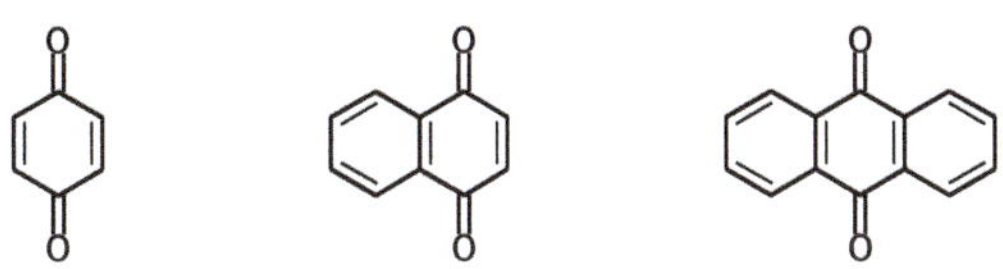

p-Chinon Naphthochinon 9,10-Anthrachinon

Ausgehend von den natürlichen Vorbildern, sind Chinone seit der Neuzeit auch Basis synthetischer Pigmente.

Den Künstlerfarben liegen p-Chinone zugrunde. Die ebenfalls natürlich vorkommenden o-Chinone finden wir in dunklen oder farbigen Polymerisationsprodukten, die beim Bräunen von Obst oder der Bildung von Rinden und Schalen entstehen oder in Insektenpanzern vorkommen.

4.6.1 Küpenfärbung

Natürliche Chinone erlangten große Bedeutung, weil sie als *Küpenfarbstoff* für die Stofffärberei benutzt werden konnten. Küpenfarbstoffe sind seit alters her bekannte Farbstoffmittel, die erst auf der Faser als unlösliches Pigment entstehen, ein bekanntes Beispiel ist Indigo. Eine meist farblose, unlösliche Vorstufe des eigentlichen Farbstoffs wird durch Einwirkung von Reduktionsmitteln in Lösung gebracht und das Färbegut damit getränkt, hernach wird durch einen Oxidationsvorgang aus der Vorstufe auf und in den Poren des Substrats das eigentliche Pigment (wieder)erzeugt [19, chapter 17].

Ein typisches Strukturelement von Küpenfarbstoffen ist das Dicarbonyl-Element, wie es in Chinonen vorliegt. Viele einfache natürliche Chinone wurden daher zur Küpenfärbung verwendet, heute werden moderne Chinonstrukturen speziell für die Küpenfärberei produziert. Durch die konjugierten Carbonylgruppen kann das Farbstoff-Molekül an der Redox-Reaktion teilnehmen, die entscheidend für das Verküpen eines Farbstoffes ist:

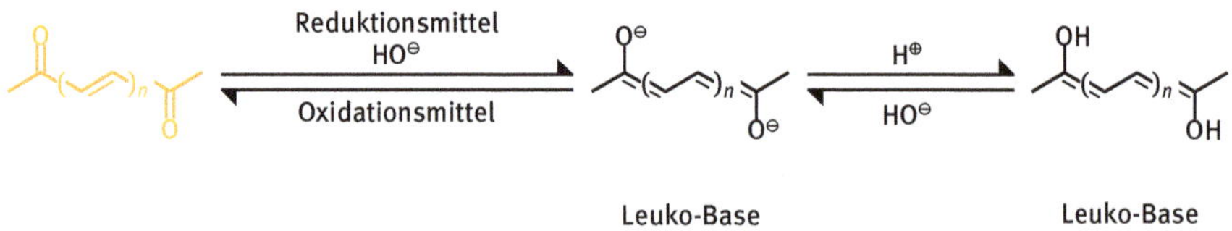

Als Reduktionsmittel kann Natriumdithionit $Na_2S_2O_4$ fungieren. Das lösliche Dinatriumphenolat ist häufig farblos oder nur schwach farbig und wird daher auch *Leuko-Base* genannt. Die Reaktion muss stark alkalisch geführt werden, um die Bildung des schwerlöslichen freien Diphenols zu vermeiden, das keine Affinität zum Substrat mehr hat.

Der zu färbende Stoff auf Zellulosebasis (Baumwolle) wird in die Lösung der Leukobase getaucht. Die Leukoform weist eine hohe Affinität zum Substrat auf und tritt von der Färbelösung ins Substrat über. Die genaue Ursache dieser Substantivität ist unklar [19, p. 368], möglich sind Wasserstoffbrücken zwischen Hydroxylgruppen des Substrats einerseits und den Phenolat- und anderen geeigneten Gruppen des Farbstoffs andererseits. Da die Substantivität aber in hohem Masse von der Oberfläche des Leuko-Moleküls abhängt, müssen auch van der Waals-Kräfte von großer Bedeutung sein, ähnlich wie bei Direktfarbstoffen.

Abschliessend wird die Leukoform durch Oxidation ins Pigment rückgeführt, was häufig schon durch Luft möglich ist. Industriell werden auch Natriumdichromat, Wasserstoffperoxid oder Natriumperborat verwendet.

Das gebildete Pigment hat im Gegensatz zur Leukoform keine besondere Affinität mehr zum Stoff. Es entsteht in den Hohlräumen des Färbegutes und wird dort durch sterische Behinderung in unterschiedlichem Maße festgehalten und sozusagen eingeklemmt. Es spielen auch Dispersionskräfte und andere sekundäre Wechselwirkungen eine große Rolle, ►Kapitel 5 auf S. 409.

4.6.2 Natürliche Chinone und Naphthochinone

Gelb Orange Rot Einfache Benzochinone sind vor allem als Farbstoffen in Pilzen und Flechten enthalten und dienten seit alters her zur Färbung von Stoffen. Die erzielbaren Färbungen auf Wollfasern sind violett, braun, olivgrün, grün oder orangebraun, meist mit einer Metallbeize (Aluminium-, Kupfer-, Eisen- oder Zinnsalze).

Unter den Strukturen sind vor allem Terphenyle wie Polyporsäure und Atromentin vertreten, die in Weichporlingen, Kremplingen und Röhrlingen enthalten sind. Weiterhin finden wir Strukturen wie Bovichinon sowie die Grevilline A–D, die Farbstoffe der gelben Butterpilzen.

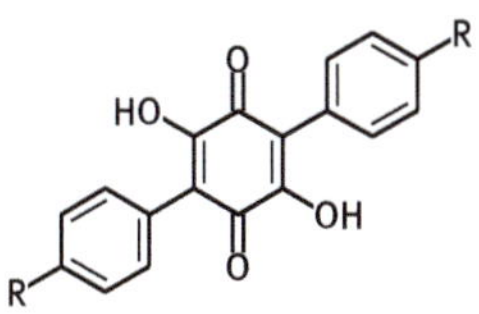

Polyporsäure, R = –H
Atromentin, R = –OH

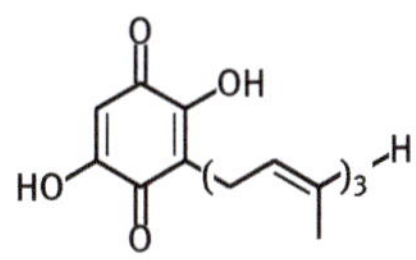

Bovichinon-3

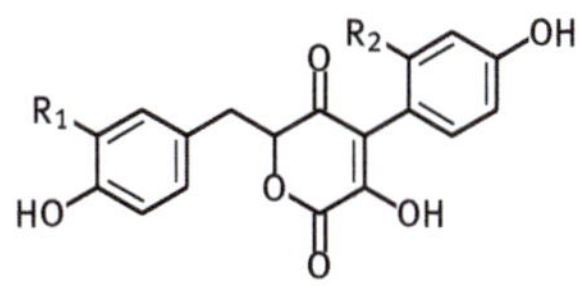

Grevillin-A, R_1 = –H, R_2 = –H
Grevillin-B, R_1 = –OH, R_2 = –H
Grevillin-D, R_1 = –OH, R_2 = –OH

Naphthochinone sind färbende Prinzipien in zahlreichen Wurzeln und Hölzern, wofür folgende Beispiele stehen mögen:

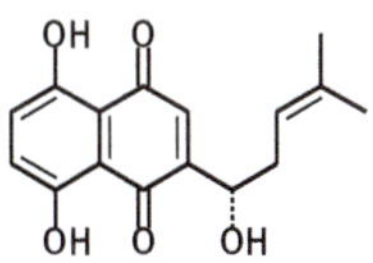

Natural Red 20
Alkannin

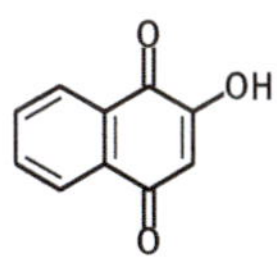

Natural Orange 6
Lawson

In der Alkannawurzel *alkanna tinctoria* ist Alkannin enthalten, ein dunkelroter Farbstoff für Lebensmittel und Kosmetika (Natural Red 20, CI 75530) [69]. Der Farbstoff war bereits in der Antike (Ägypten, Mesopotamien) und bis ins Mittelalter hinein bekannt. Mit Aluminiumbeizen erhalten wir violette Farbtöne auf Wolle und Seide.

Der *Henna* (Natural Orange 6) genannte Farbstoff wird aus dem Hennastrauch *lawsonia inermis* gewonnen, im Mittelmeerraum, im Orient und Afrika sowie in Asien heimisch. Er besteht hauptsächlich aus Lawson [69], als Direktfarbstoff für Wolle, Seide und andere Proteine bereits seit der Antike bekannt: vor 3000 Jahren wurden ägyptische Mumienbinden mit Henna gefärbt [723]. Wolle und Seide liefern direkt oder mit einer Aluminiumbeize orangebraune Färbungen. Es können auch Proteine wie Haare und Finger- oder Fußnägel mit Henna orangerot gefärbt werden.

4.6.3 Natürliche Anthrachinone

Rot Derivate des 9,10-Anthrachinons bilden die Hauptgrundlage der natürlich auftretenden Chinonfarbmittel. Sie zeigen rosa, tiefrote, violette und braune Färbungen (►Abbildung 4.9) und waren bis zur Entwicklung der synthetischen Farbmittel die Hauptfarbstoffe für den Rotbereich. Je nach Ausgangsprodukt (Pflanze oder Insekt) sind vor allem Alizarin, Purpurin und Pseudopurpurin (Krapp) oder Karmin- und Kermessäure (Kermes, Cochenile) an der Farbbildung beteiligt. Natürliche Quellen von Anthrachinonfarbmittel enthalten zahllose weitere Mono- und Polyhydroxyanthrachinone sowie deren Carbonsäuren und Methylderivate. Diese tragen jedoch meist nicht zur Farbigkeit bei, bilden wie die Monohydroxyanthrachinone keine beständigen oder sind lösliche Verbindungen.

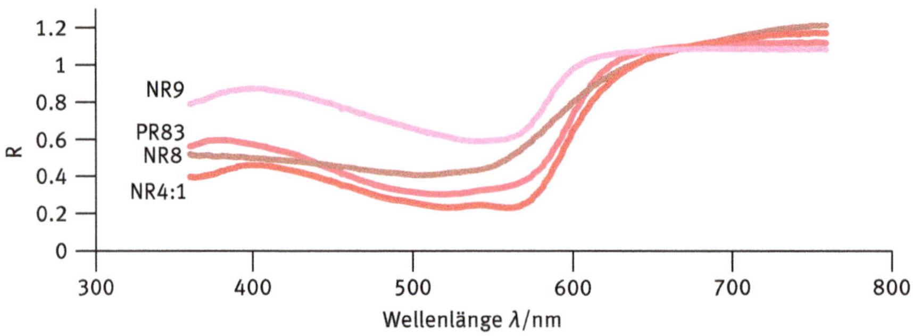

Abb. 4.9: Reflexionsspektrum von Aquarellfarben auf Anthrachinonbasis, normiert auf eine beliebige Einheit: Alizarin Crimson (Winsor&Newton Nr. 002, PR83), Krapplack (Wurzelkrapplack, Kremer Nr. 3721418, NR8), Karmin Naccarat (Cochenillerot, Kremer Nr. 421008, NR4:1, Al-Lack der Karminsäure) und Rose Madder (Winsor&Newton Professional Water Color Nr. 587, NR9). Die Reinheit im Farbton des synthetischen Alizarinkarmesins PR83 zeigt sich in der steilen Absorptionskante um 600 nm, ähnlich strahlend-rot ist das relativ reine Karmin, während natürlicher Krapplack aus Wurzeln durch die komplexe Zusammensetzung ähnlicher Anthrachinone eine stumpfere Farbe aufweist, erkennbar am verwascheneren Spektrum.

Anthrachinone können durch Verlackung (►Abschnitt 2.6) in wasserunlösliche, vermalbare Pigmente Form überführt werden. Variationen im Farbton rühren von der unterschiedlichen Zusammensetzung der natürlichen Anthrachinone her. Historisch konnten zunächst Aluminium- und Eisenkomplexe gebildet werden, wofür natürlicher Alaun, $KAl(SO_4)_2$, verschiedene natürliche Eisensalze wie Eisenvitrol $FeSO_4$, und eisenhältige Moorwässer verwendet wurden. Mit dem Aufkommen der Zinnasche wurden später auch Zinnkomplexe verfügbar. In einigen Fällen, etwa auf alten gemalten Landkarten [649], wurden Anthrachinone auch als wäßrige Farbstofflösung ohne vorherige Verlackung verwendet.

Rote Anthrachinon-Lacke finden wir seit dem 15. Jhd. auf europäischen Tafelbildern. Da der analytische Nachweis geringer Mengen ähnlicher organischer Materialien erst in jüngerer Zeit zunehmend vervollkommnet wird, haben wir bezüglich der genauen Natur der Lacke nicht so viel Kenntnis wie zu anderen Farbmitteln. Es formt sich jedoch ein Bild zur Verwendungshäufigkeit [345]:

- Zwischen 1400–1890 bestanden rote Lacke aus Aluminium-Lacken von Brasilholz, Krapp (orangerot), Kermes-Karmin (rot), Cochenille-Karmin (blaustichig rot) und Lac Dye (blaustichig-rot).
- Bis 1600 dominieren die Farbstoffe Brasilholz und Lac Dye, in Italien dazu Kermes- und Cochenille-Karmin, in Nordeuropa Krapplack. Vom 14. Jhd.–17. Jhd. war es üblich, Kermes-, Cochenille- und Krapp-Farbstoffe aus gebrauchten gefärbten Textilresten zu extrahieren.
- Nach 1600 wird zunehmend Cochenille-Karmin benutzt, nach 1800 bestehen die Lacke hauptsächlich aus Cochenille-Karmin und Krapplack. Im gleichem Maße nimmt die direkte Gewinnung der Farbstoffe aus den Rohmaterialien (Cochenillelaus, Krapp-Pflanze) zu. Ab dem frühen 17. Jhd. wird auch amerikanische Cochenille verfügbar.

Ein erschwerender Faktor für die Analyse ist die vergleichsweise hohe Lichtempfindlichkeit der frühen roten Lacke, die auf vielen Bildern teilweise oder vollständig verblaßt sind, ►Abschnitt 7.4.11.

Krapplack, Krappkarmin, Natural Red 8, 9, 6, 14, 16, 18, 19 (CI 75330, 75340, 75350, 75370, 75390, 75410, 75420, 75430, 58050) Eine seit dem Altertum (1 600 v. Chr.) bekannte Quelle für schöne rote Farbstoffe ist die Krappflanze, die in Varietäten von Südosteuropa über den Mittelmeerraum bis zum Kaukasus, in Asien und Amerika beheimatet ist. Ihre Farbigkeit beruht auf dem Gehalt an Anthrachinonen, je nach der Herkunft des Krapps (►Tabelle 4.6) sind die Hauptfarbstoffe Alizarin, Pseudopurpurin, Rubiadin und Munjistin [47, Bd. 3], [69, 346, 663]. Die Zusammensetzung kann sich bei der Verarbeitung ändern, beim Trocknen der Krappwurzeln entsteht z. B. durch Decarboxylierung Purpurin aus Pseudopurpurin und Purpuroxanthin aus Munjistin.

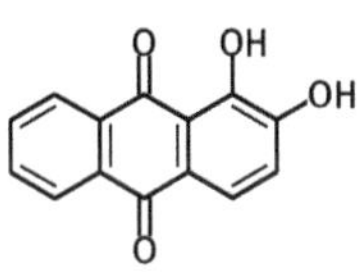

1,2-Dihydroxy-anthrachinon
Alizarin, PR83, CI 75330

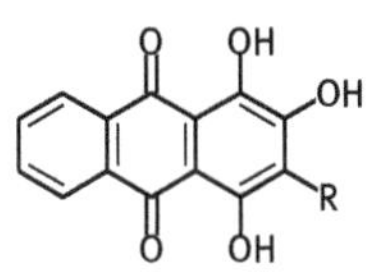

Pseudopurpurin, CI 75420, R=COOH
Purpurin, CI 75410, R=H

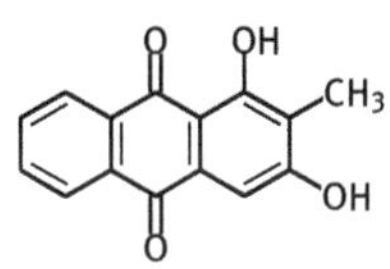

Rubiadin, CI 75350

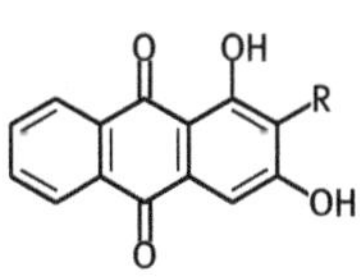

Munjistin, CI 75370, R=COOH
Purpuroxanthin, CI 75340, R=H

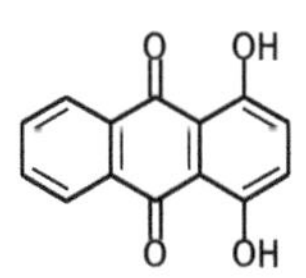

1,4-Dihydroxy-anthrachinon
Chinizarin, CI 58050

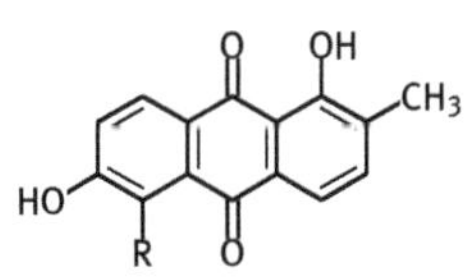

Morindon, CI 75430, R=OH
Soranjidiol, CI 75390, R=H

Tab. 4.6: Zusammensetzung und Herkunft der zur Färberei und Verlackung genutzten Anthrachinone aus Krapp- und verwandten Pflanzen [22], [47, Bd. 3], [69].

Ursprung	Zusammensetzung
Natural Red 8 Krapp *rubia tinctorum* (weit verbreitet)	Alizarin, Purpurin, Pseudopurpurin, Purpuroxanthin, Rubiadin, Munjistin und viele weitere
Natural Red 8 levantinischer Krapp *rubia peregrina* (Mittelmeer, Kleinasien)	Pseudopurpurin, Purpurin, Alizarin
Natural Red 16 Indischer Krapp *rubia cordifolia* (Indien)	Alizarin, Pseudopurpurin, Purpurin, Purpuroxanthin, Munjistin
Natural Red 6 Chaywurzel *oldenlandia umbellata* (Indien)	Alizarin
Natural Red 14 Labkraut *galium verum* u. a. (weit verbreitet)	Alizarin, Purpurin, Pseudopurpurin, Purpuroxanthin, Rubiadin, Lucidin
Relbunwurzel *relbunium* (Südamerika)	Pseudopurpurin, Purpurin, Munjistin
Natural Red 18, 19 Indische Maulbeere *morinda citrifolia* u. *umbellata* (Indien, Südostasien)	Morindon, Soranjidiol, Alizarin, Rubiadin

Farbstoffe finden sich vor allem in der Rinde der Krappwurzeln (Natural Red 8). Sie können durch einfaches Trocknen der Wurzeln gewonnen werden, bessere Qualitäten erhalten wir durch Trennen der Rinde von den Holzteilen. Je nach Herkunft der Wurzeln variiert die genaue Zusammensetzung des Anthrachinongemischs und beeinflußt den Farbton erheblich. Im Spektrum ►Abbildung 4.9 können wir erkennen, wie die komplexe Zusammensetzung eines natürlichen Wurzel-Krapplacks aus verschiedenen Anthrachinonen eine eher stumpf-rote Farbe hervorruft, sichtbar an einem verwaschenen Reflexionsverlauf.

In der Stofffärberei wird Krapp seit dem zweiten vorchristlichen Jahrtausend als Farbstoff, spätestens seit dem 1. Jhd. auch als Beizenfarbstoff eingesetzt [22]. Zur Anwendung gelangte eine Aluminiumbeize mit natürlichem Alaun, die mittel- bis dunkelrote Färbungen liefert. Die *Türkischrot* genannte, besonders brillante und damit begehrte Färbung erzielten orientalische Färber mit einer Calcium-Aluminium-Beize. Im 16. Jhd. führte die Entdeckung der Zinnbeize zu Färbungen in Orange, mit Eisenbeize in Braun, und mit Eisen-Calcium-Beizen in Violett.

Durch Verlackung liefert die Krappwurzel wichtige, vermalbare Lackpigmente [47, Bd. 3], [69, 343–345]. Der Lack wird mit Alaun und Soda (Natriumcarbonat) gefällt und auf Kreide, Tonerde oder Gips aufgezogen. Der so erhaltene *Krapplack* (Natural Red 9) ist ein roter, ziemlich lichtbeständiger Aluminiumlack, der bereits

im griechischen und römischen Altertum bekannt war und z. B. in Pompeji gefunden wurde. Mit dem Ende des ersten nachchristlichen Jahrtausends werden rote Krapplacke aufgrund der ständigen Verfügbarkeit einheimischer Krapppflanzen häufiger als Malerpigmente eingesetzt. Im Laufe der Zeit konnten die Herstellungsmethoden verfeinert werden, sodass um 1828 mit dem Garancine-Lack ein mit Alizarin hochangereicherter Lack zur Verfügung stand. In Künstlerfarben wie „Krapplack" oder „Alizarinkarmesin" verwenden wir heute synthetisch hergestelltes Alizarin (►Abschnitt 4.6.4), das bereits ab 1869 industriell hergestellt wurde. Andere natürliche Lack-Varietäten sind:
- Der Zinnlack, scharlachrot, pink oder orange gefärbt.
- Der violette Eisenlack, das *Krappviolett.*
- Der rosafarbene Krapplack *Rose Madder*, der aus Ausgangsmaterialien mit hohem (Pseudo-)Purpuringehalt entsteht.
- Der *Krappkarmin*, worunter ein mit Cochenile (Karminrot) geschönter Krapplack verstanden wird.
- Der rotbraune Chromlack.

Trotz seiner langen Geschichte und der Kenntnis des Alizarins als farbgebender Komponente war die Struktur der Lacke lange Zeit unbekannt, von den spannenden Irrwegen der Strukturfindung erfahren wir in ►Abschnitt 2.6 auf S. 186 mehr.

Türkischrot Mit *Türkischrot* gefärbte Stoffe waren in früheren Zeiten sehr begehrt, licht- und waschecht und konnten lange Zeit nur von speziellen Färbereien unter hohen Kosten bezogen werden. Es handelt sich bei dieser Krapprotfärbung um den auf der pflanzlichen Faser aufgezogenen Calcium-Aluminium-Lack des Alizarins, ►Abschnitt 4.6.4 auf S. 339. Im Gegensatz zu Färbungen mit dem gewöhnlichen Aluminiumlack des Alizarins wurde zur Erzeugung des Türkischrots ein komplizierter Färbeprozess mit über 10 Stufen durchgeführt, der später etwas vereinfacht werden konnte. Dennoch verblieb eine keinesfalls einfache Folge von Ölen, Beizen, Fixieren und Färben, um diesen speziellen Farbton aufzufärben. Viele der Schritte wie das Ölbeizen waren notwendig, um die pflanzlichen Fasern aufnahmebereit für die Aluminiumbeize zu machen [663, S. 23].

[661] stellte dann fest, dass die Echtheit des Türkischrots auf der Bildung des mehrkernigen Metallkomplexes direkt in der Faser beruht. Auch einfache Färbeprozesse können diese Echtheiten erzielen, wenn die Bedingungen zur Komplexbildung (pH-Wert, Konzentration der Reaktanden) eingehalten werden und eine vorzeitige Migration der Reaktanden oder der entstandenen Komplexe unterbunden wird.

Ein Faktor, der die Konzentration an Calciumionen in der Färbelösung beeinflußte, war die Härte des verwendeten Wassers. Hatte man weiches Wasser zur Verfügung, mußte man durch Zusatz von Kreide (Europa) oder calciumhaltigen Pflanzen (Asien und Indien) den Calciumgehalt bis zum richtigen Wert erhöhen.

Andere Teile des Färbeverfahrens hatten den Zweck, in der Krapppflanze enthaltenes Purpurin und Pseudopurpurin zu entfernen, um einen reinen Alizarinlack zu erhalten. Dies war notwendig, weil allein der Alizarinlack die Lichtechtheit aufweist, die den Purpurinlacken fehlt.

Karminrot; Natural Red 3 (CI 75460, Kermes); Natural Red 4 (CI 75470, Cochenille) Bestimmte Lausarten, unter anderem die Kermeslaus im Mittelmeerraum und Spanien und die Cochenille-Laus in Mittelamerika weisen in ihrem Panzer hohe Konzentrationen an roten Farbstoffen auf [346, 904]. Sie zählen zu den ältesten bekannten Farbstoffen für die Textilfärberei; bereits im alten Ägypten um 1300 v. Chr. scheint Kermes zur Färberei benutzt worden zu sein [22].

Die in Europa ursprünglich bekannten Arten sind die Kermeslaus *kermes vermilio* und die polnische und armenische Cochenillelaus, die um die Zeitenwende zur Färberei benutzt wurden [22]. In der Neuen Welt ist die Cochenille-Laus *dactylopius coccus* heimisch, die den Mesoteken aus Oaxaca zur Färberei diente. Die Farbstoffe bestehen hauptsächlich aus Karminsäure und Kermessäure, bei wenigen Arten auch Laccainsäure (►Tabelle 4.7):

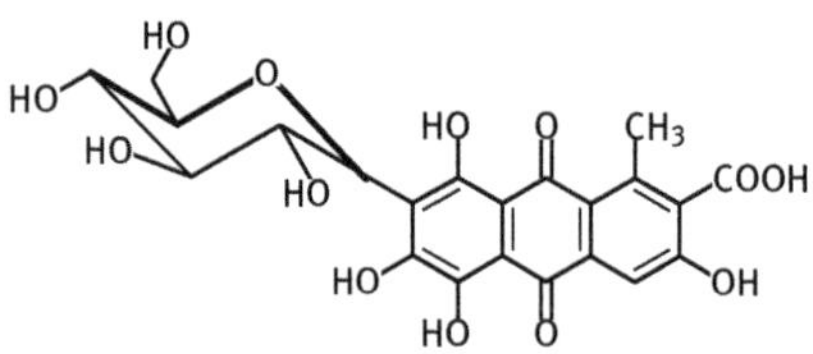

Natural Red 4, CI 75470
Karminsäure

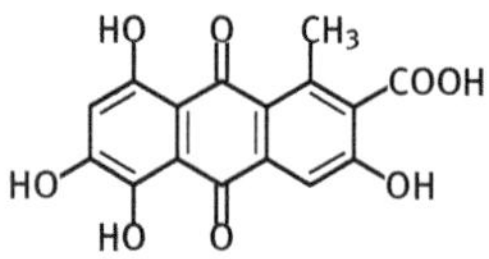

Natural Red 3, CI 75460
Kermessäure

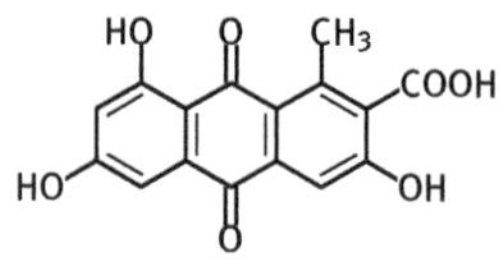

Flavokermessäure, Laccainsäure D
gelb

Je nach Lausart variiert das Verhältnis von Karmin- zu Kermessäure stark, Kermesläuse enthalten fast nur Kermessäure, Cochenilleläuse fast nur Karminsäure. Als die Spanier im 16. Jhd. Cochenilleläuse nach Europa einführten, verdrängten diese rasch die einheimischen Kermesläuse, da Cochenilleläuse einen Farbstoffgehalt von 10–14 % aufweisen, rund zehnmal höher als der von Kermesläusen. Obendrein enthielten die amerikanischen Läuse (wie auch die armenischen) fast ausschließlich rote Karminsäure, während die europäische polnische Cochenillelaus einen hohen Anteil an gelber Flavokermessäure aufweist.

Tab. 4.7: Zusammensetzung (in Prozent) und Herkunft der zur Färberei und Verlackung genutzten Anthrachinone aus Läusen [69].

Ursprung	Kermessäure	Laccainsäure D	Karminsäure	Laccainsäure A–C
kermes vermilio, Südeuropa, Türkei	75–100	0–25	–	–
porphyrophora polonica, Osteuropa		12–38	62–88	–
porphyrophora hameli, Armenien		1–4	95–99	–
dactylopius cocca, Mexiko, Südamerika		0,4–2	94–98	–
kerria lacca, Indien, Südostasien		3–9	–	A: 71–96, B: 0–20

Da alle Säuren wasserlöslich sind, werden die zur Malerei notwendigen Pigmente durch Verlackung (►Abschnitt 2.6) gewonnen. Aufgrund des natürlichen Vorkommens der Kermesläuse basierten rote Farblacke in Europa zunächst auf Kermessäure. Mit der Einfuhr der farbintensiven Cochenille aus Amerika fand im 16. Jhd. ein Bedeutungsverlust von Kermes statt, seither dominieren Cochenille-Karminsäurelacke. Abgesehen von ihrer Bedeutung für die Färberei [69] waren Karminlacke im Mittelalter in der Miniatur- und Buchmalerei beliebt (►Abschnitt 8.3), aber für die Tafelmalerei bis ins 17. Jhd. hinein zu teuer. In Bildern des 18/19. Jhd. sind sie dann neben Krapplack häufig zu finden [343–345].

Der bekannteste Lack ist der Aluminium- oder Aluminium-Calcium-Lack der Karminsäure, der intensiv dunkelrotes, transparentes *Karminrot* oder *Karmesin* liefert (in ►Abbildung 4.9 erkennen wir anhand der steilen Absorptionskante von Karmin Naccarat, einem Aluminiumlack der Karminsäure aus Cochenille, die Farbreinheit von Karminrot). Der Lack wird aus dem heissen, wässrigen Auszug aus Cochenilleläusen mit eisenfreiem Alaun, Kalzium und Natriumcarbonat gefällt. Durch Zugabe von Barytweiß oder Kaolin werden hellere Töne erhalten. Zwei weitere Lacke sind nicht lichtbeständig und haben keine Bedeutung für die Malerei erlangt: der um 1640 entdeckte scharlachrote Zinnlack *Cochenillescharlach* und der violette Eisen-Blei-Lack *Karminviolett*.

Als Struktur des Aluminiumlacks wird I vorgeschlagen [665], für den Calcium-Aluminium-Lack II [666]. In Analogie zu den Lacken des Alizarins dürften jedoch auch die Karminlacke Strukturen ähnlich dem Türkischrot aufweisen, ►Abschnitt 2.6.1.

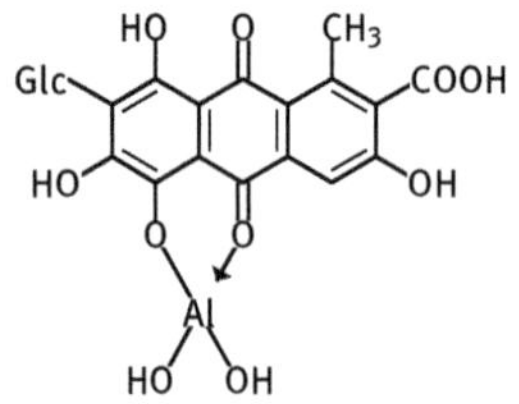

Karminsäure Aluminiumlack, I

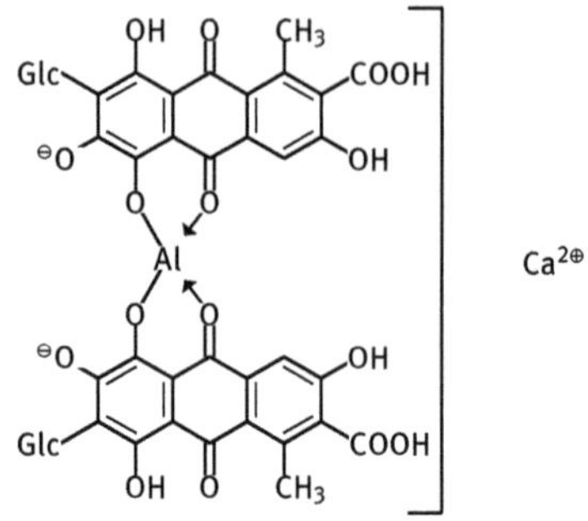

Karminsäure Calcium-Aluminium-Lack, II

Lac Dye, Natural Red 25 Die Laus-Art *kerria lacca* erzeugt mit dem gelben *Erythrolaccin* eine verwandte Verbindung [904], die dem Schellack seine Farbe verleiht, ►Abschnitt 8.8.2. Rötliche Varianten des Schellacks enthalten ein Gemisch aus Laccainsäuren, die als rote Farbstoffe *Lac Dye* bilden [346].

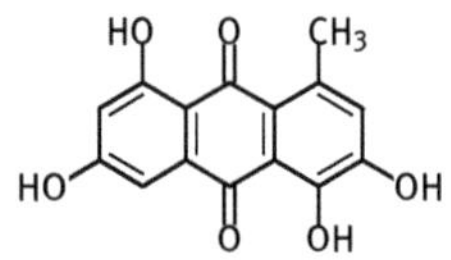

Teil von Natural Red 25
Erythrolaccin

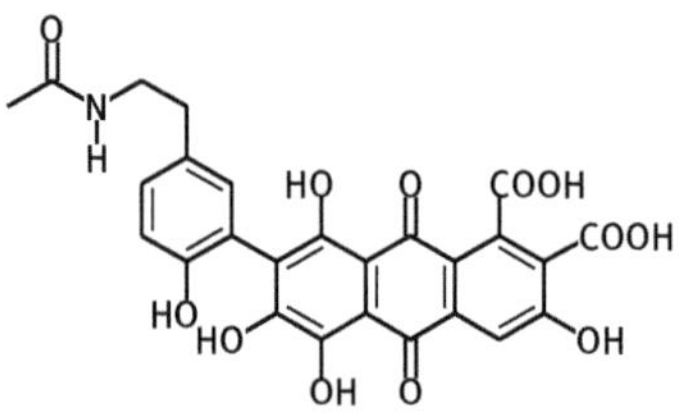

Teil von Natural Red 25
Laccainsäure A

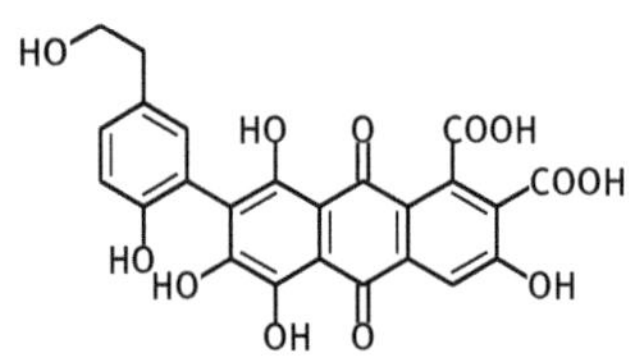

Teil von Natural Red 25
Laccainsäure B

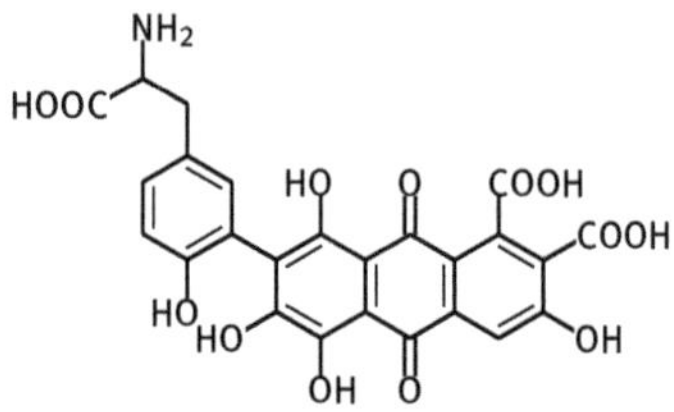

Teil von Natural Red 25
Laccainsäure C

Zur Gewinnung wird gefärbter Schellack mit Wasser oder Alkalicarbonaten extrahiert und der karmesinrote Lack mit Aluminiumsalzen oder Kalk gefällt [69]. Zinn ergibt einen scharlachroten Lack, Eisen einen purpurfarbenen.

Der Lack ist in Asien bereits seit der Antike bekannt und wurde im Mittelmeerraum zur Färberei eingesetzt [22]. In der europäischen Malerei wurde Lac Dye vom Mittelalter bis ins 19. Jhd. verwendet, aber ab 1600 von Karminrot aus Cochenilleläusen verdrängt. Auch für die mittelalterliche Buchmalerei besaß Lac Dye eine gewisse Bedeutung.

4.6.4 Synthetische Chinone

Synthetische Farbmittel auf Basis von Chinonen leiten sich ausschließlich von Anthrachinon ab, das neben Hydroxyl- auch Aminogruppen und häufig weitere funktionelle Gruppen trägt. Oft ist das Chinon in ein polyzyklisches Gerüst eingebaut. Die Gründe dafür sind

- durch die Wahl der funktionellen Gruppen können neben roten viele weitere Farbtöne erhalten werden,
- höher kondensierte Ringsysteme weisen zunehmend Pigmentcharakter auf und werden als kommerzielle, hochwertige Pigmente gehandelt.

Hydroxy-anthrachinone

Rot Violett Die in der Natur vorkommenden hydroxylierten Anthachinone, vor allem Alizarin und Purpurin, dienen heute nur noch als Ausgangsprodukt für synthetische Pigmente. Gemäss der Struktur-Farbe-Diskussion aus ►Abschnitt 2.5.3.3 zeigen sie vor allem Farbtöne im roten, violetten und braunen Bereich. Die löslichen Anthrachinonfarbstoffe können auf zwei Wegen in schwerlösliche Verbindungen überführt werden:

- durch die Bildung von Farblacken mit Metallsalzen (►Abschnitt 2.6),
- durch Salzbildung der Anthrachinon-sulfonsäuren mit Metall-Kationen.

Beide Gruppen haben ihre Bedeutung als Pigment in der Industrie heute verloren. Ein Beispiel eines Farblacks ist aber PR83, das als „Alizarinkarmesin“ in Künstlerfarben nach wie vor verwendet wird. Es entspricht dem schon früh bekannten und sehr begehrten Türkischrot ►S. 335, dessen komplizierter Aufbau erst in jüngster Zeit revidiert wurde ►Abschnitt 2.6.

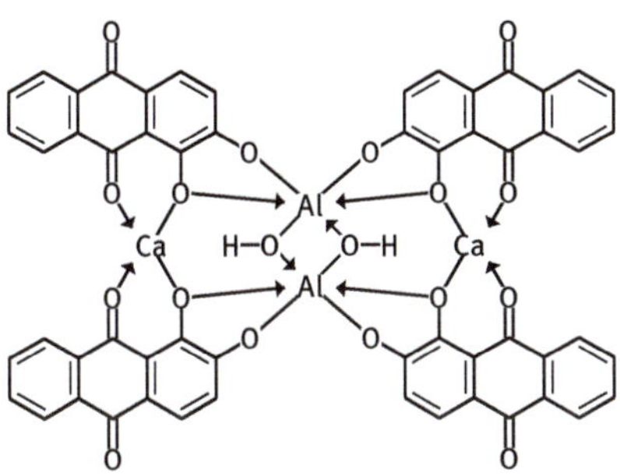

PR83, CI 58000:1
Alizarinkrapplack, Türkischrot

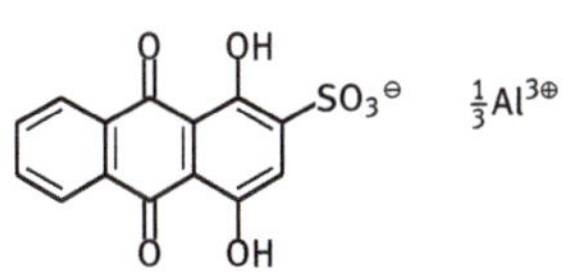

PV5:1, CI 58055
Alizarinviolett

Als Vorteil gegenüber dem alten Naturprodukt ist die Reinheit des Alizarins anzusehen, da die natürlichen Nebenstandteile der Krappwurzel (Purpurin und Pseudopurpurin) die Lichtechtheit des Lacks stark herabsetzen. Die Reinheit des Alizarins hat eine ebensolche Reinheit im Farbton des Lacks zur Folge, wie wir am Spektrum ►Abbildung 4.9 an der steilen Absorptionskante von PR83 erkennen können.

Ein Beispiel für ein Metallsalzpigment ist das Aluminiumsalz der Chinizarin-sulfonsäure.

Amino-anthrachinonfarbmittel

Rot Violett Blau Wir haben in ►Abschnitt 2.5.3.3 gesehen, dass der Farbbereich eines Anthrachinons von Rot zu Blau erweitert werden kann, wenn wir die Hydroxylgruppen durch stärkere Elektronendonoren wie Amino- oder Alkylaminogruppe ersetzen:

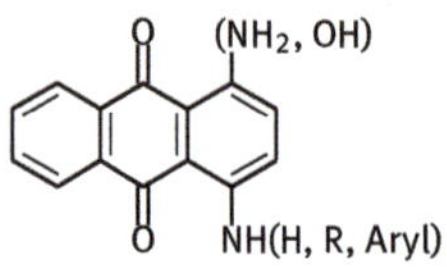

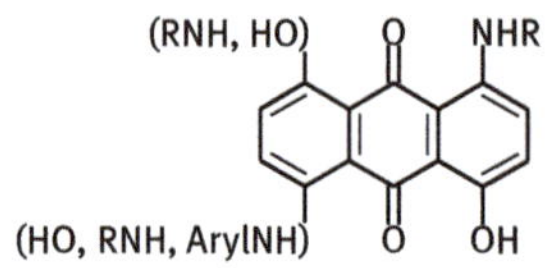

Während solche Verbindungen kaum als Pigmente eingesetzt werden (PR177 ist hier eine Ausnahme), erfreuen sie sich als farbreine, rote bis blaue Farbstoffe einer sehr großen Bedeutung, wie zwei Beispiele zeigen mögen:

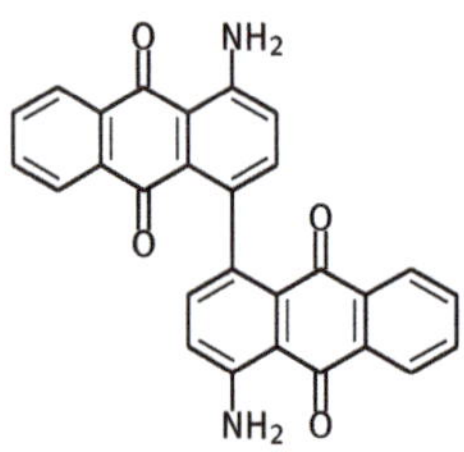

PR177, CI 65300

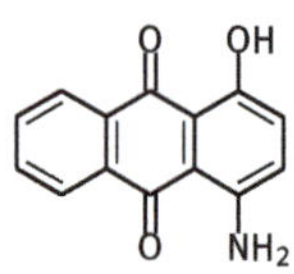

Dispersolrot A-2B

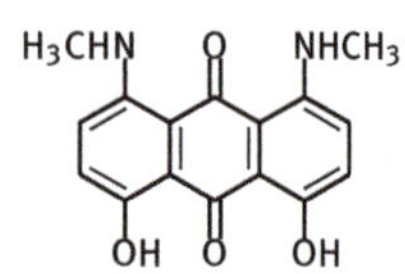

Dispersolblau B-G

Polycyclische Anthrachinonpigmente

Gelb Orange Rot Violett Blau Durch Kondensation mehrerer Anthrachinone oder Amino-anthrachinone erhalten wir polycyclische Verbindungen, die sich als Farbmittel eignen. In Künstlerfarben finden wir sie weniger, ihr Haupteinsatzgebiet ist die (Küpen-)Färberei und industrielle Anstrichtechnik. Ihre Eignung für die Küpenfärberei verdanken sie ihrer Dicarbonylstruktur, die es erlaubt, das Farbmittel als Küpe zu lösen und wieder in seine unlösliche Form zurückzuführen, ►Abschnitt 2.5.4.4 auf S. 167.

Gehen wir von Amino-anthrachinon aus, gelangen wir zu Anthrapyrimidin-, Indanthren- und Flavanthronpigmenten. Anthrapyrimidinpigmente leiten sich vom

1,9-Anthrapyrimidin ab, ein kommerziell erfolgreiches Beispiel ist PY108, das auch in Künstlerfarben als Gummigutt-Ersatz Verwendung findet:

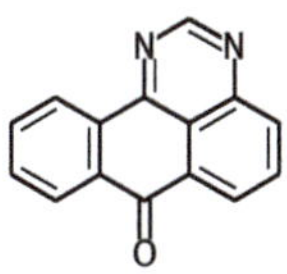

1,9-Anthra-pyrimidin

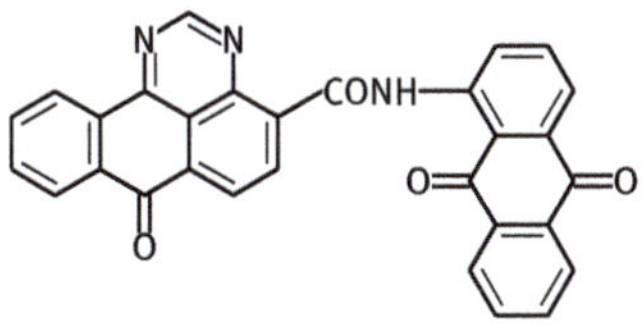

Vat Yellow 20, PY108

Indanthron und Flavanthron wurden bereits ab 1901 synthetisiert und als Küpenfarbstoffe eingesetzt. Sie zählen zu den ältesten synthetischen Küpenfarbstoffen überhaupt. Der Grundkörper der Indanthronpigmente ist Indanthron, das unter dem Namen PB60 vor allem als Küpenfarbstoff eingesetzt, aber auch häufig in Künstlerfarben verwendet wird, z. B. als „Delftblau" (►Abbildung 4.10). Der frühere Name „Indanthren" wurde zum Namensgeber dieser Klasse von außerordentlich hochwertigen Farbmitteln („Indanthrenfarbstoffe"), zu denen auch halogenierte Derivate gehören.

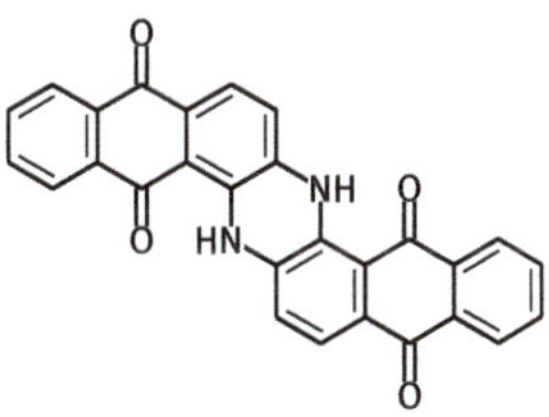

PB60, CI 69800
Indanthron, Delftblau

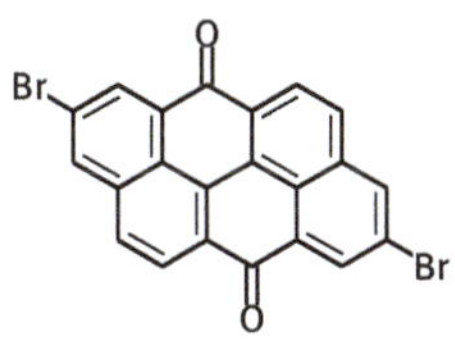

PR168, CI 59300
4,6-Dibrom-anthanthron

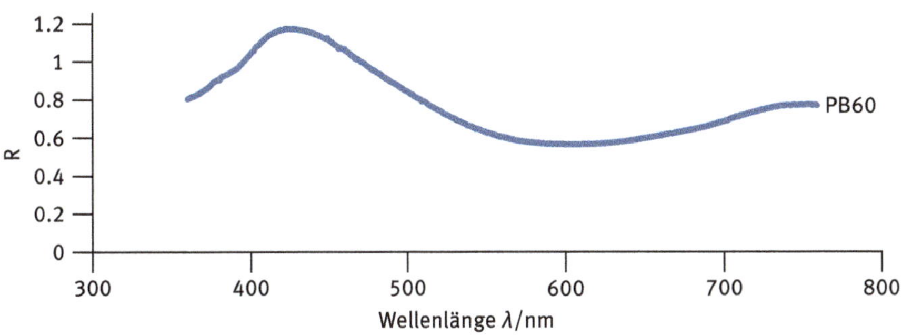

Abb. 4.10: Reflexionsspektrum von Aquarellfarben auf Indanthron-Basis, normiert auf eine beliebige Einheit: Delftblau (Schmincke Horadam Nr. 482, PB60).

Bei der Kondensation mehrerer Anthrachinonkörper, die keine Aminogruppen aufweisen, erhalten wir rein carbocyclische Verbindungen, von denen einige als Farbmittel eingesetzt werden können. Die Grundkörper sind bereits farbig (gelb bis rot), durch Halogenierung können wir reinere Farbnuancen und bessere Echtheiten erreichen. Für den Künstlerbereich sind nur die Anthranthronpigmente von Interesse, die sich vom orangefarbenen Anthanthron ableiten. Zu ihnen gehören orange- bis scharlachrote halogenierte Pigmente, der wichtigste Vertreter ist 4,6-Dibrom-anthanthron, das als PR168 eine mögliche Magentakomponente im Vierfarbdruck darstellt.

4.6.5 Ursache der Farbigkeit

In einfachen Chinonen liegt ein Donor-substituiertes Chinon ►Abschnitt 2.5.3.3 vor, in dem der $n \rightarrow \pi^*$-Übergang der Carbonylgruppe nicht entscheidend für die Farbe natürlicher und kommerzieller Chinonfarbmittel ist. Stattdessen bilden die aromatischen Ringe und konjugierten Carbonylgruppen ein komplexes System von Elektronenakzeptoren. Als Donoren wirken in natürlichen Verbindungen das aromatische System und Hydroxylgruppen, die in typischen Substitutionsmustern vorliegen. In synthetischen Chinonfarbmitteln treten starke Donoren wie Aminogruppen neben die Hydroxylgruppen.

Polyzyklische Chinone entwickeln im wesentlichen durch Übergänge zwischen π-MOs Farbe, ►Abschnitt 2.5.4.3 auf S. 164 und S. 167, ein Beispiel ist Dibrom-anthanthron. Der zugrundeliegende Kohlenwasserstoff Anthanthren ist durch sein relativ großes konjugiertes π-System gelb, das Chinon Anthanthrenchinon orangegelb [262, vol. II, pp. 206]:

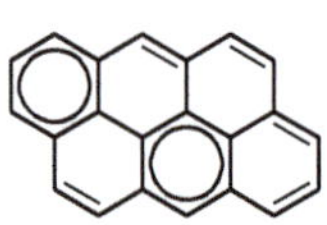

Anthanthren
goldgelb
($p \approx 433$ nm, $\beta \approx 310$ nm)

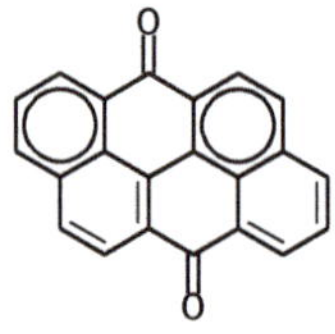

Anthanthron
orangegelb

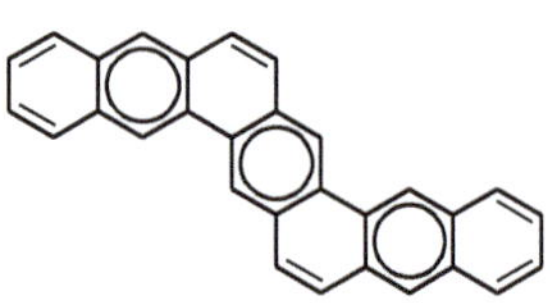

Naphtho[2'.3':3.4]pentaphen
gelb
($\alpha \approx 436$ nm, $p \approx 390$ nm, $\beta \approx 330$ nm)

Die Farbe von Anthanthron ist leicht bathochrom verschoben, da die Carbonylgruppe zusätzlich als Akzeptor wirken und etwas Ladung von den beiden Naphthalen-Untereinheiten aufnehmen kann. Die Naphthalensysteme sind nur schwache Donoren, im Dibromanthanthron nimmt mit dem Halogen aber ein zur Mesomerie befähigtes Atom an diesem Vorgang teil, was zu weiterer bathochromer Verschiebung führt, ►Abbildung 4.11 oben.

Die tiefblaue Farbe des Indanthrons entsteht im Gegensatz dazu nicht durch MO-Übergänge in dem großen Molekül. Naphtho[2'.3':3.4]pentaphen, der zugrundeliegende Kohlenwasserstoff, ist nur gelb gefärbt [262, vol. I, pp. 371]. Durch die Anwesenheit von drei abgeschlossenen Benzoleinheiten, symbolisiert durch die drei Robinsonkreise, wird das große π-System in kleine Fragmente unterteilt, die insgesamt nur eine schwache bathochrome Verschiebung des HOMO-LUMO-Übergangs in den VIS-Bereich verursachen, ►Abschnitt 2.5.4.3. Die tiefe Farbe von Indanthron rührt stattdessen daher, daß Indanthron ein Donor-substituiertes Chinon ist, genauer ein dimeres Amino-anthrachinon. In diesem werden bei Anregung mit Licht Elektronen vom Aminstickstoff der mittleren Ringe hin zum Carbonylsauerstoff und in das Anthrachinonsystem übertragen, ►Abbildung 4.11 unten.

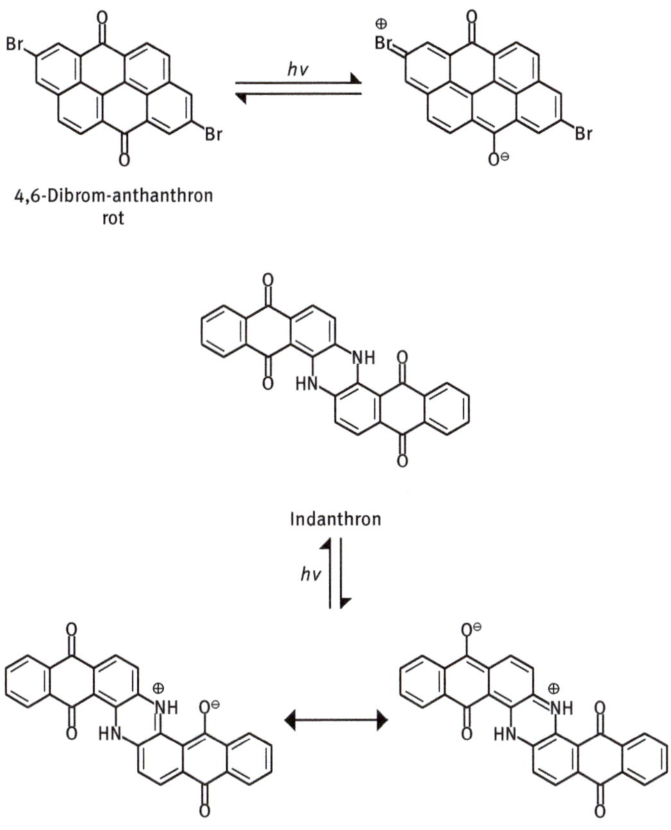

Abb. 4.11: Einige mögliche Vorgänge in polyzyklischen Farbmitteln bei Anregung durch Licht. Oben: Halogene sind zur Mesomerie befähigt und können Ladung bereitstellen und ins Chinonsystem übertragen. Es resultiert eine bathochrome Verschiebung. Unten: im Indanthron, einem dimeren Amino-anthrachinon, kann Ladung vom Aminstickstoff in beide Chinonsysteme übertragen werden.

4.7 Indigoide Farbmittel

Mit dem Indigomolekül tritt eine farbige Struktur auf, die seit dem Altertum von großer Bedeutung war, da sie blaue und violette Farbtöne lieferte und natürlicherweise in Pflanzen und einigen Tieren zu finden war. Die mittelamerikanischen Kulturen verstanden es, hieraus ein attraktives Pigment zu gewinnen, und das Indigo-Derivat Purpur ist zum Synonym für Luxus geworden.

4.7.1 Natürliche indigoide Farbmittel

Blau Violett Zwei Vertreter der natürlichen indigoiden Farbmittel, Indigo und Purpur, besaßen als älteste Küpenfarbstoffe seit alters her große ökonomische Bedeutung. Durch seine Unlöslichkeit in öligen und wäßrigen Bindemitteln war Indigo auch für die Malerei von gewissem Interesse.

Indigo, Indigotin, Natural Blue 1 (CI 75780); synth. Indigo, Vat Blue 1 (PB66, CI 73000)
Indigo [69, Bd. 3] ist ein Pflanzenextrakt und eines der ältesten bekannten Farbmittel überhaupt: bereits bei ägyptischen Mumien aus der Zeit um 1500 v. Chr. wurden mit Indigo gefärbte Tuche gefunden [22]. Cäsar wußte zu berichten, daß die Britannier sich mit Waid, einer Indigo liefernden Pflanze, blau färben. Im Altertum wurde er hauptsächlich zum Färben verwendet, ab dem zwölften Jahrhundert erscheint er als importiertes Pigment und tritt in der europäischen Tafelmalerei in Erscheinung. Bis heute wird synthetischer Indigo in Künstlerfarben eingesetzt, vor allem in Aquarellfarben. Die Mayas verstanden es, in Verbindung mit Tonen aus Indigo ein leuchtend türkisfarbenes Pigment herzustellen, ►Abbildung 4.12.

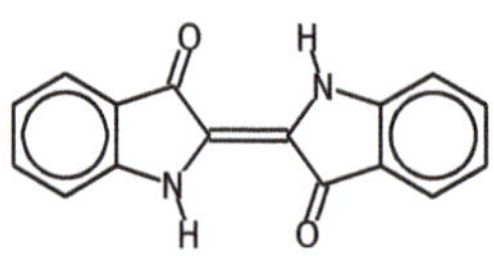

Natural Blue 1, CI 75780, Vat Blue 1, PB66, CI 73000
Indigotin

Im Gegensatz zu sonstigen pflanzlichen Extrakten ist Indigo weder öl- noch wasserlöslich und somit unmittelbar als Pigment benutzbar. Da er in den Pflanzen aber als farblose Enolform (Indoxyl-glukosid) vorliegt, muß er durch Fermentation und anschließende Luftoxidation erst in seine farbige Form überführt werden.

Natürlicher Indigo kann aus verschiedenen Färberpflanzen gewonnen werden, u. a. auch aus heimischen, sodass Indigo bereits lange vor der Entdeckung Amerikas bekannt war:

- Färberwaid *isatis tinctoria*, in Asien (Kaukasus), Europa
- Indigopflanze *indigofera tinctoria*, in Asien (Indien), Afrika, Amerika

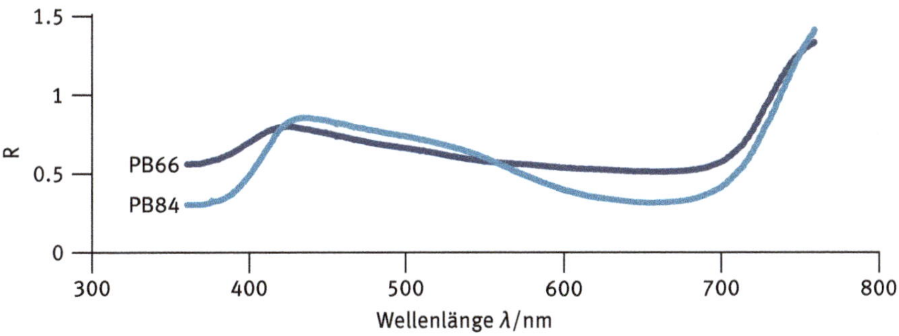

Abb. 4.12: Reflexionsspektrum von Aquarellfarben auf Indigo-Basis, normiert auf eine beliebige Einheit: Indigo (PB66) und Mayan Blue Genuine (D. Smith Extra Fine Watercolor Nr. 211, PB84).

Die Pflanzen, vor allem die Blätter, zuweilen auch die ganze Pflanze, wurden zerstampft und ein bis zwei Wochen der Gärung überlassen. Hernach wurden aus dem Brei kleine Kugeln geformt, mit Urin behandelt und wiederum lange Zeit der Gärung überlassen. Zur Anwendung wurde eine Küpe bereitet, indem die Kugeln mit Urin und Kaliumcarbonat verrührt wurden.

Bei allen diesen Schritten ist keine blaue Färbung erkennbar, da die Färberpflanzen nur die farblose Vorstufe Indican, ein Glukosid, enthalten. Durch Säure (HCl) oder Enzyme wird die glykosidische Bindung gespalten und Indoxyl erhalten, das ebenfalls farblos ist. Indoxyl geht durch oxidative Kondensation in das eigentliche Pigment Indigotin über. Der notwendige Sauerstoff wurde durch Schlagen der Küpe mit Ruten in Form von Luft zugeführt:

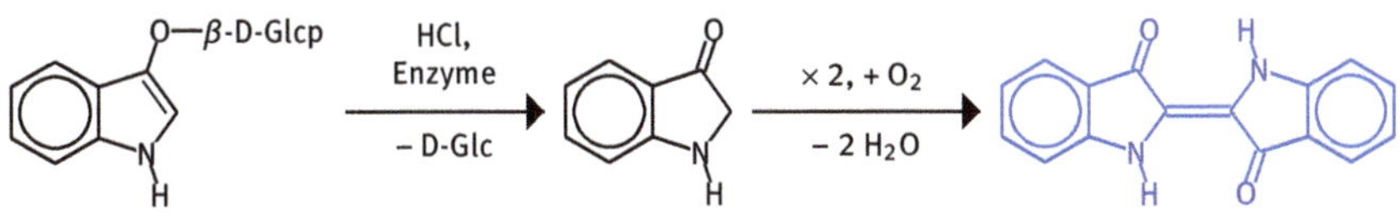

Maya-Blau, als modernes Pigment Pigment Blue 84 Indigo tritt uns in einer weiteren, überraschenden Form entgegen: als *Maya-Blau* finden wir ihn ab dem Jahre 800 für einige Zeit bei den Mayas für Wandmalereien, Keramiken und Büchern in Gebrauch.

Im Gegensatz zum stumpf-dunkelblauen Indigo ist Maya-Blau ein leuchtend türkisfarbenes Pigment, das sich durch ausserordentliche Beständigkeit gegenüber Licht, Chemikalien und Temperatur auszeichnet. Die Bandbreite der erzielbaren Farben ist groß: je nach Konzentration des Indigo können hell-coelinblaue bis meergrüne Farben erhalten werden, je nach pH-Wert bei der Herstellung türkis- bis reinblaue Farben.

Das Pigment ist aus Indigo-Molekülen, die in die Struktur von Sepiolit- oder Palygorskit-Ton eingelagert sind, aufgebaut. Die Herstellung erfolgt auf einfache Weise durch Mischen der Komponenten und Erwärmung auf mindestens 100 °C. Im Laufe einer eintägigen Erhitzung verliert sich die dunkle Indigofarbe rasch und hellt sich im weiteren Verlauf immer weiter auf.

Die genaue Struktur ist noch nicht vollkommen klar, [382, 383] stellen einen detaillierten Überblick über das Gebiet dar. Sie beruht auf einer Einlagerung des Indigo in passende Strukturen im Trägermaterial, die das Pigment effizient vor Farbverlust oder -veränderung schützen. Bei der Einlagerung finden elektronische Wechselwirkungen statt: der Carbonylsauerstoff von Indigo bindet an Aluminiumionen der Struktur, die Geometrie des Indigomoleküls wird verändert und die Bildung von Dehydroindigo beobachtet. Wie dramatisch der Farbwechsel durch die Bildung solcher Komplexe sein kann, zeigt [382] anhand des roten Thio-Indigo, der bei der Einlagerung eine ganze Reihe von Farben über Violett zu Blau entwickelt.

Insgesamt ist Maya-Blau ein schönes Beispiel dafür, dass die Farbe eines Pigments nicht allein von der farbaktiven Substanz bestimmt wird, sondern auch in hohem Masse durch das Entstehen einer übergeordneten Struktur verändert werden kann.

Purpur, Natural Violet 1 Ein weiteres, noch sagenhafteres Farbmittel auf Basis des Indigotins ist *Purpur* [69, 409]. Purpur wurde bereits in ältester Zeit von den Phöniziern in Tyrus an den Küsten des Mittelmeeres in großem Ausmaß hergestellt, der Ursprung seiner Verwendung liegt aber wahrscheinlich schon 1 600 v. Chr. im minoischen Kreta [22]. Im Gegensatz zum Indigo wurde Purpur nicht aus Pflanzen, sondern aus Tieren extrahiert: einige Gebiete des Mittelmeeres stellen den Lebensraums einiger Arten von Purpurschnecken dar. Die Hypobranchialdrüse der Schnecken enthalten geringste Mengen der farblosen Vorstufen des Purpurs, es werden zahlreiche Drüsen benötigt, um ein Gramm Purpur herzustellen.

Aufgrund des seltenen Farbtons (ein rötliches Purpur) und des geringen Vorkommens war Purpur beliebt, ausserordentlich teuer und nur hochgestellten Personen vorbehalten. Purpur erfuhr daher bis ins zweite nachchristliche Jahrtausend zur Demonstration von Macht und Reichtum, als Senatoren-, Kaiser- und Kirchenpurpur große Wertschätzung und begründete den Reichtum ganzer Städte und Reiche. Er verlor endgültig an Bedeutung, als 1464 Papst Paul II zum Färben kirchlicher Gewänder die Färbung mit einheimischen Kermesfarbstoffen verfügte.

Natürlicher Purpur besteht aus einer Reihe ähnlicher Verbindungen, die auf den Gerüsten von Isatin, Indigotin und Indirubin basieren und sich im wesentlichen durch den Bromierungsgrad unterscheiden [406, 407]. Die Hauptkomponente ist 6,6'-Dibrom-indigotin:

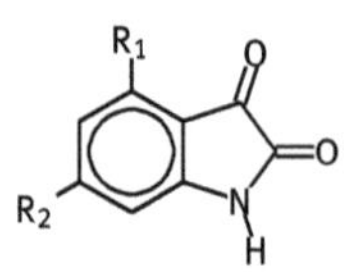

Isatinoide
Isatin (IS), $R_1=R_2=H$
4-Brom-isatin (4BIS), $R_1=Br$, $R_2=H$
6-Brom-isatin (6BIS), $R_1=H$, $R_2=Br$

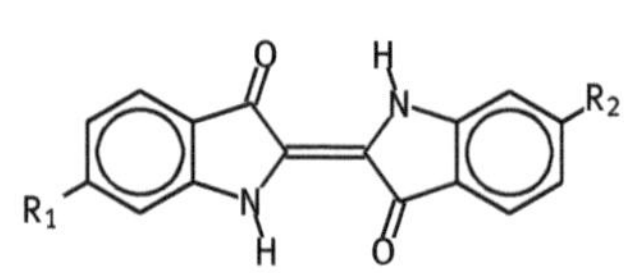

Indigoide
Indigotin (IND, Indigo), $R_1=R_2=H$
6-Brom-indigotin (6MBI), $R_1=Br$, $R_2=H$
6,6'-Dibrom-indigotin (66'-DBI, Purpur), $R_1=R_2=Br$

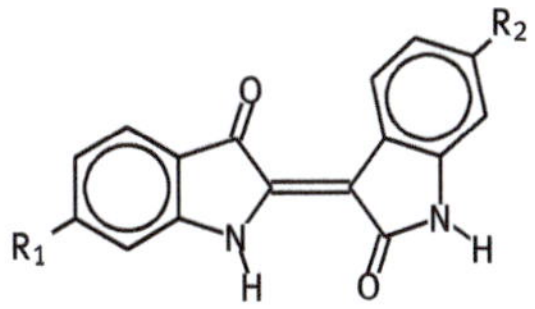

Indirubinoide
Indirubin (IR), $R_1=R_2=H$
6-Brom-indirubin (6MBIR), $R_1=Br$, $R_2=H$
6,6'-Dibrom-indirubin (66'-DBIR), $R_1=R_2=Br$

In der Drüse der Schnecken ist nicht der fertige Purpur, sondern verschiedene sulfatierte Vorstufen enthalten, die bei Sauerstoff- und Lichteinwirkung in die Komponenten des Purpurs umgewandelt werden [407, 408].

Eine Eigenart des Purpurs ist, daß seine Leukoform unter Sonneneinstrahlung die Halogene verliert und sich zunehmend blau verfärbt. Dabei entsteht durch den Bromverlust zunächst blaues 6-Brom-indigotin und schließlich Indigotin. Die Phönizier wußten um dieses Phänomen und konnten so blaue Kult-Roben herstellen, die aus ideologischen Gründen mit rein tierischem Material gefärbt waren.

4.7.2 Synthetische indigoide Farbmittel

Rot Violett Blau Mit der Entwicklung von Synthesewegen für Indigotin ist die Naturform bedeutungslos geworden, darüberhinaus konnten zahlreiche Derivate hergestellt werden, die die Struktur I aufweisen und anstelle des Stickstoffs über verschiedene Heteroatome verbrückt sind: –NH– (Indigo), –NR–, –S– (Thioindigo), –O– oder –Se–:

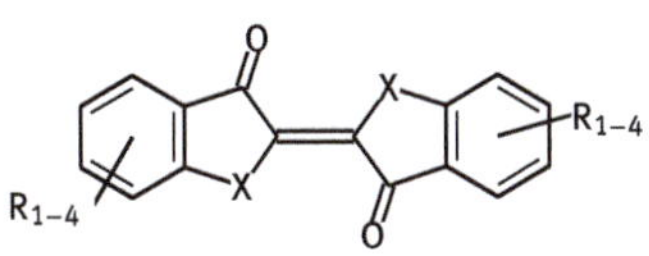

Indigopigmente, gelb bis violett
X = NH, R = H: Indigo, PB66, CI 73000
X = S, R = H: Thioindigo

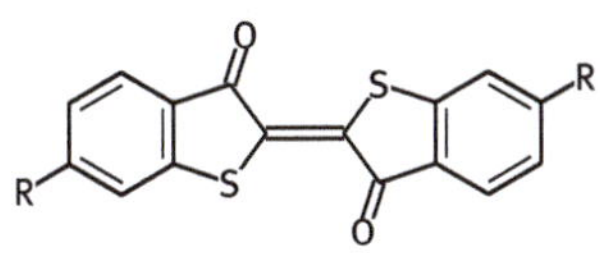

6,6'-Diethoxy-thio-indigo, gelborange, R = $O-CH_2-CH_3$
6,6'-Dichlor-thio-indigo, orangerot, R = Cl
6,6'-Dinitro-thio-indigo, rotviolett, R = NO_2

Substituenten haben im Indigo nur wenig Einfluss auf die blaue Farbe, führen aber in den heterosubstituierten Verbindungen zu einer großen Variation der Farbe, die den Bereich von Gelb bis Violett abdeckt. Das Interesse der Industrie hat sich daher von Indigo zu Thioindigo verlagert.

Trotz der Flexibilität in der Farbe sind heute nur wenige Thioindigo-Derivate von Bedeutung, da die Echtheitseigenschaften stark von der Stellung der Substituenten abhängig und nicht sehr gut sind. Auch in Künstlerfarben ist Indigo oft schon durch Mischungen von Ultramarinblau und Kupfer-Phthalocyanin ersetzt.

Pigmente auf Thioindigo-Basis umspannen den Farbraum Rotviolett–Braun und besitzen die Struktur IV, die im wesentlichen chlor- und methyl-substituiert wird (PR88 rotviolett, PR181 bläulich-rot). Sie weisen sehr gute Licht-, Wetter-, Migrations- und Lösemittelechtheit auf und werden im Lackbereich eingesetzt, Indigo selber sowie Thioindigo teilweise bei der Spinn- und Kunststoffeinfärbung.

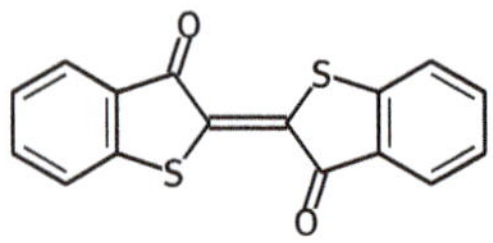

Vat Red 41, CI 73300
Thio-Indigo, rot

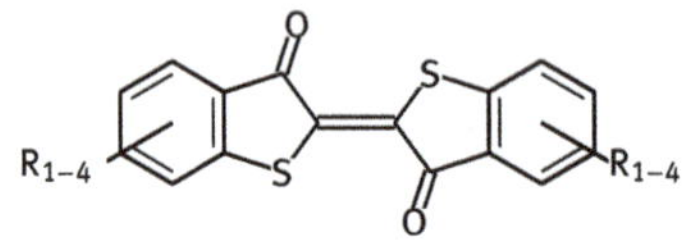

IV, Thioindigopigmente

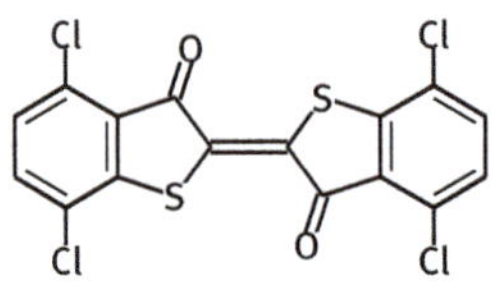

PR88, CI 73312
4,4',7,7'-Tetrachlor-thioindigo, blau

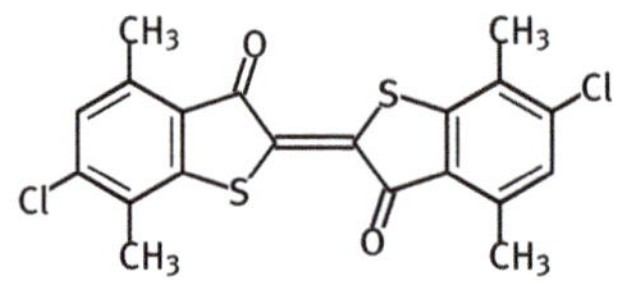

PR181, CI 73360
rot

Neben dem Substitutionsmuster kann auch die Position der Methylenbrücke von 2,2' zu 2,3' oder 3,3' verändert werden (Beispiel VII):

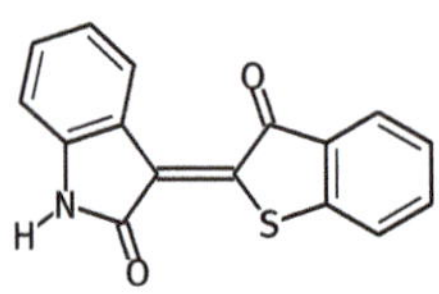

VII, Thio-Indigo-Scharlach
rot

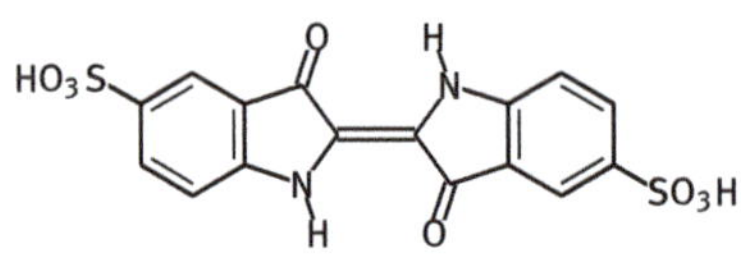

VIII, AB74, CI 73015, Natural Blue 2, E132
Indigokarmin, rot

Indigokarmin, Natural Blue 2, Acid Blue 74, E132 Um 1740 entdeckte Barth Indigokarmin, einen wasserlöslichen Direktfarbstoff mit der Struktur VIII (►Abbildung 4.13). Er erleichterte das Färben und verbreitete sich rasch. Chemisch handelt

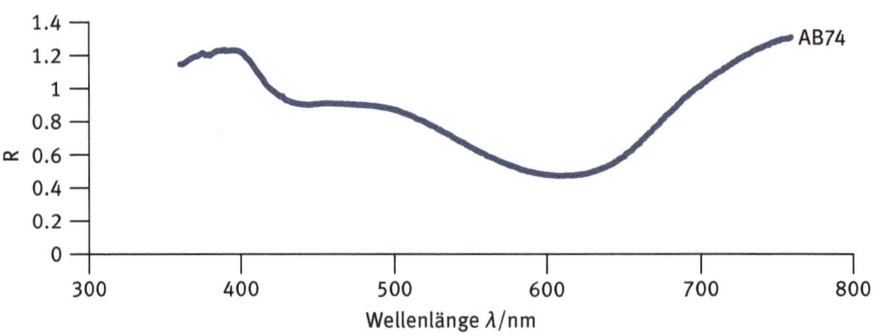

Abb. 4.13: Reflexionsspektrum von Aquarellfarben auf Indigo-Basis, normiert auf eine beliebige Einheit: Indigokarmin (AB74, Natural Blue 2, E132).

es sich um Indigotin-disulfonsäure, die entsteht, wenn Indigotin in konzentrierter Schwefelsäure gelöst wird. Leider bleibt Indigocarmin auch bei Anwendung von Aluminiumbeize wasserlöslich, sodass Färbungen nur begrenzt haltbar sind.

4.7.3 Färben mit Indigo und -derivaten

Die Färbekraft von Indigo beruht nicht auf einer chemischen Bindung des Farbmittels mit der Faser. Stattdessen werden die Indigoteilchen rein mechanisch im Gewebe festgehalten und lassen sich daher relativ einfach auswaschen (siehe Jeans). Grundlage der Färbung ist folgendes Gleichgewicht:

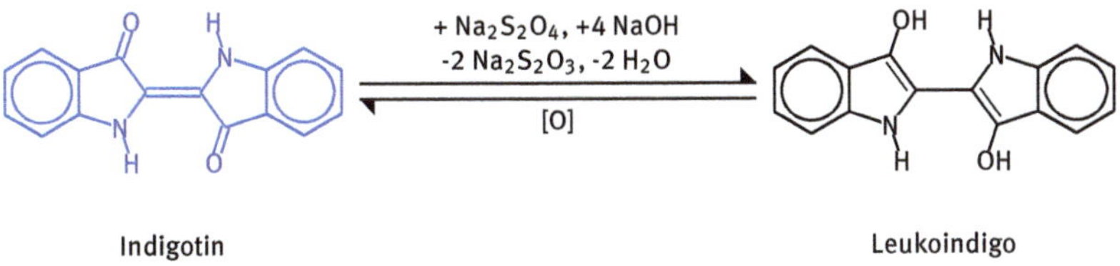

Der aus Pflanzen oder synthetisch gewonnene blaue Indigo wird fein dispergiert und mit Natriumdithionit $Na_2S_2O_4$ reduziert. Früher wurde der Reduktionseffekt erreicht, indem Indigotin einige Tage in einer gärenden Maische eingeweicht wurde.

Der zu färbende Stoff wird nun in die Lösung der Leukobase getaucht und durch eine abschliessende Oxidation in das Pigment rückgeführt. Im Falle von Indigo kann die Oxidation zur blauen Form bereits an der Luft erfolgen. Sie wurde früher einfach durch Liegenlassen des ausgebreiteten Färbegutes an der Luft erreicht: innerhalb einiger Stunden nimmt der Stoff eine blaue Farbe an. (Aus dem Umkreis dieser alten handwerklichen Tätigkeit leitet sich auch das Sprichwort „Blau machen“ her: sozusagen mit den Händen in der Tasche konnten die Färber zusehen, wie sich ihr Stoff blau färbt, sie hatten also „blau gemacht“).

4.7.4 Ursache der Farbigkeit

Indigoderivate verdanken ihre Farbe einem speziellen Carbonyl-Chromophor, das *H-Chromophor* I genannt wird und das wir in ►Abschnitt 2.5.3.2 auf S. 148 bereits diskutiert haben. Es ist ein Donor-Akzeptor-System mit Sauerstoff als Akzeptor Y und zwei Amin- oder Schwefelbrücken als Elektronendonoren X (II):

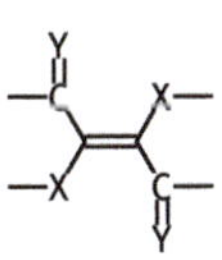

I, H-Chromophor
z. B. X = –S–, –NH–, Y = O

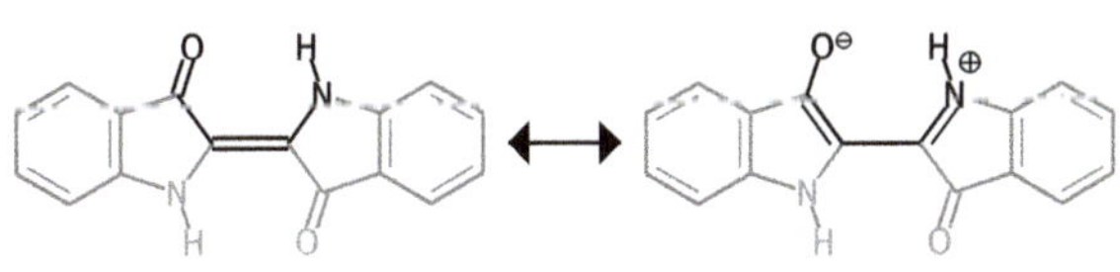

II, Carbonylchromophor

Die beiden Phenylringe besitzen keine Bedeutung für die Farbigkeit der Verbindungen und werden bei technischen Derivaten aus anwendungstechnischen Gründen beibehalten oder durch Naphthalenringe ersetzt. Tatsächlich ist bereits die Verbindung I farbig, die keine Benzenringe besitzt, und die Carbonylgruppen können in Verbindung II durch Akzeptoren wie Bor vereinfacht werden.

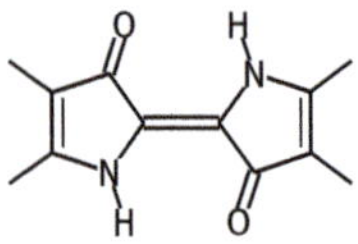

I

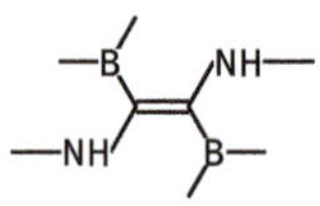

II

4.8 Polymethinfarbmittel: Di- und Triarylmethine, Chinonimine

Polyene mit einer ungeraden Anzahl an Kohlenstoffatomen zwischen Elektronendonor und Akzeptor (Polymethine) sind starke Chromophore, wie in ►Abschnitt 2.5.5 ausgeführt wurde. Vom kürzesten Polymethin I ausgehend, erhalten wir durch strukturelle Variation eine große Anzahl an Farbmitteln, ►Abbildung 4.14:

I, Polymethin

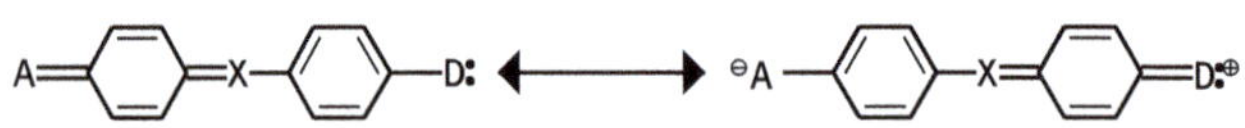

- Akzeptor A und Donor D können frei gewählt werden. Häufig tritt als Akzeptor O oder $NR_2^{\oplus}$ auf, als Donor OH oder NH_2.
- Aufgrund des Phenylogieprinzips können wir I zu einem größeren, elektronisch äquivalenten Molekül erweitern. Das zentrale Atom X kann zwei oder drei Arylreste tragen, was zu *Diarylmethinen* II und *Triarylmethinen* III führt. Für die Farbigkeit sind zwei Arylreste von Bedeutung, der dritte modifiziert die Farbe.
- Wir können das zentrale Methin-Atom X durch Stickstoff ersetzen, was zu heteroanalogen *Azomethinen* oder *Chinon-iminen* IV führt.
- Die zwei zur Farbigkeit notwendigen Arylreste der Di- und Triarylmethine können über Stickstoff-, Sauerstoff- oder Schwefelatome zu komplexen dreikernigen Aromaten verbrückt werden. Wir erhalten so Diazine (Phenazine), Oxazine und Thiazine V bzw. Acridine, Xanthene und Thioxanthene VI.

Prinzipiell kann die intensive Färbung von Verbindungen dieser Gruppen durch ihre Ableitung von den Polymethinen erklärt werden, worauf bei den einzelnen Unterklassen detaillierter eingegangen wird.

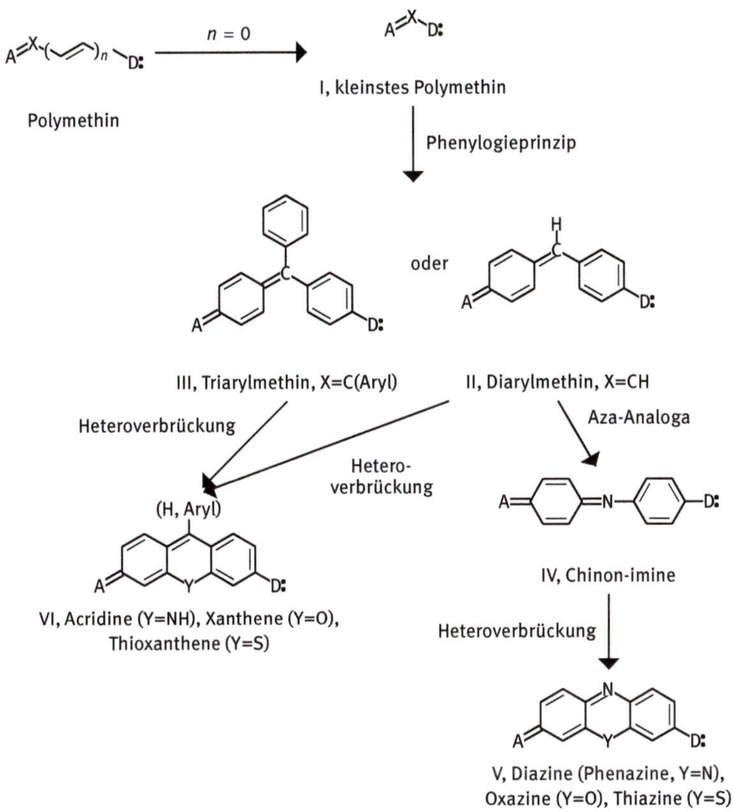

Abb. 4.14: Industriell gebräuchliche Ausprägungen von Polymethinfarbmitteln.

4.8.1 Triarylmethinfarbmittel

Liegt den chinoiden Strukturen ein Arylmethin =C(Aryl)– zugrunde, gelangt man zu Triarylmethinen III. Für den Sonderfall $=C(C_6H_5)-$ kommen wir zu *Triphenylmethinen*, die als Farbmittel große Bedeutung haben (Stammbaum ►Abbildung 4.14). Je nach Art der Elektronenakzeptoren und -donoren A und D erhalten wir zwei Typen, ►Abbildung 4.15:

- Benzaurintyp, Beispiel Benzaurin, A=O, D=OH, X=C–Aryl.
- Malachitgrüntyp, Beispiel Malachitgrün, $A=NR_2^{\oplus}$, $D=NR_2$, X=C–Aryl.

Während Vertreter des Benzaurintyps zu Farbstoffen führen (u. a. Indikatorfarbstoffe wie Phenolphthalein), ist der Typus des Malachitgrüns für die Pigmentchemie von Interesse: die Farbstoff-Kationen können durch Bildung schwerlöslicher Salze mit bestimmten Anionen in Pigmente überführt werden.

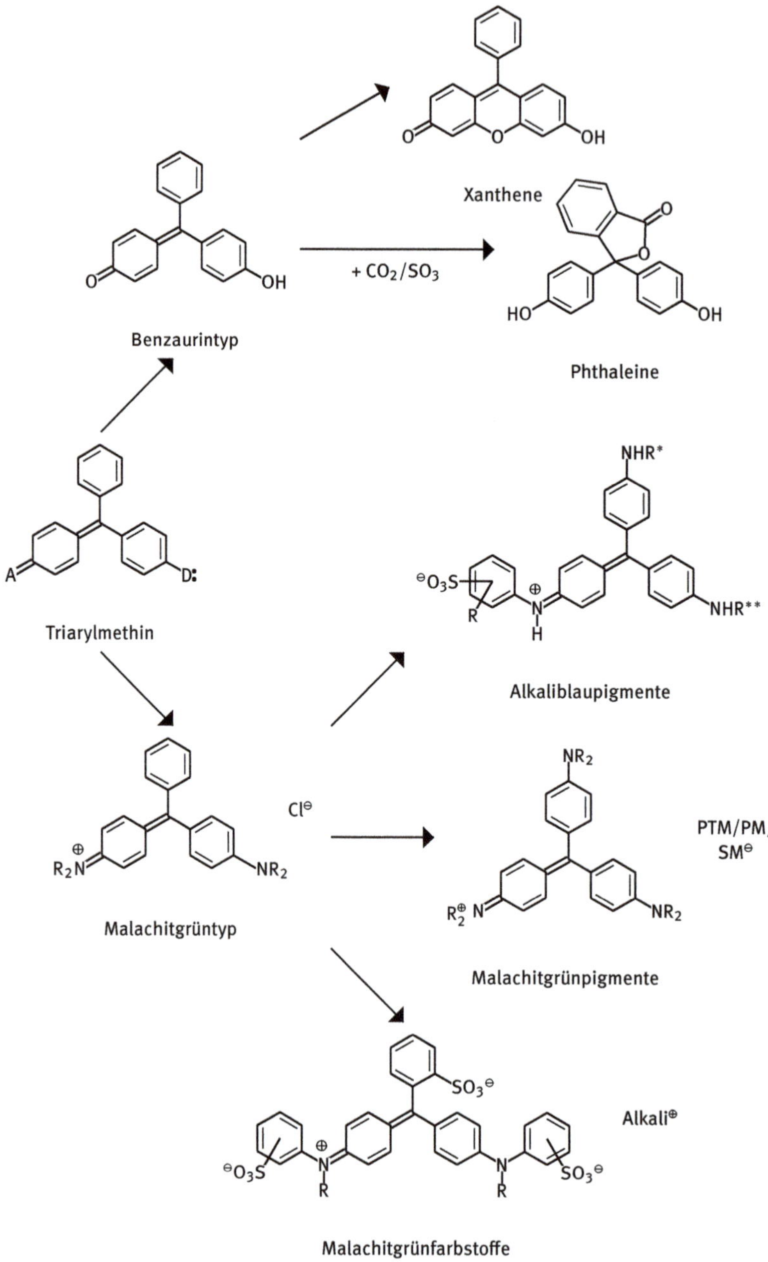

Abb. 4.15: Industriell gebräuchliche Ausprägungen der Triarylmethinfarbmittel.

Benzaurine (Xanthentyp)

Gelb Rot Vom Benzaurin leiten sich keine Pigmente ab. Unter den sauerstoffverbrückten Vertretern mit Xanthengerüst finden wir jedoch eine Reihe von wichtigen Fluoreszenz- und Tintenfarbstoffen: Fluorescein nebst Halogenderivaten (Eosine, AR51, AR87, AR92, rote Schreibtinten), ►Tabelle 4.8.

Tab. 4.8: Typische Benzaurinfarbstoffe mit Xanthengerüst.

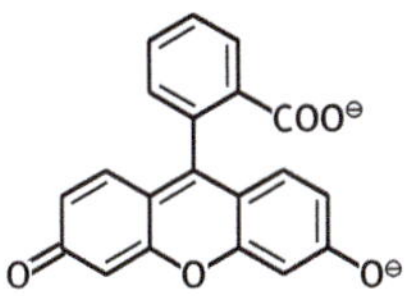 AY73, CI 45350 Fluorescein	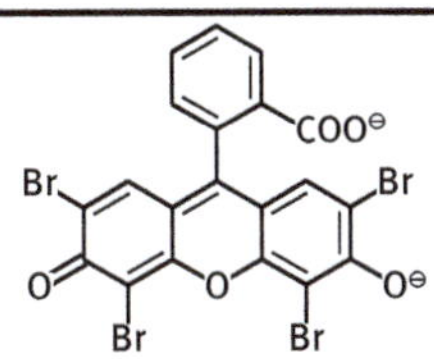 AR87, CI 45380 Eosin gelblich
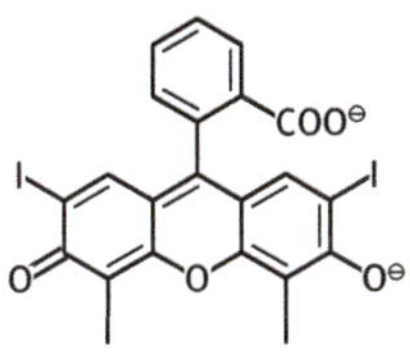 AR51, CI 45430, Food Red 14, E127 Erythrosin, Eosin J	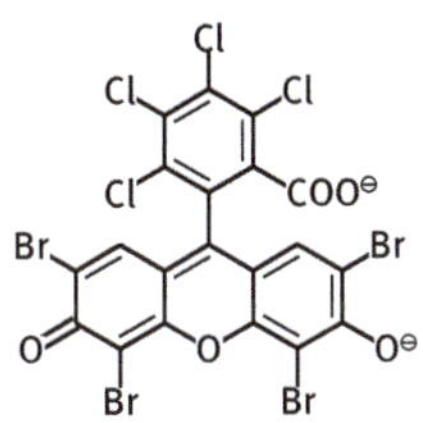 AR92, CI 45410, Food Red 104 Eosin B, Phloxin

Wie wir bei den Malachitgründerivaten sehen werden, sind für das Zustandekommen von Farbe genau zwei Arylreste am zentralen Kohlenstoffatom erforderlich. Der dritte Arylrest verändert lediglich den Farbton, ►Abbildung 4.16. Während nichtverbrückte

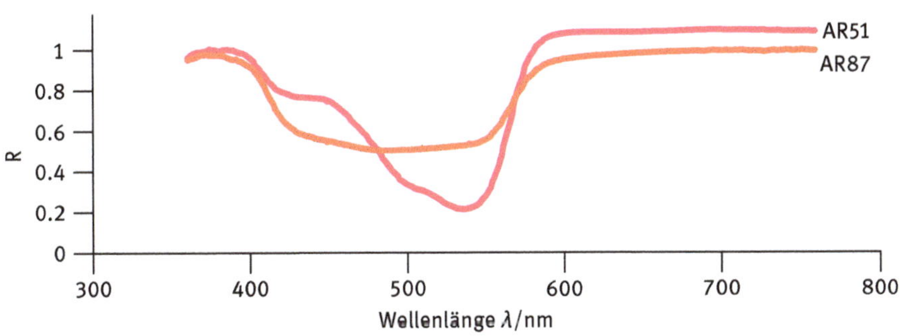

Abb. 4.16: Reflexionsspektrum von Farbstoffen auf Benzaurin-Basis, normiert auf eine beliebige Einheit: Erythrosin (AR51, FR14, E127), Eosin gelblich (AR87).

Derivate (Benzaurin) die Anregungsenergie nach einer Bestrahlung mit Licht durch Molekülbewegungen abbauen können, ist dies bei den verbrückten Farbmitteln nicht mehr möglich. Die beiden farbrelevanten Ringe sind durch die Brücke in das planare, starre Xanthengerüst gezwungen, das gute Voraussetzungen für verzögerte Abgabe der Energie und damit für Fluoreszenz bietet. Auf ähnliche Weise sind viele planare aromatische Kohlenwasserstoffe fluoreszenz-aktiv.

Benzaurine (Phthaleintyp)

Vom Benzaurin kommen wir zu einer Klasse von Farbstoffen, deren bekanntester Vertreter das Phenolphthalein ist. Das einfachste Phthalein, das Phenolphthalein, entsteht formal aus einem carboxylierten Benzaurin. Durch inneren nukleophilen Angriff des Carboxyl-Sauerstoffs auf das zentrale Kohlenstoffatom kann sich ein Lakton bilden:

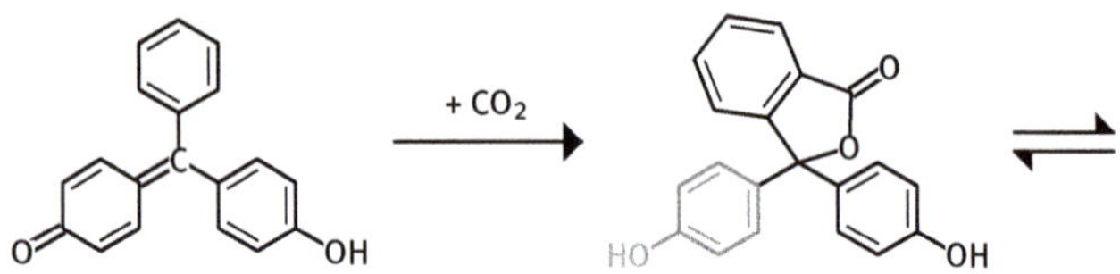

Benzaurin   Phenolphthalein

Grau hervorgehoben ist in den Strukturen jeweils der linke untere Phenolbaustein. Dieser ist der Grund für die Benennung als Phenol-phthalein, da man sich die Verbindung aus zwei Phenol-Molekülen (und einem Benzolring) hervorgegangen denken kann.

Analog führen auch zwei Moleküle Resorcin zu einem Phthalein, dem Resorcinphthalein, uns bekannter unter dem Namen Fluorescein. Jeweils eine Hydroxylgruppe der Resorcinmoleküle kondensieren unter Wasserabspaltung und Bildung der Sauerstoffbrücke, die das Xanthengerüst bildet:

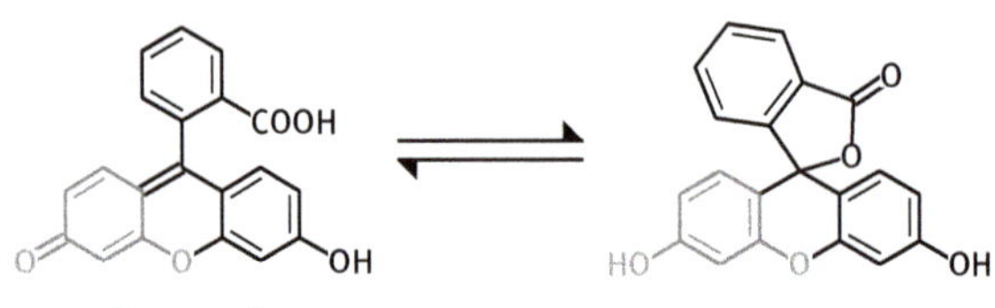

Fluorescein
Resorcin-phthalein

In analoger Weise können auch o-Kresol, m-Kresol und Thymol als Grundlage eines Phthaleins dienen. Anstelle der Carboxylgruppe kann auch die Sulfonsäuregruppe eingeführt werden, die zu Sulfo-Laktonen führt, ►Tabelle 4.9. Durch die pH-abhän-

Tab. 4.9: Verschiedene Phenole und die daraus abgeleiteten Phthaleine und Sulfo-phthaleine.

Baustein	carboxyliertes Phthalein	sulfoniertes Phthalein
Phenol	Phenolphthalein	Phenolrot
Resorcin	Fluorescein, Eosin, Rose Bengal	
o-Kresol	o-Kresol-phthalein	Kresolrot
m-Kresol	m-Kresol-phthalein	Kresolpurpur, Bromkresolgrün
Thymol	Thymol-phthalein	Thymolblau, Bromthymolblau

gige Öffnung des Lactonrings und den damit verbundenen Farbwechsel enthält die Tabelle viele bekannte Indikatorfarbstoffe, z. B.:

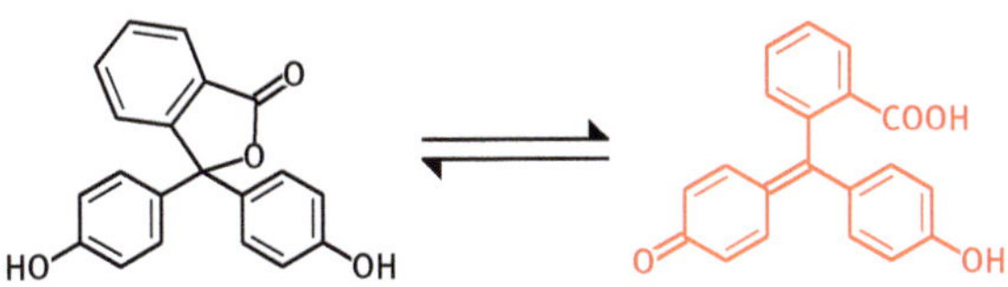

Phenolphthalein

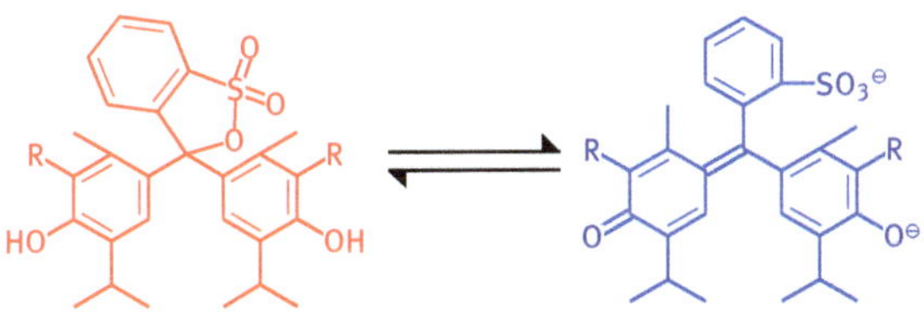

Thymolblau, R=H
Bromthymolblau, R=Br

Malachitgrünfarbstoffe

Rot Violett Blau Grün Farbstoffe dieses Typs zeichnen sich durch Stickstoff als Akzeptor und Donor aus. Sie tragen daher eine über das Molekül delokalisierte positive Ladung, die durch ein Gegenion ausgeglichen werden muss. In ►Tabelle 4.10 sehen wir einige wichtige Farbstoffe dieses Typs mit Chlorid als Gegenion. Wählen wir Anionen von Heteropolysäuren wie Phosphormolybdänsäure oder Phosphorwolframsäure als Gegenion, gelangen wir zu den entsprechenden Pigmenten, siehe nächster Abschnitt.

Die Farbstoffe umfassen die Farbtonbereiche Rot, Violett, Blau und Grün und weisen brillante Farben auf, ►Abbildung 4.17 zeigt die Reflexionsspektren einiger Malachitgrünfarbstoffe. Leider sind sie nur wenig lichtecht, außerdem gegenüber Alkoholen und Alkali unbeständig. Beispielhaft betrachten wir den Vorgang beim An-

Tab. 4.10: Typische Triarylmethanfarbstoffe und -pigmente. PM und PTM bezeichnen die Anionen der Heteropolysäuren Phosphormolybdänsäure und Phosphorwolframmolybdänsäure.

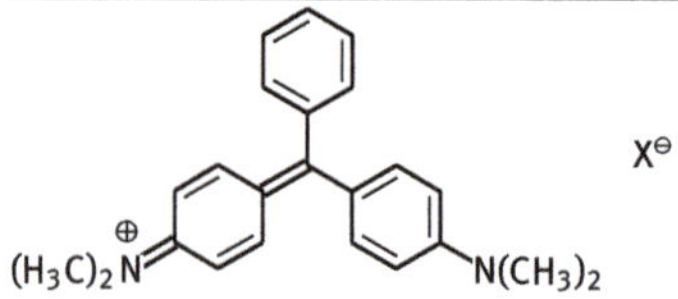

BG4, Malachitgrün, X=Cl
PG4, CI 42000:2, X=PTM, PM

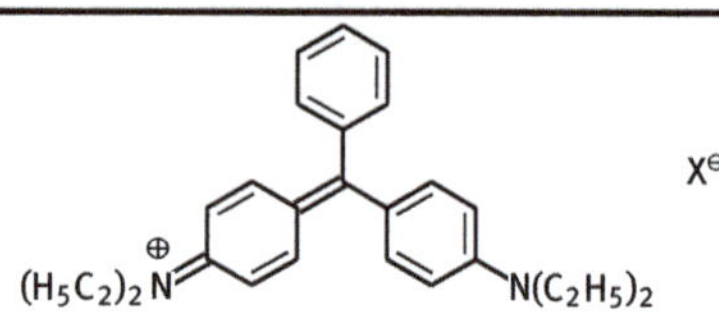

BG1, Brillantgrün G, X=Cl
PG1, CI 42040:1, X=PTM, PM

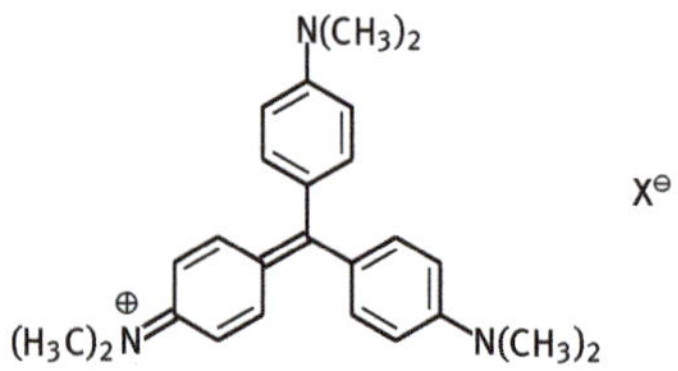

Kristallviolett, X=Cl
PV39, CI 42555:2, X=PTM, PM

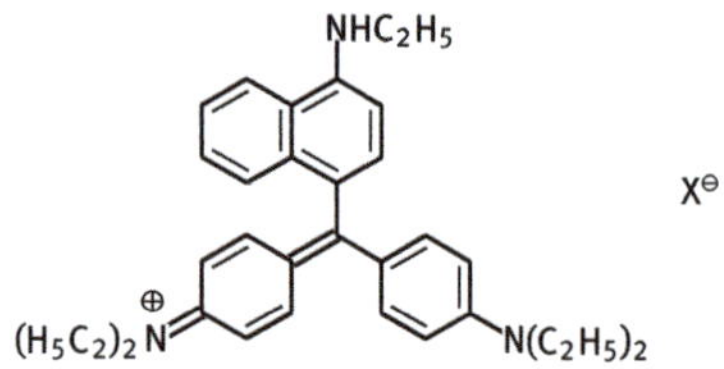

BB7, Victoria Rein Blau B, X=Cl
PB1, CI 42595:2, X=PTM, PM
PB62, $X=Cu^{I}_{3}[Fe^{II}(CN)_6]$

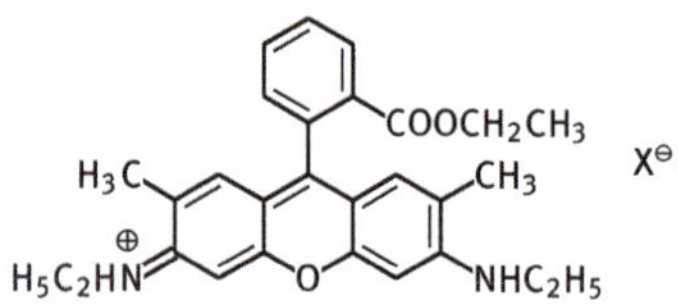

BR1, Rhodamin 6G, X=Cl
PR81, CI 45160:1, X=PTM

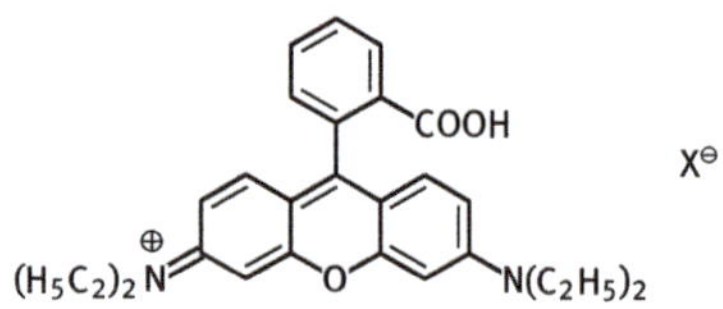

BV10, Rhodamin B, X=Cl
PV1, CI 45170:2, X=PTM

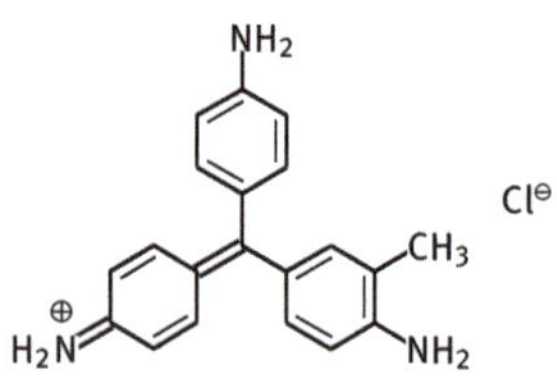

Fuchsin

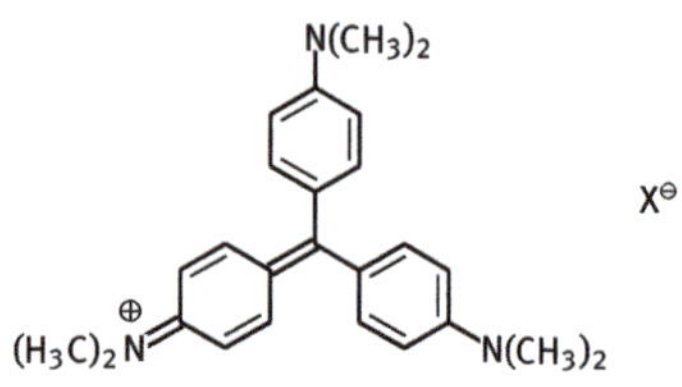

BV1, Methylviolett, X=Cl
PV3, CI 42535:2, X=PTM, PM
PV27, $X=Cu^{I}_{3}[Fe^{II}(CN)_6]$

säuren: je mehr Aminogruppen protoniert werden, desto weniger Elektronendonoren stehen für das Cyaninsystem zur Verfügung, das kleiner wird und dessen Absorption sich entsprechend zu kürzeren Wellenlängen verschiebt. Der Farbton ändert sich dabei zu Gelb, ►Abbildung 4.18.

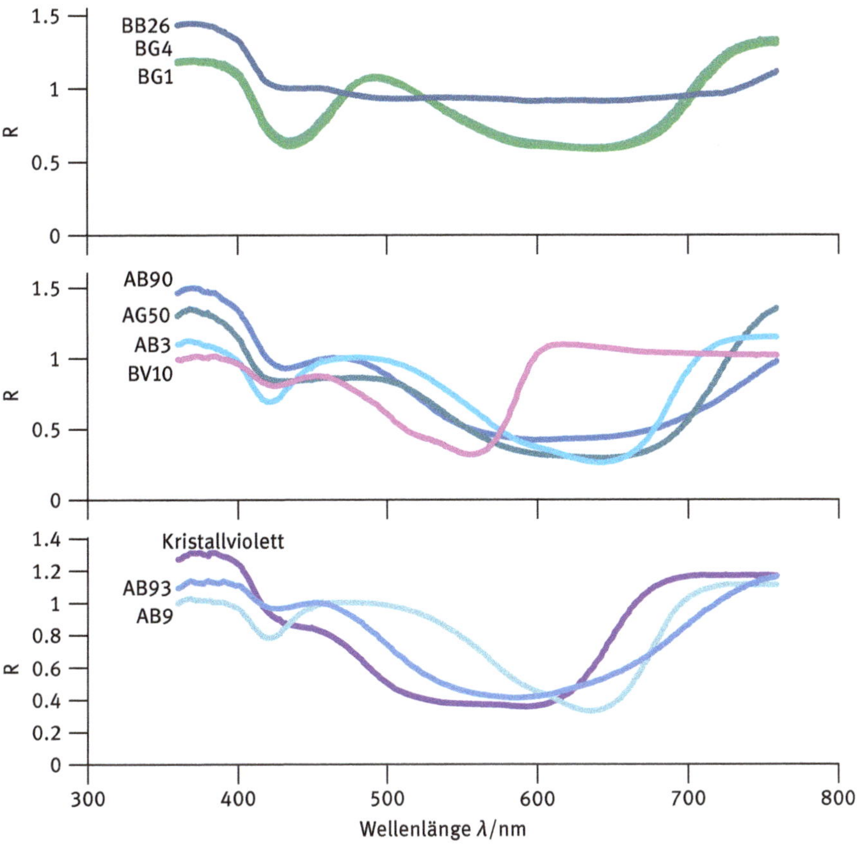

Abb. 4.17: Reflexionsspektrum von Farbstoffen auf Malachitgrün-Basis, normiert auf eine beliebige Einheit: Diamantgrün B (BG4), Brillantgrün (BG1), Viktoriablau B (BB26), Brillantblau G-250 (AB90), Lissamingrün (AG50, E142), Patentblau V (AB3, FB5, E131), Rhodamin B (BV10), Kristallviolett, Brillantblau FCF (AB9, FB2, E133, Primär-Cyan CMYK), Königsblau (AB93, Helvetiablau).

Der Anwendungsbereich von Malachitgrünfarbstoffen liegt bei preiswerten Druckfarben, rasch verblassenden Farbstofftinten für Füllhalter (►Kapitel 8 auf S. 669) und Papiereinfärbung. Kristallviolett kennen wir von violetten Stempelfarben (Schüler und Chemiestudenten erinnern sich vermutlich an die unvermeidbar scheinende Schmiererei beim Versuch, Kristallviolett herzustellen), Fuchsin ist ein wichtiger Farbstoff in der Mikroskopie. Einige der Farbstoffe wie das unten gezeigte Patentblau besitzen Bedeutung für die Einfärbung von Lebensmitteln.

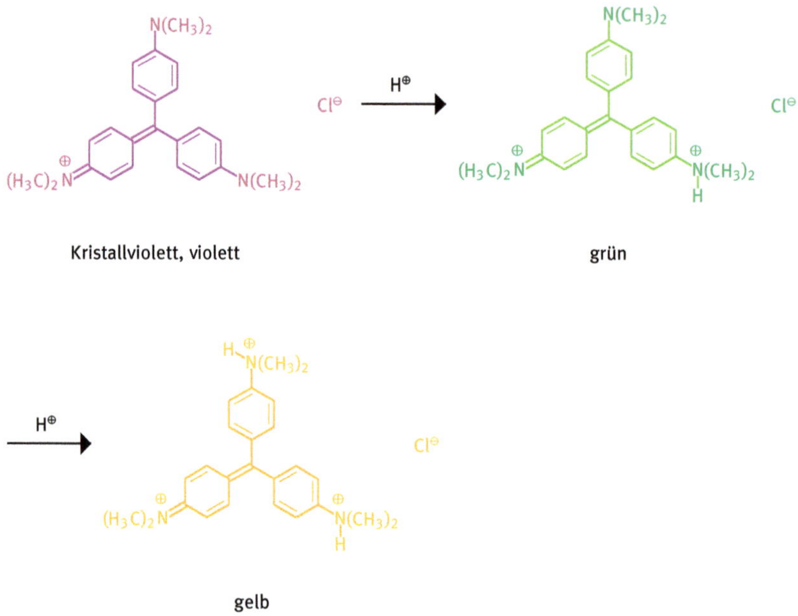

Abb. 4.18: Reaktion von Malachitgrünfarbstoffen mit Säuren. Durch die Protonierung verkleinert sich das mesomere System, es resultiert eine Farbverschiebung.

Die Löslichkeit der genannten Farbstoffe wird durch Einführung von Sulfonsäuregruppen erheblich verstärkt. Wir gelangen so zu bekannten roten, blauen, blaugrünen und violetten Farbstoffen für Tinten, Lebensmittelfärbungen und Papiereinfärbung:

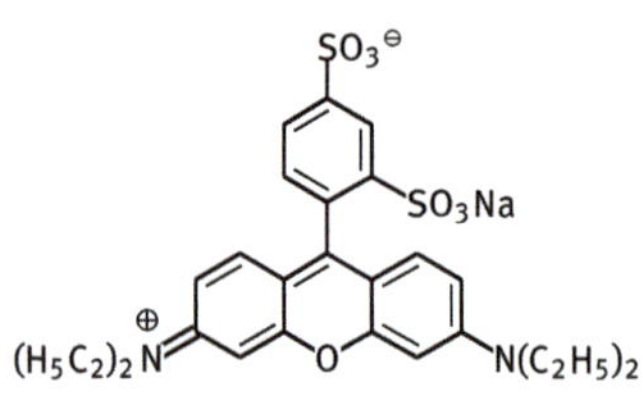

AR52, CI 45100, Food Red 106

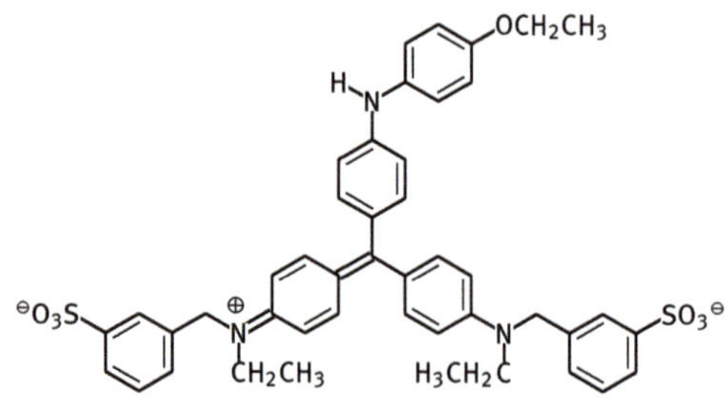

AB90, CI 42655
Brillantblau G

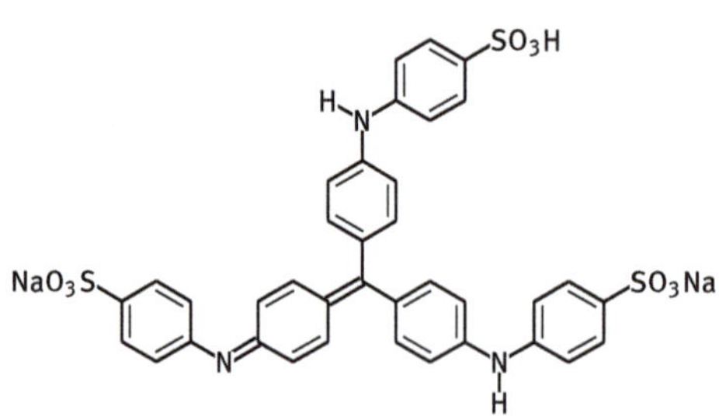

AB93, CI 42780
Helvetiablau, königsblaue Schreibtinte

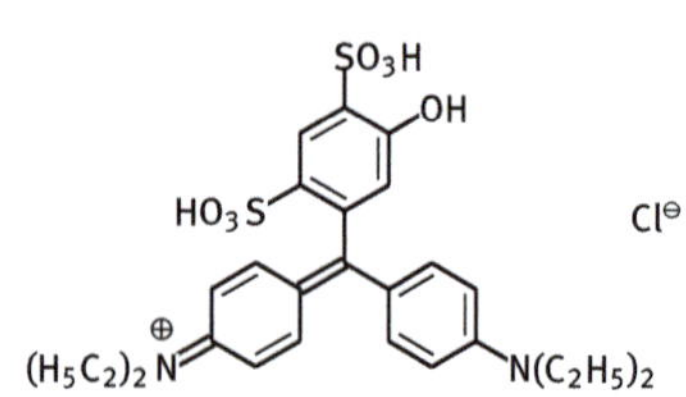

AB3, CI 42051, Food Blue 5, E131
Patentblau

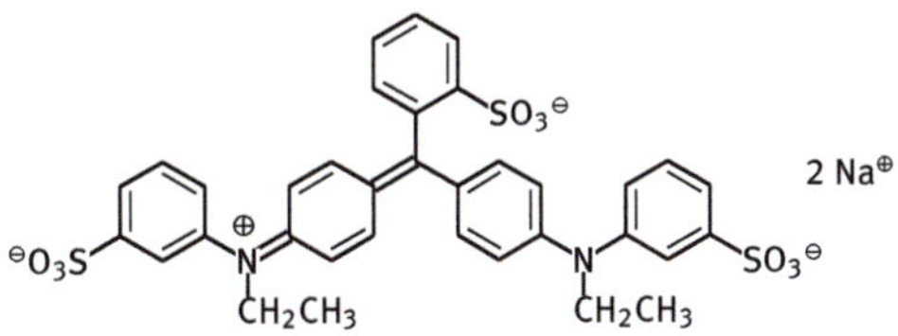

AB9, CI 42090, Food Blue 2, E133
Brillantblau FCF, blaue Schreibtinte
Primär-Cyan CMYK

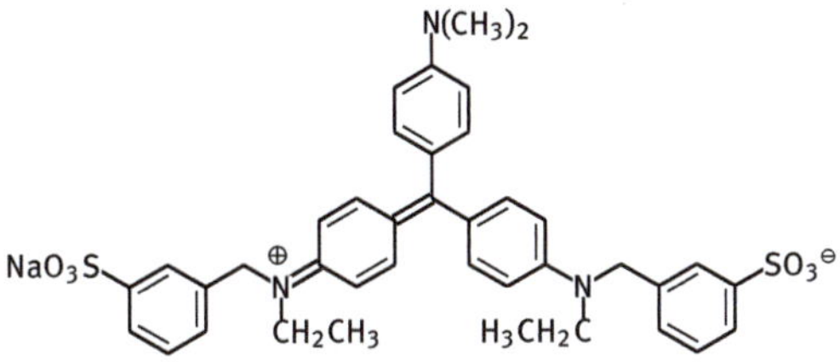

AV49, CI 42640
Benzylviolett

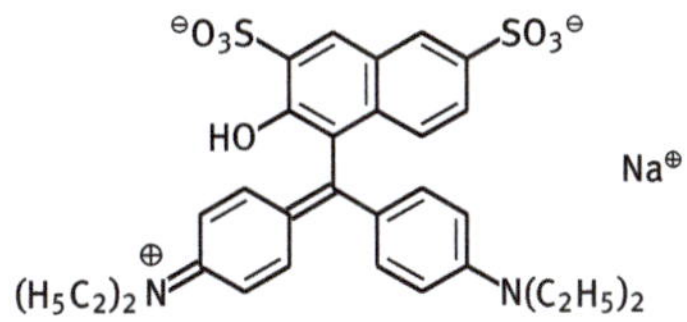

AG50, CI 44090, E142
Lissamingrün, Brillantsäuregrün BS

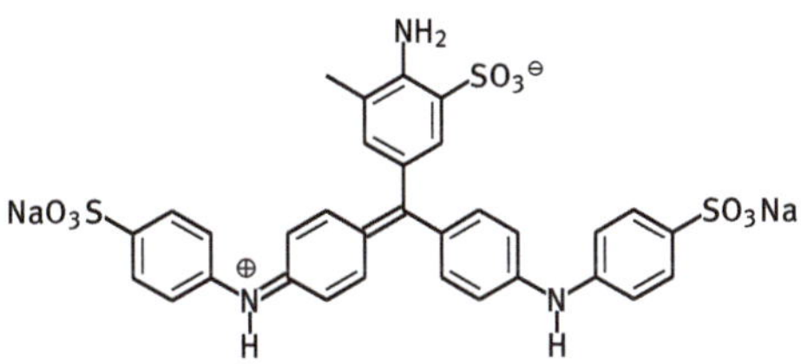

CI 42755
Wasserblau

Malachitgrünpigmente, Alkaliblaupigmente

Rot Violett Blau Grün Die vorgestellten Malachitgrünfarbstoffe wurden früher mit Brechweinstein als Lacke auf Aluminiumhydroxid gefällt, die prächtige Farben besaßen, aber wenig lichtecht waren. Heute werden zwei Varianten der Salzbildung verwendet, um die kationischen Farbstoffe des Malachitgrüntyps in Pigmente zu überführen:

- Sulfonierte Triarylmethane, die ein inneres Salz bilden (Alkaliblautyp),
- Salze von Triarylmethanen mit Anionen komplexer Heteropolysäuren wie Polywolframsäure oder Polymolybdänsäure.

Die Grundstruktur des Alkaliblautyps ist durch den Farbstoff Parafuchsin vorgegeben. Technisch interessant sind Derivate mit dem Aufbau I. Hierbei bedeuten R* und R** die Reste $-H$, $-C_6H_5$, $-C_6H_5-CH_3$ (meta). In der Regel werden zwei (R** = $-H$) oder alle drei Aminpositionen substitutiert. Bei zwei Substituenten erhält man rotstichigere, bei drei Substituenten grünstichigere Farbtöne. Herstellungsbedingt liegen meist

Gemische vor mit I als Hauptkomponente:

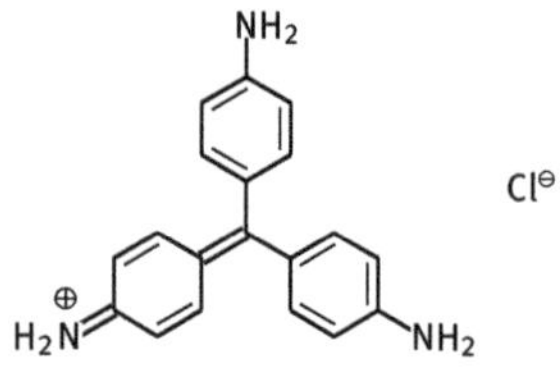

Parafuchsin

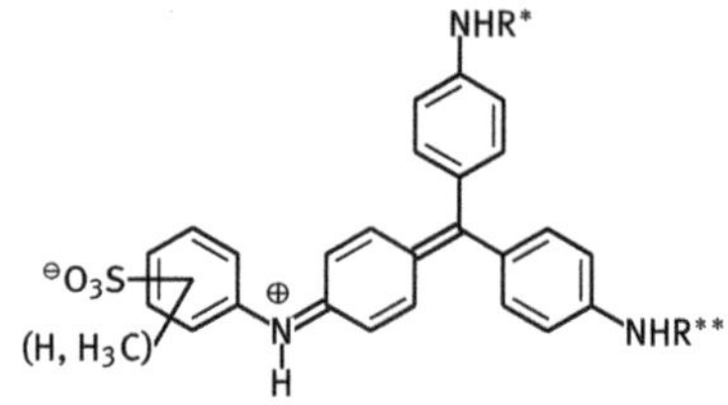

I, Technische Triaryle (Alkaliblau-Typ)

Die entstandenen Triphenylmethane sind blau und rotstichiger als Phthalocyanine, dabei sehr farbstark, jedoch unbeständig gegenüber Alkoholen und Toluol und mäßig lichtecht. Sie werden in Druckfarben für den Buch- und Offsetdruck benutzt und dienen oft zum Schönen von schwarzen Druckfarben.

Die zweite Gruppe von Triarylmethanen, solche mit komplexen Anionen, leiten sich ebenfalls vom Parafuchsin ab, weisen aber keine Sulfonsäuregruppen auf und bilden damit kationische Farbkörper (II). In ►Tabelle 4.10 sind einige Beispiele den korrespondierenden Malachitgrünfarbstoffen gegenübergestellt. Die Farbstoffe haben Chlorid als Gegenion, die Pigmente die Anionen der Phosphorwolframsäure $P(W_3O_{10})_4^{3\ominus}$ und der Phosphormolybdänsäure $P(Mo_3O_{10})_4^{3\ominus}$. PM steht für das Dodecamolybdatophosphat, PTM für die Mischung aus PM und der Phosphorwolframsäure. Triaminoverbindungen weisen violette Farbtöne auf (Kristallviolett → PV39). Der Fortfall einer Aminogruppe führt zu grünen Farbtönen (Malachitgrün → PG4, Brillantgrün → PG1). Der Ersatz eines Phenylrings durch ein Naphthylsystem hat die Verschiebung des violetten Farbtones nach Blau zur Folge (Victoriablau → PB1). In beiden Fällen steht R für Methyl-, Ethyl- oder Phenylreste.

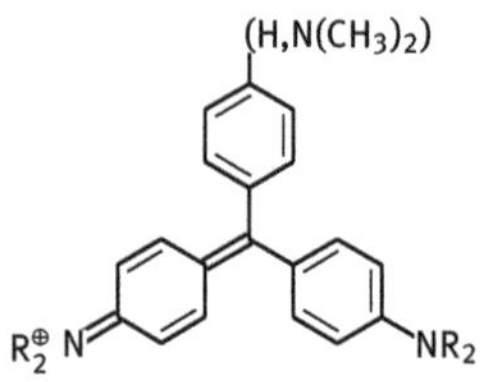

II

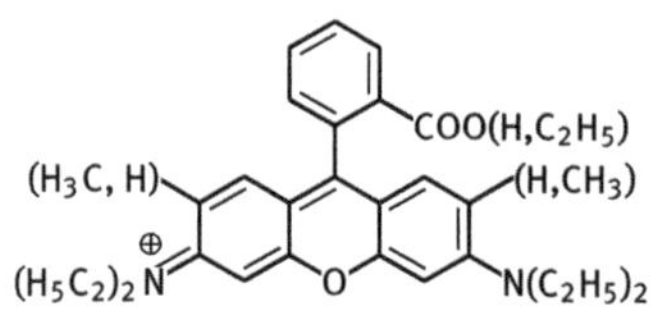

III, Phenylxanthen

Ein weiterer möglicher Grundkörper liegt im Phenylxanthen III vor, das sich aus dem Triphenylmethangerüst durch Einbau einer Sauerstoffbrücke herleitet. Beispiele sind ebenfalls in ►Tabelle 4.10 gegeben. Als Anionen treten wiederum PM und PTM auf (Rhodamin 6G → PR81, Rhodamin B → PV1).

Die entstehenden Farbmittel überdecken den weiten Farbtonbereich Rot, Violett, Blau und Grün. Sie sind sehr farbtonrein, ihre Echtheit ist jedoch nicht hoch, außerdem sind sie gegenüber Alkoholen und Alkali unbeständig. Ihr Anwendungsbereich liegt bei preiswerten Druckfarben, Schreibtinten und Papiereinfärbung. Einige von ihnen wie PV1, PV3 oder PR81 werden in Künstlerfarben verwendet.

Ursache der Farbigkeit

Die Ursache der Farbigkeit von Farbmitteln des Triarylmethantyps liegt in ihrer Ableitung vom kleinstmöglichen Polymethin mit $n = 0$, wie in ►Abbildung 4.14 gezeigt. Für Benzaurine ist dies das Oxonol I, für Malachitgründerivate das Streptocyanin II. Wie wir in ►Abschnitt 2.5.5 erfahren haben, erlaubt eine solche Struktur mesomere Grenzformen, die bei Lichteinstrahlung zu Farbe führen:

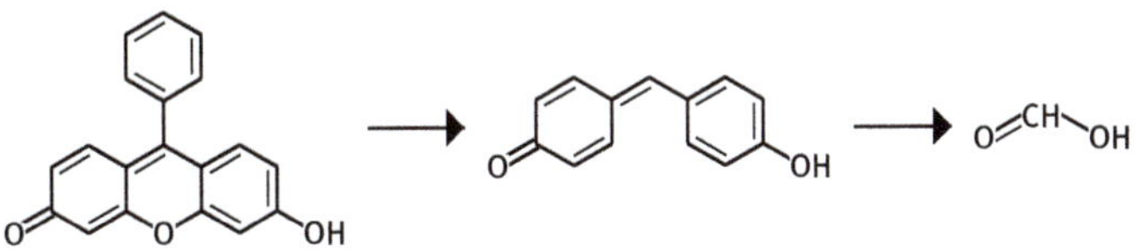

Benzaurin — I, Oxonol

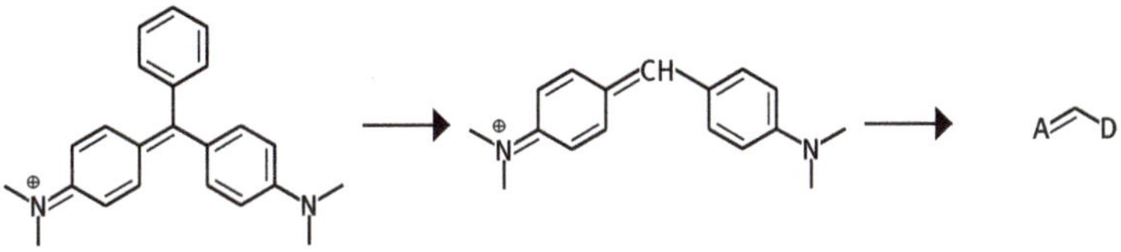

Triarylmethan — II, Streptocyanin

Die Existenz des NBMO in Methinsystemen halbiert die HOMO-LUMO-Energiedifferenz etwa. Dadurch sind die Absorptionen in Diarylmethinen schon stark bathochrom verschoben und Michlers Hydrol zeigt blaue Farbe ($\lambda = 607$ nm). Interessant wird es, wenn in dieses Diarylmethin der dritte Phenylring eingeführt wird und damit der Grundstein für die große Farbenvielfalt der Triarylmethine gelegt wird [4, ch. 9.3]. Wir gelangen mit dem dritten Ring zum Malachitgrün. Er führt durch die erhöhte Konjugation zu einer weiteren bathochromen Verschiebung, die aber gering ausfällt ($\lambda = 629$ nm) und immer noch im blauen Bereich liegt. Die Verbindung zeigt aber eine grüne Farbe, die durch eine neu entstandene zweite Absorptionsbande mit $\lambda = 430$ nm hervorgerufen wird und eine gelbe Farbkomponente hinzumischt. Tatsächlich treten bei Triarylmethinen zwei Absorptionsbanden auf:

– Die langwelligen x-Übergänge rühren vom $n \rightarrow \pi^*$-Übergang des Cyaninsystems her und rufen Farben im Blaubereich hervor. Der dritte Phenylring ist daran nicht direkt beteiligt, er kann aber durch Substitution mit Elektronenakzeptoren das zentrale Kohlenstoffatom stabilisieren, das im angeregten Zustand eine hohe Ladung trägt. Über diese Stabilisierung entsteht die beobachtete bathochrome Verschiebung der x-Bande. Wird der dritte Ring dagegen mit einem Elektronendonor substituiert, beobachten wir eine hypsochrome Verschiebung des x-Übergangs.

- Die neue Bande, der y-Übergang, stammt von einer Anregung aus einem MO unterhalb des NBMO, und liegt damit im kurzwelligen gelben Bereich. Diese Absorption ist quer zum Cyaninsystem polarisiert. Im Gegensatz zu den x-Übergängen werden y-Übergänge durch Substituenten am dritten Ring kaum beeinflußt, Elektronendonoren führen nur zu einer leichten bathochromen Verschiebung.

Beide Phänomene zusammengenommen führen dazu, dass x- und y-Übergänge mit höherer Donorstärke der Substituenten im dritten Ring immer dichter zusammenrücken, um beim Kristallviolett mit $R = p - N(CH_3)_2$ bei $\lambda = 589$ nm zusammenzufallen und zur violetten Farbe zu führen. Ersetzen wir den dritten Phenyl- durch einen Naphthalenring, beobachten wir aufgrund der höheren Konjugation eine bathochrome Verschiebung ins Blaue, ein Beispiel ist Viktoriablau.

Interessant ist an Triarylmethinen noch, daß die drei Ringe nicht in einer Ebene liegen, sondern propellerartig um etwa 30°gegeneinander gedreht sind. Der Einfluß der Rotation um Bindungen wird in [4, ch. 4.6] im Detail erläutert, wir wollen hier nur feststellen, daß dieser Verlust der Planarität keinen entscheidenden Einfluß auf die Farbe hat, da das zugrundeliegende Diarylsystem ein echtes Cyaninsystem ist. Ein solches System muß, anders als hochkonjugierte aromatische Verbindungen, nicht planar gebaut sein, um Farbe zu entwickeln. Substituenten in der ortho-Stellung dieses dritten Ringes, wie Chlor, vergrößern die Verdrehung noch, wir beobachten dabei eine hypsochrome Verschiebung des y-Übergangs, was eine Farbverschiebung zu blauen Farbtönen hin bewirkt.

4.8.2 Diarylmethine, Indaminfarbstoffe

Blau Grün Ersetzen wir in ►Abbildung 4.14 das zentrale Atom X eines Polymethins durch eine CH-Gruppe, gelangen wir zu Diarylmethinen. Bedeutsamer ist jedoch der Ersatz durch eine Azagruppe, womit wir die Chinon-imine erhalten. In ►Abbildung 4.19 sehen wir den Stammbaum der industriell wichtigen Chinon-imine, A und D sind Elektronenakzeptoren resp. -donatoren. Je nach Natur von A und D erhalten wir folgende Typen:

- Indophenole I, A=O, D=OH, X=N:
- Indoaniline II, A=O, D=NR_2, X=N:
- Indamine III, A=$NR_2^{\oplus}$, D=NR_2, X=N:

Von diesen chinoiden Systemen sind Indamine III sowie die heteroverbrückten Diazine (Phenazine), Oxazine und Thiazine IV für die Farbstoffchemie von besonderem Interesse, Pigmente in dieser Klasse gibt es jedoch nicht.

Diese Gerüste stellen die Grundkörper zahlreicher Farbstoffe dar, von denen Diazine nur noch von historischem Interesse sind. Phenoxazine (Beispiel: Capriblau GN)

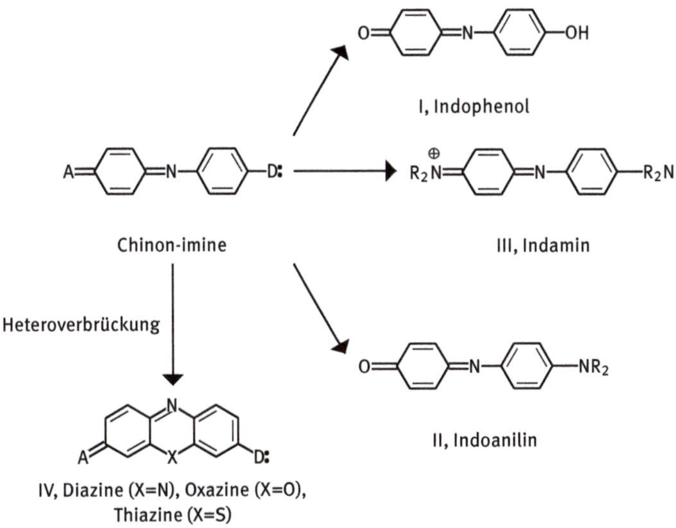

Abb. 4.19: Industriell gebräuchliche Ausprägungen der Diarylmethinfarbmittel, speziell der Chinon-imine.

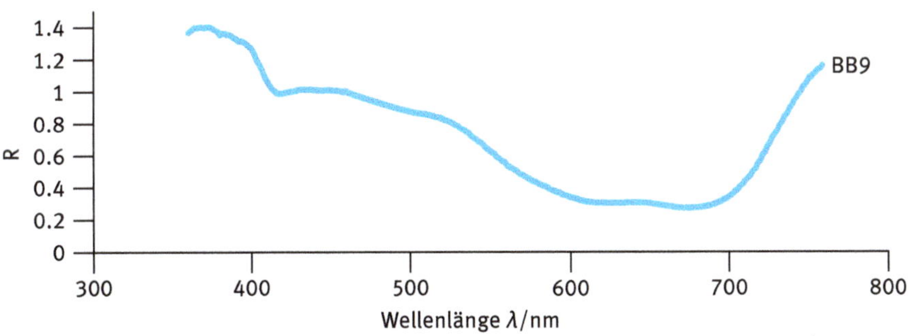

Abb. 4.20: Reflexionsspektrum von Farbstoffen auf Thiazin-Basis, normiert auf eine beliebige Einheit: Methylenblau (BB9).

und Phenthiazine (Beispiel: Methylenblau) wurden schon früh in der Seidenfärberei eingesetzt, aufgrund ihrer mangelnden Lichtechtheit verschwanden sie jedoch im Laufe der Zeit vom Markt. Nach der Beobachtung, daß ihre Lichtechtheit auf Acrylfasern deutlich erhöht ist, erlebten diese Farbmittel eine Renaissance. Methylenblau ist ein wichtiger Farbstoff in der Analytik, ►Abbildung 4.20.

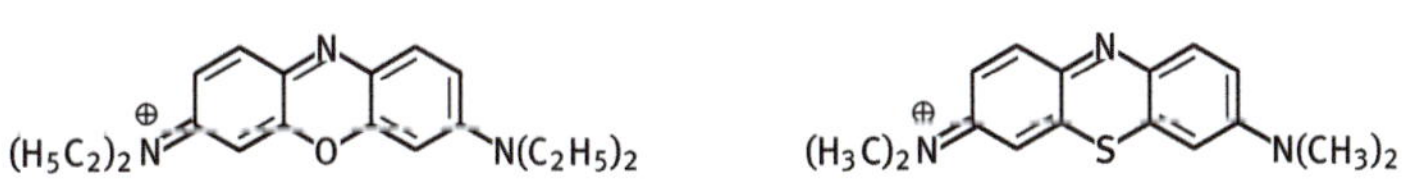

BB3
Capriblau GN, Maxilon Blau 5G

BB9
Methylenblau

Orseille, Lackmus

Aus den unscheinbar grauen Flechten der Arten *roccella, lecanora* und *variolaria* können zwei verwandte Farbstoffe gewonnen werden: Orseille und Lackmus. Orseille wurde schon im 2. Jhd. zur Färbung [22] und im Mittelalter als Buchmalerfarbstoff verwendet (►Abschnitt 8.3.1), Lackmus kennen wir vom klassischen pH-Indikatorpapier.

Zur Herstellung werden die Flechten mit wässrigem Ammoniak unter Luftzutritt extrahiert, für die Lackmusproduktion werden noch Calciumsalze und Kaliumcarbonat zugegeben [641, 642]. Der entstehende violette Farbstoff, der in gereinigter Form Orcein heisst, ist komplex zusammengesetzt [637] und basiert auf drei Reihen von Phenoxazinen [639–641]:

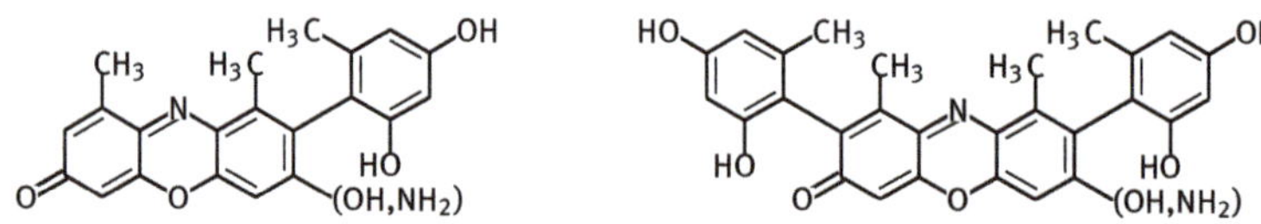

α-Hydroxy-/Amino-orcein

β-Hydroxy-/Amino-orcein (*cis*)
γ-Hydroxy-/Amino-orcein (*trans*)

Das Phenoxazingerüst bildet eine Bezugsebene für die Phenylsubstituenten und führt zu *cis-trans*-Isomerie: bei den β-Orceinen zeigen die Methylgruppen oder die beiden Hydroxylgruppen der Phenylsubstituenten zur selben Seite des Phenoxazins (*cis*), bei den γ-Orceinen zeigen Methyl- und Hydroxylgruppen verschiedener Ringe zur selben Seite der Phenoxazin-Ebene (*trans*).

Lackmus enthält die gleichen Bestandteile wie Orcein, zusätzlich aber eine komplex zusammengesetzte polymere Fraktion, die vermutlich durch oxidative Verknüpfung aus Hydroxy-orcein entstanden ist. Die dem pH-abhängigen Farbumschlag zugrundeliegende Reaktion ist die Protonierung eines Phenolats resp. Amino-Stickstoffatoms (aufgrund der komplexen Struktur des Farbstoffs sind hier die Reste R nur angedeutet) [638]:

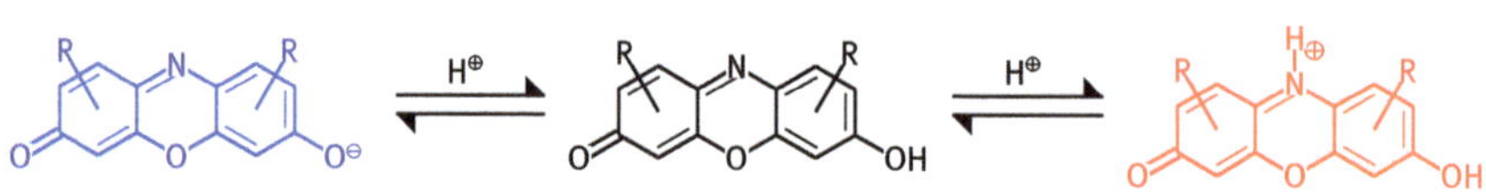

basisch, blau

Lackmus

sauer, rot

Ursache der Farbigkeit

Wie bereits bei den Triarylmethinen gezeigt, liegt auch bei den Diarylmethinen die Ursache der Farbigkeit in ihrer Abstammung von den Polymethinen mit $n = 0$, ►Abbildung 4.14. Die Indamine besitzen mesomere Grenzformen, die zu Absorption von sichtbarem Licht führen:

Indophenol

Indoanilin

Indamin

Das NBMO im Methinsystem, das die HOMO-LUMO-Energiedifferenz im Vergleich zu Polyenen etwa halbiert, führt zu einer starken bathochromen Verschiebung des $n \rightarrow \pi^*$-Übergangs, der etwa bei 600 nm im Rotbereich liegt.

4.9 Dioxazinpigmente

Violett Das orangefarbene Triphendioxazin I ist die Stammverbindung der Dioxazinpigmente. In der Praxis werden Derivate vom Typ II verwendet, die Reste X und Y können sein: X = $-Cl$, $-NHCOCH_3$, Y = $-NHCOCH_3$, $-NHCOC_6H_5$.

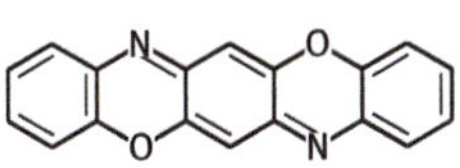

I, Triphendioxazin, orange

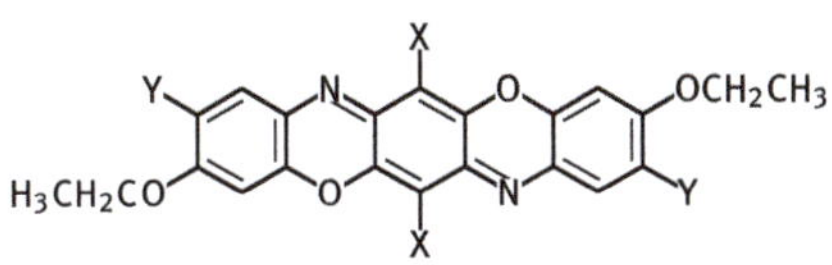

II

Dioxazinpigmente weisen violette Farbtöne auf und sind sehr licht- und wetterecht. Sie werden in Lacken, Anstrichfarben, in der Druckindustrie und Künstlerfarben eingesetzt. Das Beispiel des Carbazolviolett PV23 (Künstlerfarbe z. B. „Schmincke Violett“, ►Abbildung 4.21) ist eine Ausnahme vom allgemeinen Substitutionsmuster und zeigt, daß die Reste Teil eines Ringsystems sein können. Fabtongleich zu

PV23, aber halogenfrei, ist Dioxazinviolett PV37, für das Formel I [12] oder II [384] gegeben wird.

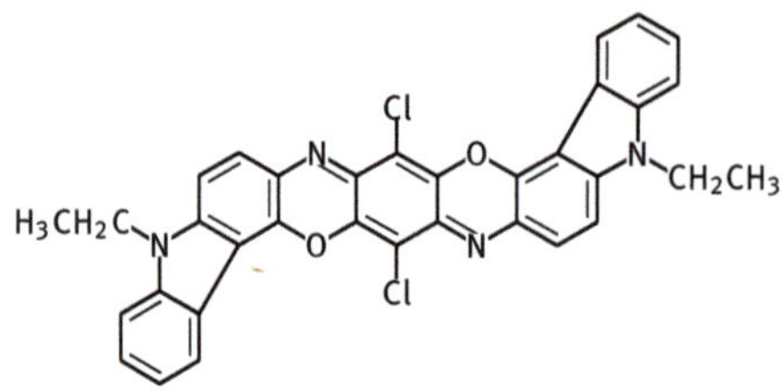

PV23
Carbazolviolett, Schmincke Violett

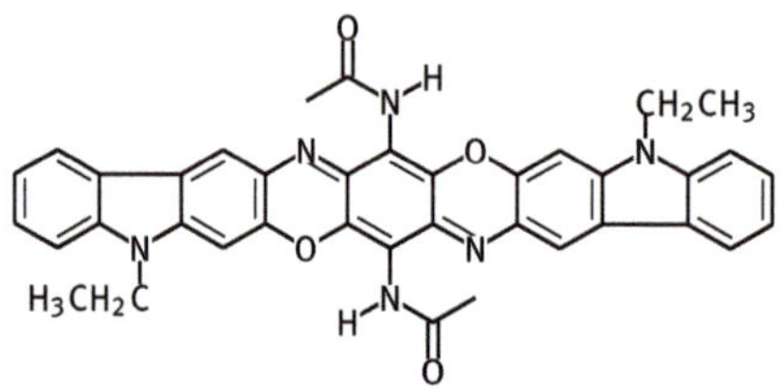

PV37
Dioxazinviolett I

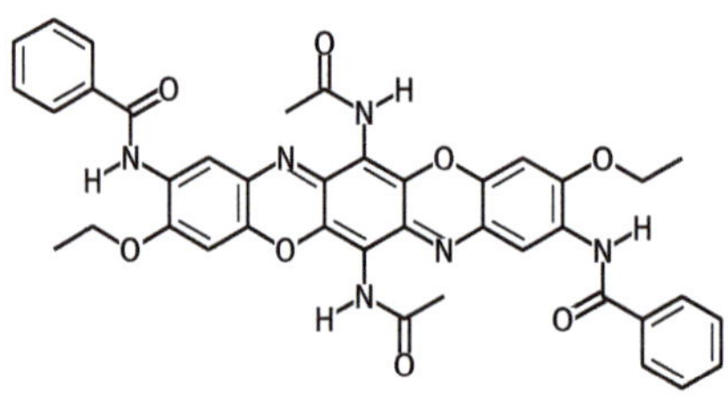

PV37
Dioxazinviolett II

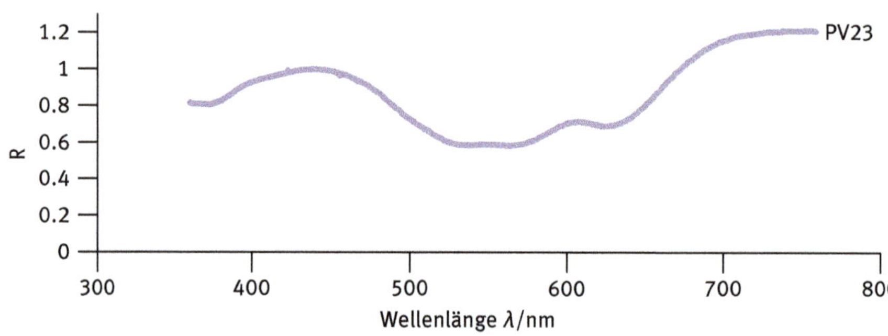

Abb. 4.21: Reflexionsspektrum von Aquarellfarben auf Dioxazin-Basis, normiert auf eine beliebige Einheit: Schmincke Violett (Schmincke Horadam Nr. 476, PV23).

4.10 Phthalocyaninpigmente

Grün **Blau** Phthalocyanine gehen auf eine zufällige Entdeckung zurück, die 1928 gemacht wurde. Genauere Nachforschungen führten 1940 zu ersten kommerziell verwendbaren Pigmenten, die sich seitdem einer unveränderten Wertschätzung erfreuen. Sie ist auf ihre einfache Herstellung zurückzuführen, ihre hohe Beständigkeit gegen vielerlei Einflüsse und vor allem auf ihre Farben, die den warmen bis kühlen Blau- und Grünbereich abdecken. Gerade in diesem Bereich gibt es nur wenige andere, konkurrenzfähige Pigmente.

Phthalocyaninpigmente leiten sich vom Phthalocyanin ab, das selber schon ein Pigment PB16 ist. Sie entsprechen einem Polyen, genauer einem [18]Annulen, das in der Natur weit verbreitet ist. Als Derivate des Porphyrins oder Corrins spielen natürliche Tetraaza-[18]annulene eine wesentliche Rolle im Stoffwechselgeschehen: Chlorophyll und seine Derivate stellen grüne Blattfarbstoffe dar, Myoglobin in Muskeln und Hämoglobin im Blut rote Farbstoffe. Die Farbigkeit dieser Moleküle ist allerdings kein Selbstzweck, sondern dient im Falle der Chlorophylle dazu, Sonnenlicht in Form von Anregungsenergie einzufangen und diese Energie über ein kompliziertes Stufensystem in chemische Energie umzuwandeln. Die Farbe der Muskel- und Blutfarbstoffe wird an sich gar nicht benötigt, durch die Farbigkeit weisen Porphyrinderivate jedoch niedrigliegende Anregungszustände auf, sodass sie als Redox-Partner fungieren können.

Sowohl der Grundkörper der Phthalocyanine als auch alle praktisch eingesetzten Derivate sind große und symmetrisch gebaute Moleküle ohne Ansatzpunkte für schädigende Einflüsse. Mit 18 Ringelektronen befolgen sie zudem die Hückel-Regel $18 = 4n + 2$ und sind aromatisch und chemisch sehr stabil. Beide Merkmale zusammen führen zu der beobachteten hohen Licht- und Lösemittel-Beständigkeit und sehr geringer Löslichkeit. Dies ist in besonderem Masse bei den mit Metallen komplexierten Derivaten der Fall.

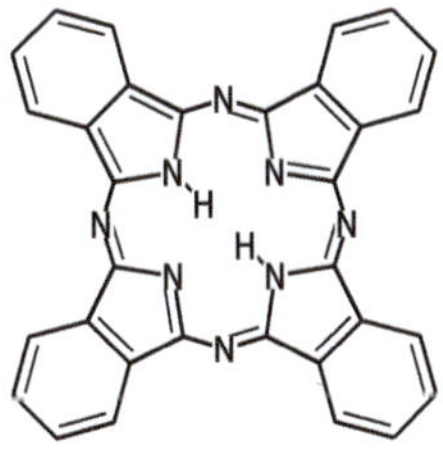

PB16, Phthalocyanin
Heliotürkis, Phthalo turquoise

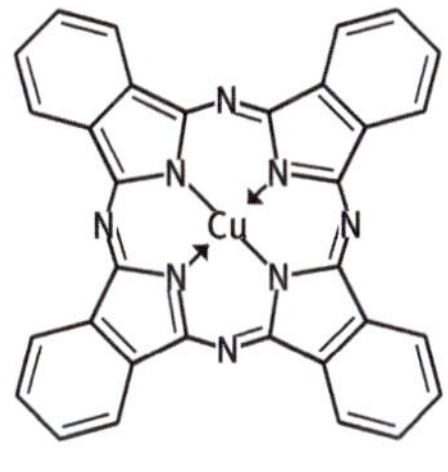

PB15, Kupfer-Phthalocyanin
Primär-Zyanblau CMYK
PB15 (α-Phase), Manganese blue hue, Winsor blue
PB15:1 (α-Phase), Phthaloblau
PB15:3 (β-Phase), Heliocoelin
PB15:6 (ϵ-Phase), Phthalo Saphirblau, Phthalo sapphire

Blaue Pigmente, PB16, PB15 und Varianten

Der Phthalocyanin-Grundkörper kann als blaues Pigment PB16 verwendet werden, z. B. in Künstlerfarben wie „Heliotürkis" oder „Phthalo turquoise". PB16 tritt in der Farbpraxis aber stark gegen metallierte komplexe Derivate zurück, es wird fast ausschliesslich der Kupfer-Komplex eingesetzt.

Der Kupfer-Komplex, der als unstabilisierte α-Phase PB15 rötlich blau ist, tritt in Farben wie z. B. „Manganese blue hue" oder „Winsor blue" auf. Die grünlich-blaue β-Modifikation PB15:3 gehört zu den bedeutendsten Blaupigmenten der Druck- und Künstlerfarbenindustrie und wird in großen Mengen hergestellt, wir finden es in „Heliocoelin". Die α-Phase ist in PB15:1 mit 0,5–1 Chloratomen pro Molekül gegen Phasenwechsel stabilisiert und daher etwas grüner im Ton, wie z. B. die Künstlerfarbe „Phthaloblau" zeigt. Die stabilisierte ϵ-Phase PB15:6 ist noch rötlicher blau als PB15 und zu finden in „Phthalo Saphirblau" oder „Phthalo sapphire". ►Abbildung 4.22 zeigt die Reflexionsspektren einiger blauer Phthalocyanin-Pigmente.

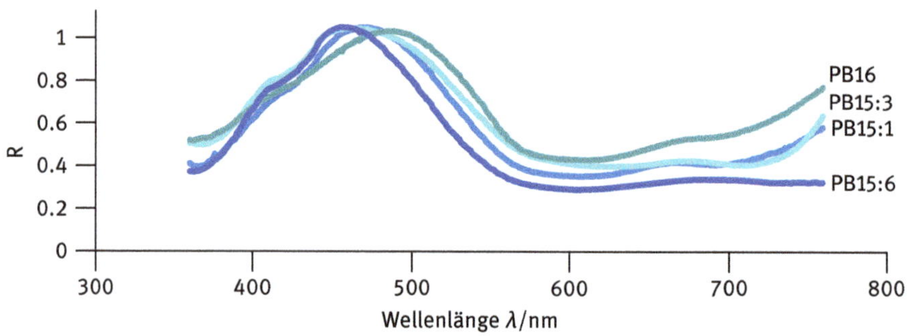

Abb. 4.22: Reflexionsspektrum von blauen Aquarellfarben auf Phthalocyanin-Basis, normiert auf eine beliebige Einheit: Phthalo Saphirblau (Schmincke Horadam Nr. 477, PB15:6, ϵ-Kupfer-Phthalocyanin ϵ-CuPc), Phthaloblau (Schmincke Horadam Nr. 484, PB15:1, α-CuPc, CMYK-Primärblau), Heliocoelin (Schmincke Horadam Nr. 479, β-CuPc, PB15:3) und Heliotürkis (Schmincke Horadam Nr. 475, PB16, CuPc). Es ist zu erkennen, daß die β-Phase PB15:3 den höchsten Grünstich unter den Kupferkomplexen aufweist, gefolgt vom leicht chlorierten PB15:1. PB15:6 besitzt den größten Rotstich der Kupferkomplexe. Insgesamt sind die Kupferkomplexe blauer als das freie Phthalocyanin PB16.

An Kupfer-Phthalocyaninpigmenten (CuPc-Pigmenten) erkennen wir den Einfluss der Kristallstruktur deutlich. Die Phthalocyanine treten in 11 verschiedenen Modifikationen auf, von denen die α- und β-Modifikation besonders wichtig sind. Sie unterscheiden sich in der Anordnung der Moleküle im Kristallgitter (►Abbildung 4.23) und zeigen unterschiedliche Farbtöne:

grünlich blau	β-CuPc	α-CuPc	α-CuPc	ϵ-CuPc	rötlich blau
	PB15:3	PB15:1	PB15	PB15:6	

Die thermodynamische Stabilität der Modifikationen sinkt gemäß der Reihenfolge $\beta > \epsilon > \delta > \alpha \approx \gamma$. Sie können sich über verschiedene, noch nicht vollkommen verstandene Mechanismen ineinander umwandeln:

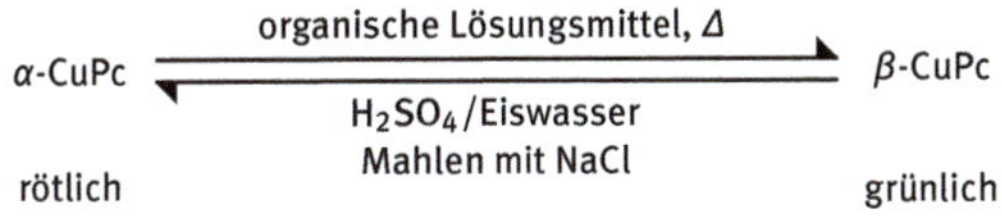

Für die praktische Anwendung müssen die Pigmente daher ggf. gegen einen ungewollten Phasenwechsel geschützt werden. Dies kann durch eine geringe Halogenierung des Phthalocyaninrings erfolgen, typischerweise mit 0,5–1 Chloratomen pro Molekül beim phasenwechselgeschützten PB15:1. Auch die Einbettung des Pigments in eine dünne Harzschicht kann einem Phasenwechsel vorbeugen.

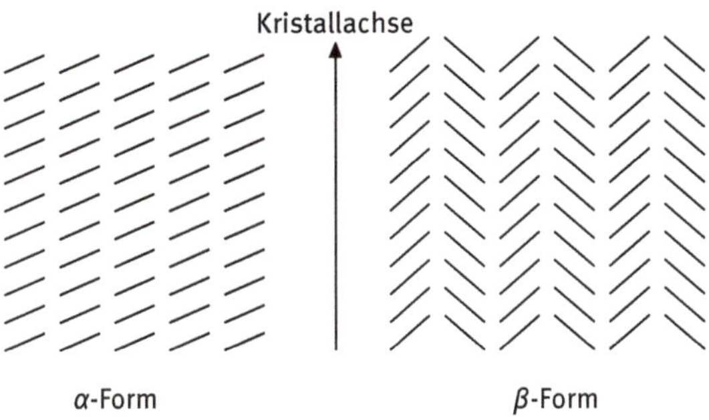

Abb. 4.23: Die zwei Modifikationen von PB15: in der α-Modifikation sind die ebenen Phthalocyanin-Ringe gleichartig, in der β-Modifikation fischgrätenartig gegeneinander gestapelt [728]. Bezugsachse ist die Hauptkristallachse.

Der grünstichige Blauton der β-Modifikation PB15:3 ist ideal als zyanblaue Primärfarbe im Vierfarbdruck, PB15:3 wird daher in großen Mengen für die Druckindustrie hergestellt.

Grüne Pigmente, PG7, PG36

β-Kupfer-Phthalocyanin ist schon deutlich grünstichig, aber immer noch im Blaubereich anzusiedeln. Eine Chlorierung des Grundkörpers führt zu blaustichigen Grünpigmenten, während zusätzliche Bromatome den Farbton der Grünpigmente weiter zu gelbstichigem Grün verschieben, ►Abbildung 4.24. Die genauen Verhältnisse der Halogene zueinander variieren, typisch sind beim blaustichigen PG7 14 oder 15 Chloratome, beim gelberen PG36 dagegen 2–8 Chloratome und 9–4 Bromatome:

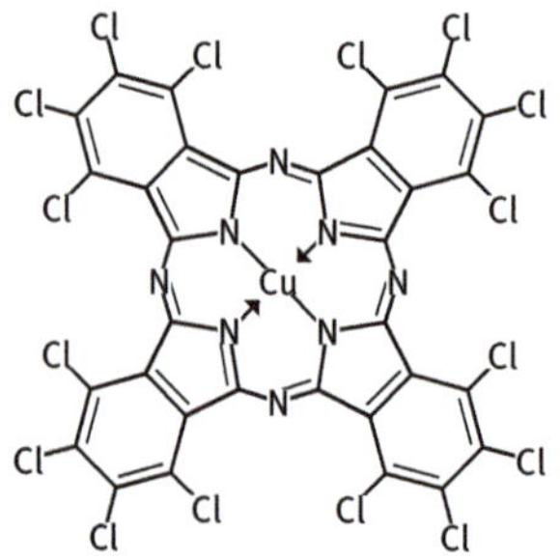

PG7
Phthalogrün, Winsor green blue shade

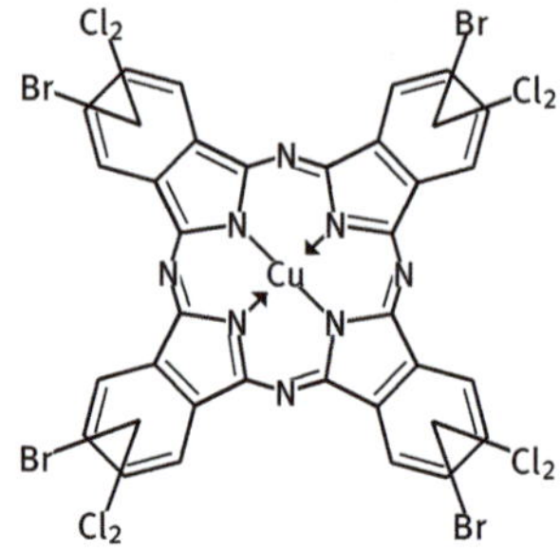

PG36
Heliogrün, Winsor green yellow shade

Phthalocyaninpigmente sind, obschon interessant im Grünton, durch die zusätzliche, teilweise mehrfache Halogenierung deutlich teurer als eine Mischung aus billigem Phthalocyanin-Blau und gelben Pigmenten. Sie werden industriell nur eingesetzt, um besondere Anforderungen zu erfüllen. Im Künstlerfarbenbereich dagegen bereichern sie den blaugrünen Bereich der Palette unter Namen wie „Phthalogrün" oder „Winsor green blue shade" und „Heliogrün" oder „Winsor green yellow shade", ►Abbildung 4.24.

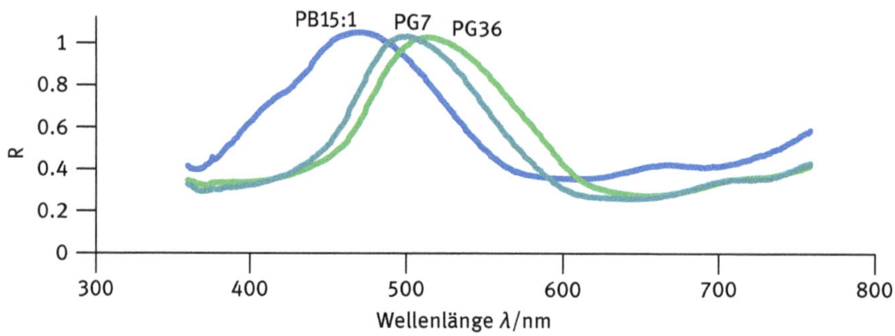

Abb. 4.24: Reflexionsspektrum von Aquarellfarben auf Phthalocyanin-Basis, normiert auf eine beliebige Einheit: Phthaloblau (Schmincke Horadam Nr. 484, PB15:1, Kupfer-Phthalocyanin CuPc, CMYK-Primärblau), Heliogrün (Schmincke Horadam Nr. 514, PG36, CuPc chloriert/bromiert) und Phthalogrün (Schmincke Horadam Nr. 519, PG7, CuPc chloriert). Es ist deutlich zu erkennen, wie der Grün-Charakter mit steigendem Halogenierungsgrad mit schweren Halogenen wie Brom steigt.

Farbstoffe

Phthalocyanine können als Farbstoffe verwendet werden, wenn ihre Löslichkeit durch Einführung von Sulfonsäuregruppen in die äußeren Ringe erhöht wird. Die Beispiele zeigen zwei wichtige Farbstoffe für blaue Schreib- und Inkjettinten, ►Abbildung 4.25:

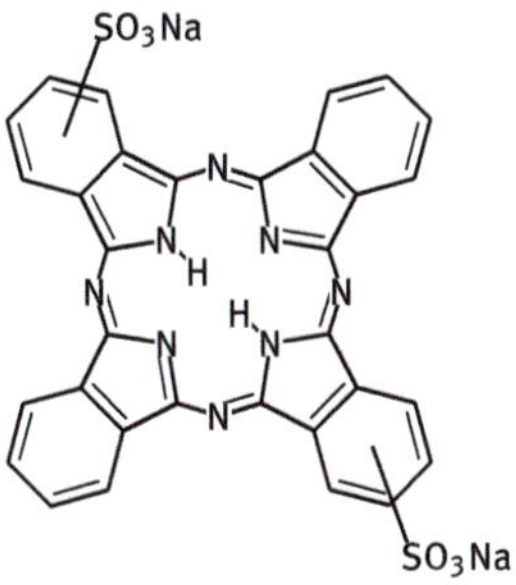

DB86, AB87
Heliogenblau SBL, blaue Tinte

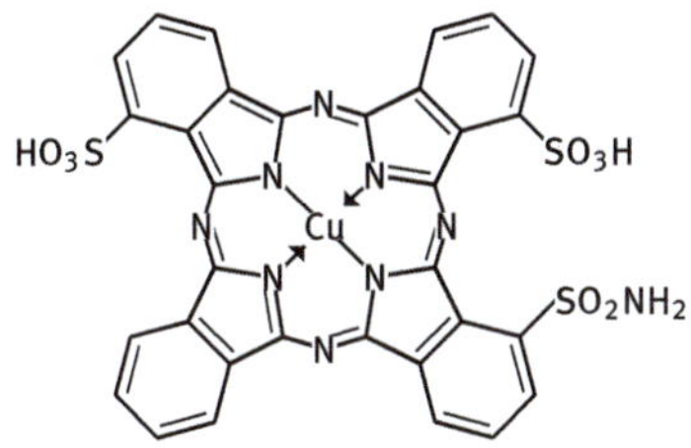

DB199, CI 74190
blaue Tinte

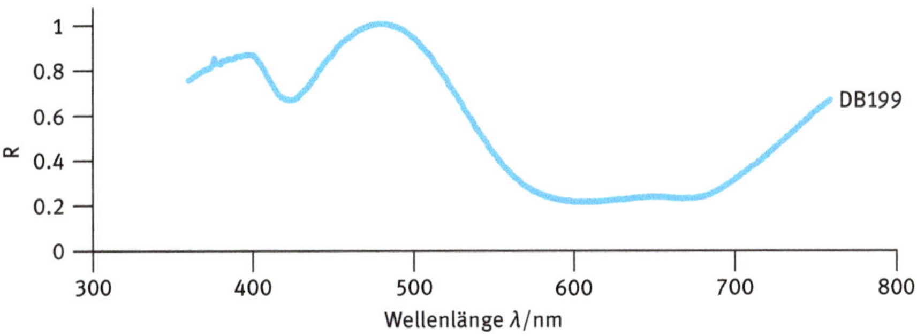

Abb. 4.25: Reflexionsspektrum von Farbstoffen auf Phthalocyanin-Basis, normiert auf eine beliebige Einheit: DB199.

Ursache der Farbigkeit

Die gezeigten Benzenringe sind für die Farbigkeit nicht relevant und können entfallen oder durch andere Systeme wie Naphthalen ersetzt werden. Die intensive Farbigkeit der Phthalocyanine ist ihrer Natur als [16]Annulen geschuldet und wird in ►Abschnitt 2.5.4.6 diskutiert.

4.11 Azofarbmittel (Hydrazonfarbmittel)

Gelb Orange Rot Violett Blau Eine sehr große Gruppe von Pigmenten und Farbstoffen im gelben, roten und violetten Farbbereich stellen *Azofarbstoffe* dar. Ihr Kennzeichen ist die Diazogruppe –N=N–, die in der industriellen Farbmittelpraxis in folgender Form geschrieben werden kann:

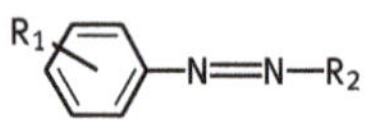

Die Diazobrücke verbindet eine Arylgruppe, die mit R_1 substituiert ist, die sog. *Diazokomponente*, mit der *Kupplungskomponente* R_2. Die Benennung wird aus der Bildungsreaktion verständlich, die unter dem Namen *Diazotierung* 1858 entdeckt wurde. Die aromatischen Amine der Diazokomponente werden in das Diazoniumsalz überführt und reagieren („kuppeln") anschließend mit der Kupplungskomponente, die aus Phenolen, aromatischen Sulfonsäuren und Aminen oder methylenaktiven Verbindungen besteht, zur Diazoverbindung:

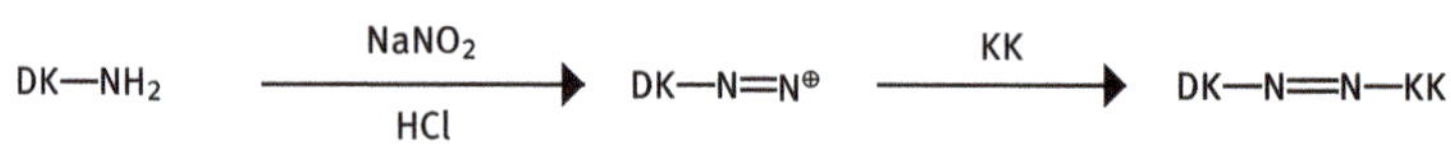

Diazokomponente Diazoniumsalz p-Amino-azobenzol

Zum Beispiel führt die folgende Reaktion mit Anthranilsäure als Diazokomponente und N,N-Dimethylanilin als Kupplungskomponente zum Methylrot:

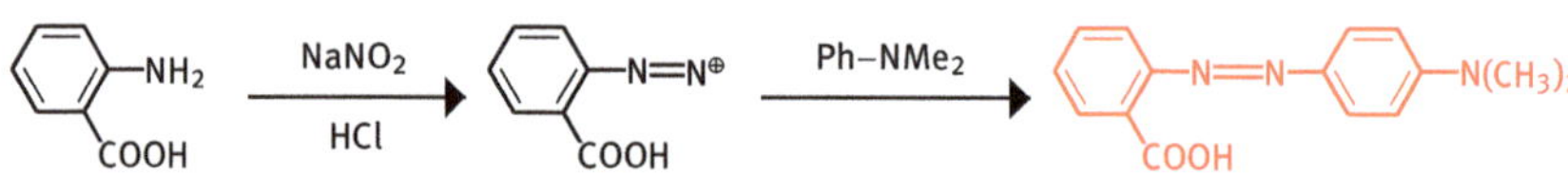

Anthranilsäure Diazoniumsalz Methylrot

Die große Vielfalt der Azofarbmittel ergibt sich aus der Tatsache, daß die Kupplungskomponente aus einem weitem Spektrum an aromatischen und aliphatischen Verbindungen ausgewählt werden kann, wie wir ab ►Abschnitt 4.11.2 sehen werden. Eine Auswahl klassischer Azofarbstoffe im ebenso klassischen Farbbereich Gelb und Rot ist in ►Tabelle 4.11 gezeigt. Diese sind durch komplexere Strukturen verdrängt worden, die Pigmentcharakter haben können.

Für die heutigen Azopigmente wird nur eine bestimmte Auswahl an Diazo- und Kupplungskomponenten herangezogen, die bestimmte Eigenschaften der Pigmente wie Unlöslichkeit und Migrationsechtheit optimiert, ►Abschnitt 4.2.1. Die entstehenden Pigmente decken das gesamte Spektrum ab, wie ►Abbildung 4.4 zeigt. Im Gegensatz zu Azofarbstoffen, von denen einige mit Benzidin-, 2-Naphthylamin- oder 4-Ami-

Tab. 4.11: Beispiele für frühe Azofarbstoffe.

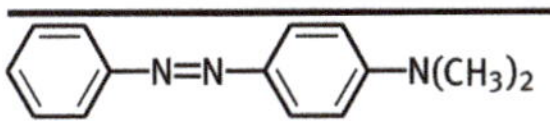 SY2 Buttergelb	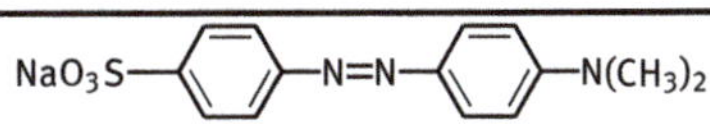 Methylorange, Helianthin
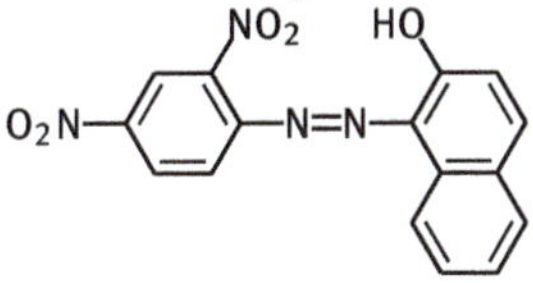 PO5, CI 12075 Dinitranilinorange	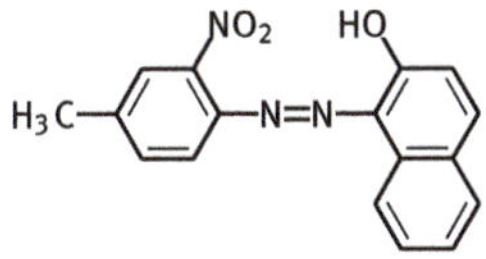 PR3, CI 12120 Toluidinrot

nobiphenyl-Komponente in der Zwischenzeit als kanzerogen eingestuft und außer Gebraucht sind, werden Azopigmente i. A. aufgrund ihrer Unlöslichkeit als ungefährlich angesehen [732].

4.11.1 Azo-Hydrazon-Tautomerie

Azoverbindungen werden klassisch mit der Azogruppe –N=N– notiert, wie auch wir es getan haben und durchgängig weiterhin tun werden. In den letzten Jahrzehnten wurden jedoch im Rahmen der Forschung an den bedeutenden Azofarbmitteln festgestellt, daß Azoverbindungen in einem Gleichgewicht mit ihrer tautomeren Hydrazonform stehen. Nach jetziger Meinung liegen Azofarbmittel sogar durchweg in der Hydrazonform vor, die durch Wasserstoffbrücken stabilisiert wird, ►Abbildung 4.26.

Wir werden in diesem Buch jedoch die klassische Azo-Notation beibehalten, da sie das Formelbild klarer gestaltet.

4.11.2 Die Diazokomponente

Der Arylrest der Diazokomponente kann ein aromatischer Ring oder ein aromatischer Heterozyklus sein. Zur Darstellung des Diazoniumsalzes werden die entsprechenden aromatischen Amine eingesetzt. Industriell bedeutend sind mono- bis trisubstituierte Aniline (II bis IV). Die Reste R sind –Cl, $-CH_3$, $-NO_2$, –COOH, $-COOCH_3$, $-CONH_2$, $-CONH-C_6H_5$.

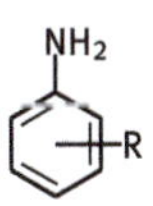
I, Anilin

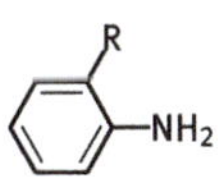
II

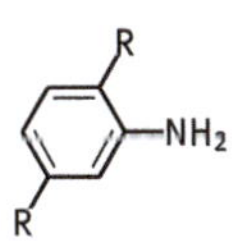
III

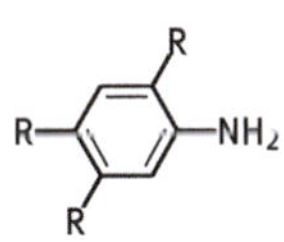
IV

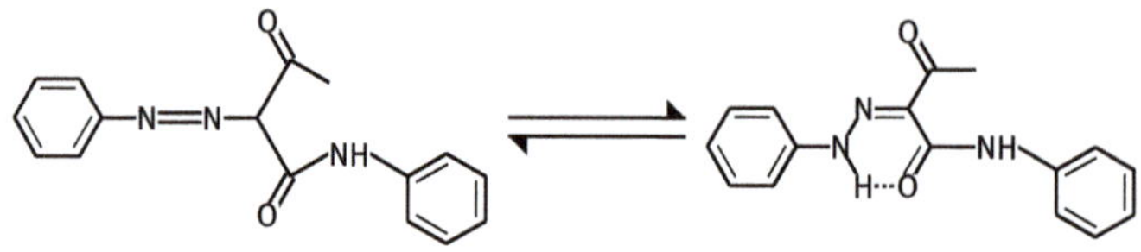

Acetarylide, Azoform Hydrazonform

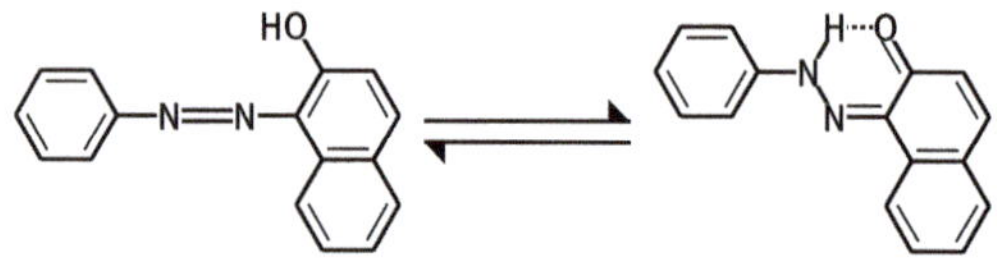

β-Naphthole, Azoform Hydrazonform

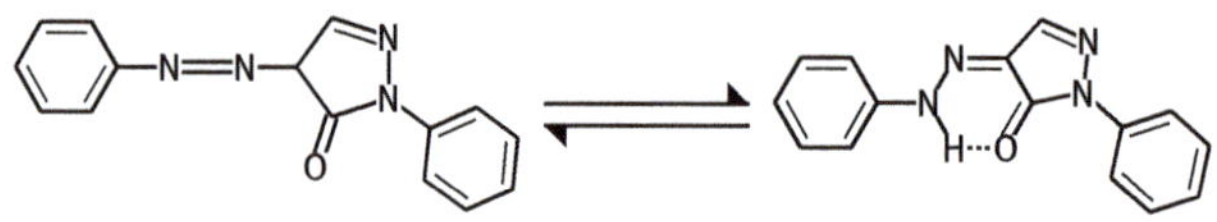

Pyrazolone, Azoform Hydrazonform

Abb. 4.26: Azo-Hydrazon-Tautomerie von Azofarbmitteln am Beispiel der Acetarylide, *β*-Naphthole und Pyrazolone [12].

Diamine wie die 4,4'-Diamino-biphenyle (Benzidine, I) liefern zweifach diazotierte Salze, die mit zwei Mol der Kupplungskomponente pro Mol Diazoniumsalz reagieren können. Industriell bedeutsam sind di- und tetrasubstituierte Benzidine II mit R, R' = –H, –Cl, $–CH_3$, $–OCH_3$.

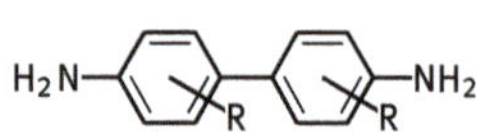

I, Benzidine

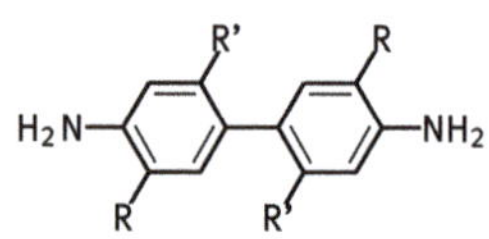

II

►Tabelle 4.12 zeigt einige Diazokomponenten aus älterer und neuer Zeit. Ältere Diazokomponenten sind einfache monosubstituierte Aniline. Aktuelle anilinbasierte Diazokomponenten tragen bis zu drei Substituenten, die aus einer kleinen Palette ausgewählt werden, um die geforderten Akzeptor- und Donoreigenschaften zu erhalten. Diaminoverbindungen tragen spezielle Substitutionsmuster, um die Kanzerogenität der Benzidinkomponente zu reduzieren [732].

Tab. 4.12: Beispiele für Diazokomponenten von Azofarbmitteln.

Beispiele älterer Diazokomponenten

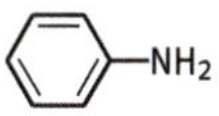

Anilin

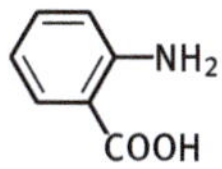

Anthranilsäure

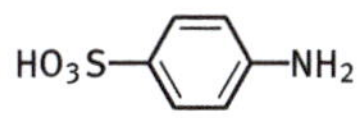

Sulfanilsäure

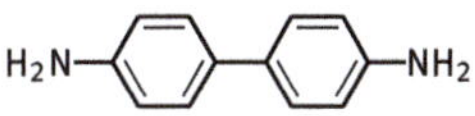

Benzidin

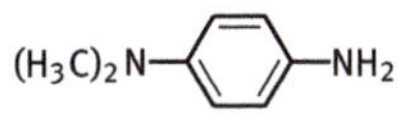

p-Amino-N,N-dimethylanilin

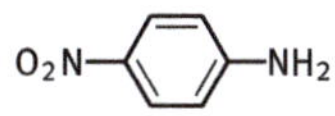

p-Nitroanilin

Beispiele aktueller Diazokomponenten

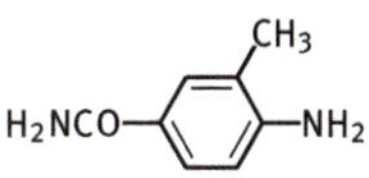

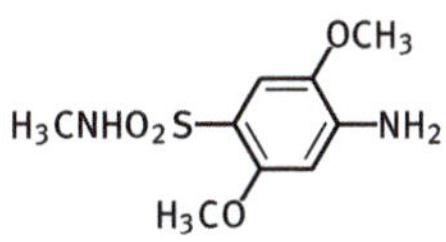

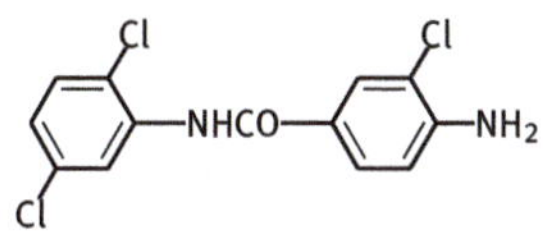

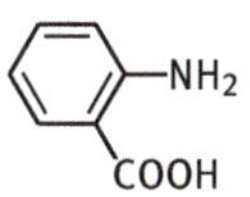

Anthranilsäure

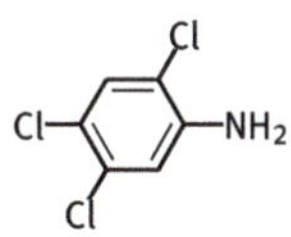

2,4,5-Trichloranilin

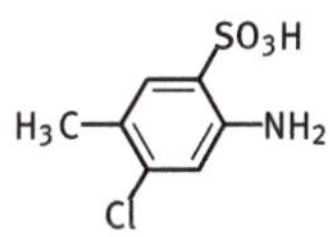

2B-Säure

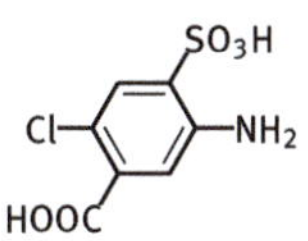

CA-Säure

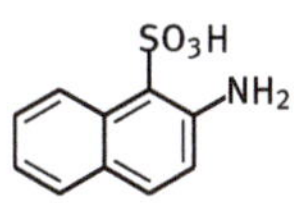

Tobiassäure

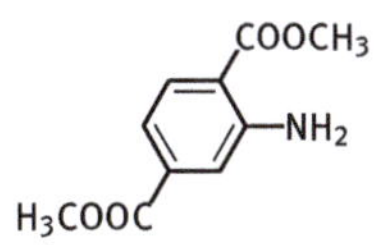

2,5-Anilindicarbonsäure-methylester

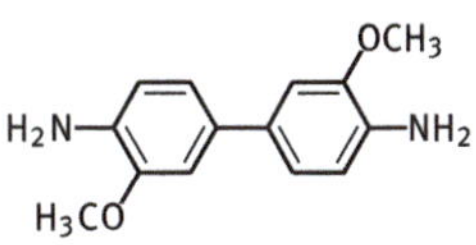

o-Dianisidin

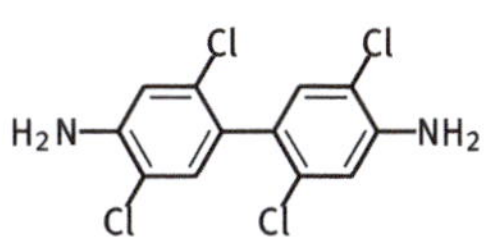

2,2',5,5'-Tetrachlorbenzidin

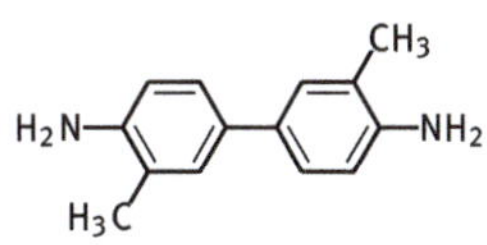

o-Tolidin

4.11.3 Die Kupplungskomponente

Für die Kupplungskomponente ergeben sich in der industriellen Praxis mehrere Möglichkeiten:

- Arylrest (I, der Pfeil symbolisiert die Kupplungsposition). Bedeutsam sind die *β*-Naphthole II und III. Erst mit der Einführung der Naphthalingruppe in die Farbkörper konnten Azo*pigmente* hergestellt werden.

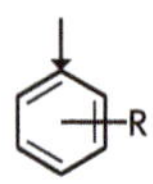

I, Benzene

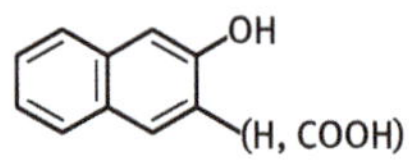

II, *β*-Naphthole

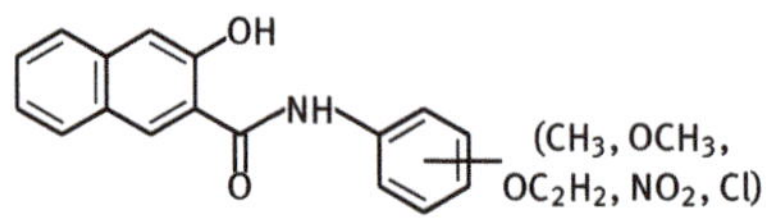

III

- Methylenaktive Verbindung I. Hier sind insbesondere die Acetessigsäurearylide II von Bedeutung.

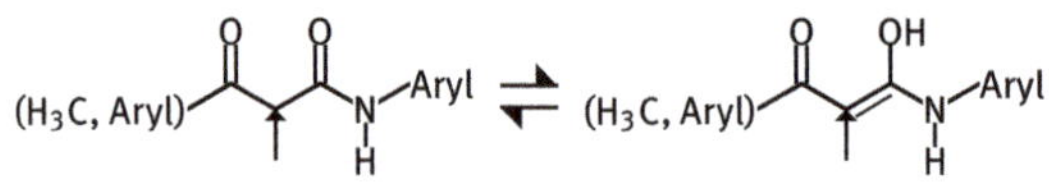

I, aktive Methylengruppe

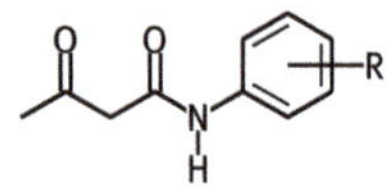

II, Acetessigsäure-arylide

- Pyrazolon (I) mit den industriell bedeutsamen 1-Aryl-pyrazolonen II.

I

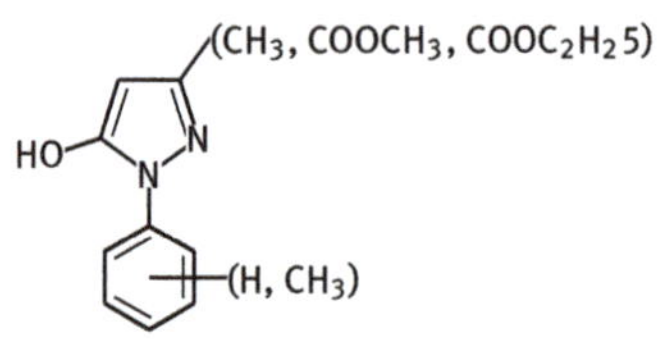

II, 1-Aryl-pyrazolone

Diazoverbindungen mit einer Aryl-Kupplungskomponente, zum Beispiel *β*-Naphthol, waren schon früh bekannt. Nachteilig war jedoch, daß ihr Farbton sich nicht über den des Dinitranilinorange hinaus in den Gelbbereich verschieben ließ. Ebenfalls früh wurde beobachtet, daß die methylenaktiven 1,3-Dicarbonylverbindungen zu rein gelben Diazoverbindungen führen (1910, Hansagelb):

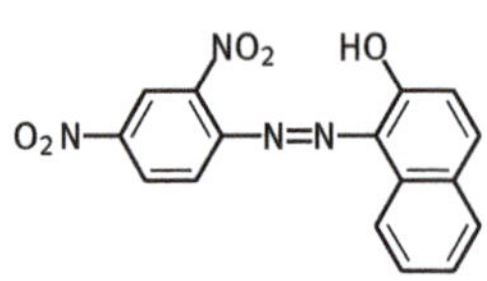

PO5, CI 12075
Dinitranilinorange

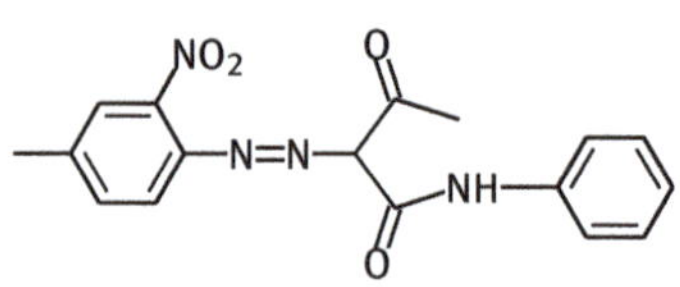

PY1, CI 11680
Hansagelb G
Primär-Gelb CMYK

Auch Pyrazolone können als Kupplungskomponenten für den Farbbereich Gelb eingesetzt werden, bereits 1884 wurde das gelbe Tartrazin gefunden. Pyrazolone erlauben darüberhinaus den Zugang zum Bereich Rot (PR38):

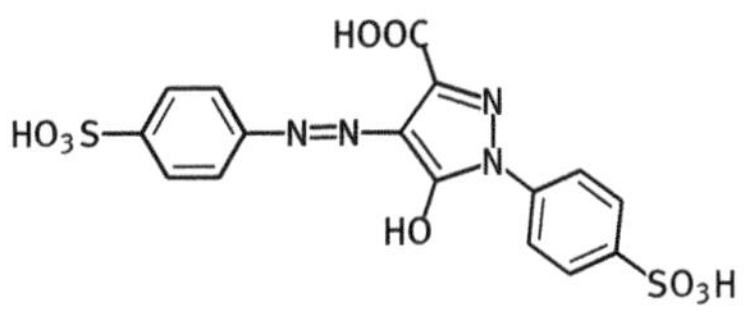

AY23, CI 19140, Food Yellow 4, E102
Tartrazin, gelbe Schreibtinte
Primär-Yellow CMYK

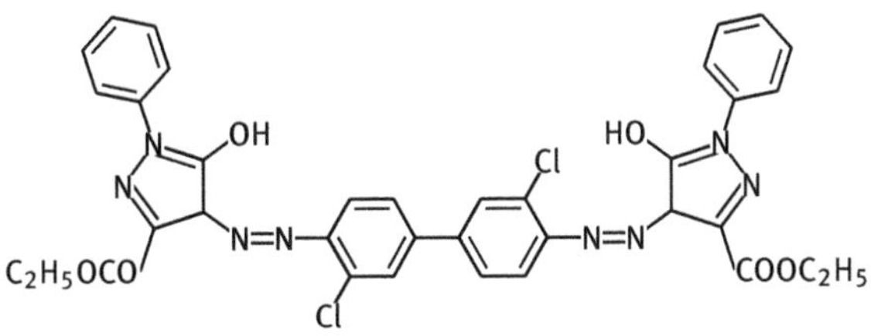

PR38, CI 21120

►Tabelle 4.13 gibt einen Eindruck über einige früher und heute eingesetzte Kupplungskomponenten. Die Pfeile markieren den Angriffspunkt des Diazoniumsalzes. Einige der Kupplungskomponenten können an mehr als einer Stelle kuppeln, die Reaktivität der einzelnen Positionen ist pH-abhängig.

Im Vergleich zur Diazokomponente ist bei der Kupplungskomponente deutlicher eine historische Veränderung zu bemerken. Der erste Abschnitt der Tabelle zeigt einige der frühen Kupplungskomponenten für die ersten bekannten Azofarbstoffe. Bereits während der ersten Hälfte des 20. Jhd. wurden sie von Verbindungen abgelöst, die den Farbstoffen bessere Eigenschaften verliehen. Hier sind vor allem β-Naphthole zu erwähnen, die auch heute noch verwendet werden. An der großen Anzahl ähnlicher β-Naphthol-Kupplungskomponenten können wir erkennen, daß an die Stelle der einfachen Grundkörper die Ergebnisse von systematischen Substitutionsversuchen zur Produktverbesserung getreten sind.

Die Tabelle zeigt auch einige aktuelle Kupplungskomponenten, die außer β-Naphtholen in Gebrauch sind. Neben Acetessigsäurearylide für reinere Gelbpigmente treten carboxylierte β-Naphthole, deren Löslichkeits- und Migrationseigenschaften durch Carbonamidgruppen verbessert wurden, sowie Heterozyklen.

Tab. 4.13: Typische Kupplungskomponenten von Azofarbmitteln.

Beispiele älterer Kupplungskomponenten

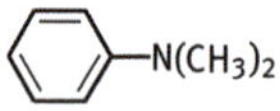

N,N-Dimethylanilin

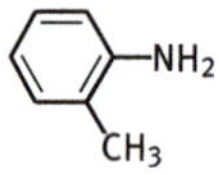

2-Methylanilin

Beispiele neuerer Kupplungskomponenten

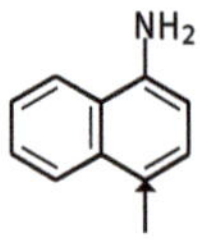

α-Naphthylamin

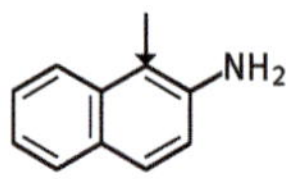

β-Naphthylamin

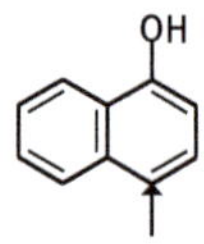

α-Naphthol

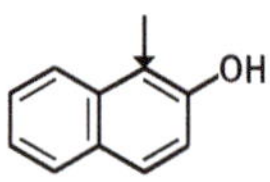

β-Naphthol

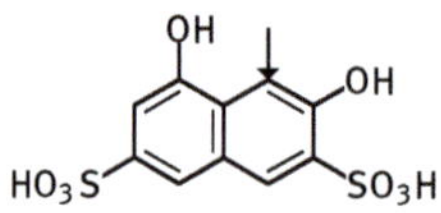

Chromotropsäure

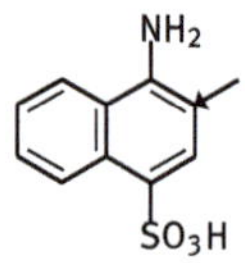

Naphthionsäure

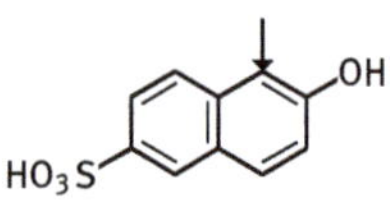

Schaeffersäure

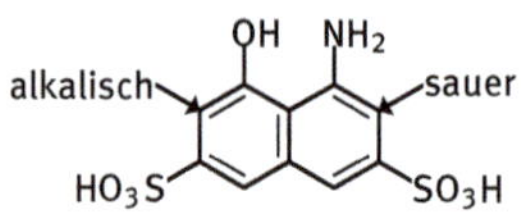

H-Säure

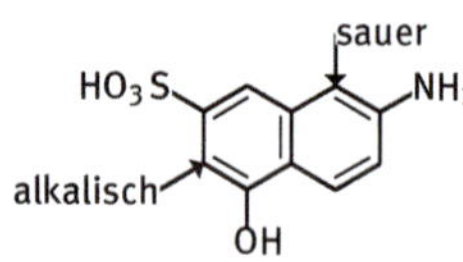

I-Säure

Beispiele aktueller Kupplungskomponenten

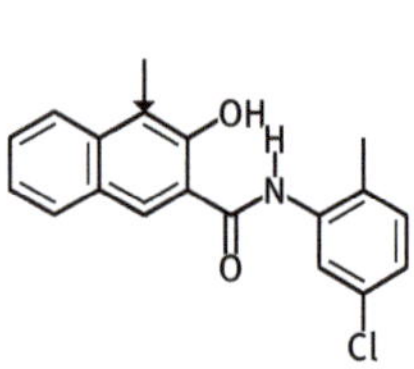

Naphthol KB

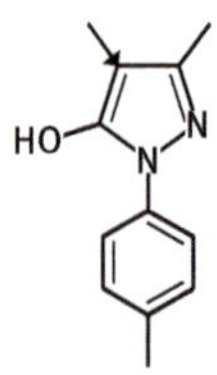

1-Methylphenyl-3-methyl-pyrazolon-5

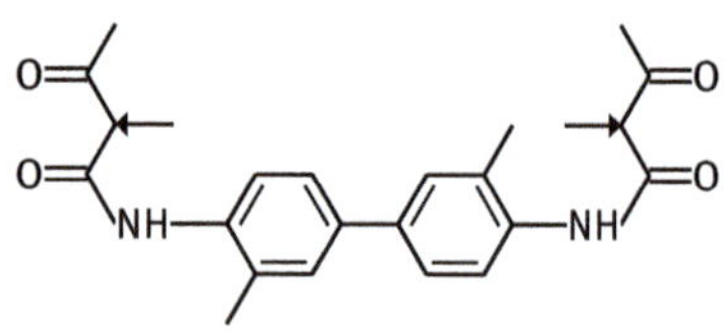

Naphthol AS-G

4.11.4 Einteilung der Azopigmente (Hydrazonpigmente)

Heutige Azopigmente (neu: Hydrazonpigmente) können wir auf einige Typen zurückführen, die durch die Kupplungskomponente vorgegeben sind. Kupplungskomponenten erlauben gegenüber den eingesetzten Diazokomponenten eine größere Abtrennung einzelner Typen, was Echtheiten und Lösemittelbeständigkeiten angeht. Je nach geplantem Einsatzzweck werden daher nicht einfach Azopigmente gesucht, sondern Diarylgelbpigmente oder Benzimidazolonpigmente. Wir werden aus der Fülle der Typen diejenigen betrachten, die für Künstler- und Druckfarben von Interesse sind:

- Monoazogelb- und Monoazoorange-Pigmente (neu: Monohydrazongelb- und Monohydrazonorange-Pigmente)
- Disazopigmente (neu: Dihydrazonpigmente)
- β-Naphthol-Pigmente
- Naphthol AS-Pigmente
- Benzimidazolonpigmente

4.11.4.1 Monoazogelb-/Monoazoorange-Pigmente (Monohydrazongelb-/Monohydrazonorange-Pigmente)

Gelb Monoazogelb- und Monoazoorange-Pigmente werden heute Monohydrazongelb- und Monohydrazonorange-Pigmente genannt. Sie weisen eine einzelne Azogruppe im Molekül auf und besitzen als Kupplungskomponente entweder Acetessigsäurearylide I oder Pyrazolone III. Acetessigsäurearylid-Pigmente können darüberhinaus mit Metallen verlackt sein (II):

- Acetessigsäurearylide R = H, CH_3, OCH_3, OC_2H_5, Cl, Br, NO_2:

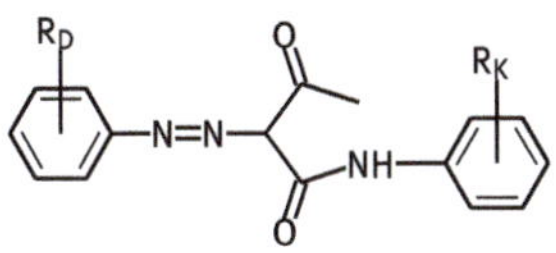

I, Acetessigsäure-arylid-Pigment

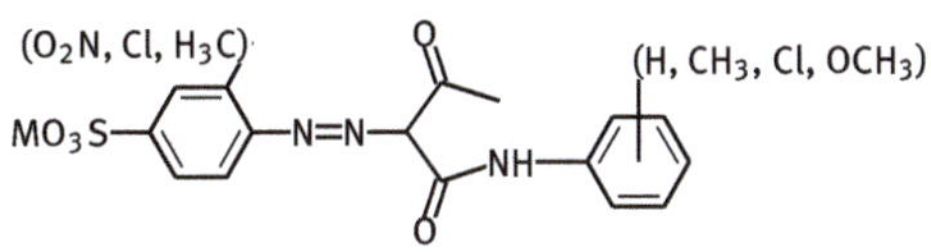

II, Acetessigsäure-arylid-Pigment, verlackt, M = 1/2 Ca, Ba

- Pyrazolone

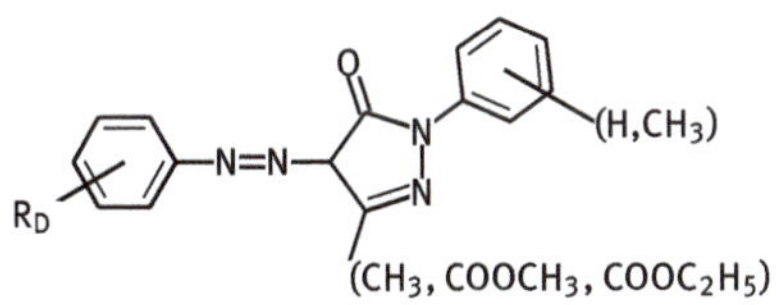

III, Pyrazolonpigment

Einfache Acetoacet-anilide mit R=H waren als Hansagelbpigmente als Ersatz für Bleichromat lange in Druckfarben und der Papierindustrie in Verwendung, z. B. PY1 und PY3, die als Gelbpigmente im Vierfarbdruck eingesetzt wurden:

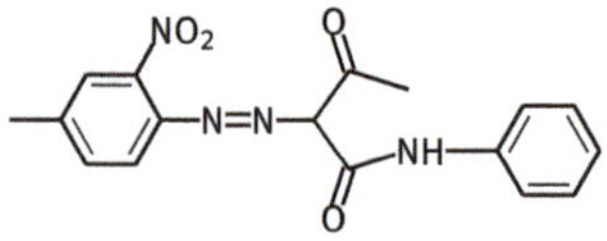

PY1, CI 11680
Hansagelb G
Primär-Gelb CMYK

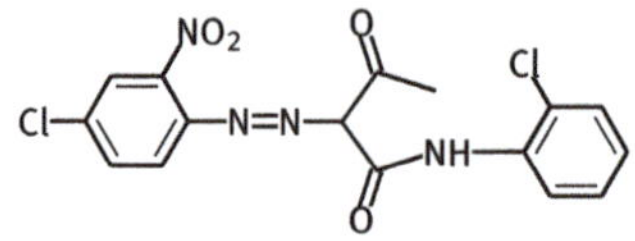

PY3, CI 11710
Hansagelb 10G, Zitronengelb
Primärgelb CMYK

Sie sind deckende und billige Pigmente, aber in organischen Lösungsmitteln löslich. Ihre Nachfolger im Druckfarbenbereich sind Diarylgelbpigmente, z. B. PY12 oder PY13. Für Künstlerfarben gelten andere Anforderungen, sodass wir unter diesen eine ganze Reihe von Monoazogelb-Pigmenten finden. Beispiele sind PY3 „Zitronengelb" (►Abbildung 4.27), PY65 „Chromgelbton dunkel" oder „Winsor yellow deep" (►Abbildung 4.27), PY74 und PY97:

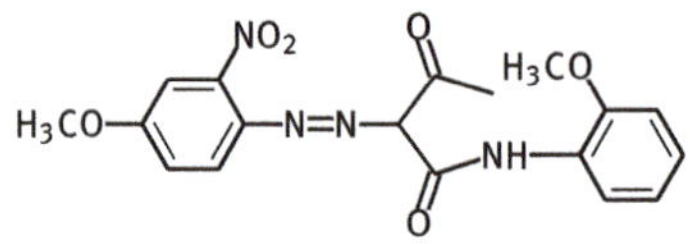

PY65, CI 11740
Chromgelbton dunkel, Winsor yellow deep

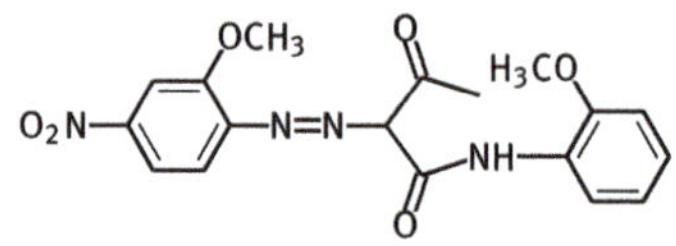

PY74, CI 11741
gelbe Tinte

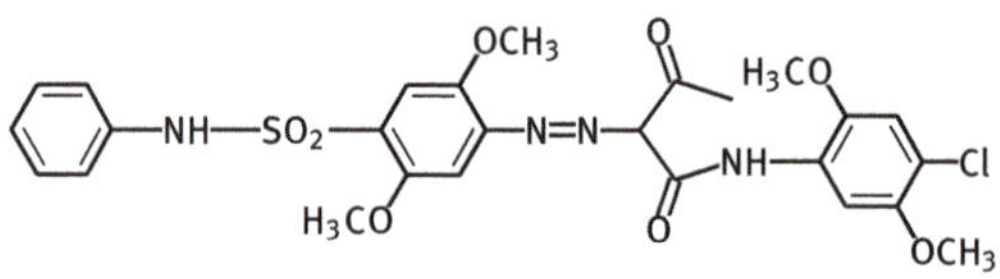

PY97, CI 11767

PY65 ist geeignet als Ersatz für das giftige Chromgelb dunkel.

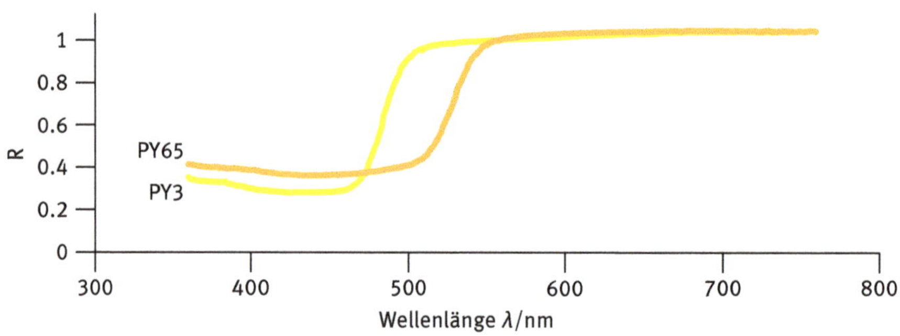

Abb. 4.27: Reflexionsspektrum von Aquarellfarben auf Monoazogelb-Basis, normiert auf eine beliebige Einheit: Zitronengelb (Schmincke Horadam Nr. 215, PY3) und Chromgelbton dunkel (Schmincke Horadam Nr. 213, PY65).

Verlackte Acetessigsäurearylide und Pyrazolone weisen in der Diazo- oder der N-Phenylgruppe der Kupplungskomponente Sulfonsäuregruppen auf, die mit Al, Ca oder Ba verlackt sind. Die so entstandenen Farblacke sind hinsichtlich der Lösungsmittel-Echtheit stabiler als die einfachen Acetessigsäure-Arylide, werden für Künstlerfarben aber nicht eingesetzt.

4.11.4.2 Disazopigmente (Dihydrazonpigmente)

Gelb Orange Rot Disazopigmente (neu: Dihydrazonpigmente) leiten sich von einer bifunktionellen Diazokomponente ab und besitzen zwei Azogruppen. Da sie durch eine Kondensationsreaktion entstehen, werden sie auch Disazokondensations-Pigmente (neu: Dihydrazonkondensation-Pigmente) genannt. Übliche Diazokomponenten sind p-Diaminobenzol I und 4,4'-Diamino-diphenyl II:

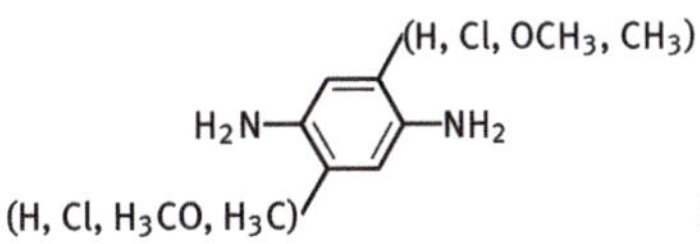

I, p-Diaminobenzene

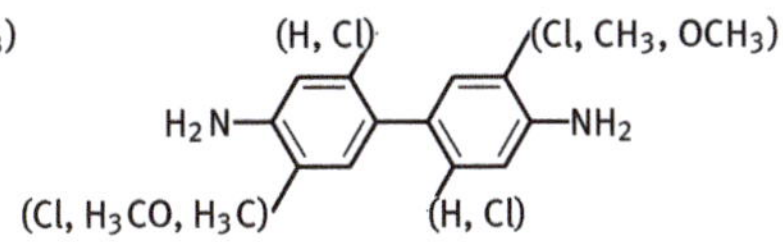

II, 4,4'-Diaminodiphenyle
Benzidine

Die Verwendung einer bifunktionellen Diazokomponente bedeutet, dass diese (in einem oder zwei Schritten) zweifach diazotiert werden muss:

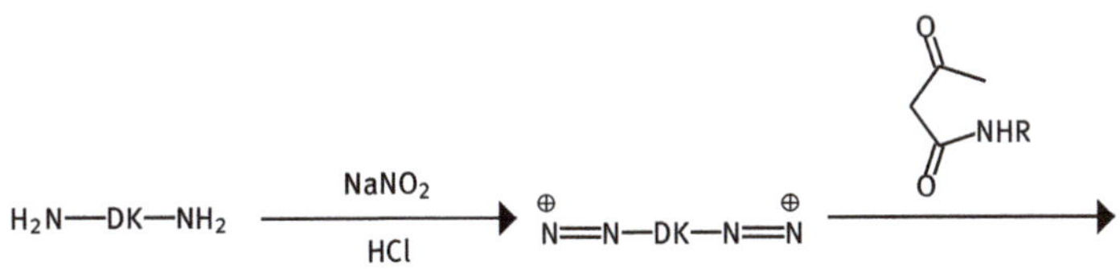

Diazokomponente

Bis-Diazoniumsalz

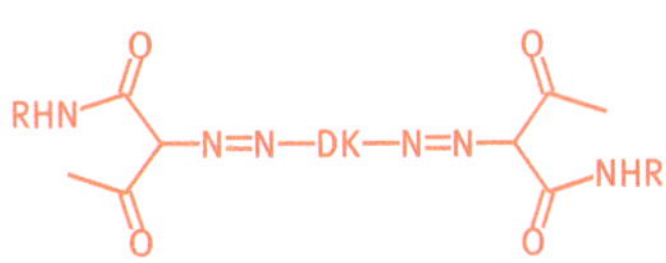

Disazopigment (Dihydrazonpigment)

Dies kann schwierig oder unmöglich sein. Es wurde daher nach einem alternativen Verfahren gesucht und in Form der Disazo-Kondensation gefunden. Diese ist quasi die Umkehrung der obigen Reaktionssequenz: aus der bifunktionellen Diazokomponente wird eine bifunktionelle Kupplungskomponente. Diese besteht aus zwei einfachen Kupplungskomponenten (beispielsweise Acetessigsäure-arylide), die über eine Brücke B verbunden sind. An diese verdoppelte Kupplungskomponente können die zwei einfach diazotierten Diazokomponenten kuppeln:

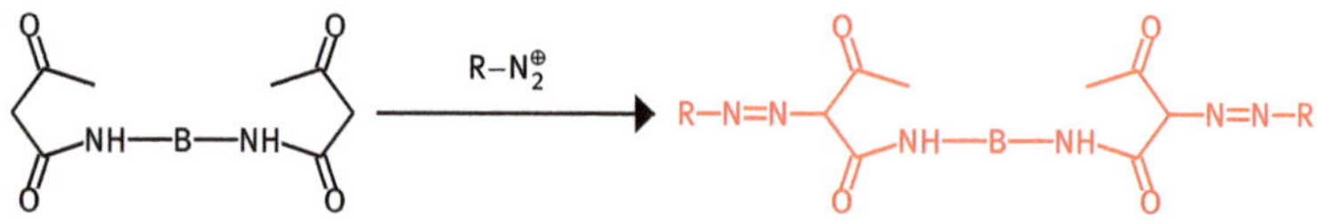

Kupplungskomponente Disazopigment (Dihydrazonpigment)

Alternativ findet erst die Diazokupplung zu einem Monoazopigment statt. Zwei dieser kleinen Moleküle werden im Folgeschritt zum Disazopigment verbrückt:

Kupplungskomponente Monoazopigment (Hydrazonpigment)

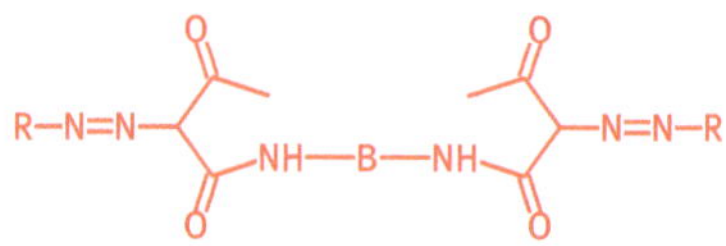

Disazopigment (Dihydrazonpigment)

Die Einführung der Brücke B erfolgt über eine Kondensationsreaktion, die immer mit der Eliminierung kleiner Moleküle (im Beispiel HX) einhergeht. Von dieser Eigenschaft leitet sich der genauere Name Disazo-Kondensations-Pigment (neu: Dihydrazonkondensations-Pigment) her. Als Brücke werden die oben erwähnten Diaminobenzene und Benzidine verwendet, als Kupplungskomponente Acetessigsäurearylide (III, IV) oder β-Naphthole (V):

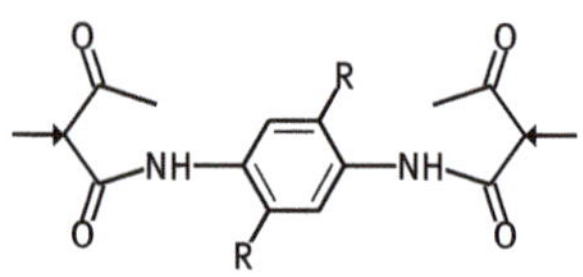

III, R = H, CH_3, OCH_3, Cl

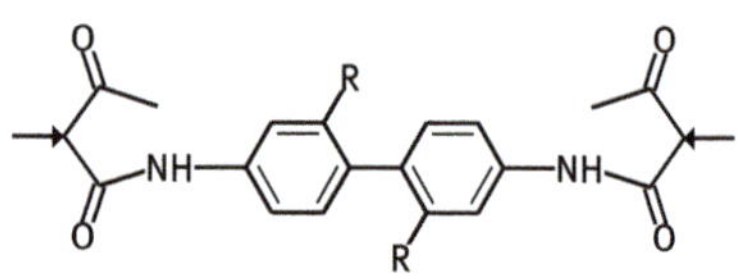

IV, R = CH_3, OCH_3, Cl

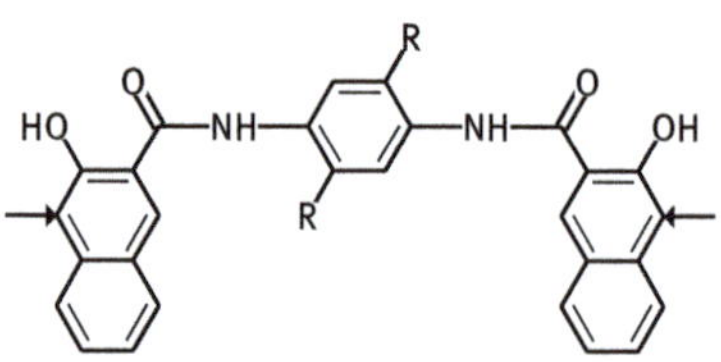

V, R = H, CH_3, OCH_3, Cl

Durch Kombination monofunktioneller Diazo- und Kupplungskomponenten mit ihren bifunktionellen Varianten entstehen verschiedene Pigmenttypen:

- *Diarylgelbpigmente* mit einer bifunktionellen Diazokomponente I oder II und einem Acetessigsäure-arylid als Kupplungskomponente:

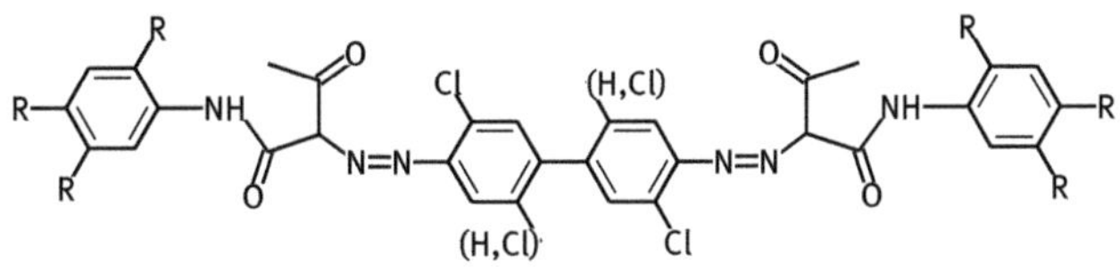

Diarylgelbpigment, R = H, Cl, CH_3, OCH_3, OC_2H_5

- *Disazopyrazolon-Pigmente* (Pyrazolonorangepigmente, neu: Dihydrazonpyrazolon-Pigmente) mit einer bifunktionellen Diazokomponente I, II und Arylpyrazolon als Kupplungskomponente:

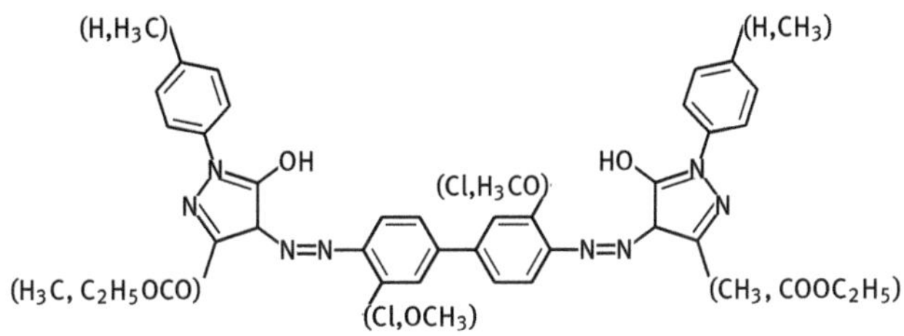

Disazopyrazolon-Pigment, Dihydrazonpyrazolon-Pigment

- *Bisacetessigsäurearylid-Pigmente* mit einer monofunktionellen Diazokomponente und III, IV als bifunktioneller Kupplungskomponente:

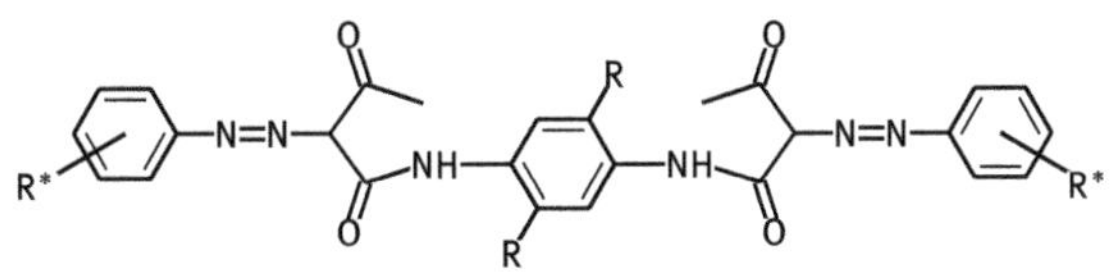

Bisacetessigsäurearylid-Pigment
R = H, Cl, CH_3, OCH_3; R* = CH_3, OCH_3, OC_2H_5, Cl, Br, NO_2, $COOC_2H_5$

Diarylgelbpigmente sind seit 1911 bekannt und werden kommerziell seit 1938 genutzt. Sie zeigen Farbtöne vom sehr grünlichen Gelb bis zum sehr rötlichen Gelb, haben hohe Färbekraft und sind transparenter und farbstärker als die einfachen Monoazogelbpigmente. Als deren Nachfolger stellen sie im Bereich Druckfarben die dominante Komposition für Gelbpigmente dar, obwohl auch ihre Lichtecht nicht sehr hoch ist. Aufgrund der doppelten Molekülgröße ist ihre Löslichkeit in organischen Lösungsmitteln erheblich niedriger. Beispiele dieser modernen Gelb-Komponenten sind PY12 und PY13 als gelbe CMYK-Primärfarben resp. PY126 und PY127 als deren verbesserten Nachfolger. PY83 ist in Künstlerölfarben das moderne Äquivalent des klassischen Indischgelb:

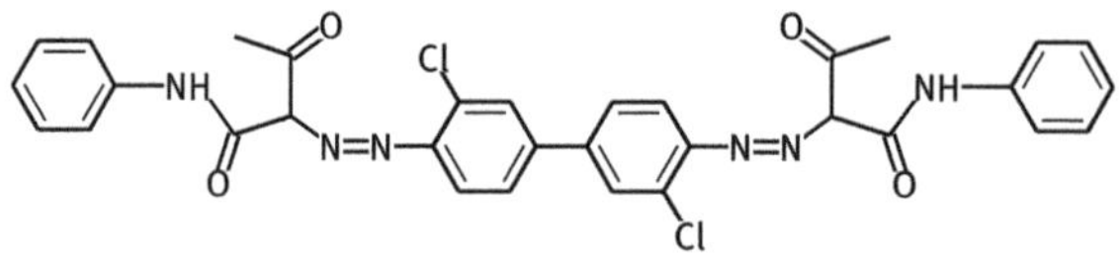

PY12, CI 21090
Primär-Gelb CMYK

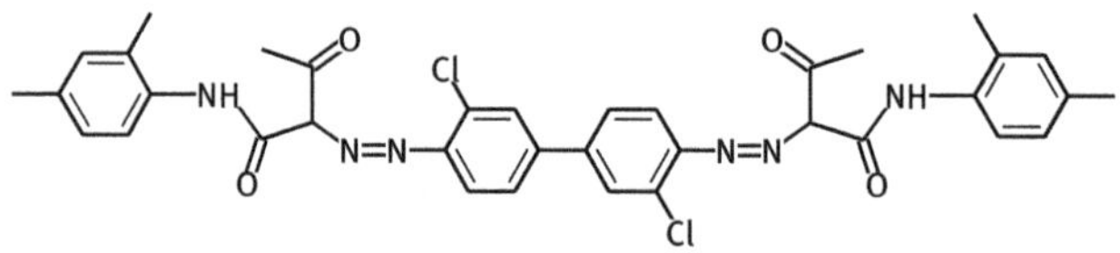

PY13, CI 21100
Primär-Gelb CMYK

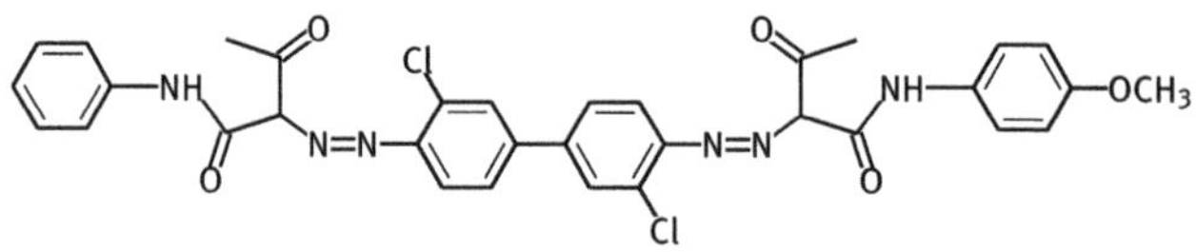

PY126, CI 21101
Primär-Gelb CMYK

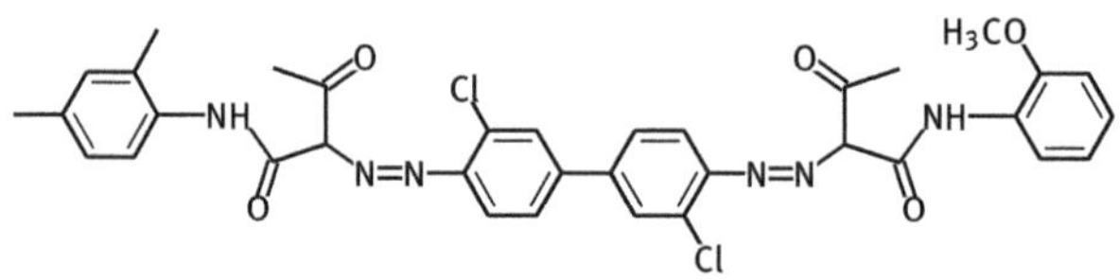

PY127, CI 21102
Primär-Gelb CMYK

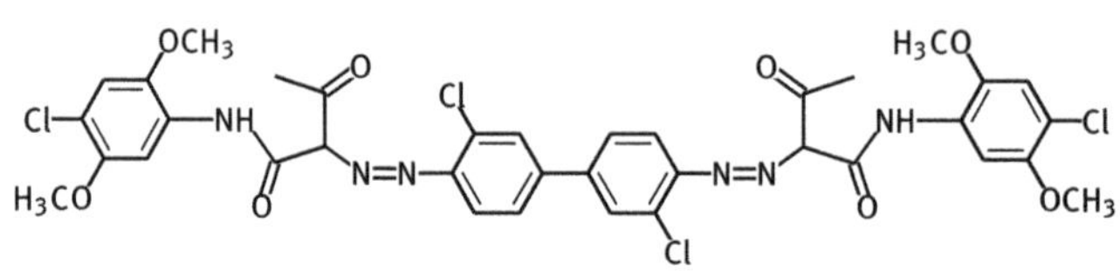

PY83
Indischgelb, gelbe Tinte

Die Einführung des Pyrazolonrings in das Molekül verschiebt den Farbbereich der Pigmente vom reinen Gelb zu Orange, Rot und Braun. Solche Pyrazolonpigmente sind seit 1911 bekannt, einige Vertreter werden seit 1950 kommerziell verwendet, da sie hohe Färbekraft mit guter Lichtechtheit, Hitze- und Lösungsmittelechtheit verbinden. Als

Beispiele sehen wir einige Pyrazolonorange-Pigmente sowie ein Pyrazolonrot, in dem die Methylgruppe am Pyrazolonring durch die elektronenreiche Ethyloxy-carbonyl-Gruppe ersetzt ist:

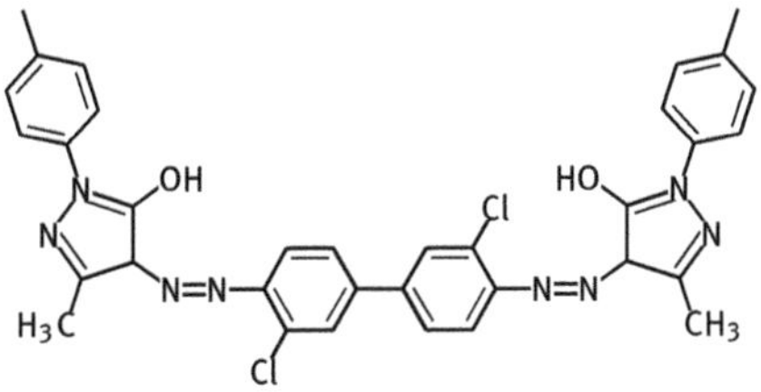

PO34, CI 21115
Druckfarbe

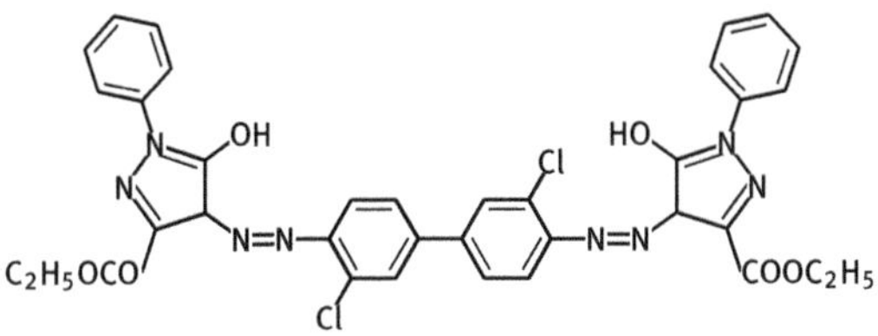

PR38, CI 21120

Von den Bisacetessigsäurearylid-Pigmenten, die ebenfalls den gelben Farbbereich erschliessen, treten PY128 und PY155 in gelben Tinten auf, PY128 außerdem in Künstlerfarben wie „Transparent yellow":

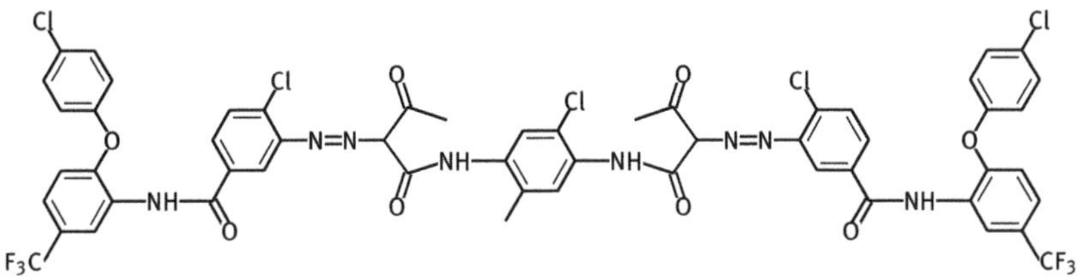

PY128, CI 20037
Transparent yellow, gelbe Inkjettinten

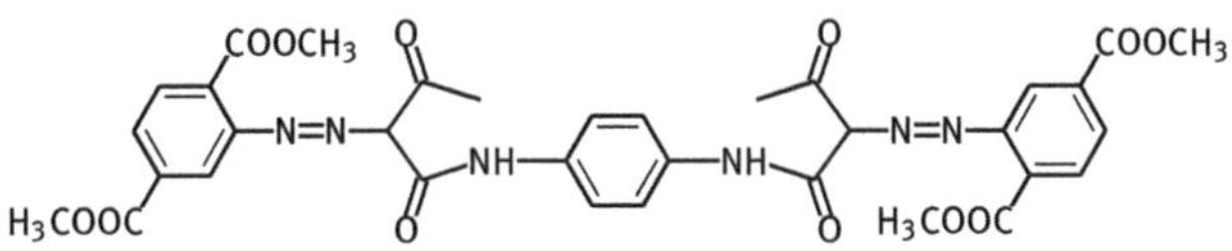

PY155
gelbe Tinte

Mit V und Derivaten von V als Kupplungskomponente werden orange, rote und braune Azokondensationspigmente erhalten, wie die Beispiele PR144 „Lasurdunkelrot",

PR242 „Geranienrot“, PR166 „CPT-Scharlach“, PBr41 „Lasurbraun“ und PBr23 „Gubbiorot“ zeigen (►Abbildung 4.28):

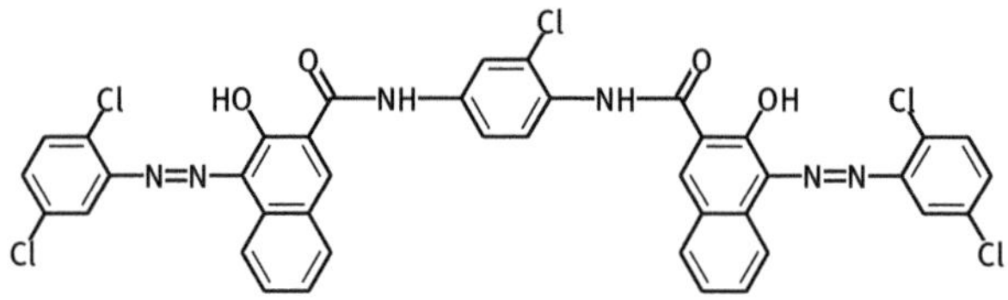

PR144, CI 20735
Lasurdunkelrot

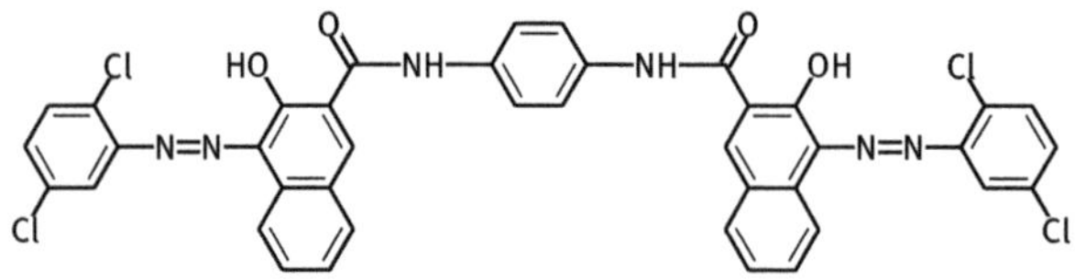

PR166, CI 20730
CPT-Scharlach

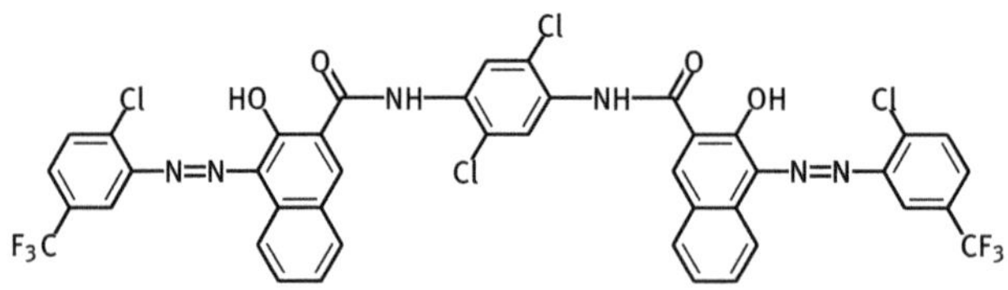

PR242, CI 20067
Geranienrot

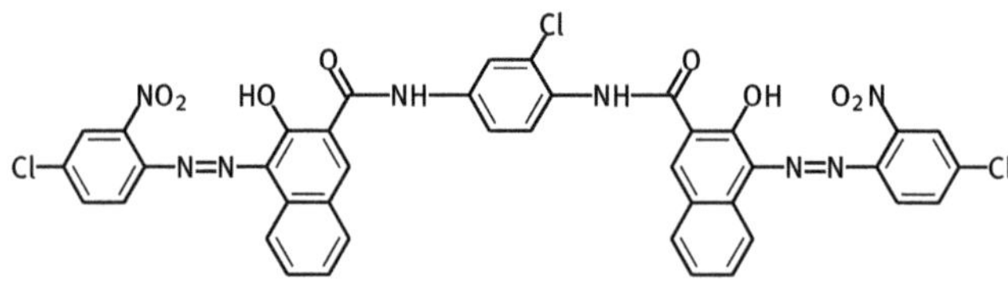

PBr23, CI 20060
Gubbiorot

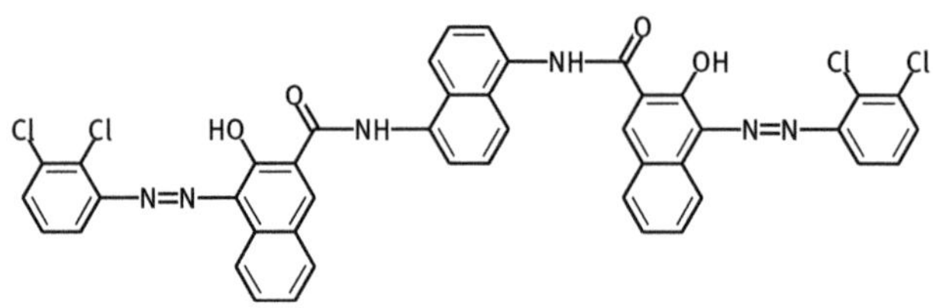

PBr41
Lasurbraun

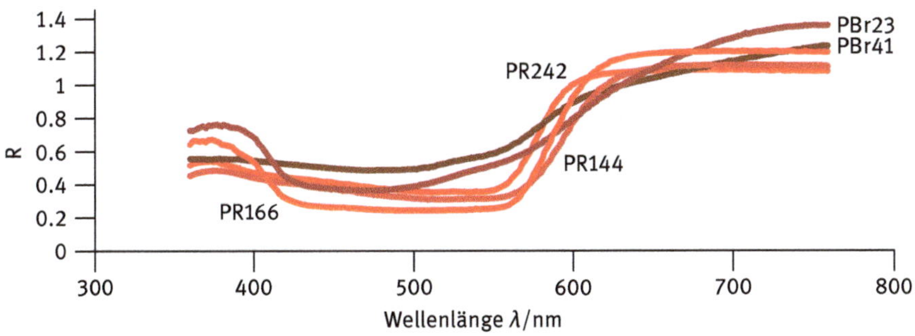

Abb. 4.28: Reflexionsspektrum von Aquarellfarben auf Disazokondensation-Basis, normiert auf eine beliebige Einheit: Geranienrot (Schmincke Horadam Nr. 341, PR242), Lasurdunkelrot (Schmincke Horadam Nr. 355, PR144), Lasurbraun (Schmincke Horadam Nr. 648, PBr41), Gubbiorot (Kremer Nr. 234938, PBr23) und CPT-Scharlach (Kremer Nr. 232028, PR166).

4.11.4.3 β-Naphthol-Pigmente

Orange Rot β-Naphthol-Pigmente gehören zu den ältesten synthetischen Farbstoffen (1889, Entwicklungsfarbstoffe für Baumwolle) und organischen Pigmenten (Pararot, 1885), in denen β-Naphthol als Kupplungskomponente verwendet wird. Ihre allgemeine Struktur entspricht somit Formel I:

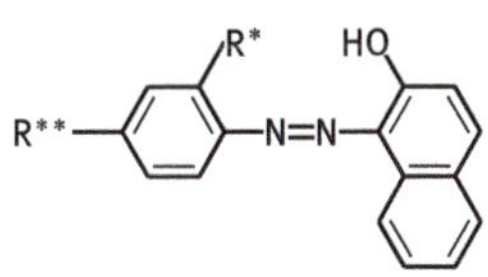

β-Naphtholpigmente
R = H, Cl, NO_2, CH_3, OCH_3

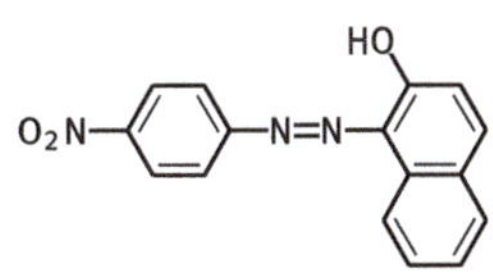

PR1, CI 12070
Pararot

Sie decken den Farbbereich vom gelblichen Orange bis zum bräunlichen Rot ab und wurden früher z. B. für den Tapetendruck eingesetzt, sind aber farbschwach und nicht besonders lösungsmittelfest, aber dafür wasserfest. Sie haben heute kaum noch Bedeutung. Verwendung finden allerdings wasserlösliche Derivate von β-Naphtholen, z. B. AR18 als rote Tinte, E110 als gelbe Tinte, sowie als Lebensmittelfarbstoffe, ►Abbildung 4.29.

Verlackte β-Naphthol-Pigmente besitzen eine Sulfonsäuregruppe in der Diazokomponente, die mit Ca, Ba, Mn oder Al unlösliche Salze bildet. Im Vergleich zu den unverlackten β-Naphthol-Pigmenten weisen sie bessere Lösemittel- und Migrationsechtheit auf, sind jedoch meist nicht sehr lichtecht. Heute sind noch die roten Pigmente von Interesse, wie uns das Beispiel eines roten Toners zeigt:

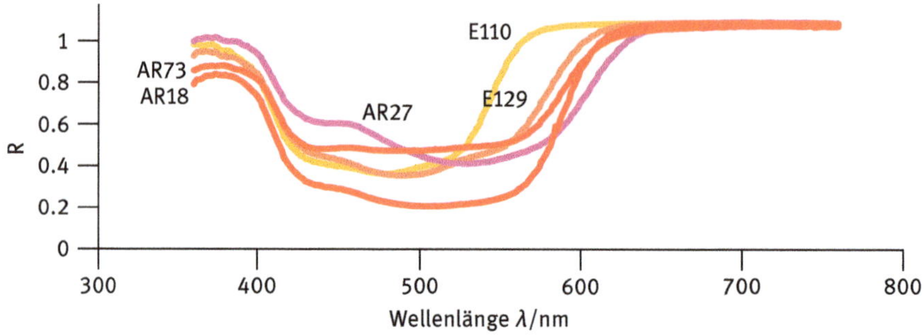

Abb. 4.29: Reflexionsspektrum von Farbstoffen auf β-Naphthol-Basis, normiert auf eine beliebige Einheit: Gelborange S (FY3, E110), Allurarot AC (FR17, E129), Amaranth (AR27, FR9, E123), Cochenillerot (AR18, E124) und Brillantrot B (AR73).

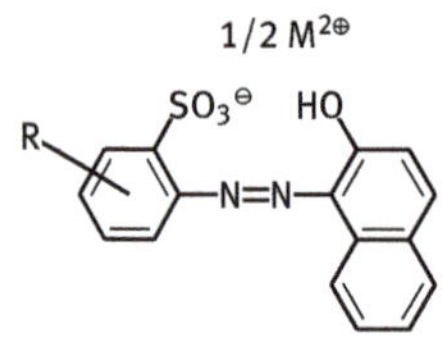

β-Naphthol-Lack

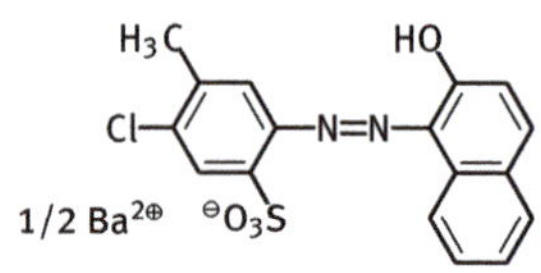

PR53:1, CI 15585:1
rotes Tonerpigment CMYK

Viele der verlackten roten β-Naphthol-Pigmente besitzen BONS (β-Oxy-naphthoesäure) als Kupplungskomponente. Die zur Verlackung nötige Sulfonsäuregruppe findet sich wiederum in der Diazokomponente, der zweite Rest ist H, Cl oder CH_3:

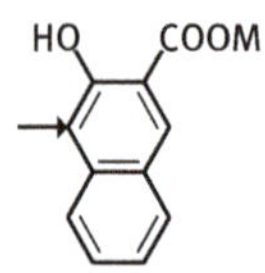

II, β-Oxy-naphthoesäure BONS

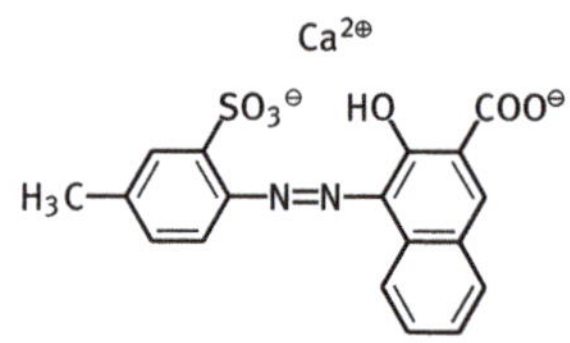

PR57:1, CI 15850
Primär-Magenta CMYK

Als Salze weisen die Lacke eine niedrigere Löslichkeit in organischen Lösungsmitteln auf, sie werden daher gerne als Rotpigmente im Druckfarben- und Lackbereich eingesetzt, das gezeigte PR57:1 ist ein Primär-Magenta im Vierfarbdruck.

4.11.4.4 Naphthol AS-Pigmente, Naphtholrot-, Arylamidrot-Pigmente

Rot Violett Diese Naphtholderivate wurden 1892 entdeckt und sind seit 1909 in weiterer Verwendung. Auch sie leiten sich von einem β-Naphthol-Derivat als Kupplungskomponente ab, und zwar einem Arylid der β-Oxy-naphthoesäure (BONS) oder 2-Hydroxy-3-naphthoesäure. Der Namensbestandteil „AS“ weist auf diesen Sachverhalt hin: „Amid einer Säure“. Die allgemeine Struktur der Pigmente ist folgende:

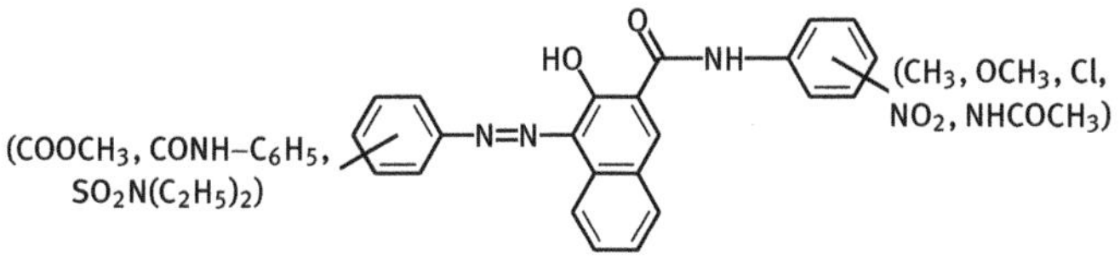

Naphthol AS-Pigmente

Die Pigmente weisen gelbstichig bis blaustichige Rottöne auf, die bis zu Violett und Braun gehen. Sie sind farbstark und transparent, wenig lichtecht, weisen aber durch die Einführung der Carbonamidgruppe und der Molekülgröße gute Lösungsmittelresistenz auf.

Diese im Vergleich zu einfachen Naphtholpigmenten besseren Eigenschaften führen dazu, dass Arylamidrot-Pigmente heute eine große Rolle spielen und in Künstler- und Druckfarben eingesetzt werden. Ein Beispiel ist das im Vierfarbdruck als Magenta-Komponente eingesetzte PR184. PR112 finden wir in Künstlerfarben als „Alizarin-Krapplack hell“ oder „Naphthol red light“, PR170 als „Naphthol red medium“, PR187 als „Bordeauxrot“, PR188 als „Zinnoberrot hell“ und „Scarlet lake“:

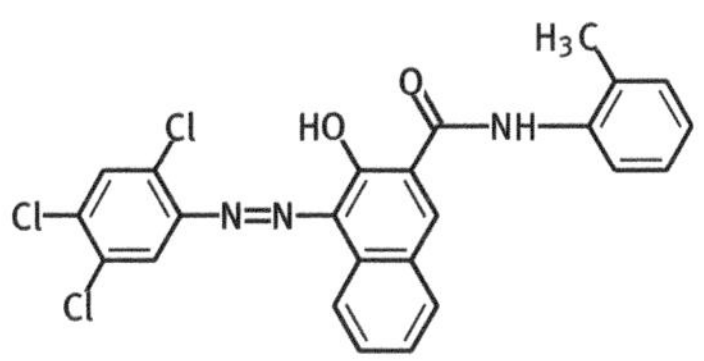

PR112, CI 12370
Alizarin-Krapplack hell, Naphthol red light

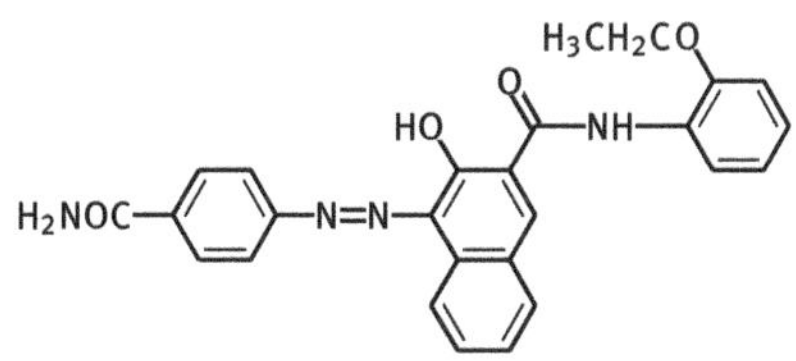

PR170, CI 12475
Naphthol red medium

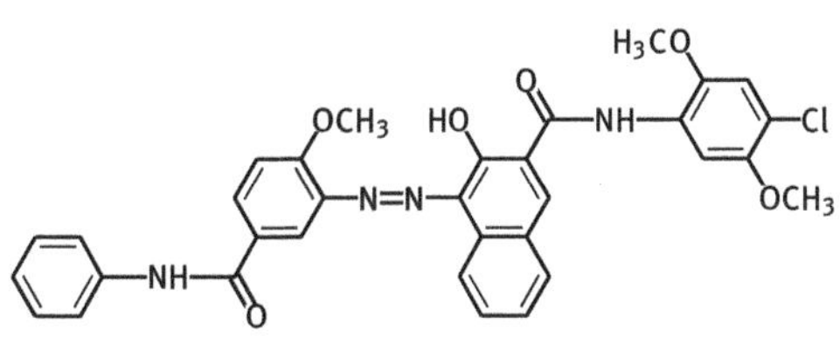

PR184, CI 12487
Primär-Magenta CMYK

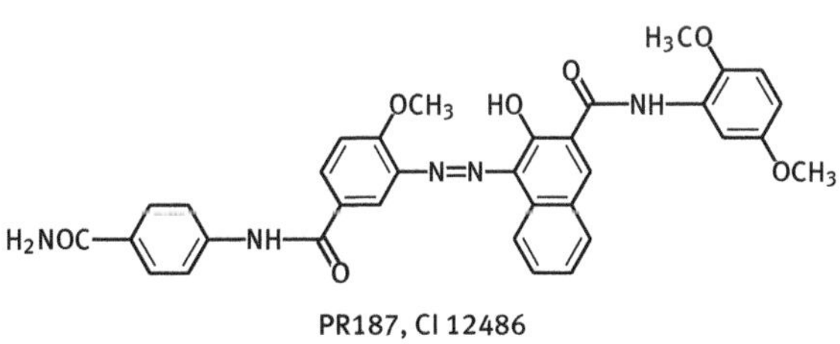

PR187, CI 12486
Bordeauxrot

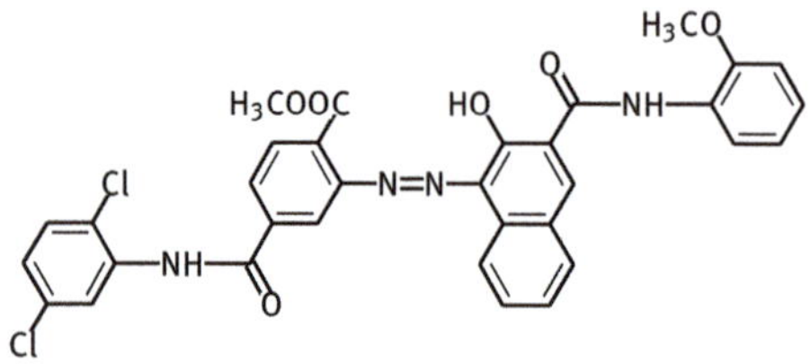

PR188, CI 12467
Zinnoberrot hell, Scarlet lake

Auch Naphthol AS-Pigmente können verlackt werden, es gibt jedoch nur wenige praktisch eingesetzte Vertreter dieser Lacke.

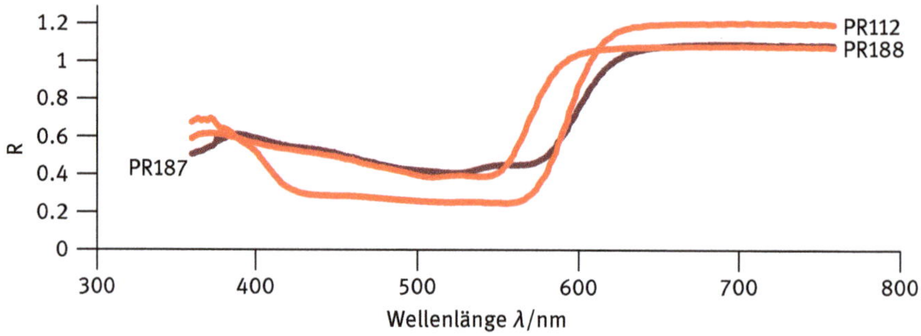

Abb. 4.30: Reflexionsspektrum von Aquarellfarben auf Naphthol AS-Basis, normiert auf eine beliebige Einheit: Bordeauxrot (Schmincke Horadam Nr. 362, PR187), Zinnoberrot hell (Schmincke Horadam Nr. 342, PR188) und Alizarin-Krapplack hell (Kremer Nr. 23600, PR112).

4.11.4.5 Benzimidazolonpigmente (Benzimidazolonhydrazon-Pigmente)

Gelb Orange Rot Violett Die Lösemittel- und Migrationsechtheit von Azopigmenten können durch die Einführung eines fünf- oder sechsgliedrigen heterozyklischen Restes stark verbessert werden, ähnlich der Carbonamidgruppe in Naphthol AS-Pigmenten. Ein geeigneter Heterozyklus ist Benzimidazolon I, das als 5-Aminocarbonylbenzimidazolon II in der Kupplungskomponente auftritt. Weitere Heterozyklen sind Tetrahydro-chinazolin-2,4-dion III und Tetrahydro-chinoxalin-2,3-dion IV:

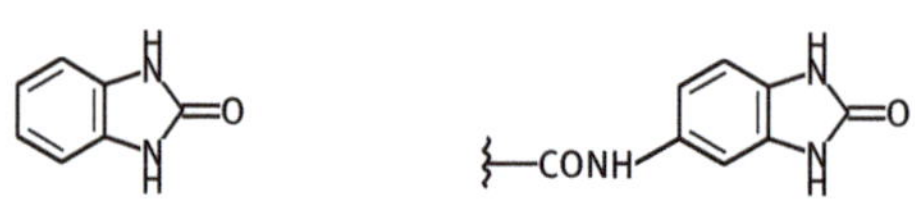

I, Benzimidazolon II

III, Tetrahydro-chinazolin-2,4-dion IV, Tetrahydro-chinoxalin-2,3-dion

Die genannten Heterozyklen verbessern nicht nur Migrations- und Lösemittelechtheit, sondern auch Licht- und Wetterechtheit, sodass zu dieser Gruppe Pigmente mit höchsten Echtheiten gehören. Durch die Wahl der Kupplungskomponente 5-Acetacetylamino-benzimidazolon V und 5-(2'-Hydroxy-3'-naphthoyl)-aminobenzimidazolon VI erhalten wir gelbe/orange VII respektive rote/braune Pigmente VIII:

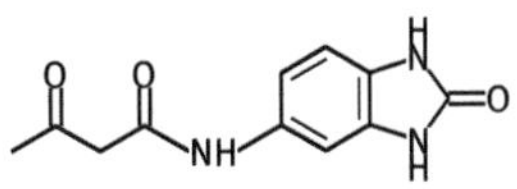

V, 5-Acetacetylamino-benzimidazolon

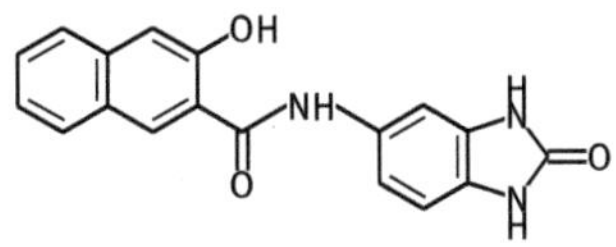

VI, 5-(2'-Hydroxy-3'-naphthoyl)-aminobenzimidazolon

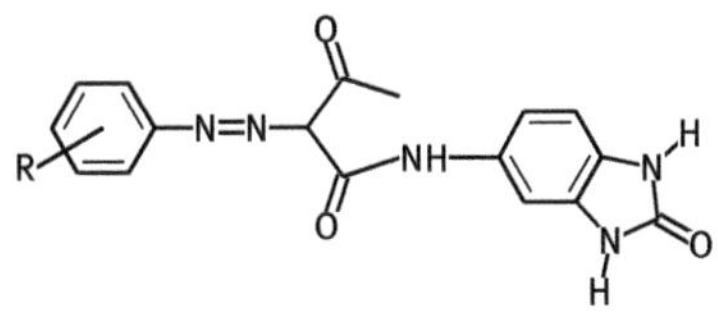

VII, gelb/orange, R = Cl, Br, CH_3, NO_2, OCH_3, COOH, COO–Alk, CONH(H, C_6H_5), SO_2NH–Alk

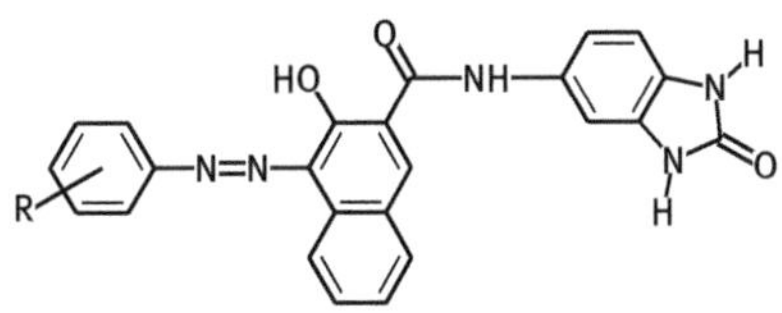

VIII, rot/braun, R dto.

Die Kupplungskomponenten der beiden Pigmenttypen entsprechen damit den Kupplungskomponenten der Acetessigsäurearylide (Monoazogelbpigmente) und der Naphthol AS-Pigmente, ebenso die erzielten Farben.

Im Künstlerfarbenbereich finden wir unter den organischen Pigmenten eine ganze Reihe von Benzimidazolonpigmenten, so die gelben Pigmente PY151 „Aureolinton", PY154 „Reingelb" oder „Winsor yellow" (►Abbildung 4.31) und PY175 „Chromgelbton zitron" oder „Winsor lemon", das orangefarbene PO62 „Chromorangeton" oder „Winsor orange" (►Abbildung 4.31) und das braune PBr25 „Indian red deep". PY181 ist das Farbmittel in manchen gelben pigmentierten Tinten:

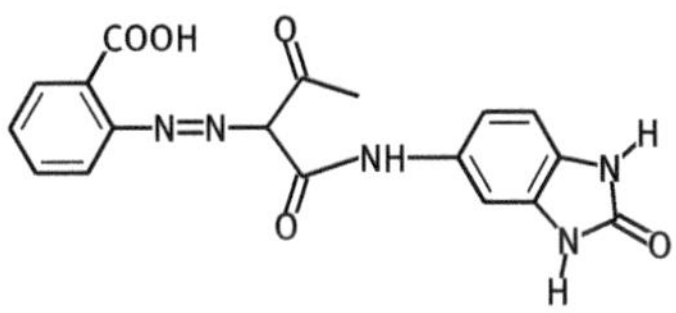

PY151, CI 13980
Aureolinton, gelbe Tinte

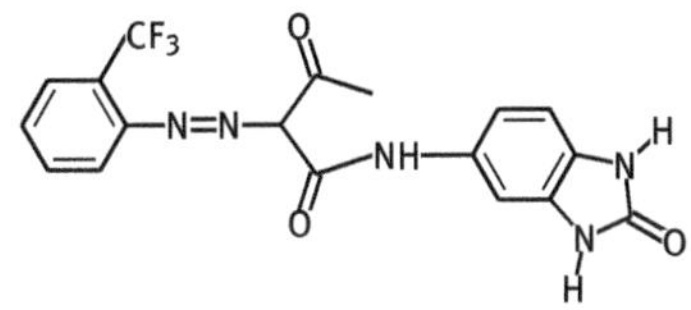

PY154, CI 11781
Reingelb, Winsor yellow, gelbe Tinte

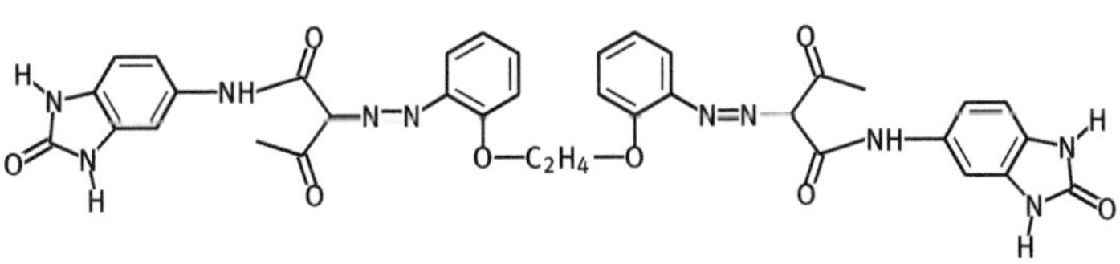

PY180
gelbe Inkjettinte

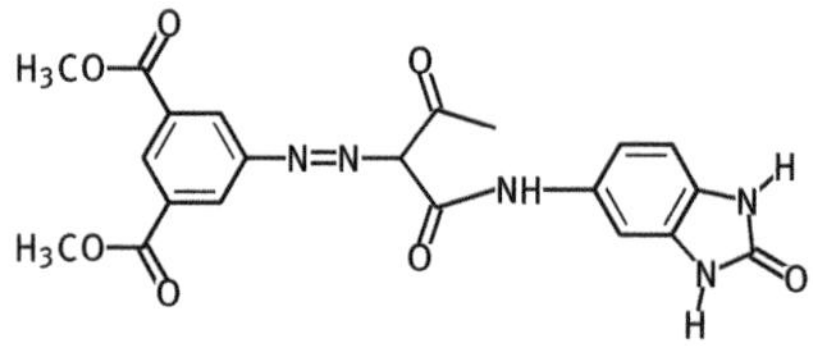

PY120
gelbe Tinte

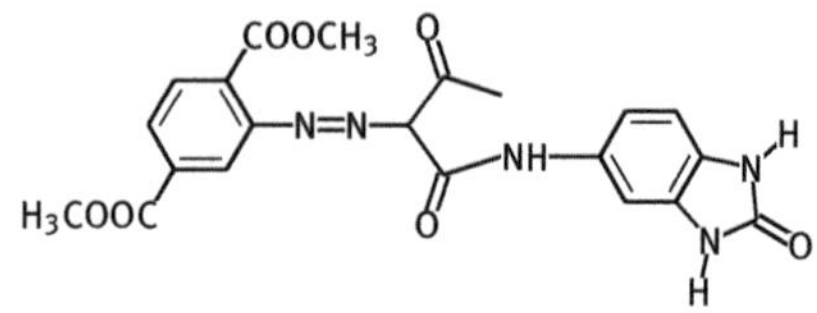

PY175, CI 11784
Chromgelbton zitron, Winsor lemon

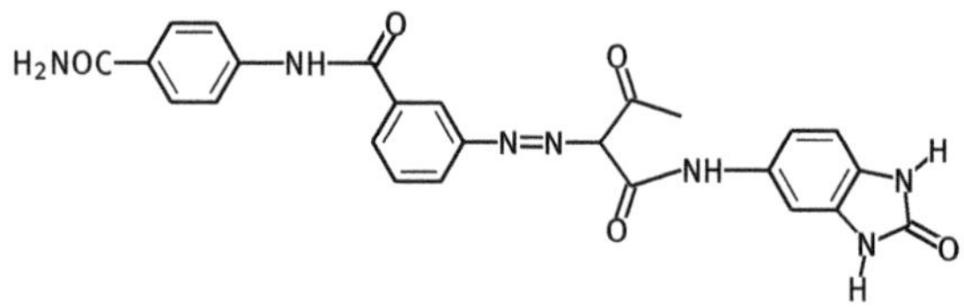

PY181, CI 11777
gelbe Tinten

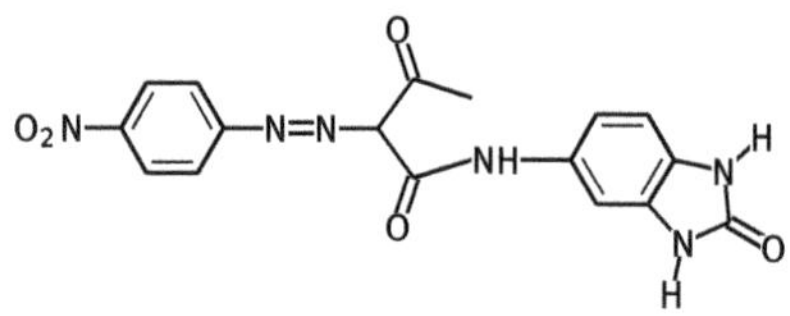

PO62, CI 11775
Chromorangeton, Winsor orange

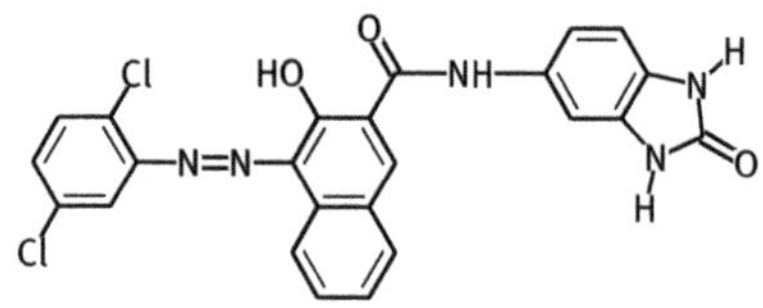

PBr25, CI 12510
Mahagoniebraun, Indian red deep

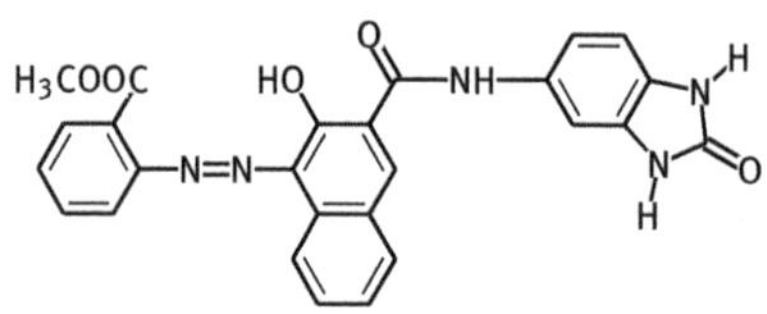

PR175, CI 12513
Purpurrot

Auf VI basierende rote Pigmente finden wir auch häufig in Druckfarben, z. B. PR185 als Primär-Magenta im Vierfarbdruck:

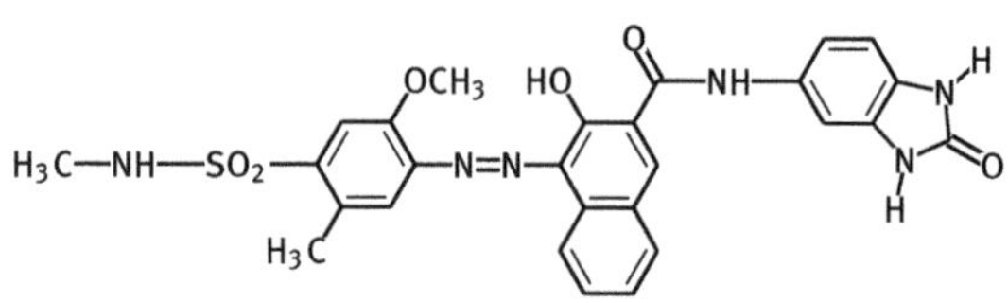

PR185, CI 12516
Primär-Magenta CMYK

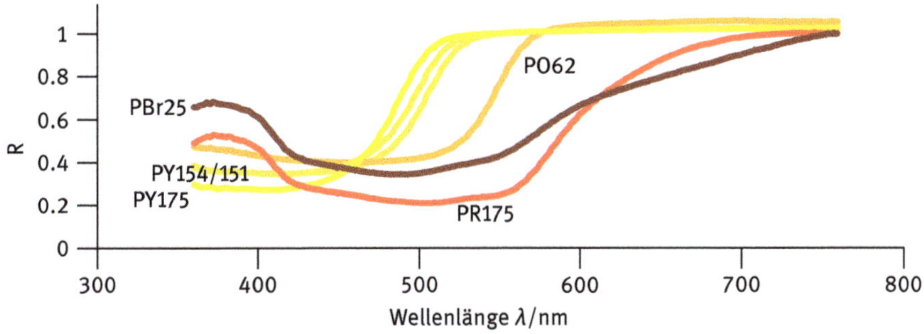

Abb. 4.31: Reflexionsspektrum von Aquarellfarben auf Benzimidazolon-Basis, normiert auf eine beliebige Einheit: Reingelb (Schmincke Horadam Nr. 216, PY154), Chromorangeton (Schmincke Horadam Nr. 214, PO62), Aureolinton (Schmincke Horadam Nr. 208, PY151), Chromgelbton zitron (Schmincke Horadam Nr. 211, PY175), Purpurrot (Kremer Nr. 23490, PR175) und Mahagonibraun (Kremer Nr. 23495, PBr25). Es ist zu erkennen, daß PY175 den kühlsten Gelbton besitzt, und daß PY151, PY154 und PY175 sehr ähnlich im Farbton sind.

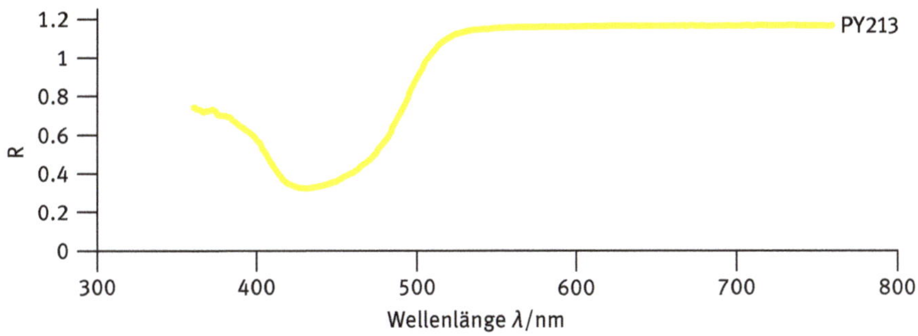

Abb. 4.32: Reflexionsspektrum von Aquarellfarben auf Chinoxalindion-Basis, normiert auf eine beliebige Einheit: Isoindolinongelb (Kremer Nr. 23660, PY213).

IV wird kaum als Basis für Pigmente verwendet, es gibt nur ein kommerzielles Pigment auf der Reihe dieser *Chinoxalindion-Pigmente*: PY213 oder „Isoindolinongelb“, ►Abbildung 4.32:

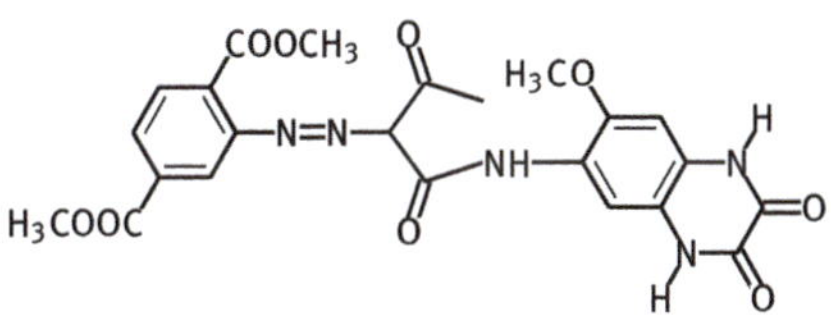

PY213
Isoindolinongelb

4.11.5 Ursache der Farbigkeit, blaue und grüne Azofarbmittel

Das Chromophor der Azofarbmittel ist die Diazogruppe, die aufgrund der beiden Stickstoffatome zu $n \rightarrow \pi^*$-Übergängen befähigt ist, $\lambda \approx 350$ nm [196]. Diese sind jedoch intensitätsschwach und tragen nicht zur Farbe gebräuchlicher Azofarbmittel bei. Die deutliche Farbe der kommerziellen Azofarbmittel wird durch intensive $\pi \rightarrow \pi^*$-Übergänge hervorgerufen, die entstehen, wenn wir die Azogruppe mit starken Elektronendonoren und -akzeptoren substituieren und ein aromatisches π-Elektronensystem zur bathochromen Verschiebung der Absorption in den VIS-Bereich einfügen:

A–N=N–D

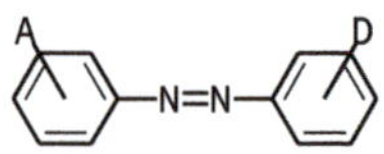

Mit den zu Beginn eingesetzten Akzeptoren und Donoren kann die Absorptionsbande nur in den blauen und grünen Bereich verschoben werden, weswegen Azofarbmittel häufig mit gelben, orange und roten Farben assoziiert werden. Tatsächlich gibt es kein blaues oder grünes Azopigment, seit etwa 1950 existieren aber Azofarbstoffe für diesen Spektralbereich. Zur Erzielung grüner und blauer Farben müssen die Donor- und Akzeptorfähigkeiten und mesomeren Systeme vergrößert werden, ►Tabelle 4.14.

Tab. 4.14: Einfluß der Substituenten bzw. der Donor- und Akzeptorstärke auf die Absorptionsfrequenz des Diazo-Chromophors und die theoretische Farbe der Verbindung (Komplementärfarbe zur angegebenen absorbierten Wellenlänge) [4].

Farbmittel	$\lambda(\pi \rightarrow \pi^*)$	$\lambda(n \rightarrow \pi^*)$
–N=N–	< 200	350
C_6H_5–N=N–C_6H_5	318	444
C_6H_5–N=N–C_6H_4–OH	349	
C_6H_5–N=N–C_6H_4–NMe_2	408	
O_2N–C_6H_4–N=N–C_6H_4–NMe_2	478	
2,4-$(NC)_2$–C_6H_4–N=N–C_6H_4–NEt_2	515	
2,4,6-$(NC)_3$–C_6H_4–N=N–C_6H_4–NEt_2	562	

Die bis heute erzielten Fortschritte erschliessen das Spektrum von Grüngelb bis zum sehr grünen Blau oder blauem Grün, ein Überblick hierüber ist in [8, pp. 1] gegeben. Im wesentlichen können wir vier Grundmuster unterscheiden:

- starke Elektronenakzeptoren,
- heterozyklische Diazokomponenten,
- ausgedehnte konjugierte π-Systeme und
- subtraktive Mischung eines gelben und blauen Farbstoffs im gleichen Molekül.

Starke Elektronenakzeptoren

Starke Elektronenakzeptoren wie Cyano-, Sulfonsäuremethylester- oder Nitrogruppen in der Diazokomponente rufen große bathochrome Verschiebungen hervor:

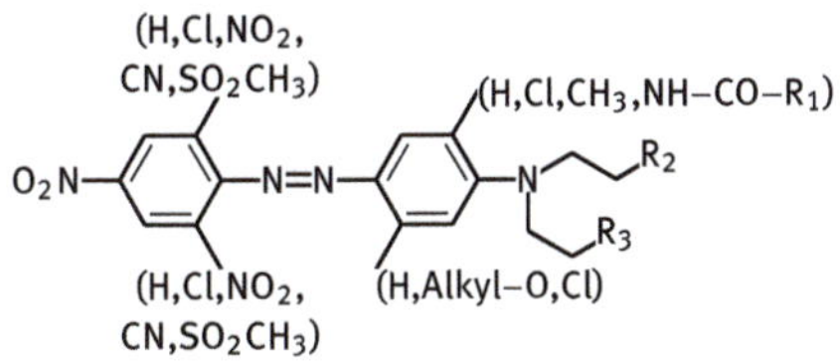

I

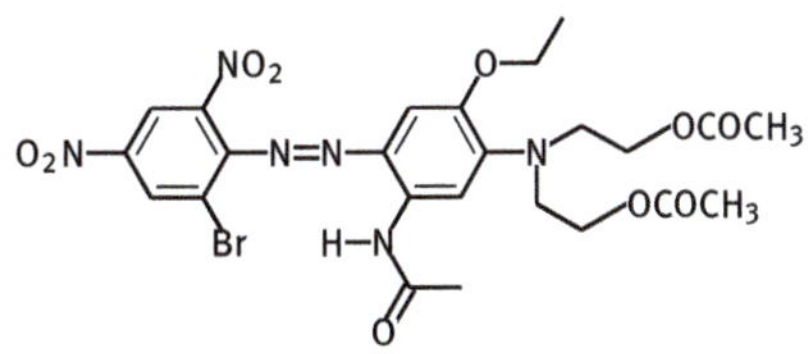

Disperse Blue 79, CI 11345

Das Beispiel des Disperse Blue 79 zeigt, daß die gezeigte Struktur einfach ist und mehr den frühen als den modernen Azofarbmitteln ähnelt. Tatsächlich werden diese blaue Azofarbmittel nicht als Pigment, sondern als Farbstoff benutzt, besonders als Dispersions- und Säurefarbstoff, ►Abschnitt 5.7.

Heterozyklische Diazokomponenten

Das zweite Grundmuster benutzt kleinere Heterozyklen als Diazokomponente, die den Farbbereich über Purpur und Braun zu Blau und Blaugrün ausdehnen:

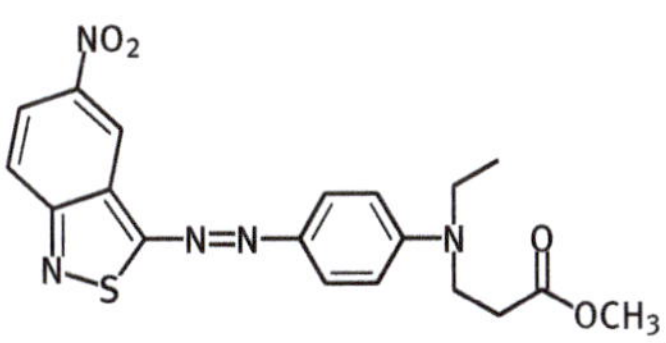

Disperse Blue 148, CI 11124

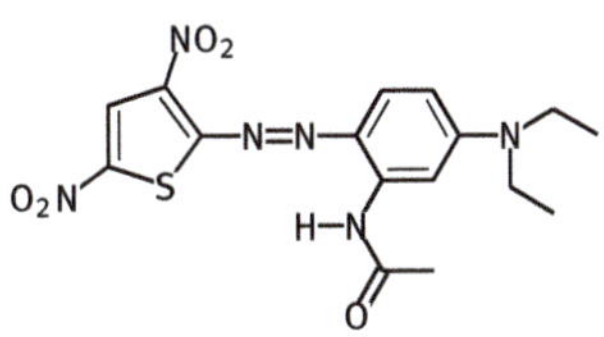

Disperse Green 9, CI 110795

Die meisten dieser Heterozyklen sind fünfgliedrig, aber auch sechsgliedrige Ringe sind untersucht worden. Als Heteroatome treten Schwefel und Stickstoff in unterschiedlicher Anzahl und Position auf. Auch diese Gruppe umfaßt nur Farbstoffe.

Vergrößerung des π-Systems

Eine bathochrome Verschiebung können wir klassischerweise durch Vergrösserung des π-Systems erreichen, im Zusammenhang mit Azofarbmitteln durch

- laterale Erweiterung aromatischer Systeme durch Ersatz von Benzol durch Naphthalin oder durch

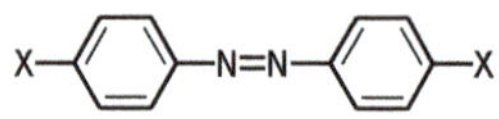

I

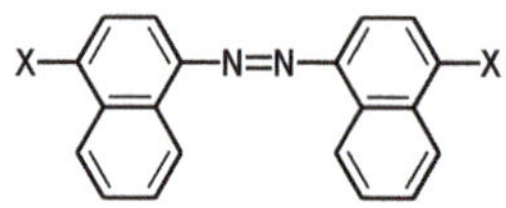

II

- lineare Erweiterung durch Verknüpfung der aromatischen Ringe über mehrere Azogruppen hinweg, was zu Disazo-, Trisazo- und Polykisazofarbmittel führt.

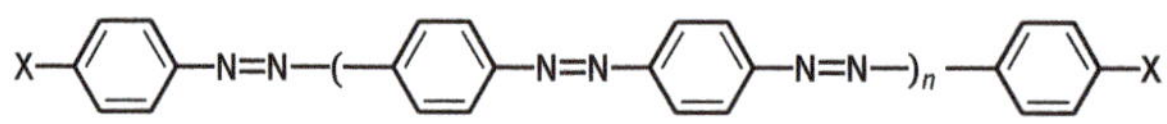

III

Die erreichbaren bathochromen Verschiebungen sind beträchtlich, Werte für Monoazo-Verbindungen I und II bzw. Polykis-Azoverbindungen III sind in ►Tabelle 4.15 gezeigt.

Tab. 4.15: Mit polyzyklischen Diazo- (I, II) und Polykisazo-Verbindungen (III) erreichbaren bathochromen Verschiebungen [5] und die theoretische Farbe der Verbindung (Komplementärfarbe zur angegebenen absorbierten Wellenlänge). Höhere *n* bedingen höhere Bathochromie.

n	λ [nm], X=H	λ [nm], X=NH_2	λ [nm], X=H	λ [nm], X=NH_2
0			318 (III)	390 (III)
1	318 (I)	390 (I)	359 (III)	474 (III)
2	405 (II)	490 (II)	380 (III)	490 (III)
3			400 (III)	500 (III)

Die geschilderten Auswirkungen können wir anhand der Farbreihe Rot–Violett–Blau an Monoazo-Farbmitteln sehen. Die Einführung der Acetylaminogruppe, eines starken Elektronenakzeptors, verschiebt den Farbton des roten AR1 ins Violette (AV7), der Ersatz der Benzenringe durch Naphthalenringe verschiebt den Farbton bis ins Blaue (AB92):

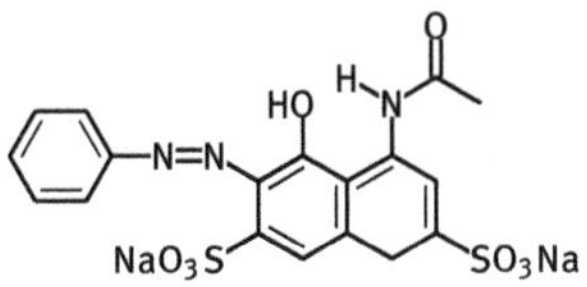

AR1

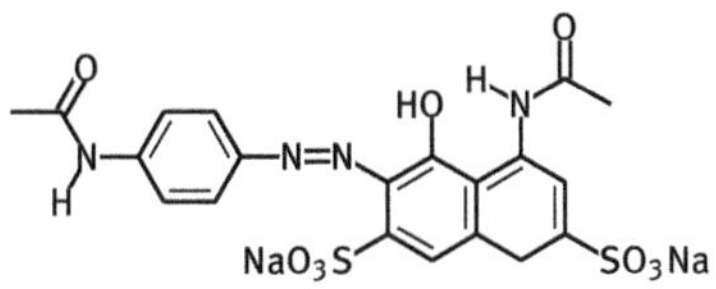

AV7

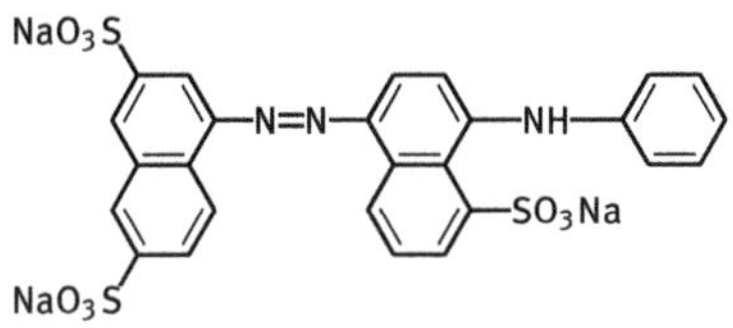

AB92

Bis- und Trisazofarbmittel sind in der Regel Blau, Grün und Schwarz, an der Reihe DR81, DB67 und DG13 zu sehen. Der rote Disazofarbstoff wird durch Ersatz von Benzen- durch Naphthalenringe zu einem blauen Farbstoff, weitere Vergrößerung des π-Systems führt zum grünen Farbstoff. Der schwarze Tintenfarbstoff DBk19 ist Beispiel für eine Tetrakisazo-Verbindung:

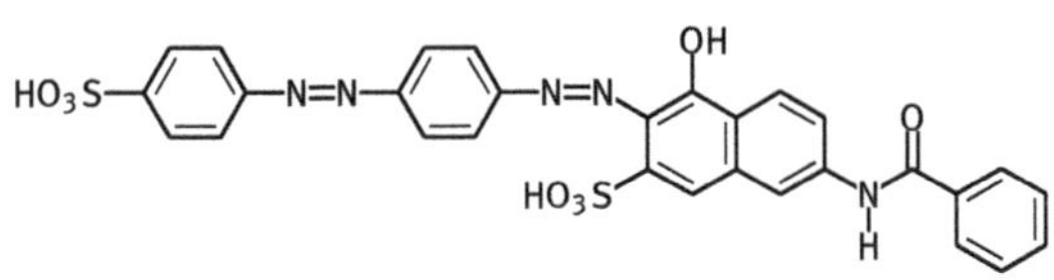

DR81
Sirius Red 4B

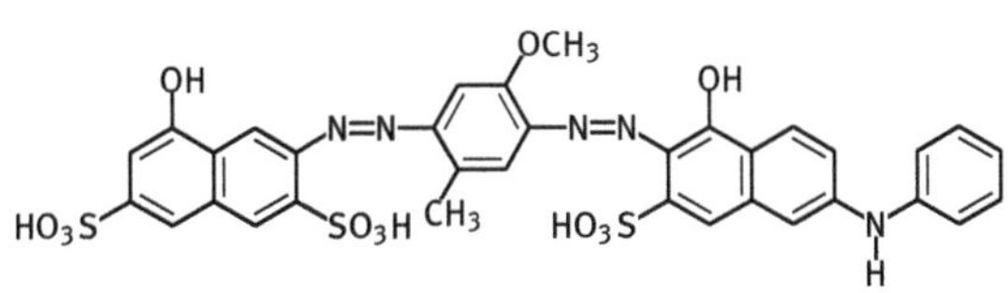

DB67
Sirius Supra Blue F3B

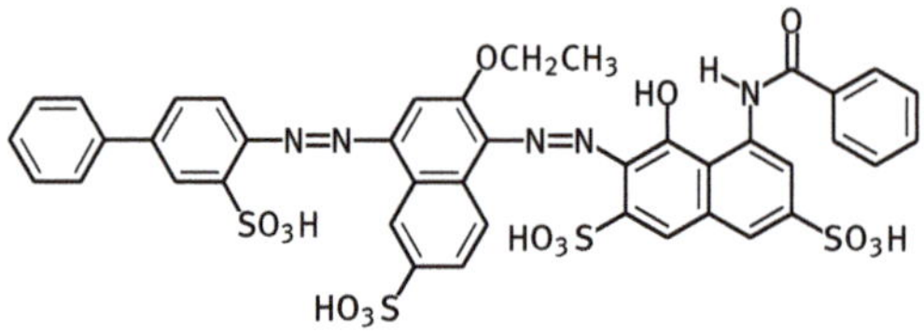

DG13
Brillant Benzo Fast Green GL

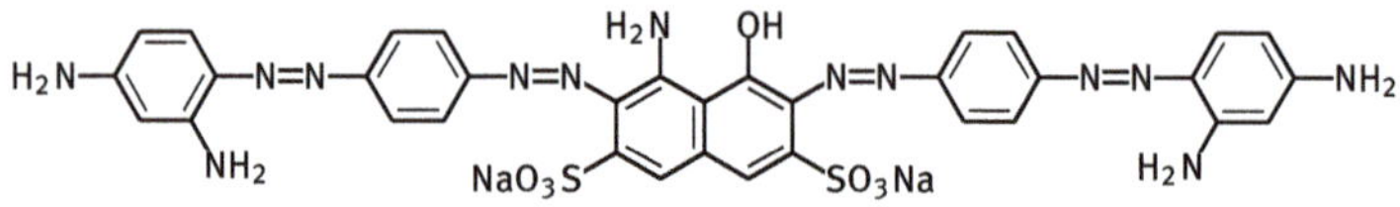

DBk19
schwarze Tinte

Durch die Größe ihres unpolaren Bereichs eignen sich Polykisazofarbstoffe sehr gut als Direktfarbstoff zur Zellulosefärbung, oder – malerischer gedacht – für schwarze Schreib- und Drucktinten, wie die Beispiele des DBk19 oder DBk168 zeigen, ►Abschnitt 5.4.

Gemischte Chromophore

Grüne Farben können wir auch durch subtraktive Mischung von gelben und blauen Pigmenten erhalten. Eine letzte Möglichkeit besteht also darin, in einem Farbmittel *zwei* verschiedene Chromophore zu vereinen und so diese subtraktive Farbmischung vorwegzunehmen. Im DG26 sind ein blauer Disazo- und ein gelber Monoazofarbstoff über eine Brücke verbunden, die die π-Systeme der beiden Farbmittel voneinander trennt, um die Brillanz der einzelnen Farben zu erhalten. Wie wir sehen, eignen sich die von Reaktivfarbstoffen bekannten Triazin-Ringe auch für diese Aufgabe sehr gut:

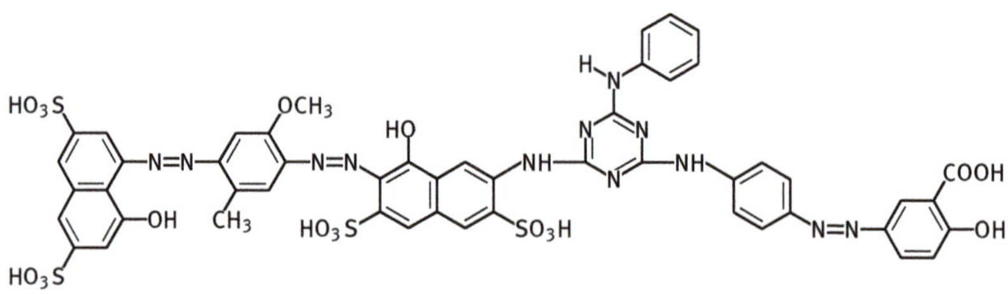

DG26
Chloranil Fast Green BLL

Weitere Einflussfaktoren

Die Ausbildung des π-Elektronensystems wird in industriellen Azofarbmitteln durch planare Molekülgeometrien gefördert, sodass die Überlappung der π-Orbitale dauerhaft maximiert wird. Eine Möglichkeit stellen Oxo-Substituenten dar, die über tautomere Formen Wasserstoffbrücken und stabile Ringe bilden. Eine beliebte Struktur ist die des Acetessigsäureamids, die wir in zahlreichen Azofarbmitteln wiederfinden:

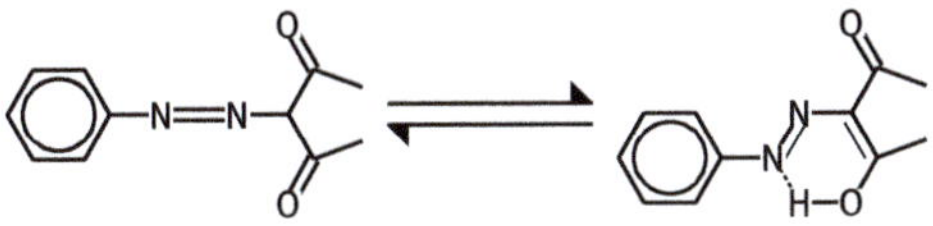

4.12 Chinacridonpigmente

Gelb Orange Rot Magenta Violett Chinacridonpigmente leiten sich vom linearen trans-Chinacridon I ab. Obwohl mehrere Isomere existieren (cis/trans-Isomere durch die Carbonyl- und Aminogruppen, sowie angulare und lineare Ringanordnung), ist nur das trans-Chinacridon farbchemisch interessant. I selber ist in unsubstituiertem Zustand intensiv blaustichig-rot und erfuhr 1935 seine erste Synthese, seine Relevanz für die Pigmentchemie wurde aber erst 1955 erkannt. Von I abgeleitete Pigmente sind an den äußeren Ringen halogeniert oder methyliert (II). Die Farbe der resultierenden Pigmente hängt nicht nur vom chemischen Aufbau ab, auch Kristallgröße und -modifikation spielt eine entscheidende Rolle.

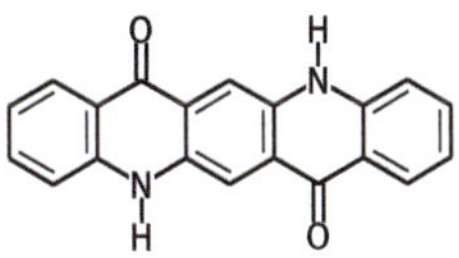

PV19, CI 73900
I, trans-Chinacridon, Chinacridon Violett
Rubinrot, Permanentkarmin
Permanent carmine/magenta/rose

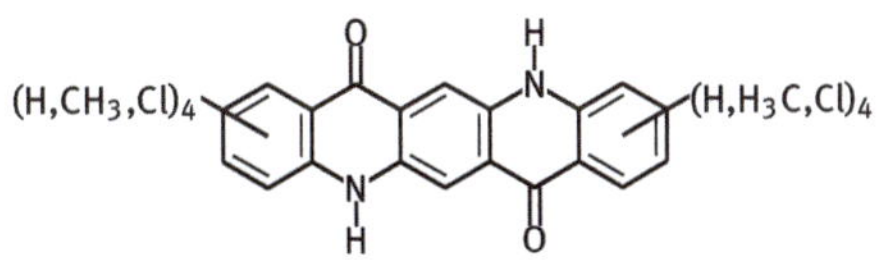

II, Chinacridonpigmente

Chinacridonpigmente sind tief farbig und zeigen gelbe bis violette Farbtöne. Sie weisen hervorragende Migrations-, Licht- und Wetterechtheiten auf und zählen zu den hochwertigen Pigmenten, die in Lacken und Druckfarben für hohe Anforderungen eingesetzt werden.

Es gibt zahlreiche Künstlerfarben, die auf Chinacridon-Pigmenten basieren, ►Abbildung 4.33. Chinacridon selber tritt als PV19 auf in Künstlerfarben wie „Chinacridon Violett“, „Permanentkarmin“, „Rubinrot“, „Permanent carmine“, „Permanent magenta“ oder „Permanent rose“. Wichtige Derivate sind PR122 (magenta, als Künstlerfarbe unter Namen wie „Purpur Magenta“ oder „Quinacridone magenta“), PR209 (rot, als Künstlerfarbe „Quinacridone Red“), PR207 (rot, „Chinacridon Hellrot“), PV42 (magenta, „Magenta“) und PV55 (magenta, „Chinacridon Purpur“, „Quinacridone violet“). PR202 ist in roten Inkjettinten und als Künstlerfarbe „Chinacridon Magenta“

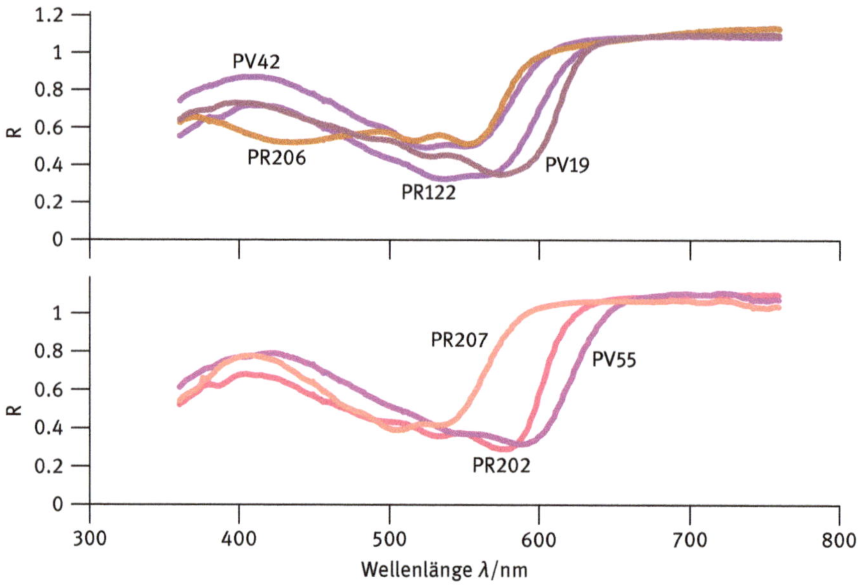

Abb. 4.33: Reflexionsspektrum von Aquarellfarben auf Chinacridon-Basis, normiert auf eine beliebige Einheit: Magenta (Schmincke Horadam Nr. 352, PV42, Primärmagenta), Purpur Magenta (Schmincke Horadam Nr. 367, PR122), Krappbraun (Schmincke Horadam Nr. 670, PR206), Chinacridon Violett (Schmincke Horadam Nr. 368, PV19), Chinacridon Magenta (Schmincke Horadam Nr. 369, PR202), Chinacridon Purpur (Schmincke Horadam Nr. 472, PV55) und Chinacridon Hellrot (Schmincke Horadam Nr. 343, PR207).

zu finden. PR122 ist in Mischung mit PV19 sehr gut als Magenta-Primärfarbe für den Vierfarbdruck (Inkjet und Druckindustrie) geeignet.

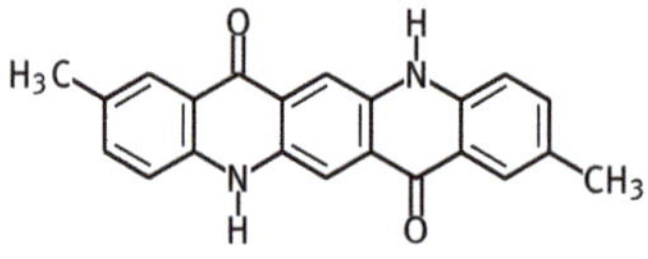

PR122, CI 73915
Purpur Magenta, Quinacridone magenta
Primär-Magenta CMYK

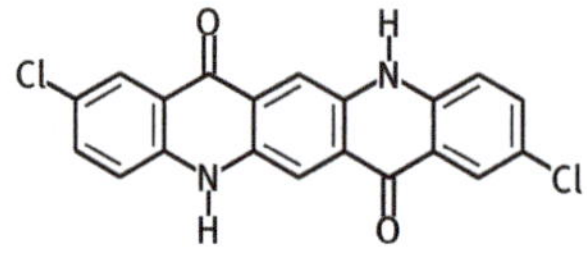

PR202, CI 73907
Chinacridon Magenta, Inkjettinten

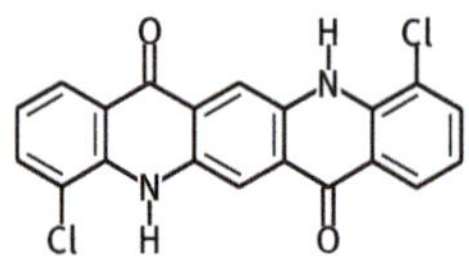

PR207, CI 73906/73900 (feste Lösung mit PV19)
Chinacridon Hellrot

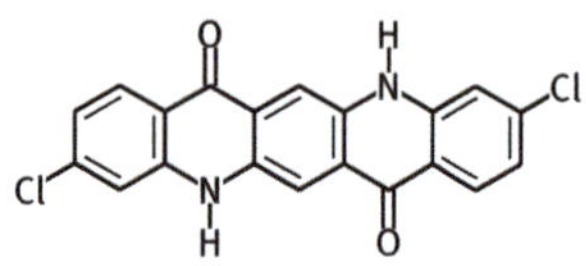

PR209, CI 73905
Quinacridone Red

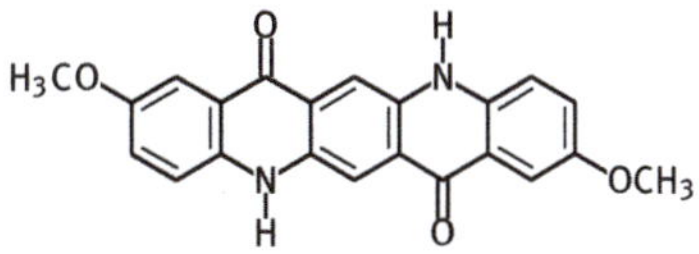

PV55 (feste Lösung mit PR202 als Wirt)
Chinacridon Purpur, Quinacridone violet

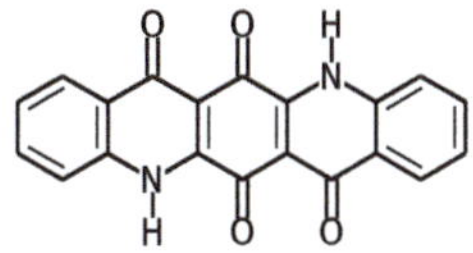

Chinacridonchinon

Auch Mischkristalle von Chinacridonpigmenten mit dem schwach gelben, aber nicht besonders beständigen Chinacridonchinon sind möglich, wobei dessen Echtheiten durch die Mischkristallbildung erheblich verbessert werden und der Farbton von Violett zu einem stumpfen Orange mit metallischen Charakter verschoben wird. Besonders in Kombination mit transparentem Eisenoxidgelb erhält man gold- und kupferfarbene Pigmente mit metallischem Effekt. Mischkristalle von PV19 und Chinacridonchinon zeigen als PR206 gelbbraunen Kupferton und werden in Künstlerfarben wie „Krappbraun“ oder „Brown madder“ verwendet (►Abbildung 4.33). Als PO49 besitzen sie einen Goldton und sind ebenfalls in Künstlerfarben enthalten. Solange erhältlich, wurde die Mischung als PO48 „Chinacridon rotgold“ aufgrund des warmen Rotgoldtons von Geigenrestauratoren geschätzt.

Ursache der Farbigkeit

Als Chromophor der Chinacridone wurde die Struktur I

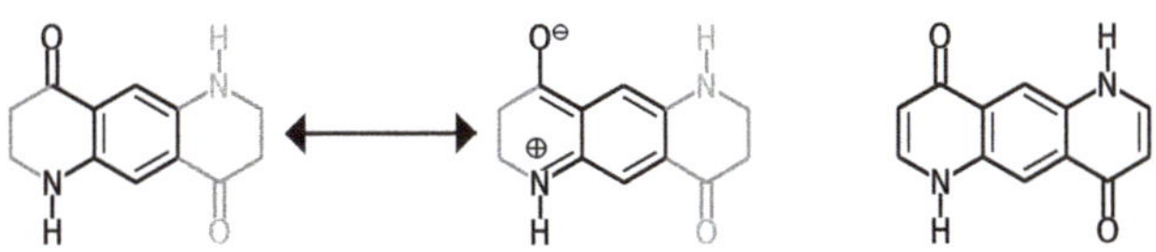

I II

gefunden, in der die Carbonylgruppen als Elektronenakzeptoren, und die Aminogruppen als Donoren wirken, ähnlich wie in donor-substituierten Chinonen [5]. Struktur I mit gesättigter Brücke (oder einem aromatischen Ringsystem) zeigt eine langwelligere Absorption als II, in der die ungesättigte Brücke den Grundzustand stabilisiert.

Es hat sich allerdings herausgestellt, dass die Moleküle in Lösung nur schwach farbig sind und die Kristallmodifikation eine sehr große Bedeutung für den Farbton hat. Hieraus wird geschlossen, dass die tiefe Farbe durch eine Wechselwirkung der einzelnen π-Systeme und der Carbonyl- und Aminogruppen über größere Teile des Kristallgitters hinweg zustande kommt [12]. Wir hätten hier also einen ähnlichen Fall wie im Indigo vorliegen, bei dem das Chromophor alleine nur einen gewissen Beitrag zur tiefen Farbe liefert und die Elektronendelokalisation über den Kristall in erheblichem Masse mitwirkt.

Die Substituenten in den Chinacridonen beeinflussen den Farbton somit nicht direkt, sondern indirekt über eine Änderung der bevorzugten Raumstruktur.

4.13 Perylenpigmente

Rot Violett **Schwarz** Die neue Klasse der Perylenpigmente leitet sich von der Perylen-tetracarbonsäure ab. Von dieser wurden seit 1912 zahlreiche Derivate als Küpenfarbstoffe hergestellt, aber erst 1950 wurde entdeckt, dass die Di-imide I gute Pigmenteigenschaften aufweisen, besonders die methyl- und aryl-substituierten Imide:

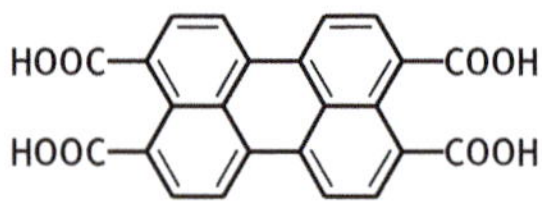

Perylen-tetracarbonsäure

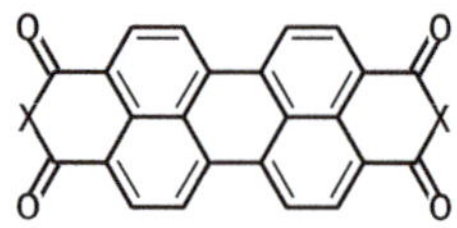

I, Perylenpigmente
PR178, CI 71155, X = N–Ph–N=N–Ph, Perylenrot tief
PR179, CI 71130, X = N–CH_3, Dunkelrot, Perylene maroon
PR224, CI 71127, X = O
PV29, CI 71129, X = N–H, Perylenviolett, Perylene violet

Perylene weisen exzellente Eigenschaften auf und werden in hochwertigen Lacken eingesetzt. Als Besonderheit finden wir schwarze Pigmente unter ihnen. Beispiele, die in Künstlerfarben Verwendung finden, sind PR149, PR178 („Perylenrot tief"), PR179 („Dunkelrot", „Perylene maroon"), PR224, PV29 („Perylenviolett", „Perylene violet") und PBk31 („Perylengrün", „Atrament", „Perylenschwarz", „Perylene green"), ►Abbildung 4.34:

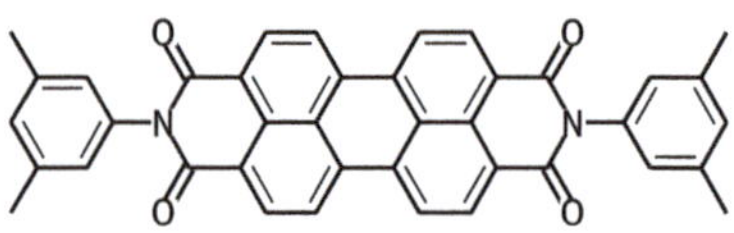

PR149, CI 71137

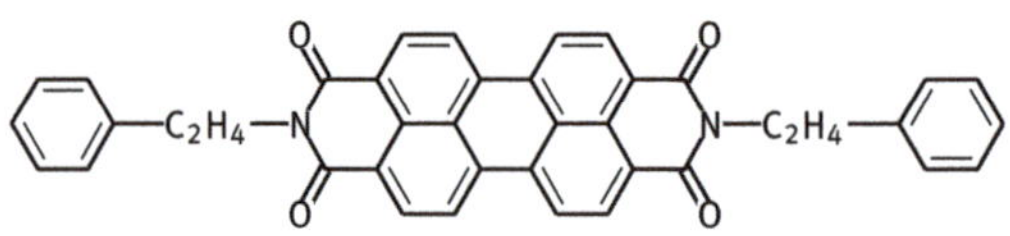

PBk31, CI 71132
Perylengrün, Perylene green

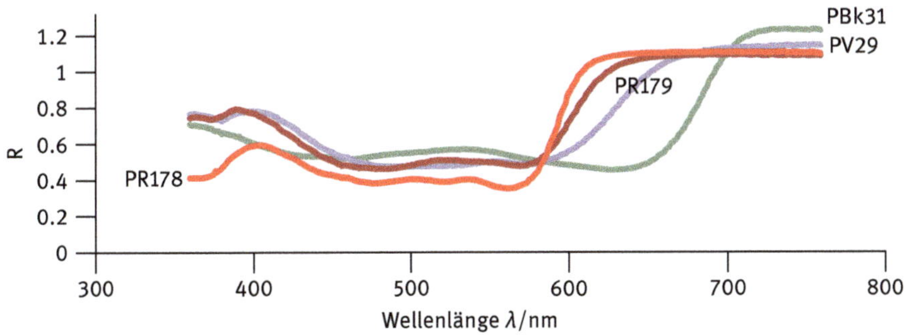

Abb. 4.34: Reflexionsspektrum von Aquarellfarben auf Perylen-Basis, normiert auf eine beliebige Einheit: Perylengrün (Schmincke Horadam Nr. 784, PBk31), Perylenviolett (Schmincke Horadam Nr. 371, PV29), Perylenrot tief (Schmincke Horadam Nr. 344, PR178) und Dunkelrot (Schmincke Horadam Nr. 366, PR179).

Ursache der Farbigkeit

Perylensäure-diimiden liegt als farbtragendes System das 1,8-Naphthalimid I zugrunde, in dem die Carboximidgruppe einen schwachen Elektronenakzeptor darstellt [5]. Als Donor fungiert das Naphthalinsystem:

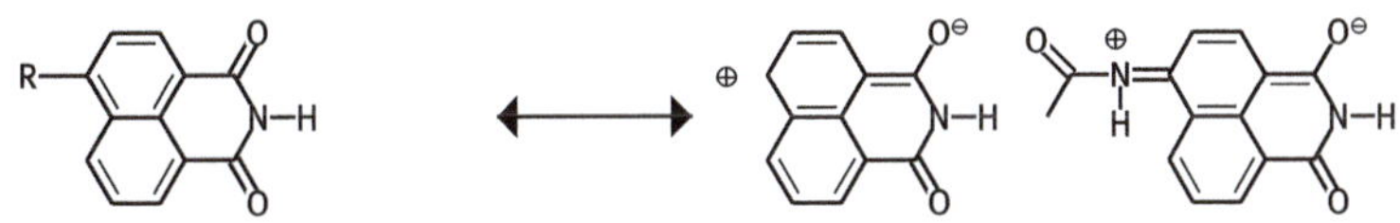

I, 1,8-Naphthalimid, λ=334 nm (R=–H)
λ=372 nm (R=–NHCOCH$_3$)

R=–H   R=–NHCOCH$_3$

Dieses Chromophor allein ist nicht geeignet, bestimmte Farbwechsel von Perylenpigmenten zu erklären: ersetzt man z. B. Methyl- durch Ethyl-Substituenten, was auf das Carboximid-Chromophor nur einen geringen Einfluss haben sollte, ändert sich die Farbe von Rot nach Schwarz [12]. Es wird daher angenommen, dass – ähnlich wie bei den Chinacridonen und indigoiden Farbmitteln – auch die Kristallstruktur einen entscheidenden Einfluss auf die Farbe des Pigments nimmt. Je nach den sterischen Ansprüchen der Substituenten nehmen die Moleküle im Kristall andere Anordnungen zueinander ein. Im genannten Beispiel wird durch den Ethyl-Substituenten eine Anordnung erzwungen, die eine grössere Überlappung der einzelnen π-Systeme erlaubt und so zu der schwarzen Farbe führt, die durch gängige Chromophore allein nicht erreichbar ist.

4.14 Diketopyrrolo-pyrrol- (DPP-) Pigmente

Orange Rot Violett Diketo-pyrrolo-pyrrol-pigmente (DPP-Pigmente) wurden erst um 1970 entdeckt. Sie basieren auf der Verbindung I und decken den Farbbereich Orangerot–Violett ab, wobei das typische Substitutionsmuster in II gezeigt ist:

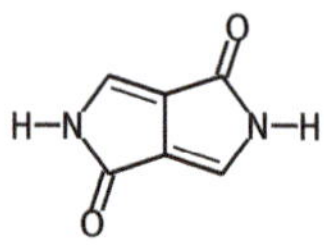

I

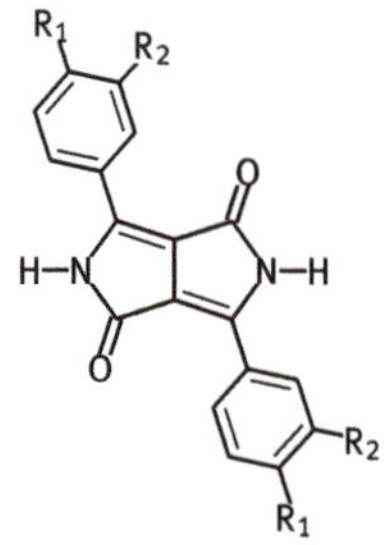

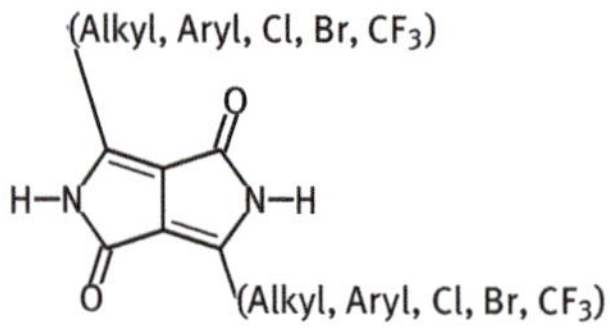

II, DPP-Pigmente

PR254, CI 56110, R_1 = Cl, R_2 = H, Scharlachrot, Winsor red
PR255, CI 561050, R_1 = R_2 = H, Zinnoberrot
PR264, CI 561300, R_1 = C_6H_5, R_2 = H, Rubinrot dunkel, Winsor red deep
PO71, CI 561200, R_1 = H, R_2 = CN, Lasurorange
PO73, CI 561170, R_1 = p-C_6H_4-*tert*Bu, R_2 = H, Winsor orange red shade

Wie die Perylene weisen sie sehr gute Eigenschaften auf und werden in hochwertigen Lacken eingesetzt. Beispiele in Künstlerfarben (►Abbildung 4.35) sind für PR254 „Scharlachrot" oder „Winsor red", für PR255 „Zinnoberrot" und für PR264 „Rubinrot dunkel" oder „Winsor red deep". Als Orangeton treten auf PO71 „Lasurorange" und PO73 „Winsororange".

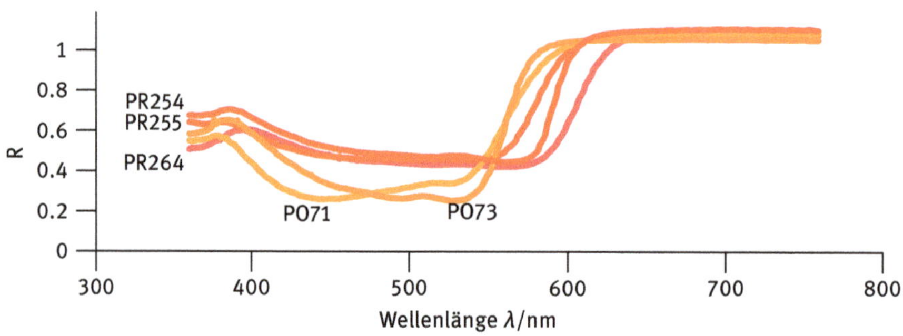

Abb. 4.35: Reflexionsspektrum von Aquarellfarben auf Diketo-pyrrolo-pyrrol-Basis, normiert auf eine beliebige Einheit: Rubinrot dunkel (Schmincke Horadam Nr. 346, PR264), Zinnoberrot (Schmincke Horadam Nr. 365, PR255), Lasurorange (Schmincke Horadam Nr. 218, PO71), Winsor orange red shade (Winsor&Newton Professional Watercolor Nr. 723, PO73) und Scharlachrot (Schmincke Horadam Nr. 363, PR254).

Ursache der Farbigkeit

DPP-Pigmente weisen trotz der beiden Fünfringe eine planare Struktur auf, sodass die Carbonyl- und Aminogruppen ein Merocyanin-System bilden können, ►Abschnitt 2.5.5. Ähnlich dem Indigotin, in dem die gekreuzte Anordnung des doppelten Merocyanins eine starke bathochrome Verschiebung ergibt (►Abschnitt 2.5.3.2), können die Phenylring als sekundäre Elektronendonoren fungieren und das an sich sehr kurze Merocyanin zu einem stärkeren Chromophor machen:

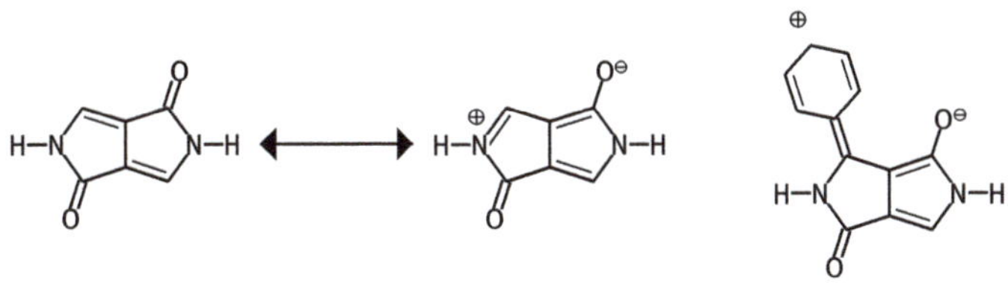

I

Ausserdem treten intermolekulare Wechselwirkungen zwischen Carbonyl- und Aminogruppen sowie den π-Systemen benachbarter Ringe im Kristall auf. Diese beeinflussen die physikalischen und Farbeigenschaften erheblich. Ähnliche Verhältnisse haben wir bereits bei den Chinacridonen, den Indigo-Derivaten und den Perylenen kennengelernt.

4.15 Azomethin-, Methin- oder Isoindolinpigmente

Gelb Orange Rot Isoindolinpigmente leiten sich vom Grundkörper des 1,3-disubstituierten Isoindolins I ab. Anhand der Substituenten unterscheiden wir Azomethin- (II, III) und Methinpigmente (IV). Azomethine weisen neben der Oxo- oder Aminogruppe eine (weitere) substituierte Aminogruppe auf, wohingegen Methine zwei Kohlenstoffsubstituenten besitzen:

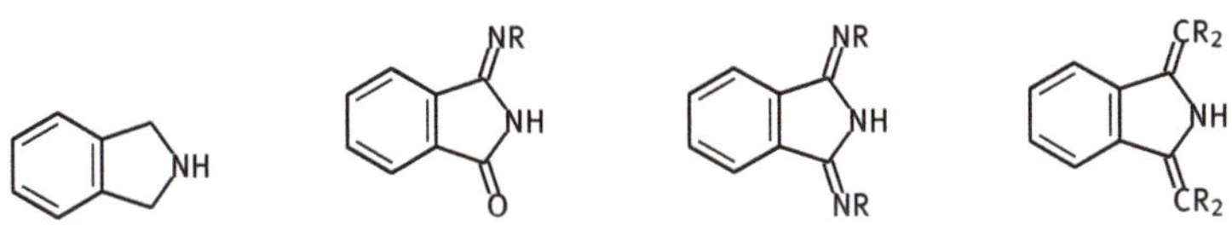

I, Iso-Indolin II, Azomethine III, Azomethine IV, Methine

Azomethin- (Isoindolinon-)Pigmente

In der Praxis weisen Azomethinpigmente eine auf Formel II basierende Struktur auf. Da sie eine Oxogruppe besitzen, werden sie auch Isoindolinonpigmente genannt. Je zwei Moleküle sind über eine Phenylbrücke R verbunden. Die Pigmente sind gelb und orange, ihre technische Anwendung ist jedoch begrenzt. Eine bedeutende Weiterentwicklung erfolgte durch die Einführung der Tetrachlor-isoindolinonpigmente V, R= –H, –Cl, $-CH_3$, $-OCH_3$:

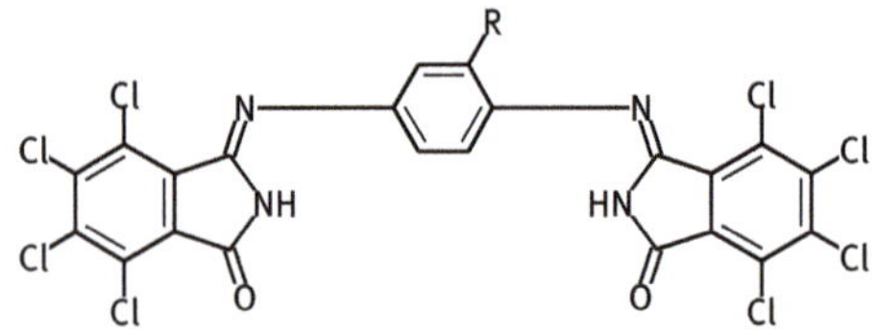

V, Tetrachlor-isoindolinonpigmente

Diese Pigmente weisen eine stark verbesserte Echheit und Farbstärke auf. Sie besitzen Farbtöne von gelb und rot bis hin zu braun, die wichtigsten sind gelb. Sie weisen sehr gute Migrationsechtheiten auf und sich auch gegenüber Säuren und Laugen sehr stabil, außerdem hitze-, licht- und wetterstabil. Sie sind daher für den Einsatz bei hohen Anforderungen geeignet und zählen zu den hochwertigen Pigmenten, wie z. B. PY110, das in Künstlerfarben als „Gelborange“ auftritt, oder PO61 „Isoindolorange“ (►Abbildung 4.36):

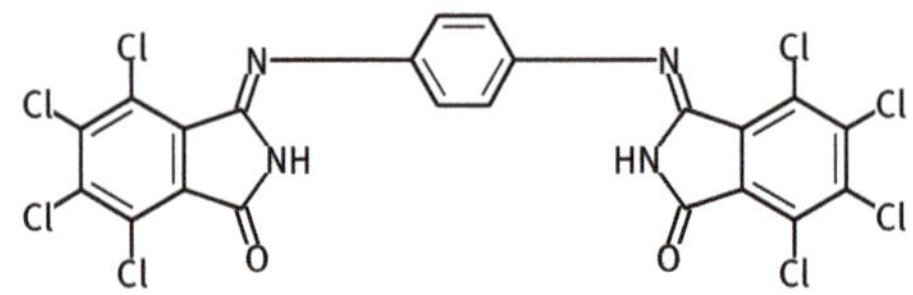

PY110, CI 56280
Gelborange

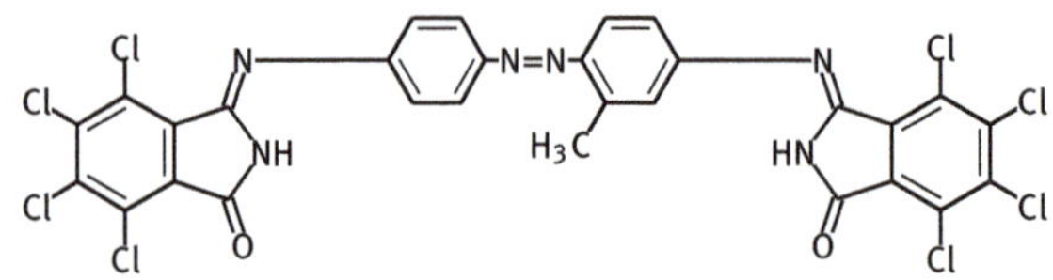

PO61, CI 11265
Isoindolorange

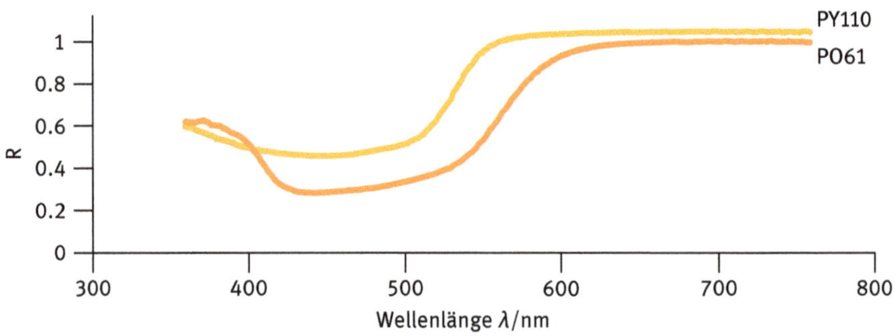

Abb. 4.36: Reflexionsspektrum von Aquarellfarben auf Isoindolinon-Basis, normiert auf eine beliebige Einheit: Gelborange (Schmincke Horadam Nr. 222, PY110) und Isoindolorange (Kremer Nr. 23800, PO61).

Methinpigmente

Methinpigmente leiten sich von Struktur IV ab, R= –CN, –CONH – Alkyl, –CONH – Aryl. Auch Heterozyklen wie Trioxo-diazin können je zwei Reste R ersetzen. Methinpigmente sind gelb, orange, rot oder braun und ebenso migrations-, licht-, wetter- und hitzebeständig wie Azomethinpigmente und daher ebenso hochwertig. Nachfolgend sehen wir je ein gelbes, orange und rotes Beispiel des Methintyps, das gelbe Pigment ist in Künstlerfarben enthalten.

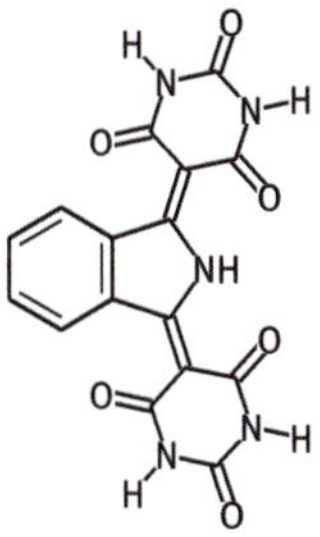

PY139, CI 56298

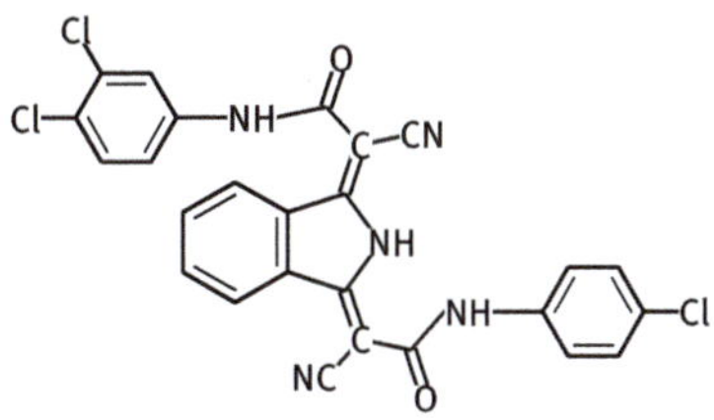

PO66, CI 48210

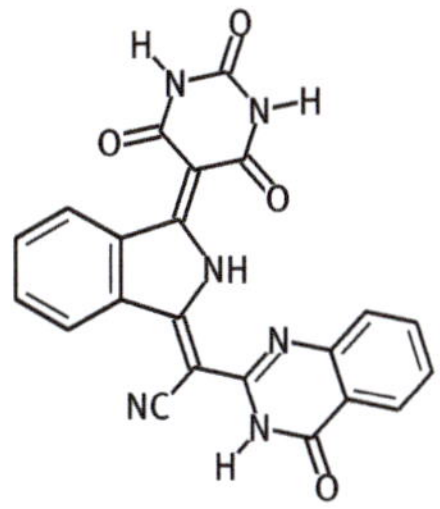

PR260, CI 56295

Ursache der Farbigkeit

In den Azomethinen liegt ein Donor-Akzeptor-System vor, in dem bei der Anregung durch Licht Ladungen vom aromatischen Ring zu den Akzeptoren übertragen werden kann. Dieser Prozess wird durch die hohe Zahl an Akzeptoren und Halogenierung der Aromaten erleichtert:

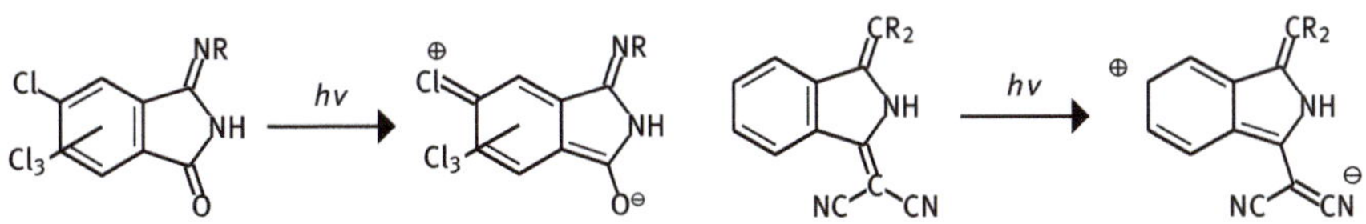

Literatur

[1] *Colour Index*, mehrere Bände, Society of Dyers and Colourists, Bradford, 1971
[2] H. Zollinger, *Color Chemistry*, Wiley-VCH Weinheim, 3rd edition 2003, ISBN 978-3906390239
[3] P. F. Gordon, P. Gregory, *Organic Chemistry in Colour*, Springer-Verlag, 1983, ISBN 3-540-11748-2
[4] J. Griffiths, *Colour and Constitution of Organic Molecules*, Academic Press Inc., London 1976, ISBN 0-12-303550-3
[5] J. Fabian, H. Hartmann, *Light Absorption of Organic Colorants*, Springer Verlag 1980, ISBN 3-540-09914-X
[6] P. Bamfield, *Chromic Phenomena*, The Royal Society of Chemistry 2001, ISBN 0-85404-474-4
[7] A. Bartecki, J. Burgess, *The Colour of Metal Compounds*, Gordon and Breach Science Publishers 2000, Amsterdam, ISBN 90-5699-250-3
[8] A. T. Peters, H. S. Freeman (editors), *Colour Chemistry*, Elsevier Applied Science, London und New York 1991, ISBN 1-85166-577-3
[9] R. Johnston-Feller, *Color Science in the Examination of Museum Objects*, The Getty Conservation Institute, Los Angeles 2001, ISBN 0-89236-586-2, http://www.getty.edu/conservation/publications_resources/pdf_publications/pdf/color_science.pdf, Zugriff am 20.06.2014
[10] S. Bucklow, *The Alchemy of Paint: Art, Science and Secrets from the Middle Ages*, Marion Boyars Publishers Ltd, ISBN 978-0714531724
[11] G. Buxbaum, G. Pfaff, *Industrial Inorganic Pigments*, WILEY-VCH 2005, Weinheim, ISBN 3-527-30363-4
[12] K. Hunger, M. U. Schmidt, *Industrial Organic Pigments*, WILEY-VCH 2018, 4th edition, Weinheim, ISBN 978-3-527-32608-2
[13] K. Hunger (Editor), *Industrial Dyes*, WILEY-VCH 2003, Weinheim, ISBN 3-527-30426-6
[14] H. M. Smith, *High Performance Pigments*, WILEY-VCH 2002, Weinheim, ISBN 3-527-30204-2
[15] H. Endriß, *Aktuelle anorganische Bunt-Pigmente*, Curt R. Vincentz-Verlag 1997, Hannover, ISBN 3-87870-440-2
[16] G. Pfaff, *Inorganic Pigments*, Walter de Gruyter GmbH 2017, Berlin, ISBN 978-3-11-048450-2
[17] H. G. Völz, *Industrielle Farbprüfung*, Wiley VCH, 2nd. ed. 2001, ISBN 3-527-30418-5
[18] D. R. Waring, G. Hallas (ed.), *The Chemistry and Application of Dyes*, Plenum Press, New York 1990, ISBN 0-306-43278-1
[19] A. D. Broadbent, *Basic Principles of Textile Coloration*, Society of Dyers and Colourists Thanet Press Ltd, London, 2001, ISBN 0-901956-76-7
[20] W. Ingamells, *Colours for Textiles*, Society of Dyers and Colourists, Bradford, 1993, ISBN 0-901956-56-2
[21] A. K. R. Choudhury, *Textile Preparation and Dyeing*, Science Publishers 2006, ISBN 978-1578084043
[22] H. Schweppe, *Handbuch der Naturfarbstoffe*, Nikol-Verlag 1993, ISBN 978-3933203465
[23] T. W. Goodwin (ed.), *Plant Pigments*, Academic Press, 1988, ISBN 0-12-289847-8
[24] T. W. Goodwin (ed.), *Chemistry and Biochemistry of Plant Pigments*, Academic Press, 1976, ISBN 0-12-289901-6
[25] K. M. Davies (ed.), *Plant Pigments and their Manipulation*, vol. 14 in *Annual Plant Reviews*, Blackwell Publishing Ltd., 2004, ISBN 1-4051-1737-0
[26] P. Kurzmann, *Mittelalterliche Glastechnologie*, Peter Lang GmbH, Europäischer Verlag der Wissenschaften 2004, Frankfurt/Main, ISBN 3-631-52994-5
[27] K. H. Wedepohl, *Glas in Antike und Mittelalter*, Schweizerbart'sche Verlagsbuchhandlung, Stuttgart 2003, ISBN 3-510-65207-X

https://doi.org/10.1515/9783110649154-005

[28] M. T. Wypyski, *Compositional Study of Medieval Islamic Enameled Glass from The Metropolitan Museum of Art*, pp. 109–132, in: *Metropolitan Museum Studies in Art, Science, and Technology*, vol. 1/2010, The Metropolitan Museum of Art, New York 2010, ISBN 978-1-58839-365-4
[29] W. Vogel, *Glass Chemistry*, Springer Verlag, 2nd ed. 1992, ISBN 3-540-57572-3
[30] H. Scholze, *Glas. Natur, Struktur und Eigenschaften*, Springer Verlag, 3. Auflage 1988, ISBN 3-540-18977-7
[31] M. B. Volf, *Chemical Approach to Glass*, Elsevier, Amsterdam 1984, ISBN 0-444-99635-4
[32] C. R. Bamford, *Colour Generation and Control in Glas*, Elsevier Scientific Publishing Company, 1977, ISBN 0-444-41614-5
[33] W. A. Weyl, *Coloured Glasses*, The Society of Glass Technology, Sheffield, 1951
[34] W. Spiegl, *Die Geschichte vom Glasmachen 1550 bis 1700*, Version Oktober 2002, http://www.glas-forschung.info/pageone/pdf/cristallo.pdf, Zugriff am 10.01.2014
[35] Webseite des Centre International Du Vitrail, Chartres, http://www.centre-vitrail.org/de/die-technik-der-glasmalerei-,479.html, Zugriff am 10.01.2014
[36] A. Y. Spengler, *Zur Technik der Glasmalerei*, Webseite des Bezirksmuseums Wien, Mariahilf, http://www.bezirksmuseum.at/default/index.php?id=385, Zugriff am 10.01.2014
[37] P. Sciau, *Nanoparticles in Ancient Materials: The Metallic Lustre Decorations of Medieval Ceramics*, in: A. A. Hashim (ed.), *The Delivery of Nanoparticles*, InTech, 2012, ISBN 978-953-51-0615-9, http://www.intechopen.com/books/the-delivery-of-nanoparticles/nanoparticles-in-ancientmaterials-the-metallic-lustre-decorations-of-medieval-ceramics
[38] M. A. Pollard, C. Heron, *Archaeological Chemistry*, Royal Society of Chemistry, 2nd ed. 2008, ISBN 978-0854042623
[39] *CPMA Classification of Chemical Descriptions and Usage of the Complex Inorganic Color Pigments*, Color Pigments Manufacturers Association, Inc., Alexandria, 4th. ed. 2013, http://www.pigments.org/cms/index.php?id=250, Zugriff am 10.07.2014
[40] W. Noll, *Alte Keramiken und ihre Pigmente*, E. Schweizerbartsche Verlagsbuchhandlung 1991, Stuttgart, ISBN 3-510-65145-6
[41] *Colour Pigments and Colouring in Ceramics*, Italian Ceramic Society SALA, Modena, 2003
[42] S. Stefanov, S. Batschwarov, *Keramik-Glasuren*, Bauverlag GmbH Wiesbaden 1988, ISBN 3-7652-2600-1
[43] R. Hopper, *The Ceramic Spectrum. A Simplified Approach to Glaze and Color Development*, krause publications 2001, ISBN 0-87341-821-2
[44] K. und W. Lehnhäuser, *Keramische Glasuren und ihre Farben*, Ritterbach Verlag GmbH Frechen, 4. Auflage 2000, ISBN 3-89314-659-8
[45] P. Gregory, *Metal Complexes as Speciality Dyes and Pigments*, in: J. A. McCleverty, *Comprehensive Coordination Chemistry II*, Vol. 9, pp. 549–579 Elsevier 2004, ISBN 0-08-0437486
[46] M. Doerner, T. Hoppe, *Malmaterial und seine Verwendung im Bilde*, 18. Auflage, Verlag Enke 1994, Stuttgart, ISBN 3-363-00800-7
[47] Verschiedene Herausgeber, *Artist's Pigments Vol. 1–4*, Oxford University Press 1997, New York, ISBN 0-89468-256-3
[48] N. Eastaugh, V. Walsh, T. Chaplin, R. Siddall, *Pigment Compendium. A Dictionary of Historical Pigments*, Elsevier Butterworth-Heinemann, Oxfort 2004, ISBN 0-7506-57499
[49] K. Lutzenberger, *Künstlerfarben im Wandel: Synthetische organische Pigmente des 20. Jahrhunders und Möglichkeiten ihrer zerstörungsarmen, analytischen Identifizierung*, Herbert Utz-Verlag, 2009, ISBN 9-783-83160903-1
[50] T. C. Patton (ed.), *Pigments Handbook Vol. 1*, Wiley-InterScience, 1973, ISBN 0-471-67123-1
[51] R. D. Harley, *Artist´s Pigments c. 1600–1835*, Butterworth Scientific, 2nd ed. 1982, ISBN 0-408-70945-6

[52] G. R. Rapp, *Archaeomineralogy (Natural Science in Archaeology)*, Springer-Verlag Berlin 2009, ISBN 978-3540785934
[53] H. Howard, *Pigments of English Medieval wall Painting*, Archetypes Publications Ltd., London 2003, ISBN 1-873132-48-4
[54] H. Berke, *Chemie im Altertum – Die Erfindung von blauen und purpurnen Farbpigmenten*, Universitätsverlag Konstanz 2006, Konstanz, ISBN 978-3-87940-802-3
[55] G. Kremer, Web-Informationen zum Pigment 10400 Vivianit, http://www.kremer-pigmente.de/10400.htm, Zugriff am 20.06.2014
[56] L. Resenberg, *Zinnober – zurück zu den Quellen*, Anton Sigl, München, 2005, ISBN 3-935643-30-6
[57] G. Kremer, Web-Informationen zum Pigment 10620 Zinnober, http://kremer-pigmente.de/10620.htm, Zugriff am 10.01.2014
[58] Forumsmitglied „lemmi“, *Synthese von Zinnober – ein alchemistisches Experiment*, http://www.versuchschemie.de/topic,16739,-Synthese+von+Zinnober+-+ein+alchemistisches+Experiment.html, Zugriff am 20.06.2014
[59] D. L. Douglass, C. Shing, G. Wang, *The light-induced alteration of realgar to pararealgar*, American Mineralogist, Volume 77, pages 1266–1274, 1992
[60] G. Kremer, Web-Informationen zum Pigment 10200 Azurit, http://kremer-pigmente.de/10200mp.htm und http://kremer-pigmente.de/10200.htm#mp, Zugriff am 20.06.2014 sowie persönliche Mitteilung
[61] G. Kremer, Web-Informationen zum Pigment 46400 Gofun Shirayuki, http://kremer-pigmente.de/46400.htm, Zugriff am 20.06.2014
[62] J. Klaas, *Studien zu Ägyptisch Grün. Bildungsbedingungen und Identifizierung der chemischen Zusammensetzung*, S. Gerzer, *Kaadener Grün. Lagerstätte, Gewinnung und Verwendung der böhmischen Grünen Erde*, Anton Sigl, München, 2006, ISBN 3-935643-30-6
[63] I. Stösser, *Rote Farblacke in der Malerei. Herstellung und Verwendung im deutschsprachigen Raum zwischen ca. 1400 und 1850*, Diplomarbeit am Institut für Technologie der Malerei der Staatlichen Akademie der Bildenden Künste Stuttgart, 1985
[64] R. M. Cornell, U. Schwertmann, *The Iron Oxides*, Wiley-VCH 2003, ISBN 3-527-30274-3
[65] U. Schwertmann, R. M. Cornell, *Iron Oxides in the Laboratory*, Wiley-VCH 2000, ISBN 3-527-29669-7
[66] C. Blänsdorf, *Blaue Farblacke in Staffeleimalerei und Skulpturenfassung*, Schriftenreihe Konservierung und Restaurierung, Hochschule der Künste, Bern, 2004, ISBN 3-9522804-3-7
[67] R. Chenciner, *Madder Red: a History of Luxury and Trade*, Curzon, 2001, ISBN 0-7007-1259-3
[68] H. Kühn, *Die Pigmente in den Gemälden der Schack-Galerie*, in: *Gemäldekataloge. Band II: Schack-Galerie.*, Bayerische Staatsgemäldesammlungen, München 1969
[69] J. H. Hofenk de Graaff, *The Colourful Past: Origins, Chemistry and Identification of Natural Dyestuffs*, Riggisberg: Abegg-Stiftung, 2004, ISBN 3-905014-25-4
[70] H. Roosen-Runge, *Farbe, Farbmittel der abendländischen mittelalterlichen Buchmalerei*, in: *Reallexikon zur Deutschen Kunstgeschichte*, Band 6, S. 1463–1492, Verlag C. H. Beck 1986, ISBN 978-3406140068, Webzugriff über http://rdk.zikg.net/gsdl/cgi-bin/library.exe
[71] I. Sandner, B. Bünsche, H.-P. Schramm, G. Meier, J. Voss, *Konservierung von Gemälden und Holzskulpturen*, Deutscher Verlag der Wissenschaften 1990, ISBN 3-326-00524-5
[72] J. Hill Stoner, R. Rushfield (eds.), *Conservation of Easel Paintings*, Routledge, 2012, ISBN 978-0-7506-8199-5
[73] M. D. Gottsegen, *The Painter's Handbook*, Watson-Guptill Publications 2006, ISBN 0-8230-3496-3
[74] R. Mayer, *The Artist´s Handbook of Materials and Techniques*, The Viking Press, 1982, ISBN 0-670-13666-2

[75] J. Trevelyan, *Tiefdruckgraphik heute*, O. Maier Verlag Ravensburg, 1966, ISBN
[76] W. Authenrieth, *Neue und alte Techniken der Radierung und Edeldruckverfahren*, Authenriet, 6. Auflage 2010, ISBN 978-3000356193
[77] F. Hollenberg, W. Rabe (Bearbeiter), *Radierung. Ätzkunst und Kupfertiefdruck*, O. Maier Verlag Ravensburg 1970, ISBN 3-473-61107-7
[78] V. Preissig, *Zur Technik der farbigen Radierung und des farbigen Kupferstichs. I. Teil.*, Karl W. Hiersemann, Leipzip 1909
[79] R. Simmons, K. Clemson, *DuMont's Handbuch Holz- und Linolschnitt*, Dt. Erstausgabe, DuMont Buchverlag Köln 1990, ISBN 3-7701-2468-5
[80] J. Stobart, *Einfach drucken*, Haupt Verlag, 2003, ISBN 3-258-06608-6
[81] B. Butts, L. Hendrix, *Painting on Light: Drawings and Stained Glass in the Age of Durer and Holbein*, J. Paul Getty Museum 2000, ISBN 978-0892365784
[82] F. Wirtl, *Hinterglasmalerei*, Otto Maier Verlag Ravensburg, 1980, ISBN 3-473-43052-8
[83] A. K. Leonhard, *Hinterglasmalerei*, Frech-Verlag Stuttgart, 5. Auflage 1977, ISBN 3-7724-0272-0
[84] S. Bretz, *Hinterglasmalerei*, Klinkhardt & Biermann Verlag München, 2013, ISBN 978-3-943616-12-5
[85] K.-P. Schäffel, *Wasserfarben aus Naturmaterialien selber machen*, Basler Papiermühle, 2007
[86] G. Ziesemann, M. Krampfer, H. Knieriemen, *Natürliche Farben. Anstriche und Verputze selber herstellen*, AT Verlag, 4. Auflage 2000, ISBN 3-85502-523-1
[87] L. Edwards, J. Lawless, *Naturfarben Handbuch*, edition antis im Ökobuch Verlag, 1. Auflage 2003, ISBN 3-922964-92-3
[88] W. Blanke, *Malen mit Pigmenten und variablen Bindemitteln*, Knaur, 2003, ISBN 978-3-426-66956-3
[89] H. Arendt, *Werkstatt Pflanzenfarben. Natürliche Malfarben selbst herstellen und anwenden*, AT Verlag, 2. Auflage 2010, ISBN 978-3-03800-407-3
[90] P. Seymour, *Making Soft Pastels Using Dry Pigments*, Lee Press, London 1999, ISBN 0-9524727-2-4
[91] G. P. A. Turner, *Introduction to paint chemistry and principles of paint technology*, St Edmundsbury Press Ltd 1988, ISBN 0-412-29440-0
[92] T. J. S. Learner, *Analysis of Modern Paints*, Getty Publications, 2005, ISBN 978-0-89236-779-5
[93] T. J. S. Learner, P. Smithen, J. W. Krueger, M. R. Schilling (eds.), *Modern Paints Uncovered*, Proceedings from the Modern Paints Uncovered Symposium, Tate Modern London, 2006, Getty Publications, 2007, ISBN 978-0-89236-906-5
[94] H.-P. Schramm, B. Hering, *Historische Malmaterialien und ihre Identifizierung*, Bücher des Restaurators Bd. 1, Hrg. U. Schießl, Verlag Enke, Stuttgart 1995, ISBN 3-432-27041-0
[95] M. F. Striegel, J. Hill, *Thin-Layer Chromatography for Binding Media Analysis*, The Getty Conservation Institute, Los Angeles 1996, ISBN 0-89236-390-8, http://www.getty.edu/conservation/publications_resources/pdf_publications/pdf/thin_layer.pdf, Zugriff am 20.06.2014
[96] M. P. Colombini, F. Modugno (eds.), *Organic Mass Spectrometry in Art and Archaeology*, John Wiley & Sons, Ltd., 2009, ISBN 978-0-470-51703-1
[97] J. S. Mills, R. White *The Organic Chemistry of Museum Objects*, Butterworth-Heinemann Ltd., 2nd ed. 1994, ISBN 0-7506-4693-4
[98] J. Riederer, *Archäologie und Chemie*, Ausstellung des Rathgen-Forschungslabors SMPK 1987/1988, Staatliche Museen Preußischer Kulturbesitz, Berlin 1987, ISBN 3-88609-212-7
[99] C. Ehrenfort, *Aquarell- und Gouachefarben. Beiträge zu Materialzusammensetzung, Veränderungen, Schäden*, Diplomarbeit 1993, Institut für Technologie der Malerei, Staatliche Akademie der Bildenden Künste Stuttgart

[100] A. Roy, P. Smith (eds.), *Painting Techniques. History, Materials and Studio Practice*, The International Institute for Conservation of Historic and Artistic Works 1998, ISBN 0-9500525-8-2
[101] A. Wallert, M. Rey, *Historical painting techniques, materials, and studio practice*, preprints of a symposium, University of Leiden, the Netherlands, 26–29 June 1995, The Getty Conservation Institute, Los Angeles 1995, ISBN 0-89236-322-3 http://www.getty.edu/conservation/publications_resources/pdf_publications/pdf/historical_paintings.pdf, Zugriff am 20.06.2014
[102] J. Riederer, *Kunstwerke chemisch betrachtet*, Springer-Verlag 1981, ISBN 3-540-10552-2
[103] A. Bartl, C. Krekel, M. Lautenschlager, D. Oltrogge, *Der Liber illuministarum aus dem Kloster Tegernsee*, Veröffentlichung des Instituts für Kunsttechnik und Konservierung im Germanischen Nationalmuseum, Band 8, Franz Steiner Verlag 2005, ISBN 3-515-08472-X
[104] D. A. Scott, *Copper and Bronze in Art. Corrosion, Colorants, Conservation.*, Getty Conservation Institute, 2002, ISBN 0-89236-638-9
[105] P. Villa, L. Pollarolo, I. Degano, L. Birolo, M. Pasero, C. Biagioni, K. Douka, R. Vinciguerra, J. J. Lucejko, L. Wadley, *A Milk and Ochre Paint Mixture Used 49,000 Years Ago at Sibudu, South Africa*, 2015, PLoS ONE 10(6): e0131273. doi:10.1371/journal.pone.0131273, http://journals.plos.org/plosone/article?id=10.1371/journal.pone.0131273, Zugriff am 28.07.2015
[106] Spektrum der Wissenschaft (online-Redaktion), *Frühe Kunstkenner*, News-Meldung vom 04.05.2000, Spektrum der Wissenschaft Verlag, http://www.spektrum.de/news/fruehe-kunstkenner/344026, Zugriff am 28.07.2015
[107] Spektrum der Wissenschaft (online-Redaktion), *Die Urväter der Kunst*, News-Meldung vom 23.10.2000, Spektrum der Wissenschaft Verlag, http://www.spektrum.de/news/die-urvaeter-der-kunst/344691, Zugriff am 28.07.2015
[108] G. Bataille, *Die vorgeschichtliche Malerei. Lascaux oder Die Geburt der Kunst*, Editions d´Art Albert Skira Genf/Klett-Cotta Stuttgart, 1983, ISBN 3-88447-069-8
[109] G. Rietschel u. a., *Lascaux. Höhle der Eiszeit*, Ausstellungskatalog des Roemer- und Pelizaeus-Museum Hildesheim, Verlag Philipp von Zabern, Mainz 1982, ISBN 3-8053-0593-1
[110] M. Lorblanchet, *Höhlenmalerei*, Jan Thorbecke Verlag, 2. Auflage 2000, ISBN 3-7995-9025-0
[111] *Reclams Handbuch der künstlerichen Techniken. Band 1: Farbmittel, Buchmalerei, Tafel- und Leinwandmalerei.*, Philipp Reclam jun. GmbH & Co. Stuttgart, 1988, ISBN 3-15-010322-3
[112] H. Roosen-Runge, *Tüchleinmalerei, Tafelmalerei*, in: [111]
[113] H. Roosen-Runge, *Buchmalerei*, in [111], S. 25–124
[114] *Reclams Handbuch der künstlerischen Techniken. Band 2: Wandmalerei, Mosaik.*, Philipp Reclam jun. GmbH & Co. Stuttgart, 1990, ISBN 3-15-010345-2
[115] A. Knoepfli, O. Emmenegger, *Wandmalerei bis zum Ende des Mittelalters*, in: [114]
[116] *Reclams Handbuch der künstlerischen Techniken. Band 3: Glas, Keramik, Porzellan, Möbel, Intarsie und Rahmen, Lackkunst, Leder.*, Philipp Reclam jun. GmbH & Co. Stuttgart, 1986, ISBN 3-15-030015-0
[117] A. Nunn, Handbuch der Orientalistik, 7. Abteilung, *Die Wandmalerei und der glasierte Wandschmuck im alten Orient*, J. Brill, Leiden 1988, ISBN 90-04-08428-2
[118] M. A. Corzo, M. Afshar, *Art and Eternity. The Nefertari Wall Paintings Conservation Project 1986–1992*, J. Paul Getty Trust, 1993, ISBN 0-89236-130-1
[119] D. Stulik, E. Porta, A. Palet, *Analysis of Pigments, Binding Media and Varnishes*, In [118], pp. 55–65
[120] S. Hood, *The Arts in Prehistoric Greece*, Penguin Books, 1990, ISBN 0-14-0561-42-0
[121] R. Higgins, *Minoan and Mycenaen Art (World of Art)*, Verlag Thames & Hudson Ltd, 1981, ISBN 978-0500201848
[122] I. Scheibler, *Griechische Malerei der Antike*, Beck, München 1994, ISBN 3-406-38491-9

[123] T. Spiteris, *Griechische und Etruskische Malerei*, Weltgeschichte der Malerei Band 3, Editions Rencontre Lausanne, 1966

[124] T. Spiteris, *Bunte Götter. Die Farbigkeit antiker Skulptur*, Ausstellungskatalog des Museums für Kunst und Gewerbe Hamburg, 4. Auflage 2007

[125] I. Baldassarre, A. Pontrandolfo, A. Rouveret, M. Salvadori, *Römische Malerei*, DuMont, 2003, ISBN 3-8321-7210-6

[126] H. Mielsch, *Römische Wandmalerei*, Wissenschaftliche Buchgesellschaft, Darmstadt 2001

[127] S. Augusti, *I colori pompeiani*, De Luca Editore, Istituto Grafico Tiberino, Roma 1967

[128] M. Exner (Hrsg.), *Wandmalerei des frühen Mittelalters. Bestand, Maltechnik, Konservierung*, ICOMOS Hefte des Deutschen Nationalkomitees XXIII, 1998, ISBN 3-87490-663-9

[129] J. und K. Hecht, *Die frühmittelalterliche Wandmalerei des Bodenseegebietes*, 2 Bände, J. Thorbecke Verlag Sigmaringen, 1979, ISBN 3-7995-7008-X

[130] H. Stampfer, T. Steppan, *Die romanische Wandmalerei in Tirol*, Schnell & Steiner, 1. Auflage 2007, ISBN 978-3795415747

[131] D. Jakobs, *Sankt Georg in Reichenau-Oberzell*, 2. Band, Konrad-Theiss-Verlag, Stuttgart 1999, ISBN 978-3806214628

[132] A. Burmester, C. Heilmann, M. F. Zimmermann, *Barbizon. Malerei der Natur – Natur der Malerei*, Klinghardt & Biermann Verlagsbuchhandlung GmbH, München 1999, ISBN 3-7814-ß424-2

[133] C. Syre, *Tintoretto. Der Gonzaga-Zyklus*, Ausstellungskatalog, Bayerische Staatsgemäldesammlungen, Hatje Cantz Verlag, München 2000, ISBN 3-7757-0887-1

[134] D. Bomford, J. Kirby, A. Roy, A. Rüger, R. White, *Art in the Making. Rembrandt*, National Gallery Company, London 2006, ISBN 978-1-85709-356-8

[135] C. Brown, *Making & Meaning. Rubens's Landscapes*, National Gallery Publications, London 1996, ISBN 1-85709-155-8

[136] R. Spronk, *More than Meets the Eye: An Introduction to Technical Examination of Early Netherlandish Paintings at the Fogg Art Museum*, Harvard University Art Museums Bulletin, Vol. 5, No. 1 (Autumn, 1996), pp. 1–3, 6–64

[137] I.Gaskell, M. Jonker, *Vermeer Studies*, Studies in the History of Art 55, National Gallery of Art, Washington 1998, ISBN 0-300-07521-9

[138] J. Townsend, *Turner's Painting Techniques*, Tate Gallery London, 2nd ed. 1996, ISBN 1-85437-202-5

[139] C. Peres, M. Hoyle, L. van Tilborgh (eds.), *A Closer Look: Technical and art-historical Studies on Works by Van Gogh and Gauguin*, Rijksmuseum Vincent van Gogh, Cahier Vincent 3, Waanders Publishers, Zwolle 1991

[140] D. Bomford, J. Dunkerton, D. Gordon, A. Roy, J. Kirby, *Art in the Making: Italian Painting before 1400*, National Gallery London 1989, 1992, ISBN 0-947645-67-5

[141] D. Bomford, J. Kirby, J. Leighton, A. Roy, *Art in the Making. Impressionism*, National Gallery Company, London 1990, ISBN 0-300-05035-6

[142] G. Goldberg, B. Heimberg, M. Schawe, *Albrecht Dürer. Die Gemälde der Alten Pinakothek*, Bayerische Staatsgemäldesammlungen, Edition Braus, München 1998, ISBN 3-89466-216-6

[143] J. D. Sanders, *Pigments for Inkmakers*, SITA Technology, London 1989, ISBN 0-947798-07-02

[144] S. Magdassi, *The Chemistry of Inkjet Inks*, World Scientific Publishing Co. Pte. Ltd., Singapur 2010, ISBN 978-981-281-921-8

[145] S. F. Pond, *Inkjet Technology and Product Development Strategies*, Torrey Pines Research, 2000, ISBN 0-9700860-0-8, http://www.tpr.com/inkjet_book.htm

[146] J. T. Kunjappu, *Essays in Ink Chemistry*, Nova Science Publishers Inc., 2001, ISBN 1-59033-111-7

[147] J. A. G. Drake (ed.), *Chemical Technology in Printing and Imaging Systems*, The Royal Chemical Society of Chemistry 1993, ISBN 0-85186-655-7

[148] N. Underwood, T. V. Sullivan, *The Chemistry and Technology of Printing Inks*, D. Van Nostrand Company, New York 1915, Reprint von BiblioBazaar 2009, ISBN 978-1103807611
[149] C. Maywald, *Schreibtinten. Einführung und Übersicht*, Robert Wiegner Verlag 2010, ISBN 978-3-931775-15-5
[150] A. Schopen, *Tinten und Tuschen des arabisch-islamischen Mittelalters*, Vandenhoeck & Ruprecht GmbH & Co. KG, Göttingen 2006, ISBN 978-3-525-82541-9
[151] M. Zerdoun Bat-Yehouda, *Les Encres Noires au Moyen Âge*, Centre National de la recherche Scientifique, Paris, 1983, ISBN 2-222-02972-4
[152] W. Baumann, T. Rothardt, *Druckereichemikalien: Daten und Fakten zum Umweltschutz*, Springer-Verlag, 2. Auflage 1999, ISBN 3-540-66046-1
[153] V. C. Malshe, M. A. Sikchi, *Basics of Paint Technology Part I*, Antar Prakash Centre for Yoga, 2. Auflage 2004, ISBN 978-8190329859
[154] Oil and Colour Chemists' Association, *Surface Coatings: Volume 1 Raw Materials and their Usage*, Springer Science & Business Media, 3. ed. 1993, ISBN 0-412-55210-8
[155] N. Equiamicus, *Kleines Rezeptbuch der historischen Tinten*, Bohmeier Verlag 2011, ISBN 978-3-89094-593-4
[156] G. Weibel, *Miniaturisiertes Dosiersystem zur geregelten Dosierung von Tinte in einem Schreibgerät*, Dissertation, Universität Stuttgart, 2008, http://dx.doi.org/10.18419/opus-4142, Zugriff am 09.02.2015
[157] M. Ek, G. Gellerstedt, G. Henriksson (eds.), *Pulp and Paper Chemistry and Technologie. 1. Wood Chemistry and Wood Biotechnology*, Walter de Gruyter GmbH, 2009, ISBN 978-3-11-048195-2
[158] M. Ek, G. Gellerstedt, G. Henriksson (eds.), *Pulp and Paper Chemistry and Technologie. 2. Pulping Chemistry and Technology*, Walter de Gruyter GmbH, 2009, ISBN 978-3-11-048342-0
[159] M. Ek, G. Gellerstedt, G. Henriksson (eds.), *Pulp and Paper Chemistry and Technologie. 3. Paper Chemistry and Technology*, Walter de Gruyter GmbH, 2009, ISBN 978-3-11-048343-7
[160] M. Ek, G. Gellerstedt, G. Henriksson (eds.), *Pulp and Paper Chemistry and Technologie. 4. Papier Products Physics and Technology*, Walter de Gruyter GmbH, 2009, ISBN 978-3-11-048346-8
[161] D. Zerler, H.-U. Kästner, *Werkstoffkunde für den Papiermacher*, Schriftenreihe der Papiermacherschule Band 19, Papiermacherschule Gernsbach, 1. Auflage 1997
[162] J. C. Roberts (ed.), *Paper Chemistry*, Blackie & Son Ltd., Glasgow 1991, ISBN 0-216-92909-1
[163] H. Holik (ed.), *Handbook of Paper and Board*, WILEY-VCH Verlag Chemie 2006, ISBN 978-3-527-30997-9
[164] W. Baumann, B. Herberg-Liedtke, *Papierchemikalien: Daten und Fakten zum Umweltschutz*, Springer-Verlag, 1994, ISBN 3-540-57593-6
[165] J. P. Casey (ed.), *Pulp and Paper, Chemistry and Chemical Technology*, Vol. III, John Wiley & Sons, 3. Auflage 1981, ISBN 0-471-03177-1
[166] J. Blechschmidt (Hrsg.), *Papierverarbeitungstechnik*, Carl Hanser Fachbuchverlag, 2013, ISBN 978-3-446-43071-6
[167] J. Blechschmidt (Hrsg.), *Taschenbuch der Papiertechnik*, Carl Hanser Fachbuchverlag, 2. Auflage 2013, ISBN 978-3-446-43802-6
[168] M. Lewin (ed.), *Handbook of Fiber Chemistry*, CRC Press, 3.rd edition 2006, ISBN 0-8247-2565-4
[169] H. Kittel, *Lehrbuch der Lacke und Beschichtungen*, mehrere Bände S. Hirzel Verlag Stuttgart, 2007, ISBN 978-3-7776-1014-6
[170] J. L. Keddie, A. F. Routh, *Fundamentals of Latex Film Formation*, Springer Verlag 2010, ISBN 978-90-481-2844-0

[171] D. Stoye, W. Freitag (eds.), *Paints, Coatings and Solvents*, WILEY-VCH, 2. ed. 1998, ISBN 3-527-28863-5
[172] D. Urban, K. Takamura, *Polymer Dispersions and Their Industrial Applications*, WILEY-VCH, 2002, ISBN 3-527-30286-7
[173] Z. W. Wicks, F. N. Jones, S. P. Pappas, *Organic Coatings – Science and Technology, vol. 1: Film Formation, Components and Appearance*, John Wiley & Sons, Inc., New York 1992, ISBN 0-471-61406-8
[174] J. Bieleman, *Lackadditive*, Wiley-VCH 1998, ISBN 3-527-28819-9
[175] C. V. Horie, *Materials for Conservation*, Butterworth & Co. Ltd., 1987, ISBN 0-408-01531-4
[176] H. Briehl, *Chemie der Werkstoffe*, Vieweg und Teubner Verlag, 2. Auflage 2007, ISBN 978-3835102231
[177] A. Goldschmidt, H.-J. Streitberger, *BASF-Handbuch Lackiertechnik*, Vincentz-Verlag Hannover, 2002, ISBN 3-87870-324-4
[178] T. Brock, *Lehrbuch der Lacktechnologie*, Vincentz-Verlag Hannover, 2. Auflage 1998, ISBN 3-87870-569-7
[179] D. Stoye, W. Freitag, *Lackharze: Chemie, Eigenschaften und Anwendungen*, Hanser-Verlag, 1996, ISBN 3-446-17475-3
[180] M. El-Sayed Abdel-Raouf, A.-R. Mahmoud Abdul-Raheim, *Rosin: Chemistry, Derivatives, and Applications: a review*, BAOJ Chem 4: 039 (2018), https://bioaccent.org/chemistry/chemistry39.php, Zugriff am 20.05.2019
[181] *BASF Handbuch Lackiertechnik*, BASF Coatings AG, Münster und Vincentz-Verlag, Hannover, 2002,ISBN 3-87870-324-4
[182] A. F. Hollemann, N. Wiberg, *Lehrbuch der Anorganischen Chemie*, Walter de Gruyter Berlin, 91–100. Auflage 1985, ISBN 3-11-007511-3
[183] N. N. Greenwood, A. Earnshaw, *Chemie der Elemente*, VCH 1990, 1. Nachdr. d. 1. Aufl., ISBN 3-527-26169-9
[184] M. Winter, *WebElements: the periodic table on the WWW. Binary compounds and complexes*, University of Sheffield and WebElements Ltd, UK, http://www.webelements.com/compounds.html, Zugriff am 06.06.2014
[185] F. Ullmann, *Ullmanns Encyclopedia of industrial chemistry*, Wiley-VCH Verlag GmbH Weinheim 2005, elektronische Ausgabe
[186] F. Ullmann, *Ullmanns Encyklopädie der technischen Chemie*, Verlag Chemie, Weinheim 1972–1984, 4. Auflage
[187] R. Dittmeyer, W. Keim, G. Kreysa, A. Oberholz, *Chemische Technik*, Band 7: Industrieprodukte, Wiley-VCH, 5. Auflage 2004, ISBN 9783527307722
[188] J. I. Kroschwitz (ed.), *Encyclopedia of Chemical Technology*, Wiley & Sons, New York 2004, 5. Auflage, ISBN 0-471-48494-6
[189] A. Wollrab, *Organische Chemie*, Springer Verlag, 2. Auflage 2002, ISBN 3-540-43998-6
[190] H. P. Latscha, U. Kazmaier, A. Klein, *Organische Chemie: Chemie-Basiswissen II*, Springer Verlag, 6. Auflage 2008, ISBN 978-3-540-77106-7
[191] E. Breitmaier, G. Jung, *Organische Chemie*, Georg Thieme Verlag, 5. Auflage 2005, ISBN 3-13-541505-8
[192] W. Kutzelnigg, *Einführung in die Theoretische Chemie*, WILEY-VCH 2002, ISBN 3-527-30609-9
[193] M. J. S. Dewar, R. C. Dougherty, *The PMO Theory of Organic Chemistry*, Plenum Publishing Company, New York 1975, ISBN 0-306-20010-4 pbk
[194] A. Rauk, *Orbital Interaction Theory of Organic Chemistry*, Wiley-Interscience, 2nd ed. 2001, ISBN 0-471-35833-9
[195] T. A. Albright, J. K. Burdett, M.-H. Whangbo, *Orbital Interactions in Chemistry*, John Wiley & Sons, Inc., 2nd ed. 2013, ISBN 978-0-471-08039-8

[196] M. Hesse, H. Meier, B. Zeeh, *Spektroskopische Methoden in der organischen Chemie*, Thieme Verlag Stuttgart, 7. Auflage 2005, ISBN 978-3135761077
[197] G. Lagaly, O. Schulz, R. Zimehl, *Dispersionen und Emulsionen, eine Einführung in die Kolloidik feinverteilter Stoffe*, Dr. Dietrich Steinkopff Verlag, Darmstadt 1997, ISBN 3-7985-1087-3
[198] R. M. Pashley, M. E. Karaman, *Applied Colloid and Surface Chemistry*, John Wiley & Sons Ltd., 2004, ISBN 0-470-86883-X
[199] R. J. Hunter, *Introduction to Modern Colloid Science*, Oxford University Press Inc., 1993, ISBN 0-19-855387-0
[200] E. J. W. Verwey, J. Th. G. Overbeek, *Theory of the Stability of Lyophobic Colloids*, Elsevier Publishing Company Inc., 1948
[201] K. S. Birdi, *Surface Tension and Interfacial Tension of Liquids*, in: *Handbook of Colloid and Surface Chemistry*, CRC Press 2009, ISBN 978-1-4200-0720-6
[202] T. F. Tadros, *Colloids in Paints*, Wiley-VCH 2010, ISBN 978-3-527-31466-9
[203] T. F. Tadros, *An Introduction to Surfactants*, Walter de Gruyter 2014, ISBN 978-3-11-031212-6
[204] D. Distler (Hrsg.), *Wäßrige Polymerdispersionen*, Wiley-VCH 1999, ISBN 3-527-29587-9
[205] E. Dickinson, D. J. McClements, *Advances in Food Colloids*, Blackie Academic & Professsional, 1st ed. 1995, ISBN 0-7514-0203-6
[206] M. Ladd, *Symmetry and Group Theory in Chemistry*, Horwood Chemical Science Series, Horwood Publishing Ltd. 1998, ISBN 1-898563-39-X
[207] M. S. Dresselhaus, G. Dresselhaus, A. Jorio, *Group theory: application to the physics of condensed matter*, Springer 2008, ISBN 978-3-540-32897-1
[208] G. Steffen, *Farbe und Lumineszenz von Mineralien*, Enke Verlag, Stuttgart 2000, ISBN 3-13-118341-1
[209] R. G. Burns, *Mineralogical applications of crystal field theory*, Cambridge University Press 1993, ISBN 0-521-430771
[210] D. Reinen, *Kationenverteilung zweiwertiger $3d^n$-Ionen in oxidischen Spinell-, Granat- und anderen Strukturen*, S. 114–154, in: P. Hemmerich (ed.), *Structure and Bonding*, Band 7/1970 Springer Verlag 1970, ISBN 978-3-540-05022-3
[211] A. B. P. Lever, *Inorganic Elektronic Spectroscopy*, Elsevier 1984, ISBN 0-444-42389-3
[212] B. N. Figgis, M. A. Hitchman, *Ligand field theory and its applications*, Wiley-VCH 2000, ISBN 0-471-31776-4
[213] F. Kober, *Grundlagen der Komplexchemie*, Otto Salle Verlag, 1979, ISBN 3-7935-5482-1
[214] J. R. Gispert, *Coordination Chemistry*, Wiley-VCH, 1. ed 2008, ISBN 978-3-527-31802-5
[215] L. H. Gade, *Koordinationschemie*, Wiley-VCH, 1. Auflage 1998, ISBN 3-527-29503-8
[216] E. König, S. Kremer, *Ligand field energy diagrams*, Plenum Press New York 1977, ISBN 0-306-30946-7
[217] B. Di Bartolo, *Magnetic Ions in Solids*, pp. 15–61, in: B. Di Bartolo, *Optical Properties of Ions in Solids*, Plenum Press New York 1975, ISBN 0-306-35708-9
[218] A. S. Marfunin, *Physics of Minerals and Inorganic Materials*, Springer Verlag 1979, ISBN 3-540-08982-9
[219] I. B. Bersuker, *Electronic Structure and Properties of Transition Metal Compounds*, John Wiley & Sons, 2nd ed. 2010, ISBN 978-0-470-18023-5
[220] R. S. Mulliken, W. B. Person, *Molecular complexes: a Lecture and Reprint Volume*, Wiley, New York 1969
[221] C. Janiak, T. M. Klapötke, E. Riedel, *Moderne anorganische Chemie*, Walter de Gruyter, 2003, ISBN 3-11-015672-5
[222] U. Müller, *Anorganische Strukturchemie*, Vieweg+Teubner Verlag, 6. Auflage 2008, ISBN 978-3834806260

[223] J. Reinhold, *Quantentheorie der Moleküle*, Teubner Verlag, 3. Auflage 2006, ISBN 978-3-8351-0037-4
[224] O. Krätz, *7000 Jahre Chemie*, Nikol Verlag 2000, ISBN 978-3933203205
[225] H. Hager, W. Blaschek, K. Keller, *Hagers Handbuch der Pharmazeutischen Praxis, Bd. 3*, Springer-Verlag 1998, ISBN 978-3540616191
[226] E. Breitmaier, *Terpene: Aromen, Düfte, Pharmaka, Pheromone*, Teubner Studienbücher Chemie 1999, ISBN 3-519-03548-0
[227] G. Michal (Hrsg.), *Biochemical Pathways*, Spektrum, Akademischer Verlag 1999, ISBN 3-86025-239-9
[228] G. Richter, *Stoffwechselphysiologie der Pflanzen*, Georg Thieme Verlag Stuttgart, 4. Auflage 1981, ISBN 3-13-442004-X
[229] G. Tegge (Hrsg.), *Stärke und Stärkederivate*, Behr's Verlag, 3. Auflage 2004, ISBN 3-89947-075-3
[230] J. N. BeMiller, *Carbohydrate Chemistry for Food Scientists*, AACC International Inc. 2007, St. Paul, ISBN 978-1-891127-53-3
[231] A. M. Stephen, G. O. Philips, P. A. Williams, *Food Polysaccharides and Their Applications*, Marcel Dekker Inc. 2006, ISBN 978-0824759223
[232] H.-D. Belitz, W. Grosch, *Lehrbuch der Lebensmittelchemie*, Springer-Verlag, 4. Aufl. 1992, ISBN 3-540-55449-1
[233] W. Ternes, *Lebensmittel-Lexikon*, Behrs Verlag 2005, ISBN 978-3899471656
[234] N. P. Wong, R. Jenness, *Fundamentals of Dairy Chemistry*, Aspen Publishers 1999, ISBN 0-8342-1360-5
[235] P. Walstra, R. Jenness, *Dairy Chemistry and Physics*, J. Wiley & Sons 1984, ISBN 0-471-09779-9
[236] P. Nuhn, *Naturstoffchemie*, S. Hirzel Verlag Stuttgart, 3. Aufl. 1997, ISBN 3-7776-0613-8
[237] Y. Margalit, *Concepts in Wine Chemistry*, The Wine Appreciation Guild, San Francisco 2004, ISBN 1-891267-74-4
[238] J. F. Zayas, *Functionality of Proteins in Food*, Springer-Verlag 1997, ISBN 3-540-60252-6
[239] J. C. Cheftel, J. L. Cuq, D. Lorient, *Lebensmittelproteine*, Behr's Verlag 1992, ISBN 3-86022-071-3
[240] S. Damodaran, A. Paraf (eds.), *Food Proteins and their Applications*, Marcel Dekker Inc., New York, 1997, ISBN 0-8247-9820-1
[241] A. Gennadios (ed.), *Protein-based Films and Coatings*, CRC Press 2002, ISBN 978-1587161070
[242] T. Yamamoto, L. R. Juneja, H. Hatta, M. Kim (eds.), *Hen Eggs. Their Basic and Applied Science*, CRC Press 1997, ISBN 0-8493-4005-5
[243] W. Ternes, L. Acker, S. Scholtyssek, *Ei und Eiprodukte*, Verlag Paul Parey, 1994, ISBN 3-489-63114-5
[244] P. Fratzl (ed.), *Collagen. Structure and Mechanics*, Springer 2008, ISBN 978-0-387-73905-2
[245] E. N. Frankel, *Lipid Oxidation*, The Oily Press, Dundee 1998, ISBN 0-9514171-9-3
[246] H. W.-S. Chan (ed.), *Autoxidation of Unsatured Lipids*, Academic Press Inc., London 1987, ISBN 0-12-167630-7
[247] A. Brossi (Hrg.), *The Alkaloids: Chemistry and Pharmacology: 39*, Academic Press Inc. 1990, ISBN 978-0124695399
[248] E. Haslam, *Practical Polyphenolics. From Structure to Molecular Recognition and Physiological Action*, Cambridge University Press 1998, ISBN 0-521-46513-3
[249] M. Luckner, *Secondary Metabolism in Microorganisms, Plants, and Animals*, Springer Verlag, 3. Auflage 1990, ISBN 3-540-50287-4
[250] B. A. Bohm, *Introduction to Flavonoids*, Harwood Academic Publishers 1998, ISBN 90-5702-353-9

[251] W. I. Taylor, A. R. Battersby, *Oxidative Coupling of Phenols*, Marcel Dekker Inc., New York 1967
[252] H. A. Stafford, *Flavonoid Metabolism*, CRC Press Inc 1990, ISBN 978-0849360855
[253] F. Constabel, I. K. Vasil (eds.), *Cell Culture and Somatic Cell Genetics of Plants, vol. 5: Phytochemicals in Plant Cell Cultures*, Academic Press Inc., 1988, ISBN 0-12-715005-6
[254] D. S. Seigler, *Plant Secondary Metabolism*, Kluwer Academic Publishers 1998, ISBN 0-412-01981-7
[255] F. A. Tomás-Barberán, R. J. Robins, *Phytochemistry of Fruit and Vegetables*, Proceedings of the Phytochemical Society of Europe, Clarendon Press, Oxford, 1997, ISBN 0-19-857790-7
[256] K. R. Markham, *Techniques of Flavonoid Identification*, Academic Press, 1982, ISBN 0-12-472680-1
[257] G. Prota, *Melanins and Melanogenesis*, Academic Press Inc., 1992, ISBN 0-12-565970-9
[258] D. W. Lee, *Nature´s Palette: the Science of Plant Color*, The University of Chicago Press, 2007, ISBN 0-226-47052-0
[259] A. S. Diamond, D. S. Weiss, *Handbook of Imaging Materials*, Marcel Dekker Inc., 2nd. edition 2002, ISBN 0-8247-8903-2
[260] M. Zander, *Polycyclische Aromaten*, Teubner Studienbücher, Stuttgart 1995, ISBN 3-519-03537-5
[261] I. Gutman, S. J. Cyvin, *Introduction to the Theory of Benzenoid Hydrocarbons*, Springer-Verlag, 1989, ISBN 3-540-51139-3
[262] E. Clar, *Polycyclic Hydrocarbons*, 2 volumes, Academic Press Inc., London 1964
[263] D. Dolphin, *The Porphyrins. Vol. III. Physical Chemistry, Part A*, Academic Press Inc., 1978, ISBN 0-12-220103-5
[264] C. C. Leznoff, A. B. P. Lever (eds.), *Phthalocyanines. Properties and Applications*, volume I: VCH 1989, ISBN 3-527-26955-X, volume II: VCH 1993, ISBN 3-527-89544-2, volume III: VCH 1993, ISBN 3-527-89638-4
[265] J. Jiang (ed.), *Functional phthalocyanine molecular materials*, Springer 2010, ISBN 978-3-642-04751-0
[266] K. Nassau, *The physics and chemistry of color*, Wiley serie in pure and applied optics 2nd edition 2001, ISBN 0-471-39106-9
[267] M. Fox, *Optical Properties of Solids*, Oxford University Press 2008, New York, ISBN 978-0-19-850612-6
[268] E. Hecht, *Optik*, Walter de Gruyter GmbH, 7. Auflage 2018, ISBN 978-3-11-052664-6
[269] J. G. Solé, L. E. Bausá, D. Jaque, *An Introduction to the Optical Spectroscopy of Inorganic Solids*, John Wiley & Sons, Ltd, 2005, ISBN 0-470-86886-4
[270] D. L. Greenaway, G. Harbeke, *Optical Properties and Band Structure of Semiconductors*, Pergamon Press Oxford, 1st edition 1968
[271] M. Aven, J. S. Prener (eds.), *Physics and Chemistry of II-VI Compounds*, North-Holland Publishing Company, Amsterdam 1967
[272] S. Adachi, *Properties of Semiconductor Alloys*, Wiley, 2009, ISBN 978-0-470-74369-0
[273] R. Sauer, *Halbleiterphysik*, Oldenbourg Wissenschaftsverlag München, 2009, ISBN 978-3-486-58863-7
[274] M. Grundmann, *The Physics of Semiconductors*, Springer-Verlag, 2. Auflage 2010, ISBN 978-3-642-13883-6
[275] B. Sapoval, C. Hermann, *Physics of Semiconductors*, Springer-Verlag New York, 2003, ISBN 0-387-40630-1
[276] S. Hunklinger, *Festkörperphysik*, Oldenbourg, 2007, ISBN 978-3-486-57562-0
[277] C. Kittel, *Einführung in die Festkörperphysik*, Oldenbourg, München 1999, ISBN 3-486-23843-4

[278] A.-B. Chen, A. Sher, *Semiconductor Alloys*, Plenum Press, New York 1995, ISBN 0-306-45052-6

[279] M. L. Cohen, J. R. Chelikowsky, *Electronic Structure and Optical Properties of Semiconductors*, Springer-Verlag, 2. Auflage 1989, ISBN 3-540-51391-4

[280] L. I. Berger, *Semiconductor materials*, CRC Press Inc. 2000, ISBN 0-8493-8912-7

[281] P. K. Basu, *Theory of Optical Processes in Semiconductors*, Oxford University Press Inc., 1997, ISBN 0-19-851788-2

[282] M. Kerker, *The Scattering of Light and Other Electromagnetic Radiation*, Academic Press, 1969

[283] U. Kreibig, M. Vollmer, *Optical Properties of Metal Clusters*, Springer-Verlag 1995, ISBN 3-540-57836-6

[284] M. Quinten, *Optical Properties of Nanoparticle Systems*, Wiley-VCH 2011, ISBN 978-3-527-41043-9

[285] H. Raether, *Surface Plasmons on Smooth and Rough Surfaces and on Gratings*, Springer Tracts in Modern Physics 111, Springer Verlag 1988, ISBN 3-540-17363-3

[286] H. Raether, *Excitation of Plasmons and Interband Transitions by Electrons*, Springer Tracts in Modern Physics 88, Springer Verlag 1980, ISBN 3-540-09677-9

[287] W. Kleber, *Einführung in die Kristallographie*, VEB Verlag Technik Berlin, 16. Auflage 1985

[288] P. Laven, Programm Mieplot, http://www.philiplaven.com/mieplot.htm, Zugriff am 20.06.2013

[289] M. Thompson, Programm ArgusLab, http://www.arguslab.com/arguslab.com/Welcome.html, Zugriff am 10.09.2013

[290] D. Greig, *Elektronen in Metallen und Halbleitern*, R. Oldenbourg Verlag, 1972, ISBN 3-486-33551-0

[291] G. Mie, *Beiträge zur Optik trüber Medien, speziell kolloidaler Metallösungen*, Annalen der Physik 25, Nr. 3, 1908, 377–445

[292] P. Walstra, *Approximation formulae for the light scattering coefficient of dielectric spheres*, Brit. J. Appl. Phys. 1964, 15, 1545–1552

[293] M. Halik, *2,2-Difluor-1,3,2-(2H)-dioxaborine als Bausteine zur Darstellung von langwellig absorbierenden Methinfarbstoffen*, Dissertation der Universität Halle-Wittenberg, http://sundoc.bibliothek.uni-halle.de/diss-online/98/99H017/prom.pdf

[294] J. S. Dewar, *Modern Theories of Colour*, Chemical Society Special Publication No. 4 (1956) 64–82

[295] Y. Tanabe, S. Sugano, *On the absorption spectra of complex ions I–III*, Journal of the Physical Society of Japan 9 (5) 1954, pp. 753

[296] K.-A. Kovar, W. Mayer, *Elektronen-Donator-Acceptor-Komplexe*, Pharmazie in unserer Zeit/ 8. Jahrg. 1979/Nr. 2, 46–53

[297] G. Briegleb, *„Charge-Transfer"-Spektren von Komplexen zwischen Neutralmolekülen*, Pure Appl. Chem., 1962, Vol. 4, No. 1, pp. 105-120

[298] W. Kaim, S. Ernst, S. Kohlmann, *Farbige Komplexe: das Charge-Transfer-Phänomen*, Chemie in unserer Zeit/21. Jahrg. 1987/Nr. 2, 50–58

[299] G. Briegleb, J. Czekalla, *Elektronenüberführung durch Lichtabsorption und -emission in Elektronen-Donator-Acceptor-Komplexen*, Angew. Chemie 72 (1960) 401–413

[300] R. G. Burns, *Intervalence Transitions in Mixed-Valence Minerals of Iron and Titanium*, Ann. Rev. Earth Planet. Sci. 1981.9:345-83

[301] L. P. Bouckaert, R. Smoluchowski, E. Wigner, *Theory of Brillouin Zones and Symmetry Properties of Wave Functions in Crystals*, Phys. Rev. 50, 58–67 (1936)

[302] A. P. Alivisatos, *Semiconductor Clusters, Nanocrystals, and Quantum Dots*, Science, Vol. 271, No. 5251. (Feb. 16, 1996), pp. 933–937

[303] A. P. Alivisatos, *Perspectives on the Physical Chemistry of Semiconductor Nanocrystals*, J. Phys. Chem. **1996**, 100, 13226–13239
[304] C. B. Murray, D. J. Norris, M. G. Bawendi, *Synthesis and Characterization of Nearly Monodisperse CdE (E = S, Se, Te) Semiconductor Nanocrystallites*, J. Am. Chem. Soc. **1993**, 115, 8706–8715
[305] H. Weller, *Kolloidale Halbleiter-Q-Teilchen: Chemie im Übergangsbereich zwischen Festkörper und Molekül*, Angew. Chem. **1993**, 105, 43–55
[306] A. Riss, O. Diwald, *Gestalten in der Nanowelt. Partikel-Morphologien und Festkörper-Eigenschaften*, Chem. Unserer Zeit, 2009, 43, 84–92
[307] R. A. Abram, G. J. Rees, B. L. H. Wilson, *Heavily doped semiconductors and devices*, Adv. Phys. 27 (6) 799–892 (1978)
[308] A. L. Efros, *Density of states and interband absorption of light in strongly doped semiconductors*, Sov. Phys.-Usp., Vol. 16, No. 6, 1974, 789–805
[309] H. C. Casey, F. Stern, *Concentration-dependent absorption and spontaneous emission of heavily doped GaAs*, Journal of Applied Physics, 47, 631–643 (1976)
[310] H. C. Casey, D. D. Sell, K. W. Wecht, *Concentration dependence of the absorption coefficient for n- and p-type GaAs between 1.3 and 1.6 eV*, Journal of Applied Physics, 46, 250–257 (1975)
[311] F. Bassani, D. Brust, *Effect of Alloying and Pressure on the Band Structure of Germanium and Silicon*, Phys. Rev. 131, 4, 1524–1529 (1963)
[312] R. Braunstein, A. R. Moore, F. Herman, *Intrinsic Optical Absorption in Germanium-Silicon Alloys*, Phys. Rev. 109, 3, 695–710 (1958)
[313] N. R. J. Poolton, K. B. Ozanyan, J. Wallinga, A. S. Murray, L. Botter-Jensen, *Electrons in feldspar II: a consideration of the influence of conduction band-tail states on luminescence processes*, Phys. Chem. Minerals (2002) 29: 217–225
[314] C. X. Wu, Y. M. Lu, D. Z. Shen, X. W. Fan, *Effect of Mg content on the structural and optical properties of $Mg_xZn_{1-x}O$ alloys*, Chinese Sci Bull January (2010) Vol. 55 No. 1, 90–93
[315] J. Dong, D. A. Drabold, *Band-tail states and the localized-to-extended transition in amorphous diamond*, Phys. Rev. B **54**, 10284–10287 (1996)
[316] N. A. Noor, N. Ikram, S. Ali, S. Nazir, S. M. Alay-e-Abbas, A. Shaukat, *First-principles calculations of structural, electronic and optical properties of $Cd_xZn_{1-x}S$ alloys*, Journal of Alloys and Compounds 507 (2010) 356–363
[317] S. Mecabih, N. Amrane, B. Belgoumène, H. Aourag, *Opto-electronic properties of the ternary alloy $Hg_{1-x}Cd_xTe$*, Physica A 276 (2000) 495–507
[318] S.-H. Weia, S. B. Zhang, A. Zunger, *First-principles calculation of band offsets, optical bowings, and defects in CdS, CdSe, CdTe, and their alloys*, J. Appl. Phys., Vol. 87, No. 3, 1 February 2000, 1304–1311
[319] L. Visscher, K. G. Dyall, *Dirac-Fock atomic electronic structure calculations using different nuclear charge distributions*, Atom. Data Nucl. Data Tabl., 67, (1997), 207–224, siehe auch http://www.chem.vu.nl/~visscher/FiniteNuclei/FiniteNuclei.htm, insbesondere Orbitalenergien: http://www.chem.vu.nl/~visscher/FiniteNuclei/Table3.html
[320] M. Klessinger, *Konstitution und Lichtabsorption organischer Farbstoffe*, Chemie in unserer Zeit 12, 1978 Nr. 1, S. 1–11
[321] J. W. Armit, R. Robinson, *Polynuclear Heterocyclic Aromatic Types. Part II. Some Anhydronium Bases*, J. Chem. Soc. (1925) 1604
[322] E. Clar, M. Zander, *1:12-2:3-10:11-Tribenzoperylen*, J. Chem. Soc. (1958) 1861
[323] H. B. Klevens, J. R. Platt, *Spectral Resemblances of Cata-Condensed Hydrocarbons*, J.Chem.Phys. 17, 470 (1949)
[324] J. R. Platt, *Classification of Spectra of Cata-Condensed Hydrocarbons*, J.Chem.Phys. 17, 484 (1949)

[325] E. Clar, *Ein einfaches Prinzip des Aufbaues der aromatischen Kohlenwassenstoffe und ihrer Absorptionsspektren (Aromatische Kohlenwasserstoffe, 20. Mitteil.)*, Ber. dtsch.chem.Ges. 69, 607 (1936)
[326] K. Toyota, J.-y. Hasegawa, H. Nakatsuji, *SAC-CI study of the excited states of free base tetrazaporphin*, Chemical Physics Letter 250 (1996) 437–442
[327] K. Toyota, J.-y. Hasegawa, H. Nakatsuji, *Excited States of Free Base Phthalocyanine Studied by the SAC-CI Method*, J. Phys. Chem. A 1997, 101, 446–451
[328] M. Gouterman, *Optical Spectra and Electronic Structure of Porphyrins and Related Rings*, in: [263], pp. 1–166
[329] M. J. Stillman, T. Nyokong, *Absorption and Magnetic Circular Dichroism Spectral Properties of Phthalocyanines Part 1: Complexes of the Dianion PC(-2)*, in: [264], vol. I, pp. 133–290
[330] N. Kobayashi, *Synthesis and Spectroscopic Properties of Phthalocyanine Analogues*, in: [264], vol. II, pp. 97–162
[331] M. J. Stillman, *Absorption and Magnetic Circular Dichroism Spectral Properties of Phthalocyanines Part 2: Ring-Oxidized and Ring-Reduced Complexes*, in: [264], vol. III, pp. 227–296
[332] T. Nyokong, *Electronic Spectral and Electrochemical Behavior of Near Infrared Absorbing Metallophthalocyanines*, in: [265], pp. 45–88
[333] M. Gouterman, *Study of the Effects of Substitution on the Absorption Spectra of Porphin*, J. Chem. Phys. 30, 1139 (1959)
[334] M. Gouterman, *Spectra of Porphyrins*, J. Mol Spectrosc. 1961, 6, 138–163
[335] M. Gouterman, G. H. Wagnière, L. C. Snyder, *Spectra of Porphyrins. Part II. For Orbital Model*, J.Mol.Spectrosc. 1963, 11, 108–127
[336] M. Kasha, H. R. Rawls, M. A. El-Bayoumi, *The Exciton Model in Molecular Spectroscopy*, Pure Appl Chem, Vol. 11, No. 3–4, (1965), pp. 371–392
[337] M. B. Robin, P. Day, *Mixed Valence Chemistry – a Survey and Classification*, Adv. Inorg. Chem. Radiochem. 10 (1967), 247–433
[338] R. J. Gettens, H. Kühn, W. T. Chase, *Lead White*, Studies in Conservation, Vol. 12 No. 4, 1967, pp. 125–139
[339] R. zum Hagen, *Darstellung des Saftgrüns*, Pharmazeutisches Zentralblatt für 1831, 2. Band (Nr. 26 bis Nr. 55), Nr. 32, S. 513–514
[340] F. Hund, *Abhängigkeit der Farbe roter Eisen(III)-oxide von Teilchengrösse und Teilchengrössenverteilung*, Chemie-Ing.-Techn. 38. Jahrg. 1966 1 Heft 4, 423–428
[341] L. Resenberg, *Das Pigment Zinnober*, Restauro 5/2005, S. 362–372
[342] M. Spring, R. Grout, *The Blackening of Vermilion: An Analytical Study of the Process in Paintings*, National Gallery Technical Bulletin, Vol. 23, 2002, ISBN 978-1-85709-941-9, S. 50–61
[343] J. Kirby, M. Spring, C. Higgitt, *The Technology of Eighteenth- and Nineteenth-Century Red Lake Pigments*, National Gallery Technical Bulletin, Vol. 28, 2007, ISBN 978-1-85709-357-5, pp. 69–95
[344] J. Kirby, M. Spring, C. Higgitt, *The Technology of Red Lake Pigment Manufacture: Study of the Dyestuff Substrate*, National Gallery Technical Bulletin, Vol. 26, 2005, ISBN 1-85709-341-0, pp. 71–87
[345] J. Kirby, R. White, *The Identification of Red Lake Pigment Dyestuffs and a Discussion of their Use*, National Gallery Technical Bulletin, Vol. 17, 1996, ISBN 1-85709-113-2, pp. 56–79
[346] J. Kirby, *A Spectrophotometric Method for the Identification of Lake Pigment Dyestuffs*, National Gallery Technical Bulletin, Vol. 1, 1977, pp. 35–48
[347] D. Saunders, J. Kirby, *Light-induced Colour Changes in Red and Yellow Lake Pigments*, National Gallery Technical Bulletin, Vol. 15, 1994, ISBN 1-85709-049-7, pp. 79–97
[348] J. Kirby, D. Saunders, *Sixteenth- to Eighteenth-Century Green Colours in Landscape And Flower Paintings: Composition and Deterioration*, in: [100] pp. 155–159

[349] A. Burnstock, *The Fading of the Virgin's Robe in Lorenzo Monaco's ,Coronation of the Virgin'*, National Gallery Technical Bulletin, Vol. 12, 1988, ISBN 0-947645-63-2, pp. 58–65
[350] R. White, *Brown and Black Organic Glazes, Pigments and Paints*, National Gallery Technical Bulletin, Vol. 10, 1986, ISBN 0-947645-10-1, pp. 58–71
[351] J. WinterReviewed, *The Characterization of Pigments Based on Carbon*, Studies in Conservation, Vol. 28, No. 2 (May, 1983), pp. 49–66
[352] J. Lehmann, *Seit wann wird mit Zinkweiß gemalt?*, Restauro 5/2000, S. 356–361
[353] C. Rötter, *Auripigment*, Restauro 6/2003, S. 408–413
[354] A. Wallert, *Orpiment and Realgar*, Restauro 4/1984, S. 45–57
[355] H. Kühn, *Lead-Tin-Yellow*, Studies in Conservation Vol. 13 No. 1, 1968, pp. 7–33
[356] E. Martin, A. Duval, *Le deux varietes de jaune de plomb et d´etain. Etude chronologique*, Studies in Conservation Vol. 35 No. 3, 1990, pp. 117–136
[357] M.-C. Corbeil, J.-P. Charland, E. A. Moffatt, *The Characterization of Cobalt Violet Pigments*, Studies in Conservation Vol. 47 No. 4, 2002, pp. 237–249
[358] H. Pfleiderer, *Cadmiumzinnober, eine neue Klasse von Pigmenten*, Fette · Seifen · Anstrichmittel, 58. Jahrgang, Nr. 12 1956
[359] R. J. Gettens, E. W. Fitzhugh, *Malachite and Green Verditer*, Studies in Conservation, Vol. 19, No. 1 (1974), pp. 2–23
[360] A. Burmester, L. Resenberg, *Von Berggrün, Schiefergrün und Steingrün aus Ungarn*, Restauro 3/2003, S. 180–187
[361] H. Kühn, *Verdigris and Copper Resinat*, Studies in Conservation, Vol. 15 No. 1, 1970, pp. 12–36
[362] R. Woudhuysen-Keller, *Aspects of Painting Technique in the Use of Verdigris and Copper Resinate*, in [101], pp. 65–69
[363] H. Andreas, *Schweinfurter Grün – das brillante Gift*, Chem. Unserer Zeit, 1996, 1, 23–31
[364] C. Marrder, *Schweinfurter Grün. Teil 1: Geschichte eines künstlichen Farbpigments*, Restauro 5/2004, S. 326–331
[365] C. Marrder, *Schweinfurter Grün. Teil 2: Eigenschaften, naturwissenschaftliche Untersuchungen*, Restauro 8/2004, S. 543–547
[366] W. Feitknecht, K. Maget, *Zur Chemie und Morphologie der basischen Salze zweiwertiger Metalle. XIV. Die Hydroxychloride des Kupfers*, Helvetica Chimica Acta, 32 (1949), 1639–1653
[367] G. Banik, *Untersuchungen über den Abbau von Papier durch Kupferpigmente. Ein Beitrag zur Aufklärung des Kupferfraßes in graphischen Kunstwerken*, Habilitationsschrift, Institut für Farbenlehre und Farbenchemie an der Akademie der Bildenden Künste, Wien 1982
[368] F. Schweizer, B. Mühlethaler, *Einige grüne und blaue Kupferpigmente*, Farbe und Lack, 74 (1968) 12, 1159–1173
[369] F. Ellwanger-Eckel, *Herstellung und Verwendung künstlicher grüner und blauer Kupferpigmente in der Malerei*, Diplomarbeit (1979) am Institut für Technologie der Malerei, Staatliche Akademie der Bildenden Künste, Stuttgart
[370] B. Mühlethaler, J. Thissen, *Smalt*, Studies in Conservation, Vol. 14 No. 2, 1969, pp. 47–61
[371] J. A. Darrah, *Connections and Coincidences: Three Pigments*, in [101], pp. 70–77
[372] M. Spring, C. Higgitt, D. Saunders, *Investigation of Pigment-Medium Interaction Processes in Oil Paint containing Degraded Smalt*, National Gallery Technical Bulletin, Vol. 26, 2005, ISBN 1-85709-341-0, S. 50–61
[373] J. J. Boon, K. Keune, J. van der Weerd, M. Geldof, J. R. J. van Asperen de Boer, *Imaging Microspectroscopic, Secondary Ion Mass Spectrometric and Electron Microscopic Studies on Discoloured and Partially Discoloured Smalt in Cross-Sections of 16th Century Paintints*, CHIMIA International Journal for Chemistry 55(11):952–960, November 2001

[374] L. Robinet, M. Spring, S. Pages, D. Vantelon, N. Trcera, *Investigation of the Discoloration of Smalt Pigment in Historic Paintings by Micro-X-ray Absorption Spectroscopy at the Co K-Edge*, June 2011, Analytical Chemistry 83(13):5145–52

[375] A. Ludi, *Berliner Blau*, Chemie in unserer Zeit 22, 1988 Nr. 4, S. 123–127

[376] H. J. Buser, D. Schwarzenbach, W. Petter, A. Ludi, *The Crystal Structure of Prussian Blue: $Fe_4[Fe(CN)_6]_3 \cdot x\,H_2O$*, Inorganic Chemistry, Vol. 16, No. 11, 1977, pp. 2704–2710

[377] A. Börner, *Berlinerblau für die Retusche?*, Restauro 5/2002, S. 327–331

[378] J. Kirby, D. Saunders, *Fading and Colour Change of Prussian Blue: Methods of Manufacture and the Influence of Extenders*, National Gallery Technical Bulletin, Vol. 25, 2004, ISBN 1-85709-320-8, pp. 73–99

[379] J. Kirby, *Fading and Colour Change of Prussian Blue: Occurrences and Early Reports*, National Gallery Technical Bulletin, Vol. 14, 1993, ISBN 1-85709-033-0, pp. 62–71

[380] M. Prinzmeier, *Dem Bronzieren auf der Spur*, Farbe und Lack, 118 (2012) 2, 24–27

[381] H. Berke, *Chemie im Altertum: die Erfindung von blauen und purpurnen Farbpigmenten*, Angew. Chem. **2002**, 114, Nr. 14, 2595–2600

[382] L. A. Polette-Niewold et al, *Organic/inorganic complex pigments: Ancient colors Maya Blue*, Journal of Inorganic Biochemistry 101 (2007) 1958–1973

[383] G. Chiari et al, *Pre-columbian nanotechnology: reconciling the mysteries of the maya blue pigment*, Appl. Phys. A 90, 3–7 (2008)

[384] P. Kempter, G. Wilker, *Blaues bleibt Blau. Dioxazin-Blau: ein neues lösemittelechtes Pigment*, Farbe und Lack, 107 (2001) 11, 29–31

[385] N. Tozzi, *Glaze and Body Pigments and Stains in the Ceramic Tile Industry*, http://digitalfire.com/4sight/education/glaze_and_body_pigments_and_stains_in_the_ceramic_tile_industry_342.html, Zugriff am 5.7.2011

[386] J. Riederer, *Keramik*, in: [98], S. 175–201

[387] P. Kleinschmit, *Ein Kapitel angewandte Festkörperchemie: Zirkonsilicat-Farbkörper*, Chemie in unserer Zeit 20, 1986 Nr. 6, S. 182–190

[388] R. W. Batchelor, *Modern Inorganic Pigments*, Trans. Br. Ceram. Soc. 73, 297–301 (1974)

[389] M. Trojan, *Synthesis of a Blue Zircon Pigment*, Dyes and Pigments **9** (1988) 221–232

[390] M. Dondi, M. Ardit, G. Cruciani, *Turquoise zirkon: new diffraction and optical data — an overview of $V^{4\oplus}$ crystal chemistry and optical spectroscopy in minerals*, Periodico di Mineralogia, ECMS 2015, 65–66

[391] M. Ardit, G. Cruciani, F. Di Benedetto, L. Sorace, M. Dondi, *New spectroscopic and diffraction data to solve the vanadium-doped zircon pigment conundrum*, Journal of the European Ceramic Society 38 (2018) 5234–5245, doi:10.1016/j.jeurceramsoc.2018.07.033

[392] A. Niesert, M. Hanrath, S. Siggel, M. Jansen, K. Langer, *Theoretical study of the polarized electronic absorption spectra of vanadium-doped zircon*, November 2002 Journal of Solid State Chemistry 169(1), doi:10.1016/S0022-4596(02)00010-5

[393] A. Siggel, M. Jansen, *Röntgenographische Untersuchungen zur Bestimmung der Einbauposition von Seltenen Erden (Pr, Tb) und Vanadium in Zirkonpigmenten*, ZAAC Volume 583, Issue 1, April 1990, pp. 67–77, doi:10.1002/zaac.19905830109

[394] M. Trojan, *Synthesis of a Yellow Zircon Pigment*, Dyes and Pigments **9** (1988) 261–273

[395] M. Trojan, *Synthesis of a Pink Zircon Pigment*, Dyes and Pigments **9** (1988) 329–342

[396] P. Šulcova, M. Trojan, *Synthesis of a Pink Zircon Pigment*, Dyes and Pigments **40** (1999) 83–86

[397] R. Aguiar, D. Logvinovich, A. Weidenkaff, A. Rachel, A. Reller, S. G. Ebbinghaus, *The vast colour spectrum of ternary metal oxynitride pigments*, Dyes and Pigments 76 (2008) 70–75

[398] M. Janson, H. P. Letschert, *Inorganic yellow-red pigments without toxic metals*, NATURE, vol 404, april 2000, 980–982

[399] E. Günther, R. Hagenmayer, M. Jansen, *Strukturuntersuchungen an den Oxidnitriden $SrTaO_2N$, $CaTaO_2N$ und $LaTaON_2$ mittels Neutronen- und Röntgenbeugung*, Z. Anorg. Allg. Chem. **2000**, 626, 1519–1525
[400] E. Günther, R. Hagenmayer, M. Jansen, *Nitrides and Oxynitrides: Chemistry and Properties Preparation, Crystal*, Journal of the European Ceramic Society **8** (1991) 197–213
[401] R. A. Eppler, *Inverse Spinel Pigments*, J. Am. Ceram. Soc. 1983; 66 (11):794–801
[402] W. Lüttke, M. Klessinger, *Infrarot- und Lichtabsorptionsspektren einfacher Indigofarbstoffe*, Chem. Ber. 97, 2342–2357 (1964)
[403] M. Klessinger, W. Lüttke, *Das chromophore System der Indigo-Farbstoffe*, Tetrahedron, 1963, Vol. 19 Suppl. 2, pp. 315–335
[404] M. Klessinger, *PPP-Rechnungen am Indigo-Chromophor*, Tetrahedron, 1966, Vol. 22, pp. 3355–3365
[405] M. Klessinger, W. Lüttke, *Der Einfluss zwischenmolekularer Wasserstoffbrücken auf die Spektren von Indigo im festen Zustand*, Chem. Ber. 99, 2136–2145 (1966)
[406] Z. C. Koren, *A New HPLC-PDA Method for the Analysis of Tyrian Purple Components*, Dyes in History and Archaeology 21, pp. 26–35 (2008)
[407] C. J. Cooksey, *Tyrian Purple: 6,6'-Dibromoindigo and Related Compounds*, Molecules **2001**, 6, pp. 736–769
[408] H. Fouquet, H.-J. Bielig, *Biological precursors and genesis of Tyrian purple*, Angew. Chem. internat. Edit./Vol. 19 (1971)/No. 11, pp. 816–817
[409] R. R. Melzer, P. Brandhuber, T. Zimmermann, U. Smola, *Der Purpur. Farben aus dem Meer*, Biologie in unserer Zeit, 31. Jahrgang 2001, Nr. 1, 30–39
[410] D. Reinen, G.-G. Lindner, *The nature of the chalcogen colour centres in ultramarine-type solids*, Chem. Soc. Rev., 1999, **28**, 75–84
[411] F.Seel, G. Schäfer, H.-J. Güttler, G. Simon, *Des Geheimnis des Lapis lazuli*, Chem. Unserer Zeit, 1974, 8, 65–71
[412] F. A. Cotton, J. B. Harmon, R. M. Hedges, *Calculation of the Ground State Electronic Structures and Electronic Spectra of Di- and Trisulfide Radical Anions by the Scattered Wave-SCF-Xα Method*, J. Am.Chem. Soc., **98**, 1417–1424 (1976)
[413] W. Koch, J. Natterer, C. Heinemann, *Quantum chemical study on the equilibrium geometries of S_3 and S_3^{2-}, The electron affinity of S_3 and the low lying electronic states of S_3^{2-}*, J. Chem. Phys. **102** (15) 1995, 6159–6167
[414] G.-G. Lindner, D. Reinen, *Synthese, Farbe und Struktur eines roten Selen-Ultramarins*, Z. Anorg. Allg. Chem. 620 (1994) 1321–1328
[415] H. Schlaich, G.-G. Lindner, J. Feldmann, E. O. Göbel, D. Reinen, *Optical Properties of $Se_2^{\ominus}$ and Se_2 Color Centers in the Red Selenium Ultramarine with the Sodalite Structure*, Inorg. Chem. **2000**, 39, 2740–2746
[416] C. Heinemann, W. Koch, G.-G. Lindner, D. Reinen, P.-O. Widmark, *Ground- and excited-state properties of neutral and anionic selenium dimers and trimers*, Phys. Rev. A **54** 3, 1979–1993 (1996)
[417] G.-G. Lindner, K. Witke, H. Schlaich, D. Reinen, *Blue-green ultramarine-type zeolites with dimeric tellurium colour centres*, Inorganica Chimica Acta 252 (1996) 39–45
[418] S. E. Tarling, P. Barnes, J. Klinowski *The Structure and Si,Al Distribution of the Ultramarines*, Acta Cryst. (1988) B**44**, 128–135
[419] F. Hund, P. Köhl, J. Kemper, D. Reinen, *Der Chromat-Nosean $Na_8[Al_6Si_6O_{24}](CrO_4)$ – ein zeolithisches Gelbpigment?*, Z. Anorg. Allg. Chem. **2002**, 628, 1457–1458
[420] S. Brühlmann, *Kobaltblau. Werkstoffgeschichte und Werkstofftechnologie*, Schriftenreihe Konservierung und Restaurierung, Hochschule der Künste Bern, S. 11–34

[421] D. Reinen, T. C. Brunold, H. U. Güdel, N. D. Yordanov, *Die Natur des Farbzentrums im Manganblau*, Z. anorg. allg. Chem. 624 (1998) 438–442
[422] F. Hund, *Anorganische Pigmente durch iso-, homöo- und heterotype Mischphasenbildung*, Farbe und Lack, 73 (1967) 2, 111–120
[423] E. Korinth, *Neuere anorganische Pigmente*, Angew. Chemie 64 (1952) 265–269
[424] F. Hund, *Mischphasenpigmente mit Rutil-Struktur*, Angew. Chemie 74 (1962) 23–27
[425] G. Pfaff, *Perlglanzpigmente*, Chemie in unserer Zeit/31. Jahrg. 1997/Nr. 1, 6–16
[426] P. Sayer, *General Aspects of Organic Pigment Technology*, in [147] pp. 92–106
[427] Brandenburgisches Landesamt für Denkmalpflege und Archäologisches Landesmuseum, *Umweltbedingte Pigmentveränderungen an mittelalterlichen Wandmalereien*, Arbeitshefte Nr. 24, Wernersche Verlagsgesellschaft mbH 2009, ISBN 978-3-88462-290-2
[428] Webseite der Höhlen von Lascaux, http://www.lascaux.culture.fr/#/fr/03_04.xml
[429] Heilbrunn Timeline of Art History, vom Metropolitan Museum of Art, http://www.metmuseum.org/toah
[430] J. Clottes, M. Menu, Ph. Walter, *La préparation des peintures magdaléniennes des cavernes ariégeoises*, Bulletin de la Société préhistorique française. 1990, tome 87, N. 6. pp. 170–192
[431] D. Garate, É. Laval, M. Menu, *Étude de la matière colorante de la grotte d'Arenaza (Galdames, Pays Basques, Espagne)*, L'anthropologie 108 (2004) 251–289
[432] A. El Goresy, *Ancient Pigments in Wall Paintings of Egyptian Tombs and Temples. An Archaeometric Project*, Max-Planck-Institut für Kernphysik Heidelberg, 1986, MPI H-1986-V 12
[433] H. Jaksch, *Farbpigmente aus Wandmalereien altägyptischer Gräber und Tempel: Technologien der Herstellung und mögliche Herkunftsbeziehungen*, Dissertation Universität Heidelberg, 1985
[434] A. Brysbaert, *The Power of Technology in the Bronze Age Eastern Mediterranean*, Equinox Publishing Ltd., 2008, ISBN 978-1-84553-433-2
[435] P. Westlake, P. Siozos, A. Philippidis et al., *Studying pigments on painted plaster in Minoan, Roman and Early Byzantine Crete. A multi-analytical technique approach*, Anal Bioanal Chem (2012) 402: 1413. https://doi.org/10.1007/s00216-011-5281-z
[436] R. E. Jones, E. Photos-Jones, *Technical studies of Aegean Bronze Age wall painting: methods, results and future prospects*, in: British School at Athens Studies Vol. 13, AEGEAN WALL PAINTING: A TRIBUTE TO MARK CAMERON (2005), pp. 199–228
[437] F. Blakolmer, *Minoan Wall-Painting: The Transformation of a Craft into an Art Form*, in R. Laffineur, P. P. Betancourt (eds.), *TEXNH Craftsmen, Craftswomen and Craftmanship in the Aegean Bronze Age*, Proceedings of the 6th International Aegean Conference, Philadelphia, Temple University, 18–21 April 1996, pp. 95–113
[438] A. Vlachopoulos, S. Sotiropoulou, *The Blue Colour on the Akrotiri Wall-Paintings: From the Palette of the Theran Painter to the Laboratory Analysis*, in A. Papadopoulos (ed.), *TALANTA. Proceedings of the Dutch Archaeological and Historical Society*, Volume XLIV (2012), pp. 245-272
[439] J. Riederer, *Pigmente in der Antike*, Praxis der Naturwissenschaften Chemie 7, 37. Jahrgang 1988, 3–10
[440] W. Noll, *Chemie vor unserer Zeit: Antike Pigmente*, Chemie in unserer Zeit/14. Jahrg. 1980/Nr. 2, 37–43
[441] W. Noll, *Anorganische Pigmente in Vorgeschichte und Antike*, Fortschritte der Mineralogie **57**, 203–263, 1979
[442] R. Fuchs, *Farbmittel in der mittelalterlichen Buchmalerei — Untersuchungen zur Konservierung geschädigter Handschriften*, Praxis der Naturwissenschaften Chemie 37. Jahrgang 1988, 20–29

[443] J. Riederer, *Die Pigmente der antiken Malerei*, Naturwissenschaften 69, 82–86 (1982)
[444] W. Noll, R. Holm, L. Born, *Chemie und Technik altkretischer Vasenmalerei vom Kamares-Typ*, Naturwissenschaften 58, 615–618 (1971)
[445] W. Noll, L. Born, R. Holm, *Chemie und Technik altkretischer Vasenmalerei vom Kamares-Typ, II*, Naturwissenschaften 61, 361–362 (1974)
[446] W. Noll, R. Holm, L. Born, *Bemalung antiker Keramik*, Angewandte Chemie, 87. Jahrgang 1975, Heft 18, S. 639–682
[447] J. Riederer, *Die Pigmente der antiken Malerei*, in: [98], S. 202–213
[448] R. Germer, *Die Textilfärberei und die Verwendung gefärbter Textilien im alten Ägypten*, Otto Harrassowitz, Wiesbaden 1992, ISBN 3-447-03183-2
[449] N. Welter, *Untersuchungen von Pigmenten in römischer Wandmalerei und antiken Gläsern*, Dissertation Universität Würzburg, 2008
[450] N. Riedel, *Provinzialrömische Wandmalerei in Deutschland*, Dissertation Universität Bamberg, 2007
[451] B. Mazzei, *PRESERVATION AND USE OF THE RELIGIOUS SITES CASE STUDY OF THE ROMAN CATACOMBS*, European Journal of Science and Theology, April 2015, Vol. 11, No. 2, 33–43, http://www.ejst.tuiasi.ro/Files/51/5_Mazzei.pdf, Zugriff am 17.04.2016
[452] D. Tapete, F. Fratini, B. Mazzei, E. Cantisani, E. Pecchioni, *Petrographic study of lime-based mortars and carbonate incrustation processes of mural paintings in Roman catacombs*, Periodico di Mineralogia (2013), 82, 3, 503–527
[453] A. Zucchiatti, P. Prati, A. Bouquillon, L. Giuntini, M. Massi, A. Migliori, A. Cagnana, S. Roascio, *Characterisation of early medieval frescoes by p-PIXE, SEM and Raman spectroscopy*, Nucl. Instr. und Meth. in Phys Res. B 219–220 (2004) 20–25
[454] A. Cagnana, S. Roascio, A. Zucchiatti, A. d'Allesandro, P. Prati, *Gli affreschi altomedievali del Tempietto di Cividale: Nuovi dati da recenti analisi di laboratorio*, in: *FORUM IULII. ANNUARIO DEL MUSEO ARCHEOLOGICO NAZIONALE DI CIVIDALE DEL FRIULI, ARCHIVI E BIBLIOTECA*, XXVII, 2003, p. 143–153
[455] S. Demailly, P. Hugon, M. Stefanaggi, W. Nowik, *The Technique of the Mural Paintingsin the Choir of Angers Cathedral*, in: [100] pp. 10–15
[456] M. R. Katz, *The Mediaeval Polychromy of the Majestic West Portal of Toro, Spain*, in: [100] pp. 27–34
[457] H. Howard, T. Manning, S. Stewart, *Late Mediaeval Wall Painting Techniques at Farleigh Hungerford Castle and Their Context*, in: [100] pp. 59–64
[458] G. Horta, I. Ribeiro, L. Afonso, *The ‚Calvary' of S. Francisco's Church in Leiria: Workshop Practice in a Portuguese Late Gothic Wall Painting*, in: [100] pp. 65–69
[459] H. C. Howard, *Techniques of the Romanesque and Gothic Wall Paintings in the Holy Sepulche Chapel, Winchester Cathedral*, in [101], pp. 91–104
[460] S. Cather, D. Park, P. Williamson (eds.), *Early Medieval Wall Painting and Painted Sculpture in England*, B.A.R. Oxford, BAR 216, 1990, ISBN 0-86054-719-1
[461] H. Howard, *‚Blue' in the Lewes Group*, in: [460], pp. 195–203
[462] R. R. Milner-Gulland, *Clayton Church and the Anglo-Saxon heritage*, in: [460], pp. 205–219
[463] R. J. Cramp, J. Cronyn, *Anglo-Saxon polychrome plaster and other materials from the excavations of Monkwearmouth and Jarrow: an interim report*, in: [460], pp. 17–30
[464] S. Rickerby, *Kempley: a technical examination of the Romanesque wall paintints*, in: [460], pp. 249–262
[465] H. Howard, *Pigments of English Medieval Wall Painting*, Archetype Publications Ltd., 2003, ISBN 978-1873132487

[466] J. Rollier-Hanselmann, *D'Auxerre à Cluny: technique de la peinture murale entre le VIIIe et le XIIe siècle en Bourgogne*, in: *Cahiers de civilisation médiévale*, 40e année (n°157), Janvier–mars 1997, pp. 57–90, http://www.persee.fr/doc/ccmed_0007-9731_1997_num_40_157_2674, Zugriff am 10.04.2016

[467] O. Emmenegger, *Karolingische und romanische Wandmalereien in der Klosterkirche. Technik, Restaurierungsprobleme, Massnahmen*, in: A. Wyss, H. Rutishauser, M. A. Nay (Hrsg.), *Die mittelalterlichen Wandmalereien im Kloster Müstair*, vdf, Hochschul-Verlag an der ETH, Zürich 2002, ISBN 3-7281-2803-1, S. 77–140

[468] N. Turner, *The Recipe Collection of Johannes Alcherius and the Painting Materials Used in Manuscript Illumination in France and Northern Italy, c. 1380–1420*, in: [100] pp. 45–50

[469] B. Guineau, I. Villela-Petit, R. Akrich, J. Vezin, *Painting Technique in the Boucicaut Hours and in Jacques Coene's Colour Recipes as Found in Jean Lebegue's Libri Colorum*, in: [100] pp. 51–54

[470] B. New, H. Howard, R. Billinge, H. Tomlinson, D. Peggie, D. Gordon, *Niccolò di Pietro Gerini's Baptism Altarpiece: Technique, Conservation and Original Design*, National Gallery London 2012, No. 33, ISBN 978-1-85709-549-4

[471] J. Dunkerton, A. Roy, *The materials of a Group of Late Fifteenth-century Florentine Panel Paintings*, National Gallery Technical Bulletin, Vol. 17, 1996, ISBN 1-85709-113-2, pp. 20–31

[472] J. Dunkerton, A. Roy, *Uccello's Saint George and the Dragon: Technical Evidence Re-evaluated*, National Gallery Technical Bulletin, Vol. 19, 1998, ISBN 1-85709-220-1, S. 26–30

[473] A. Roy, D. Gordon, *Uccello's Battle of San Romano*, National Gallery Technical Bulletin, Vol. 22, 2001, ISBN 978-1-85709-926-5, S. 4–17

[474] J. Dunkerton, C. Plazzotta, *Vincenzo Foppa's Adoration of the Kings*, National Gallery Technical Bulletin, Vol. 22, 2001, ISBN 978-1-85709-926-5, S. 18–28

[475] J. Dunkerton, S. Foister, M. Spring, *The Virgin and Child Enthroned with Angels and Saints attributed to Michael Pacher*, National Gallery Technical Bulletin, Vol. 21, 2000, ISBN 978-1-85709-251-1, S. 4–19

[476] J. Dunkerton, L. Syson, *In Search of Verrocchio the Painter: The Cleaning and Examination of The Virgin and Child with Two Angels*, National Gallery Technical Bulletin, Vol. 31, 2010, ISBN 978-1-85709-495-4, S. 4–41

[477] J. Dunkerton, N. Penny, A. Roy, *Two Paintings by Lorenzo Lotto in the National Gallery*, National Gallery Technical Bulletin, Vol. 19, 1998, ISBN 1-85709-220-1, S. 52–63

[478] *Methods and materials of Northern European painting in the National Gallery, 1400–1550*, National Gallery Technical Bulletin, Vol. 18 1997, ISBN 1-85709-178-7, pp. 6–55

[479] *The materials and technique of five paintings by Rogier van der Weyden and his workshop*, National Gallery Technical Bulletin, Vol. 18 1997, ISBN 1-85709-178-7, pp. 68–86

[480] *A double-sided panel by Stephan Lochner*, National Gallery Technical Bulletin, Vol. 18 1997, ISBN 1-85709-178-7, pp. 56–67

[481] A. Smith, M. Wyld, *Altdorfer's ‚Christ taking Leave of His Mother'*, National Gallery Technical Bulletin, Vol. 7, 1983, ISBN 0-901791-88-1, S. 51–64

[482] *Wolf Huber's ‚Christ taking Leave of His Mother'*, National Gallery Technical Bulletin, Vol. 18 1997, ISBN 1-85709-178-7, pp. 98–112

[483] J. Dunkerton, N. Penny, M. Spring, *The Technique of Garofalo's Paintings at the National Gallery*, National Gallery Technical Bulletin, Vol. 23, 2002, ISBN 978-1-85709-941-9, S. 20–41

[484] A. Roy, M. Spring, C. Plazzotta, *Raphael's Early Work in the National Gallery: Paintings before Rome*, National Gallery Technical Bulletin, Vol. 25, 2004, ISBN 1-85709-320-8, S. 4–35

[485] K. H. Weber, *Die Sixtinische Madonna*, Restauro 90 No.4 (1984), S. 9–28

[486] L. Keith, A. Roy, R. Morrison, P. Schade, *Leonardo da Vinci's "'Virgin of the Rocks'": Treatment, Technique and Display*, National Gallery London 2011, No. 32, ISBN 978-1-85709-530-2
[487] M. Spring, A. Mazzotta, A. Roy, R. Billinge, D. Peggie, *Painting Practice in Milan in the 1490s: The Influence of Leonardo*, National Gallery London 2011, No. 32, ISBN 978-1-85709-530-2
[488] J. Dunkerton, S. Foister, D. Gordon, N. Penny, *Giotto to Dürer. Early Renaissance Painting in The National Gallery*, National Gallery Publications Limited 1991, ISBN 978-0-300-05082-0
[489] P. Joannides, J. Dunkerton, *A Boy with a Bird in the National Gallery: Two Responses to a Titian Question*, National Gallery Technical Bulletin, Vol. 28, 2007, ISBN 978-1-85709-357-5, S. 36–57
[490] A. Lucas, J. Plesters, *Titian's „Bacchus and Ariadne"*, National Gallery Technical Bulletin, Vol. 2, 1978, S. 25–47
[491] J. Dunkerton, M. Spring, *The Technique and Materials of Titian's Early Paintings in the National Gallery, London*, in: *Titian, Jacopo Pesaro being presented by Pope Alexander VI to Saint Peter*, Restoration Vol. 3 No. 1, journal of Koninklijk Museum 2003, pp. 9–21
[492] H. Dubois, A. Wallert, *Titian's Painting Technique in Jacopo Pesaro being presented by Pope Alexander VI to Saint Peter*, in: *Titian, Jacopo Pesaro being presented by Pope Alexander VI to Saint Peter*, Restoration Vol. 3 No. 1, journal of Koninklijk Museum 2003, pp. 22–37
[493] U. Birkmaier, A. Wallert, A. Rothe, *Technical Examinations of Titian's Venus and Adonis: A Note on Early Italian Oil Painting Technique*, in [101], pp. 117–126
[494] J. Grenberg, W. Kireewa, S. Pisarewa, *Das Gemälde „Die Heilige Familie" von Bronzino*, Restauro 3/1992, S. 180–184
[495] A. Burmester, C. Krekel, *„Azurri oltramarini, lacche et altri colori fini": Auf der Suche nach der verlorenen Farbe*, in: [133], S. 193–211
[496] J. Plesters, *Tintoretto's Paintings in the National Gallery*, National Gallery Technical Bulletin, Vol. 3, 1979 pp. 3–24
[497] J. Plesters, *Tintoretto's Paintings in the National Gallery*, National Gallery Technical Bulletin, Vol. 4, ISBN 0-901791-72-5, 1980 pp. 32–48
[498] N. Penny, M. Spring, *Veronese's Paintings in the National Gallery Technique and Materials; Part I*, National Gallery Technical Bulletin, Vol. 16, 1995, ISBN 1-85709-071-3, pp. 4–29
[499] N. Penny, A. Roy, M. Spring, *Veronese's Paintings in the National Gallery Technique and Materials; Part II*, National Gallery Technical Bulletin, Vol. 17, 1996, ISBN 1-85709-113-2, pp. 32–55
[500] J. Dunkerton, *The Technique and Restoration of Bramantino's Adoration of the Kings*, National Gallery Technical Bulletin, Vol. 14, 1993, ISBN 1-85709-033-0, pp. 42–61
[501] B. Heimberg, *Zur Maltechnik Albrecht Dürers*, in: [142], S. 32–54
[502] A. Burmester, C. Krekel, *Von Dürers Farben*, in: [142], S. 55–101
[503] P. Ackroyd, S. Foister, M. Spring, R. White, R. Billinge, *A Virgin and Child from the Workshop of Albrecht Dürer?*, National Gallery Technical Bulletin, Vol. 21, 2000, ISBN 978-1-85709-251-1, S. 29–42
[504] S. Foister, M. Wyld, A. Roy, *Hans Holbein's A Lady with a Squirrel and a Starling*, National Gallery Technical Bulletin, Vol. 15, 1994, ISBN 1-85709-049-7, pp. 6–19
[505] M. Spring, N. Penny, R. White, M. Wyld, *Colour Change in The Conversion of the Magdalen attributed to Pedro Campana*, National Gallery Technical Bulletin, Vol. 22, 2001, ISBN 978-1-85709-926-5, S. 54–63
[506] L. Keith, *Three Paintings by Caravaggio*, National Gallery Technical Bulletin, Vol. 19, 1998, ISBN 1-85709-220-1, S. 37–51
[507] J. Plesters, *‚Samson and Delilah': Rubens and the Art and Craft of Painting on Panel*, National Gallery Technical Bulletin, Vol. 7, 1983, ISBN 0-901791-88-1, S. 30–50

[508] *Rubens's ‚Peace and War'*, A. Roy, National Gallery Technical Bulletin, Vol. 20 1999, ISBN 1-85709-251-1, pp. 89–95
[509] C. Christensen, M. Palmer, M. Swicklik, *Van Dyck's Painting Technique, His Writings, and Three Paintings in the National Gallery of Art*, in: A. K. Wheelock, S. J. Barnes, J. S. Held, *Anthony van Dyck*, National Gallery of Art Washington, Harry N. Abrams, Inc., Publishers, New York 1990, ISBN 0-89468-155-9, pp. 45–52
[510] *The National Gallery Van Dycks: Technique and Development*, A. Roy, National Gallery Technical Bulletin, Vol. 20 1999, ISBN 1-85709-251-1, pp. 50–83
[511] M. Spring, *Pigments and Colour Change in the Paintings of Aelbert Cuyp*, in: A. Wheelock, *Aelbert Cuyp*, National Gallery of Art Washington, 2001, ISBN 0-89468-286-5, pp. 65–73
[512] N. Costaras, *A Study of the Materials and Techniques of Johannes Vermeer*, in [137], 145–165
[513] K. N. Groen, I. D. Van der Werf, K. J. Van den Berg, J. J. Boon, *Scientific Examination of Vermeer's Girl with a Pearl Earring*, in [137], 169–183
[514] A. Burmester, *Die Palette Giovanni Battista und Giovanni Domenico Tiepolo*, in: P. O. Krückmann, *Der Himmel auf Erden. Tiepolo in der Residenz Würzburg. II: Aufsätze*, Ausstellungskatalog 1996, Prestel-Verlag München, 1996, ISBN 3-7913-1660-5, S. 160–162
[515] I. Stümmer, *Die Maltechnik von Giovanni Battista Tiepolo*, Restauro 3/1996, S. 194–199
[516] W. Helmberger, A. Staschull, *Tiepolos Welt. Das Deckenfresko im Treppenhaus des Residenz Würzburg*, Bayerische Verwaltung der staatlichen Schlösser, Gärten und Seen, 2006, ISBN 978-3-932982-73-6
[517] D. Bomford, A. Roy, *Canaletto's ‚Stonemason's Yard' and ‚San Simeone Piccolo'*, National Gallery Technical Bulletin, Vol. 14, 1993, ISBN 1-85709-033-0, pp. 35–41
[518] D. Bomford, A. Roy, *Canaletto's Venice: The Feastday of S. Roch*, National Gallery Technical Bulletin, Vol. 6, 1982, ISBN 0-901791-84-9, pp. 40–44
[519] S. L. Fischer, *The Examination and Treatment of Watteau' Italian Comedians*, in: M. Morgan Grasselli, P. Rosenberg, *Watteau*, Ausstellungskatalog, National Gallery of Art Washington, 1984, ISBN 0-89468-074-9, pp. 465–467
[520] P. Ackroyd, A. Roy, H. Wine, *Nicolas Lancret's The Four Times of Day*, National Gallery Technical Bulletin, Vol. 25, 2004, ISBN 1-85709-320-8, S. 48–61
[521] M. Kirby Talley, *„Tous les bons tableaux se craquellent". La technique picturale et l´atelier de Sir Joshua Reynolds*, in: N. Penny, P. Rosenberg, *Sir Joshua Reynolds*, Ausstellungskatalog, Éditions de la Réunion des musées nationaux, Paris 1985, ISBN 2-7118-2 017-3, pp. 83–114
[522] *Gainsborough's ‚Dr Ralph Schomberg'*, D. Bomford, A. Roy, D. Saunders, National Gallery Technical Bulletin, Vol. 12 1988, ISBN 0-947645-63-2, pp. 44–57
[523] M. Leonard, A. Roy, S. Schaefer, *Two Versions of The Fountain of Love by Jean-Honoré Fragonard: A Comparative Study*, National Gallery Technical Bulletin, Vol. 29, 2008, ISBN 978-1-85709-419-0, S. 31–45
[524] D. Bomford, A. Roy, *Hogarth's ‚Marriaga á la Mode'*, National Gallery Technical Bulletin, Vol. 6, 1982, ISBN 0-901791-84-9, pp. 45–67
[525] J. Leighton, A. Reeve, A. Burnstock, *A 'Winter Landscape' by Caspar David Friedrich*, National Gallery Technical Bulletin, Vol. 13, 1989, ISBN 0-947645-70-5, S. 44–60
[526] J. H. Townsend, *The Materials of J. M. W. Turner: Pigments*, Studies in Conservation, Vol. 38, No. 4 (Nov., 1993), pp. 231–254
[527] N. W. Hanson, *Some Painting Materials of J. M. W. Turner*, Studies in Conservation, Vol. 1, No. 4 (Oct., 1954), pp. 162–173
[528] J. H. Townsend, *A Re-Assessment of Hanson's Paper on the Painting Materials of J. M. W. Turner*, Studies in Conservation, Vol. 50, No. 4 (2005), pp. 316–318
[529] J. H. Townsend, *Painting Technique and Materials of Turner and Other British Artists 1775–1875*, in [101], pp. 176–185

[530] S. Cove, *Mixing and Mingling: John Constable's Oil Paint Mediums c. 1802–1837, Including the Analysis of the ‚Manton' Paint Box*, in: [100] pp. 211–216
[531] J. Kirby, A. Roy, *Paul Delaroche: A Case Study of Academic Painting*, in [101], pp. 166–175
[532] L. Sheldon, *Methods and Materials of the Pre-Raphaelite Circle in The 1850s*, in: [100] pp. 229–234
[533] S. Herring, *Six Paintings by Corot: Methods, Materials and Sources*, National Gallery Technical Bulletin, Vol. 30, 2009, ISBN 978-1-85709-420-6, S. 86–111
[534] R. und P. Woudhuysen-Keller, J. Cuttle, C. Hurst, *Zwei Gemälde von Camille Corot*, Restauro 5/1993, S. 306–315
[535] E. Klein, *An Investigation into the Painting Technique of the Two Versions of Corot's St. Sebastian Succoured by Holy Women*, in [132], S. 178–191
[536] R. Woudhuysen-Keller, *Observations Concerning Corot's Late Painting Technique*, in [132], S. 192–200
[537] A. Burmester, C. Denk, *Comment ils inventaient ces verts chatoyants? Blau, Gelb, Grün und die Landschaftsmalerei von Barbizon*, in [132], S. 295–329
[538] A. Burmester, C. Denk, *Blue, Yellow and Green on the Barbizon Palette*, Kunsttechnologie und Konservierung 1999, S. 79–87, Wernersche Verlagsgesellschaft Worms
[539] S. Hackney, *Art for Art's Sake: The Materials and Technique of James McNeill Whistler*, in [101], pp. 186–190
[540] *Vincent Van Gogh's ‚A Cornfield with Cypresses'*, J. Leighton, A. Reeve, A. Roy, R. White, National Gallery Technical Bulletin, Vol. 11 1987, ISBN 0-947645-35-7, pp. 42–59
[541] D. Bomford, A. Roy, *Manet's ‚The Waitress': An Investigation into its Origin and Development*, National Gallery Technical Bulletin, Vol. 7, 1983, ISBN 0-901791-88-1, S. 3–20
[542] A. Roy, *The Palettes of Three Impressionist Paintings*, National Gallery Technical Bulletin, Vol. 9, 1985, ISBN 0-901791-97-0, pp. 12–20
[543] E. Reissner, *Ways of Making: Practive and Innovation in Cézanne's Paintings in the National Gallery*, National Gallery Technical Bulletin, Vol. 29, 2008, ISBN 978-1-85709-419-0, S. 4–30
[544] A. Roy, *Monet's Palette in the Twentieth Century: Water-Lilies and Irises*, National Gallery Technical Bulletin, Vol. 28, 2007, ISBN 978-1-85709-357-5, S. 58–68
[545] A. Roy, *Monet and the Nineteenth Century Palette*, National Gallery Technical Bulletin, Vol. 5, 1981, ISBN 0-901791-76-8, pp. 22–26
[546] J. Kirby, K. Stonor, A. Roy, A. Burnstock, R. Grout, R. White, *Seurat's Painting Practice: Theory, Development and Technology*, National Gallery Technical Bulletin, Vol. 24, 2003, ISBN 1-85709-997-4, S. 4–37
[547] K. Stonor, R. Morrison *Adolphe Monticelli: The Materials and Techniques of an Unfashionable Artist*, National Gallery London 2012, No. 33, ISBN 978-1-85709-549-4
[548] T. Froysaker, M. Liu, *Four (or eleven) unvarnished oil paintings on canvas by Edvard Much in the Aula of Oslo University*, Restauro 1/2009, S. 44–61
[549] A. Robbins, K. Stonor, *Past, Present, Memories: Analysing Edouard Vuillard's La Terrasse at Vasouy*, National Gallery London 2012, No. 33, ISBN 978-1-85709-549-4
[550] R. D. Harley, *Oil colour containers: Development work by artists and colourmen in the nineteenth century*, 1971, Annals of Science, 27:1, 1–12, doi:10.1080/00033797100203607, https://doi.org/10.1080/00033797100203607, Zugriff am 06.05.2019
[551] Fa. Winsor&Newton, *From the Archives: The History of the Metal Paint Tube*, online article, published 06-JAN-2015, http://www.winsornewton.com/row/discover/articles-and-inspiration/from-the-archives-history-of-thet-metal-paint-tube, Zugriff am 09.05.2019
[552] A. Roy, *Barbizon Painters: Tradition and Innovation in Artist's Materials*, in: [132], pp. 330–342

[553] A. Callen, *The Work of Art: Plein Air Painting and Artistic Identity in Nineteenth-century France*, Reaktion Books, 2015, ISBN 978-1780233550

[554] J. Zeidler, *Lithographie und Steindruck*, Christophorus Verlag 2008, ISBN 978-3-419-53486-1

[555] G. Baars, *Das Färben von Naturfasern mit Naturfarbstoffen*, Praxis der Naturwissenschaften Chemie 47. Jahrgang 1998, 24–32

[556] H. M. Koch, P. Pfeifer, *Naturfarbstoffe im Unterricht. Anthrachinonfarbstoffe der Krappwurzel*, Naturwissenschaften im Unterricht Chemie 10 (1999) Nr. 52, 25–29

[557] G. H. Frischat, *Glas – Struktur und Eigenschaften*, Chemie in unserer Zeit/11. Jahrg. 1977/ Nr. 3, 65–74

[558] C. Rüssel, D. Ehrt, *Neue Entwicklungen in der Glaschemie*, Chemie in unserer Zeit/32. Jahrg. 1998/Nr. 3, 126–135

[559] R. J. Schwankner, M. Eigenstetter, R. Laubinger, M. Schmidt, *Strahlende Kostbarkeiten. Uran als Farbkörper in Gläsern und Glasuren*, Physik in unserer Zeit/36. Jahrg. 2005/Nr. 4, 160–167

[560] E. W. J. L. Oomen, A. M. A. van Dongen, *EUROPIUM (III) IN OXIDE GLASSES. Dependence of the emission spectrum upon glass composition*, Journal of Non-Crystalline Solids 111 (1989) 205–213

[561] R. Reisfeld, N. Lieblich, *OPTICAL SPECTRA AND RELAXATION OF Eu +3 IN GERMANATE GLASSES*, J. Phys. Chem. Solids, 1973, Vol. 34, pp. 1467–1476,

[562] R. W. Douglas, M. S. Zaman, *The chromophore in iron-sulphur amber glasses*, Phys. Chem. Glasses 10 (1969) 125

[563] H. D. Schreiber, S. J. Kozak, C. W. Schreiber, D. G. Wetmore, M. W. Riethmiller, *Sulfur chemistry in a borosilicate melt. Part 3. Iron-sulfur interactions and the amber chromophore*, Glastech. Ber. 63 (1990) 3, 49–60

[564] D. C. W. Sanderson, J. B. Hutchings, *The origins and measurement of colour in archaeological glasses*, Glass Technology 28 (2), 1987, 99–105

[565] L. R. Green, F. A. Hart, *Colour and Chemical Composition in Ancient Glass: An Examination of some Roman and Wealden Glass by means of Ultraviolet-Visible-Infra-red Spectrometry and Electron Microprobe Analysis*, Journal of Archaeological Science 1987, **14**, 271–282

[566] P. Colomban, *The Use of Metal Nanoparticles to Produce Yellow, Red and Iridescent Colour, from Bronze Age to Present Times in Lustre Pottery and Glass: Solid State Chemistry, Spectroscopy and Nanostructure*, Journal of Nano Research, Vol. 8 (2009), pp 109–132

[567] M. Garcia-Vallès, M. Vendrell-Saz, *The glasses of the transept's rosette of the cathedral of Tarragona: characterisation, classification and decay*, Bol. Soc. Esp. Cerám. Vidrio, 41 [2] 217–224 (2002)

[568] E. Thilo, J. Jander, H. Seemann, *Die Farbe des Rubins und der* $(Al, Cr)_2O_3$*-Mischkristalle*, Zeitschrift für anorganische und allgemeine Chemie, Volume 279, 1955, Issue 1–2 (p 2–17)

[569] C. J. Ballhausen, *Intensities in Inorganic Complexes Part II. Tetrahedral Complexes*, Journal of Molecular Spectroscopy 2 1958, pp. 342–360

[570] L. H. Hillier, V. R. Saunders, *Ab Initio Calculations of the Excited States of the Permanganate and Chromate Ions*, Chem. Phys. Lett. 9, 219–221 (1971)

[571] K. H. Johnson, F. C. Smith jr., *Scattered-wave Model for the Electronic Structure and Optical Properties of the Permanganate Ion*, Chem. Phys. Lett. 10, 219–223 (1971)

[572] H. Johansen, *SCF LCAO MO calculation for* $MnO_4^{\ominus}$, Chem. Phys. Lett. 17, 569–573 (1972)

[573] A. P. Mortola, H. Basch, J. W. Moskowitz, *An Ab Initio Study of the Permanganate Ion*, Intern. J. Quantum Chem. 7 (1973), 725–737

[574] H.-L. Hsu, C. Peterson, R. M. Pitzer, *Calculations on the permanganate ion in the ground and excited states*, J. Chem. Phys., Vol. 64 (2), 1976, 791–795

[575] J. A. Connor, I. H. Hillier, V. R. Saunders, M. H. Wood, M. Barber, *Ab initio molecular orbital calculations of transition metal complexes*, Mol. Phys. 24, 497–509 (1972)
[576] H. Johansen, S. Rettrup, *Limited Configuration Interaction Calculation of the Optical Spectrum for the Permanganate Ion*, Chem. Phys. 74 (1983) 77–81
[577] S. Jitsuhiro, H. Nakai, M. Hada, H. Nakatsuji, *Theoretical study on the ground and excited states of the chromate anion* $CrO_4^{2\ominus}$, J. Chem. Phys. 101 (2), 1994, 1029–1036
[578] M. Wolfsberg, L. Helmholz *The Spectra and Electronic Structure of the Tetrahedral Ions* $MnO_4^{\ominus}$, $CrO_4^{2\ominus}$, *and* $ClO_4^{\ominus}$, J. Chem. Phys. 20 (5), 1952, 837–843
[579] R. M. Millier, D. S. Tinti, D. A. Case, *Comparison of the Electronic Structures of Chromate, Halochromates, and Chromyl Halides by the Xα Method*, Inorg. Chem. **1989**, 28, 2738–2743
[580] O. Schmitz-DuMont, H. Brokopf, K. Burkhardt, *Farbe und Konstitution bei anorganischen Feststoffen. I. Die Lichtabsorptions des zweiwertigen Kobalts in oxydischen Koordinationsgittern*, Z. anorg. allg. Chemie **295** 7–35 (1958)
[581] D. Reinen, O. Schmitz-DuMont, *Farbe und Konstitution bei anorganischen Feststoffen. IV. Die Lichtabsorptions als Mittel zur Auffindung struktureller Feinheiten von Kristallgittern*, Z. anorg. allg. Chemie **312** 121–134 (1961)
[582] D. M. Sherman, *The Electronic Structures of* $Fe^{3\oplus}$ *Coordination Sites in Iron Oxides; Applications to Spectra, Bonding, and Magnetism*, Phys Chem Minerals (1985) 12:161–175
[583] D. M. Sherman, T. D. Waite, *Electronic spectra of* $Fe^{3\oplus}$ *oxides and oxide hydroxides in the near IR to near UV*, American Mineralogist, Volume 70, pages 1262–1269, 1985
[584] D. M. Sherman, *Crystal Chemistry, Electronic Structures, and Spectra of Fe Sites in Clay Minerals*, In L. Coyne et al., *Spectroscopic Characterization of Minerals and Their Surfaces*, ACS Symposium Series; American Chemical Society: Washington, DC, 1990
[585] *Correlation between structural features and vis-NIR spectra of* α-Fe_2O_3 *hematite and* AFe_2O_4 *spinel oxides (A=Mg, Zn)*, Journal of Solid State Chemistry 181 (2008) 1040–1047
[586] G. Kämpf, *Korngrössenverteilung und optische Eigenschaften von Pigmenten*, Farbe und Lack, 71 (1965) 5, 353–365
[587] M. Dondi, G. Cruciani, G. Guarini, F. Matteucci, M. Raimondo, *The role of counterions (Mo, Nb, Sb, W) in Cr-, Mn-, Ni- and V-doped rutile ceramic pigments. Part 2. Colour and technological properties*, Ceramics International 32 (2006) 393–405
[588] K. M. Glassford, J. R. Chelikowsky, *Structural and electronic properties of titanium dioxide*, Phys. Rev. B **46**, 1284–1298 (1992)
[589] F. Thomazi, L. Stolz Roman, A. Ferreira da Silva, C. Persson, *Optical absorption of rutile* SnO_2 *and* TiO_2, Phys. Status Solidi C 6, No. 12, 2740–2742 (2009)
[590] M. C. Comstock, *Complex Inorganic Colored Pigments: Comparison of options and relative properties when faced with elemental restrictions*, Journal of Surface Coatings Australia, December 2016, pp. 10–30
[591] C. L. Dong, C. Persson, L. Vayssieres, A. Augustsson, T. Schmitt, M. Mattesini, R. Ahuja, C. L. Chang, J.-H. Guo, *Electronic structure of nanostructured ZnO from x-ray absorption and emission spectroscopy and the local density approximation*, Phys. Rev. B **70**, 195325 (2004)
[592] A. Kobayashi, O. F. Sankey, J. D. Dow, *Deep energy levels of defects in the wurtzite semiconductors AlN, CdS, CdSe, ZnS and ZnO*, Phys. Rev. B **28**, 946–956 (1983)
[593] M. Rohlfing, P. Krüger, J. Pollmann, *Quasiparticle Band Structure of CdS*, Phys. Rev. Letters **75** 19, 3489–3492 (1995)
[594] V. E. Henrich, *The surfaces of metal oxides*, Rep. Prog. Phys. **48** (1985) 1481–1541
[595] S.-R. Sun, Y.-H. Dong, *The optical properties of HgS under high pressures*, Solid State Communications 138 (2006) 476–479
[596] E. Doni, L. Resca, S. Rodriguez, W. M. Becker, *Electronic energy levels of cinnabar (α-HgS)*, Phys. Rev. B **20**, 1663–1668 (1979)

[597] X. Zhong, Y. Feng, W. Knoll, M. Han, *Alloyed $Zn_xCd_{1-x}S$ Nanocrystals with Highly Narrow Luminescence Spectral Width*, J. Am. Chem. Soc. 2003, 125, 13559–13563

[598] X. Zhong, M. Han, Z. Dong, T. J. White, W. Knoll, *Composition-Tunable $Zn_xCd_{1-x}Se$ Nanocrystals with High Luminescence and Stability*, J. Am. Chem. Soc. 2003, 125, 8589–8594

[599] X. Zhong, Y. Feng, *New strategy for band-gap tuning in semiconductor nanocrystals*, Res. Chem. Intermed., Vol. 34, No. 2–3, pp. 287–298 (2008)

[600] K. Glassford, J. Chelikowsky, *Electronic Structure of TiO_2:Ru*, Phys. Rev. B. 1993, 47(19) 12550–12553

[601] J. C. Phillips, *The fundamental optical spectra of solids*, Solid State Phys. 18 (1966) 55–164

[602] R. A. Evarestov, V. A. Veryazov, *The Electronic Structure of Crystalline Lead Oxides. I. Crystal Structure and LUC-CNDO Calculations*, phys. stat. sol. (b) **165**, 401–410 (1991)

[603] D. L. Perry, T. J. Wilkinson, *Synthesis of High-Purity alpha-and beta-PbO and Possible Applications to Synthesis and Processing of Other Lead Oxide Materials*, Lawrence Berkeley National Laboratory, 2011, https://escholarship.org/uc/item/5xb2g68h, Zugriff am 20.06.2014

[604] G. Trinquier, R. Hoffmann, *Lead Monoxide. Electronic Structure and Bonding*, J. Phys. Chem. **1984**, 88, 6696–6711

[605] G. A. Bordovskii, M. L. Gordeev, A. N. Ermoshkin, V. A. Izvozchikov, R. A. Evarestov, *Energy Band Structure of Rhombic Lead Monoxide*, phys. stat. sol. (b) **111**, K123–K127 (1982)

[606] G. A. Bordovskii, M. L. Gordeev, A. N. Ermoshkin, V. A. Izvozchikov, R. A. Evarestov, *Energy Band Structure of Rhombic Lead Monoxide*, phys. stat. sol. (b) **115**, K15–K19 (1983)

[607] J. Robertson, *Electronic structure of SnO_2, GeO_2, PbO_2, TeO_2 and MgF*, J. Phys. C: Solid State Phys. 12 (1979) 4767

[608] G. Pfaff und andere, *Rare earth metal sulfide pigments useful in paint, lacquer, printing ink, plastics and cosmetics*, Deutsches Patent DE19810317A1, https://patents.google.com/patent/DE19810317A1/en, Zugriff am 25.04.2019

[609] G. Pfaff und andere, *SULPHIDE AND OXYSULPHIDE PIGMENTS*, WIPO Patent Application WO/1999/046336, http://www.sumobrain.com/patents/wipo/Sulphide-oxysulphide-pigments/WO1999046336.html, Zugriff am 25.04.2019

[610] T. Corbiere, *Preparation and Methods of Characterisation of the Barium Copper Silicates $BaCuSi_4O_{10}$ (Chinese Blue), $BaCuSi_2O_6$ (Chinese Purple), $Ba_2CuSi_2O_7$, $BaCu_2Si_2O_7$ Used as Blue and Purple Pigments*, Dissertation, Universität Zürich 2009

[611] C. Burda, X. Chen, R. Narayanan, M. A. El-Sayed, *Chemistry and Properties of Nanocrystals of Different Shapes*, Chem. Rev. **2005**, 105, 1025–1102

[612] E. N. Economou, K. L. Ngai, *Surface plasma oscillations and related surface effects in solids*, Advances in Chemical Physics 27, 265–354 (1974)

[613] S. Link, M. A. El-Sayeda, *Shape and size dependence of radiative, non-radiative and photothermal properties of gold nanocrystals*, Int. Reviews in Physical Chemistry, 2000, Vol. 19, No. 3, 409–453

[614] S. Link, M. A. El-Sayeda, *Optical Properties and Ultrafast Dynamics of Metallic Nanocrystals*, Annu. Rev. Phys. Chem. 2003. 54:331–66

[615] M. A. Garcia, *Surface plasmons in metallic nanoparticles: fundamentals and applications*, Journal of Physics D: Applied Physics, Vol.44, No.28, (July 2011), pp. 283001, ISSN 0022-3727

[616] E. F. Wesp, W. R. Brode, *The Absorption Spectra of Ferric Compounds. I. The Ferric Chloride-Phenol Reaction*, J. Am. Chem. Soc. (56) 1934, pp. 1037–1042

[617] W. Mayer, E. H. Hoffmann, N. Losch, H. Wow, B. Wolter, G. Schilling, *Dehydrierungsreaktionen mit Gallussäureestern*, Liebigs Ann. Chem. 1984, pp. 929–938

[618] L. Sommer, *Über die genaue spektrophotometrische Eisen(III)- und Titan(IV)-Bestimmung mit Polyphenolen und verwandten Verbindungen*, Acta Chim. Acad. Sci. Hung. 33 (1962) 23–30

[619] L. Sommer, *Über einige analytische Reaktionen der Polyphenole*, Fresenius' Zeitschrift für analytische Chemie 1962, Volume 187, Issue 1, pp. 7–16
[620] P. H. Gore, P. J. Newman, *Quantitative aspects of the colour reaction between iron(III) and phenols*, Anal. Chim. Acta. 31 (1964) 111–120
[621] G. Ackermann, D. Hesse, *Über Eisen(III)-Komplexe mit Phenolen. I. Reaktion zwischen Eisen(III)-Ionen und Monophenolderivaten*, Z. Anorg. Allgem. Chem., 1969, 367, 243–248
[622] G. Ackermann, D. Hesse, *Über Eisen(III)-Komplexe mit Phenolen. II. Chelate mit Salicylsäure- und Brenzkatechinderivaten*, Z. Anorg. Allgem. Chem., 1969, 368, 25–30
[623] H. Kipton, J. Powell, M. C. Taylor, *Interactions of Iron(II) and Iron(III) with Gallic Acid and its Homologues: a Potentiormetric and Spectrophotometric Study*, Aust. J. Chem., 1982, **35**, 739–56
[624] R. C. Hider, A. Rahim Mohd-Nor, J. Silver, I. E. G. Morrison, L. V. C. Rees, *Model Compounds for Microbial Iron-transport Compounds. Part I. Solution Chemistry and Mössbauer Study of Iron(II) and Iron(III) Complexes from Phenolic and Catecholic Systems*, J. Chem. Soc. Dalton, 609–622 (1981)
[625] R. C. Hider, B. Howlin, J. R. Miller, A. Rahim Mohd-Nor, J. Silver, *Model Compounds for Microbial Iron-transport Compounds. Part IV. Further Solution Chemistry and Mössbauer Studies on Iron(II) and Iron(III) Catechol Complexes*, Inorganica Chimica Acta, 80 (1983) 51–56
[626] B. Howlin, A. Rahim Mohd-Nor, J. Silver, *Model Compounds for Microbial Iron-transport Compounds. Part V. Substituent Effects in the Catechol"/$FeCl_3$ System*, Inorganica Chimica Acta, 91 (1984) 153–160
[627] M. Brenes, C. Romero, P. Garcia, A. Garrido, *Effect of pH on the Colour Formed by Fe-Phenolic Complexes in Ripe Olives*, J. Sci. Food Agric. (67) 1995, pp. 35–41
[628] A. Krilov, R. Gref, *Mechanism of sawblade corrosion by polyphenolic compounds*, Wood Sci. Technol. (20) 1986, pp. 369–375
[629] L. J. Porter, K. R. Markham, *The Aluminium(III) Complexes of Hydroxy-flavones in Absolute Methanol. Part I. Ligands containing Only One Chelating Site*, J. Chem. Soc. (C) **1970** 344–349
[630] L. J. Porter, K. R. Markham, *The Aluminium(III) Complexes of Hydroxy-flavones in Absolute Methanol. Part II. higands containing More than One Chelating Site*, J. Chem. Soc. (C) **1970** 1309–1313
[631] M. Katyal, *Flavones as Analytical Reagents – a Review*, Talanta, 1968, Vol. 15, 95–106
[632] M. Katyal, S. Prakash, *Analytical Reactions of Hydroxyflavones*, Talanta, 1977, Vol. 24, 367–375
[633] L. Jurd, T. A. Geissman, *Absorption Spectra of Metal Complexes of Flavonoid Compounds*, J. Org. Chem., **1956**, 21 (12), pp. 1395–1401
[634] H. Deng, G. J. van Berkel, *Electrospray Mass Spectrometry and UV/Visible Spectrophotometry Studies of Complexes*, J. Mass Spectrom. **33**, 1080–1087 (1998)
[635] S. H. Etaiw, M. M. Abou Sekkina, G. B. El-Hefnawey, S. S. Assar, *Spectral behaviour and solvent effects of some aminoanthraquinone dyes*, Can. J. Chem. 60 (1982) 304–307
[636] R. H. Peters, H. H. Sumner, *Spectra of Anthraquinone Derivatives*, J. Chem. Soc. (1953) 2101–2110
[637] H. Musso, *Die Trennung des Orceins in seine Komponenten (II. Mitteilung über Orceinfarbstoffe)*, Chem. Ber. **89**, 1659–1673 (1956)
[638] H. Musso, C. Rajtjen, *Über Orceinfarbstoffe, X. Lichtabsorption und Chromophor des Lackmus*, Chem. Ber. **92**, 751–753 (1959)
[639] H. Musso, *Zur Konstitution der Orceinfarbstoffe*, Angew. Chem. **1957**, 69, Nr. 5, 178
[640] H. Musso, H. Beecken, *Über Orceinfarbstoffe, VI. Die Konstitution von α-, β- und γ-Amino-Orcein*, Chem. Ber. **90**, 2190–2196 (1957)

[641] H. Musso, *Orcein- und Lackmusfarbstoffe. Konstitutionsermittlung und Konstitutionsbeweis durch die Synthese*, Planta Medica, 1960, 8, 432–446

[642] H. Beecken, E.-M. Gottschalk, U. v. Gizycki, H. Krämer, D. Maassen, H.-G. Matthies, H. Musso, C. Rathjen, U. I. Zahorszky, *Orcein und Lackmus*, Angewandte Chemie Bd. 73, Nr. 20, 1961, S. 665-673

[643] H. Auterhoff, H. Frauendorf, W. Liesenklas, C. Schwandt, *Der Hauptbestandteil des Guttiharzes. 1. Mitt.: Chemie des Gummigutts*, Archiv der Pharmazie Volume 295, Issue 11, 833–846, 1962

[644] H. Auterhoff, W. Liesenklas, *Der Hauptbestandteil des Guttiharzes. 3. Mitt.: Chemie des Gummigutts*, Archiv der Pharmazie Volume 299, Issue 1, 91–96, 1966

[645] H. Auterhoff, W. Liesenklas, *Die Konstitution der Gambogasäure und ihre Isomerisierung. 4. Mitt.: Chemie des Gummigutts*, Archiv der Pharmazie Volume 299, Issue 9, 797–798, 1966

[646] W. D. Ollis, M. V. J. Ramsay, I. O. Sutherland, *The Constitution of Gambogic Acid*, Tetrahedron 21 (1965), pp. 1453–1470

[647] L.-J. Lin, L.-Z. Lin, J. M. Pezzuto, G. A. Cordell, N. Ruangrungsi, *Isogambogic acid and Isomorellinol from Garcinia Hanbuyi*, Magnetic Resonance in Chemistry, Volume 31, Issue 4, 340–347, (1993)

[648] J.-Z. Song, Y.-K. Yip, Q.-B. Han, C.-F. Qiao, H.-X. Xu, *Rapid determination of polyprenylated xanthones in gamboges resin of Garcinia hanburyi by HPLC*, J. Sep. Sci. 2007, *30*, 304–309

[649] A. López-Montes, R. Blanc García, T. Espejo, J. F. Huertas-Perez, A. Navalón, J. L. Vílchez, *Simultaneous identification of natural dyes in the collection of drawings and maps from The Royal Chancellery Archives in Granada (Spain) by CE*, *Electrophoresis* 2007, *28*, 1243–1251

[650] K. Roth, *Fingerfarben, Ideal für kleine Künstler*, Chem. Unserer Zeit, 2006, 40, 260–267

[651] H. Baumann, H. R. Hensel, *Neue Metallkomplexfarbstoffe, Struktur und färberische Eigenschaften*, Fortschr. Chem. Forsch. 7 (1967) no. 4, pp. 643–783

[652] F. Beffa, G. Back, *Metal-complex Dyes for Wool and Nylon – 1930 to date*, REV. PROG. COLORATION VOL. 14 1984 33–42

[653] H. S. Freeman, L. C. Edwards, *Iron-Complexed Dyes: Colorants in Green Chemistry*, in: P. Anastas et al., *Green Chemical Syntheses and Processes*, ACS Symposium Series; American Chemical Society: Washington, DC, 2000, pp. 18–32

[654] J. Sokolowska-Gajda, H. S. Freeman, A. Reife, *Synthetic Dyes Based on Environmental Considerations: Part I: Iron Complexes for Protein and Polyamide Fibers*, Textile Res. J. **64** 7, 388–396 (1994)

[655] Y. Yagi, *Studies of the Absorption Spectra of Azo Dyes and their Metal-Complexes I. The Absorption Spectra of Phenylazo-acetoacetanilide and its Related Compounds*, Bull. Chem. Soc. Jpn. 36 (1963) 487–492 *II. The Absorption Spectra of Phenolazoacetoacetamide and its Derivatives*, Bull. Chem. Soc. Jpn. 36 (1963) 492–500 *III. The Electronic Absorption Spectra of Metal-Complexes Derived from Phenolazoacetoacetanilides*, Bull. Chem. Soc. Jpn. 36 (1963) 500–506 *IV. The Effects of Substituents on the Absorption Spectra of Chromium(III)- and Cobalt(III)-Complexes of Phenolazoacetoacetanilides*, Bull. Chem. Soc. Jpn. 36 (1963) 506–512 *V. The Electronic Absorption Spectra of Metal-complexed Phenolazoacetoacetbenzylamides*, Bull. Chem. Soc. Jpn. 36 (1963) 512–517 *VII. The Absorption Spectra of Metal-complexes Derived from Phenolazo-α- and Phenolazo-β-naphthols*, Bull. Chem. Soc. Jpn. 37 (1964) 1878–1880 *VIII. The Absorption Spectra of Azo Compounds Derived from 5,8-Dichloro-1-naphthol and Their Metal-complexes*, Bull. Chem. Soc. Jpn. 37 (1964) 1881–1883

[656] J. Griffiths, D. Rhodes, *The Prediction of Colour Change in Dye Equilibria. II – Metal Complexes of Ortho-Hydroxyazobenzenes*, J. Soc. Dyers and Colourists **88** (November 1972) 400

[657] P. S. Vankar, *Chemistry of Natural Dyes*, Resonance, Oct. 2000, pp. 73–80

[658] E. G. Kiel, P. M. Heertjes, *Metal Complexes of Alizarin. I. The Structure of the Calcium-Aluminium-Lake of Alizarin*, J. Soc. Dyers Col. 79 (1963), pp. 21–27
[659] E. G. Kiel, P. M. Heertjes, *Metal Complexes of Alizarin. II. The Structure of some Metal Complexes of Alizarin other than Turkey Red*, J. Soc. Dyers Col. 79 (1963), pp. 61–64
[660] E. G. Kiel, P. M. Heertjes, *Metal Complexes of Alizarin. IV. The Structure of the Potassium and Calcium Salts of Alizarin and of 3-Nitroalizarin*, J. Soc. Dyers Col. 79 (1963), pp. 363–367
[661] E. G. Kiel, P. M. Heertjes, *Metal Complexes of Alizarin. V. Investigations of Alizarin-dyed Cotton Fabrics*, J. Soc. Dyers Col. 81 (1965), pp. 98–102
[662] C.-H. Wunderlich, G. Bergerhoff, *Konstitution und Farbe von Alizarin- und Purpurin-Farblacken*, Chem. Ber. **1994**, 127, 1185–1190
[663] C.-H. Wunderlich, *Krapplack und Türkischrot*, Dissertation, Universität Bonn, 1993
[664] P. Soubayrol, G. Dana, *Aluminium-27 Solid-state NMR Study of Aluminium Coordination Complexes of Alizarin*, MAGNETIC RESONANCE IN CHEMISTRY, VOL. 34, 638–645 (1996)
[665] H. Harms, *Zur Chemie des Karmins und seiner in der Mikroskopie verwendeten Lösungen*, Die Naturwissenschaften 44 (11) 1957, p.327
[666] S. N. Meloan, L. S. Valentine, H. Puchtler, *On the Structure of Carminic Acid and Carmine*, Histochemie 27 (1971), pp. 87–95
[667] C. Clementi et al, *Vibrational and electronic properties of painting lakes*, Appl. Phys. A 92, pp. 25–33 (2008)
[668] R. A. Dixon, D.-Y. Xie, S. B. Sharma, *Proanthocyanidins – a final frontier in flavonoid research?*, New Phytologist (2005) **165**: 9–28
[669] L. Pourcel, J.-M. Routaboul, V. Cheynier, L. Lepiniec, I. Debeaujon, *Flavonoid oxidation in plants: from biochemical properties to physiological functions*, Trends in Plant Science Vol.12 No.1 2007, 29–36
[670] F. He, Q.-H. Pan, Y. Shi, C.-Q. Duan, *Biosynthesis and Genetic Regulation of Proanthocyanidins in Plants*, Molecules 2008, 13, 2674–2703
[671] C. Santos-Buelga, A. Scalbert, *Proanthocyanidins and tannin-like compounds – nature, occurrence, dietary intake and effects on nutrition and health*, J Sci Food Agric **80**:1094–1117 (2000)
[672] H. Musso, *Phenol Oxidation Reactions*, Angew. Chem. internat. Edit. Vol. 2 (1963) No. 12, 723–735
[673] R. M. Desentis-Mendoza, H. Hernández-Sánchez, A. Moreno, E. R. del C., L. Chel-Guerrero, J. Tamariz, M. E. Jaramillo-Flores, *Enzymatic Polymerization of Phenolic Compounds Using Laccase and Tyrosinase from Ustilago maydis*, Biomacromolecules **2006**, 7, 1845–1854
[674] S. Guyot, J. Vercauteren, V. Cheynier, *Structural Determination of Colourless and Yellow Dimers resulting from (+)-Catechin Coupling Catalysed by Grape Polyphenoxidase*, Phytochemistry Vol. 42 (1996) No. 5, 1279–1288
[675] R. Niemetz, G. G. Gross, *Enzymology of gallotannin and ellagitannin biosynthesis*, Phytochemistry 66 (2005) 2001–2011
[676] P. Grundhöfer, R. Niemetz, G. Schilling, G. G. Gross, *Biosynthesis and subcellular distribution of hydrolyzable tannins*, Phytochemistry 57 (2001) 915–927
[677] V. de Freitas, N. Mateus, *Chemical transformations of anthocyanins yielding a variety of colours (Review)*, Environ Chem Lett (2006) 4:175–183
[678] T. Shoji, *Polyphenols as Natural Food Pigments: Changes during Food Processing*, Am. J. Food Technol., 2(7):570–581, 2007
[679] T. C. Somers, *The Polymeric Nature of Wine Pigments*, Phytochemistry, 1971, Vol. 10. pp. 2175–2186

[680] G.-I. Nonaka, O. Kawahara, I. Nishioka, *Tannins and Related Compounds. XV. A New Class of Dimeric Flavan-3-ol Gallates, Theasinensins A and B, and Proanthocyanidin Gallates from Green Tea Leaf. (1)*, Chem. Pharm. Bull. **31** (11) 3906–3914 (1983)
[681] E. Haslam, *Thoughts on thearubigins*, Phytochemistry 64 (2003) 61–73
[682] Y. Wang, C.-T. Ho, *Functional Contribution of Polyphenols in Black Tea*, in: N. Da Costa et al., *Flavors in Noncarbonated Beverages*; ACS Symposium Series; American Chemical Society: Washington, DC, 2010
[683] H. Li, A. Guo, H. Wang, *Mechanisms of oxidative browning of wine*, Food Chemistry 108 (2008) 1–13
[684] B. Winkel-Shirley, *Flavonoid biosynthesis. A colorful model for genetics, biochemistry, cell biology, and biotechnology*, Plant Physiology, June 2001, Vol. 126, pp. 485–493
[685] C.-T. Ho, S. Sang, J. W. Jhoo, *Chemistry of Theaflavins: The Astringent Taste Compounds of Black Tea*, in T. Hofmann, *In Challenges in Taste Chemistry and Biology*, ACS Symposium Series, American Chemical Society: Washington, DC, 2003
[686] C. F. Timberlake, *Anthocyanins – Occurence, Extraction and Chemistry*, Food Chemistry **5** (1980) 69–80
[687] K. Robards, P. D. Prenzler, G. Tucker, P. Swatsitang, W. Glover, *Phenolic compounds and their role in oxidative processes in fruits*, Food Chemistry 66 (1999) 401–436
[688] N. G. Irani, J. M. Hernandez, E. Grotewold, *Regulation of Anthocyanin Pigmentation*, Rec Adv Phytochem. 2003; **38**:59–78
[689] G. Forkmann, *Flavonoids as Flower Pigments: The Formation of the Natural Spectrum and its Extension by Genetic Engineering*, Plant Breeding **106**, 1–26 (1991)
[690] R. W. Hemingway, P. E. Laks (editors), *Plant Polyphenols*, Plenum Press New York 1992, ISBN
[691] G. G. Gross, *Enzymes in the Biosynthesis of Hydrolyzable Tannins*, in [690], pp. 43–60
[692] E. Haslam, *Gallic Acid and its Metabolites*, in [690], pp. 169–194
[693] J. Nicolas, V. Cheynier, A. Fleuriet, M.-A. Rouet-Mayer, *Polyphenols and Enzymatic Browning*, in A. Scalbert (ed.), *Polyphenolic Phenomena*, Institut Nationale de la Recherche Agronomique, Paris 1993, pp. 165–175
[694] H. Musso, *Phenol Coupling*, pp. 1–94 in [251], chapter 1
[695] A. I. Scott, *Some Natural Products Derived by Phenol Oxidation*, pp. 95–117 in [251], chapter 2
[696] B. R. Brown, *Biochemical Aspects of Oxidative Couplings of Phenols*, pp. 167–201 in [251], chapter 4
[697] A. J. Taylor, F. M. Clydesdale, *Potential of Oxidised Phenolics as Food Colourants*, Food Chemistry **24** (1987) 301–313
[698] G. Jungbluth, *Wechselwirkung von Polyphenolen mit* $Cu^{2\oplus}$, $Fe^{3\oplus}$, $Fe^{2\oplus}$ *und* $Al^{3\oplus}$. *Analyse der Reaktionsprodukte mittels HPLC*, Dissertation Universität Hannover, 2000
[699] N. Kuhnert, *Unraveling the structure of the black tea thearubigins*, Archives of Biochemistry and Biophysics 501 (2010) 37–51
[700] N. Kuhnert, M. Clifford, J. Fuchser, M. Witt, *Analysis of black tea thearubigins from six different commercial teas by ESI FT-ICR MS*, Poster zur DGMS 2010, http://www.bdal.asia/uploads/media/DGMS_327_Poster_Thearubigins_DGMS_2010-mc.pdf
[701] N. Kuhnert, J. W. Drynan, J. Obuchowicz, M. N. Clifford, M. Witt, *Mass spectrometric characterization of black tea thearubigins leading to an oidative cascade hypothesis for thearubigin formation*, Rapid Commun. Mass Spectrom. 2010; **24**; 3387–3404
[702] H. Obara, J. Onodera, *Structure of Carthamin*, Chemistry letters (1979) 201–204
[703] Y. Takahashi et al., *Constitution of two coloring matters in the flower petals of C. tinctorius*, Tetrahedron 23 (1982), pp. 5163–5166
[704] K. Kazuma et al., *Quinochalcones and Flavonoids from Fresh Florets in Different Cultivars of C. tinctorius L.*, Biosci. Biotechnol. Biochem., **64** (8), 1588–1599, 2000

[705] G. Britton, D. Hornero-Méndez, *Carotenoids and colour in fruit and vegetables*, pp. 11–27 in [255], chapter 2

[706] R. Brouillard, P. Figueiredo, M. Elhabiri, O. Dangles, *Molecular interactions of phenolic compounds in relation to the colour of fruit and vegetables*, pp. 29–49 in [255], chapter 3

[707] M. J. Amiot, A. Fleuriet, V. Cheynier, J. Nicolas, *Phenolic compounds and oxidative mechanism in fruit and vegetables*, pp. 51–85 in [255], chapter 4

[708] J. M. Harkin, *Lignin – A Natural Polymeric Product of Phenol Oxidation*, pp. 243–321 in [251], chapter 6

[709] K. Weinges, R. Spänig, *Lignans and Cyclolignans*, pp. 323–355 in [251], chapter 7

[710] B. B. Adhyaru, N. G. Akhmedov, A. R. Katritzky, C. R. Bowers, *Solid-state cross-polarization magic angle spinning 13C and 15N NMR characterization of Sepia melanin, Sepia melanin free acid and Human hair melanin in comparison with several model compounds*, Magn. Reson. Chem. 2003; **41**: 466–474

[711] A. Lopez-Montes, R. Blanc, T. Espejo, A. Navalon, J. L. Vilchez, *Characterization of sepia ink in ancient graphic documents by capillary electrophoresis*, Microchemical Journal 93 (2009) 121–126

[712] M. G. Peter, *Chemische Modifikation von Biopolymeren durch Chinone und Chinonmethide*, Angew. Chem. 101 (1989) 572–587

[713] R. H. Thomson, *Pigmente aus rötlichen Haaren und Federn*, Angew. Chem. 86 (1974) 355–386

[714] M. Piattelli, R. A. Nicolaus, *The structure of melanins and melanogenesis – I. The structure of melanin in Sepia*, Tetrahedron 15 (1961), pp. 66–75

[715] J. J. Nordlund (ed.), *The Pigmentary System: Physiology and Pathphysiology*, Oxford University Press, 2nd ed. 2006, ISBN 978-1-4051-2034-0

[716] S. Ito, K. Wakamatsu, *Chemistry of Melanins*, in [715], S. 282–310

[717] M. L. Wolbarsht, A. W. Walsh, and G. George, *Melanin, a unique biological absorber*, APPLIED OPTICS/Vol. 20, No. 13/1 July 1981, pp. 2184–2186

[718] M. G. Peter, *Chemische Modifikation von Biopolymeren durch Chinone und Chinonmethide*, Angewandte Chemie 101 (1989) 572–587

[719] A. Vetter, *Bereitstellung von Naturfarbstoffen aus Färberpflanzen*, 2004, Abschlussbericht des Projektes Projekt/Förderkennzeichen (FKZ): 00NR185 der Thüringer Landesanstalt für Landwirtschaft

[720] U. Kynast, Vorlesungsscript *Optische Eigenschaften der Materialien II: Farbe und Pigmente*, FH Münster, https://www.fh-muenster.de/fb1/downloads/personal/VLGMWFarbPig1.pdf

[721] H. Michaelsen, A. Unger, C.-H. Fischer, *Blaugrüne Färbung an Intarsienhölzern des 16. bis 18. Jahrhunderts*, Restauro 1/1992, S. 17–25

[722] P. Kopp, H. Piening, *Wiederentdeckte Farbigkeit der Renaissance*, Restauro 2/2009, S. 107–111

[723] G. Buschle-Diller, A. Unger, *Schreib- und Malmittel auf Papyrus*, Restauro 2/1996, S. 108–114

[724] C. Jenkins, *Analyzing Pigments in the Book of the Dead Using XRF Spectroscopy*, Blog-Beitrag vom 26.01.2011, Brooklyn Museum http://www.brooklynmuseum.org/community/blogosphere/

[725] O. Wächter, *Die Restaurierung und Konservierung von Miniaturen*, Beitrag zum IADA-Kongress 1975 Kopenhagen, http://cool.conservation-us.org/iada/ta75_047.pdf

[726] A. von Bohlen, P. Vandenabeerle, M. De Reu, L. Moens, R. Klockenkämper, B. Dekeyzer, B.Cardon, *Pigmente und Tinten in mittelalterlichen Handschriften*, Restauro 2/2003, S. 118–122

[727] P. Gregory, *Colorants for Electronic Printers*, in [147] pp. 150–167

[728] R. B. McKay, *Control of the Physical Character and Performance of Organic Pigments for Inks*, in [147] pp. 107–126

[729] R. Fraas, *Aqueous ink with prolonged cap-off time and method of making it*, Europäisches Patent EP0897961, http://www.freepatentsonline.com/EP0897961.html, Zugriff am 10.07.2011
[730] H. Asami, A. Owariasahi-shi, *Wässerige Kugelschreiber-Tintezusammensetzung*, Deutsches Patent DE69910670T2, http://www.patent-de.com/20040617/DE69910670T2.html, Zugriff am 10.07.2011
[731] EuPIA, European Printing Ink Association, http://www.eupia.org, Onlineinformationen zu Druckfarben, z. B. *EXCLUSION LIST FOR PRINTING INKS AND RELATED PRODUCTS*, 8. ed., 2012, http://www.eupia.org/uploads/tx_edm/2012-11-16_Exclusion_List_for_Printing_Inks_and_Related_Products_8th_edition.pdf, Zugriff am 20.06.2014, *Die Auswirkungen von Druckfarben auf die Umwelt*, 1. Ausgabe, 2013, http://www.eupia.org/uploads/tx_edm/95_1303_Informationsschrift_Die_Auswirkungen_von_Druckfarben_auf_die_Umwelt.pdf, Zugriff am 20.06.2014
[732] T. Brüning, H. U. Käfferlein, A. Slowicki, *Azofarbmittel und deren Hautgängigkeit beim Menschen*, BGFA-Report 2, Februar 2009, BGFA – Forschungsinstitut für Arbeitsmedizin der Deutschen Gesetzlichen Unfallversicherung, Institut der Ruhr-Universität Bochum, ISSN 1867-9358, http://www.ipa.ruhr-uni-bochum.de/pdf/09-02-27_BGFA-Report2_Azofarbstoffe.pdf, Zugriff am 20.06.2014
[733] F. Nakaya, Y. Fukase, *Laser Printer*, pp. 157–192, in: N. Ohta, M. Rosen (ed.), *Color Desktop Printer Technology*, CRC Taylor and Francis 2006, ISBN 0-8247-5364-X
[734] H.-T. Macholdt, *Organische Pigmente für Photokopierer und Laserdrucker*, Chemie in unserer Zeit/24. Jahrg. 1990/Nr. 4, S. 176–181
[735] P. Gregory, *Colorants for High Technology*, pp. 193–223, in: A. T. Peters, H. S. Freeman (eds.), *Colour Chemistry: The Design and Synthesis of Organic Dyes and Pigments*, Elsevier, New York 1991, ISBN 978-1851665778
[736] B. E. Springett, *A Brief Introduction to Electrophotography*, pp. 145–171, in: [259], chapter 4
[737] P. C. Julien, R. J. Gruber, *Dry Toner Technology*, pp. 173–208, in: [259], chapter 5
[738] L. O. Jones, *Carrier Materials for Imaging*, pp. 209–238, in: [259], chapter 6
[739] J. R. Larson, G. A. Gibson, S. P. Schmidt, *Liquid Toner Materials*, pp. 239–264, in: [259], chapter 7
[740] G. Banik, H. Weber, *Tintenfrassschäden und ihre Behandlung*, Werkhefte der staatlichen Archivverwaltung Baden-Württemberg, Heft 10, Verlag W. Kohlhammer, Stuttgart 1999, ISBN 3-17-015377-3
[741] C. Krekel, *Chemische Struktur historischer Eisengallustinten*, in [740], S. 25–36
[742] C. Krekel, *Chemische Untersuchungen an Eisengallustinten und Anwendung der Ergebnisse bei der Begutachtung einer mittelalterlichen Handschrift*, Diplomarbeit Universität Göttingen 1990
[743] C.-H. Wunderlich, *Geschichte und Chemie der Eisengallustinte*, Restauro 100 (1994), S. 414–421
[744] R. Fuchs, *Der Tintenfrass historischer Tinten und Tuschen – ein komplexes, nie enden wollendes Problem*, in [740], S. 37–75
[745] C.-H. Wunderlich, R. Weber, G. Bergerhoff, *Über Eisengallustinte*, Z. anorg. allg. Chem. **598/599** (1991) 371–376
[746] F. Zetsche, G. Vieli, G. Lilljeqvist, A. Loosli, *Bildung und Altern der Schriftzüge, die primären Tintensalze der Eisentinten*, Liebigs Ann. Chem. 435 (1924) 233–264
[747] F. Zetsche, A. Loosli, *Bildung und Altern der Schriftzüge, 2. Mitteilung*, Liebigs Ann. Chem. 445 (1926) 283–296
[748] A. S. Lee, P. J. Mahon, D. C. Creagh, *Raman analysis of iron gall inks on parchment*, Vibrational Spectroscopy 41 (2006) 170–175

[749] J. G. Neevel, *Phytate: a Potential Conservation Agent for the Treatment of Ink Corrosion Caused by Irongall Inks*, Restaurator, 1995, 16, 143–160
[750] G. Farusi, *Monastic Inks: Linking Chemistry and History*, Science in School, Issue 6: Autumn 2007, 36–40
[751] G. Pfingstag, *Colorants in Inks for Writing, Drawing and Marking*, JSDC VOLUME 109 MAY/JUNE 1993 188–192
[752] W. J. Wnek, M. A. Andreottola, P. F. Doll, S. M. Kelly, *Ink Jet Ink Technology*, pp. 531–602, in: [259], chapter 14
[753] D. E. Bugner, *Papers and Films for Ink Jet Printing*, pp. 603–627, in: [259], chapter 15
[754] E. Kuckert, *Tinten für Ink-Jet Verfahren*, Präsentation Bayer AG 1999, abgelegt (10.06.2011) bei http://www.f07.fh-koeln.de/einrichtungen/imp/forschung_und_gestaltung/showroom/00161/index.html
[755] M. C. Jürgens, *Preservation of Ink Jet Hardcopies. An Investigation by Martin C. Jürgens for the Capstone Project, Cross-Disciplinary Studies, at Rochester Institute of Technology*, Rochester, NY, August 27, 1999, http://www.ica.org/download.php?id=617 (20.08.2013)
[756] W. Li, J. Danio, *Fundamentals in the Development of High Performance Inkjet Receptive Coatings*, TAPPI Conference Paper, 2008 Advanced Coating Fundamentals Symposium, Product Code 08ADV16, http://www.tappi.org/Bookstore/Technical-Papers/Conference-Papers/2008/08ADVCTG/Fundamentals-in-the-Development-of-High-Performance-Inkjet-Receptive-Coatings-2008-Advanced-Coating.aspx
[757] E. Svanholm, *Printability and Ink-Coating Interactions in Inkjet Printing*, Dissertation, Karlstad University Studies 2007:2, http://www.diva-portal.org/smash/get/diva2:6256/FULLTEXT01.pdf
[758] T. Lamminmäki, J. Kettle, P. Puukko, J. Ketoja, P. Gane, *The role of binder type in determining inkjet print quality*, Nordic Pulp and Paper Research Journal 2010(25)3, pp. 380–390
[759] D. L. Briley, *Polyester Media Development for Inkjet Printers*, Hewlett-Packard Journal, February 1994, pp. 28–34
[760] R. W. Kenyon, *Beyond the Black – Novel High Waterfast Dyes for Colour Ink Jet Printing*, in: I. Rezanka, R. Eschbach, *Recent Progress in Ink Jet Technologies*, Society for Imaging Science and Technology, 1996, ISBN 0-89208-192-9, pp. 278–280
[761] W. Bauer, J. Ritter, *Novel Dyes for Ink Jet Applications*, in: I. Rezanka, R. Eschbach, *Recent Progress in Ink Jet Technologies*, Society for Imaging Science and Technology, 1996, ISBN 0-89208-192-9, pp. 295–296
[762] K. Lussky, P. Engel, S. Pentzien, J. Krüger, *Analyse häufig verwendeter europäischer Papiere*, Restauro 7/2007, S. 472–478
[763] Anwendungstechnische Information des Competence Center Specialities (Lanxess), *Anorganische Pigmente für die Papierindustrie*, http://www.bayferrox.de/imperia/md/content/ipg/de/literatureservice/anorganische_pigmente_f_r_die_papierindustrie.pdf
[764] A. Pingel Keuth, *Von Zellstoff zu Filtertüte, Schreibpapier,... Papierproduktion*, Chem. Unserer Zeit, 2005, 39, 402–409
[765] K. Roth, *Chemie kontra Papierzerfall*, Chem. Unserer Zeit, 2006, 40, 54–62
[766] W. Griebenow, *Alterserscheinungen bei Papier – vorwiegend aus chemischer Sicht, Teil 1*, Restauro 5/1991, S. 329–335
[767] W. Griebenow, *Alterserscheinungen bei Papier – vorwiegend aus chemischer Sicht, Teil 2*, Restauro 6/1991, S. 409–415
[768] E. Gruber, *Papier-Chemie*, Scriptum der Dualen Hochschule Karlsruhe für den Lehrgang Papiertechnologie, http://www.gruberscript.net/papierchemie.html, Zugriff am 10.06.2013

[769] E. Bojaxhiu, *Untersuchung der Abbauprodukte der chemischen und elektrochemischen Reduktion ausgewählter Dispersionsfarbstoffe mittels LC- und GCxGC-(TOF)MS*, Dissertation, Wuppertal 2008, http://elpub.bib.uni-wuppertal.de/servlets/DerivateServlet/Derivate-896/dc0811.pdf, Zugriff am 10.06.2013

[770] *Water Soluble Polymers*, Broschüre der Firma SNF FLOERGER, http://www.snf-group.com/IMG/pdf/Water_Soluble_Polymers_E.pdf, Zugriff am 10.06.2013

[771] B. Kießler, *Verbesserung der Papierfestigkeiten und der Prozesssicherheit bei der Oberflächenbehandlung von Wellpappenrohpapieren durch spezifischen Stärkeaufschluss*, Forschungsbericht der Papiertechnischen Stiftung PTS, http://www.ptspaper.de/fileadmin/PTS/Dokumente/Forschung/Forschungsprojekte/IW_050275.pdf, Zugriff am 20.06.2013

[772] M. Suhr, G. Klein, I. Kourti, M. R. Gonzalo, G. G. Santonja, S. Roudier, L. D. Sancho, *Best Available Techniques (BAT) Reference Document for the Production of Pulp, Paper and Board*, European Union, 2015, http://eippcb.jrc.ec.europa.eu/reference/BREF/PP_revised_BREF_2015.pdf, Zugriff am 02.06.2019

[773] *MedienStandard Druck 2018. Technische Richtlinien für Daten, Prüfdruck und Auflagendruck*, Bundesverband Druck und Medien e. V. (bvdm), 2016–2018, Art.-Nr. 86035, https://www.bvdm-online.de/fileadmin/user_upload/bvdm_MedienStandard_Druck_2018.pdf, Zugriff am 18.06.2019

[774] *Paper Categorization Meeting ICC/ISO TC130*, meeting minutes, ICC DevCon '06, Leeds, 15.06.2006, http://www.color.org/papermeetingminutes.pdf, Zugriff am 18.06.2019

[775] D. Simmert, *Acrylharzkünstlerfarben*, Kunsttechnologie und Konservierung 1995, S. 78–105, Wernersche Verlagsgesellschaft Worms

[776] R. E. Harren, *History and Development of Acrylic Latex Coatings*, in: R. B. Seymour, H. F. Mark (eds.), *Organic Coatings: Their Origin and Development*, Proceedings of the International Symposium on the History of Organic Coatings, Elsevier 1990, pp. 297–314

[777] R. N. Hildred, *Acrylate als Additive für wäßrige Beschichtungsstoffe*, farbe+lack, 96. Jahrgang 11/1990, S. 857–859

[778] E. S. Daniels, A. Klein, *Development of cohesive strength in polymer films from latices: effect of polymer chain interdiffusion and crosslinking*, Progress in Organic Coatings, 19 (1991) 359–378

[779] P.-B. Eipper, *Problemfall Acrylfarbenoberflächen. Teil 1: Hintergründe zur Beständigkeit von Acrylfarben*, Restauro 1/2009, S. 30–35

[780] P.-B. Eipper, *Problemfall Acrylfarbenoberflächen. Teil 2: Schäden und Restaurierungsmöglichkeiten*, Restauro 2/2009, S. 112–122

[781] P.-B. Eipper, *Problemfall Acrylfarbenoberflächen. Teil 3: Untersuchungen von Veränderungen nach einer Oberflächenreinigung und Entwicklung eines Reinigungsablaufs*, Restauro 4/2009, S. 244–251

[782] E. Jablonski, T. Learner, J. Hayes, M. Golden, *The Conservation of Acrylic Emulsion Paintings*, Website von Golden Artist Colors, Inc., http://www.goldenpaints.com/conservation/conservation.pdf, Zugriff am 10.10.2012

[783] E. Jablonski, T. Learner, J. Hayes, M. Golden, *Conservation Concerns for Acrylic Emulsion Paints: A Literature Review*, Tate Papers, TATE'S ONLINE RESEARCH JOURNAL, ISSN 1753-9854, Autumn 2004, http://www.tate.org.uk/download/file/fid/7414, Zugriff am 10.10.2012

[784] M. Golden, *Mural Paints: Current and Future Formulations*, The Getty Conservation Institute, Los Angeles 2004, http://www.getty.edu/conservation/publications_resources/pdf_publications/pdf/golden.pdf, Zugriff am 20.06.2014

[785] A. van Tent, K. te Nijenhuis, *The Film Formation of Polymer Particles in Drying Thin Films of Aqueous Acrylic Latices. II. Coalescence, Studied with Transmission Spectrophotometry*, Journal of Colloid and Interface Science **232**, 350–363 (2000)

[786] F. Dobler, Y. Holl, *Mechanisms of Particle Deformation During Latex Film Formation*, in: T. Provder et al., *Film Formation in Waterborne Coatings*, ACS Symposium Series, American Chemical Society: Washington, DC, 1996
[787] J. L. Keddie, *Film formation of latex*, Materials Science and Engineering, 21 101–170, 1997
[788] M. A. Winnik, *Latex film formation*, Curr Opin Coll Interf Sci 2(2): 192-199, 1997
[789] P. A. Steward, J. Hearn, M. C. Wilkinson, *An overview of polymer latex film formation and properties*, Adv Coll Interf Sci 86(3):195–267 2000
[790] R. E. Dillon, L. A. Matheson, E. B. Bradford, *Sintering of Synthetic Latex Particles*, Colloid Sci., 6 (1951) 108
[791] G. L. Brown, *Formation of Films from Polymer Dispersions*, J. Polym. Sci., 22 (1956) 423–434
[792] D. P. Sheetz, E. C. Britton, *Formation of Films by Drying of Latex*, J. Appl. Polym. Sci. 9 (1965) 11, 3759–3773
[793] F. Dobler, T. Pith, M. Lambla, Y. Holl, *Coalescence Mechanisms of Polymer Colloids. I. Coalescence under the Influence of Particle-Water Interfacial Tension*, Journal of Colloid and Interface Science, Vol. 152, No. 1, August 1992
[794] P. A. Lovell, M. S. El-Aasser, *Emulsion Polymerization and Emulsion Polymers*, John Wiley & Sons 1997, ISBN 0-471-96746-7
[795] M. A. Winnik, *The Formation and Properties of Latex Films*, in [794], pp. 467–518
[796] P. M. Lesko, P. R. Sperry, *Acrylic and Styrene-Acrylic Polymers*, in [794], pp. 619–655
[797] C. Heyn, *Mikrobieller Angriff auf synthetische Polymere*, Dissertation 2002, Universität Oldenburg, http://oops.uni-oldenburg.de/volltexte/2004/211, Zugriff am 20.07.2011
[798] M. Laschet, *Rheo-mechanische und rheo-optische Charakterisierung wäßriger Lösungen von Hydroxyethylcellulosen und deren hydrophob modifizierter Derivate im Hinblick auf supramolekulare Strukturen*, Dissertation 2002, Universität Hamburg,
[799] J. E. Glass (ed.), *Associative Polymers in Aqueous Media*, ACS Symposium Series 765, Washington D.C., 2000, ISBN 0-8412-3659-3
[800] V. Tirtaatmadja, K. C. Tam, R. D. Jenkins, *Rheological Properties of Model Alkali-Soluble Associative (HASE) Polymers: Effect of Varying Hydrophobe Chain Length*, Macromolecules (30) 1997, pp. 3271–3282
[801] A. A. Abdala, K. Olesen, S. A. Khan, *Solution rheology of hydrophobically modified associative polymers: Solvent quality and hydrophobic interactions*, J. Rheol. 47(2), March/April 2003, pp. 497–511
[802] R. J. English, S. R. Raghavan, R. D. Jenkins, S. A. Khan, *Associative polymers bearing n-alkyl hydrophobes: Rheological evidence for microgel-like behavior*, J. Rheol. 43(5), September/October 1999, pp. 1175–1194
[803] R. J. English, H. S. Gulati, R. D. Jenkins, S. A. Khan, *Solution rheology of a hydrophobically modified soluble associative polymer*, J. Rheol. 41(2), March/April 1997, pp. 427–444
[804] H. J. Spinelli, *Polymeric Dispersants in Ink Jet Technology*, Adv. Mater. **1998**, 10, No. 15, 1215–1218
[805] C. M. Miller, K. R. Olesen, G. D. Shay, *Determination of the Thickening Mechanism of a Hydrophobically Modified Alkali Soluble Emulsion Using Dynamic Viscosity Measurements*, in [799], pp. 338–350
[806] W. P. Seng, K. C. Tam, R. D. Jenkins, D. R. Bassett, *The Network Strength and Junction Density of a Model HASE Polymer in Non-Ionic Surfactant Solutions*, in [799], pp. 351–368
[807] R. J. English, R. D. Jenkins, D. R. Bassett, S. A. Khan, *Rheology of a HASE Associative Polymer and Its Interaction with Non-Ionic Surfactants*, in [799], pp. 369–380
[808] P. T. Elliott, L. Xing, W. H. Wetzel, J. E. Glass, *Behavior of Branched-Terminal, Hydrophobe-Modified, Ethoxylated Urethanes*, in [799], pp. 163–178

[809] H. N. Naé, W. W. Reichert, *Rheological properties of lightly crosslinked carboxy copolymers in aqueous solutions*, Rheol Acta 31:351–360 (1992)
[810] L. A. De Graaf, *Denaturation of proteins from a non-food perspective*, Journal of Biotechnology 79, 2000, pp. 299–306
[811] D. E. Graham, M. C. Phillips, *Proteins at Liquid Interfaces III. Molecular Structures of Adsorbed Films*, J. Coll. Interface Sc. 70(3), 1979, pp. 427–439
[812] P. Walstra, A. L. de Roos, *Proteins at air-water and oil-water interfaces: static and dynamic aspects*, Food Reviews International 9:4, 1993, 503–525
[813] S. Damodaran, *Interfaces, Protein Films, and Foams*, Adv. Food Nutr. Res. 34 (1990) 1–79
[814] E. Dickinson, Y. Matsumura, *Time-dependent polymerization of β-lactoglobulin through disulphide bonds at the oil-water interface in emulsions*, Int. J. Biol. Macromol., 1991, Vol. 13, 26–30
[815] E. A. Hauser, L. E. Swearingen, *The Aging of Surfaces of Aqueous Solutions of Egg Albumin*, J. Phys. Chem. 45(4), 1941, pp. 644–659
[816] A. E. Mirsky, *Sulfhydryl Groups in Films of Egg Albumin*, J. Gen. Physiol. 24(6), 1941, pp. 725–733
[817] H. B. Bull, *Studies on Surface Denaturation of Egg Albumin*, J. Biol. Chem. 123, 1938, pp. 17–30
[818] A. Gennadios, C. L. Weller, M. A. Hanna, G. W. Froning, *Mechanical and Barrier Properties of Egg Albumen Films*, J. Food Sc. 61(3), 1996, pp. 585–589
[819] K. Broersen, A. M. M. van Teffelen, A. Vries, A. G. J. Voragen, R. J. Hamer, H. H. J. de Jongh, *Do Sulfhydryl Groups Affect Aggregation and Gelation Properties of Ovalbumin?*, J. Agric. Food Chem. 54, 2006, pp. 5166–5174
[820] D. Fukushima, J. van Buren, *Mechanism od Protein Insolubilization during the Drying of Soy Milk. Role of Disulfide and Hydrophobic Bonds*, Am. Assoc. Cereal Chemists 47, 1970, pp. 687–696
[821] N. Kitabatake, E. Doi, *Conformational Change of Hen Egg Ovalbumin during Foam Formation Detected by 5,5'-Dithiobis(2-nitrobenzoic acid)*, J. Agric. Food Chem., 35, 953–957 (1987)
[822] A. C. C. Alleoni, *Albumen Protein and Functional Properties of Gelation and Foaming*, Sci. Agric. (Piracicaba, Braz.), v.63, n.3, p.291–298, May/June 2006
[823] H. J. T. Beveridge, *A Study of some Physical and Chemical Properties of Egg White*, Thesis, University of British Columbia, 1973, https://circle.ubc.ca/handle/2429/31816
[824] A. Deuerling, *Die Physik und Chemie der „Mousse au Chocolat"*, Schriftliche Hausarbeit für die erste Staatsexamensprüfung, Julius-Maximilian-Universität Würzburg 2010, http://www.thomas-wilhelm.net/arbeiten/Mousse_au_Chocolat.pdf
[825] F. E. Cunningham, *Properties of Egg White Foam Drainage*, Poultry Science 1976. Vol. 55. pp. 738–743
[826] S. Poole, S. I. West, C. L. Walters, *Protein-Protein Interactions: Their Importance in the Foaming of Heterogeneous Protein Systems*, J. Sci. Food Agric. 1984 **35**, 701–711
[827] A. Hoppe, *Examination of egg white proteins and effects of high pressure on select physical and functional properties*, PhD Thesis, University of Nebraska, Lincoln, 2010, http://digitalcommons.unl.edu/foodscidiss/7
[828] B. Brodsky, J. A. Werkmeister, J. A. M. Ramshaw, *Collagens and Gelatins*, Band 8 in *Biopolymers*, S. R. Fahnestock, A. Steinbüchel (editors), WILEY-VCH 2003, ISBN 3-527-30223-9
[829] M. Djabourov, J. Leblond, *Thermally Reversible Gelation of the Gelatin-Water System*, in *Reversible Polymeric Gels and Related Systems*, ACS Symposium Series Vol. 350, American Chemical Society 1987, ISBN 9-780841214156, pp. 211–223
[830] A. G. Ward, *The physical properties of gelatin solutions and gels*, Br. J. Appl. Phys. 5, 1954, pp. 85–90

[831] M. Bansal, C. Ramakrishnan, G. N. Ramachandran, *Stabilization of the collagen structure by hydroxyproline residues*, Proc. Indian Acad. Sci. 82 A(4), 1975, pp. 152–164
[832] S. Zumbühl, *Proteinische Leime – Ein vertrauter Werkstoff?*, Kunsttechnologie und Konservierung 2003, S. 95–104, Wernersche Verlagsgesellschaft Worms
[833] E. Reinkowski-Häfner, *Tempera*, Zeitschrift für Kunsttechnologie und Konservierung, 2 (1994) 297–317, Wernersche Verlagsgesellschaft Worms
[834] M. Lazzari, O. Chiantore, *Drying and oxidative degradation of linseed oil*, Polymer Degradation and Stability 65 (1999) pp. 303–313
[835] J. Mallégol, J.-L. Gardette, J. Lemaire, *Long-Term Behavior of Oil-Based Varnishes and Paints I. Spectroscopic Analysis of Curing Drying Oils*, J. Am. Oil Chem. Soc. 76(8), 1999, S. 967–976
[836] J. Mallégol, J.-L. Gardette, J. Lemaire, *Long-Term Behavior of Oil-Based Varnishes and Paints. Fate of Hydroperoxides in Drying Oils*, J. Am. Oil Chem. Soc. 77(3), 2000, S. 249–255
[837] H. P. Kaufmann, *Oxydation und Verfilmung trocknender Öle*, Fette, Seifen, Anstrichmittel 59(3), 1957, pp. 153–162
[838] J. Mallégol, J. Lemaire, J.-L. Gardette, *Drier influence on the curing of linseed oil*, Progress in Organic Coatings 39, 2000, pp. 107–113
[839] E. Ioakimoglou, S. Boyatzis, P. Argitis, A. Fostiridou, K. Papapanagiotou, N. Yannovits, *Thin-Film Study on the Oxidation of Linseed Oil in the Presence of Selected Copper Pigments*, Chem. Mater. 11, 1999, pp. 2013–2022
[840] E. N. Frankel, *Lipid Oxidation: Mechanisms, Products and Biological Significance*, J. Am. Oil Chem. Soc. 61(12), 1984, S. 1908–1917
[841] E. N. Frankel, *Lipid Oxidation*, Prog. Lipid Res. 19, 1980, pp. 1–22
[842] E. N. Frankel, *Recent Advances in Lipid Oxidation*, J. Sci. Food Agric. 54, 1991, pp. 495–511
[843] E. N. Frankel, *Secondary Products of Lipid Oxidation*, Chemistry and Physics of Lipids, 44 (1987), pp. 73–85
[844] N. A. Porter, *Mechanisms for the Autoxidation of Polyunsaturated Lipids*, Ace. Chem. Res. **1986**, 19, 262-268
[845] W. J. Muizebelt, M. W. F. Nielen, *Oxidative Crosslinking of Unsaturated Fatty Acids Studied with Mass Spectrometry*, J. Mass Spec., 31, 1996, pp. 545–554
[846] W. J. Muizebelt, J. C. Hubert, R. A. M. Venderbosch, *Mechanistic study of drying of alkyd resins using ethyl linoleate as a model substance*, Progr. Org. Coatings 24 (1994), pp. 263–279
[847] D. Erhardt, C. S. Tumosa, M. F. Mecklenburg, *Long-Term Chemical and Physical Processes in Oil Paint Films*, Studies in Conservation, Vol. 50, No. 2 (2005), pp. 143–150
[848] J. Mallégol, J.-L. Gardette, J. Lemaire, *Long-Term Behavior of Oil-Based Varnishes and Paints. Photo- and Thermooxidation of Cured Linseed-Oil*, JAOCS, Vol. 77, no. 3 (2000), pp. 257–263
[849] C. Boelhouwer, Th. Knegtel, M. Tels, *On the Mechanism of the Thermal Polymerization of Linseed Oil*, Fette, Seifen, Anstrichmittel 69(6), 1967, pp. 432–436
[850] H. Wexler, *Polymerization of Drying Oil*, Chemical Reviews 64(6), 1964, pp. 591–611
[851] G. Dobson, W. W. Christie, J. L. Sebedio, *Saturated Bicyclic Fatty Acids formed in Heated Sunflower Oils*, Chem. and Phys. of Lipids 87(1997), pp. 137–147
[852] G. Dobson, J. L. Sebedio, *Monocyclic dienoic fatty acids formed from γ-linolenic acid in heated evening primrose oil*, Chem. and Phys. of Lipids 97(1999), pp. 105–118
[853] H. P. Kaufmann, *Diels-Alder-Reaktionen auf dem Fettgebiet*, Fette, Seifen, Anstrichmittel 64(12), 1962, pp. 1115–1126
[854] G. Billek, *Die Veränderungen von Nahrungsfetten bei höheren Temperaturen*, Fat. Sci. Technol. 94(5), 1992, pp. 161–172
[855] W. C. Ault, J. C. Cowan, J. P. Kass, J. E. Jackson, *Polymerization of Drying Oils*, Ind. Eng. Chem. 34:1120–1123 (1942)
[856] J. Koller, U. Baumer, *Die Benzinlösemittel (des Restaurators)*, RESTAURO 7/2001, S. 528–536

[857] F. Casadio, K. Keune, P. Noble, A. van Loon, E. Hendriks, S. A. Centeno, G. Osmond (eds.), *Metal Soaps in Art: Conservation and Research*, Cultural Heritage Science, Crown 2019, ISBN 978-3-319-90616-4
[858] P. Noble, A. van Loon, J. J. Boon, *Selective darkening of ground layers associated with the wood grain in 17th-century panel paintings*, in: J. Townsend, T. Doherty, G. Heydenreich (eds.), *Preparation for painting: the Artist's choice and its consequences*, Archetype, London, 2008, pp. 68–78, https://www.researchgate.net/publication/290997156, Zugriff am 12.06.2019
[859] P. Noble, A. van Loon, J. J. Boon, *Chemical changes in old master paintings II: darkening due to increased transparency as a result of metal soap formation*, in: I. Verger, James and James (eds.), *Preprints of the ICOM committee for conservation 14th triennial meeting*, The Hague, 12–16 Sep 2005, pp. 496–503, https://www.researchgate.net/publication/305687557, Zugriff am 12.06.2019
[860] J. J. Boon, K. Keune, J. van der Weerd, P. Noble, *Mechanical and chemical changes in Old Master Paintings: dissolution, metal soap formation and remineralization processes in lead pigmented ground/intermediate paint layers of 17th century paintings*, in: R. Vontobel (ed.), *Icom-cc 13th Triennial Meeting Preprints*, Rio de Janeiro, 22–27 Sep 2002, pp. 401–406, https://www.researchgate.net/publication/283363916, Zugriff am 12.06.2019
[861] A. van Loon, *Color changes and chemical reactivity in seventeenth-century oil paintings*, PhD thesis, University of Amsterdam, 2008, https://hdl.handle.net/11245/1.292118, Zugriff am 12.06.2019
[862] J. J. Hermans, *Metal soaps in oil paint: Structure, mechanisms and dynamics*, PhD thesis, University of Amsterdam, 2017, https://hdl.handle.net/11245.1/53663926-183c-40aa-b7b3-e6027979cb7d, Zugriff am 12.06.2019
[863] J. Koller, U. Baumer, *Die Bindemittel der Schule von Barbizon*, in: [132], S. 343–369
[864] J. Koller, I. Fiedler, U. Baumer, *Die Bindemittel auf Dürers Tafelgemälden*, in: [142], S. 102–119
[865] J. Koller, U. Baumer, *Jacopo Tintoretto: Die Bindemittel seiner Schnellmalerei*, in: [133], S. 213–225
[866] R. White, J. Kirby, *Rembrandt and his Circle: Seventeenth Century Dutch Paint Media Re-examined*, National Gallery Technical Bulletin, Vol. 15, 1994, ISBN 1-85709-049-7, pp. 64–78
[867] R. White, *The Characterization of Proteinaceous Binders in Art Objects*, National Gallery Technical Bulletin, Vol. 8, 1984, ISBN 0-901791-94-6, S. 5–14
[868] A. Spyros, D. Anglos, *Studies of organic paint binders by NMR spectroscopy*, Appl. Phys. A 83, 705–708 (2006)
[869] A. Lluveras-Tenorio, J. Mazurek, A. Restivo, M. P. Colombini, I. Bonaduce, *The Development of a New Analytical Model for the Identification of Saccharide Binders in Paint Samples*, 2012, PLoS ONE 7(11): e49383. doi:10.1371/journal.pone.0049383, https://journals.plos.org/plosone/article?id=10.1371/journal.pone.0049383, Zugriff am 28.07.2015
[870] I. Bonaduce, L. Carlyle, M. P. Colombini, C. Duce, C. Ferrari et al., *New Insights into the Ageing of Linseed Oil Paint Binder: A Qualitative and Quantitative Analytical Study*, 2012, PLoS ONE 7(11): e49333. doi:10.1371/journal.pone.0049333, http://journals.plos.org/plosone/article?id=10.1371/journal.pone.0049333, Zugriff am 07.05.2019
[871] R. White, J. Pilc, *Analyses of paint media*, National Gallery Technical Bulletin, Vol. 16, 1995, ISBN 1-85709-071-3, pp. 85–95
[872] R. White, J. Pilc, *Analyses of paint media*, National Gallery Technical Bulletin, Vol. 17, 1996, ISBN 1-85709-113-2, pp. 91–103
[873] C. Higgitt, R. White, *Analyses of Paint Media: New Studies of Italian Paintings of the Fifteenth and Sixteenth Centuries*, National Gallery Technical Bulletin, Vol. 26, 2005, ISBN 1-85709-341-0, pp. 88–97

[874] J. Mills, R. White, *Paint Media Analyses*, National Gallery Technical Bulletin, Vol. 13, 1989, ISBN 0-947645-705, pp. 69–71
[875] R. White, J. Pilc, J. Kirby, *Analyses of Paint Media*, National Gallery Technical Bulletin, Vol. 19, 1998, ISBN 1-85709-220-1, pp. 74–95
[876] J. H. Townsend, L. Carlyle, A. Burnstock, M. Odlyha, J. J. Boon, *Nineteenth-Century Paint Media: the Formulation and Properties of Megilps*, in: [100] pp. 205–210
[877] J. Mills, R. White, *Analyses of Paint Media*, National Gallery Technical Bulletin, Vol. 5, 1981, ISBN 0-901791-76-8, pp. 66–67
[878] J. Mills, R. White, *Analyses of Paint Media*, National Gallery Technical Bulletin, Vol. 1, 1977 pp. 57–59
[879] J. Mills, R. White, *Analyses of Paint Media*, National Gallery Technical Bulletin, Vol. 3, 1979 pp. 66–67
[880] J. Mills, R. White, *Analyses of Paint Media*, National Gallery Technical Bulletin, Vol. 4, 1980, ISBN 0-901791-72-5, pp. 65–67
[881] J. Mills, R. White, *Analyses of Paint Media*, National Gallery Technical Bulletin, Vol. 7, 1983, ISBN 0-901791-88-1, pp. 65–67
[882] J. Mills, R. White, *Analyses of Paint Media*, National Gallery Technical Bulletin, Vol. 9, 1985, ISBN 0-901791-97-0, pp. 70–71
[883] J. Mills, R. White, *Analyses of Paint Media*, National Gallery Technical Bulletin, Vol. 11 1987, ISBN 0-947645-35-7, pp. 92–95
[884] J. Mills, R. White, *Analyses of Paint Media*, National Gallery Technical Bulletin, Vol. 12 1988, ISBN 0-947645-63-2, pp. 78–79
[885] *Van Dyck's Paint Medium*, R. White, National Gallery Technical Bulletin, Vol. 20 1999, ISBN 1-85709-251-1, pp. 84–88
[886] R. G. Weissenhorn, *Chemie in der Freskomalerei*, Chemie in unserer Zeit/36. Jahrg. 2002/ Nr. 5, 310–316
[887] J. Koller, U. Baumer, *Kunstharzfirnisse. Teil I: Geschichte und Verwendung von Naturharzen und Kunstharzen in Firnissen*, RESTAURO 7/2000, S. 534–537
[888] J. Koller, U. Baumer, *Kunstharzfirnisse. Teil II: Mechanische Eigenschaften, Alterungsverhalten und Löslichkeit von polymeren Kunstharzfirnissen*, RESTAURO 8/2000, S. 616–625
[889] J. Koller, U. Baumer, *Kunstharzfirnisse. Teil III: Die niedermolekularen (nichtpolymeren) Kunstharzfirnisse*, RESTAURO 1/2001, S. 26–38
[890] S. Zumbühl, R. D. Knochenmuss, S. Wülfert, *Rissig und blind werden in relativ kurzer Zeit alle Harzessenzfirnisse*, Zeitschrift für Kunsttechnologie und Konservierung, 12 (1998) 205–219
[891] E. Wenders, *Dammar als Gemäldefirnis*, Zeitschrift für Kunsttechnologie und Konservierung 15 (2001) 133–162
[892] P. Dietemann, C. Higgitt, M. Kälin, M. J. Edelmann, R. Knochenmuss, R. Zenobi, *Aging and yellowing of triterpenoid resin varnishes – Influence of aging conditions and resin composition*, Journal of Cultural Heritage 10 (2009) 30–40
[893] G. A. van der Doelen, *Molecular studies of fresh and aged triterpenoid varnishes*, Dissertation Universiteit van Amsterdam 1999
[894] G. A. van der Doelen, K. J. van den Berg, J. J. Boon, *Comparative Chromatographic and Mass-Spectrometric Studies of Triterpenoid Varnishes: Fresh Material and Aged Samples from Paintings*, Studies in Conservation, **43** (1998) 249–264
[895] S. Zumbühl, R Knochenmuss, S. Wülfert, F. Dubois, M. J. Dale, R. Zenobi, *A Graphite-Assisted Laser Desorption/Ionization Study of Light-Induced Aging in Triterpene Dammar and Mastic Varnishes*, Anal. Chem. **1998**, 70, 707–715
[896] E. R. de la Rie, A. M. Shedrinsky, *The Chemistry of Ketone Resins and the Synthesis of a Derivative with Increased Stability and Flexibility*, Studies in Conservation **34** (1989) 9–19

[897] K. J. van den Berg, J. van der Horst, J. J. Boon, O. O. Sudmeijer, *cis-l,4-poly-β-myrcene; the Structure of the Polymeric Fraction of Mastic Resin (Pistacia lentiscus L.) Elucidated*, Tetrahedron Letters 39 (1998) 2645–2648
[898] E. R. de la Rie, *Photochemical and Thermal Degradation of Films of Dammar Resin*, Studies in Conservation **33** (1988) 53–70
[899] P. Dietemann, M. Kälin, S. Zumbühl, R. Knochenmuss, S. Wülfert, R. Zenobi, *A Mass Spectrometry and Electron Paramagnetic Resonance Study of Photochemical and Thermal Aging of Triterpenoid Varnishes*, Anal. Chem. **2001**, 73, 2087–2096
[900] E. R. de la Rie, *Old Master Paintings: A Study of the Varnish Problem*, Analytical Chemistry, Vol. 61, No. 21, November 1, 1989, 1228A–1240A
[901] R. White, J. Kirby, *A Survey of Nineteenth and early Twentieth Century Varnish Compositions found on a Selection of Paintings in the National Gallery Collection*, National Gallery Technical Bulletin, Vol. 22, 2001, ISBN 978-1-85709-926-5, S. 64–84
[902] M. Stappel, *Schellack*, Restauro 8/2001, S. 596–603
[903] S. K. Sharma, S. K. Shukla, D. N. Vaid, *Shellac – Structure, Characteristics & Modifications*, Def. Sci. J., vol. 33, no. 3, july 1983, pp. 261–271, http://publications.drdo.gov.in/ojs/index.php/dsj/article/viewFile/6181/3286, Zugriff am 20.06.2014
[904] K. S. Brown, *The Chemistry of Aphids and Scale Insects*, Chem. Soc. Rev. 4, 1975, pp. 263–288
[905] J. S. Mills, R. White, *Natural Resins of Art and Archaeology. Their Sources, Chemistry, and Identification*, Studies in Conservation, Vol. 22, No. 1 (1977), pp. 12–31
[906] R. M. Carman, D. E. Cowley, R. A. Marty, *Diterpenoids XXV. Dundathic acid and Polycommunic Acid*, Aust. J. Chem., 1970, 23, pp. 1656–65
[907] G.-F. Chen, *Developments in the field of rosin chemistry and its implications in coatings*, Progress in Organic Coatings, 20 (1992) pp. 139–167
[908] Cognis GmbH Monheim, Broschüre *Handbuch Cognis Kit für Haushalt & Kosmetik*, http://www.cognis.com/NR/rdonlyres/AC9D8A75-369D-44A7-B63F-730E01181667/0/de_CognisKit_Brochure.pdf
[909] *Clariant Spezialitäten-Website*, http://pa.clariant.com/pa/internet.nsf/04fa7deb65dc84f9c1256a6200552c10/4415B12D42573C9CC12573DB0056A71F
[910] *InkJet Brochure, The Source of Ink Jet Printing Excellence*, ed. 2008/2009, Clariant, Dokument DP8518 http://pa.clariant.com/pa/internet.nsf/04fa7deb65dc84f9c1256a6200552c10/4415B12D42573C9CC12573DB0056A71F, Zugriff am 20.06.2013
[911] *Sales range for the printing ink, paints, plastics industries and special applications*, Clariant, Dokument DP5525 http://pa.clariant.com/pa/internet.nsf/04fa7deb65dc84f9c1256a6200552c10/4415B12D42573C9CC12573DB0056A71F
[912] *Ultrafine pigment dispersions for fine and durable sketching and drawing*, Clariant, Dokument DP6209 http://pa.clariant.com/pa/internet.nsf/04fa7deb65dc84f9c1256a6200552c10/4415B12D42573C9CC12573DB0056A71F, Zugriff am 20.06.2013
[913] *Ultrafine pigment dispersions for design and creative materials*, Clariant, Dokument DP6208 http://pa.clariant.com/pa/internet.nsf/04fa7deb65dc84f9c1256a6200552c10/4415B12D42573C9CC12573DB0056A71F, Zugriff am 20.06.2013
[914] *Products for NON IMPACT PRINTING*, Clariant, Dokument DP8530 http://www.pigments.clariant.com/C12576850036A6E9/8CFA4478A05908A8C125790C002947C6/$FILE/DP8530_NIP.pdf, Zugriff am 20.06.2013
[915] *Products for DIGITAL INKS, Edition 2019*, Clariant, Dokument PI 6000 E, https://www.clariant.com/de/Business-Units/Pigments/Non-Impact-Printing, Zugriff am 20.05.2019
[916] Übersicht Spezialanwendungen „Stationary" Menupunkt „Fingerfarben", http://www.pigments.clariant.com/C12576720021E8C9/vwWebPagesByID/BE537675D4E78B1AC12578B800547DB9, Zugriff am 20.06.2013

[917] *BASF Spezialitäten-Website*, http://www.veredlungschemikalien.basf.de/ev-wcms-in/internet/de_DE/portal/show-content_cps/content/EV/EV1/specialties/index
[918] *Neozapon Farbstoffe*, BASF, Dokument EVP 001905d http://www.veredlungschemikalien.basf.de/ev-wcms-in/internet/de_DE/function/conversions:/publish/upload/EV/EV1/products/sp/ti-range/evp001905d.pdf
[919] *Pigmente für Flexo-, Tiefdruck- und Offset-Verpackungsdruckfarben*, BASF, Dokument EVP 000204d http://www.veredlungschemikalien.basf.de/ev-wcms-in/internet/de_DE/function/conversions:/publish/upload/EV/EV1/products/sp/ti-range/evp000204d.pdf
[920] *Basacid Farbstoffe*, http://www.veredlungschemikalien.basf.de/ev-wcms-in/internet/de_DE/portal/show-content_cps/function:evproducts:/multilist/basic/4609/4755
[921] *Lanxess Farbstoffe für Schreib- und Inkjettinten: Bayscript, Pyranin, Spezial*, http://colorants.lanxess.com/de/produkte-anwendungen/produktsuche/bayscript, http://colorants.lanxess.com/de/produkte-anwendungen/produktsuche/pyranin/pyranin/Pyranin, http://colorants.lanxess.com/de/produkte-anwendungen/produktsuche/spezial, Zugriff am 26.10.2013
[922] *Cromophtal InkJet Pigmente*, http://www.ciba.com/pf/docMDMS.asp?targetlibrary=CHBS_ce_MADS&docnumber=1767; *Ciba Unisperse Jet Pigmente*, http://www.ciba.com/pf/docMDMS.asp?targetlibrary=CHBS_ce_MADS&docnumber=2148
[923] *Pulp & Paper Dyes and Pigments*, ORCO Organic Dyes and Pigments, https://www.organicdye.com/industries/paper-dyes/, Zugriff am 20.05.2019
[924] *Ink and Toner Dyes & Pigments*, ORCO Organic Dyes and Pigments, https://www.organicdye.com/industries/inks-toner-dyes/, Zugriff am 20.05.2019
[925] *Paper And Pulp*, Dayglo Color Corporation, http://www.dayglo.in/paper_industry.html, Zugriff am 20.05.2019
[926] *DYCROPULP Dyes for Paper*, DYCRO Jagson Colorchem Limited, https://www.jagson.com/dycropulp-dyes-for-paper.php, Zugriff am 20.05.2019
[927] *Dyes for Ink*, DYCRO Jagson Colorchem Limited, https://www.jagson.com/ink-dyes.php, Zugriff am 20.05.2019
[928] *Datenblätter zu Carbopol™Produkten*, Lubrizol, http://www.lubrizol.com/Household/Carbopol/default.html, u. a. TDS-222 http://www.lubrizol.com/WorkArea/linkit.aspx?LinkIdentifier=id&ItemID=24508, TDS-734 http://www.lubrizol.com/WorkArea/linkit.aspx?LinkIdentifier=id&ItemID=39008, TDS-237 http://www.lubrizol.com/WorkArea/linkit.aspx?LinkIdentifier=id&ItemID=38147, Toxikologie Carbopol http://www.lubrizol.com/personal-care/documents/toxicological-and-microbiological-studies/tox-006-carbopol-polymers.pdf, http://www.homecare.noveon.com, Zugriffe am 20.07.2011
[929] *Datenblätter (TDS, MSDS) zu ASE™Produkten*, Rohm&Haas, http://www.rohmhaas.com/wcm/products/product_detail.page?product=1120279, Zugriffe am 20.07.2011
[930] *Datenblätter zu Klucel™Produkten*, Ashland, http://www.ashland.com/products/klucel-hydroxypropylcellulose, u. a. http://www.ashland.com/Ashland/Static/Documents/AAFI/PRO_250-2F_Klucel_HPC.pdf, Zugriff am 20.07.2011
[931] *Datenblätter zu Tafigel™Produkten*, Münzing, http://www.munzing.com/techinfo/58.pdf, http://www.munzing.com/techinfo/311.pdf (technische Informationen PUR/HASE), http://www.munzing.com/techinfo/188.pdf (Tafigel PUR) Zugriff am 20.07.2011
[932] *Datenblätter zu Tylose™Produkten*, SE Tylose GmbH & Co. KG, http://www.setylose.de/wDeutsch/Service_Center/Druckschriften/index.php (Indexseite), http://www.setylose.de/z_guideform/deutsch/Coatings_guide_WW_d.pdf (Beispiele Farbformulierung), http://www.setylose.de/z_tds/TDS_HS_15000_YP2_D_SE2.pdf (TDS für HS 15000), http://www.setylose.de/z_tds/TDS_d/Tylose_MH_200_YP2_F_SE2_D.pdf (TDS für MH 200), http://www.setylose.de/wDeutsch/grundlagen/Chemie_v_Celluloseether/3_1_Chemie_Celluloseether.pdf (Chemie der Zellulosether), Zugriff am 20.07.2011

[933] *SIEGEL UND SIEGELLACK*, Information von der Website der Firma *Scriptorium*, http://www.kalligraphie.com/443-0-Siegel.html
[934] ASTM International Standards Worldwide http://www.astm.org/
[935] Verband der deutschen Lack- und Druckfarbenindustrie, Fachgruppe Druckfarben, http://www.wirsindfarbe.de/service-publikationen/informationsmaterial-druckfarben/allgemeine-informationen-ueber-druckfarben/ (Merkblätter Flüssige Druckfarben, pastöse Druckfarben, Siebdruckfarben), Zugriff am 17.06.2019
[936] Diverse Material-Informationen der Firma Winsor&Newton: http://www.winsornewton.com/row/discover/resources/composition-permanence/artists-oil-colour (Zusammensetzung Künstler-Ölfarben), http://www.winsornewton.com/row/discover/resources/composition-permanence/professional-water-colour (Zusammensetzung Künstler-Aquarellfarben), http://www.winsornewton.com/row/discover/resources/composition-permanence/professional-acrylic-colour (Zusammensetzung Künstler-Acrylfarben), Artikel „The Science behind Artists' Acrylic and its benefits" (Resource center, http://www.winsornewton.com/resource-centre/product-articles/) Zugriff am 15.05.2019,http://www.winsornewton.com/assets/HealthandSafetyDataSheets/OIL%20COLOUR/Griffin%20Alkyd/04912258.pdf (MSDS Künstler-Alkydfarben), Zugriff am 10.06.2013
[937] Diverse Material-Informationen der Firma Schmincke: https://www.schmincke.de/fileadmin/downloads/pdf/Broschueren_2016/MUSSINI_D_EN.pdf (Zusammensetzung MUSSINI Ölfarben), https://www.schmincke.de/fileadmin/downloads/pdf/Broschueren_2016/HORADAM_AQUARELL_D_EN.pdf (Zusammensetzung HORADAM Aquarellfarben), https://www.schmincke.de/fileadmin/downloads/pdf/Broschueren_2016/PRIMAcryl_DE_EN_2.pdf (Zusammensetzung PRIMAcryl-Acrylfarben), https://www.schmincke.de/fileadmin/downloads/pdf/Broschueren_2016/aqua_Linoldruck_DE_EN.pdf (Zusammensetzung Linoldruck-Wasserfarben), Zugriff am 15.05.2019
[938] Materialinformationen der Marke Charbonnel, http://www.charbonnelshop.fr/media/fichiers/nuancier_encre.pdf (Kupfer-/Tiefdruckfarbe), http://www.charbonnelshop.fr/media/fichiers/nuancier_aquawash.pdf (Kupfer-/Tiefdruckfarbe lösungsmittelfrei (Aqua Wash)), Zugriff am 10.06.2013
[939] Diverse Material-Informationen der Firma Lascaux: http://www.lascaux.ch/pdf/de/produkte/restauro/5_cellulosen_staerken_polysaccharide.pdf, http://www.lascaux.ch/pdf/de/produkte/restauro/4_polyvinylacetat_dispersionen_acrylat_dispersionen.pdf, http://www.lascaux.ch/pdf/de/produkte/restauro/3_kunstharze_firnisse.pdf, http://www.lascaux.ch/de/produkte/malhilfen/index.php, Zugriff am 20.07.2011
[940] Diverse Material-Informationen der Firma Dow: http://www.dow.com/, http://www.dow.com/products/product_detail.page?display-mode=highlight&product=1121222 (Paraloid B-72), Zugriff am 24.07.2011, http://www.dow.com/webapps/lit/litorder.asp?filepath=Surfactants/pdfs/noreg/883-00086.pdf&pdf=true (Orotan 731A), Zugriff am 10.06.2013, http://www.dow.com/scripts/litorder.asp?filepath=personalcare/pdfs/noreg/713-00028.pdf&pdf=true (Tamol 731A und 960), Zugriff am 13.06.2013 Datei MSDSUS-OROTAN_731K-25%Dispersant.pdf (Orotan 731K)
[941] J. B. Clarke, C. R. Walker, *Dispersants for emulsion paints*, Europäisches Patent EP 0802951 A1, 1997, http://www.google.com/patents/EP0802951A1?cl=en
[942] J. B. Blackburn, A. W. Field, *Pigment preparation*, US-Patent 4089699, 1978, http://www.patentgenius.com/patent/4089699.html
[943] Fa. Kremer Pigmente, *Orotan 731 K Material Safety Data Sheet*, http://www.kremer-pigmente.com/media/files_public/78032_SHD_ENG.pdf, Zugriff am 10.01.2014
[944] Diverse Material-Informationen der Firma Celanese: http://www.celanese.com/msds/pdf/993-64529418.pdf (MSDS für Mowilith LDM 7412), Zugriff am 20.07.2011

[945] Hahnemühle FineArt GmbH, *Künstlerpapiere*, Webseite zur Produktpalette, https://www.hahnemuehle.com/de/kuenstlerpapiere.html, Zugriff am 06.06.2019, speziell https://www.hahnemuehle.com/de/kuenstlerpapiere/haeufig-gestellte-fragen.html (FAQ), https://www.hahnemuehle.com/de/kuenstlerpapiere/aquarell.html (Aquarellpapiere), https://www.hahnemuehle.com/de/kuenstlerpapiere/klassische-druckverfahren.html (Druckpapiere), https://www.hahnemuehle.com/de/kuenstlerpapiere/skizze-zeichnen/skizzenpapiere.html (Zeichenpapiere), https://www.hahnemuehle.com/de/kuenstlerpapiere/grafik-illustration.html (Layout-/Designpapiere), https://www.hahnemuehle.com/de/kuenstlerpapiere/pastell.html (Pastellzeichenpapiere)

[946] Kemira Pigmente und Beschichtungen für Papier: http://www.kemira.com/regions/germany/de/solutionsproducts/pulppaper/druckschreib/pages/default.aspx, speziell Farbmittel: http://www.kemira.com/regions/germany/SiteCollectionDocuments/Broschüren_PulpPaper/Farbmittel.pdf

[947] Verschiedene Webseiten von Bundes- und Landesarchiven zum Thema, hier nur eine Auswahl: https://afz.lvr.de/de/archivberatung/bestandserhaltung_1/vergleich_din_6738_und_din_en_iso_9706/vergleich_der_papiernormen_din_6738_und_din_en_iso_9706.html, https://www.bundesarchiv.de/DE/Content/Downloads/KLA/positionspapier-alterungsbestaendiges-papier.pdf?__blob=publicationFile, https://www.klug-conservation.com/medien/Wissen/Wissens_Folder/wissen8_blauer_engel_de.pdf, Zugriff am 01.07.2019

[948] Kliment Keramikbedarf, http://www.kliment-keramikbedarf.eu/ferro/pdf/Ueberblick.pdf (Technische Information FK02 Performace Pigments and Colors), Zugriff am 13.06.2013

[949] Sekisui Specialty Chemicals, *Informationen zu Selvol™Polyvinylalkohol*, http://www.sekisui-sc.com/products/selvol/productline.html

Stichwortverzeichnis

https://doi.org/10.1515/9783110649154-006

www.ingramcontent.com/pod-product-compliance
Ingram Content Group UK Ltd.
Pitfield, Milton Keynes, MK11 3LW, UK
UKHW051034091026
15624UKWH00011B/431

9 783110 648331